KB042841

지구라는
행성

지구라는 행성

개정판 1쇄 발행 2009년 8월 31일
개정판 9쇄 발행 2023년 4월 1일

지은이 최진범, 조현구, 좌용주, 손영관, 김우한, 김순오
펴낸이 정은영

펴낸곳 (주)자음과모음
출판등록 2001년 11월 28일 제2001-000259호
주소 10881 경기도 파주시 회동길 325-20
전화 편집부 (02)324-2347, 경영지원부 (02)325-6047
팩스 편집부 (02)324-2348, 경영지원부 (02)2648-1311
이메일 jamoteen@jamobook.com

ISBN 978-89-5624-317-7 (03450)

지구라는
행성

책머리에

'우주와 지구' 라는 교양과목의 강의 교재로 이 책을 1993년 처음 출판한 이래 벌써 16년이 흘렀다. 그 사이 개정판1995년, 증보판1999년을 거치면서 조금씩 수정하고 자료를 더하였지만, 근 10년 만에 대대적인 개편을 하게 되었다. 과학의 진보 속도나 많은 사실들이 새롭게 밝혀지는 것을 고려하면 이번 개편이 다소 늦은 감이 있다. 이는 그동안 바쁘다는 핑계로 개정을 차일피일 미루어왔던 저자들의 게으름 탓이다.

2007년 이 책의 교정이 한창 진행 중이던 10월 7일 한 일간지에 관심을 끄는 기사가 실렸다. 이날은 인류 최초의 인공위성인 구소련의 스푸트니크가 발사된 지 50주년이 되는 날이라는 것을 상기시켜주었다. 아마 대부분의 독자들이 이 기사를 무관심하게 지나쳤을지 모른다. 하지만 저자는 50년 전의 이날이 얼마나 역사적인 사건이었는지를 실감하는 과학자로서 그날의 사건에 대해 다시 돌아보게 되었다. 2차 세계대전이 끝나고 지구 상의 유일한 강대국인 미국과 구소련이 냉전시대의 체제 경쟁 속에서 발사한 인공위성이지만, 오늘날 우리 세계를 지구촌이라는 좁은 세계로 변모시킨 대사건이었기 때문이다. 이로 인해 전 세계 구석구석에서 일어나는 사건들을 바로 이웃 마을에서 일어나는 사건인 양 실시간으로 바로 알게 되었으며, 지구 변화, 자연재해, 및 환경오염 등 지구 규모의 관측이나 감시가 가능하게 되었다. 특히 외계에 대한 새로운 많은 사실들을 알게 된 것이 이날의 사건이 계기가 된 것을 알 수 있다.

또한 1957년 이 해는 국제지구물리년IGY의 해로서 지구를 바라보는 관점에서 새로운 방법을 제시하였는데 지구를 하나의 유기체로 인식하여 행성으로서의 지구를 다루게 되었다. 이때부터 비로소 지구를 대상으로 하는 여러 학문 분야가 서로서로 밀접히 관련을 맺게 되었으며, 그 결과 새롭고도 놀라운 모습으로 지구는 우리에게 다가왔다. 지난 반세기 동안 이루어진 수많은 관측으로 축적된 지식은 인류의 탄생 이래 쌓은 지식보다 더 방대한 양으로, 오늘날 우리가 배우고 알고 있는 지식의 대부분이자 이 책에 담긴 내용인 것이다. 비약적인 과학 지식의 축적은 오늘날 너무나도 속도가 빠르고 광범위하여 우리가 체계적으로 지식을 습득하기 어려운 실정이다. 지구과학의 분야도 예외는 아니어서 알고 있는 내용들이 바뀌고 새롭게 알려진 사실만 하더라도 엄청나다. 이러한 측면에서 보다 새로운 방법으로 지식을 습득하고 교육해야 할 필요성에 따라 저자들은 이 책을 집필하게 되었다. 이 책의 내용을 간략히 소개하면 다음과 같다.

제1장. 행성으로서의 지구Earth as Planet에서는 이 책이 앞으로 전개해나갈 내용에 대한 전반적인 도입부로서 지구 탄생의 초기 역사를 다루고 있다. 지구의 나이는 46억 년인데 반해 지구에는 나이가 30억 년을 넘는 암석이 매우 드물다. 따라서 우리는 초기 약 16억 년의 역사를 잃어버린 셈이 된다. 바로 이 잃어버린 역사를 지구를 방문하는 귀중한 운석들이 메워주고 있는 것이다. 이러한 운석들의 기원, 조성, 종류를 알아보고 이들 운석이 주는 의미를 짚어보는 흥미로운 내용을 다루고 있다.

제2장. 살아 있는 지구The Living Earth에서는 첫 번째 주제로서 판구조론을 다루고 있다. 지구는 살아서 움직이며 끊임없이 변화하고 있다. 우리는 화산 폭발이나 지진에서 그런 현상의 단면을 볼 수가 있는데, 지구의 모습은 지난 수억 년 동안 하나의 초대륙에서 갈라져 나와 현재의 대륙의 위치로 이동한 것이다. 이는 20세기 지구과학이 이룩한 큰 연구 성과의 하나인 판구조론에 의해 설명된다. 여기서는 판구조론의 내용이 무엇이며, 어떤 힘이 거대한 땅덩어리를 움직이게 하였는지도 밝혀준다.

제3장. 에메랄드 빛의 바다The Blue Planet에서는 다른 행성에는 없는 것으로 유일하게 지구에만 있는 해양에 관하여 다루고 있다. 외계에서 바라보면 지구는 에메랄드빛을 띤 보석처럼 빛이 난다. 바로 지구에 해양이 있기 때문이며, 이 해양으로 인해 지구에 생명체가 번성하게 되었다. 이러한 해양의 특성을 다각도로 접근하며, 해양과 대기와의 상

호작용으로 큰 영향을 미치는 엘니뇨 현상을 소개한다.

제4장. 수수께끼의 기후The Climate Puzzle에서는 우리들의 일상생활에 밀접한 기상 현상을 비롯하여 과거로부터 현재에 이르기까지 기후 변동 요인과 그 과정 등을 살펴본다. 동시에 미래의 기후계도 추정해볼 것이다. 지구 규모의 기후 이상인 빙하기에 관해 다룬다.

제5장. 외계에서 온 이야기The Tales from Other World에서는 우선 인류의 우주 탐험에 대한 발자취를 더듬어본다. 지구의 탄생을 보다 자세히 이해하는 데 필요한 태양계 탄생 과정을 소개하며, 태양계를 이루는 행성들에 대해서 하나하나 살펴본다. 특히 우리는 최근의 우주 탐사에 의해 밝혀진 행성들의 놀라운 모습을 대할 수 있게 된다. 지금은 사라지고 없지만 과거 지구를 지배했던 공룡에 대해 밝혀진 사실들을 소개하고, 그들이 멸종하게 된 원인에 대해서도 알아본다.

제6장. 지구의 선물Gifts from the Earth에서는 지구가 인간들에게 제공해주고 있는 여러 선물들에 대해 알아본다. 선물이란 다름 아닌 인간 생활에 필요한 여러 형태의 자원을 의미한다. 그러나 이 자원은 무한한 것이 아니라 언젠가는 고갈될 유한성을 가지고 있다. 인간이 자원을 개발해온 과정을 살피고, 자원의 유한성을 생각해보며, 자원에는 어떠한 형태의 것들이 있으며 어떻게 생성되는가 등을 소개한다.

제7장. 태양의 바다The Solar Sea에서는 태양이 만들어지는 과정을 알아보고, 태양의 여러 활동을 소개한다. 태양의 표면 활동은 재미있는 여러 현상으로 나타나는데 이러한 현상들 중에서 인간 생활에 직접 혹은 간접적으로 영향을 주는 것들에 대해서도 알아본다.

제8장. 생명의 땅, 지구Mother Earth에서는 우리가 살고 있는 지구의 소중함에 대해 다루고 있다. 지구는 우주에서 생명체가 살 수 있는 유일한 행성이다. 이러한 지구에서 어떻게 생명체가 탄생되었으며, 지구 상의 생명체는 지구에 어떠한 영향을 끼쳤는가를 다루게 된다. 오늘날 지구는 각종 환경 오염으로 몸살을 앓고 있다. 특히 환경 문제로 심각히 대두된 온실 효과에 의한 지구 온난화의 실체를 알아보고, 오존층 파괴, 산성비, 사막

화, 열대림 훼손 등에 대해서도 그 과정을 다룬다. 그리고 지구를 살아 있는 유기체로 보는 가이아 이론과 지구를 지키기 위한 여러 노력들을 소개한다.

이번 개편에서는 증보판 이후 새롭게 밝혀진 사실들을 많이 추가하고 이전의 출판에서 미처 수정하지 못한 오류들을 최대한 정정하였다. 3장 에메랄드 빛의 바다는 현대적 시각으로 새롭게 내용이 편집되었으며, 2장 살아 있는 지구와 4장 수수께끼의 기후는 많은 내용을 추가하였다. 특히 5장 외계에서 온 이야기는 행성 탐사로 새로운 사실들이 계속 밝혀짐에 따라 가능한 한 가장 최신의 지식들을 담으려고 노력하였다.

이 책은 글머리에서 밝혔듯이 대학교 교양과목 교재로 만들어졌으나 일반 독자들도 지구과학에 대해 품어옴직한 궁금한 사실들을 이해할 수 있도록 최대한 쉽게 하였다. 이 책이 독자에게 지구과학에 대해 관심을 갖게 하고 특히 자연재해와 환경오염 및 자원 부족 등 인류가 처한 여러 위기에 대해 다시 한 번 각성할 기회가 된다면, 유일한 기적의 행성 지구가 얼마나 소중한지를 깨닫게 한다면, 이 책을 쓴 저자들로서는 큰 보람이 아닐 수 없다. 끝으로 이 책 출판을 도와준 도서출판 이지북과 관계자 여러분께도 감사드린다.

2009년 8월

저자들을 대표해서 최진범 씀

차 례

Chapter 3 에메랄드 빛의 바다 The Blue Planet

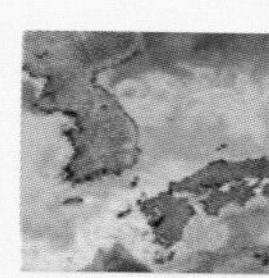

Chapter 4 | 수수께끼의 기후 The Climate Puzzle

Chapter 5 | 외계에서 온 이야기 Tales from Other Worlds

Chapter 6 | 지구의 선물 Gifts from the Earth

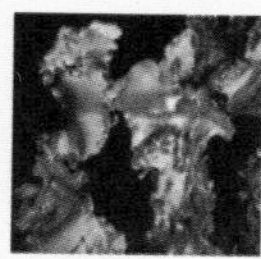

Chapter 7 | 태양의 바다 The Solar Sea

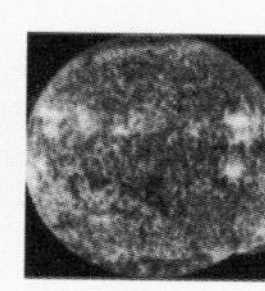

Chapter 8 | 생명의 땅, 지구 The Mother Earth

Chapter 1

행성으로서의 지구

Earth as a Planet

지구의 잃어버린 과거를 찾아 떠나는 여행,
예고 없이 지구를 방문하는 운석과 함께
결코 도달할 수 없는 지구 내부를 향한
여행을 떠나보자.

우리들은 지구를 떠날 때까지
우리들이 지구에서 무엇을 소유하였는지
결코 알지 못하리라.

— 로벨(J. M. Lovell)

행성과학의 태동

잃어버린 과거의 열쇠

우리들은 각자의 현재 나이를 알고 있다. 뿐만 아니라 부모가 누구이며, 지금까지 어떻게 성장하였는지도 정확히 알고 있다. 이는 우리가 태어나서 자라는 과정을 부모와 주변 사람들이 지켜보았기 때문이며 사진이나 학교 성적표 같은 여러 기록이 남아 있기 때문이다. 만약 우리가 어떤 사람에 대해 보다 자세히 알고자 한다면, 그 사람이 태어나서 그동안 살아온 이력을 알아보거나 그 사람이 남긴 기록을 살펴보면 된다.

그러면 우리가 살고 있는 푸른 행성, 지구의 경우는 어떠할까? 불행히도 지구의 정확한 나이가 몇 살인지, 그리고 탄생 후 어떤 과정으로 진화하였는지에 관해 확실히 말할 수 있는 사람은 아마도 없을 것이다. 왜냐하면, 어느 누구도 지구의 탄생의 과정을 목격하지 못했으며 지구가 변해온 과정을 지켜보지 못했기 때문이다.

연구 결과, 과학자들은 지구의 나이를 약 46억 년으로 밝히고 있다. 사람의 나이는 태어난 날로부터 계산하면 알 수 있다. 마찬가지로 지구의 나이도 지구 탄생 시 만들어진 지구를 구성하고 있는 물질의 연대를 조사하면 알 수 있을 것이다. 이 생각은 근본적으로 타당하다. 하지만 지금까지 밝혀진 지구 상의 물질 중 가장 오래된 것의 나이는 약 43억 년이다. 이 나이는 우리가 알고 있는 지구 나이 46억 년과는 무려 3억 년이란 차이가 있다. 그렇다면 우리가 알고 있는 46억 년이란 지구의 나이가 틀린 것일까, 아니면 46억 년의 나이를 가진 물질이 아직 발견되지 않았기 때문일까? 다시 말해서 과학자들은 어떻게 지구의 나이를 46억 년으로 밝혔는지 궁금하지 않을 수 없다.

또 지구가 탄생한 후 어떻게 성장하였으며, 바다와 대기는 어떻게 만들어졌는지에 대한 수수께끼를 풀고자 한다면 지구가 진화하면서 남긴 기록을 조사하면

▶ 그림 1. 그린란드 이수아(Isua) 지방에서 발견된 암석(약 38억 년). 변성퇴적암으로 습곡 구조가 잘 발달되어 있다.

가장 오래된 지구암석의 나이

지구에서 가장 오래된 암석의 나이는 연대측정의 정밀도가 향상됨에 따라 조금씩 달라지고 있다. 가장 최근에 알려진 바로는 지구에서 가장 오래된 암석은 캐나다의 퀘벡 북부지역에 분포하는 각섬암이란 암석으로 약 43억 년의 나이를 가진다.

될 것이다. 그러나 이미 밝혔다시피 가장 오래된 지구 구성 물질의 나이가 43억 년이다. 따라서 그 이전의 3억 년의 시간은 현재까지 전혀 기록이 남아 있지 않은 잃어버린 과거인 것이다. 그림 1은 그린란드 이수아Isua 지방에서 발견된 암석 약 38억 년으로 변성퇴적암으로 이루어져 있으며 습곡 구조를 잘 보여준다. 이는 그 당시 이미 바다가 있었음을 나타낸다.

이와 같이 결코 쉽게 해결될 것 같지 않은 이 어려운 수수께끼들을 푸는 실마리를 찾기 위해, 우리들은 지구 탄생의 목격자를 찾아보고 어딘가에 남아 있을 지구의 잃어버린 과거에 대한 단서를 찾으러 여행을 떠나야 할 것이다. 이번 여행은 시간과 공간을 넘나드는 머나먼 여행을 될 것이다. 이제 우리는 지구를 벗어나 우주를 방문하고 과거에서 현재를 오가는 흥미로운 여행을 하게 될 것이다. 자, 준비가 되었으면 떠나보자.

행성과학Planetary Science

과학의 영역은 시대의 변천에 따라 무척 다양해졌고 또 세분화되었다. 그러나 최근 들어서는 필요에 따라 여러 세분화된 영역을 커다란 하나의 체계로 다시 묶기도 한다. 물질과학, 생명과학, 유전공학 등이 그 예이다. 지구과학이란 분야 역시 그러한 체계 중의 하나이다. 그런데 최근 지구를 연구하는 영역에서 지구를 하나의 독자적인 체계로 다루기보다는 태양계를 이루고 있는 하나의 행성으로서 다루어야 할 필요성이 대두되었고, 지구를 이해하기 위해서는 타 행성들에 대한 이해와 더 나아가 태양을 포함한 태양계 전체에 대한 이해가 필요하게 되었다.

지구에 대한 새로운 이해를 위해 탄생하게 된 것이 행성과학혹은 행성 지구과학이란 분야이다. 행성과학은 기존 지구과학에서 다루던 지구 내의 현상들보다는 지구가 어떻게 탄생되고 진화되었는가에 보다 더 비중을 두고 있다. 이 행성과학 분야의 태동은 예기치 못했던 곳에서 찾아왔다. 1969년의 일이다.

1969년의 사건들

행성으로서의 지구를 이해하기 위해서는 행성계를 이루고 있는 타 행성들에 대한 자료가 필요하다. 이를 위해서는 직접 행성계에 대한 탐사를 수행하여 자료를 획득하거나, 아니면 지구에 떨어지는 타 행성과 관련된 외계 물질들로부터 자료를 획득해야 한다. 이와 같이 외계 물질들을 얻게 된 일련의 사건들이 1969년에 발생하였다.

우선 행성계 탐사로부터 자료와 외계 물질을 획득하게 된 시초가 1969년 7월 20일 미국의 아폴로 11호의 달 착륙임을 부인할 사람은 없을 것이다.■ 그림 2 인류가 달에 첫발을 내딛게 된 사실 자체로서도 인류 역사상 기념해야 할 일이겠지만, 과학자들에게는 그것보다도 우주 비행사들이 달에서 가져온 암석월석으로부터 밝혀진 새로운 사실이 더욱 중요한 의미를 지닌다.

▲ 그림 2. 아폴로 11호를 타고 달에 인류 최초로 첫발을 내디딘 암스트롱의 모습.

다음으로 외계 물질의 자료 획득은 주로 지구에 떨어지는 운석meteorite에 대한 연구로부터 이루어진다. 오래전부터 하늘에서 운석이 떨어지는 것이 관측되어 왔고, 또 다수의 운석이 채집되기도 했다. 그런데 행성계의 수수께끼를 푸는 데 결정적인 계기를 가져온 운석이 지구에 떨어졌고, 또 그때까지 인류가 보유하고 있던 운석 수보다 많은 운석이 발견된 사건이 바로 인류의 달 착륙을 전후로 해서 일어난 것이다.

운석이 떨어진 곳 가운데 하나는 멕시코 중앙에 위치한 구아나후아토Guanajuato 주의 서쪽에 있는 알렌데Allende 마을로, 지도에서도 찾아보기 힘든 조그마한 마을이다. 그런 마을이 과학사에서 매우 중요한 지명이 된 것은 1969년 2월 8일 이 마을의 상공에 소나기처럼 쏟아진 운석 '알렌데 운석' 이라 불림이 나중에 태양계 생성의 초기 단계를 밝히는 데 중대한 기여를 했기 때문이다. 또 다른 하나는 1969년 9월 28일 호주의 남동쪽 끝에 위치한 멜버른에서 북쪽으로 약 100km 떨어진 작은 마을 머치슨Murchison이다. 이곳에 떨어진 운석 '머치슨 운석' 이라 불림은 초기 지구 진화에 놀랄 만한 새로운 사실들을 제공해 주었다. 이 운석에서 아미노산과 다

▲ 그림 3. 1984년 남극 알랜 힐스(Allan Hills)에서 발견된 1.9kg 운석(ALH-84001). 이 운석은 화성에서 유래한 것으로, 생명체의 존재 가능성 논란을 일으킨 원시 미생물 형태의 유기물이 관찰되어 화제가 되었다.

량의 물이 발견되었는데, 생명의 기원과 바다의 형성이 외계에서 유래되었을 가능성을 제시하였기 때문이다.

또 하나의 사건은 1969년 11월 일본의 남극 쇼와昭和 기지 주변의 야마토 산맥에서 방대한 양의 운석'남극 운석'이라 불림이 발견된 것이다.■ 그림 3 그때까지만 하더라도 전 세계적으로 운석 보유수는 2~3천 개 정도에 불과했지만, 이 발견으로 인류는 적어도 만 개 이상의 운석을 보유하게 되었으며, 운석에 대한 활발한 연구는 태양계 생성의 비밀을 푸는 데 크게 기여하게 되었다.

◀ 그림 4. 남극의 운석 발견 지점. 푸른색 점은 미국이 발견한 지점으로 남극횡단산맥을 따라 위치하고 있다.

운석의 보고 – 남극

눈과 얼음으로 덮여 있는 남극은 암석 또는 운석이 쉽게 구별되기 때문에 발견이 매우 용이하다. 1969년 일본에 의해서 대량의 운석이 처음 발견된 이래, 남극에서는 매년 많은 양의 운석이 발견되고 있으며, 현재까지 35,000개 이상 수집되었다. 이 양은 지금까지 전 세계에서 발견된 운석을 모두 합친 것보다 2배 이상 많다. 대부분의 운석들은 한 장소에서 집중적으로 발견되는데,■ 그림 4 이는 하늘에서 떨어진 운석이 빙하에 의해 운반되다가 언덕이나 산또는 산맥 같은 장애물을 만나 더 이상 이동하지 못하기 때문이다. 그림에서 보듯이 남북을 가로지르는 남극횡단산맥을 따라 운석이 집중적으로 발견되고 있다. 1977년 이후, 미국에서는 미국항공우주국NASA과 미국과학재단NSF, 및 스미소니언 연구소가 공동으로 운영하는 남극운석발견 프로그램ANSMET : The Antarctic Search for Meteorite을 통해 15,000여 개의 운석을 수집하여 관리하고 있다.

운석이 떨어진 후 수만 년에서 수백만 년이 경과하는 동안 지구의 다른 지역에서 발견되는 운석들이 기후의 영향으로 풍화가 많이 진행된 데 비해 남극 운석들은 추운 날씨로 상대적으로 보존 상태가 매우 좋다. 대부분의 남극 운석들은 소행성 또는 혜성들에서 유래된 것으로 태양계와 관련된다. 한편, 드물지만 새로운 종류의 운석들도 발견되는데, 달이나 화성에서 오기도 한다. 1984년 알랜 힐스Allan Hills에서 발견된 운석그림 3 참고은 화성에서 유래된 운석으로 생명체의 근거가 되는 탄화 물질이 발견되어 화제가 되기도 하였다.

운석이 전해준 이야기

운석Meteorite이란 무엇인가?

운석隕石이란 지구 바깥에 기원을 둔 물질extraterrestrial material로서 부서진 소행성의 파편이나 소행성까지 자라지 못하고 우주를 떠다니던 소천체가 지구의 중력권에 붙잡혀 낙하한 것이다. 운석의 기원이 지구 바깥이라고는 했지만 거의 대부분이 화성과 목성 사이에 위치하는 소행성대asteroid belt에서 유래되고■그림5 일부 달과 화성에서 온 운석도 발견되고 있다. 1996년 미국항공우주국NASA에서 발표하여 화성 생명체의 존재 여부로 논란을 일으킨 운석은 1984년 남극에서 발견된 것으로 화성에서 온 것으로 판명되었다그림 3 참고.

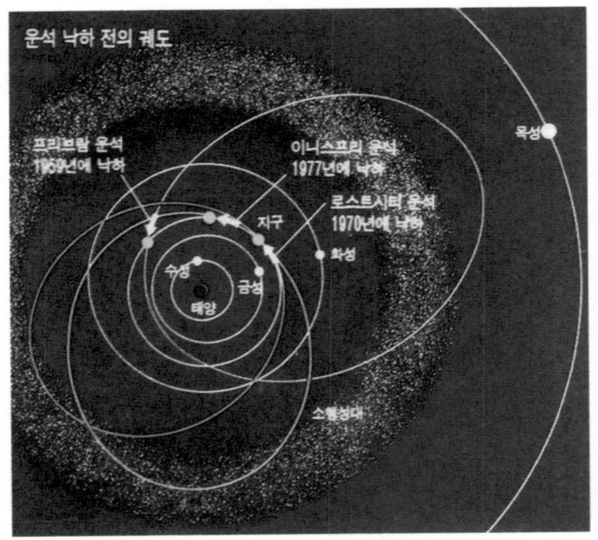

▶ 그림 5. 태양의 둘레를 공전하는 대부분의 소행성들은 몇몇 예외적인 것들의 궤도를 제외하면 '소행성대'라 불리는 영역에 속한다. 운석은 이들 소행성에서 떨어져 나온 파편들이 지구 인력에 끌려 떨어진 것이다.

무게 1톤 정도의 운석은 수년에 한 번 정도의 비율로, 더 작은 것은 매일 하나 정도의 비율로 지구 대기권에 돌입하고 있는데 그 양으로 따지면 연간 수백 톤의 운석이 지구를 방문하는 셈이 된다. 그러나 대부분은 대기 마찰로 인하여 가열되어 타버리고 지표에 도달하는 것은 아주 적어서 수십 kg 밖에 되지 않으며 최종적으로 발견되어 회수되는 것은 연간 서너 개에 불과하다.

운석은 크게 관측 운석Falls과 발견 운석Finds으로 나뉘는데 전자는 떨어지는 것을 직접 목격하여 관찰한 후 회수한 운석이며, 후자는 비록 떨어지는 것을 관찰하지 못하였지만 나중에 발견하여 운석으로 판명된 것을 말한다. 또한 운석은 조성상 철운석iron meteorite, 석철운석stony-iron meteorite 및 석질운석stony meteorite으로 나뉘는데, 표 1은 관측 운석과 발견 운석의 회수된 비율을 보여주는 것으로 운석의 한 특성을 알 수 있다. ■ 표 1

◀ 표1. 운석 회수의 빈도수. (남극 운석 제외)

구분 / 운석 종류	관측 운석		발견 운석	
	개수	비율(%)	개수	비율(%)
석질운석	951	93.8	2,863	78.3
석철운석	12	1.2	70	1.9
철운석	51	5.0	723	19.8

우리가 실제 목격하는 것보다 훨씬 많은 수의 운석이 떨어질 것이라는 점은 쉽게 추측할 수 있다. 따라서 회수량에 있어 발견 운석이 관측 운석보다 훨씬 많아야 할 것이다. 철운석의 경우, 발견 운석이 약 15배 정도 관측 운석보다 많이 회수되고 있으며 석철운석의 경우도 관측 운석보다 발견 운석의 비율이 높다. 이는 거의 철과 니켈의 합금으로 이루어진 철운석이나 철질과 석질이 반반인 석철운석의 경우 쉽게 주변의 돌과 구별이 되어 발견이 용이하기 때문이다. 한편, 석질운석의 경우는 오히려 관측 운석의 비율이 발견 운석의 비율보다 높음을 알 수 있다. 이는 석질운석은 지구의 암석과 성분이 비슷하여 떨어지는 것이 관찰되어 발견되지 않는 한, 일단 지상에 떨어지면 주변의 돌과 식별이 어려워 발견이 용이하지 않음을 의미한다.

그런 의미에서 남극은 얼음과 눈으로 덮여 있어 비록 석질운석이라도 발견이 매우 용이하다. 현재 전 세계 운석의 2/3 이상을 차지하는 많은 양이 남극에서 회수된 것이 결코 우연이 아니다.

현존하는 최대의 운석은 1920년에 남서아프리카에서 발견된 호바Hoba 철운석 ■ 그림 6으로 무게가 60톤에 달한다. 이것은 풍화를 받고 난 후의 무게이므로 낙하 당시에는 100톤 정도였을 것으로 추정된다. 고대의 문헌 속에도 하늘에서 불덩

▲ 그림 6. 호바 철운석. 무게 60톤으로 현존하는 최대의 운석이다.

▶▶ 그림 7. 1492년 11월 프랑스 엥시스하임 지방에 떨어진 운석을 소재로 그린 유화.

어리fire ball가 떨어졌다는 기록이 있다. 고대 그리스의 신전에 놓여 있던 '성스러운 돌' 이나 이슬람교의 성지 메카의 신전에 있던 '메카의 검은 돌' 등은 아마도 운석일 것으로 생각된다. 이러한 운석은 고대 중국은 왕조의 분묘나 미국 미시시피 주 인디언의 분묘 등에서도 발견된 바 있다.

한편 떨어지는 것이 목격된 것으로서 가장 오래된 운석은 1492년 11월 7일 프랑스의 알사스 지방 엥시스하임Ensisheim에 떨어진 것으로 무게 약 50kg 정도의 석질운석이다.■그림7

하지만 운석이 지구 대기권 바깥에서 날아온 태양계 물질이라는 인식은 20세기에 이를 때까지 인정되지 않았다. 19세기 초 미국의 3대 대통령 토마스 제퍼슨은 코네티컷 주 웨스턴에 낙하한 운석에 대해 예일 대학의 실리만 교수와 킹슬리 교수의 보고를 듣고 "운석이 하늘에서 떨어진 돌이라고 믿기보다는 두 사람의 양키 교수가 거짓말을 한다고 생각하는 것이 더 타당하다" 고 말한 것은 너무나도 유명한 일화이다

운석은 왜 중요한가?

우리는 지구 기원의 문제를 밝히는 데 왜 외계에서 방문한 운석 이야기를 끄집어내는지 궁금하다. 다시 말해서 도대체 지구 물질과는 전혀 무관한 것처럼 보이는 운석이 지구의 암석과는 어떤 관련이 있는 것일까? 그 이유는 운석에는 지구의 암석으로부터 얻을 수 없는 태양계 형성기의 귀중한 정보가 감추어져 있기 때문이다.

어떤 물질의 나이를 정확히 알아내는 방법으로 현재 가장 널리 사용되는 것은 방사성동위원소에 의한 연대 측정이다. 이 방법으로 운석의 연령을 측정하면 46

억 년임을 알 수 있다. 예외가 있기는 하지만 거의 모든 운석의 나이가 46억 년 정도이고 오차는 겨우 천만 년 정도에 지나지 않는다. 더욱이 대다수의 운석이 2차적인 변성을 받지 않고 태양계 형성 당시의 정보를 그대로 간직하고 있다.

한편, 현재 지구 상에서 가장 오래된 암석은 캐나다 퀘벡 북부지역에 분포하는 각섬암으로 그 나이는 약 43억 년 정도이다. 보통 암석은 그 성인成因에 따라 세 종류로 구별된다. 지구 내부의 마그마가 분출・냉각되어 만들어진 화성암, 그것이 침식되고 퇴적되어 만들어진 퇴적암, 한번 만들어진 암석이 지구 내부로 들어가 고온・고압 상태에서 그 성질이 변한 변성암이 그것이다. 암석의 나이를 말할 때에는 어떤 경우에도 암석이 굳어서 고체로 된 시점을 가리킨다. 따라서 한번 만들어진 암석이라 하더라도 침식이나 용융과 같은 작용을 받아 그 형태를 잃어버리게 되면 그 이전의 나이는 사라지고, 다시 굳어지는 시점이 그 암석의 새로운 나이가 된다.

결국 43억 년 이전의 암석이 존재하지 않음은 그 이전의 암석이 전부 무언가의 원인으로 녹았거나 지하 밑으로 들어가서 새로운 나이의 암석으로 재탄생했음을 의미한다. 다른 시각에서 본다면 지구의 표층부가 유동적이었다는 것이다. 단순한 침식작용과 용융 작용뿐만 아니라 대륙의 이동, 맨틀의 대류 등에 의해 지구의 표층이 끊임없이 변화한 것이다.

그림 1에서 보듯이 그린란드 이수아 지방의 암석은 그 형태로부터 수중에서 모래나 진흙이 쌓여 만들어진 퇴적암 기원임을 알 수 있다. 더욱이 퇴적층 속에는 희고 둥근 돌들이 많이 포함되어 있을 뿐만 아니라, 지층이 복잡하게 휘어져 있는 것은 오랜 기간 이 암석이 겪은 지질 변동을 나타낸다. 이 변성된 퇴적암으로부터 우리는 당시의 지구 상에 육지가 있었고, 흙과 모래를 운반한 비와 물의 흐름이 있었으며, 또한 그것을 퇴적시킬 바다가 있었음을 나타낸다.

그러면 막대한 양의 바다물는 어디서 왔을까? 이미 앞서 1969년의 사건에서 언급하였듯이, 호주의 머치슨 운석에는 12%에 이르는 수분이 함유되어 있다. 지구 탄생 초기 많은 운석의 충돌이 있을 당시 물을 함유한 운석이 함께 떨어지면서 운석 속의 물이 증발하여 수증기로 대기 중에 머물고 나중에 비가 되어 내린 것이 바다가 되었을 것으로 짐작할 수 있다. 이로부터 38억 년 전 지구에는 해안이 있었고, 파도도 있었으며 아마도 지금과 별로 다르지 않은 해안의 풍경이 있었을 것으로 과학자들은 추정하고 있다. ■ 그림 8

▶ 그림 8. 최초의 바다. 많은 비가 내려 바다가 생기고 구름 사이로 푸른 하늘이 보이고 있다.

운석의 종류 — 분화된 운석

지구 상에서 가장 오래된 암석에 의해 우리는 43억 년 전의 과거까지 거슬러 올라갈 수 있었다. 그러나 그 이전의, 보다 시원적始原的인 물질이 발견되지 않기 때문에 46억 년이라고 추정한 지구의 나이와는 3억 년의 공백이 생긴다. 이 공백을 지구의 귀중한 방문자, 운석이 메워 주고 있다. 지금까지 운석을 구분하지 않고 통틀어 운석이라 불렀지만 여기서 그 분류에 대해 알아보기로 하자. 운석은 크게 나누어 분화된 운석과 미분화된 운석시원적 운석이 있다.■ 표 2

▶ 표 2. 운석의 분류.

운석	미분화된 운석 (시원적 운석)	탄소질 콘드라이트	CI, CM, CV, CO
		보통 콘드라이트	LL, L, H
		엔스테타이트 콘드라이트	EL, EH
	분화된 운석	에이콘드라이트	(지각)*
		석철운석	(맨틀)
		철운석	(핵)

*( ) 안은 지구 내부 구조에 대비

분화分化란 간단히 말하면 근원이 되는 물질이 일단 녹아 구성 성분이 각각의 밀도에 따라 중력적으로 분리되어 층 구조를 이루는 것이다. 즉, 무거운 것은 중심부로 가라앉고 가벼운 것은 표면에 뜨고 그 사이를 중간 것이 메우게 된다. 지구가 그 좋은 예로서 핵을 중심으로 맨틀, 지각의 순으로 무게에 따라 분화되어 뚜렷한 층 구조를 이루고 있다. 따라서 분화된 운석은 바로 이 세 층의 어떤 부위에서 떨어져 나온 파편인가에 따라 세 종류로 나뉠 수가 있다.

먼저 핵에서 떨어져 나온 것이 철운석iron meteorite 또는 irons이다.■ 그림 9-A 철운석은 주로 철Fe과 니켈Ni을 주성분으로 하는 광물로 이루어져 있다. 니켈의 함량과 미량 원소의 함량에 따라 세분되기도 하지만, 철운석은 철과 니켈의 합금으로 되어 있다고 생각해도 좋을 것이다. 다음으로 중간층에서 떨어져 나온 운석은 암석과 철, 니켈 합금이 1:1의 비율로 이루어진 석철운석stony-iron meteorite 또는 stony irons이다.■ 그림 9-B 암석의 성분은 대부분 규산염이며 이 규산염이 어떠한 광물로 이루어져 있느냐에 따라 다시 세분되기도 한다. 마지막으로 표층에 해당하는 운석은 거의 암석으로 이루어져 있으며, 에이콘드라이트achondrite라고 불린다. ■ 그림 9-C 에이콘드라이트는 철운석, 석철운석과는 달리 지구 상의 암석과 비슷하여 구별하기가 힘들고 또한 풍화되기 쉽기 때문에 앞서 지적하였듯이 회수된 수는 적다.표 1 참고. 에이콘드라이트는 석질운석stony meteorite 또는 stones의 일종이다.

▲ 그림 9. 운석의 종류. (A)철운석, (B)석철운석, (C)석질운석[에이콘드라이트].

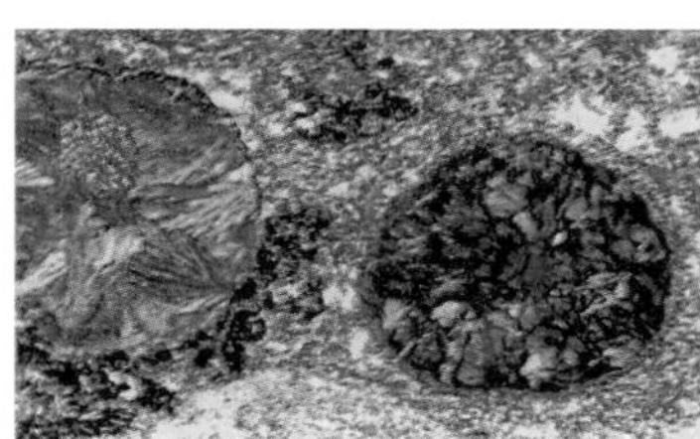

◀ 그림 10. 알렌데 운석에서 관찰되는 구형의 콘드률(chondrule). 이 콘드률 내에는 태양계 최초의 응축 물질로 알려진 백색 포유물(CAI)이 발견된다.

석질운석에는 두 종류가 있는데, 조직에 따라 콘드률chondrule■ 그림 10 이라 불리는 아주 작은 구형의 입자규산염 입자를 포함하는가, 아닌가에 따라 구분된다. 콘드률은 작은 유리구슬 같은 것으로, 크기는 수 mm에서 그 1/10 정도밖에 되지 않으며 지구 상의 암석에서는 전혀 볼 수 없는 것이다. 이 콘드률을 포함하는 석질운석을 콘드라이트chondrite, 포함하지 않는 것을 에이콘드라이트라 한다. 석질운석의 대부분은 콘드라이트이다.

미분화된 운석 — 시원적始原的 물질

석질운석의 대부분을 차지하는 콘드라이트는 미분화된 운석으로 둥근 콘드률과 그 사이를 메우는 미세한 석기matrix로 구성되어 있다. 석기는 휘발성 성분을 포함하는 아주 가는 입자μ이하로 이루어져 있다. 콘드라이트가 미분화의 운석이라는 것은 이 운석이 형성된 이래 지금까지 용융된 적이 없었다는 것을 의미한다. 따라서 콘드라이트를 구성하는 광물은 대부분 2차적인 변성을 받지 않았고, 형성될 당시의 시원적인 상태를 잘 보존하고 있는 것이다. 한편 에이콘드라이트, 석철운석, 철 운석 등은 콘드라이트와 같은 것이 일단 녹아서 분화하여 생성된 운석들인 것이다.

콘드라이트는 크게 탄소질 콘드라이트carbonaceous chondrite, 보통 콘드라이트ordinary chondrite, 엔스테타이트 콘드라이트enstatite chondrite의 세 종류로 나뉜다. 화학 조성에서 보면 이 세 종류의 콘드라이트는 칼슘Ca과 알루미늄Al 등의 함량에 의해 구별된다.표 2 참고 보통 콘드라이트는 철Fe의 함량이 많은 것에서 적은 순으로 H, L, LL로 세분된다. 엔스테타이트 콘드라이트 역시 철의 함량에 따라 EH, EL로 세분되고, 탄소질 콘드라이트는 알루미늄의 함량에 따라 CV, CM, CO, CI의 네 종류로 분류된다. 이들 콘드라이트는 분화될 정도의 용융 과정을 거치지는 않았지만 어느 정도의 열변성은 겪었다. 반면에 작은 열변성조차도 거의 거치지 않은 콘드라이트가 탄소질 콘드라이트이며, 따라서 탄소질 콘드라이트야말로 가장 시원적인 운석이라고 할 수 있다. '시원적始原的'이란 말은 두 가지 의미가 있다. 하나는 물질이 2차적인 변성 과정을 거의 겪지 않고 원래의 조성에 아주 가깝다는 의미이고, 또 하나는 가장 최초에 생성되었다는 의미이다. 탄소질 콘드라이트는 전자의 의미에서 시원적임을 나타낸다.

운석의 형성과 그 조성

물질이 지구 상의 암석처럼 굳어질 때에는 몇 가지의 조건이 필요하다. 지구 상의 암석은 앞에서 언급했듯이, 마그마와 같은 용융체가 굳어지고, 지구 내부의 고온, 고압 하에서 변질되기도 한다. 퇴적암의 경우에는 물의 작용으로 광물 입자 사이에 여러 물질이 침전하고 입자 간의 결합력이 증가하면 굳어지게 된다. 따라서 물질이 굳어지기 위해서는 용융, 고온 · 고압의 조건이나 물의 존재가 필요하다. 그러면 운석의 경우는 어떠할 것인가?

분화된 운석은 용융을 경험했기 때문에 굳어져도 이상하지 않다. 그러나 미분화의 콘드라이트는 상기 세 가지의 어떠한 조건도 만족하지 않는다. 일반적으로 콘드라이트의 모천체는 직경 100km 정도의 천체를 생각한다. 이 정도의 크기에서는 중심 압력이 겨우 수백 기압이다. 또 과거에 겪었던 변성 온도를 측정해 보아도 높은 것의 경우 800℃ 정도, 낮은 것은 100℃ 정도밖에 되지 않기 때문에 이를 고온 · 고압이라고 할 수 없다. 물의 존재에 대해서는 일부 탄소질 콘드라이트에는 상당량의 물이 포함되어 있지만 대개의 경우 물이 거의 포함되지 않는다. 그럼에도 불구하고 콘드라이트는 꽤 높은 밀도로 굳어져 있다. 아직 그 이유가 해명된 것은 아니지만 아마도 원시 태양계 성운으로부터 직접 형성되었을 것으로 추측된다.

탄소질 콘드라이트가 열 변성을 받지 않은 것만이 특징이라면 보통 콘드라이트나 엔스테타이트 콘드라이트에도 그 조건을 충족하는 것이 있다. 하지만 콘드라이트의 대표적인 특징으로는 물과 탄화수소 등의 유기물을 포함하는 것과 많은 휘발성 원소를 포함하는 것이다. 태양계라고 해도 그 총 질량의 99% 이상은 태양 자신이 점유하고 있다. 따라서 태양계 성운의 조성은 그 자체가 태양의 원소 조성이라고 생각해도 좋을 것이다. 그리고 태양의 대기 관측에서 알 수 있는 원소 존재 '어떤 원소가 어느 정도의 비율로 존재하는가' 라는 상대적인 원소의 양와 어떤 종의 탄소질 콘드라이트의 원소 조성은 매우 유사하다는 사실이 알려져 있다.■ 그림 11 바꾸어 말하면, 태양 대기가 냉각, 응축한 물질이 탄소질 콘드라이트를 구성하고 있는 물질에 가깝다는 것이다. 이번에는 반대로 탄소질 콘드라이트의 원소 조성을 정밀히 분석하면 태양계의 원소 존재도가 추정된다. 태양 자체는 이 우주에서 특별하게 다른 별이 아니라 아주 평범한 항성이며, 우주는 무수한 이런 별들로 이루어져 있기 때문에 태양의 원소 조성을 우주의 대표적인 원소 조성으로 생각할 수도 있을 것이다.

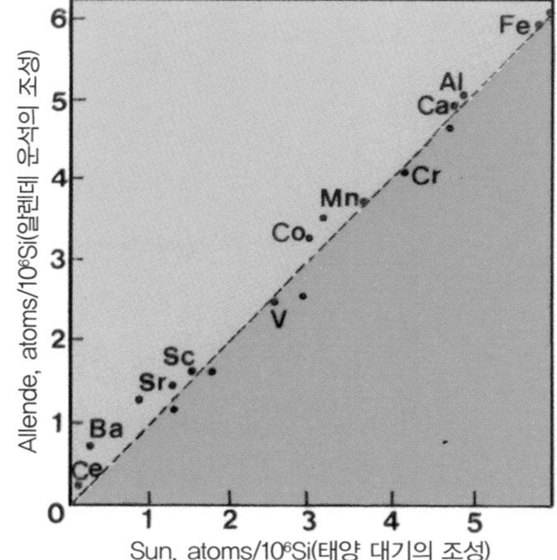

▲ 그림 11. 원소의 상대 존재비. 태양 대기의 조성과 알렌데 운석(CI 탄소질 콘드라이트)의 조성이 거의 같음을 보여준다.

알렌데Allende 운석

여기서 1969년에 낙하한 알렌데 운석■ 그림 12에 대해 살펴보자. 알렌데 운석은 탄소질 콘드라이트이다. 탄소질 콘드라이트는 대개 아주 약하고 부서지기 쉽기 때문에 지상에서 회수된 양은 적지만, 알렌데 운석의 경우 다량의 운석 파편이 회수되었다. 이 운석들이 태양계 기원에 대한 중요한 정보를 우리에게 가져다 준 것이다.

콘드라이트가 콘드률과 석기로 구성됨을 이미 언급했지만, 알렌데 운석의 경

▶ 그림 12. 1969년 2월 멕시코 알렌데 마을에 떨어진 운석. 미분화된 운석으로 콘드률을 많이 함유한 탄소질 콘드라이트이다.

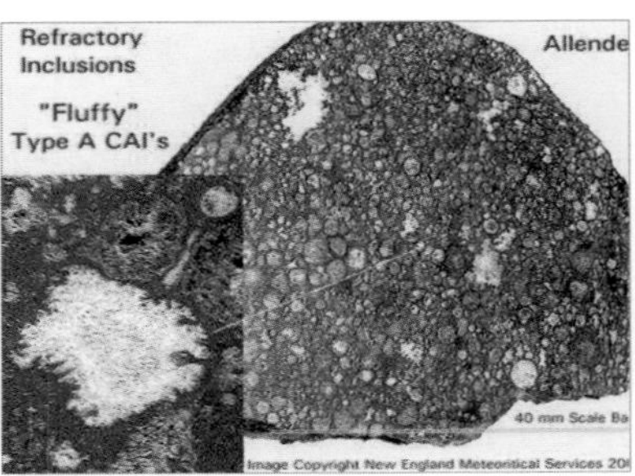

우에는 그 외에도 백색의 작은 입자가 포유물로서 포함되어 있다. 이 입자야말로 원시 태양계 성운 가스가 응축하여 생긴 최초의 물질이라고 생각된다. 이 포유물은 칼슘과 알루미늄을 포함하며 흰색이라서 '백색 포유물' 혹은 'Ca와 Al이 풍부한 포유물CAI' 이라고 불리는데, 이 백색 포유물이 태양계 형성의 수수께끼를 푸는 열쇠를 가져다준 것이다.

일반적으로 우주의 공간, 즉 우주의 별들 사이에는 완전히 텅 빈 진공이 아니라 매우 희박하지만 '성간물질interstellar matter' 이라 불리는 것으로 가득 차 있으며 이들은 균일하게 분포하는 것이 아니라 불규칙하게 분포되어 있다. 특히 성간물질이 집중적으로 모여 있는 것을 '성간운interstellar cloud' 이라 한다. 이것은 은하계 내에까지 넓게 분포되어 있는데 질량으로는 전 은하계의 수%에 불과하고 조성의 대부분99%은 수소H와 헬륨He, 기타 가스 등의 기체와 얼음ice이나 먼지dust 등의 고체로 이루어져 있다. 성간운은 새로운 별이 태어날 때 그 모체가 되는 것으로 어떤 원인으로 수축을 시작한 성간운 덩어리의 하나로부터 태양이 탄생했고, 그 후 그 주위를 원반상으로 회전하던 가스 구름으로부터 태양계가 형성되었다고 생각된다. 이 가스 구름이 냉각되면 융점이 높은 물질로부터 차례로 응축하게 된다. 태양계 성운solar nebula과 같은 원소 조성을 가진 가스의 경우 최초에 응축하는 물질은 Ca와 Al이 풍부한 광물이다. 즉, 알렌데 운석에서 발견된 백색 포유물이 원시 태양계 성운 가스에서 최초에 생성된 물질로 생각되고 이것이 알렌데 운석이 제공해주는 첫 번째 중요한 정보이다.

또 하나 백색 포유물의 연구를 통해 밝혀진 중요한 사실은 산소 동위원소의 불일치■ 그림 13이다. 동위원소라는 것은 화학적 성질은 같으나 원자핵의 질량이 다른 원소 그룹을 의미하는데 산소에는 질량이 다른 세 개의 안정 동위원소가 있다. 표준적인 무게의 산소O^{16}와 원자핵 중의 중성자수가 하나 또는 둘 많은 조금 무거

응축 과정 (Condensation process)

태양 대기 및 탄소질 콘드라이트의 원소 조성을 근거로 태양계(우주라 생각해도 좋음)의 원소 조성을 추정할 수 있다. 이런 원소 조성을 가진 가스가 2,000℃ 정도에서 냉각되기 시작하면 Al, Mg, Fe 등의 산화물과 규산염 광물이 응축된다. 이렇게 태양계 성운 가스로부터 직접 광물이 만들어지는 과정을 응축 과정이라 한다.

운 산소들O^{17}, O^{18}이다. 태양계의 물질 가운데 지구 상의 물질을 포함해 달의 암석과 분화된 운석의 일부에서는 세 가지 산소의 동위원소의 비는 매우 안정된 일정 비율을 나타낸다. 이것은 천체를 형성한 재료 물질이 같은 동위원소 조성을 가지고 있었다는 결론이다.

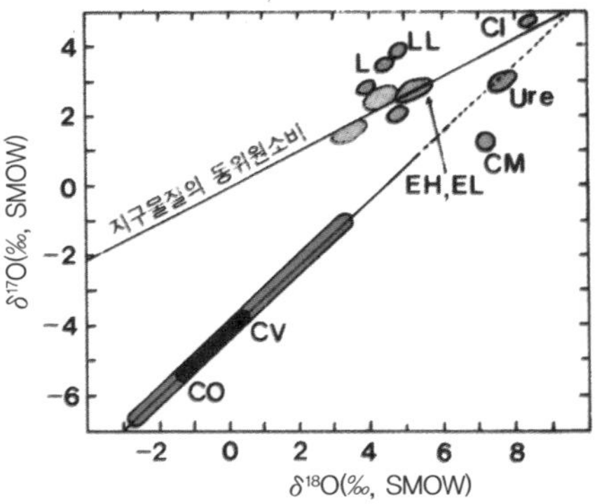

그러나 그림 13에서 보듯이 알렌데 운석의 백색 포유물 중에 포함된 광물의 산소 동위원소 조성을 구해보면, 태양계 물질의 그것과는 전혀 다르다. 즉, 무거운 산소와 가벼운 산소의 비율이 태양계의 값과는 아주 다르다는 것이다. 이런 현상은 동위원소 조성이 다른 두 가지의 물질이 혼합될 경우에만 나타난다. 결국 원시 태양계 성운 중에는 태양계 본래의 가스와 태양계 외에서 어떤 원인으로 날아온 이질 가스가 서로 혼합된 것이라 볼 수 있다.

▲ 그림 13. 태양계 물질(지구 기원 물질)과 알렌데 콘드라이트 내의 백색 포유물(CO, CV)은 서로 다른 산소 동위원소의 비를 보여준다. 이는 서로 기원이 다름을 가리킨다.

태양계가 어떤 원인으로 수축을 시작한 성간운 덩어리 하나로부터 탄생했다고 언급했는데, 그 원인의 하나로 초신성의 폭발■ 그림 14에 의한 충격파를 생각할 수 있다. 우주에는 별이 갑자기 100억 배 이상 밝게 빛나는 현상이 종종 일어난다. 이론적인 연구에 의하면 질량이 태양 질량의 약 6배 이상이 되는 별이 일생을 마칠 때에는 반드시 초신성이 된다. 초신성이 폭발할 때의 에너지는 어마어마한 것으로 그 충격파가 미치는 영향권은 넓고 이때 물질의 방출이 수반된다. 그림 14에서 초신성왼쪽 그림의 화살표이 폭발 후 매우 밝아진 모습오른쪽 그림을 보여준다.

원시 태양계가 탄생하기 조금 전으로 거슬러 올라간다면, 원시 태양계 근처에는 하나의 초신성이 있었으며, 그 초신성이 대폭발을 일으켜 별로서의 생애를

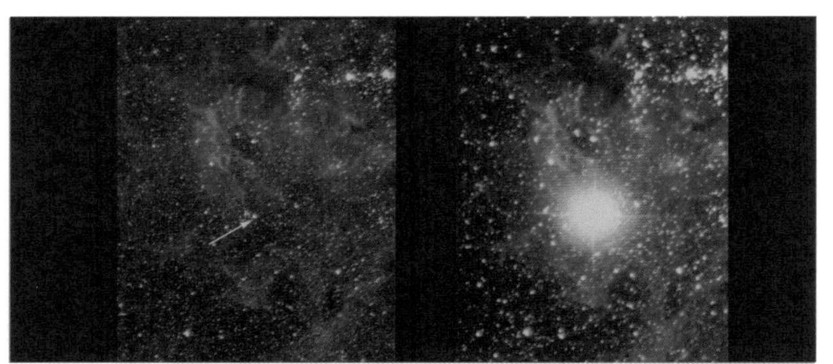

◀ 그림 14. 초신성의 폭발. 초신성이 폭발하기 전(왼쪽 화살표 위치)과 폭발 후 매우 밝아진 모습(오른쪽)이 대조적이다.

초신성 (Supernova)

별의 일생 중 최후의 시기. 태양 질량의 6배 이상의 별이 내부의 열핵반응으로 연소시킬 수 있는 수소, 헬륨, 탄소 등을 모두 태우고 나면 폭발하여 초신성이 된다. 이때 그 이전보다 100억 배 이상 밝게 빛나게 되고, 속해 있던 은하 전체의 밝기보다도 밝아지는 경우도 있다.

마친다. 이때 폭발에 의해 전달된 충격파의 영향으로 성간운이 수축을 시작하게 되고 이것이 태양계 탄생의 시작이 된 것이다. 이때 태양계 외의 가스도 같이 날아 와서 태양계 성운에 포함된 것이다. 이것이 알렌데 운석의 백색 포유물 중에 포함된 성질이 다른 산소의 수수께끼에 대한 답이다. 결국 알렌데 운석은 원시 태양계 성운 가스로부터 최초에 응축한 가장 시원적인 물질임과 동시에, 태양계 탄생의 계기를 만든 초신성의 폭발이라는 사건의 증언자이다.

그러나 이 사건은 원시 태양계 성운으로부터 행성 탄생에 이르는 우주 드라마의 서곡에 지나지 않는다. 이 드라마가 어떻게 전개될지 우리는 여행을 계속해야 할 것이다. 우리를 태운 열차는 이제 막 첫 번째 정거장을 통과했을 뿐이다.

달과 크레이터

갈릴레오Galileo의 달

우리를 태운 열차는 지금 달을 향하고 있다. 우리들의 기억 속에는 달에 대한 수많은 일화가 들어 있다. 동요 속의 달, 이태백의 달 등등. 달은 인류의 생존 방식에 커다란 영향을 미쳤다. 고대에는 운명론적으로 달이 시간을 지배하는 신으로 여겨진 경우가 많았는데, 달이 주기적으로 변하는 사실로부터 이를 시간의 척도로 삼은 것은 동·서양을 막론하고 세계의 여러 민족에 공통된 사실이다. 이러한 달이 과학의 논쟁에 등장하게 된 것은 달 표면에 대한 갈릴레이의 관측으로부터 비롯된다.

호기심이 많던 과학자 갈릴레이Galileo Galilei, 1564~1642는 자신이 직접 망원경을 제작하여 별 세계를 관찰하기 시작했다.■ 그림 15 그는 목성 주위를 돌고 있는 4개의 위성갈릴레이위성이라 불림, 은하가 무수한 별의 집합체인 것, 태양의 흑점, 금성이 차고 기우는 것 등 많은 새로운 사실을 발견했다. 그중에서도 달 표면에 대한 관측 결과가 매우 흥미롭다. 달의 표면에는 여러 곳에 불가사의한 원형의 움푹 패어진 지형들이 나타난다.■ 그림 16 갈릴레이는 이러한 원형의 지형을 고대 그리스어로 술과 물을 섞는 용기를 의미하는 '크레이터crater' 라 불렀다. 인류가 크레이터의 존재를 알고 골몰한 것은 바로 이때부터이다.

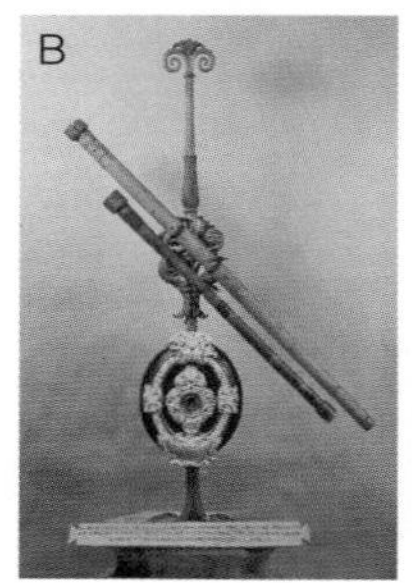

▲ 그림 15. 갈릴레이의 모습(A)과 그가 발명한 망원경(B). 갈릴레이는 천체에 관한 많은 발견을 하였다.

달의 표면에 분포하는 크고 작은 무수한 크레이터는 갈릴레이 이래 300년 이상에 걸쳐서 지상의 과학자들에게는 풀리지 않는 숙제였다. 보다 정밀한 망원경이 만들어져 달 표면의 지형이 보다 상세히 관찰되었지만 "왜 크레이터가 생겼는가?" 라는 문제에 대해서는 수많은 논쟁이 계속되었다.

크레이터에 대한 논쟁

달의 크레이터의 기원을 설명하는 유력한 이론으로는 두 가지가 있었다. 하나

▶ 그림 16. 달 표면 사진. 달의 표면에는 크고 작은 무수히 많은 크레이터가 관찰된다.

◀ 그림 17. 운석의 충돌에 의해 형성된 크레이터(crater). 지구 밖 행성이나 위성에서 관찰되는 다양한 모습들은 충돌한 운석의 크기에 관한 정보를 제공한다.
(A) 수성, (B) 천왕성의 위성 티타니아, (C) 목성의 위성 칼리스토.

크레이터 (Crater)

'크레이터'란 용어는 현재에도 두 가지의 의미로 계속 사용되고 있다. 화산의 분화구를 크레이터라고 하며, 또한 운석의 충돌에 의해 움푹 파인 원형의 지형을 일컬을 때도 크레이터라 한다. 여기서 다루는 크레이터는 모두 운석 충돌에 의해 생성된 운석공을 말한다.

는 크레이터가 화산의 화구라는 설이며 다른 하나는 운석의 충돌로 생겼다는 설이다.

두 가설을 뒷받침하는 것으로 17세기 중반의 후크R. Hooke, 1635~1703의 모의실험을 들 수 있다. 후크는 대량의 물을 포함한 점토 가운데 구슬을 던져 넣어 달의 크레이터와 유사한 형태를 만들어 운석 충돌설에 대한 하나의 증거를 제시했는가 하면, 이번에는 석고에 물을 섞어 끓이면 역시 크레이터와 유사 형태가 생긴다는 실험도 하여 화구설에 커다란 영향을 주었다. 그러나 이러한 모의실험이 행해지던 시절에는 지구 및 달의 외부로부터 운석과 같은 물체가 충돌한다는 인식은 전혀 없었고, 따라서 후크 자신도 운석 충돌설을 주장한 것은 아니다. 결국 18세기에 들어와서는 화구설이 유력했는데 독일의 철학자 칸트I. Kant, 1724~1804와 천왕성의 발견자인 영국의 천문학자 허셸W. Hershel, 1781년 천왕성 발견 등이 그 주창자들이었다.

달의 크레이터가 화산의 분화에 의한 것이 아니고 운석의 충돌로 생긴 것이라는 주장은 비로소 19세기 말에 이르러서 과학적인 의미를 가지게 되었다. 미국의 지질학자 길버트G.K. Gilbert는 달의 크레이터의 형태 및 규모가 지구 상의 화산의 그것들과는 전혀 다른 것을 근거로 화구설을 강력히 부정하는 동시에 정밀한 달 표면 관측과 여러 실험을 통해 크레이터가 운석의 충돌로 생겼다고 주장했다. 하지만 길버트의 학설은 발표 당시에는 그다지 주목받지 못했고 20세기에 들어와서도 과학자들 사이의 논쟁은 끊이지 않았다.

크레이터를 찾아서

크레이터의 논쟁에 대한 결론을 내리기 위해 이번에는 달을 벗어나 다른 행성들을 향하는 여행을 해 보자.

1950년대 말, 미국과 소련의 우주 경쟁이 시작되었다. 1960년대에 들어서 우주 탐사선의 발사가 활발해짐에 따라 지상의 과학자들은 탐사선이 보내오는 우주 공간에 관한 여러 자료를 입수하게 되었는데, 그중에서도 충격적인 것은 1965년 7월 미국이 발사한 화성 탐사선 마리너 4호가 보내온 22장의 사진이었다. 거기에는 분명히 크레이터의 모습이 찍혀 있었으며, 이로써 인류는 달 이외의 천체에도 크레이터가 존재한다는 사실을 처음 알아낸 것이다.

화성 다음으로 크레이터가 발견된 천체는 수성이다. 1974년 마리너 10호는 수성에 접근하여 무려 2,000여 장에 이르는 사진을 지구로 전송했다. 여기에서도 수성의 지표가 달에서 관측된 것과 같은 크레이터로 덮여 있음을 발견하게 된 것이다. 결국 크레이터는 달에만 국한되어 존재하는 것이 아니라 화성과 수성, 그리고 그들의 위성에서도 발견되었다. 심지어 멀리 떨어진 목성의 위성인 칼리스토와 천왕성의 위성인 티타니아에서도 발견된다.■그림 17 즉 지구 바깥 행성 및 그들의 위성 전부에서 크레이터가 발견되었다. 그렇다면 지구에도 크레이터가 존재할 가능성은 매우 높다고 하겠다.

실제 지구에서도 많은 크레이터가 발견되고 있다. 그중 유명한 것을 살펴보면, 먼저 미국 애리조나 주에 있는 베링어 크레이터로 알려진 애리조나 운석공Arizona Meteor Crater이다.■그림 18-A 이 크레이터는 약 2만 년 전 커다란 철운석이 충돌하여 형성된 것으로, 형성 시기가 짧아 그 형태가 비교적 잘 보존되어 있다. 이 운석공은 직경이 약 1.2km인 밥공기 모양을 하고 있다. 다음으로 캐나다 몬트리올 북동부에 있는 매니쿠아간 크레이터Manicouagan crater로 직경이 약 65km에 달하는데 워낙 규모가 커 인공위성에서만 관측이 가능하다.■그림 18-B 이 크레이터는 상당히 풍화를 받아 그 규모가 작아졌는데, 당초의 크기는 아마도 100km 정도였을 것이며 지구 상 최대 규모의 크레이터 중의 하나이다. 약 2억 천만 년 전에 만들어졌을 것으로 추정되며 현재는 링 형태의 호수를 이루고 있다.

▼ 그림 18. 지구에서 발견되는 대표적인 크레이터. (A) 미국 애리조나 주의 베링어 크레이터. 지름이 약 1.2km 정도로 약 50m 크기의 운석에 의해 2만5천 년 전에 생성되었다. (B) 캐나다 매니쿠아간 크레이터. 생성 당시의 직경은 약 100km로 추정되는 초대형 크레이터.

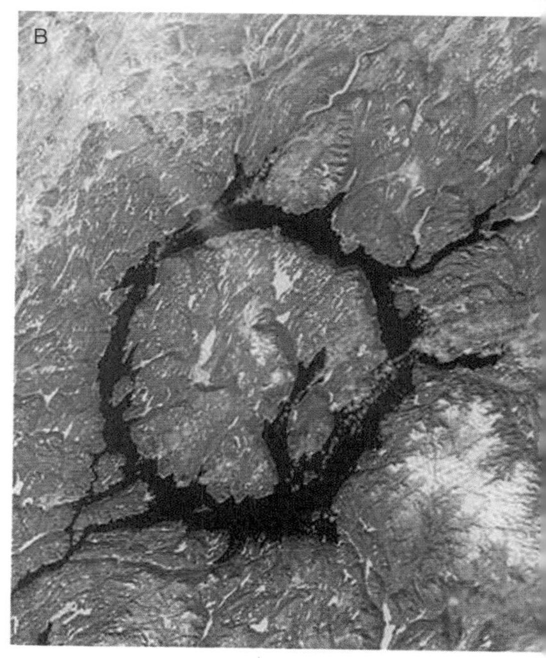

현재 지구에서 확인되는 크레이터는 백여 개가 넘는다. 그 직경은 10m 정도의 것에서 100km 이상이 되는 것까지 있고, 지역적으로도 남·북 아메리카, 호주, 러시아, 유럽, 중동, 아프리카 등 전 세계에 널리 분포하고 있다.■그림 19 다만 특징적인 것은 이들 크레이터가 북아메리카의 동북부, 동유럽 일부와 북유럽, 그리고 호주에서 집중적으로 발견된다. 또한 이들 운석공들은 대부분이 생성 시기가 모두 2억 년 이상 오래된 특징이 있다. 그 원인으로는 일차적으로 크레이터의 크기와 관련이 있

▶ 그림 19. 지구에서 발견되는 크레이터의 분포. 지름이 수백 m에서 100km 이상의 것도 있으며, 100만 년 이내의 최근에 생성된 것부터 2억 년 이상 오래된 것 등 다양한 운석공들이 발견된다.

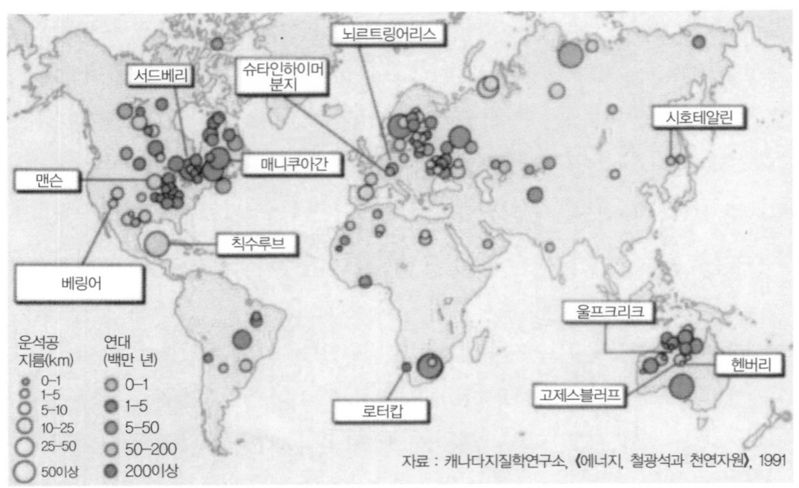

을 것으로 생각된다. 크면 클수록 오랜 시간이 지나 침식이나 변형을 받더라도 흔적이 남게 된다. 한편, 오래전에 형성되었다 하더라도 지각 운동을 받지 않는 안정 대륙일수록 충돌 흔적이 잘 보존될 것이다. 이들 지역들은 모두 판구조 운동의 영향에 의한 지각운동의 영향이 별로 미치지 않았다는 공통점이 크레이터의 발견 빈도와 무관하지 않은 것으로 생각된다.

크레이터들은 크기에 따라 다양한 모습을 보여준다. 특히 커다란 크레이터들은 바닥의 중심부가 돌출되는 독특한 형태를 보여주는데, 그 형태는 과학자들을 당황케 하였다. 이러한 현상은 추락하자마자 엄청난 압력으로 짓눌렸던 암석이 즉시 탄성을 보이기 때문인 것으로 추측된다. 이러한 효과는 운석이 크면 클수록, 또한 충돌 시의 속도가 높으면 높을수록 더욱 강해진다. 예를 들어 100km의 광대한 매니쿠아간 크레이터의 중심 부분은 이러한 상승 작용으로 10km나 솟아올라 있다.

▲ 그림 20. 독일 남서 소도시 뇌르트링겐의 모습. 원형으로 둘러싸인 성 내부에 도시가 발달해 있다.

독일의 남서 소도시 뇌르트링겐Nördlingen은 독특한 모습을 하고 있는데, 운석 충돌로 움푹 패인 분지 '뇌르트링어리스 크레이터' 라 부름에 자연적으로 도시가 발달한 것이다.■ 그림 20 마을 중앙에 교회가 있으며 이를 중심으로 원형으로 둘러싸여진 성 내부에 도시가 발달하고 주변은 평야와 농촌 마을로 이루어져 있다. 지질학자들은 뇌르트링겐 주변의 지형과 암석에서 운석 충돌의 증거를 상세히 조사한 후, 뇌르트링어리스 크레이터를 근거로 어떻게 하늘로부터의 폭격이 단 몇 분 사이에 평화로운 평야를 황폐하고 새로운 지형으로 만들어 버리는지를 밝혀내었다. 그림 21은 이를 재구성한 것이다.

뇌르트링어리스 운석공의 지름은 약 25km이며 이 정도의 충격을 에너지로 계산할 경우, 180억 톤의 폭약 또는 히로시마에 투하되었던 원자폭탄의 25만 개 정도의 파괴력에 해당된다. 따라서 이만한 충격을 주기 위해서는 소행성, 즉 1km 조금 넘는 돌덩어리운석가 시속 7만km 이상의 속도로 지구를 향해 돌진하였을 것이며, 약 2초 만에 대기권을 통과하여 불덩어리로 지표에 도달한다. 약 0.03초 후에 이 운석은 고도로 응축된 가스 형태로 땅속 약 1km 깊이에서 정지하였다가 폭발하였으며, 그 사이 운석공 깊은 곳에서는 시속 약 7만 km로 충격파가 퍼졌다. 곧이어 용융되고 부서진 암편들은 하늘로 분산되기 시작하였고, 5백만 기압과 수만도에 이르는 고온에서 생겨난 암석 증기도 동시에 폭발하듯 하늘로 퍼져나갔다. 0.4초가 지나기도 전에 운석공은 지름 4km, 깊이 2km 정도로 커졌고 시간이 지날수록 더욱 커져갔다. 20초가 지난 후에는 지름 15km, 깊이 4.5km의 운석공이 생겨났다. 운석공 주변에는 낙하한 분출물들이 수백m 두께로 쌓였다. 동시에 운석공 바닥에서는 수축에 대한 강렬한 반작용으로 상승작용이 일어났다. 다음 1~2분에는 그때까지도 공중에 떠돌고 있던 암편들이 지상으로 떨어져 사방 50km에 이르는 지역에 독립된 층을 형성했으며, 중심부의 열로 인해 타고 있던 혼합물들이 일부는 운석공 속으로, 또 쌓여 있는 분출물 위로 떨어졌다. 운석공 가장자리에서는 단층작용에 의해 커다란 암석들이 안쪽으로 미끄러져 내렸고 이로써 운석공은 지름이 25km까지 넓어졌다. 그 사이에 운석공의 바닥은 탄성으로 솟아올라 3km 정도 더 솟아올랐다. 이후 풍화, 침식작용을 받아 솟아오른 봉우리는 낮아지고 둥글게 형성된 분지에 성곽을 두르고 그 속에 도시가 발달하게 되었다.

▲ 그림 21. 독일 뇌르트링어리스 크레이터의 생성 과정의 모식도. 지름이 약 25km로 1km 크기의 소행성의 충돌에 의해 생성되었다.

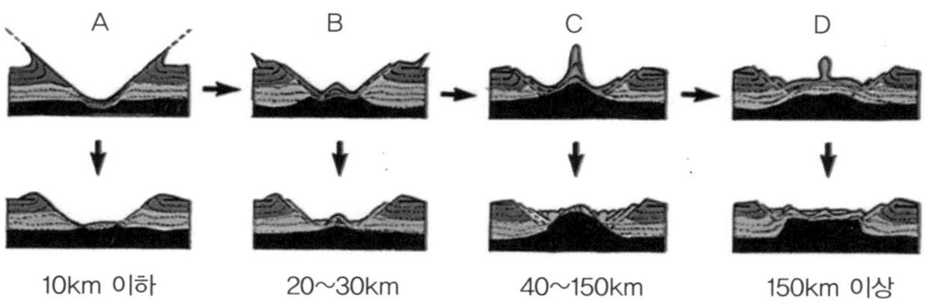

◀ 그림 22. 운석공의 크기에 따른 형태 분류. (A) 밥공기형, (B) 평저형, (C) 중앙 봉우리형, (D) 동심원 링형.

크레이터들은 크기에 따라 그 형태가 다양하다.■ 그림22 직경이 10km 보다 작은 경우를 밥공기형, 20~30km 정도의 것을 평저형, 40~150km의 것을 중앙 봉우리형 그리고 150km 보다 큰 경우를 동심원 링형이라 부른다.

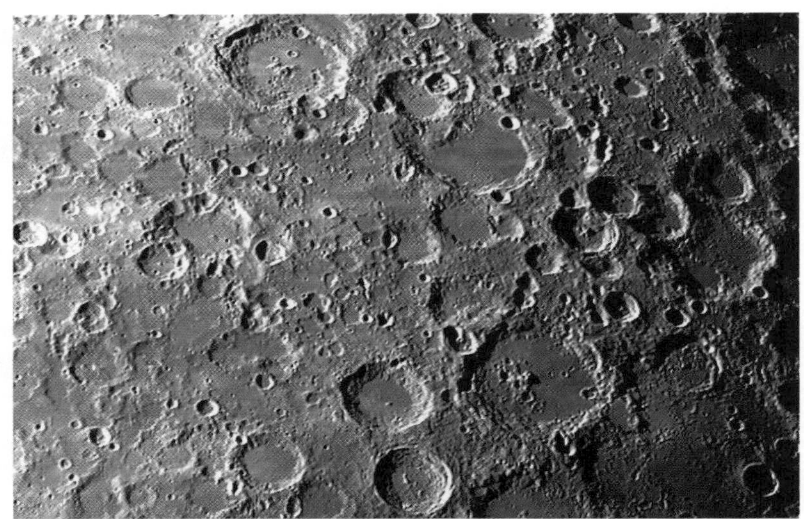

▶ 그림 23. 달 표면에서 관찰되는 다양한 크기와 형태의 크레이터.

한편 대기가 없는 달, 또는 다른 행성이나 위성에서는 그 충돌 양상이 다소 달라진다. 지구에서는 소행성이나 운석이 대기권을 통과하면서 마찰에 의해 크기가 줄어들어 충돌의 정도가 축소되지만, 달이나 다른 행성에서는금성은 제외 원래 크기 그대로 충돌하기 때문에 크레이터의 크기가 지구와는 비교가 안 될 정도로 대규모의 것이 많다. 달 표면을 자세히 관찰하면 수많은 크레이터들을 발견할 수 있다. 개수도 많을 뿐더러 크기도 다양하여 큰 것은 수백 km에 이르고, 충돌이 겹쳐 크레이터 속에 크레이터가 존재하기도 한다.■ 그림23

달에서 가져온 돌

지구를 포함한 여러 행성들에서 크레이터를 발견한 우리들은 다시 달 표면에 대한 여행을 계속해 보기로 하자. 미국이 아폴로Apollo 계획을 발표할 즈음에 과학자들은 달의 표층이 분화 작용을 받지 않은 탄소질 콘드라이트와 같은 시원적인 물질로 덮여 있었을 것으로 생각했다. 그러나 아폴로 11호의 우주 비행사들이 가져온 돌은 시원적인 물질이 아닌, 지구 상의 암석의 분류에 따르면 전부가 화성암으로 분화를 경험한 것들이었다.

달의 표면을 지구에서 바라다보면 밝게 보이는 부분과 어둡게 보이는 부분이 있는데, 어두운 부분의 형태는 마치 계수나무 아래서 옥토끼가 방아를 찧는 모습처럼 보인다그림 16 참고. 이 어두운 부분은 주로 저지대를 이루는데 지구의 바다에 해당된다고 하여 보통 바다mare 또는 maria라 부르고, 밝게 보이는 부분은 지구의 평야나 산에 해당되는데 각각 평지upland와 고지highland라 부른다. 다만 바다라 하더라도 물이 있을 리는 없다.

▲ 그림 24. 아폴로 탐사로 가져온 월석.
(A) 현무암질암, (B) 회장암질암.

달의 암석들은 바다와 평지 · 고지에서 발견되는 것이 서로 성질이 다르다. 바다를 덮고 있는 것은 지구에서 말하는 현무암basalt에 해당되는 조성의 암석이다.■ 그림 24-A 물론 그 조성이 지구의 것과는 다르지만, 지구에서와 마찬가지로 맨틀을 구성하는 물질이 부분적으로 녹아서 만들어진 것으로 바다가 검게 보이는 것은 이 현무암이 검기 때문이다. 한편, 평지 · 고지에서 채집된 암석은 장석이 많이 포함되어 있는 회색의 회장암anorthosite이다.■ 그림 24-B

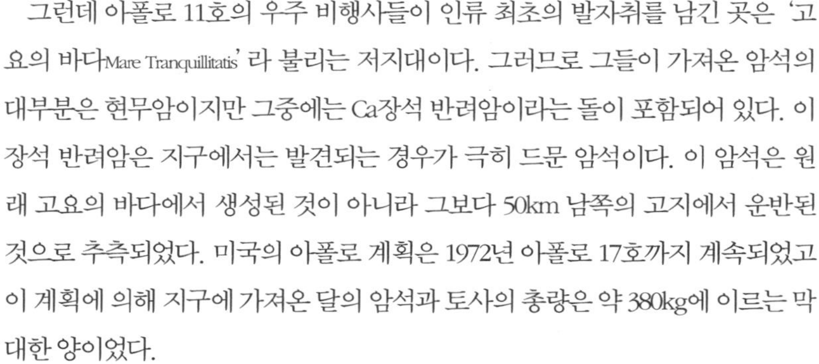

그런데 아폴로 11호의 우주 비행사들이 인류 최초의 발자취를 남긴 곳은 '고요의 바다Mare Tranquillitatis' 라 불리는 저지대이다. 그러므로 그들이 가져온 암석의 대부분은 현무암이지만 그중에는 Ca장석 반려암이라는 돌이 포함되어 있다. 이 장석 반려암은 지구에서는 발견되는 경우가 극히 드문 암석이다. 이 암석은 원래 고요의 바다에서 생성된 것이 아니라 그보다 50km 남쪽의 고지에서 운반된 것으로 추측되었다. 미국의 아폴로 계획은 1972년 아폴로 17호까지 계속되었고 이 계획에 의해 지구에 가져온 달의 암석과 토사의 총량은 약 380kg에 이르는 막대한 양이었다.

창세기의 돌Genesis Rock

달 암석의 채집에 관한 에피소드 중에서 가장 유명한 것은 아폴로 15호가 아페닌 산록Apennine Front에서 채집해 온 사장석의 결정질로 된 백색의 회장암인데, 이 암석을 일약 유명하게 만든 것은 방사성동위원소에 의한 연대 측정 결과, 46억 년 전에 만들어진 것으로 판명되었기 때문이다.

이 회장암의 존재는 달의 탄생기에 그 표면이 용융되었음을 보여준다. 용융된다는 것은 냉각하는 과정에서 무거운 것은 아래로 가라앉고 가벼운 것은 표면에 떠오르는 과정을 겪었다는 것을 의미한다운석의 분화에서 설명한 것처럼. 이 과정에서 떠오르면서 분화하여 결정화된 것이 바로 회장암인 것이다. 이 회장암의 나이가 46억 년이라는 사실이 태양계의 구성원이 따로따로 만들어진 것이 아니라 동시에 만들어졌다는 가설에 대한 증거가 되었다.

태양계가 일시에 만들어졌다고 하면 성경의 창세기의 기술과 일치되는 것이기 때문에 이 암석에 대해 '창세기의 돌Genesis Rock'이란 칭호가 주어졌고 휴스턴의 박물관에 전시되는 영예를 누리게 되었다. 하지만 달에서 발견되는 46억 년 전의 암석은 이 하나만이 아니라 상당히 많이 있다.

달의 표면에 존재하는 무수한 크레이터가 화산 기원인지, 운석 충돌 기원인지의 논쟁에 대해서는 앞에서도 언급했지만, 그 종착점이 된 것이 바로 아폴로 탐사선에 의해 지구에 가져온 암석과 토사로부터이다.

▲ 그림 25. 달에 내린 인류 최초의 발자국. 발자국이 찍힌 흙 같은 물질은 레골리스라 불리는 것으로 달 표면의 암석층이 운석 충돌에 의해 부서진 것이다.

달에는 물이 없고 또한 대기가 없어 침식이나 풍화작용이 없을 것이다. 따라서 과학자들은 지구와는 달리 침식, 풍화의 산물인 흙이 달에서는 발견되지 않을 것으로 생각하였다. 아폴로 11호의 암스트롱N. Armstrong 선장에 의한 인류의 위대한 첫발이 먼지에 쌓인 달의 표면에 남겨진 것■ 그림 25을 기억하는 사람이 아직 많다. 그 먼지처럼 보이는 가루물질은 '레골리스regolith'라 불리는 흙의 일종이다. 만약 달 표면이 딱딱한 암석층으로 이루어져 있었다면 인류의 첫발은 결코 흔적을 남기지 못했을 것이다. 그렇다면 풍화와 침식이 없는 달에 어떻게 흙이 존재할 수 있었을까? 이에 대한 해답이 운석 충돌이며, 달 표면의 암석층이 운석의 충돌에 의해 분쇄되어 만들어진 것이다. 결국 암스트롱이 달에 남긴 발자국은 그동안 수백 년간 계속되어온 크레이터의 기원에 관한 논쟁에 종지부를 찍게 되어 더욱 유명해졌다.

마그마의 바다

달의 크레이터에 대한 또 하나의 중요한 사실은 크레이터의 수가 바다의 부분에는 아주 적고 평지나 고지에 집중적으로 분포하고 있다는 것이다. 운석이 바다를 피해 고지를 노리고 충돌한 것일까? 물론 그럴 리는 없을 것이다. 이 수수께끼에 대한 해답을 찾기 위해서는 탄생으로부터 10억 년 정도까지 달이 겪어온 진화의 발자취를 더듬어야 할 것 같다.

46억 년 전, 달의 탄생 직후부터 무수한 운석들이 격렬하게 달 표면에 충돌했을 것으로 생각된다. 이때의 충돌 에너지는 열에너지로 전환되면서 달 표면은

◀ 그림 26. 마그마의 바다. 달의 탄생 직후부터 무수한 운석들의 충돌에 의해 표면이 용융되어 마그마의 바다가 생성된다.

상당한 고온이 되었을 것이며, 따라서 표면이 용융하게 되었다. 표층부는 '마그마의 바다magma ocean' 라는 용융층을 이루고 그 깊이가 표면으로부터 약 400km에까지 이르게 되었다.■그림 26 이 마그마가 차츰 냉각하면서 먼저 사장석이 결정화되고 이 사장석은 마그마보다 밀도가 낮기 때문에 표면에 떠올라 원시 지각을 형성하게 된다. 이것이 바로 고지이며 그 후로 계속된 운석의 격렬한 충돌에 의해 자취가 남게 되었다.

충돌은 40~38억 년 전까지 계속 일어났을 것으로 추정되는데, 그로 인해 지각에 많은 균열대가 생겼다. 이 균열대를 통해 맨틀로부터 유래된 용암이 유출하게 된다. 점성이 낮아 흐르기 쉬운 이 현무암질의 용암은 저지대로 흘러들어 넓은 범위에 이르는 평탄한 지형, 즉 바다를 형성하였다. 달에 바다가 만들어진 시기가 38~32억 년 전 정도로 추정되는데, 바다에서 발견된 크레이터의 수는 고지의 1/100 정도에 지나지 않는다. 이 사실은 바다가 형성된 이후 운석의 충돌이 급격히 감소했음을 의미한다. 이러한 추정은 달의 크레이터와 암석이 제공하는 다양한 정보로부터 이루어졌다.

예를 들어, 달의 바다에서 발견된 현무암의 나이는 제일 오래된 것이 약 38억 년 정도이며, 더욱이 31억 년보다 젊은 나이를 가진 암석은 달에서 발견되지 않는다. 이 사실이 바다의 형성 시기가 38억 년에서 32억 년 전이라는 것에 대한 증거이고, 또한 바다가 형성된 후 달은 냉각되어 내부 활동이 종식됨과 동시에 마그마의 분출도 줄어들었음을 나타낸다. 물도 대기도 없는 달에서 그 내부 활동이 끝나버리면, 그 이후 새로운 암석이 만들어질 리가 없다.

한편, 고지의 회장암 중 가장 젊은 나이를 보이는 것은 약 38.5억 년 정도로 이보다 젊은 고지의 암석은 발견되지 않는다. 그 이유는 고지는 바다보다 오래되고, 거기에 남겨진 많은 크레이터를 생각할 때 적어도 38억 년 전까지는 격렬한 운석의 충돌이 계속되어 마그마의 바다가 유지되었기 때문일 것이다.

달은 어떻게 만들어졌을까?

우리는 위에서 달의 탄생이 당연한 자연법칙의 귀결로 가정하고 여러 수수께끼를 풀어보았다. 그러면 달은 도대체 어떻게 만들어졌을까? 이를 설명하는 네 가지의 설이 있다.■ 그림 27

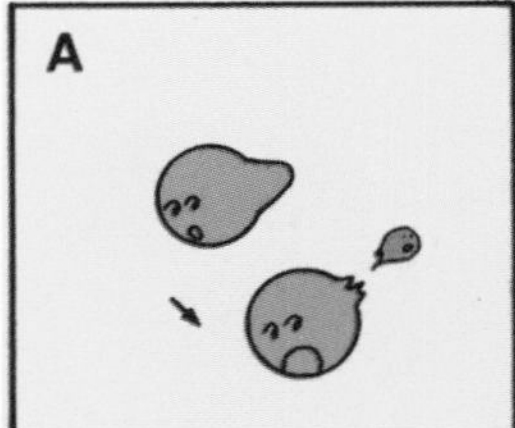

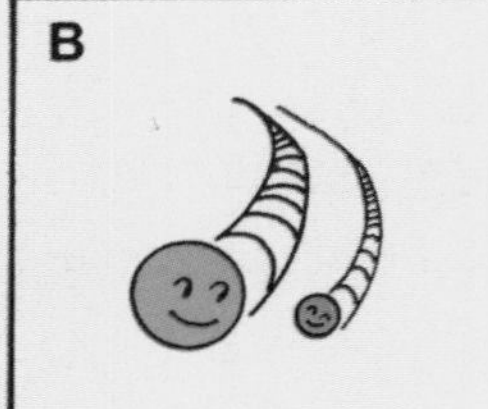

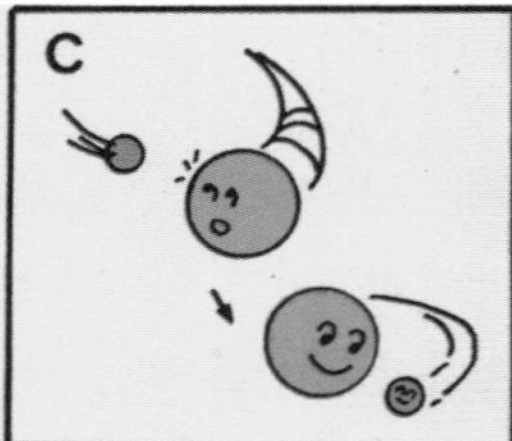

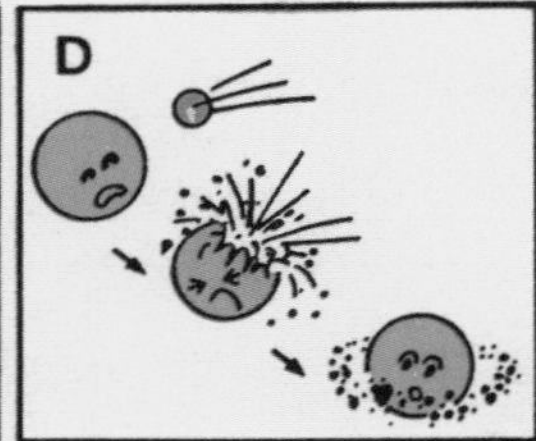

▲ 그림 27. 달의 생성 과정을 보여주는 네 가지 설. (A) 분열(친자)설, (B) 집적(형제)설, (C) 포획(타인)설, (D) 충돌설. 이 중 충돌설이 가장 유력하다.

첫째는 지구의 일부분이 분열되어 달이 되었다고 하는 분열설로서, 지구와 달이 부모와 자식의 관계에 있다 하여 '친자설'이라고도 한다. 둘째로는 지구의 둘레에서 달도 지구와 함께 성장했다고 하는 집적설 혹은 '형제설'이다. 셋째는 완전히 다른 천체가 우연히 지구에 접근하여 포획되었다는 포획설 혹은 '타인설'이다. 마지막으로는 '충돌설'이라 불리는 것으로 원시 지구에 화성 정도의 크기의 미행성이 충돌하면서 지구의 맨틀이 파괴되어 날아간 파편이 다시 집적되어 달이 만들어졌다는 것이다.

이 하나하나의 설에 대해 살펴보기로 하자. 우선 아폴로 계획에 의한 달 탐사로부터 지구와 달은 거의 같은 조성임이 밝혀졌기 때문에 포획설은 부정되어야 한다. 지구와 달의 유사점으로부터 분열설이 가지는 유리한 점도 있지만, 원시 지구의 핵이 형성될 때에 지구의 자전이 불안정하게 되어 표면 물질이 분리되었다는 이론에는 무리가 있다. 지구가 아무리 빨리 자전했다 하더라도 표면 물질이 날아가 버리는 현상은 물리적으로 일어나지 않는다. 그다음 집적설은 최근까지 상당히 유력한 설이었다. 그러나 달이 지구와 마찬가지로 미행성을 집적하여 같이 성장한다는 이론의 난점은 지구-달 시스템의 각 운동량이 다른 태양계 천체의 각 운동량과 미묘하게 다른 것을 설명할 수 없다는 것이다.

태양계 중 여러 천체의 각 운동량은 질량의 크기에 비례하여 규칙적으로 증가한다. 그러나 지구-달 시스템만이 다른 천체보다 약간 높은 값을 보인다. 여기에 가장 최근에 각광을 받기 시작한 것이 충돌설이다. 이것은 소위 분열설과 집적설을 조합한 것인데, 실제 원시 지구에 화성 크기의 행성을 충돌시키는 가상 시뮬레이션을 해 보아도 아주 그럴듯하게 달이 만들어지고, 또 달이 지닌 특징도 잘 설명된다고 한다.■ 그림 28 집적설이 가지는 각 운동량의 난점 역시 충돌의 충격으로 각 운동량이 증가하게 된 것으로 설명이 가능하다. 현재로서는 충돌설이 가장 유리한 위치에 있지만 이것이 완전한 정답인지 어떤지는 아직 모른다. 이를 해결하기 위해서는 태양계의 행성이 만들어지는 과정을 보다 자세히 연구해야 할 것이다.

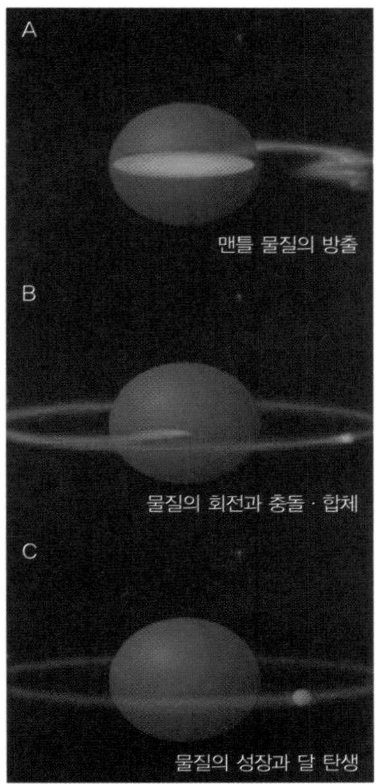

◀ 그림 28. 충돌설로 달이 만들어지는 과정을 설명한다.
(A) 소행성에 의한 엄청난 충돌로 맨틀 물질을 포함한 지구 파편들이 외계로 흩어지고, (B) 이들은 지구에서 일정한 거리를 두고 공전궤도를 회전하면서 충돌·합체하고, (C) 점점 성장하여 달이 된다.

행성 형성에 관한 내용은 제5장 '외계에서 온 이야기' 밝혀지는 태양계 중 '태양계의 기원' 에서 자세히 다루고 있다.

지구의 원시 대기와 바다

원시 지구 대기의 형성

자, 우리의 열차는 운석-달-행성계-달-행성계로 이어지는 여러 정거장들을 차례로 통과했다. 이제는 지구로 돌아가서 우리의 푸른 행성에 대기가 만들어지고 바다가 만들어지는 과정들을 살피기로 하자.

원시 지구가 현재 크기의 행성으로 성장하는 데에는 1억 년도 채 걸리지 않았을 것으로 추정되고 있다. 그러나 이 1억 년 이내의 시간에 일어난 사건들은 원시 지구에 대기와 바다를 만드는 데 매우 중요한 역할을 하게 된다.

반경이 현재의 1/2 정도에 달한 원시 지구에는 평균하여 1년에 1,000개 이상의 미행성이 충돌했으리라 생각된다. 그런 과정에서 충돌·합체하면서 지구의 부피가 커졌으며, 지구의 중력도 점점 더 강해지게 되어 미행성을 잡아당기는 힘도 증가했을 것이다.

그 결과 더 많은 미행성의 충돌이 일어났을 것이다. 더욱이 미행성의 속도는 매초 수 km에서 수십 km까지 상당히 빨랐다. 이에 따른 충돌이 일어날 때 미행성 및 원시 지구의 지표에 포함되어 있던 휘발 성분은 순간적으로 증발해 버린다충돌 탈가스 현상. 이러한 일이 하루에도 몇 차례씩 반복되고, 증발한 가스는 끊임없이 지표 위를 떠다니고 그 농도는 점차 증가한다. 결과적으로 어떤 시기에 원시 지구는 현재의 금성과 같이 그 표면이 두껍고 농도가 진한 가스로 덮이게 된다. 휘발성 성분 중에서도 특히 많은 양을 차지하는 것은 물과 이산화탄소이다. 그중 물이 80% 이상이기 때문에 원시 지구의 대기는 수증기로 되어 있었다고 생각해도 무방하다.

한편, 미행성의 충돌은 수증기와 이산화탄소를 방출시켜 원시 대기를 형성하는 것뿐만 아니라 다량의 충돌 에너지를 지표에 발산시키고, 이 에너지는 열에너지로 전환된다. 원시 지구의 형성 시, 방출된 에너지의 총량은 지구가 46억 년 동안 내부에서 발생시킨 열에너지주로 방사성 에너지의 10배 이상에 달하는데, 그 원천은 거의가 미행성의 충돌 에너지이다. 이 정도의 막대한 에너지가 전부 열로 저장된다고 하면, 원시 지구의 온도는 10,000℃를 훨씬 넘게 되고 물질이 전부 가스로 변하여 거대한 가스 성운이 되어버렸을지도 모른다.

만일 원시 지구에 대기가 없었다고 가정한다면, 이들 열에너지는 전부 우주 공간으로 도망가게 된다. 결국 미행성의 충돌 에너지가 어느 정도 원시 지구에 저장되는지 그 저장 방법에 따라 지구의 운명은 변하고, 진화의 과정도 달라지는 것이다. 여기서 원시 대기의 존재가 지표 온도의 결정에 중요한 역할을 하게 되었다.

온실효과와 보온효과

대기에는 열을 받아들이려는 성질이 있다. 만약 현재의 지구에 대기가 없다면 그 지표 온도는 영하가 될 것이다. 그런데 현재 지표 대기의 온도가 20℃ 부근에서 안정된 것은 수증기와 이산화탄소를 포함하는 대기가 열을 저장하는 온실효과 때문이다.■ 그림 29

온실효과greenhouse effect라고 하면 이산화탄소를 생각하는 사람이 많다. 특히 대기 중의 이산화탄소의 농도가 최근에는 자주 거론되고 있다. 산업혁명 이후 인류는 석탄과 석유 등의 화석연료를 다량 소비해왔고, 이 때문에 대기 중의 이산화탄소의 농도가 증가하는 추세이다. 계속 이산화탄소의 농도가 증가한다면, 21세기까지 지표 온도는 수 ℃ 정도 상승하고 남극 대륙의 빙하가 녹아 해수면이 높아져 해안 지대가 수몰될지도 모른다. 확실히 이산화탄소는 상당한 정도의 온실효과를 유발하지만, 실은 수증기 쪽이 적외선 방사역에 매우 강력한 흡수대를 가지는 훨씬 강한 온실효과 기체이다. 그런데 지구의 원시 대기의 형성에 있어서는 이 온실효과 이외에 보온효과라는 새로운 개념이 도입되어야 한다.

우선 온실효과와 보온효과의 차이에 대해 알아보자. 간단히 말하자면 열원이 태양 방사인 경우 즉, 대기권 밖에 열원이 있는 경우가 온실효과, 열원이 대기권 내부 즉, 지표에

▼ 그림 29. 온실효과를 나타내는 그림. 태양으로부터 받은 빛은 지표에서 반사되면 적외선이 되어 다시 대기에 흡수되어 저장된다.

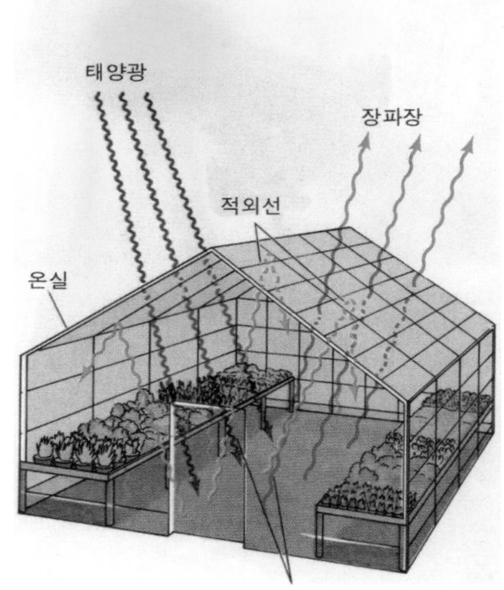

온실효과
(Greenhouse effect)

태양광이 대기권을 통과하여 지표에 도달하는 것은 가시광선 영역의 파장이다. 태양광이 지표에 흡수되면 파장이 긴 열선 즉, 적외선으로 바뀌어 다시 외계로 방출된다. 이때 적외선은 대기의 수증기나 이산화탄소 등 대기 분자와 충돌하여 쉽게 빠져나가지 못하고 다시 지표로 반사되거나 대기에 흡수되어 저장된다. 이렇게 대기의 온도를 일정하게 유지시켜 주는 현상을 온실효과라 한다(그림 29 참고).

있는 경우가 보온효과이다. 두 효과는 현재의 대기처럼 대기의 두께가 얇은 경우에는 거의 차이가 없는데, 그 이유는 태양광이 대기 중을 통과하여 그대로 지표에 도달하기 때문이다. 그러나 대기가 두꺼워지면 지표에 도달하는 태양광이 줄어들어 온실효과는 감소하게 된다. 따라서 대기가 두꺼웠던 원시 대기의 진화 과정에서는 보온효과가 중대한 역할을 하게 된다.

미행성의 격렬한 충돌로 에너지가 발산되고 원시 지구의 지표는 데워진다. 일단 데워진 지표는 그 열을 우주 공간으로 방출시키려 하지만 물과 이산화탄소로 된 원시 대기는 지표로부터의 열의 방사를 방해한다. 따라서 지표가 열을 잃어버리는 데에는 상당한 시간이 소요되어 그동안 지표 온도는 상승하고 휘발성 가스의 증발은 더욱 활발해진다. 대기의 양이 증가하면 지표 온도는 더욱 상승하여 결국에는 암석이 녹을 정도의 고온에 도달하게 되는데, 이윽고 지표에 마그마의 바다가 형성되기 시작한다. 이 마그마의 바다와 원시 대기 사이에 불가사의한 관계가 성립하는 것이다.

용해평형

원시 대기의 형성 메커니즘은 충돌 탈가스 과정에만 의존하는 것은 아니다. 여러 작은 과정들이 복잡하게 관여하고, 결과적으로는 지표의 온도 변화에 기인한다. 지표의 온도가 낮은 경우900K 이하에는 충돌에 의해 고온 · 고압 상태가 됨으로써 함수 광물의 탈수반응이 진행된다. 그러나 탈수반응으로 생긴 수증기의 전부가 대기 속으로 들어가는 것은 아니다. 일부의 수증기는 휘석, 감람석 등의 광물과 가수반응을 일으켜 다시 지표로 환원된다.

충돌 탈수반응에 의해 방출된 수증기 중 일부만이 대기에 보태지는데, 그 비율은 지표 온도에 의해 변하게 된다. 그러나 지표 온도가 900K를 넘으면 가수반응은 일어나지 않게 되고 충돌 탈가스로 생긴 수증기는 전부 대기로 변한다. 지표 온도가 더욱 상승하여 암석의 융점약 1,500K 정도을 넘어 마그마의 바다가 지표를 덮게 되면 흥미로운 현상이 일어난다. 그때까지 증가해 온 원시 대기의 양과 지표 온도가 일정하게 유지되는데, 이는 대기 중의 수증기의 분압과 마그마 중의 수증기 농도 사이에 용해평형이 성립하기 때문이다.

용해평형이라 하면 어려운 것 같지만 간단히 말해 수증기의 분압에 따라 마그마가 수증기를 마시기도 하고 내뱉기도 한다고 이해하면 된다. 대기 중의 수증기의 양이 증가하면 마그마에 녹아 들어가는 수증기의 양도 증가한다. 반대로 수증기가 마그마 속으로 너무 많이 녹아 들어가면 대기 중의 수증기의 양이 감소하여즉 대기가 얇아져, 지구로부터의 열방사 효율이 좋아지고 지표 온도는 내려가서 지표는 굳어지기 시작한다. 마그마의 바다가 굳어지게 되면 이번에는 다시 충돌 탈수반응이 활발해지고 대기 중에 수증기가 다시 축적된다.

원시 대기의 양

지금까지의 과정을 간단히 요약해 보자. 원시 지구의 반경이 현재의 20%에 달하면 미행성의 충돌 탈가스에 의한 수증기 대기의 형성이 시작되고, 원시 대기의 양은 금방 증가한다. 반경이 현재의 35% 정도가 되면 대기의 증가율은 급격히 커지는데, 이것은 지표 온도가 900K를 넘기 때문으로 탈가스의 비율이 증가하는 데 기인한다. 다시 원시 지구가 성장을 계속하여 현재 반경의 45% 정도가 되면 대기량의 증가는 절정에 이른다. 이것은 지표 온도가 암석이 녹기 시작하는 온도에 도달하기 때문이다.

암석이 녹아서 지표에 일단 마그마의 바다가 형성되고 나면, 그 압력에 따라 수증기가 마그마에 흡수된다. 따라서 대기 중의 수증기의 양은 일정 수준 이상 증가하지 않는다. 대기량이 일정하게 되면 지표 온도도 일정하게 되어 거의 변하지 않는다. 원시 지구의 반경이 현재 반경에 가까워지면 지구의 성장률은 극히 저하된다. 단위 시간당 지표에서 방출되는 충돌 에너지가 감소하기 때문이다. 결국 지표 온도는 하강하고 마그마의 바다 역시 점차 굳어진다.

현재 알려진 이러한 원시 대기 형성의 모델로 계산할 때, 그 최종적인 수증기 대기의 양은 1.9×10^{21}kg이며 대기압은 약 100기압 정도나 된다. 모델 계산에서 여러 변수를 바꾸더라도 이 양은 별로 변하지 않는다. 그런데 현재 지구의 표층 부근의 물대부분이 바다의 총량은 1.5×10^{21}kg이다. 원시 대기의 수증기량과 현재의 지구 표층의 물의 양이 거의 일치하는 것은 무엇을 의미하는가? 바로 태양계의 세 번째 행성에 바다가 보이게 된 것이다.

비가 내리다!

형성기의 지구를 외부에서 바라다보았다면, 지구는 두꺼운 원시 수증기 대기의 구름으로 둘러싸여 한층 밝게 빛났을 것이다. 구름이라 해도 그것은 대기의

마그마의 바다와 대기 형성 모델

마그마의 바다라고 해도 지표 전체가 용융되어 있는 것은 아니다. 왜냐하면 암석이 녹기 시작하는 온도와 완전히 녹는 온도에는 약 200K 정도의 차이가 있기 때문이다. 암석의 일부분이 녹는 온도가 1,550K, 완전히 녹는 온도가 1,700K 정도이다. 성장을 계속하는 원시 지구의 모델에서는 대기량이 급격히 증가하는 점에서 지표 온도는 약 1,520K로 계산된다. 이것은 지구 전체의 약 10%가 용융되어 있는 상태이다. 이때 원래의 미행성 중에 포함되어 있던 물의 양은 0.1%로 계산되고, 대기압은 약 100기압이 된다.

최상부층에 존재하는 것으로, 그 내부는 80%에 가까운 수증기의 대기가 있음에도 매우 건조하다. 왜냐하면 대기층의 온도가 물이 액체로 존재하는 임계온도보다 높기 때문이다.

원시 지구의 형성이 거의 끝날 무렵이 되면, 미행성의 격렬한 충돌도 종료하게 되고 지표에서의 충돌 에너지의 방출도 줄어든다. 원시 대기와 지표는 서서히 냉각하기 시작하는데, 그 냉각 방법은 태양으로부터의 입사광이 어느 정도 대기의 하층까지 도달하는가에 달려 있다. 예를 들어, 태양광이 100% 지표에 도달한다면 지표 온도는 결코 내려가지 않고 대기의 대부분은 고온의 건조 상태를 유지한다. 이런 경우 수증기는 비로 되어 지표에 내리는 것이 불가능하고 따라서 바다의 형성도 없었을 것이다.

다시 말해서 원시 지구를 덮고 있던 두꺼운 수증기의 구름은 지상으로부터 수백 km 상공에 위치해 있었으며, 지표의 마그마의 바다가 고온이기 때문에 쉽게 지표 가까이 내려올 수 없었다. 그 높이는 약 400km 정도였을 것이다. 그 원시 대기의 구름으로부터 지표에 이르는 내부의 대기층은 뜨겁고 건조하다. 혹 대기의 최상층에서 비가 내렸을지도 모르나 도중의 건조한 대기로 인해 지표까지 도달할 수는 없었을 것이다.

두꺼운 구름의 표면은 태양으로부터의 강한 자외선에 노출되고 수증기는 점차 수소와 산소로 분해된다. 분해된 수소는 가볍기 때문에 우주 공간으로 도망가게 된다. 만일 이러한 상태가 오랜 기간 계속된다면, 수증기는 언젠가는 완전히 분해되고 지구에 비가 내리는 일은 영원히 없었을 것이다.

그러나 이때 기적이 일어난 것이다. 광분해에 의한 막대한 수증기의 손실이 있기 이전에 지구가 냉각하기 시작한 것이다. 미행성의 충돌이 거의 끝이 나고, 따라서 충돌 에너지에 의한 지표에서의 열 방출도 종국을 맞게 된다. 지표를 덮고 있던 마그마의 바다는 딱딱하게 굳기 시작했고 지표 온도는 점차 내려갔다. 지표가 식어감에 따라 400km 상공에 위치하던 구름도 식게 되면서 무거워져서 하강을 시작한다. 그렇게 하강하던 구름이 어느 시점에서 극적인 변화가 일어나는데 돌연 대기의 아래쪽에 비구름이 생기고 소나기가 내린다. 바로 지구 최초의 비인 것이다.

비라고 해도 300℃에 가까운 고온의 비다. 비가 폭포처럼 쏟아지면서 지표의 온도는 급속히 낮아지고 다시 대기의 온도 또한 더욱 낮아지면서 더 많은 새로운 비가 계속 내리게 된다. 말 그대로 하늘에 구멍이 난 것이다. 비가 비를 부르고, 매일 끊임없이 호우가 계속된다. 약 10^{21}kg이라는 방대한 양의 비가 퍼붓는 광경을 상상해 보라. 지상에서는 대홍수가 일어나고, 지표 위로 격류가 흐른다. 암석을 부수고, 지표를 찢고, 폭포가 되어 떨어지고 오로지 낮은 곳을 향하여 폭주하였을 것이며 그로부터 순식간에 바다가 생성된 것이다. 얼마 동안 지속되었는지는 모르지만, 지구의 오랜 역사로부터 본다면 아주 짧은 시간에 일어났음이 틀림없다.

원시 바다의 탄생

지구에 바다가 언제부터 존재했는지에 대해서는 정확히 알 수 없지만, 적어도 38억 년 이전에는 현재와 비슷한 바다가 존재했음을 우리는 그린란드 이수아 지방의 암석그림 1 참고으로부터 유추할 수 있다. 탄생 당시의 바다는 150℃ 정도의 고온이었을 것으로 추정된다. 더욱이 최초에 내린 비는 대기 중의 염소 가스를 포함하기 때문에 강한 산성이었을 것이다. 이 산성비는 지표의 암석을 녹이면서 바로 중화된다. 지표를 구성하던 규산염의 암석으로부터 칼슘Ca, 마그네슘Mg, 나트륨Na 등의 양이온이 녹아 나온다. 한편, 대기는 수증기의 양이 감소함에 따라 남은 이산화탄소를 주성분으로 하게 된다.

수증기는 비로 변했지만, 이산화탄소를 주성분으로 하는 대기가 그대로 존속한다면 지표 온도는 150℃ 이하로 내려가지 않는다. 그러나 염려할 필요가 없는 것은 중화된 바다가 이산화탄소를 흡수해주기 때문이다. 대기 중의 이산화탄소가 바다에 녹아 들어가면 대기량은 점차 줄어들고, 지표 온도는 한층 내려간다.

◀ 그림 30. 중국 계림의 각양각색의 봉우리들. 이들은 원시 대기 중의 이산화탄소가 바다에 녹아 퇴적되어 만들어진 석회암으로 이루어졌다.

그리고 하늘은 점차 맑아질 것이다. 바다는 안정을 찾고 구름의 터진 틈으로 얼굴을 내미는 원시 태양이 반짝반짝 빛나게 되었을 것이다.

이와 같이 태양계 세 번째 행성은 바다의 탄생이라는 최초의 기적을 이룬 것이다. 이산화탄소는 더욱 감소하게 되었는데 그것은 바로 대륙이 만들어졌기 때문이다. 바다에 녹아 들어간 이산화탄소는 석회암이라 부르는 탄산염 암석의 형태로 대륙에 퇴적되고,■ 그림 30 대기 중의 이산화탄소의 압력은 60기압에서 점차 10기압 정도로 내려가게 된다. 대륙이 성장하면서 이산화탄소는 계속 감소하게 되고, 결국 원시 지구의 대기는 그 주성분을 질소로 하면서 계속 진화하게 된다. 그림 31은 지금까지의 과정을 간단하게 그림으로 나타낸 것이다.

▶ 그림 31. 원시 지구에서 마그마의 바다를 거쳐 대기와 해양이 형성되는 과정을 보여주는 그림.

우리를 태운 열차는 비로소 푸르고 영롱한 빛을 받으며 지구 정거장으로 돌아왔다. 그러나 우리가 돌아보았던 지구의 탄생은 긴 여정의 출발에 불과하다. 지구의 행성으로서의 탄생, 대기와 바다의 탄생 등은 지구 최초의 대사건들이었지만, 앞으로도 많은 사건들이 우리를 기다리고 있는 것이다. 끊임없이 변하고 있는 지구 표면의 진화, 바다의 신비, 기후의 신비, 우리와 그 신비를 나누고 있는 여러 행성들, 지구가 우리에게 가져다주고 있는 많은 선물들과 생명을 영위케 해 주는 태양 등등. 긴 여정을 끝내고 느끼게 되는 우리의 지구는 각자에게 어떠한 모습으로 다가올 것인가? 흥미로운 다음 여행을 기대해 보자.

■ 용어와 개념

광분해Photolysis

분자가 빛 에너지로 인해 작은 분자, 원자, 이온으로 분해되는 현상이다.

레골리스Regolith = 표토表土

좁은 의미로는 토양을 상부의 토층土層과 하부의 하층토下層土로 나눌 경우의 토층에 해당한다. 넓은 의미로는 암반 위에 놓인 풍화 잔류물, 충적물 및 풍성 혹은 빙하 퇴적물 등을 포함하는 부분이다.

변성암Metamorphic rocks

기존의 암석이 그것이 생성되었을 때와는 다른 온도, 압력의 조건에서 광물 조성 및 조직이 변화하여 만들어진 암석이다.

분화 = 중력 분화Gravitational differentiation

용융 물질예 : 마그마이 중력장의 영향을 받아 일어나는 현상. 즉, 상대적으로 비중이 작은 것이 위쪽으로, 큰 것이 아래쪽으로 이동하는 현상을 일컫는다.

석기Matrix

암석 속에 커다란 입자들이 존재하고 그 입자들 사이를 보다 미세한 입자들이 메우고 있을 때 이 부분을 석기石基 혹은 기질基質이라 한다.

성운Nebula

우주에 존재하는 가스 혹은 가스와 고체 입자의 집합체를 일컫는다.

소행성대Asteroid belt

화성과 목성의 궤도 사이에 무수한 소행성이 존재하는 띠 모양의 영역. 최대의 소행성 케레스Ceres가 직경 약 1,000km 정도이고, 100km 이상의 것이 10개 정도에 불과하며 나머지 대부분의 크기는 직경 20~80km이다. 소행성들은 현재까지 약 4,000개 정도가 확인되었고 확인 순서에 따라 번호가 매겨져 있다.

운석Meteorite

지구 바깥 기원의 물질로서 크기는 미립자의 것으로부터 무게가 60톤에 달하는 남아프리카의 호바 철운석에 이르기까지 다양하다. 프리브람Pribram 운석1959의 궤도 관측으로부터 이들이 소행성대로부터 온 것임이 밝혀졌다. 운석의 분류로는 일반적으로 구성 물질의 조성철질과 석질의 상대적 함량에 따라 철운석iron meteorite, 석철운석stony - iron meteorite 및 석질운석stony meteorite으로 나뉘는데, 석질 운석은 다시 콘드률의 포함 여부에 따라 콘드라이트와 에이콘드라이트로 세분된다. 에이콘드라이트, 석철운석, 철운석 등은 분화된 운석이고, 콘드라이트는 미분화된 운석이다.

지구의 에너지 수지Energy balance

지구가 형성될 때에 방출되는 에너지의 총량은 3×10^{32} Joule. 방사성 원소의 붕괴에 의한 총 발열량은 45억 년 동안 10^{31} Joule 정도. 지구의 형성 시 그리고 그 후에 방출되는 이들 열을 지표에 운반하는 과정에서 맨틀을 움직이고, 지각을 만들고 또한 지각을 변형시키는 등의 지구 활동이 일어난다. 지구 내부의 열은 주로 중앙해령에서 해양판을 만드는 과정을 통해 방출되고 있다.

콘드률Chondrule

시원적 운석인 콘드라이트 속에 특징적으로 나타나는 직경 약 1㎜ 정도의 구형에 가까운 물체. 주로 감람석과 사방휘석과 같은 규산염 광물로 구성되며, 지구 암석에서는 발견되지 않는다.

탈수반응과 가수반응 Dehydration & Hydration reaction

함수광물이 가열되면 분해되어 물을 방출하는 것이 탈수脫水 반응이고, 역으로 물과 반응하여 함수광물을 만드는 것이 가수加水 반응이다. 사문석의 경우, 절대 온도 900K를 넘으면 탈수반응이 일어나고, 이하에서는 휘석과 감람석과 물이 가수반응을 일으켜 사문석이 만들어진다.

퇴적암Sedimentary rocks

퇴적물이 속성 작용을 받아 고결되어 만들어진 암석. 다양한 입자 크기의 쇄설물, 생물의 유체, 화학적 침전물 및 그들의 혼합물을 포함하며 지층의 형태를 이루어 존재한다.

함수광물含水鑛物, Hydrous minerals

물이 존재하는 조건에서 만들어진 물을 포함하는 광물. 지구 상에는 많은 종류의 함수광물이 존재하며, 탄소질 콘드라이트 중에도 여러 함수 광물을 포함하는 것이 있다. 운석 중에 포함된 함수광물 중에서 가장 많은 것은 사문석serpentine이다.

현무암Basalt

어둡고 검은색을 띠는 세립의 염기성 화산암으로 주로 감람석, 휘석, 사장석 등의 광물로 이루어져 있다. 오늘날 화산에서 불출하는 용암 중에서 가장 많은 양의 암석이다.

화성암Igneous rocks

지구 내부로부터 유래하는 고온의 규산염 용융체마그마가 고결됨에 따라 만들어진 암석. 마그마 고결 시의 화학 성분, 온도, 압력 및 마그마의 냉각 속도에 따라 여러 종류의 암상이 생긴다.

회장암Anorthosite

구성 광물이 거의 사장석으로 되어 있는 암석. 사장석에는 여러 종류가 있으나 회장암의 경우, Ca 성분이 많은 회장석이 대부분이므로 회장암이란 이름이 붙게 되었다.

■ 관련 사이트

· 운석과 운석의 충격Meteors, Meteorites, and Impacts

http://seds.lpl.arizona.edu/nineplanets/nineplanets/meteorites.html

운석에 관해 설명하고 운석 관련 사이트를 소개하고 있다. 철운석, 석철운석, 석질운석을 분류하여 설명하고 있으며, 운석의 기원 및 운석의 충격에 관해서도 다루고 있다. 운석에 관심 있는 사람은 직접 운석을 살 수도 있다. 원래 이 사이트는 애리조나 주립대학의 유명한 'SEDS' 아래 사이트 참고 사이트의 일부로 소개되고 있다.

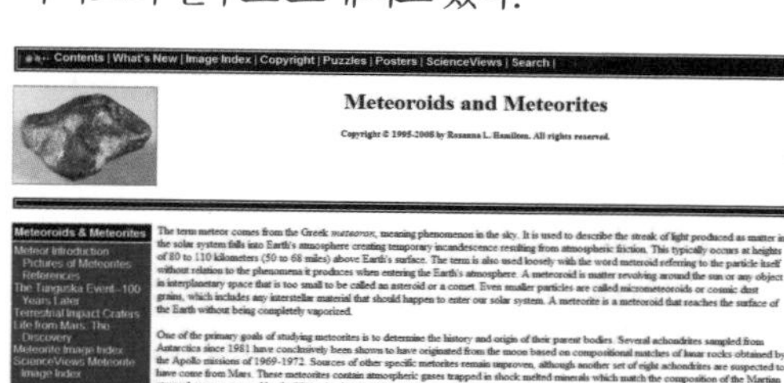

· SEDSStudents for the Exploration and Development of Space

http://www.seds.org 또는

http://seds.lpl.arizona.edu/

SEDS는 '학생들을 위한 우주 탐사와 개발'의 의미로 우주와 행성에 관심 있는 학생들의 모임으로 MIT와 프린스턴 대학에서 1980년 시작하였다. 미국 내 여러 대학에 지부를 두고 있으며, 현재 전 세계적인 기구로 확대되었다. 방대한 양의 자료를 가지고 있어 우주에 관심 있는 사람들은 시작 페이지로 등록할 것을 추천한다.

· 운석체와 운석들Meteoroids and Meteorites

http://www.solarviews.com/eng/meteor.htm

미국 로스알라모스국립연구소LANL : Los Alamos National Laboratory에서 제공하는 태양계에 관한 내용 중 운석 관련 사이트. 일반인들을 위한 교육 안내와 화성 생명체에 관한 내용도 다루고 있다.

· 남극 운석Meteorites from Antarctica

http://www-curator.jsc.nasa.gov/antmet/index.cfm

미국항공우주국NASA의 남극 운석 사이트. 운석 채취에서부터 운석 연구에 이르기까지 상당한 전문적인 내용을 담고 있으며, 남극 운석 연구를 위해서 운석 시료도 제공해 준다. 운석 연구에 관심 있는 대학원생 이상의 사람에게 아주 적합한 사이트.

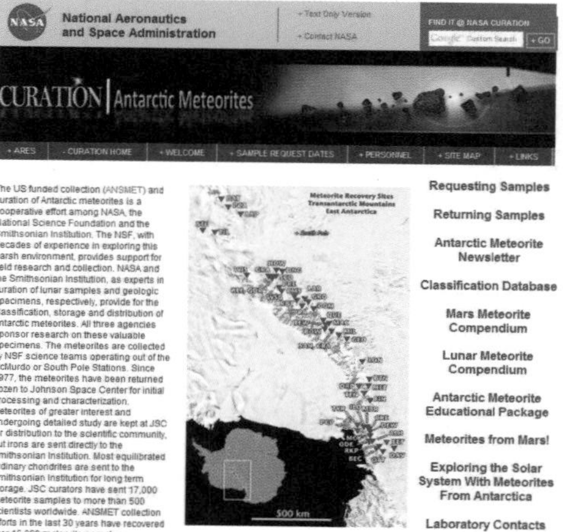

· **화성에 생명체가?**Mars on Life?

http://www.curator.jsc.nasa.gov/curator/antmet/marsmets/contents.htm

화성의 생명체의 존재에 관해 논란을 일으킨 나사NASA의 사이트. 최근 다시 시작된 화성 탐사에 관한 관심을 끌어낸 화성에서 온 운석을 소개하고 있다. 남극에서 발견된 이 운석에는 생명체의 근거인 단백질이 발견되었다.

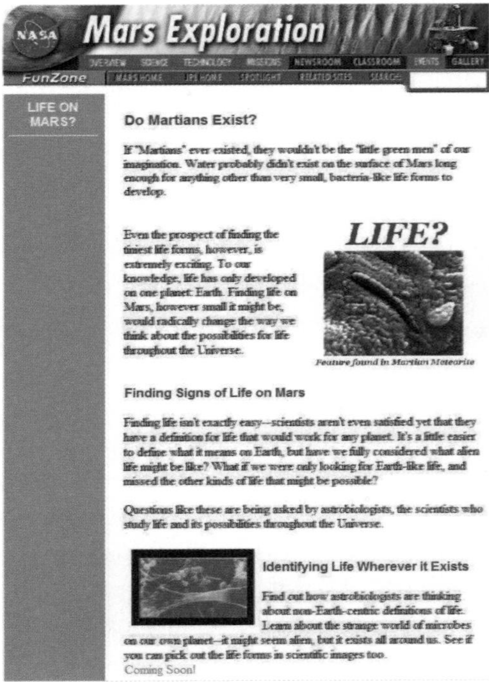

· **지구의 크레이터**Terrestrial Impact Crators

http://www.unb.ca/passc/Impact Database

전 세계 곳곳에서 발견되는 대표적인 크레이터에 관한 사이트. 지구에 운석이 충돌했을 때의 과정을 자세히 설명하고 있으며, 전 세계 여러 곳의 운석공크레이터에 관하여 그림과 함께 설명하고 있다. 관련 사이트를 연결해 준다.

· **달**Moon

http://www.solarsystem.nasa.gov/planets/profile.cfm/object=Moon

미국항공우주국NASA에서 제작한 사이트로 달에 관한 모든 정보를 제공. 아폴로 탐사 시 찍은 사진들과 아폴로 탐사 계획에 관해서도 자세히 소개하고 있다.

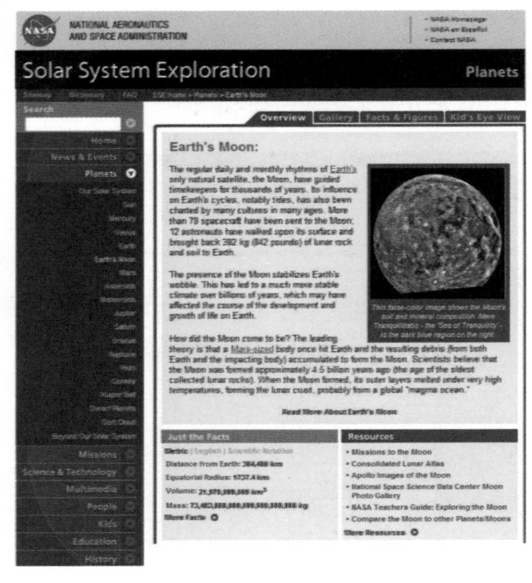

■ 생각해 봅시다.

(1) 현대 과학에서 행성과학 planetary science이 지니는 의미를 생각해 봅시다. 또한 행성과학의 연구 영역들에 대해서도 고찰해 봅시다.

(2) 그린란드 남서부의 이수아Isua 지방에서 발견되는 변성 퇴적암으로 그 나이가 약 38억 년 정도입니다. 이 사실로부터 알 수 있는 지구 진화의 과정을 설명해 봅시다.

(3) 운석의 종류를 나누는 데 있어 에이콘드라이트, 석철운석, 철운석 등을 분화된 운석으로, 콘드라이트를 미분화된 운석으로 나누기도 합니다. 이 분류의 특징에 대해 설명해 봅시다.

(4) 콘드라이트chondrite의 특징은 무엇이며, 어떠한 종류가 있는지에 대해 알아봅시다.

(5) 태양계 형성의 비밀을 푸는 데 알렌데Allende 운석이 매우 중요한 공헌을 했습니다. 그 이유에 대해 고찰해 봅시다.

(6) 크레이터crater에 대한 논쟁은 이것이 화산 분출구라고 하는 설과 운석 충돌에 의한 것이라는 설의 대립에서 비롯되었습니다. 화산 분출 크레이터와 운석 충돌 크레이터 각각에 대해 그 형성 과정을 도식적으로 그려 봅시다.

(7) 달의 표면을 구성하고 있는 물질들에는 어떠한 종류가 있습니까? 그리고 그것들이 어떠한 과정으로 생성되는지에 대해 알아봅시다.

(8) 달이 형성되는 과정을 설명하는 여러 이론들이 있습니다. 그 이론들에 대해 설명하고, 장점과 단점들을 고찰해 봅시다.

(9) 대기와 지표 온도 사이의 상호작용에는 온실효과와 보온효과의 두 가지를 생각할 수 있습니다. 이 두 가지 효과의 차이점에 대해 설명해 봅시다.

(10) 지구의 원시 대기 형성과 바다의 탄생 과정에 대한 시나리오를 단계적으로 구성해 봅시다.

■ 인터넷 항해 문제

(1) 최근 "화성에 생명체가 살았다는 증거가 운석에서 발견되었다"라는 보고가 있었습니다. 웹 사이트에서 해당되는 정보를 찾아서 다음에 답하시오.

① 그 운석의 이름은 무엇이며, 운석이 발견된 장소는 어디입니까?

② 그 운석이 화성에서 온 운석이라는 것을 어떻게 알았습니까?

③ 화성에서 온 것이 맞다면 어떤 과정으로 운석이 화성에서 올 수 있는지 생각해 봅시다.

④ 그리고 생명체가 살았다는 증거는 무엇인지 밝히시오.

⑤ 이러한 내용에 관한 연구 논문이 발표되었습니다. 논문의 제목을 밝히시오.

⑥ 여러분이 방문한 웹 사이트의 주소를 적어보시오.

(2) 운석 크레이터가 달이나 수성이나 화성 등 외계에서뿐만 아니라 지구에서도 관찰이 되고 있습니다. 웹 사이트에서 해당되는 정보를 찾아서 다음에 답하시오.

① 호주에서 발견되는 대표적인 크레이터 두 가지를 찾아서 위치, 생성 시기, 규모 등에 관해 알아봅시다.

② 캐나다에서 발견되는 대표적인 크레이터 네 가지를 찾아서 위치, 생성 시기, 규모 등에 관해 알아봅시다.

③ 남극은 운석 발견의 보고로 알려져 있습니다. 지금까지 남극에서 발견된 운석의 개수를 밝히고 주로 운석이 발견되는 장소는 어떤 곳인지 설명하세요.

④ 운석의 충돌은 지구에 충돌 크레이터 외에도 많은 영향을 끼칩니다. 중생대 공룡 멸망도 운석 충돌로 설명합니다. 이 운석이 떨어진 곳은 어디인지 알아봅시다.

⑤ 여러분이 방문한 웹 사이트의 주소를 적어보시오.

(3) 머치슨Murchison 운석은 그 속에 포함된 물과 아미노산 때문에 지구 탄생 초기의 매우 중요한 정보를 제공하고 있습니다. 웹 사이트에서 해당되는 정보를 찾아서 다음에 답하시오.

① 그 운석이 발견된 장소는 어디입니까?

② 그 운석은 어떤 종류의 운석이며, 운석에 들어 있는 물은 어떤 의미를 가질까요?

③ 생명체를 형성하는 아미노산은 20개 정도로 알려져 있습니다. 이 운석에서는 그중 8개가 발견되었는데, 그것이 어떤 의미를 가지는지 생각해 봅시다.

④ 2003년 시애틀에서 열린 미국지질학회GSA, Geological Society of America에서 머치슨 운석 속의 아미노산과 관련된 논문이 발표되었습니다. 논문 제목과 저자를 밝히시오.

⑤ 여러분이 방문한 웹 사이트의 주소를 적어보시오.

■ 참고 문헌

민영기 외(역), 『기본 천문학』, 형설출판사, 1991.

한국지구과학회(역), 『지구물리개론』, 범문사, 1992.

松井孝典, 『地球・宇宙・そして人間』, 徳間書店, 1987.

Beatty J. K., Petersen C.C., and Chaikin A.(eds.), *The New Solar System*, Cambridge University Press, 1999.

Dodd R. T., *Meteorites —A Petrologic-Chemical Synthesis*, Cambridge University Press, 1981.

Wasson J. T., *Meteorites — Their Record of Early Solar-System History*, Freeman & Co, 1985.

Zanda B. and Rotaru M.(eds.), *Meteorites — Their Impact on Science and Histroy*, Cambridge University Press, 2001.

Chapter 2

살아 있는 지구

The Living Earth

폭발하는 화산, 천지를 뒤흔드는 지진,
이는 지구가 살아 움직이는 하나의 증거이다.
그 원인인 판구조를 이해하고 지질시대도 알아보자.

우리들은 탐험을 계속해야 한다.
그 탐험은 출발한 곳에서 멈추게 될 것이다.
그리하여 처음으로 그곳을 보게 되리라.

— 엘리엇(T. S. Eliot)

움직이는 대륙

'움직이는 대륙The living continent' 이란 행성으로서의 지구를 가장 특징적으로 나타낸 표현일 것이다. 태양계를 구성하는 8개의 행성들은 함께 탄생하였지만, 46억 년이 지난 현재 전혀 다른 모습을 보여주고 있다. 지구가 다른 행성과 어떻게 다르게 진화되어왔는지를 가장 극명하게 보여주는 현상이 이 단원의 주제인 '대륙의 이동' 이다. 이동하는 대륙이란 말 그대로 지구가 마치 생명체처럼 살아 움직인다는 뜻이다. 즉 우리가 발을 딛고 서 있는 거대하고 단단한 땅덩어리인 지구가 영원불변이 아니라 끊임없이 움직이고 변화한다는 사실이다.

과연 얼마나 많은 사람들이 지구가 살아 있다고 생각하며, 그렇게 생각한다면 그 이유는 무엇인가? 우리는 그 사실을 다른 어떤 현상과 관련지어 인식하는가? 아니면 우리들이 지구가 살아 있다는 증거를 현재 확실하게 관찰하고 있는가? 우리들은 이와 같은 의문들을 접하게 된다. 바로 이 단원에서 이러한 의문들을 하나씩 풀게 된다.

예를 하나 들어보도록 하자. 우리가 매일 일상생활에서 이용하는 자동차는 대표적인 움직이는 기계living machine 중 하나이다. 어느 누구도 "자동차가 움직인다"는 사실을 아마 부인하지는 못할 것이다. 그렇지만 그러한 사실이 현상으로서가 아니라 과학적인 사실, 즉 하나의 이론이 되기 위해서는 "자동차가 움직인다"는 현상을 과학적으로 입증할 수 있어야만 한다. 그러기 위해서는 첫째, 움직임을 관찰할 수 있어야 하고증거의 제시, 둘째 어떻게 움직이는지운동의 원리 또는 무엇이 움직이게 하는지힘의 기구, mechanism를 설명할 수 있어야 한다. 움직이는 현상은 우리들이 직접 차를 타고 있다면 차창 밖으로 스쳐 지나가는 풍경에서 우리 자신이 움직이고 있다는 사실을 느낄 수 있다. 한편 길가에서 달리는 자동차를 바라보며, 멀리서 다가오는 자동차는 시간이 지남에 따라 가까이 다가와서 다시 다른 방향으로 멀어져간다. 즉, 움직이는 사실을 관찰할 수 있다. 한편 자동차가 움

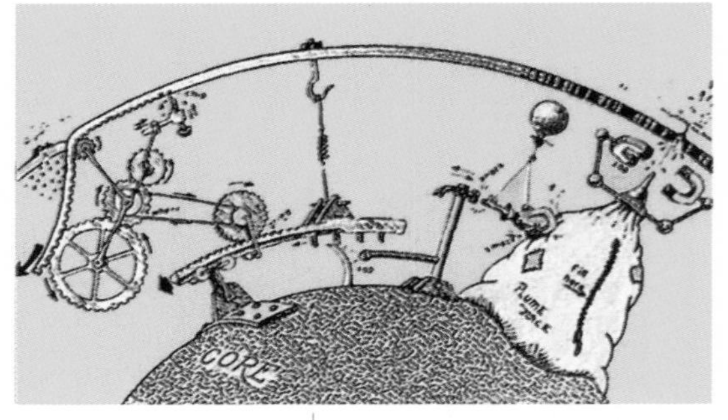

▲ 그림 1. 공상에서 현실로. 미국 지질학상을 수상한 헤스(Hess)가 그린 것으로 판구조론 모델에서 숨겨져 있는 지하 공장의 비밀.

직이는 원리는 이미 잘 알려진 대로 가솔린을 에너지원으로 하여 엔진 내 실린더의 왕복운동이 동력 전달장치를 거쳐 회전운동으로 바뀌면서 자동차가 움직이는 것이다.

이와 같이 우리들은 관찰을 통해 "자동차가 움직인다"는 현상을 하나의 가설로 설정하고 움직이는 힘을 설명함으로써 비로소 하나의 과학적인 이론으로 정립한다.

마찬가지로 '움직이는 대륙' 이라는 설이 하나의 이론으로 인정받기 위해서는 똑같은 과정이 적용되어야 한다. 즉 대륙이 움직이고 있다는 증거를 찾거나 움직이는 현상을 관찰할 수 있어야 하며, 무엇이 거대한 대륙을 움직이는지 바로 그 힘을 설명할 수 있어야 한다. 그러나 지구라는 거대한 행성에서 수억 년에 걸쳐 이루어진 대륙의 이동을 현재의 시점에서 직접 관찰하기란 쉽지가 않다. 거대한 대륙을 움직이는 힘을 설명하기란 더욱 용이하지 않다.

베게너A. Wegener의 대륙이동설이 디츠R. Dietz와 헤스H. Hess의 해저확장설을 거쳐 현재의 판구조론으로 확립되는데 가장 큰 장애는 바로 대륙을 움직이는 힘의 기구를 어떻게 설명하는가 하는 것이었다. 위에 보여주는 우스꽝스런 스케치■ 그림 1는 1966년 미국지질학회GSA가 수여하는 최고의 영예인 펜로스 메달을 수상한 헤스가 그린 것이다. 바로 대륙 이동의 기구를 어떻게든 설명해 보려는 의도에서 이와 같은 황당한 그림이 탄생하게 된 것이다. 이 단원에서는 대륙 이동과 관련된 가설이나 이론들이 어떻게 제기되고 확증되어왔는지, 그리고 거대한 대륙의 움직임을 어떻게 관찰하였고 그 움직임의 증거로 무엇을 제시하였는지 밝힐 것이다.

'움직이는 대륙' 이란 지각을 구성하는 거대한 땅덩어리대륙가 여러 개의 판plate으로 이루어져 있고, 이들 판들이 끊임없이 움직이고 있으며 그 움직임으로 인해 한때 한 덩어리였던 대륙이 오늘날 거대한 바다를 사이에 두고 수천 km나 서로 떨어져 있는 것을 의미한다. 이러한 대륙의 이동은 지금도 계속되고 있으며 앞으로도 계속되리라는 사실을 오늘날 과학자들은 전혀 의심하지 않고 있다. 그들은 판구조론을 절대적으로 인정하기 때문이다.

국제지구물리년

국제지구물리년IGY이란?

과거 지구를 대상으로 연구하는 학문은 각 나라에서 지역적인 영역 내의 지질, 기상, 해양, 또는 생물 등 제한적으로 이루어졌다. 그러나 20세기 들어와 과학과 기술의 급속한 발전으로 수많은 새로운 사실들이 발견되고, 많은 현상들을 설명하는 이론이나 가설들이 나오게 되었다. 이러한 연구 결과들로 인해 세계적인 차원에서 이들을 종합하여 지구 규모의 현상을 설명할 필요성이 제기되면서 역사상 가장 거대한 과학적 계획이 수립되었다.

60개국 이상과 1천여 개의 연구 기관에서 모인 8천 명 이상의 과학자들이 지구라는 행성의 비밀을 벗기기 위해 함께 일하게 되었는데, 그들의 모든 역량을 지구에 관한 모든 과학을 포함하는 '지구물리학Geophysics' 이라는 분야에 집중하였다. 그해는 국제지구물리년International Geophysical Year, 또는 줄여서 IGY이라 불린다. 기간은 1957년 7월 1일부터 1958년 7월 1일까지로 선택되었는데, 그 이유는 11년 주기인 태양흑점 활동의 극대기가 이 기간이며, 주제는 '행성으로서의 지구Planet Earth' 였다.■ 그림 2 미국에서는 과학아카데미National Academy of Science, NAS 산하의 미국가위원회U.S. National Committee, USNC가 과학재단National Science Foundation, NSF과 국방부의 후원 하에 지구물리 프로그램을 추진하였다.

▲ 그림 2. 행성으로서의 지구를 주제로 1957년 7월 1일부터 1958년 12월 31일까지의 기간인 국제지구물리년을 나타내는 로고.

여러 나라의 언어로 이야기하는 다양한 분야의 과학자들이 팀을 이루어, 수십억 년에 걸친 대륙의 움직임, 빙하의 형성과 이동, 또 거대한 협곡의 지층에 감추어진 과거의 역사를 연구하였다. 또한 대륙으로 분리된 해양들을 서로가 연결된 하나의 유기체로서 인식하기 시작하였으며, 심해저의 해저지형을 연구하였다. 지구의 가장 높은 산의 정상이 어떻게 만들어졌는지를 토론하고, 빛이 전혀 들지 않는 해양저로부터 얻은 정보들을 서로 나누었다. 또한 태양흑점 주기의 극대기가 지구에 미치는 영향을 연구하였으며, '오로라' 라 부르는 북극광과 외계에서 오는 우주선comsic rays에 대해 연구하였다. 지구 곳곳의 다양한 기상 현상들에 관한 정보를 공유하게 되었으며, 외계로 나가 우주라는 바다를 탐사하는 계기도 만들어 오늘날 인공위성 시대에 이르게 되었다.

이와 같은 여러 주요 영역에 대하여 세계 각국의 연구소와 대학의 실험실, 그리고 전 세계에 설치된 2,000여 개의 관측소에서 이들 분야와 다른 영역에서의 전문가들이 국제적으로 협력하여 국제지구물리년의 기념비적인 업적을 위해 함께 연구하였다.

또한 그해에는 중요한 국제 협약도 체결되었다. 11개 국가에서 온 과학자들은 남극대륙에서 겨울을 지내기 위하여 전 세계로부터 식량과 장비를 준비하고 수송하는데 수개월이 걸리는 계획을 수립하였다. 이 시기에 많은 국가들은 과학적인 발전을 위해 평화적인 장소로 남극대륙을 보존함으로써 남극대륙에 대한 영토권을 주장하지 않기로 하였는데, 이 남극조약은 국제지구물리년의 최초의 정치적 업적이 되었다.

11개의 연구 영역

지구물리학은 물리적 방법으로 지구를 연구하는 학문으로 지구라는 행성의 고체대륙, 액체해양, 기체대기를 대상으로 하는 과학이며, 나아가 외계에 관한 탐사를 포함하는 과학으로 IGY의 1년간은 11개 영역에 주로 초점이 모아졌다. 11개 영역은 다음과 같다.

(1) 위도와 경도의 측정 : 위도와 경도가 정밀하게 측정되었으며, 아울러 지구 자전의 변화가 측정되었다.

(2) 중력 : 지구 중력장 지도가 그려지고 중력과 관계된 보다 많은 정보가 수집되었다.

(3) 지진파 : 지진파를 이용하여 지구 내부의 상세한 구조가 알려졌다.

(4) 지구 자기 : 지구자기장의 측정으로 고지자기의 역전을 발견하였으며, 이는 판구조론의 결정적인 증거가 되었다.

(5) 해양학 : 지구 규모의 해류를 관측하였다.

(6) 기상학 : 대류의 순환과 각종 기상 현상이 관찰되었으며, 대기 중 이산화탄소의 변화가 측정되었다.

(7) 빙하학 : 지구 기후에 영향을 미치는 빙하에 관한 연구가 남극을 무대로 이

루어졌다.

(8) 이온층 : 지구 상층 대기에 대한 측정이 이루어지고, 상층 대기의 물리적 현상이 연구되었다.

(9) 태양의 변화 : IGY는 태양흑점 주기의 극대기와 일치되는 시기였으며, 태양의 현상들이 광범위하게 연구되었다.

(10) 극광 : 태양풍에 의해 양극에 생기는 오로라의 관찰과 생성 원인을 규명하였다.

(11) 우주선cosmic ray : 기타 외계로부터 오는 각종 우주 광선에 대한 관찰이 이루어졌다.

대표적인 업적

그 당시 엄청난 과학적 성과를 이룩하게 되자 1958년 7월 1일까지 계획된 IGY는 그해 12월 31일까지 6개월을 더 연장하게 되었다. IGY의 대표적인 몇 가지 연구 업적들을 소개하면 다음과 같다.

(1) 지구에 미치는 태양 활동의 영향이 광범위하게 조사되었고, 특별히 지구자기장과 전리층의 교란과 관련한 오로라에 관해서 조사되었다.

(2) 최초의 인공위성인 스푸트니크Sputnik 무인 탐사 우주선이 구소련에 의해 발사되었으며, 이어서 발사된 미국의 익스플로러 1호는 지상 수백 마일 상공에서 높은 에너지를 가진 입자들이 있는 구역을 발견하였는데, 그것이 반알렌대Van Allen Belt이다.

(3) 멕시코만류Gulf Stream가 완전하게 관측되어 지도상에 표시되었고, 3개의 주요 해류가 발견되어 지도에 기입되었는데 이들은 하루에도 수십억 갤런의 물을 운반하고 있다.

(4) 남극대륙은 세계에서 가장 많은 양의 눈과 얼음을 가지고 있는 것으로 알려졌으나, 기대했던 것보다는 훨씬 작은 땅덩어리인 것으로 밝혀졌다.

무엇보다도 가장 중요한 성과는 앞으로 과학자들에 의해 분석되고 연구될 엄청난 양의 지구물리적 자료의 수집이었다. 그리하여 IGY 이후 계속된 수많은 연구들을 통하여 이 단원에서 자세히 다루고자 하는 판구조론이 확립되었으며, 그 외 수많은 이론과 새로운 사실들이 밝혀졌다. 우리들이 알고 있는 과학적인 지식들은 이러한 IGY가 토대가 된 성과이다. 그들 중 몇 가지는 지구과학 분야의 중요한 발전을 가져왔으며, 또 몇 가지는 아직도 심한 논쟁이 되고 있고, 앞으로의 더욱 큰 성과를 기대하게 하는 과제를 남겨두기도 하였다. 이 책에서 취급하는 대부분의 사실들 또한 그동안의 과학적인 성과를 담고 있는 것이다. 결론적으로 이 모든 것이 넓은 의미에서 국제지구물리년의 유산이라 할 수 있다.

남극조약Antarctic Treaty

아르헨티나, 오스트레일리아, 일본, 미국 등을 포함하는 12개국은 IGY 기간 중 실현된 남극 지역의 과학적 조사에 관한 국제 협력을 바탕으로 전문全文과 14조로 이루어진 남극조약을 1959년 12월 1일 서명하여 1961년 6월 23일 발효하였다. 남극조약은 남극을 어떠한 군사 목적의 시설이나 연습 또는 실험의 대상으로 이용할 수 없으며, 오직 과학적 조사와 평화적 목적에만 사용하도록 제한하는 것을 내용으로 하고 있다.

현재 남극조약에는 협의 당사국 28개국과 비협의 당사국 17개국으로 총 45개국이 참여하고 있다.■그림 3 우리나라는 1986년 11월 29일 가입하여 1988년 세종과학기지를 건설하여 본격적인 남극 연구에 참여하였으며, 그 후 1989년 남극조약 협의 당사국의 지위를 획득하여 적극적으로 활동하고 있다. 우리나라의 세종과학기지는 실제 남극대륙에 위치하는 것이 아니라 그림 4에서 보듯이 남극대륙의 북서쪽 끝의 꼬리인 남극반도와 칠레 사이의 남쉐틀랜드 군도South Shetland Islands의 최북단 킹조지 섬King George Island에 위치하고 있다. 킹조지 섬에는 세종기지 외에도 러시아, 칠레, 체코, 및 중국의 기지들이 함께 있다. 그림 5는 세종과학기지의 여름 전경과 기지 앞에 세워진 이정표, 그리고 남극조사단 로고를 보여준다.

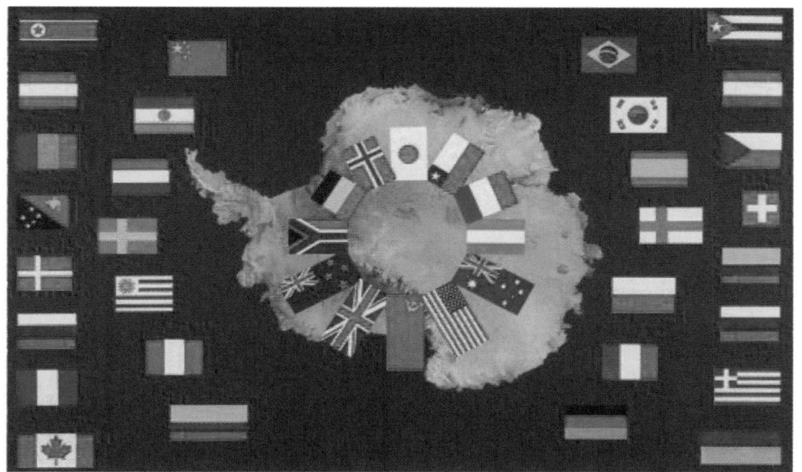

◀ 그림 3. 남극조약에 가입한 국가들의 국기. 남극대륙 내의 12 국기는 협약 당시의 최초의 12개국을 나타내며, 협의 당사국인 한국과 비협의 당사국인 북한의 국기도 보인다.

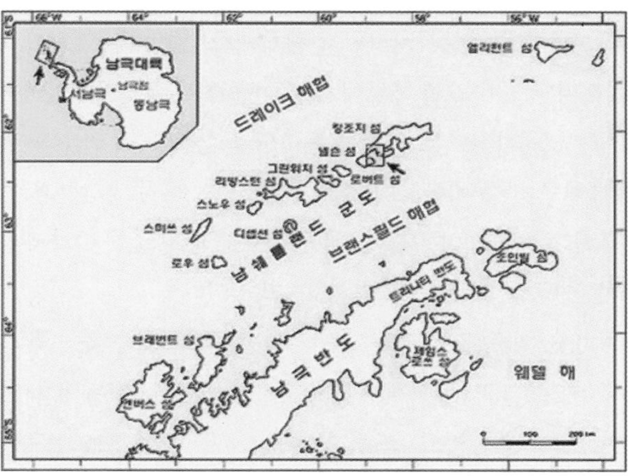

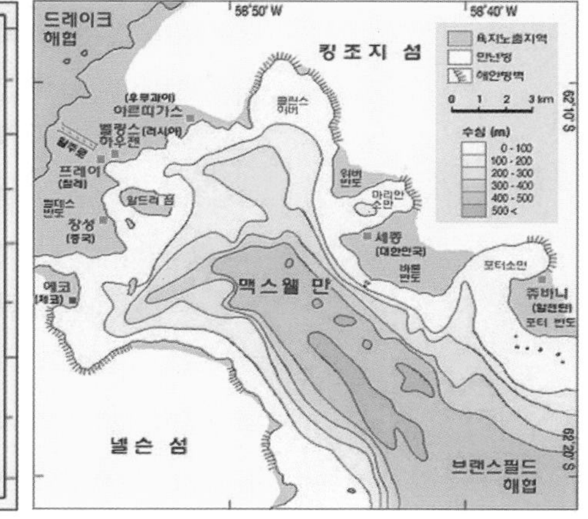

▲ 그림 4. 세종과학기지의 위치. 세종기지는 남극반도와 칠레 사이의 남쉐틀랜드 군도의 최북단 킹조지 섬 내에 위치하는데, 맥스웰 만을 바라보며 바튼 반도 해안가에 건설되었다.

◀ 그림 5. 맥스웰 만을 배경으로 놓인 세종과학기지의 여름 전경, 그리고 기지 앞에 세워진 이정표와 남극조사단의 로고. 1988년 2월 최신의 장비와 공법을 이용, 단시일 내에 건설되었다.

우리나라의 극지 연구

우리나라는 1988년 세종과학기지의 건설로부터 지금까지 남극에 대한 모든 학문 분야에 걸쳐 연구를 수행해왔으며, 특히 지질과학 분야의 연구에서 괄목할 만한 진전을 이루어왔다. 남극 연구는 그 중요성에 비추어 크게 지구환경변화 분야와 자원개발 관련 분야로 대별되는데, 지질과학 분야에서도 고기후, 고지형, 암석, 지체구조, 지구물리 등 환경 관련 연구와 아울러 물리탐사, 광상, 광물 등 자원 관련 연구 분야를 중심으로 이루어졌다. 그러나 초창기 남극에서의 지질자원 관련 연구는 1998년 발효된 남극환경보호의정서에 의거, 전면 금지됨에 따라 환경변화 관련 연구와 순수 학술적인 목적의 지질 연구로 국한되어 수행되고 있다.

한편, 우리나라는 2002년 4월 북극과학위원회에 가입과 동시에 노르웨이령 스발바드Svalbard 군도에 다산과학기지를 설치하면서 세계에서 12번째 북극과학기지를 가진 나라가 되었으며, 우리나라의 북극에 대한 연구 역시 본격화되었다.■그림6 북극권의 연구로서는 러시아, 프랑스와의 공동 연구를 통해 콜라 반도 카보나타이트 복합암체에 대한 연구를 비롯하여 바렌츠, 카라 해 해저 퇴적환경 연구 등이 수행되었다. 특히 최근 러시아, 일본 등과 공동으로 추진 중인 아북극권 오호츠크 해 가스 수화물 연구는 괄목할 만한 성과를 얻고 있다.

현재 우리나라는 극지 연구 활동을 확대하기 위해 쇄빙 연구선의 건조를 추진 중에 있다. 2009년까지 건조될 쇄빙 연구선은 우리나라 극지 연구 활동의 새로운 전기를 마련할 것으로 전망된다.■그림7 즉 첨단 연구 장비를 갖춘 쇄빙 연구선을 이용한 연구 지역의 대폭적인 확대와 2012년경으로 예상되는 남극대륙 제2기지 건설은 지질과학 전 분야에 새로운 활력소가 될 것으로 기대된다.

▶ 그림 6. 다산기지의 모습. 다산기지는 노르웨이령 스발바드 군도 스피츠베르겐 섬의 니알슨(Ny-Alesund)에 자리 잡고 있으며, 기지 건물은 프랑스와 공동으로 사용하고 있다(중앙좌측이 다산기지, 우측은 프랑스 기지). 다산기지가 위치한 니알슨에는 프랑스 외에도 영국, 독일, 노르웨이, 일본, 이탈리아 등 6개국 연구 기지가 있고 120여 명의 과학자가 상주하고 있다.

▶▶ 그림 7. 극지연구 활동을 위해 2009년 9월 완공을 목표로 건조 중인 우리나라 쇄빙선의 모습.

국제극지의 해

세계 각국은 국제지구물리년으로부터 50년째가 되는 2007/2008년을 '국제극지의 해International Polar Year, 또는 줄여서 IPY'로 정하여 극지에 대한 보다 구체적인 연구를 수행하였다. 국제지구물리년의 중요 업적 중 하나가 남극에 대한 기초적인 이해였다고 하면, 국제극지의 해의 업적은 지금까지의 연구 결과를 바탕으로 남극과 북극에 대한 아주 구체적인 과학 연구를 집대성한 것이라 할 수 있다.

국제극지의 해의 프로그램 중에서 가장 눈에 띄는 것은 세계 각국의 남극대륙 횡단 연구 프로그램이다. 각국은 남극대륙 전반에 걸쳐 횡단 루트를 설정하여 IPY 기간 동안 연구를 수행하였다. 그림 8은 2007/2008년에 세계 각국의 남극 횡단 루트를 나타낸다. 우리나라도 이 프로그램에 적극적으로 참여하였다.

국제극지의 해를 기점으로 우리나라의 지구과학 분야 극지 연구는 주로 극지 판구조 진화 및 지질 환경 연구, 남극운석 탐사 연구, 극지 해빙–대기–해양 상호작용–연구, 남극 빙상–지구시스템 상호작용 연구, 극지 빙하와 지구기후변화 복원 연구, 극지 동토 연구 등을 중점적으로 수행할 계획이다.

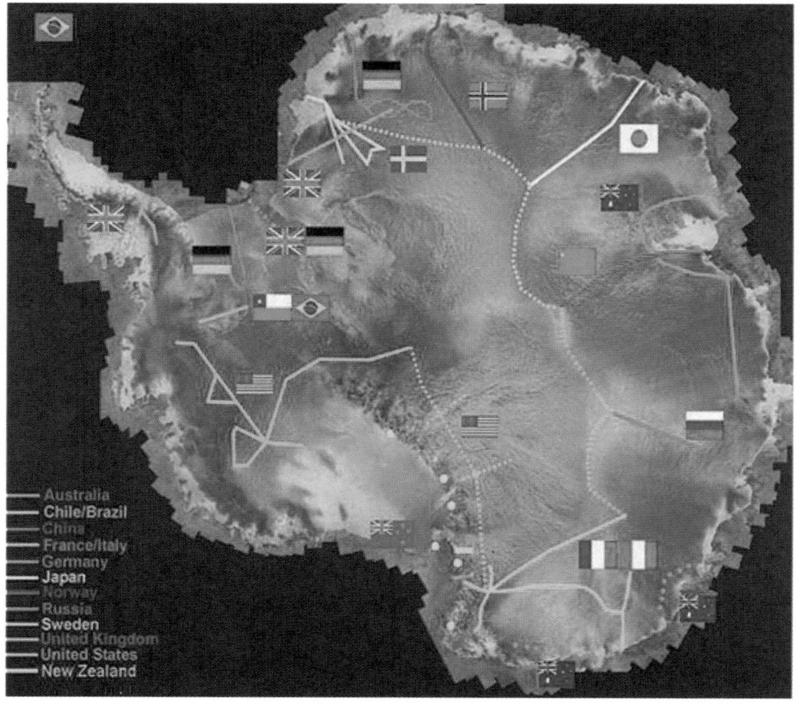

◀ 그림 8. IPY 2007/2008 관련 세계 각국 남극대륙 횡단 연구 프로그램. IPY를 대비해 각국의 남극 연구는 대형화, 국제화되는 추세이다.

그림 조각 맞추기 : 아이디어의 역사

▲ 그림 9. 대륙이동설을 주장한 독일의 기상학자 겸 탐험가 알프레드 베게너.

Geo-Art : 베게너와 대륙이동설Continental Drift

"우리는 진실을 밝히기를 꺼리는 피고를 대하는 판사의 심정으로 상황 증거로부터 진실을 밝혀야 한다"라고 말한 독일의 기상학자 알프레드 베게너Alfred Wegener■ 그림 9에게 있어서 지구는 수억 년에 걸친 진실을 감추고 있는 피고였다. 1910년 베게너는 우연히 세계지도를 보다가 대서양의 양쪽 해안의 굴곡이 서로 일치하는 것을 발견했다. 그는 '원래 두 대륙은 하나가 아니었을까?' 라고 추측을 하며 그로부터 대륙 짜 맞추기의 수수께끼를 풀기에 골몰하였다. 마침내 그는 과거 하나였던 대륙들이 움직였을지 모른다는 '대륙 표이漂移, continental drift' 의 가능성을 생각하게 되었다.

기상학자이자 탐험가인 베게너는 자신의 생각을 뒷받침하기 위하여 수많은 여행을 통하여 증거를 수집하였다. 대서양 양쪽 대륙의 해안을 조사하여 그곳에 분포하는 암석들이 동일한 시기에 생성되었으며, 같은 종류의 생물들이 서식하는 것을 알게 되었을 때, 그는 자신의 생각에 대한 확신을 가졌다. 그 후, 연구 결과를 정리하여 1912년 프랑크푸르트암마인 학회에서 발표하고 1915년 소책자인 『대륙과 해양의 기원The Origin of Continent and Ocean』 초판본에서 수억 년에 걸쳐 감추어진 지구의 진실을 세상에 공개하였는데 이는 20세기 들어와 가장 격렬한 논쟁을 불러일으켰다.

그 후, 베게너는 50번째 생일을 맞이하던 1930년에 세 번째이자 마지막이 되어버린 그린란드 탐사에서 불귀의 객이 되었다. 그는 전해인 1929년 『대륙과 해양의 기원』 4판을 발간하면서 그동안 수집한 증거와 이론을 보완하기에 이르렀다. 옛 판을 개정할 기회가 있었던 것은 그에게뿐만 아니라 후세의 우리들에게도 매우 다행한 일이라 하겠다. 그는 기상학자에 지나지 않았지만 대륙의 이동을 주장한 놀라운 가설과 이를 뒷받침하는 지질학적, 해양학적, 기상학적, 생물학적 및 지리학적 증거들은 그를 위대한 과학자로 부르기에 손색이 없게 한다. 그 당시 비웃음거리에 지나지 않던 그의 '대륙이동설또는 대륙표이설' 은 20세기 최대의 논쟁거리가 되었으며, 오늘날 지구과학의 가장 큰 업적인 판구조론을 정립하는 가장 중요한 토대가 되었다.

과거에도 지구 대륙의 '그림 조각 맞추기Jigsaw puzzle' 에 흥미를 갖고 있었던 일부 사람들이 비슷한 가설을 제시하기도 하였으나, 베게너는 최초로 자료를 체계적으로 수집하고 분석한 증거들로 그의 이론을 뒷받침하였다.

베게너는 수천 마일이나 바다로 격리된 아프리카와 남아메리카의 양 대륙에서 찾아낸 화석의 분포와 관련된 자료들을 제시하였다. 당시의 과학자들은 생물의 이동을 설명하기 위하여 다양한 가설을 제시하였는데 나뭇가지나 통나무에 실려 이동한 표류설漂流說, 일시적인 육교陸橋에 의해 이동한 육교설, 징검다리를 뛰어 건너듯이 이동한 징검다리설 등이 그것이다.■ 그림 10

▲ 그림 10. 대양으로 분리된 두 대륙에 살았던 동일한 생물들이 다양한 방법으로 이동하는 가설을 나타낸 그림으로 존 홀던(J. Holden)이 그렸다.

그러나 베게너는 대륙이 스스로 분리되어 이동하였다는 대륙이동설을 주장하였다.■ 그림 11 그는 지형을 합쳐 하나의 대륙을 만듦으로써 수억 년 전의 과거의 지구 모습을 구성하였으며,지형학적 증거, 그림 11-A 아프리카와 남아메리카의 중생대 퇴적층이 연속적으로 발견되는 것은 과거 한 덩어리의 대륙에서 같이 형성되었기 때문지질학적 증거, 그림 1-B으로 설명하였다. 또한 수백만 년에 걸친 거대한 기후 변화를 연구함으로써 적도 바로 아래에서 남반구 쪽으로 분포하는 빙하의 흔적고기후학적 증거, 그림11-C을 제시하였다. 그것은 현재의 대륙의 위치로는 도저히 설명이 되지 않으며, 대륙 이동만이 그것을 설명할 수 있다고 주장하였으며, 따라서 생물들도 대륙의 분리에 의해 자연스럽게 격리되었다생물학적 증거, 그림 11-D고 결론을 내렸다.

베게너는 수집한 증거들로부터 대륙이 이동하였음을 확신하게 되었고, 수차례 수정을 가한 그의 저서에서 대담하고 단순하게 지도에 표시된 모든 대륙들을 하나로 뭉쳐 이를 하나의 대륙이라는 의미의 판게아Pangaea=all land, 즉 초대륙

▶ 그림 11. 대륙이동설을 지지하는 여러 가지 간접 증거들.
(A) 지형학적 증거.
남미와 아프리카가 수심 900m의 경계를 따라 하나의 대륙으로 잘 합쳐진다.
(B) 지질학적 증거.
대륙을 합치면 같은 시대를 나타내는 암석들이 잘 연결된다.
(C) 기후학적 증거.
대륙 빙하를 보여주는 지역이 현재 중위도와 적도 부근 대륙에 분포하고 있으나, 이들을 합치면 남극 주변에 모인다.
(D) 생물학적 증거.
여러 대륙에서 발견되는 동일한 고생물 화석. 대륙이 분리되어 있었다면 이들은 이동하기 어려웠을 것이다.

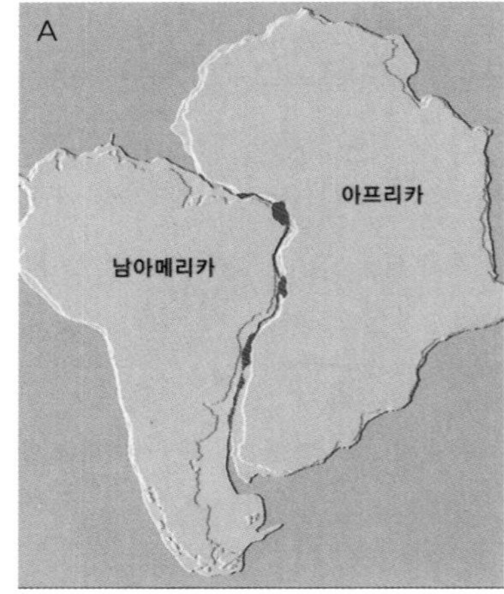

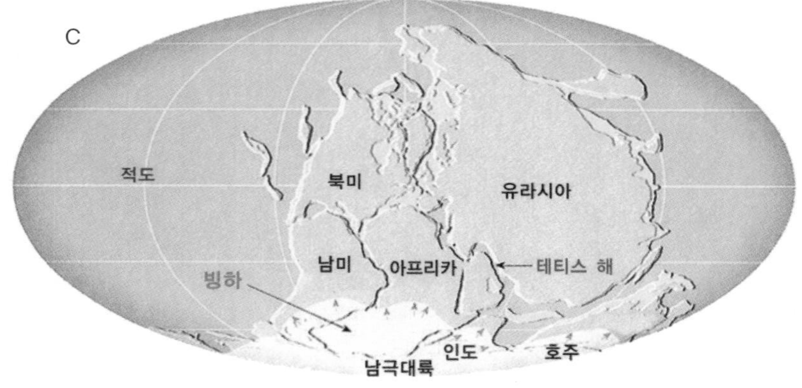

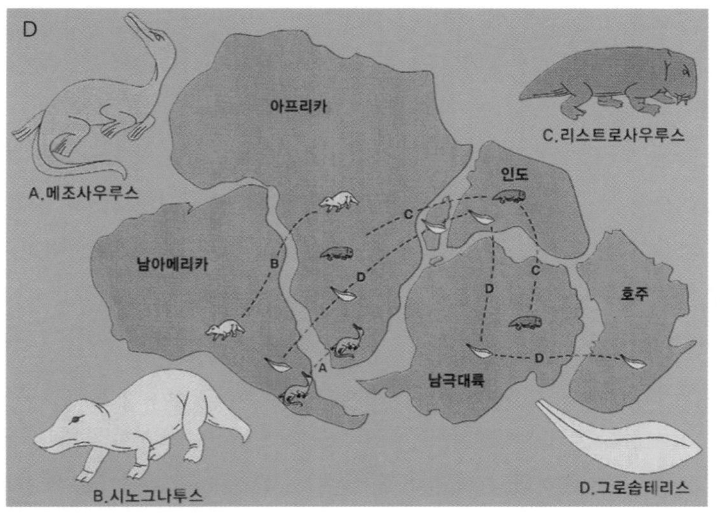

supercontinent이라 불렀으며, 현재의 대륙은 판게아에서 분리되어 이동하였다고 주장하였다.■그림 12 이 그림은 베게너가 그의 저서 『대륙과 해양의 기원』에서 그린 유명한 지도로서 초대륙 판게아가 분열해서 오늘날과 같은 대륙으로 분리되어가는 과정을 그림으로 설명하고 있다.

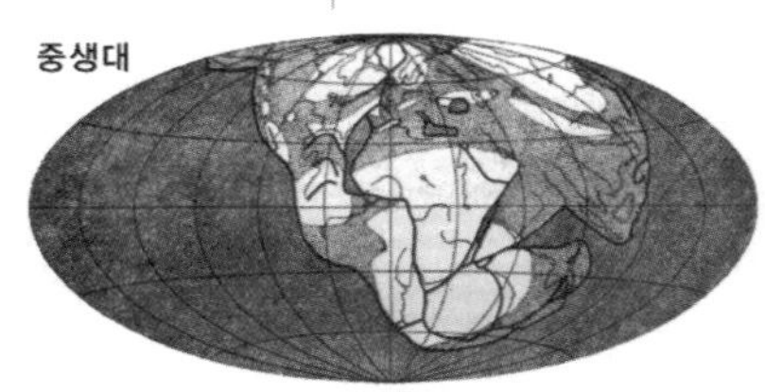

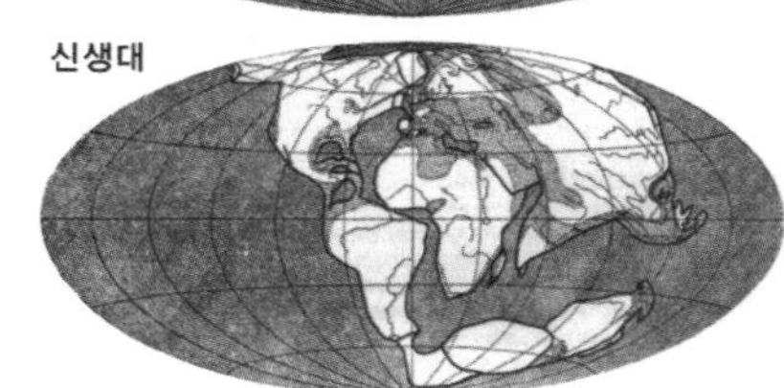

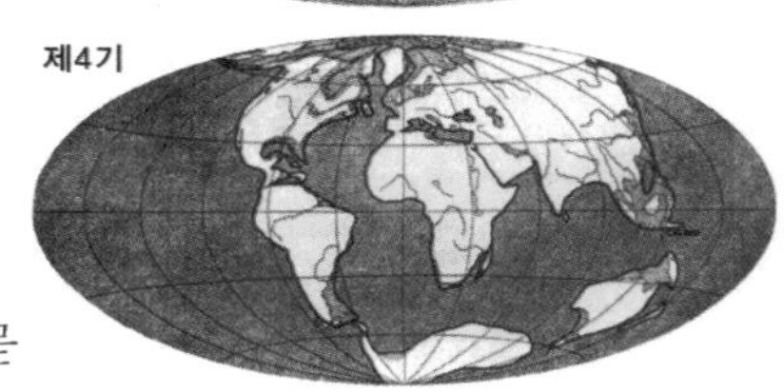

▲ 그림 12. 베게너가 그의 저서 『대륙과 해양의 기원』에서 그린 지도. 초대륙 판게아가 분리되어 오늘날과 같은 대륙으로 분포되어가는 과정을 그림으로 설명하고 있다.

그러나 베게너는 대륙을 움직일 만한 거대한 힘의 기구mechanism를 설명할 수 없었고, 그러한 약점이 당시 그를 비웃던 많은 사람들에게는 호재였다. 비평가들은 그가 기상학자이지 결코 지질학자는 아니며, 그의 이론을 한낱 몽상가에 의한 공상소설로 격하하였다. 지구 표면을 가로질러 거대한 대륙을 움직일 수 있는 힘을 설명할 수가 없었던 이론상의 약점 때문에 초기에 '베게너주의자Wegenerism' 라고 불리며 베게너를 따르고 지지하던 많은 사람들조차 그가 그린란드의 차가운 얼음 밑에 파묻힌 이후 그의 이론을 포기했다. 차츰 그의 이름은 대륙이동설과 함께 잊혀졌다.

다만 영국의 홈즈A. Holmes 교수는 1928년 맨틀 대류에 관한 이론을 발표하고, ■그림 13 베게너가 설명에 실패한 대륙 이동의 기구를 맨틀 대류로서 명쾌하게 설명하면서 베게너를 지지하였지만, 대부분의 지질학자들이 베게너를 믿지 않았듯이 홈즈의 맨틀 대류설 또한 받아들이지 않았다.

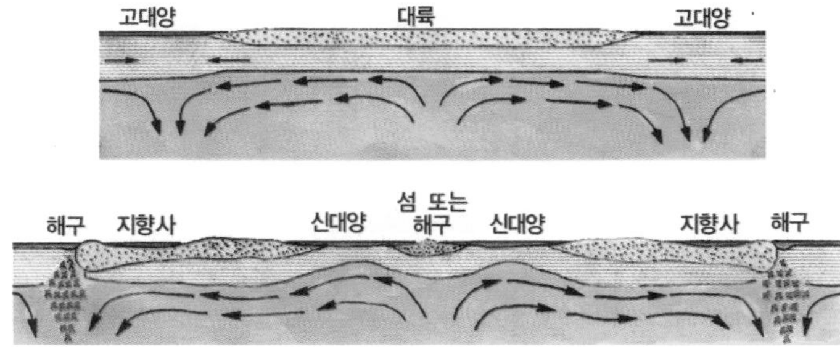

◀ 그림 13. 홈즈(1928년)가 그린 맨틀 대류의 모습. 반 유동성의 맨틀 물질이 지구 내부로부터 솟아올라 대륙을 서로 떼어 놓는다.

Geo-Poetry : 해저확장설Sea-Floor Spreading

그동안 잊혔던 대륙이동설은 1950년대 들어 고지자기를 측정하고 해석하는 과정에서 다시 등장하였다. 대서양 해저와 아프리카를 지나가는 2개의 극이동 궤

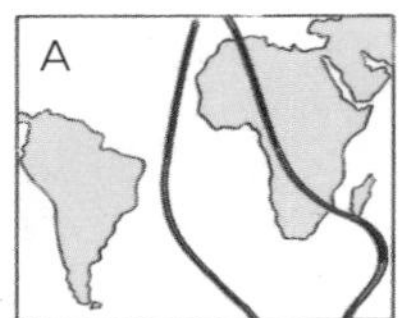

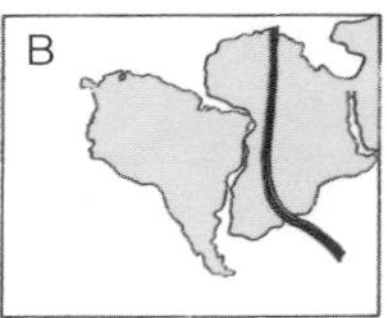

▲ 그림 14. 따로 떨어진 2개의 극이동 궤도(A)를 합치면 아프리카와 남아메리카가 정확히 합쳐진다(B).

▶ 그림 15. 대서양 한가운데 일렬로 발달한 해령을 확대해 보면 열곡에서 솟는 마그마에 의해 새로운 지각이 생기면서 판이 멀어지면서 해저가 확장되는 모습.

도를 합치면 잘 일치한다.■ 그림 14 이는 과거 두 대륙이 한 대륙으로 합쳐져 있었음을 보여주는데, 이것이 바로 대륙이동설을 뒷받침하는 결정적인 증거가 된 것이다. 이로써 대륙이동설은 베게너 사후, 30년이 지나 극적으로 부활하게 되었다.

해저 지질 연구에 의해 해양저 산맥의 성질이 알려지면서, 디츠R. Dietz와 헤스H. Hess는 그것을 관찰하고 정리한 '해저확장설Theory of sea-floor spreading' 이라는 가설을 1961년과 1962년 각각 발표하였다. 즉 중앙해령에서 솟아오르는 고온의 마그마가 해양저 산맥을 만들고, V자형 골짜기인 열곡의 양쪽에 용암이 냉각되면서 새로운 해양지각을 형성하며 산맥 양쪽의 해양지각은 열곡을 중심선으로 하여 서로 반대 방향으로 이동하게 되는데, 이 때문에 해양지각이 확장을 일으키는 것이라고 주장하였다.■ 그림 15

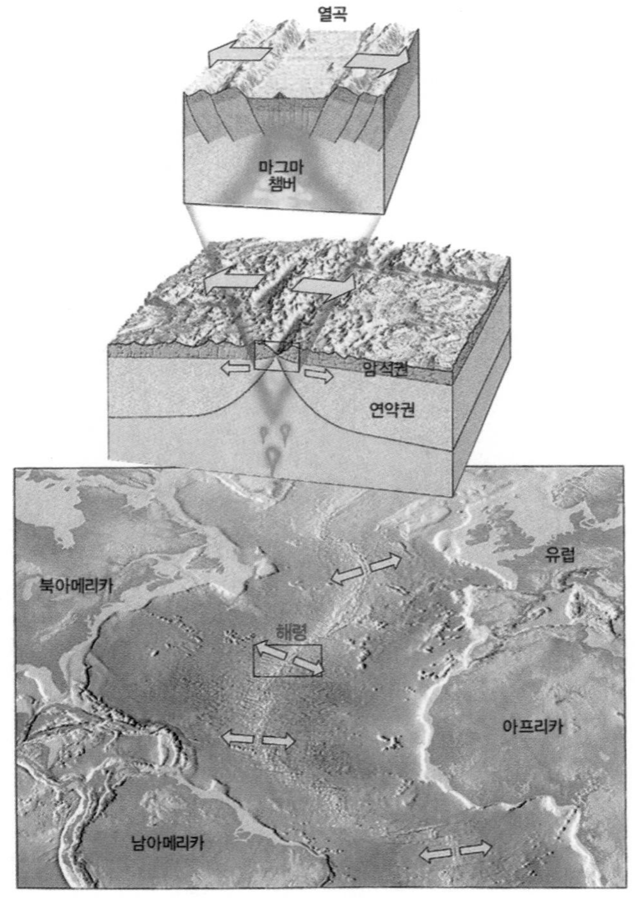

새로운 지각이 생겨나므로 오래된 지각은 계속 밀려서 이동하다가 결국 맨틀 속으로 다시 침강해 들어가고, 전체로서 하나의 순환을 이루게 되는데, 해저는 이처럼 끊임없이 새로워지며 그 움직임을 타고 대륙이 이동한다고 하였다. 이러한 운동의 원인은 물론 '맨틀 대류 mantle convection' 라고 생각하였다. 따라서 디츠와 헤스는 해저확장설을 주장하는 데 홈즈가 내세운 대류설을 다시 등장시킬 수밖에 없었으며, 이 가설로서 베게너가 설명에 실패한 대륙 이동에 필요한 에너지와 이동 기구를 설명할 수 있었다.

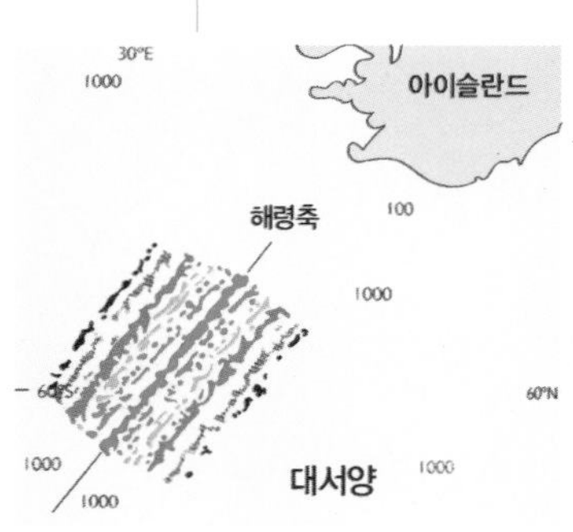

▲ 그림 16. 아이슬란드 남동쪽 레이카니스 해령에서 관찰되는 고지자기 역전 띠.

디츠와 헤스의 해저확장설을 지지하는 증거는 고지자기의 측정 결과에서 얻어졌다. 헤스의 이론이 발표되자 1963년 바인F. Vine과 매튜D. Mathews는 해양저 산맥에 대한 고지자기를 측정하였는데, 그 결과 확장축을 경계로 대칭적인 자기장의 역전 현상이 띠 모양으로 배열하는 전혀 예측치 못했던 사실을 발견하였다.■ 그림 16 그들은 해저 확장과 고지자기의 역전이 동시에 일어난다면 지자기에 띠 모양이 생기는 것이 당연하다고 지적하였다. 즉, 계속해서 솟아올라와 냉각, 고화되는 해저는 그 당시의 지자기의 방향으로 자화되는데 지자기의 방향 자체가 역전을 반복한다면, 고화된 암석에 기록된 자화 방향도 역전을 반복하게 되

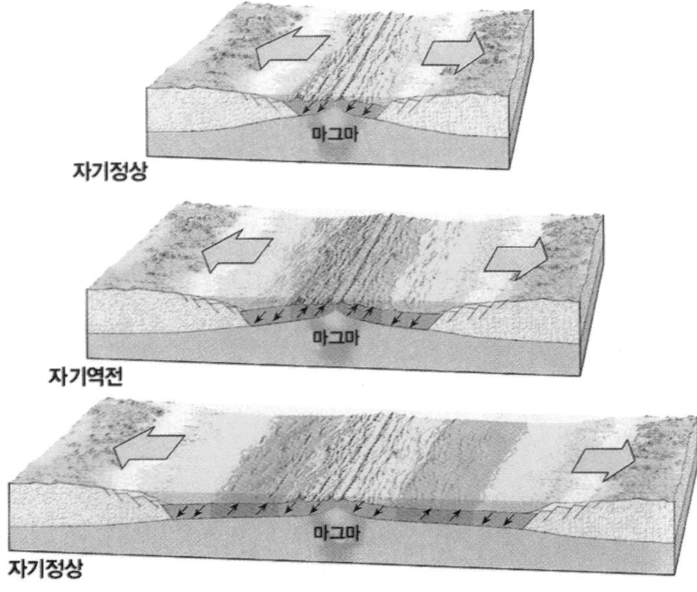

◀ 그림 17. 마그마가 상승하여 냉각, 고화될 때 그 당시의 지자기 방향으로 자화되는데, 해저가 확장됨에 따라 좌우대칭적으로 발달된 자기이상대의 모습.

고, 결국 해저는 띠 모양으로 자화되어야만 한다고 설명하였다.■그림 17

이 이론은 독일의 하이르즐러J. Heirzler에 의해 상세한 조사를 거쳐 증명되었는데 1967년 해저에 분포하는 지자기 띠 모양의 각 부분에 대한 절대연령을 측정해본 결과, 해양지각은 100만 년에 10~60km1~6 cm/yr씩 확장된다는 사실을 밝혔다. 그는 해양지각의 확장은 열곡의 좌우에서 대칭적으로 일어나며 확장의 크기가 극極 부근에서는 작고 적도 부근에서는 클 것이라는 생각도 하였다. 이로써 디츠와 헤스에 의해 제창된 해저 확장의 가설은 고지자기의 연구에 의해 틀림없는 사실로 받아들여지게 되었다.

Geo-Fact : 판구조론Plate Tectonics

대륙이동설이나 해저확장설은 그 대담한 직관이 확실한 증거보다 먼저 나왔다는 단순한 이유만으로 많은 반대자들의 저항에 부딪히거나 받아들여지는 데 시간이 걸릴 수밖에 없었다. 그 후 해양을 더욱 정밀히 탐사하여 고지자기의 측정이 광범위하게 이루어지고 세계 여러 곳에 지진 관측망이 새로 설치되었다. 이들로부터 얻어진 많은 정보들을 통해 이전의 뛰어난 직관들을 뒷받침하면서 모두 사실로 확인되었으며, 대륙이동설이나 해저확장설을 모두 포함한 광범위한 내용을 가진 판구조론으로 발전하게 되었다.

판구조론에서는 종래 암석권이라 불리던 지구 표면을 이루는 지각이 마치 삶은 달걀 껍질이 깨져 금이 간 것처럼 여러 개의 조각, 즉 크고 작은 십수 개의 지판地板, plate, 또는 줄여서 판으로 나뉘어 있는데,■그림 18 이들 판들은 모두 서서히 움직이

▶ 그림 18. 십수개의 판으로 나뉜 지각. 이들 판의 경계에서는 서로 반대편으로 멀어지고, 서로 만나 부딪히고, 그리고 서로 엇갈리기도 한다.

고 있으며, 그 결과 수억 년에 걸쳐 춤을 추듯이 지구의 표면을 가로질러 거대한 대륙을 끌거나 밀어주면서 끊임없이 지구의 모습을 변화시켜 온 것이라 본다.

각각의 판들이 서로 달리 움직일 때, 판과 판들이 접하는 경계부에서는 여러 형태의 만남이 이루어지는데, ① 서로 반대편으로 멀어지기도 하고, ② 서로 만나 충돌하기도 하며, 때에 따라서는 ③ 서로 엇갈리기도 한다. 판구조론은 지구 표면을 판으로 구성하고 판 경계부의 구체적인 모습과 이동의 증거를 여러 가지 관측으로 밝혀준다. 또한 판의 이동과 관련한 지자기나 지열 및 지진 자료들로부터 맨틀 대류에 의한 판의 이동 기구를 설명하고 있다.

이와 같이 베게너의 예술가적인 감각geo-art의 대륙 짜 맞추기에서 출발한 대륙 이동설과 헤스의 시적 직관geo-poetry에 의한 해저확장설은 수많은 과학자들에 의해 수집되고 연구된 광범위하고도 상세한 정보에 의한 사실geo-fact에 근거를 둔 판구조론으로 확립되었다. 특히 판구조론은 대륙 이동의 힘을 설명하지 못한 취약점을 맨틀 대류로 해결함으로써 20세기 후반 과학계의 가장 주목받는 이론의 하나로 자리 잡게 되었다.

그러나 지금까지의 판구조론은 완성이 아니며 오히려 앞으로 지구과학에서 해결해야 될 많은 문제점을 남기게 되었다. 예를 들어, 대륙판과 충돌하는 해양판은 대륙판 밑으로 침강해 들어가는데, 이때 어느 정도 깊이까지 들어가는지, 그리고 그 다음은 어떻게 되는지에 대해서는 아직까지 제대로 밝혀지지 않고 있으며, 대륙 이동의 힘을 맨틀 대류로 설명하고 있으나 맨틀 대류가 전 맨틀에 걸쳐 일어나는지, 아니면 상부 맨틀과 하부 맨틀이 따로 대류하는지, 그리고 맨틀 대류 세포의 크기 등에 관해서는 아직 많은 논란이 일고 있다. 따라서 21세기 중반까지의 수십 년간, 보다 더 많은 탐사와 연구를 통하여 지구의 참 모습이 제대로 밝혀질 때, 우리들은 비로소 판구조론의 종착점을 보게 될 것이다.

판구조론 I : 판의 경계

지구의 구조 Structure of Earth

이미 잘 알려진 대로 지구 내부■그림 19는 양파 속같이 조성과 성질이 다른 여러 개의 층으로 구분되는데 각 층에 대한 자세한 특성은 지진파의 연구로 잘 알려져 있다. 지각crust은 지구의 표면을 구성하며 평균 두께 35km로 매우 얇은 부분이다. 그 아래로 2,900km까지 계속되는 맨틀mantle이 있다. 그리고 지하 2,900km에서 지구 중심부까지를 핵core이라고 하며 액체로 생각되는 외핵은 두께가 2,280km, 고체인 내핵은 그 반경이 1,190km이다.

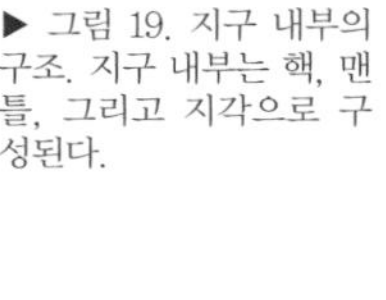

▶ 그림 19. 지구 내부의 구조. 지구 내부는 핵, 맨틀, 그리고 지각으로 구성된다.

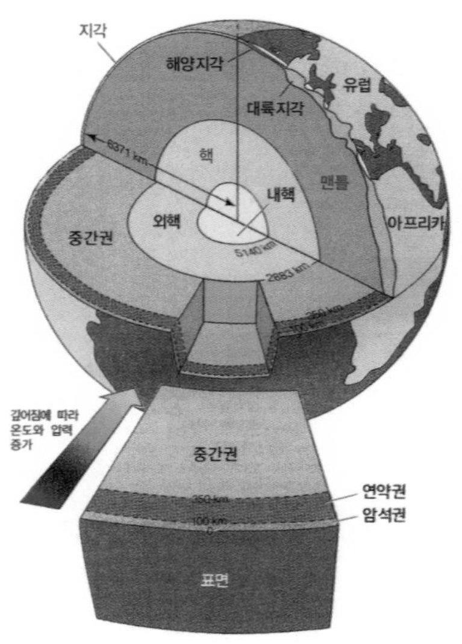

맨틀과 지각 사이에는 모호면 또는 모호로비치치면Mohorovičic discontinuity, 줄여서 모호면이 놓여 있다. 맨틀의 상부는 밀도가 3.3 g/cm^3 정도인 감람암질 암석으로 이루어져 있으나, 아래로 내려감에 따라 구성 물질의 밀도는 더 커진다. 핵은 운석의 연구로부터 철과 니켈의 합금으로 구성된 것으로 추정되고 있다.

지각Crust

지구의 표면은 암석으로 구성되어 있는데, 이들 암석으로 이루어진 지구의 껍질을 지각이라 한다. 지각은 지구 표면에서 수면으로 노출되어 대륙을 이루는 부분과 물속에 잠겨 해저를 이루는 부분으로 크게 나뉘는데 이를 각각 대륙지각continental crust과 해양지각oceanic crust이라 부른다.■그림 20 전자는 두께가 32~48 km인 두꺼운 암층으로서 화강암질 암석으로 구성되며 평균 밀도는 2.7 g/cm³이다. 한편 후자는 해양저 아래에 넓게 분포된 5~8 km 두께의 비교적 얇은 암층으로서 주로 현무암질 암석으로 이루어져 있으며, 평균 밀도는 대륙지각보다 무거운 3.0 g/cm³이다.

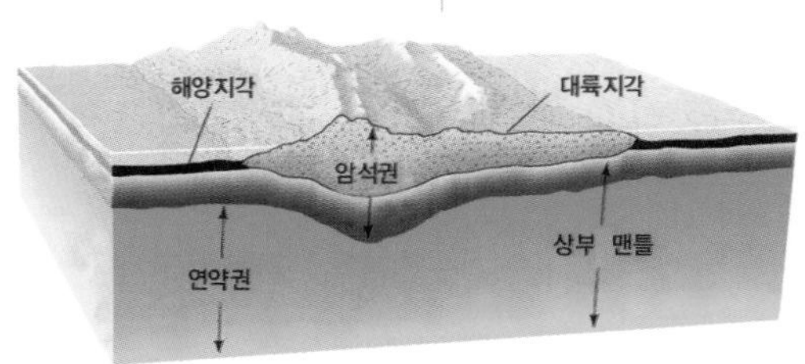

▲ 그림 20. 지각과 상부 맨틀의 단면도. 지각은 해양지각과 대륙지각으로 나뉘며, 이들 지각과 상부 맨틀의 일부를 합쳐 암석권이라 하고, 그 아래로 연약하고 부분적으로 용융된 연약권이 있다.

지각과 맨틀 상부를 구성하는 강하고 단단한 부분을 합쳐 암석권lithosphere이라 부르며 그 아래로는 약하고 부분적으로 용융되어 있는 연약권asthenosphere이 있다.

판의 경계Plate Boundary

전 세계에서 지진이 자주 발생하는 지점을 표시하면, 주로 특정 지역에 편중되어 발생하는 것을 알 수 있다.■그림 21 예를 들어, 태평양 주변의 대륙의 연안이나 섬들환태평양에 걸쳐 집중 분포하고 있으며 히말라야 산맥을 따라서도 지진이 발생하고 있다. 또한 바다에서는 태평양의 동쪽 해저와 중앙 대서양 해저의 남북 방향을 따라 지진이 발생하고 있다.

한편, 화산의 분포 지역도 지진의 분포대와 거의 겹치고 있다. 이와 같이 지진

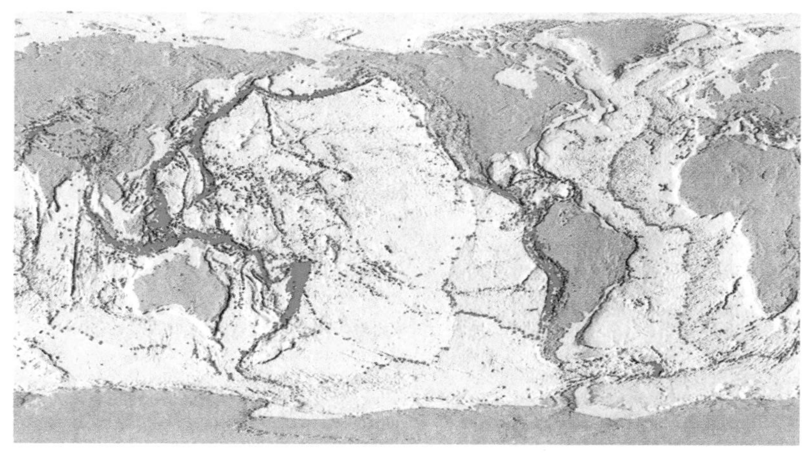

◀ 그림 21. 지진의 분포. 전 세계적으로 지진은 특정 지역을 따라 좁은 띠의 형태로 집중적으로 분포한다.

이나 화산은 특정 지역에 집중하여 발생하거나 동일 지역에 반복해서 일어나고 있다. 이들 지진은 지각을 구성하는 판들이 각기 움직일 때 판 경계부에서의 상호작용에 의한 충격이며 화산도 그 부산물인 것이다.

따라서 판구조론의 핵심은 판과 판들이 상호작용하는 무대인 판 경계부의 종류를 구분하고 판구조 운동의 산물인 화산이나 지진 같은 지질 현상을 통하여 다양한 판 경계부의 모습을 이해하는 것이다. 지질학자들은 판의 경계를 확장 경계, 수렴 경계, 유지 경계의 세 가지로 통상 구분하는데,■ 그림 22 수렴 경계를 다시 침강 경계와 충돌 경계로 구분하여 네 가지의 경계로 나누기도 한다.

확장 경계Divergent boundary

상부 맨틀의 뜨거운 마그마는 끊임없이 외부로 빠져나가려 하는데 주로 지각의 갈라진 틈을 통하여 분출하게 된다. 이러한 지각의 틈들은 주로 두께가 얇은 해양판지각에 분포되어 있으며 일직선상으로 연장 발달되어 있다. 이곳에서는 분출된 마그마가 해수에 의해 냉각되어 암석으로 굳어지면서 새로운 해양지각을 만들고 새로운 해양지각은 계속되는 마그마의 분출에 의해 판의 일부가 되어 점점 멀어지게 된다. 바로 이곳이 판들이 멀어지는 확장 경계이며 새로운 해양지각이 생성되는 곳이라 하여 '생성 경계constructive boundary' 라고도 한다.■ 그림 23

또한, 이곳은 마그마의 분출에 의해서 열곡rift valley과 해저산맥을 이루게 되는데, 해령oceanic ridge이라고 부른다. 한편, 확장 경계는 해양판에만 있는 것이 아니고, 두꺼운 대륙판 내부에도 존재한다. 가장 대표적인 예는 아프리카 대륙의 동쪽에 발달된 동아프리카 열곡대이다.■ 그림 24 이 열곡대는 해령의 확장축 부근에 존재하는 열곡의 형성과 동일한 과정으로 만들어진 것으로 추정되며, 이를 중심으로 아프리카 판의 동서 두 부분이 서로 멀어지고 있는 것이다. 여기서도 해령에서처럼 맨틀 기원의 마그마가 분출하여 생성된 암석이 나타난다. 한편, 홍해는 확장 경계에서 새로운 해양이 만들어지는 과정을 보여준다. 이 경우 새로운 해양 주변의 대륙에는 여전히 열곡대에서 관찰되는 단층들이 남아 있다.

수렴 경계Convergent boundary

확장 경계에서 두 판이 서로 서로 멀어지게 되면 판의 한쪽에서 멀어지는 운동이 상대적으로 다른 쪽에서는 서로 가까워지게 되어 충돌하는 운동이 된다. 이곳이 바로 판들이 만나는 수렴 경계이며, 충돌에 의해 판들이 없어지는 곳이라 하여 '소멸 경계destructive boundary' 라고도 한다. 수렴 경계는 판의 성질에 따라

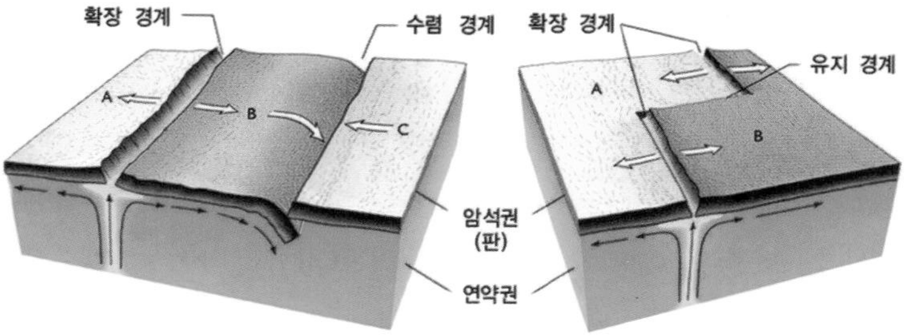

◀ 그림 22. 판의 세 가지 경계부. 확장 경계, 수렴 경계, 유지 경계로 구분된다.

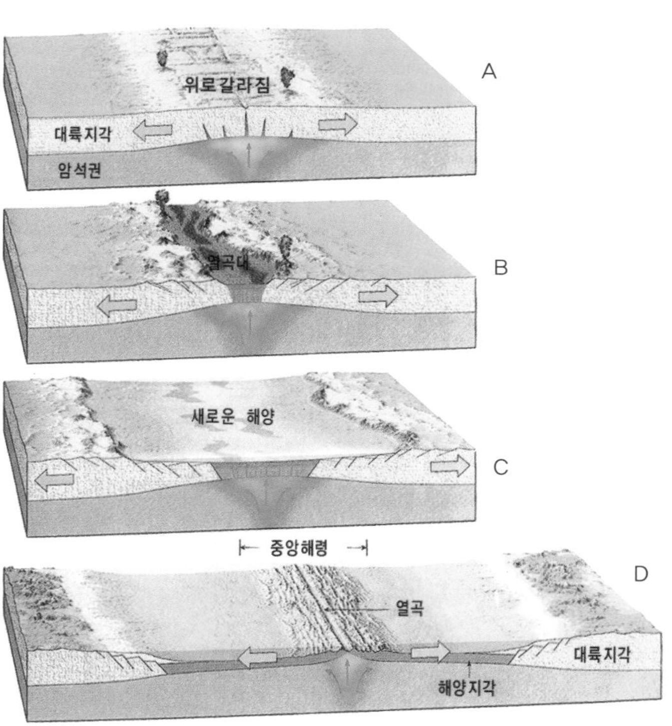

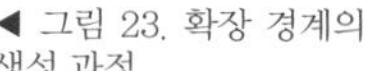

◀ 그림 23. 확장 경계의 생성 과정.
(A) 상승하는 마그마는 대륙지각을 위로 갈라지게 한다.
(B) 갈라진 틈으로 마그마가 분출, 냉각하여 새로운 지각을 만들고 산맥의 중앙부는 함몰하여 열곡대가 생긴다.
(C) 계속되는 마그마 분출로 새로운 지각이 계속 만들어지고 열곡을 중심으로 판의 일부가 양쪽으로 멀어진다. 동시에 물이 채워져 바다가 생긴다.
(D) 상승하는 마그마는 해수에 의해 냉각되어 새로운 해양지각을 만들면서 해령을 경계로 양 대륙 쪽으로 확장해간다.

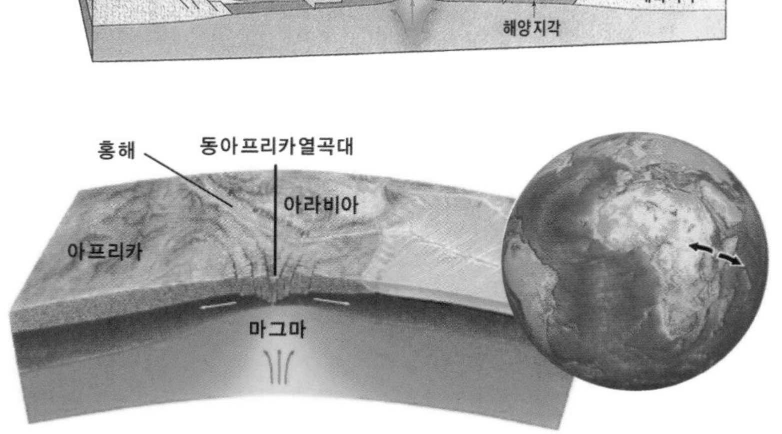

◀ 그림 24. 새롭게 형성되고 있는 확장 경계. 동아프리카 열곡대를 중심으로 아프리카가 분리되고 있다. 홍해는 현재 열리고 있는 바다이다.

크게 두 가지의 형태를 보여준다.

첫째는 두 판이 충돌하여 하나의 판이 다른 판 아래로 침강subduction해 들어가는 경우인데, 이러한 침강 경계는 해양판과 대륙판이 만나는 경우와 해양판과 해양판이 만나는 경우로 나눌 수 있으며 이 둘은 다소 차이가 난다.■ 그림 25 해양판과 대륙판이 만나는 경계에서는 무거운 해양판이 가벼운 대륙판 아래로 침강하여 들어가게 되며, 만나는 경계에서는 해구海溝, trench가 만들어지며 대륙 쪽에서는 침강해 들어간 해양판이 온도와 압력의 상승으로 일부가 녹아 마그마가 상승하면서 화산활동에 의한 조산운동으로 산맥이 형성된다.■ 그림 25-A 예를 들면, 미국의 로키 산맥과 남미의 안데스 산맥이 여기에 해당된다.

한편, 해양판이 또 다른 해양판을 만나게 되면 두 판의 성질은 같지만 얇기 때문에 이동해오는 해양판이 다른 해양판 아래로 침강하여 들어가게 된다. 이때에도 경계부에는 해구가 만들어진다. 또한 해구를 따라 대륙 쪽의 해양에는 호상열도弧狀列島라 부르는 활 모양의 화산섬들이 일렬로 생겨난다.■ 그림 25-B 예를 들면, 태평양 서쪽 일본 해구가 여기에 해당된다. 그리고 침강해 들어가는 해양판이 다른 판과의 마찰에 의해 끊임없이 지진이 발생한다.

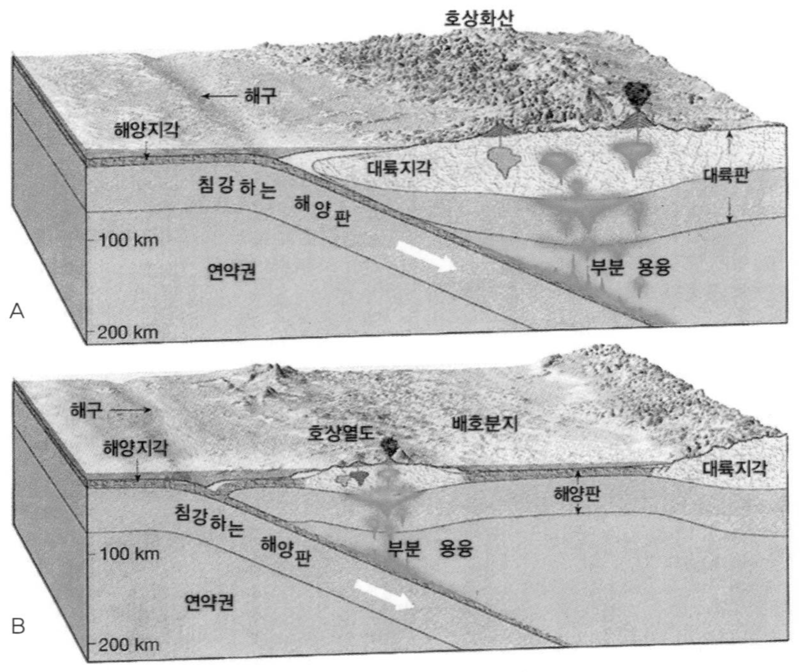

▶ 그림 25. 수렴 경계 중 침강 경계.
(A) 해양판과 대륙판이 만나는 경우, 무거운 해양판이 가벼운 대륙판을 만나 해양판이 대륙판 아래로 침강해 들어간다.
(B) 해양판과 해양판이 만나는 경우. 하나의 판이 다른 판 아래로 침강해 들어가고 침강 경계 뒤쪽으로 호상열도와 배호 분지가 형성된다.

둘째는, 서로 만나는 두 개의 판이 대륙판인 경우 무게는 비슷하지만 매우 두꺼워 어느 한쪽이 침강하는 대신에 충돌collision하게 된다. 이러한 충돌 경계에서는 대륙지각을 압축하고 위로 밀어 올리며 습곡산맥 같은 대규모의 조산대를 형성하게 된다.■ 그림 26 대표적인 곳이 히말라야 산맥과 배후의 티베트 고원인데, 바로 인도 판이 이동하여 유라시아 판과 충돌할 때 생성된 것이다.

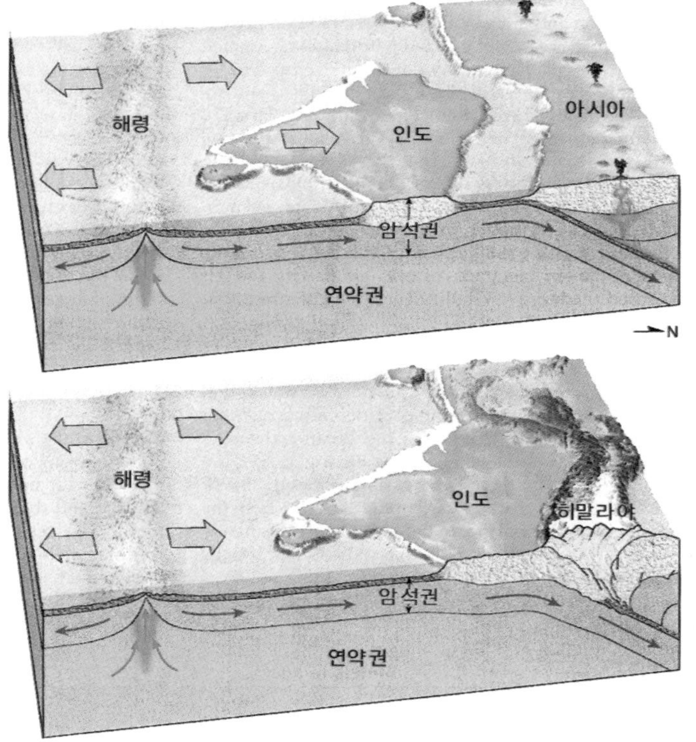

◀ 그림 26. 수렴 경계 중 충돌 경계. 인도 판과 유라시아 판이 만나 충돌하여 히말라야 산맥과 배후에 티베트 고원을 형성한다.

유지 경계Conservative boundary

유지 경계는 두 판이 반대로 미끄러지는 상대운동이 일어나는 곳으로 서로 어긋나게 되는데, '평행이동 경계translational boundary' 라고도 한다. 이 경계를 윌슨Wilson은 변환단층transform fault이라 하였는데■ 그림 27 판의 경계에 대한 이해와 판의 상대운동의 방향을 지시하는 역할을 한다는 점에서 변환단층은 판구조론의 확립에 매우 중요하다.

▶ 그림 27. 중앙해령 부근에 발달해 있는 유지 경계인 변환단층. 변환단층들은 해령축을 가로 지르면서 발달한다. 해령에서 멀어질수록 암석의 연령은 높아진다.

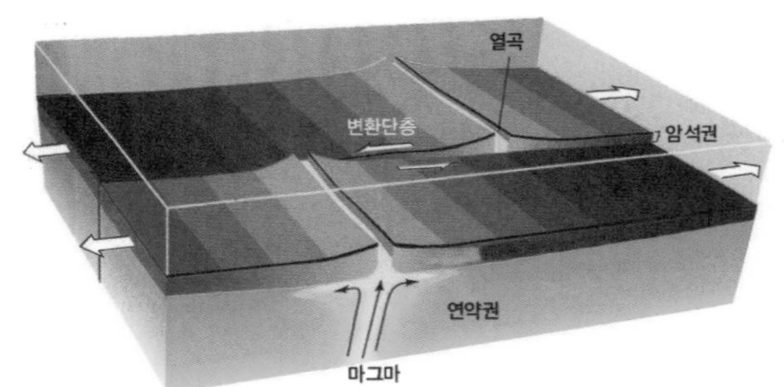

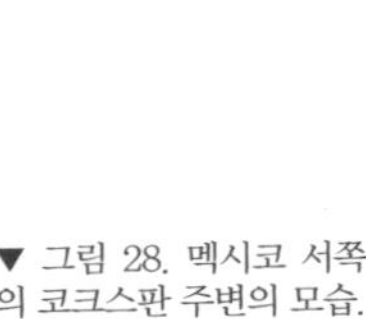

대부분의 변환단층은 해양판 내에서는 길게 발달한 확장 경계 즉, 해령을 자르고 있다. ■그림 28 대륙판 내에서는 캘리포니아의 산안드레아스 단층처럼 지표에 노출되어 격렬한 구조 활동으로 우리 인간들에게 많은 피해를 주기도 한다. 유지 경계인 변환단층은 대개의 경우 해령과 해령으로 연결되지만, 때로는 해구와 해구, 해구와 해령으로 연결되기도 한다.

▼ 그림 28. 멕시코 서쪽의 코크스판 주변의 모습. 확장 경계인 해령이 유지 경계에 의해 어긋나면서 길게 발달하고 있다.

격렬한 지구 : 판구조 운동의 증거

판의 경계부는 각각의 판들의 상대운동의 차이로 인하여 앞서 밝혔듯이 여러 지질 현상들이 관찰된다. 이들 현상들은 오랜 시간을 걸쳐 서서히 형성된 것도 있으며, 짧은 시간에 일시적으로 발생하기도 하는데 바로 지구가 살아서 끊임없이 변하는 것을 알려주는 증거이며, 판구조 운동으로 인한 거대한 지구의 격렬한 반응인 것이다. 이러한 현상에는 지형의 변화, 지진의 발생, 화산활동 등을 꼽을 수 있다.

지형의 변화

주로 해저에 발달된 확장 경계에서는 맨틀로부터 상승한 마그마가 분출하여 확장축을 따라 해저의 표면을 융기시켜 해저산맥이 생성된다. 이때 마그마 분출로 인하여 지하 내부에는 빈 공간이 생기게 되고 산맥 중앙 부분이 다시 무너져 내리면서 움푹 파인 골짜기인 열곡rift valley이 확장축 주변에 생성된다. 이들을 포함한 전체의 부분을 해령oceanic ridge이라 한다.

이들 해령은 주로 해양저의 중앙에 위치하여 일명 '중앙해양저산맥' 또는 '중앙해령Mid-oceanic ridges' 이라 부르는 데 대서양에는 중앙에 남북으로 길게 뻗쳐 있으며 태평양에는 동쪽 가장자리를 따라 뻗쳐 있다.■ 그림 29-A 확장이 느린 곳에서는 해령ridges이라 불리는 폭은 좁고 높은 산맥을 만드는데 반해,■ 그림 29-B 빠른 확장은 해팽rises이라 불리는 폭이 넓고 상대적으로 낮은 산맥을 만든다.■ 그림 29-C 대표적인 것으로 중앙대서양 해령Mid Atlantic Ridges, 또는 줄여서 MAR과 동태평양 해팽East Pacific Rises, 또는 EPR의 총 연장 길이는 약 74,000 km에 이른다.

한편 대륙이 갈라지는 곳에서는 열곡이 길게 발달하며 이를 열곡대rift valley라 부른다. 대표적인 곳이 동아프리카 열곡대이며,■ 그림 30-A 열곡대에는 해령처럼 마그마 분출 후 빈 지하 공간을 메우기 위해 단층작용에 의해 함몰되고 다시 새로운 마그마가 분출과 함몰이 반복되면서 계단식 단구가 만들어진다.■ 그림 30-B 이러한 열곡대에는 물이 차서 길쭉한 호수가 생기기도 한다.■ 그림 30-C

두 판이 충돌하는 수렴 경계에서는 접근하는 판의 성질에 따라 두 가지의 다른 양상을 보여준다. 첫째는 두 판이 만나 무거운 해양판이 다른 판 밑으로 침강하는 경우이다. 침강하는 경계부에 해구trench가 형성되며, 특히 해양판이 다른 해양판 밑으로 침강할 때는 해구를 따라 대륙 쪽으로 활 모양의 화산 배열이 생겨난다. 이를 도호島弧, island arc—호弧, arc라는 한자가 활을 뜻함—또는 호상열도라고

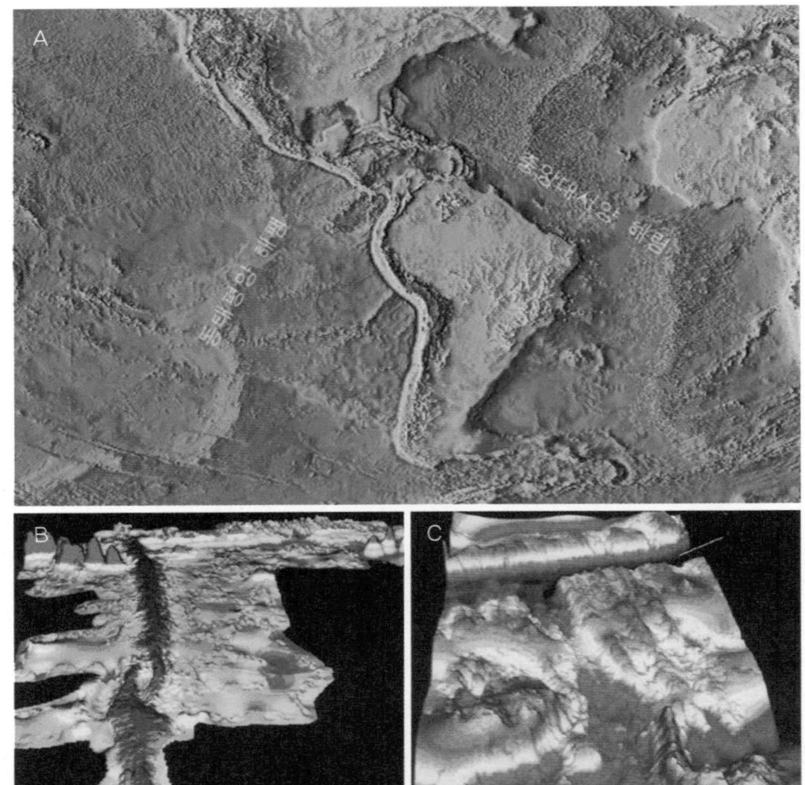

▶ 그림 29. 중앙해령의 모습.
(A) 태평양판 동쪽 가장자리를 따라 남북으로 길게 뻗쳐 있는 동태평양 해팽(EPR)은 대서양 중앙에 위치하며 남북으로 길게 발달한 중앙대서양 해령(MAR)으로 구분된다. (B) 동태평양 해팽은 확장이 빨라 폭이 넓고 낮은 산맥을 형성하고, (C) 중앙대서양 해령은 판의 확장이 느려 폭이 좁고 높은 산맥을 이룬다.

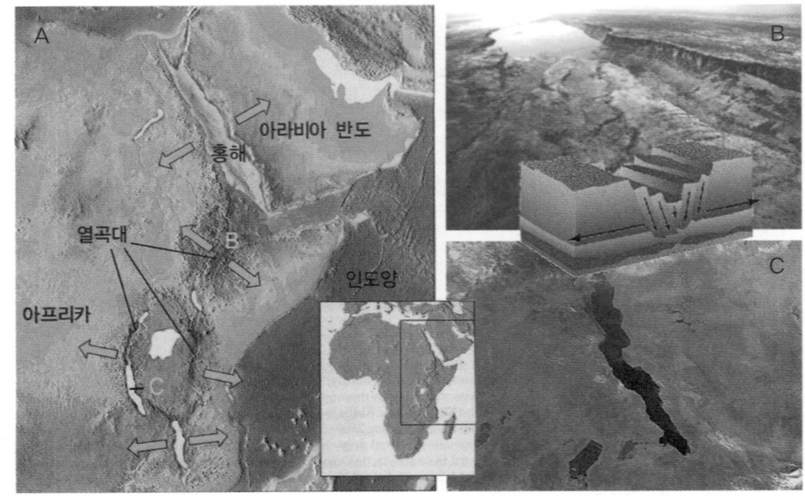

▶ 그림 30. 동아프리카 열곡대의 모습.
(A) 확장 경계를 따라 아프리카가 분리되고 있으며, 홍해는 현재 열리고 있는 바다이다.
(B) 열곡대에는 마그마의 상승과 함몰을 반복하면서 계단식 단구가 길게 형성된다.
(C) 열곡대에 물이 차 초승달 모양의 호수를 이룬 것을 인공위성에서 촬영한 사진.

한다. 그림 25-B 참고

해양판은 침강해 들어가는 한편, 해양지각 위에 얇게 쌓인 해양 퇴적물을 대륙 쪽으로 밀어붙여 부가附加, accretion시킴으로써 대륙을 성장시키기도 한다. ■그림 31 예를 들어 현재 북미 대륙의 서해안 쪽의 1/4에 해당되는 지역은 한때 바다였으며, 태평양판이 북아메리카 판 밑으로 파고들 때, 태평양 판 위에 쌓인 퇴적물들을 북아메리카 쪽으로 밀어붙여 생성된 것이다. ■그림 32 샌프란시스코 해안가 언덕에서 발견되는 퇴적층에서 태평양 심해저 기원의 화석이 발견되는 것이 좋은 실례이다. 이와 같은 예는 일본 열도에도 적용할 수 있는데, 21세기에 일본이 바다로 침몰할 것이라는 이야기도 있지만 사실은 그 반대로 일본은 점점 더 성장할 것이다.

경우에 따라서는 해양지각이 모두 대륙판 밑으로 침강해 들어가는 것이 아니라 일부는 대륙지각 위로 밀어붙여 압박을 가하여 대륙 연안 쪽에 큰 주름이 잡혀 습곡산맥과 지향사geosyncline를 만들기도 하는데 코르딜레라Cordillera 조산대가 대표적인 예이다.

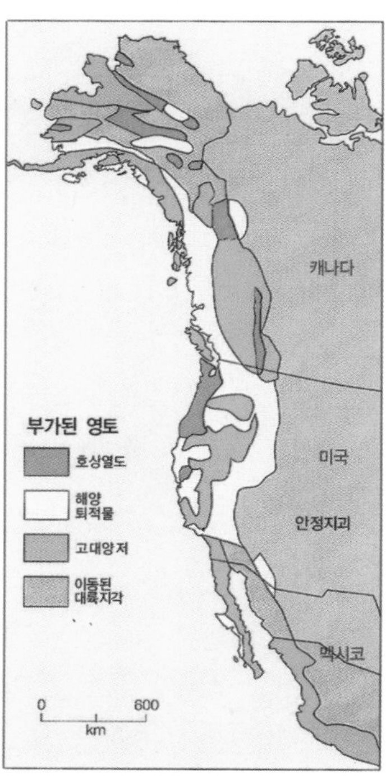

◀◀ 그림 31. 해양판이 대륙판 밑으로 침강하면서 판의 일부인 해양지각(대양저)이나 그 위에 놓인 소형판, 또는 해양 퇴적물을 대륙 쪽으로 부가시켜 대륙이 성장한다.

◀ 그림 32. 북미 대륙의 1/4은 태평양 판이 북미 판 밑으로 침강할 때, 이동되어온 호상열도, 해양 퇴적물 및 태평양 판의 일부인 고대양저 등이 부가된 것이다.

▶ 그림 33. 히말라야 산맥과 티베트 고원의 모습. 인도 판이 유라시아 판과 충돌하면서 습곡작용에 의한 조산운동으로 생성되었다.

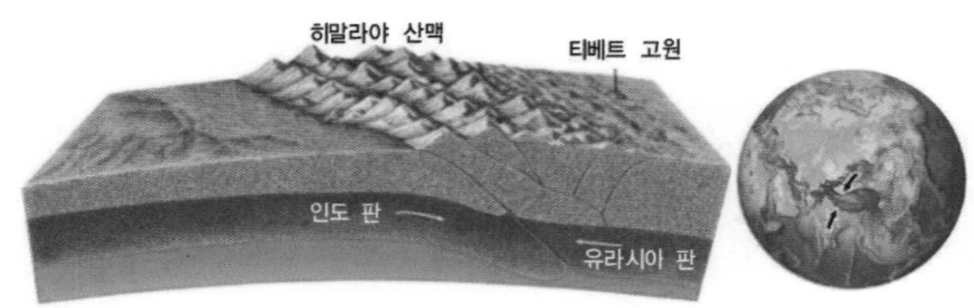

둘째는 대륙판과 대륙판이 만나는 경우로서 그 경계부가 충돌하게 되면서 서로 주름이 잡혀 위로 솟아오르게 된다. 이때는 거대한 산맥과 고원 등의 조산대가 형성되는데, 세계의 지붕이라는 히말라야 산맥과 배후의 티베트 고원이 좋은 예이다.■ 그림 33 이는 인도 판이 유라시아 판을 밀어붙일 때, 두 대륙판의 충돌에 의하여 생성된 것이며, 지금도 에베레스트 산의 고도는 계속 높아지고 있다.

유지 경계에서는 서로 반대편으로 엇갈리게 이동하는 변환단층transform fault 작용이 일어나는데, 대부분이 확장 경계인 중앙해령을 수직으로 가로지르는 단층대로 해저에 형성된다. 그러나 일부의 연장선은 대륙 쪽으로 노출되기도 하는데, 캘리포니아 해안선을 따라 길게 발달한 산안드레아스 단층San Andreas Fault은 대표적인 변환단층으로 지금도 단층을 경계로 해안 쪽과 내륙 쪽이 서로 엇갈리게 움직이고 있다.■ 그림 34 그 결과 격렬한 지진이 자주 발생하는 원인이 되기도 한다.

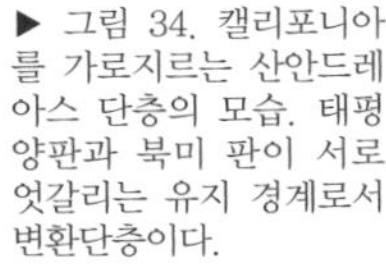
▶ 그림 34. 캘리포니아를 가로지르는 산안드레아스 단층의 모습. 태평양판과 북미 판이 서로 엇갈리는 유지 경계로서 변환단층이다.

▲ 그림 35. 지진의 참사 현장.
(A) 한신대지진(1995년 1월 8일)으로 무너진 건물과 도시고속도로, (B) 로스앤젤레스 지진(1994년 1월 17일)으로 무너진 프리웨이, (C) 캘리포니아 대지진(1906년 4월 18일)으로 폐허가 된 샌프란시스코.

지진 활동

판의 경계부에서 판들의 이동에 의해 야기되는 가장 직접적인 현상이 지진이다. 따라서 판의 경계부와 지진의 발생 지역과는 밀접한 관계가 있다.

1999년 1월 25일 콜롬비아의 아르메니아에서 발생한 진도 6의 지진은 주변 3개 도시를 완전히 파괴하고 9백 명 이상이 사망하고 3천5백 명이 부상하는 인명 피해를 발생시켰다. 한편, 1995년 1월 8일 일본 고베에서 발생한 진도 7.8의 한신阪神대지진은 5천여 명의 인명 피해와 함께 수만 채의 집이 파괴되는 막대한 재산 피해를 일으켜 전 세계를 경악시킨 것을 우리는 생생히 기억하고 있다. 1923년 9월 1일, 동경과 요코하마를 완전히 함몰시킨 관동關東대지진이 발생한 이후, 일본은 지난 50년간 10회의 대지진이 일어나 1만7천 명이 넘는 인명과 10만 채의 건물을 잃었으며, 매년 천 회 이상의 크고 작은 지진이 발생하고 있다.■ 그림 35

이는 바로 태평양판이 유라시아 판과 남·북아메리카 판을 파고들면서 두 판의 충돌과 마찰에 의해 발생하는 것으로 판의 경계부에 놓인 일본이나 미국, 남미의 국가들은 지진이 발생하는 무대인 것이다. 이와 같이 지진은 주로 지중해

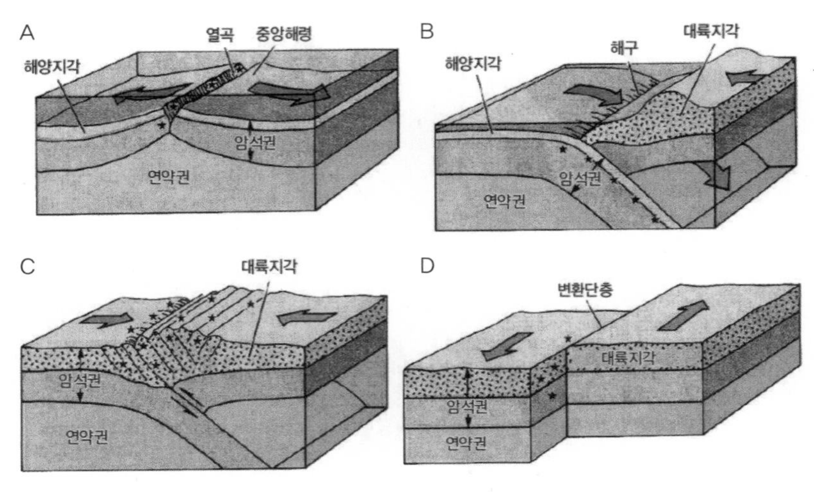

▶ 그림 36. 판 경계부에서의 여러 형태의 지진. (A) 확장 경계: 천발지진, (B) 침강 경계: 천발, 중발, 심발지진, (C) 충돌 경계: 천발지진, (D) 유지 경계: 천발지진.

A
열곡
중앙해령
해양지각
암석권
연약권
B
대륙지각
해구
해양지각
암석권
연약권
C
대륙지각
암석권
연약권
D
변환단층
대륙지각
암석권
연약권

▶ 그림 37. 베니오프대를 따라 발생하는 다양한 지진. 침강하는 깊이에 따라 천발지진, 중발지진, 심발지진으로 나뉜다.

대륙
지괴
호상열도
해구
배호 분지
해양지각
암석권
부분 용융
베니오프대
침강하는 암석권
연약권
100 km
200 km
300 km
중국
한국
일본
일본해구
Key
천발지진
중발지진
심발지진

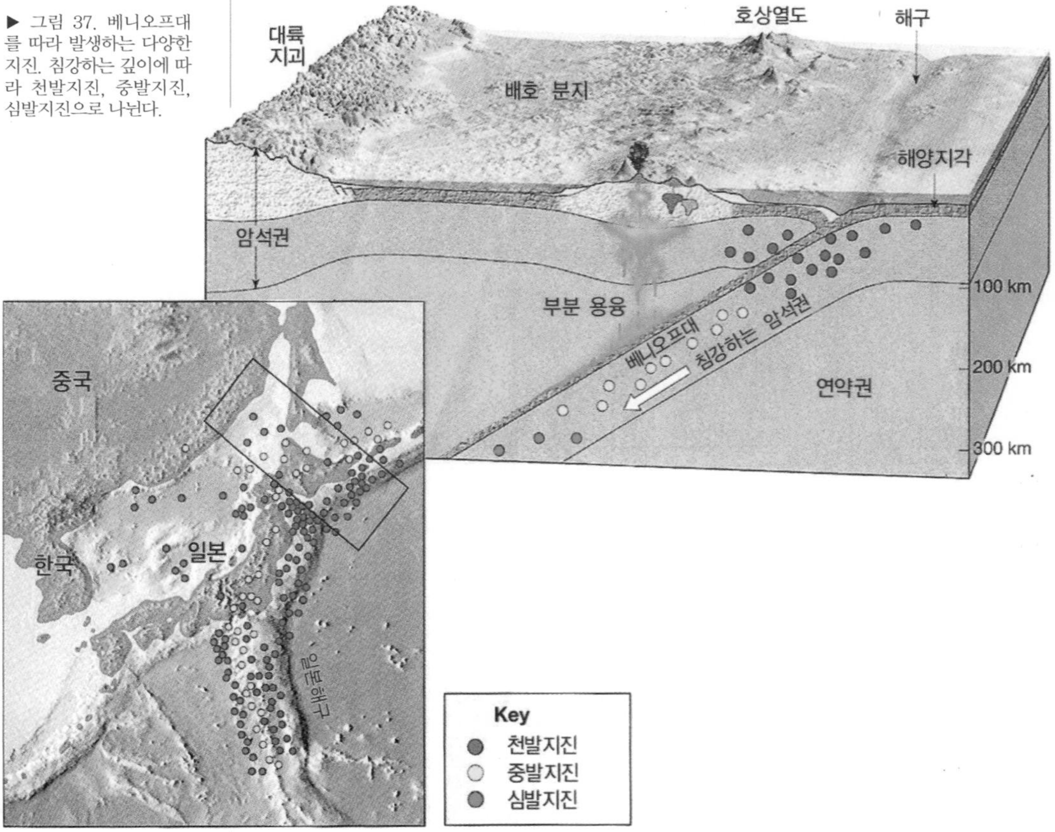

와 태평양 주변의 육지와 섬, 인도 히말라야 산맥, 중국의 산악 지대 및 남 · 북미 대륙 서해안 등 특정 지역에서 자주 발생한다. 지진은 바로 판 경계부에서의 판 구조 운동의 결과인 것이다. ■ 그림 36과 37

그림 37에서 보듯이 대륙판과 충돌하여 해양판이 침강해 들어가는 수렴 경계의 경우, 해양판이 침강해 들어가면서 일으키는 마찰은 지속적이며, 다양한 강도의 지진을 발생시킨다. 예를 들어 태평양 동쪽으로는 태평양판이 북아메리카 판 밑으로 침강해 들어가면서 아메리카 대륙의 서부 해안선을 따라 내륙 쪽으로 지진을 일으키고, 나즈카 판이 남아메리카 판 밑으로 들어가면서 안데스 산맥을 따라 지진을 발생시키는 한편, 서쪽으로는 태평양판과 필리핀판이 유라시아 판 밑으로 침강해 들어가면서 일본, 필리핀을 지나 인도네시아, 뉴질랜드를 이르는 지진대를 형성한다. 이들 지진은 환태평양 조산대를 따라 띠 모양으로 분포하고 있는데, 처음 발견한 사람의 이름을 따 베니오프Benioff 지진이라 하며, 일명 '베니오프대' 라고도 한다.

이러한 지진은 해양판이 침강하면서 마찰에 의해 계속 발생하는데, 깊이에 따라 천발지진, 중발지진, 심발지진으로 나뉘고 주로 침강 경계의 대륙 쪽으로 점점 멀어질수록 지진의 심도진앙는 깊어지며, 지진의 횟수도 줄어든다. ■ 그림 37 실제 일본에서는 지진이 매우 많이 발생하는데 비해, 우리나라에는 지진이 거의 없는 이유가 일본은 태평양판과 유라시아 판의 침강 경계 바로 안쪽에 놓여 있지만, 우리나라는 판 경계로부터 멀리 떨어져 있기 때문이다.

한편, 침강 경계부에서의 지진 외에도 판 경계에서는 여러 형태의 지진이 발생한다. ■ 그림 36 확장 경계에서는 마그마가 지각을 뚫고 분출할 때, 충격으로 지진이 발생하는데 이들 지진은 중앙해령을 따라 일어나는 해저 지진이다. ■ 그림 36-A 마찬가지로 해령을 자르는 변환단층에서도 지진이 발생한다. ■ 그림 36-D 이들 확장 경계와 유지 경계의 지진은 대개 지각 내 얕은 곳에서 발생하는 천발지진깊이 100km 이하으로 횟수와 규모 면에서 수렴 경계에서 발생하는 지진에 미치지 못하고, 특히 대부분이 해저지진으로 인간에 미치는 피해라는 측면에서 큰 문제는 되지 않는다. 다만, 이미 언급한 산안드레아스 단층은 대륙 쪽으로 연장되어 있어, 지진에

▼ 그림 38. 남부 캘리포니아의 오렌지 숲. 산안드레아스 단층의 움직임으로 나무들의 배열이 단층선을 경계로 어긋나 있다.

▲ 그림 39. 1991년 분출한 필리핀의 피나투보 산 화산.

의한 피해는 매우 크다. 그림 38은 남부 캘리포니아 오렌지 숲을 촬영한 사진으로 산안드레아스 단층의 움직임으로 인하여 원래 나무들의 배열이 단층선을 경계로 어긋나 있는 것을 보여준다. 1994년 1월 로스앤젤레스 대지진이나, 1906년의 샌프란시스코 대지진 및 1978년과 1990년에 발생한 동일 지역의 지진은 많은 인명 피해와 재산 피해를 일으켰다.그림 35 참고

화산활동

판의 경계에서 판구조 운동과 관련한 화산활동을 관찰하기란 그다지 어렵지 않다. 1991년 6월에는 일본의 운젠다케 화산이 폭발하였으며, 그로부터 한 달 후 수천 km 떨어진 필리핀의 피나투보 화산이 폭발하여 많은 인명 및 재산 피해가 있었다. 전혀 연관성이 없어 보이는 이들 2개의 화산 폭발은 판의 경계에서 일어난 화산활동이라는 공통점을 가지고 있다.■ 그림 39

확장 경계에서의 화산활동은 해저에서와 육상에서가 다소 다른데, 중앙해령에서는 현무암질 베개용암pillow lava의 분출이 대표적이나 대륙판 내의 열곡대에서는 현무암질과 유문암질 양쪽의 용암 분출이 특징적이다. 해저에서 분출되는 마그마는 해수에 의해 급히 냉각되기 때문에, 길게 늘어지면서 마치 베개 모양을 이루는 특징이 있다.■ 그림 40

한편, 수렴 경계 중 해양판과 대륙판이 충돌하는 해구에서는 침강해 들어가는 해양판이 지구 내부 깊이 들어감에 따라 온도와 압력이 증가하여 부분 용융partial melting이 일어나 마그마가 생성되며, 다시 지각의 얇은 틈을 따라 분출하게 되는데 안산암질 화산활동이 현저하게 나타난다.■ 그림 41 이와 같이 확장 경계 및 수렴 경계의 화산활동이 다르게 나타나는 것은 그 두 경계가 놓인 지체 구조의 차이로 인해 마그마를 생성하는 기구가 전혀 다르기 때문이다.

▶ 그림 40. 현무암질 베개용암. 해저에서 분출되는 마그마는 해수에 의해 급히 냉각되기 때문에 길게 늘어지면서 마치 베개 모양을 하게 된다. 따라서 육지에 베개용암이 발견되면 그곳이 과거 해저였음을 알려주는 것이다.

▶▶ 그림 41. 니카라구아 산크리스토발 화산. 코크스 판이 카리브 판 아래로 침강하면서 부분 용융에 의해 안산암질 화산을 분출한다.

◀ 그림 42. 열점인 하와이 킬라우에아 화산에서 용암이 길게 흘러내리는 모습.

한편, 판 내부에 위치하는 열점hot spot은 지구 내부 에너지를 분출하는 또 다른 통로이다. 하와이의 킬라우에아 화산■ 그림 42은 열점 위에 놓여 끊임없이 마그마를 분출하고 있으며, 화산 분출의 장관을 구경하기 위해 1년 내내 관광객이 끊이지 않는다. 이 열점에서 분출하는 마그마는 판 경계에서 분출되는 마그마와 성분상 전혀 달라, 열점 기원과 관련한 새로운 이론인 플룸plume 구조론의 원인이 되고 있다.

판구조론 II : 대륙을 움직이는 힘

편각(Declination)과 복각(Inclination)

편각은 지리상의 북극인 진북과 자침의 N극이 가리키는 자북 사이에 이루는 각을 말한다. 실제 자극이 지리 축으로부터 약 11° 기울어져 있기 때문에 관찰자의 위치에 따라 동쪽 또는 서쪽으로 약간 벗어난다. 예를 들어, 서울은 진북에 대하여 서쪽으로 7° 편향되어 있으며, 미국 캘리포니아의 편각은 동쪽으로 20°이다.
복각은 자장(磁場)과 지구 표면이 만드는 각으로 복각(i)과 위도(θ) 사이에는 단순한 관계식 $\tan\theta = \frac{1}{2}\tan i$가 성립하는데, 위도가 높아질수록 복각은 커진다. 예를 들어 서울의 복각은 53°인데, 이로부터 서울의 위도 37.5°를 구할 수 있다.

홈즈에 의해 처음 주장된 맨틀 대류설그림 13 참고은 오늘날 판구조론에 있어 대륙을 움직이는 힘의 원동력으로서 지지를 받고 있다. 판 경계의 종류와 판 경계부에서 나타나는 다양한 활동이 판구조론을 지지하는 현상이라면, 맨틀 대류는 판구조론을 이론적으로 뒷받침하여 거대한 판을 움직이는 데 필요한 에너지와 그 원리mechanism를 설명함으로써 판구조론을 실제 성립시키는 역할을 한다. 여기서는 맨틀 대류를 지지하는 증거와 기구로서 맨틀 대류 모델을 설명하고 초대륙에서 현재의 위치로 대륙이 이동한 과정과 앞으로 변할 우리 지구의 모습을 살펴본다.

고지자기Paleogeomagnetism

거의 모든 사람들은 조그만 자석이나 나침반을 사용해 본 기억을 가지고 있을 것이다. 자석에는 N, S 극이 있으며, 나침반의 바늘에 있는 N, S 극은 항상 지도상의 북과 남을 가리키게 되는데, 이는 지구 자체가 거대한 자석임을 의미한다.■ 그림 43 그리고 모든 전기 장치를 작동할 때 필연적으로 자기장이 생기게 된다. 따라서 지구가 자석이라면 지구 바깥의 우주 공간에서 자기장이 형성되어 있을 것이다. 이와 같이 지구가 하나의 거대한 자석으로 자기장을 형성한다고 보는 이론을 다이나모설Dynamo theory이라 한다. 그 이론에 의하면, 지구의 외핵은 전기 전도도가 아주 높은 용융된 철과 니켈로 이루어져 있으며, 지구 자전 운동과 외핵 내의 대류 운동으로 발생하는 전류가 거대한 지구자기장을 형성한다고 설명하고 있다.■ 그림 44 그러나 상세한 원리에 대하여는 아직 완전히 해명되지 않고 있다.

1950년경부터 영국을 중심으로 과거의 지질시대에 대한 고지자기의 역사를 조사하는 연구가 활발히 이루어졌다. 과거의 지자기를 연구하기 위해서는 암석

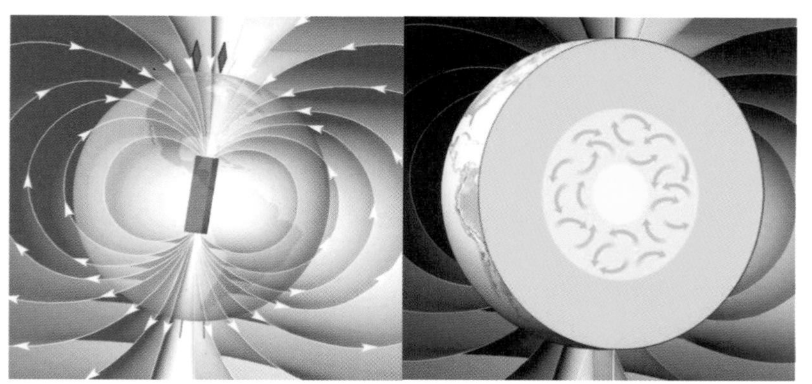

◀◀ 그림 43. 양극으로부터 자기장이 펼쳐진 지구는 하나의 거대한 자석과 같다.

◀ 그림 44. 다이나모설의 모식도. 지구의 자전과 외핵 내의 대류 운동으로 발생한 전류가 지구자기장을 형성한다.

이 지닌 자기적 성질을 이용한다. 예를 들면, 마그마가 냉각되어 암석으로 굳어질 때, 암석 속에 포함된 자철석과 같은 자성을 띠는 광물들은 그 당시의 지구자기장 방향으로 자화磁化되어 남아 있게 되는데,■ 그림 45 이를 자기 화석magnetic fossil이라 한다. 따라서 어떤 화성암체의 자성을 측정하면 마그마가 냉각될 당시의 지자기의 방향을 정확하게 기록하여 제공해 주게 된다. 이러한 연구 분야를 고지자기학Paleomagnetology이라 한다.

따라서 학자들은 '자기 화석' 또는 '고지자기'라는 방법에 의해 여러 대륙의 오래된 암석을 수집하여 지자기장의 역사를 복원하는 한편, 암석의 자성과 지질시대를 알아내기 위해 해저를 포함한 지구 여러 곳을 탐색하였다. 그 결과 대륙의 이동을 나타내는 놀랄 만한 현상이 발견되었는데 ① 극의 이동, ② 지자기장의 역전, ③ 해양저에서의 자기장 줄무늬의 발견이었다.

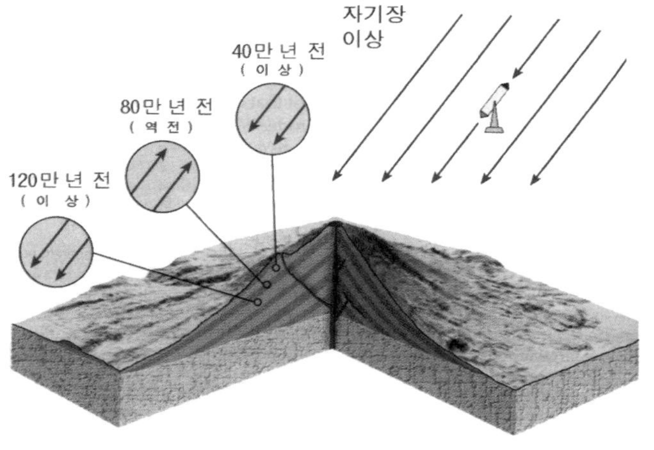

◀ 그림 45. 마그마가 냉각될 때(580℃ 이하), 자성을 띠는 광물들은 지구자기장 방향으로 자화된다.

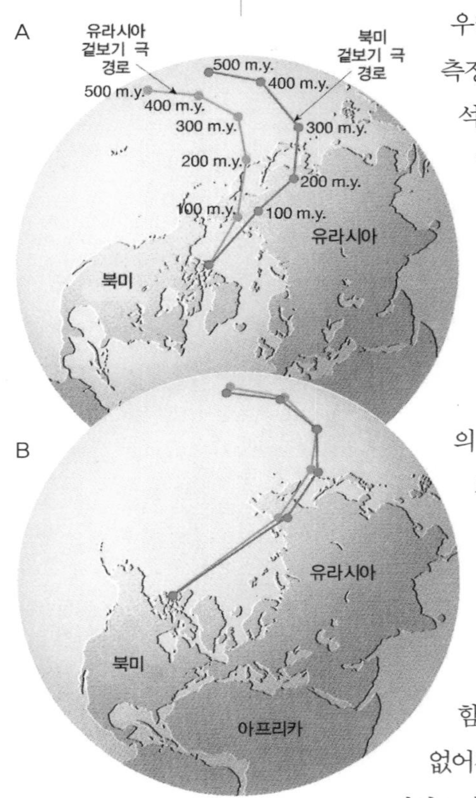

▲ 그림 46. 겉보기 자북극의 이동 궤도.
(A) 3억 년 전부터 현재까지 유럽과 북미 대륙에서 관찰한 자북극의 이동 곡선. 3억 년 전에서 현재로 될수록 두 궤도가 하나로 접근하고 있다.
(B) 유럽과 북미 대륙을 대륙 이동 전으로 복원하면 전 시기에 걸쳐 자북극의 위치가 잘 맞는다.

극의 이동 Polar wandering

우리는 지구 상의 임의의 한 지점에서 지자기의 편각과 복각을 측정하여 이로부터 자극磁極을 결정할 수 있다. 따라서 자기 화석에 기록된 고지자기를 측정하여 잔류 복각과 편각으로부터 당시의 자극의 위치를 결정할 수 있다. 다만 과거에 지리적 극이 자극과 어느 정도 기울어져 있는지를 알 수 없기 때문에 자극과 지리적 극이 일치하는 단순한 모양을 가정하면, 고지자기는 당시 지리적 극의 외견상의 위치를 말해준다. 이를 '겉보기 극apparent pole'이라 한다.

이런 방법으로 각 시대별로 유럽과 북미 대륙의 고지자기의 편각과 복각을 측정하여 겉보기 극의 위치를 알아낸 결과 지난 5억 년 동안 극의 위치가 현재의 북극으로 이동하고 있었으며, 유럽에서 얻은 자극의 이동 궤도와 북미 대륙에서 얻은 자극의 이동 궤도는 각각 다른 위치를 보여준다. 실제 같은 시대의 자극이 2개 있을 수 없으므로, 두 극궤도를 일치시켜 하나의 극이동 궤도를 만들면 두 대륙의 위치도 함께 이동시켜야 하고 그러면 북미와 유럽이 붙어 대서양은 없어진다.■ 그림 46 따라서 극이동 궤도는 중생대 이전에는 일치하고 있었으며, 두 대륙이 거의 동시에 북쪽으로 이동하면서 대서양이 동서로 열린 것을 암시하고 있다.

지자기의 역전 Geomagnetic reversals

지구의 극이 주기적으로 역전한다는 사실이 알려졌다. 역전의 현상은 층상의 용암류에 기록된 자기 화석으로서 명백하게 증명되고 있으며, 암석이 형성된 순서에도 각 층은 방사성동위원소로 측정한 지질시대를 나타내고 있다. 현재의 지구자기장은 약 70만 년 전에 바뀐 것으로 나타났는데, 그 이전의 약 2백만 년 동안 역방향을 가리켰다. 오늘날의 과학자들은 지구자기장이 지난 4백5십만 년 동안 적어도 11번의 크고 작은 역전이 일어났던 것으로

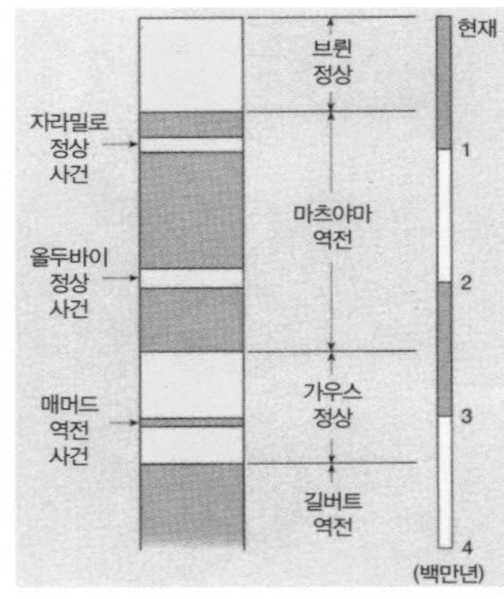

▶ 그림 47. 지난 450만 년 동안 지자기의 역전 모습. 각각 2번의 정상과 역전의 기간으로 나뉘는데, 그 사이에 적어도 11번의 크고 작은 지자기 역전이 기록되어 있다.

추정하고 있다.■ 그림 47

지구자기장이 왜 역전되는지는 잘 알려져 있지 않다. 과학자들은 자장이 소멸되고, 그 반대 방향에서 다시 생겨나는 것인지, 아니면 단순히 기울어지는 것인지 아직 완전히 이해하지는 못하고 있다. 해양저에서 발견되는 암석에 기록된 고지자기 역전에 대한 원인 규명은 과학자들에게 남겨진 숙제이자 사명이지만 판구조론을 지지하는 가장 중요한 증거임에는 틀림없다.

자기 줄무늬 Magnetic anomaly

아이슬란드 서남쪽의 레이캬니스Reykjanes에서 처음 발견된 자기 줄무늬그림 16 참고는 중앙해령에 대한 고지자기 연구로 많은 지역에서 상세하게 밝혀졌다. 미국과 캐나다 국경 부근 태평양판에 발달한 후안데푸가Juan de Fuga 해령에서 발견되는 자기 줄무늬 또는 자기 이상대異常帶, magnetic anomaly는 복잡한 패턴과 연령 분포를 보여준다. 연구에 따르면 해령을 중심으로 거의 완벽한 대칭을 이루며, 암석 연령 또는 해령에서 멀어질수록 오래된 것으로 밝혀졌다.■ 그림 48

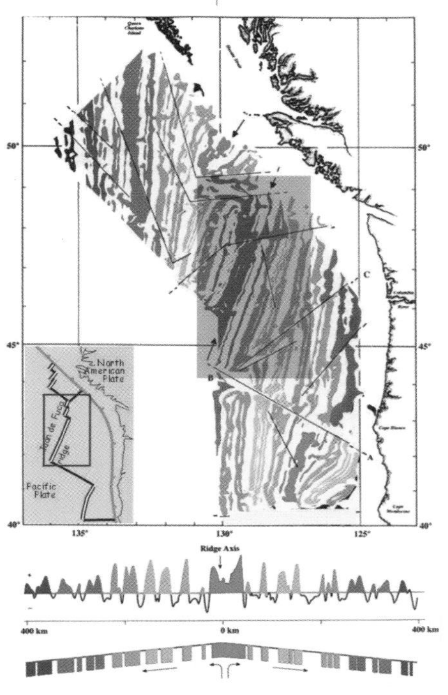

▲ 그림 48. 후안데푸가(Juan de Fuga) 해령 주변에 발달한 자기 줄무늬. 자기장 역전과 암석 연령의 분포가 해령을 중심으로 대칭을 이루고 있다.

1963년까지 이 같은 특이한 자기 이상대는 학자들에게 수수께끼였지만－해저확장설을 결정적으로 뒷받침한 증거로 이미 지적하였듯이－두 사람의 영국 과학자 바인F Vine과 매튜R. Mathews와 또 이들과는 별도로 두 사람의 캐나다인 몰리L. Morley와 라로셰A. Larochelle가 놀랄 만한 제안을 하였다. 즉 정상과 역전을 나타내는 검고 흰 줄무늬는 과거 지질시대에 지구자기장의 N 극이 북극을 가리키는 정상과 남극을 가리키는 역전을 되풀이하는 동안, 해양저에 있는 암석의 자기 화석에 기록이 되어 함께 나타나며, 자기 줄무늬는 해저확장설을 지지하는 증거라고 하였다.

그들은 맨틀로부터 상승하는 마그마가 중앙해령의 확장축을 따라 분출하면서 냉각되어 새로운 해양지각을 만들고 해양은 점점 더 넓어진다고 주장하였다. 따라서 굳어지는 용암은 당시의 지구자기장의 방향에 따라 정상 또는 역전의 자화 작용을 받아 자성을 띠게 되며, 해양저가 해령으로부터 멀어지면서 확장되어 두 개의 대칭적인 자화된 줄무늬를 만들게 된다. 그리하여 새로 자화된 암석의

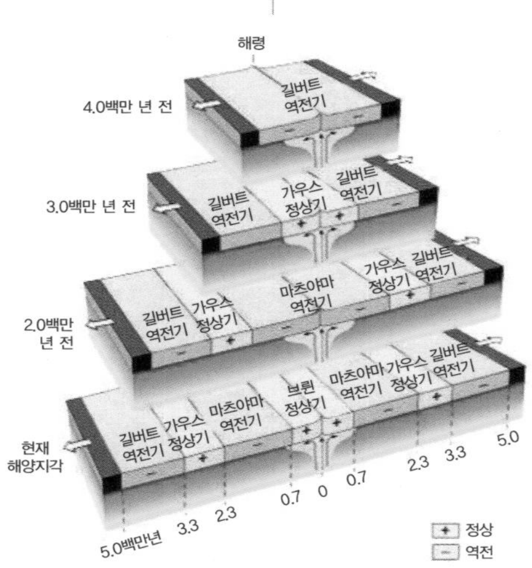

▲ 그림 49. 좌우대칭적으로 발달된 자기 이상대는 해저가 확장함에 따라 그 당시의 자기장 방향을 기록하면서 발달한 것이다.

거의 반은 한쪽으로, 그리고 나머지 반은 반대쪽으로 대칭적으로 이동한다. 이 과정을 되풀이하면서 계속 분출되는 용암이 또 다른 자기 방향을 기록하게 되고 그 뒤를 메우게 된다. 이렇게 해서 해양저는 지자기의 정상과 역전의 기록을 남기면서 해양이 생성되고 열리는 역사를 자기의 흔적으로 남기는데, 바로 해양저는 고지자기를 기록하는 녹음기인 것이다.■그림 49

지구물리학자들은 육지에 있는 용암을 포함하여 해양저에 있는 자기 줄무늬의 연대를 측정하여 자기 층서를 근거로 고지자기 녹음기를 되돌려봄으로써 해양이 열리는 속도 즉, 해양저가 확장하는 속도와 이동 과정을 추적할 수 있다. 실제 하이르즐러는 줄무늬 간격 측정을 통하여 해양지각은 연간 1~6cm씩 확장하여 백만 년에 10~60km씩 바다가 열리는 것을 계산하였다. 또한 확장 속도는 각기 달라 극 부근에서는 느리고 적도 부근에서는 빠르며, 각 해양의 확장 속도 또한 서로 다른 것을 밝혀냈다.

이와 같은 방법으로 전 해양저의 암석의 자장을 측정하여 역전의 패턴을 기록하고 연대를 밝혀내면 전 세계 해양의 생성 과정을 해석할 수 있다.■그림 50 따라서 해양저에 기록된 고지자기 줄무늬는 약 2억 년 전인 쥐라기까지 거슬러 올라갈 수 있는 가장 강력한 도구로서 대륙의 이동을 복원할 수 있게 한다. 즉, 중

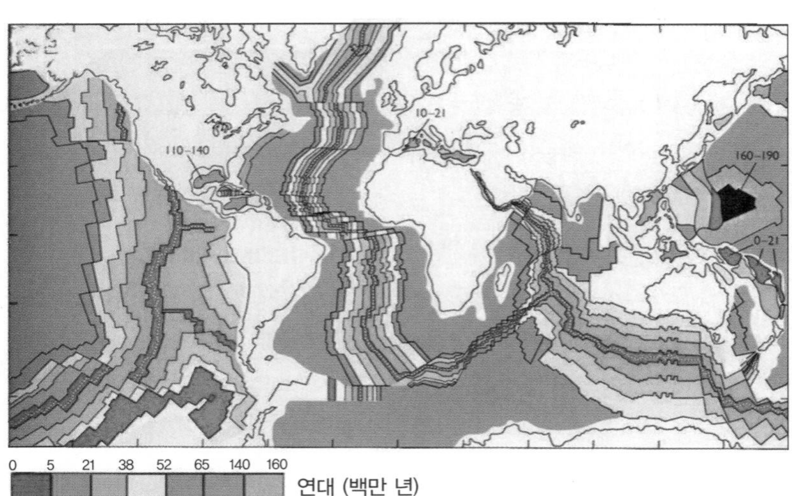

▶ 그림 50. 자기 이상대와 지질 연대 측정에 의해 해양지각을 생성 시기별로 나타낸 모습. 붉은색에서 녹색으로 갈수록 연령이 많아지는데, 이는 중앙해령에서 멀어질수록 암석의 연령이 오래되었음을 알 수 있다.

앙해령에서 멀어질수록 오래된 해양지각이므로 중앙해령에서 새롭게 만들어진 지각부터 없애나가면 과거로 거슬러 올라가면서 해양은 줄어들게 되고 대륙은 점점 달라붙게 되어 마침내 약 2억 년 전에는 남·북아메리카 대륙과 유럽, 아프리카는 하나로 합쳐지게 될 것이다. 이것이 바로 베게너가 말한 초대륙 '판게아'가 된다.

열점Hot Spot

지구 내부의 엄청난 에너지는 끊임없이 외부로 전달되어 발산된다. 주로 중앙해령에서 보듯이 분출된 마그마에 의해 해양지각이 새롭게 생성되면서 지각판을 양쪽으로 이동시키기도 하지만, 한편으로는 지각판의 이동과는 무관하게 고정된 지점에서 마그마를 분출하기도 하는데, 판의 내부에서는 연속적인 일련의 해산군海山群, seamounts을 만들기도 한다. 이와 같이 고정된 위치에서 마그마를 분출하는 곳을 열점熱點, hot spot이라 한다.■ 그림 51

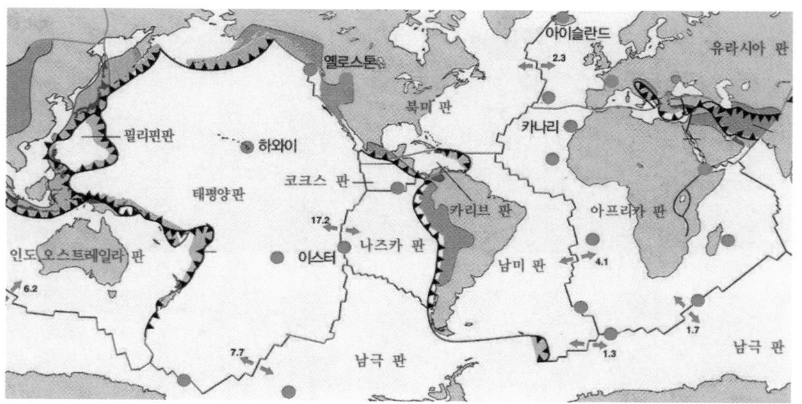

◀ 그림 51. 전 세계에 분포하는 열점의 위치. 판의 경계부에 놓이는 것도 있으나 판의 내부나 대륙의 내부에 분포하기도 한다.

현재 전 세계적으로 확인된 20개의 열점들은 일부 판의 경계부에 존재하는 것들을 제외하면, 미국의 옐로스톤Yellowstone같이 대륙판의 내부나 하와이 섬의 킬라우에아Kilauea 화산처럼 해양판의 내부에서 분출된다.■ 그림 52 특히 해양판의 내부에 존재하는 열점은 지자기의 줄무늬와 더불어 판 이동 방향과 속도 등에 관하여 직접적인 증거를 제공하는 중요한 역할을 한다.

이러한 사실에 관해 그 중요성을 처음 제기한 사람은 윌슨T. Wilson인데, 바로 태평양 한가운데 늘어선 하와이 열도와 엠퍼러 해산군Emperor Seamounts에 주목하였

▶ 그림 52. 열점에서 분출하는 모습.
(A) 옐로스톤의 간헐천.
(B) 하와이의 킬라우에아 화산.

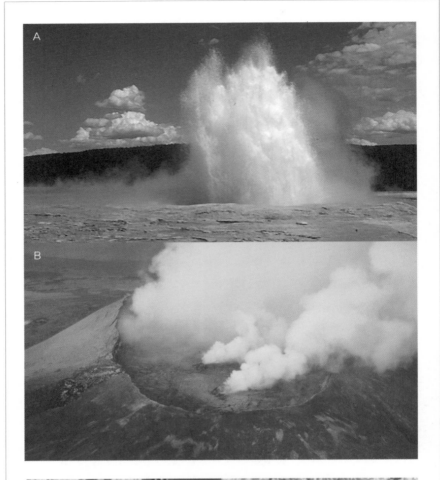

▶ 그림 53. 일렬로 배열하고 있는 하와이 열도와 엠퍼러 해산군.

다.■ 그림 53 하와이 열도의 동남쪽 끝에 있는 가장 큰 섬인 마우나로아일명 하와이 섬에서는 지금도 킬라우에아 화산이 활동 중에 있으며, 열점이 위치한 동쪽 바다 속에서는 화산 분출에 의해 생성된 새로운 해저 화산이 있다. 섬들의 연령을 보면 열점에서 멀어져 서북쪽으로 갈수록 나이가 점점 많아진다.

방사성동위원소에 의한 연령 측정에 따르면 하와이 섬이 불과 4천 년에서 43만 년 사이로 가장 젊으며, 100만 년 내외의 마우이 섬을 거쳐 동북쪽의 카우이 섬에 이르러 약 5백만 년의 나이를 보여준다. 계속 연령들이 많아져 미드웨이 섬이 2천7백만 년, 그리고 북위 30도에서 방향이 다소 북쪽으로 바뀌면서 엠퍼러 해산군에 연결되는데, 약 4천3백만 년에서 쿠릴해 쪽으로 갈수록 연령이 많아져서 약 7천만 년에 이른다. 윌슨은 이런 현상에 대해 태평양 상의 고정된 열점에서 마그마를 분출하여 해산을 만들고, 그 위를 태평양판이 이동함으로써 새로운 해산을 만드는 과정을 반복하는 것으로 생각했다. 즉, 태평양판은 약 7천만 년에서 4천3백만 년 전까지는 열점에 대하여 거의 북쪽으로 향했고, 그 이후에는 서북서 방향으로 이동을 하였는데 연간 10cm 정도 움직였다는 것이다.■ 그림 54

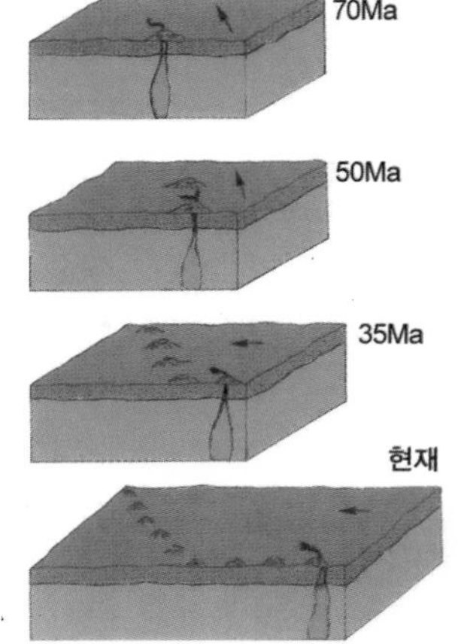

▲ 그림 54. 엠퍼러 해산군과 하와이 열도의 생성 과정. 열점에서 분출되는 화산이 판이 이동해감에 따라 일련의 해산군과 화산섬을 만든다.

이와 같은 고정된 열점은 움직이는 해양판에 직접적인 증거로서 일련의 화산 열도나 해산군을 남기는 한편, 맨틀 대류에 대한 또 하나의 중요한 가능성을 제시한다. 열점이 고정되어 있다는 것은 열점의 근원지가 상부 맨틀 즉, 대류하는 연약권이 아니라는 것이다. 만약 연약권 속에 열점의 근원이 있다면 대류에 의해 열점은 함께 이동을 하여야 한다. 그렇지 않다면 연약권 아래, 하부 맨틀에 그 근원이 있을 가능성이 크다. 따라서 상부 맨틀의 대류로 그 위에 놓인 해양판이 이동하더라도 하부 맨틀에 근원을 둔 열점의 뿌리에서 솟아오르는 고온 물질이 상부 맨틀을 뚫고 마그마로서 분출하게 될 것이다. 이는 중앙해령에서 분출한 마그마로 만들어진 용암과 열점에서 분출한 마그마로 만들어진 용암 사이에 지구 화학적 조성이 다른 것에서도 알 수 있는데, 이는 맨틀 조성이 서로 균일하지 않은 것을 의미한다. 이는 상부 맨틀과 하부 맨틀이 각기 따로 대류하는 2층 대류의 가능성을 시사하는 것이다.

지구 내부의 열Internal Heat

지구 내부의 활동은 방사능으로 생성된 열熱과 행성의 진화 초기부터 남아 있는 열에 의해 일어난다. 그 활동의 영향으로 지각에서는 판구조 운동, 지진, 조산 활동 그리고 화산 폭발 등으로 나타나는데, 바로 지구 내부 에너지 분출의 여러 형태인 것이다. 여기서는 판 운동의 에너지원인 지구 내부의 열에 대한 기원과 이 열이 어떻게 지표로 전달되는가를 살펴보기로 하자.

열원 Heat source

에너지로 전환될 수 있는 중력은 방사능과 더불어 중요한 내부 열원으로 간주된다. 행성의 팽창과 압축 과정으로 내부가 뜨거워져서, 지구는 대략 1,000℃ 정도로 추측되는 온도에서 약 46억 년 전부터 진화되기 시작했다. 더욱이 방사능 원소들이 붕괴되면서 내부 온도는 더욱 상승했으며 40~45억 년 전에 지구 온도가 철의 용융점까지 올라갔을 때, 핵과 맨틀의 분리가 시작되었다. 철의 거대한 덩어리들이 중심부로 가라앉아 약 2×10^{37}ergs의 중력 에너지가 열의 형태로 방출되었는데, 이것은 10^{15}megaton의 핵폭발 에너지와 맞먹는 막대한 양이다. 이 열에 의해 지구는 부분적으로 용융되고 재구성되어 핵, 맨틀, 및 지각으로 분화되었다.

태양으로부터 받는 열을 제외하면, 지구 내부로부터 방출되는 열류량熱流量, heat flow은 가장 중요한 지구 에너지원이다. 실제 약 2×10^{20}cal 또는 10^{28}ergs의 에너지가 매년 내부로부터 지표로 도달되는데, 이 양은 인류가 현재 사용하는 에너지 전체의 두 배에 해당되는 것으로, 로키 산맥을 1㎝만큼 들어 올리는 데 필요한 에너지의 천 배 이상이 된다. 따라서 대륙을 이동시키고 산맥을 형성하는 원동력인 열류량은 육지와 해양저에서 자주 측정되어 왔으며, 그 결과 대륙과 해양저에서 방출되는 열류량의 분포로부터 내부 열의 이동에 관한 기구를 이해하게 되었다.

대륙의 열류량

대륙지각은 두께가 수십 km로 매우 두껍다. 상부는 대부분 화강암으로 이루어졌으며, 화강암은 방사능 원소를 가장 많이 함유하고 있어 대륙의 열류량은 전부는 아닐지라도 상당 부분 화강암 내에서 유래된 것으로 생각된다. 그 외 심부 맨틀에서도 많은 열류량이 유래될 것이다.

대륙지각에서는 크게 두 가지의 전형적인 열류량 값을 보여준다. 지질학적으로 오래되고 비활동적인 지역 즉, 선캄브리아시대의 암석이 넓게 노출된 캐나다 중앙부의 순상지 같은 곳에서 보여주는 낮은 열류량~1 μcal/㎠/sec 수치와 알프스나 미국 서부 지역과 같이 최근에 조산운동이나 화산활동이 일어난 지역에서 측정되는 높은 열류량~2 μcal/㎠/sec이 그것이다. 모든 지역을 고려해보았을 때, 대륙의 평균 열류량은 1.4 μcal/㎠/sec 정도이다. 대륙의 열류량을 지표 부근의 화강암에서 방출되는 것과 심부 맨틀 기원에서 방출되는 것으로 구분하고, 대륙지각을 '뜨거운 곳'과 '차가운 곳'으로 구분함으로써 대륙 내부의 지체 구조를 해석하려는 새로운 시도가 행해지고 있다.

해양저의 열류량

해양저는 중앙해령에서 생성되어, 1억 내지 2억 년이라는 시간의 주기로 침강지대에서 소멸된다. 또한 얇은 해양지각과 바로 아래의 상부 맨틀을 이루는 암석권lithosphere은 현무암과 감람암으로 이루어져 있어, 대륙의 화강암보다 방사능이 훨씬 적다. 따라서 해양저는 대륙과는 다른 열류량 값을 나타낸다.

해양저의 열류량은 그곳의 지질과 관련이 있는데, 가장 젊은 해령의 열류량은 3 μcal/㎠/sec 이상이며, 해양 분지에서는 약 1.4 μcal/㎠/sec이고, 해령에서 가장 멀리 떨어진 해구 부근에서는 열류량이 1.1 μcal/㎠/sec 이하로 떨어진다.■ 그림 55 중앙해령은 상승하는 고온의 마그마 위에 놓여 있으며, 마그마는 심부의 맨틀로부터 열을 운반한다. 이 마그마는 냉각되고 고화되어 해양저 용암이 되고, 해령으로부터 확장함에 따라 열을 잃고 점차 냉각되어 열류량은 감소한다. 이런 이유로 오래된 해양저일수록 즉, 중앙해령에서 멀어질수록 열류량은 감소하는데, 바로 해양저에서 가장 오래된 지역은 가장 낮은 열류량 값을 가지며, 이러한 지역은 해령에서 가장 먼 곳 즉, 깊은 해구가 될 것이다. 여기서 냉각된 지각판은 다시 맨틀로 하강한다.

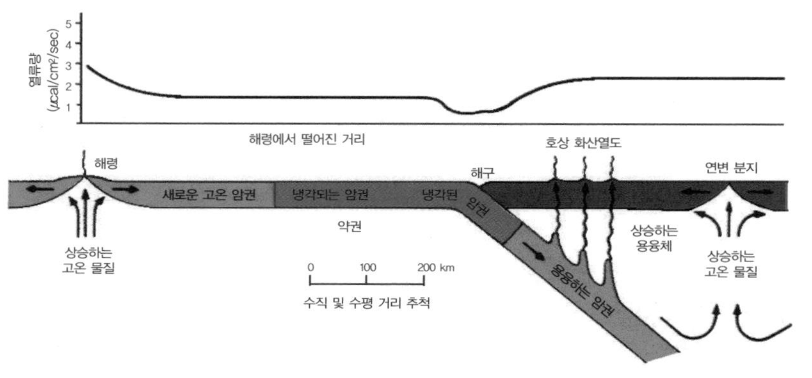

◀ 그림 55. 해양저에서의 열류량의 분포. 중앙해령이 가장 높고 멀어질수록 감소하여 해구에서 가장 낮은 값을 보여준다.

이와 같이 해양지각의 열류량은 판구조 운동으로 이동하는 해양저 암석권 lithosphere의 냉각 작용과 관련이 있으며, 여기에 지구의 총 열류량의 60%가 관여하고 있다. 이 점이 지구가 냉각되고 있다는 주요 증거이며, 이러한 냉각에는 열전도만이 아니라, 대류에 의한 열의 분산이 촉진되어야 하며, 바로 암석권 바로 밑의 상부 맨틀인 연약권의 대류가 요청된다 하겠다.

맨틀 대류Mantle Convection

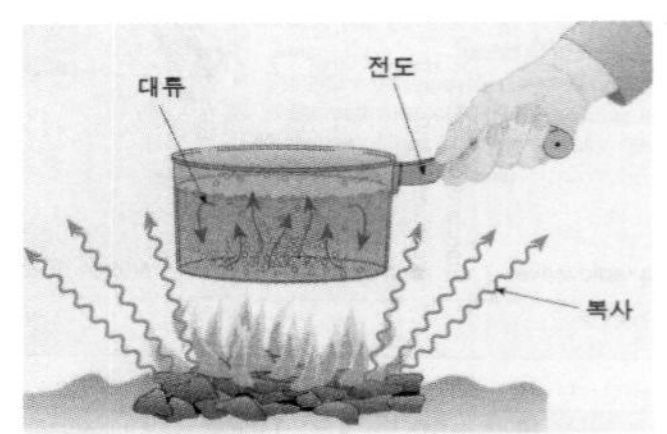

▶ 그림 56. 열전달의 세 가지 수단인 전도, 대류, 및 복사. 대류에 의해 뜨거워진 물질은 상승하고 차가운 물질은 하강하는 순환 과정을 통하여 열이 빨리 전달된다.

소위 대류對流, convection라고 하는 것은 극히 일반적인 현상이라 할 수 있는데, 예를 들면 우리는 주전자의 물을 가열할 때 물이 빨리 데워지는 것을 알고 있다. 전적으로 열의 전달이 전도에 의해서만 이루어진다고 가정하면 액체의 열전도성은 매우 낮기 때문에 주전자의 물을 가열하는 데 많은 시간이 걸릴 것이다. 그러나 주전자의 물이 빨리 끓는 것은 바로 대류에 의해 열의 분산이 잘 이루어지기 때문이다.■ 그림 56 흔히 굴뚝이 연기를 끌어당기거나, 따뜻한 담배 연기가 상승하는 현상, 또는 더운 날 뭉게구름이 형성되는 이유는 대류 작용이 일어나기 때문이다.

대류 현상은 가열된 유동체 즉, 액체나 기체가 가열되어 팽창하게 되면, 주위의 차갑고 무거운 물질보다 밀도가 낮아지고 가벼워져 상승하게 된다. 이때 전도에 의해서 천천히 전달되는 열은 상승하는 뜨거운 물질에 의해 더욱 빨리 위로 전달된다. 한편, 차가운 물질은 상승하는 물질의 빈자리를 메우기 위해 하강하며 가열되면 다시 상승하여 순환을 계속하게 된다. 위 그림에서처럼 뜨거운 유체의 상승과 차가운 유체의 하강으로 이루어지는 하나의 순환을 대류 단위로서 대류 세포convection cell라고 한다.

이와 같은 현상은 지구 내부의 열의 전달에도 그대로 적용될 수 있다. 만약 지구 내부의 열이 단지 전도에 의해서만 전달된다고 가정하자. 일반적으로 두 점 사이에서 단위 시간당 전달되는 열의 양은 단위 거리당 온도 차이에 비례하며 열전도성에 비례한다. 전도성은 물질에 따라 각기 다르며, 암석은 매우 불량한 열전도체이다. 예를 들어, 아무리 추운 겨울에도 지하의 파이프가 얼지 않는 것이 바로 열전도성이 낮기 때문이다. 열전도만을 고려할 때, 100m 두께의 용암이 냉각되기 위해서 약 300년이 소요되는 것을 감안하면 400km 두께의 암석으로 된 지판의 한쪽에서 들어간 열이 반대쪽으로 전도되어 나오는 데 50억 년의 기간이 소요될 것이다. 다시 말해서, 지구가 전도에 의해서만 냉각된다고 가정하면, 약 400km 보다 더 깊은 곳에서 나온 열은 아직도 지표에 도달하지 못했다는 계산이 된다. 따라서 지구 내부에서 전도가 열을 전달하는 데 있어 중요한 요소라는 것은 의심의 여지가 없으나, 열의 분산을 촉진시키는 대류 현상을 무시하고는 설명할 수가 없다.

문제는 유동성이 큰 액체나 기체는 대류 현상이 쉽게 관찰되지만, 과연 유동성이 없는 고체에 대류가 일어날 수 있느냐는 점이다. 실제 어떤 특정 조건에서는 고체도 액체처럼 흐를 수가 있다. 한 예로 왁스는 짧은 시간에는 고체의 성질을 보여주지만, 오랜 시간이 경과하면 점성을 띤다. 왁스 위에 올려놓은 납덩어리가 수 시간 또는 수일이 지나면 가라앉는다. 마찬가지로 짧은 시간 동안에는 지구 맨틀은 지진파를 효과적으로 전달하는 강성체로 작용하지만, 백만 년 이상 오랫동안 응력이 가해지면 맨틀은 약해져서 유동성이 있는, 소위 연약권 asthenosphere이 된다. 오랫동안 고온과 고압 하에서 맨틀은 서서히 유동하여 점성이 매우 높은 물질과 흡사하게 움직임으로써 대류가 가능하게 된다.

최근 지구물리학의 연구에 의하면 맨틀 대류의 양상을 알기 위해 맨틀의 온도 분포를 알 수 있는 방법이 제안되었다. 지진파는 통과하는 물질의 온도에 따라 속도가 달라지는데, 온도가 낮으면 속도가 빨라지고 반대로 온도가 높으면 속도가 느려진다. 이러한 지진파의 성질을 이용하여 맨틀 깊이에 따른 지진파의 속도 분포를 조사하면 맨틀의 온도 분포를 알아낼 수 있다. 그 결과 지진파를 이용하여 지구 내부의 3차원 모습을 속도가 느린 부분 붉은색 온도가 높은 부분과 빠른 부분 푸른색 온도가 낮은 부분으로 구별하게 되었으며, 지구 내부의 변화를 이해할 수 있게 되었다.■ 그림 57 실제 맨틀의 깊이에 따른 온도 분포는 매우 복잡하며, 결코 맨틀 대류가 단순하지 않음을 알 수 있다. 일반적으로 해령에서는 지진파의 속도가 느리고, 오래된 판이나 대륙판 아래에서는 빠르다. 즉 해령 아래에서의 활

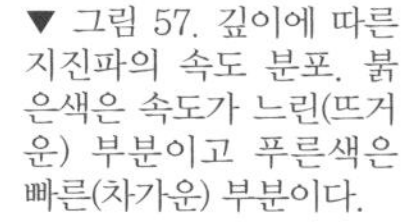

▼ 그림 57. 깊이에 따른 지진파의 속도 분포. 붉은색은 속도가 느린(뜨거운) 부분이고 푸른색은 빠른(차가운) 부분이다.

발한 맨틀 활동을 짐작할 수 있다.

대류 모델

해저확장설에서 수집된 고지자기의 증거와 열점에서의 에너지의 분출 등에서 맨틀 대류에 의한 열의 분산이 확실시되고 있으며, 맨틀이 대류함에 따라 그 위에 놓인 지각판이 물의 흐름을 따라 뗏목이 흘러가듯이 움직인다는 것이다. 1928년에 홈즈가 맨틀 대류설을 주장하면서 맨틀 대류가 솟구치는 곳에서 대륙이 갈라지고 해양이 만들어진다는 생각을 하였으나, 그 대류의 깊이와 규모 등 정확한 대류의 실체를 밝히지는 못하였다. 오늘날, 대류 현상은 규모에서 다소 다르지만, 여러 가지 대류에 대한 모델들이 제시되고 있다.

첫째는 대류 세포의 크기와 관련된 것으로 대륙과 해양저의 열류량에서 나타나는 특징들을 설명하는 모델이다. 몇 가지 흥미 있는 연구 결과로부터 최근 지구 외곽 수백 km에서 일어나는 대류 현상을 설명하는 모델이 제시되었다. 상승하는 고온의 물질은 해령에서 분출하여 냉각·고결된 후, 멀리 이동할수록 해양의 열전도로 냉각되고 차갑고 깨지기 쉬운 암석권lithosphere을 형성한다. 하강하는 대류, 즉 침강하는 암석권은 더워져서 다시 유동체로 되돌아가고, 지하 수천 km 아래에서 반대 방향으로의 대류에 의해서 이동되면서 대류의 순환은 완전히 이루어진다.■ 그림 58 이렇게 가볍고 뜨거운 열 기둥의 상승 부력과 무겁고 차가운 하강류에 의해서 대류는 계속된다. 이 모델에 맞는 유동의 속도가 계산되었는데, 이것은 해양판의 확장 속도와 일치하며, 지표에서의 열류량은 실측된 자료와 잘 부합된다. 그림 58에서는 대류 현상을 화살 방향의 선으로 표시하여 나타내고 있다.

또 다른 것으로 대류 세포의 깊이와 관련되어 제안된 것으로, 종래의 두 가지의 모델과 최근에 새롭게 부상하고 있는 상승류 모델이 있다.■ 그림 59 즉 현재까지 제안된 두 모델은 대류가 맨틀 전체에 걸쳐서 일어나는 전체 대류 모델■ 그림 59-A과 상부 수백 km에 한정되어 상부 맨틀에만 대류가 있다는 상층 대류 모델■ 그림 59-B이다. 최근까지 유력했던 상층 대류 모델은 상하 맨틀의 대류가 따로 있다는 것으로 '두 층 대류 모델' 이라고도 한다. 그 이유는 지구에 포함된 방사성 원소의 함량과 관계가 있다. 만일 한 층 대류의 경우 방사성 원소의 함량이 맨틀 전체에 균일하여야 할 것이다. 그러나 실제 지각과 상부 맨틀에 방사성 원소의 함량이 크고 하부 맨틀에는 함량이 적다. 이는 하부 맨틀의 대류가 상부 맨틀에 방사성

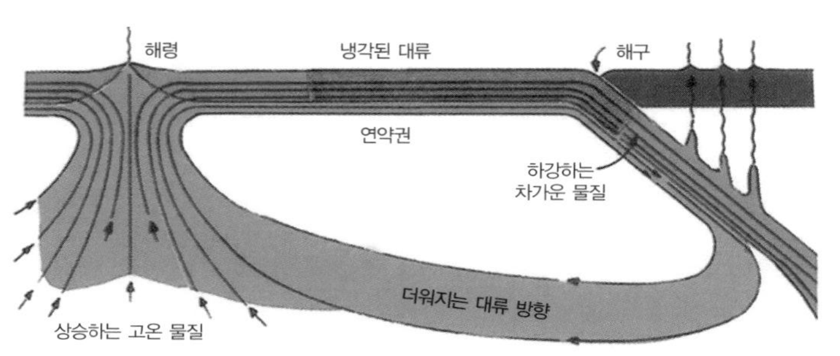

◀ 그림 58. 해령에서 상승한 뜨거운 물질은 연약권을 따라 이동하며, 이때 열전도에 의해 냉각된다. 냉각된 물질은 침강 경계에서 하강하는 열대류를 보여준다.

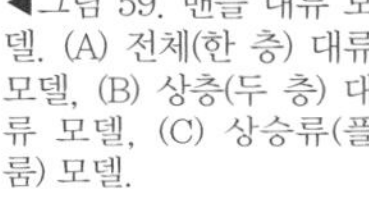
◀그림 59. 맨틀 대류 모델. (A) 전체(한 층) 대류 모델, (B) 상층(두 층) 대류 모델, (C) 상승류(플룸) 모델.

A

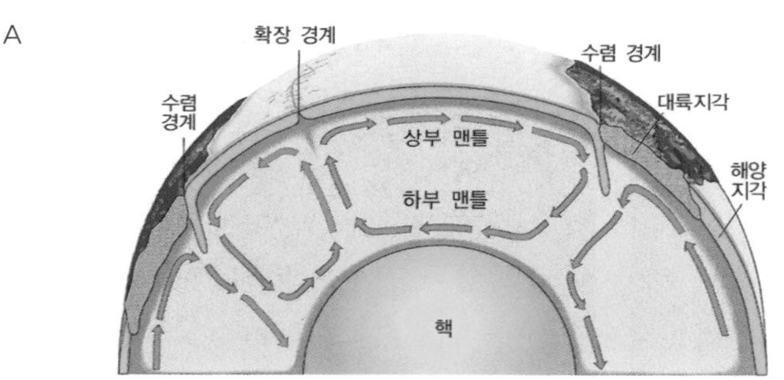

B

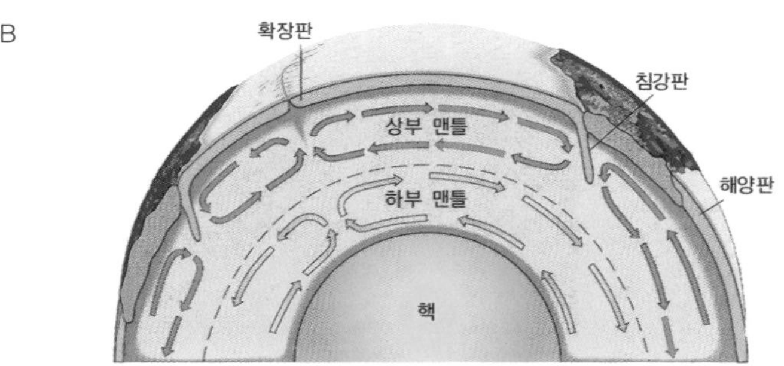

C

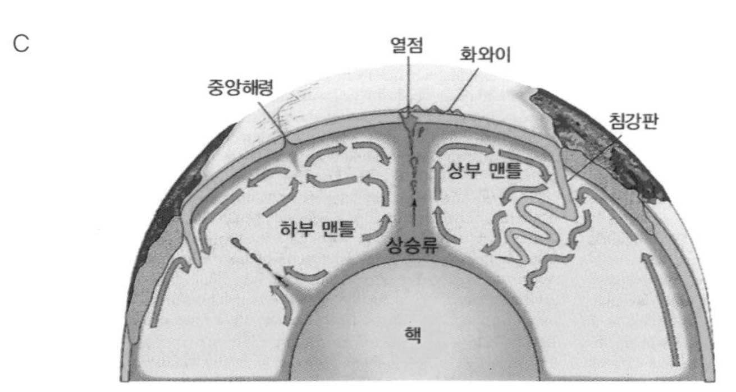

원소를 공급하고 상부 맨틀은 아래에서 올려 보내는 방사성 원소를 받기만 할 것이고, 대류에 의해 상·하부 맨틀 내의 방사성 원소량은 각기 섞여서 서로 다른 함량을 갖게 되기 때문이다. 이러한 이유로 연약권만을 한 층으로 하는 얇은 대류가 존재할 가능성이 큰 것으로 생각하고 있다.

그러나 판구조론에서 이야기하는 이들 두 모델은 지구의 상층부에서 일어나는 현상에 국한되어 있으며, 맨틀의 깊은 곳에서 일어나는 현상에 대해서는 설명하지 못하고 있다. 비록 두 층 대류 모델이 하부 맨틀의 대류를 언급하고 있지만, 이는 많은 부분을 추측에 의존하고 있다.

한 예로 열점의 연구를 들 수 있다. 지구 표면에는 판구조 운동과 관련이 없어 보이는 지질 현상도 있는데, 판 경계로부터 멀리 떨어진 하와이 섬은 판 내부에서 일어나는 화산활동의 무대이다. 하와이 섬은 대표적인 열점으로 이와 같은 열점이 지구 표면에 수십 개 이상 존재한다. 이 열점은 판구조 운동에 대하여 큰 문제점을 던져주었다. 열점 화산활동의 근원지가 어디이며, 왜 맨틀 내에 이러한 현상이 일어나는가 하는 의문이 생기는 것이다. 더구나 열점에서 분출하는 마그마의 성분과 해령에서 분출하는 마그마의 성분이 지구화학적으로 기원이 전혀 다른 것으로 알려져 맨틀 대류 두 가지 중 어느 모델로도 설명할 수가 없다. 따라서 이들을 설명할 수 있는 모델로 제안된 것이 '상승류plume 모델' ■그림 59-C이다.

열점에서 분출되는 맨틀 물질이 깊은 곳으로부터 상승하는 모습이 마치 연기가 공기 중으로 파이프 모양으로 올라가는 것과 유사하므로 이를 맨틀 플룸또는 상승류이라고 부른다.

하버드 대학 지구물리연구팀은 지진파 속도를 이용하여 상승하는 플룸의 3차원 모습을 밝혔는데, 우리가 생각하는 것보다 훨씬 복잡한 맨틀 대류의 모습을 보여주고 있다.■그림 60

상승류 모델은 그 동안 지구 상층부에만 제한되어 있던 판구조론에서 맨틀 깊은 곳에서 일어나는 현상을 다루기 시작하였다는 점에서 '제3의 대륙이동설' 또는 '플룸 구조론Plume tectonics' 이라고 불리기도 한다. 1960년대 확립된 판구조론이 21세기를 맞이하여 대변화를 맞고 있다. 상승류 구조론은 지구 내부의 비밀을 서서히 밝혀주고 있지만, 플룸의 개수와 부존賦存깊이 및 생성 원리 등 앞으로 해결해야 할 더 많은 과제를 던져주고 있다.

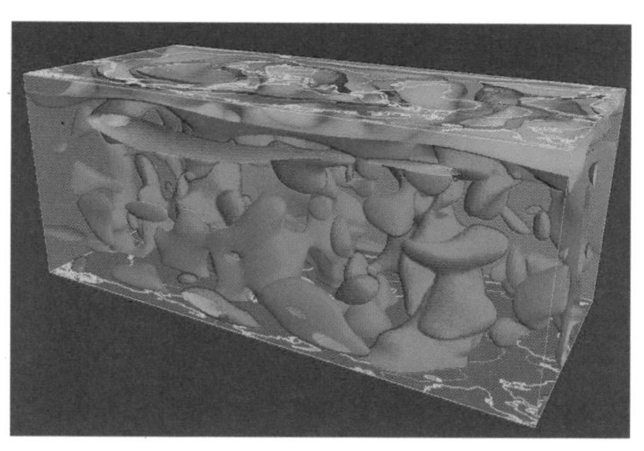

◀ 그림 60. 상승하는 맨틀 플룸의 3차원 모습.

표류하는 대륙 : 지구의 과거, 현재, 그리고 미래

지금까지 판구조론에 의해 이동하는 대륙의 모습을 현재의 시점에서 살펴보았다. 해저에서 관찰되는 지자기의 역전 띠나 그에 따른 암석 연령의 분포, 그리고 열점에 의해 생성된 화산열도 등의 배열로부터 지각들의 이동 속도와 방향을 결정할 수가 있으며, 이로부터 우리들은 과거 대륙이 어떻게 이동해 왔는지를 추적하여 과거 대륙의 모습을 복원할 수 있으며 앞으로 대륙들이 어떻게 변해갈지를 예측해 볼 수도 있을 것이다.■ 그림 61과 62

지금으로부터 약 2억 2천5백만 년 전인 고생대말에서 중생대 초에는 베게너가 말한 판게아Pangaea : '모든 대륙' 이라는 뜻라는 초대륙으로 합쳐져 있었다. 판탈라사Panthalassa 해海는 현재의 태평양에 해당되며 테티스Tethys 해는 현재의 지중해에 해당된다. 이 시기에 형성된 빙하 퇴적물들이 현재 분리된 남미, 아프리카, 인도, 오스트레일리아 등지에서 광범위하게 발견된다. 빙하 퇴적물의 이와 같은 분포는 대륙이 분리되기 전인 페름기에 곤드와나Gondwana 대륙의 남극 지역에 대륙 빙하가 덮여 있었던 것으로 설명할 수 있다.■ 그림 61-A

약 4천5백만 년 동안 대륙 이동이 경과한 약 1억 8천만 년 전인 트라이아스기 말의 지도에서는 판게아가 분리되었다. 즉 로라시아Laurasia 대륙은 북쪽으로 이동하고 상대적으로 이동이 적은 곤드와나 대륙은 남게 되어 테티스 해를 경계로 두 대륙은 갈라지게 된다. 그리고 인도 판도 곤드와나 대륙에서 떨어져 나와 독자적인 움직임을 시작한다.■ 그림 61-B

그 후, 4천5백만 년 동안 대륙의 이동이 계속된 약 1억 3천5백만 년 전인 쥐라기 말의 지도에서는 인도 판이 상당히 이동하였으며, 약 4천5백만 년 전에 형성

▶ 그림 61. 표류하는 대륙. 판구조 운동에 의해 대륙이 이동하는 모습을 보여준다.
(A) 2억 2천5백만 년 전, (B) 1억 8천만 년 전, (C) 1억 3천5백만 년 전, (D) 6천5백만 년 전, (E) 현재.

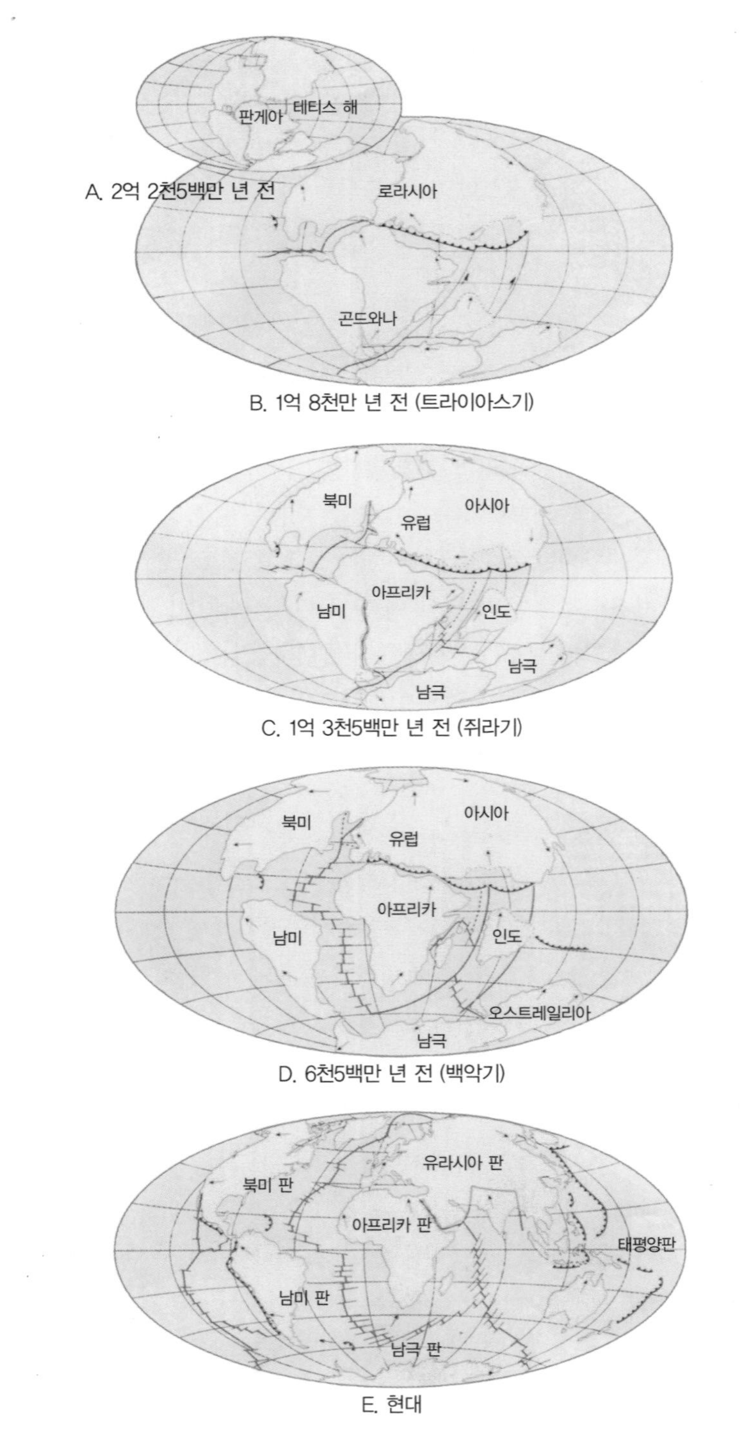

되기 시작한 북대서양과 인도양이 상당히 열려 있다. 그러나 남 대서양은 이제 막 형성되기 시작하고 있다. ■그림 61-C

지금으로부터 6천5백만 년 전인 백악기 말에는 대서양이 완전히 열리고 남 대서양은 한층 넓어졌다. 그리고 마다가스카르 섬이 아프리카에서 떨어져 나오고, 인도 판은 적도를 지나가고 있다. 그러나 오스트레일리아는 아직 남극대륙에 붙어 있는 것을 알 수 있다. 그리고 북으로 이동을 하던 남·북아메리카판들이 이동 방향을 바꾸어 서쪽과 서북쪽으로 이동하면서 점점 두 대륙이 가까워지고 있다. ■그림 61-D

현재의 모습에서는 잘 알려졌다시피, 계속 북쪽으로 이동한 인도 판이 마침내 아시아 판과 충돌하면서 지구의 지붕인 히말라야 산맥을 형성시켰으며, 오스트레일리아 대륙도 남극으로부터 떨어져 나왔다. 북아메리카도 유라시아 대륙과 떨어지고 남·북아메리카가 연결이 되었다. ■그림 61-E

이와 같이 각 대륙의 이동이 계속된다면 앞으로 약 5천만 년 후에는 아프리카 동부는 대륙으로부터 분리되고 홍해는 더욱 넓어질 것이며 열곡대를 따라 2개로 분리되면서 동시에 북상함에 따라 지중해는 더욱 좁아지게 될 것이다. 한편, 캘리포니아 반도는 산안드레아스 단층을 따라 더욱 북상하고, 상대적인 이동 방향의 크기에 따라 북아메리카가 동쪽으로 밀려나면서 남·북아메리카가 다시 분리된다. 아시아에서는 인도 판이 계속 유라시아 판을 밀어붙이면서 히말라야 산맥은 훨씬 더 높아져 세계의 지붕으로서의 위치를 더욱 굳건히 할 것이며, 오스트레일리아 대륙은 북상하여 더 이상 남반구의 대륙이 되지 않을 것이다. ■그림 62

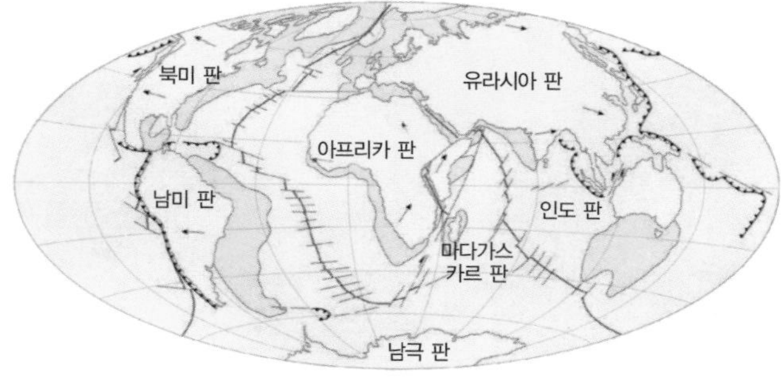

◀ 그림 62. 계속되는 판 구조 운동에 의해 바뀔 5천만 년 후의 지구의 모습.

지구의 역사 : 지질시대

지구의 역사에 대한 인식을 갖고자 한다면, 우리는 우선 지구가 얼마나 나이를 먹었는가를 먼저 알아야 한다. 그리고 우리는 시간 단위로 지구가 창조된 이래 특별한 사건이 일어난 때를 정립하는 방법을 찾아내야만 할 것이다. 행성 지구가 얼마나 오랫동안 존재해 왔는가와 중요 사건들을 차례대로 시간 속에 배열할 때에만 우리가 지구의 역사 속에서 발견하는 과거 지질시대의 사건들을 짜맞출 수가 있게 된다.

인간의 일생을 생각하면 단단한 지구는 변하지 않는 것처럼 보이지만, 실제로 산, 계곡, 평야들은 아주 서서히 모습이 달라져왔다. 물론 지진으로 인한 진동과 그로 인한 파괴는 순식간에 땅을 가르기도 하고 산을 무너지게도 하지만, 산맥이나 분지가 형성되거나 암석이 만들어지는 대부분의 지질 작용은 수십만 년 내지 수천만 년에 걸쳐 아주 느리고 오랫동안 지속되었기 때문에 문명학적 시간으로는 측정이 불가능하다. 암석 속에 기록된 지구 변화는 대부분 이와 같이 서서히 장시간에 걸친 변화에 의해 이루어진 사건들이며 이 오랜 지질시대의 시간 측정이 지구의 역사를 규명하는 기초가 된다. ■ 그림 63

▶ 그림 63. 수억 년의 오랜 세월에 걸쳐 형성된 그랜드캐니언. 지층 하부에서 상부로 갈수록 지층의 나이가 젊어지는데, 허튼의 동일과정설을 잘 보여주고 있다.

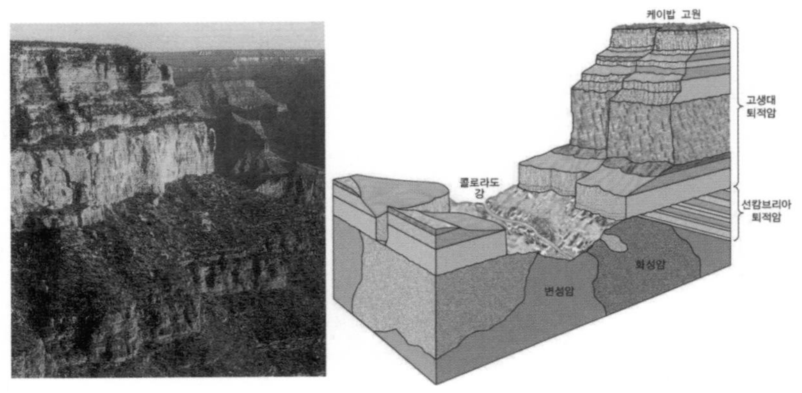

지질 연대의 측정 방법에는 크게 두 가지가 있다. 하나는 지질 작용에 의해 일어난 변화를 근거로 상대적 선후 관계를 규명하는 방법이며, 또 하나는 현재를 기준으로 그 변화의 시대를 시간적 절대치로 측정하는 방법이다. 전자를 상대연령이라 하고, 후자를 절대연령이라고 한다.

상대연령

앞서 말한 바와 같이 과거 지질시대에 일어났던 사건들은 암석 속에 기록되어 있다. 따라서 암석 속의 기록의 선후 관계를 비교한다면 지질학적 역사 기록의 순서를 밝힐 수가 있을 것이다.

19세기까지 고생물학자 퀴비에Cuvier를 비롯한 많은 과학자들은 "지구는 불과 수천 년 전에 창조되었다"고 믿고 있었다. 산이나 계곡과 같은 지구 표면의 모습이 돌발적이고 맹렬한 힘에 의해 일시적으로 형성되었으며 그랜드캐니언과 같은 큰 계곡도 일련의 큰 지진에 의해 갑자기 생긴 거대한 틈으로 해석하였다. 지구가 이와 같이 일시적으로 큰 규모의 급격한 힘에 의하여 변화되었다는 설을 '격변설catastrophism' 이라고 한다.

그러나 18세기 말부터 과학자들은 지구의 표면이나 내부를 변화시키는 힘이 일시적이고 급변적인 것이 아니라, 서서히 그러나 끊임없이 일어나는 힘에 의하여 영향을 크게 받고 있음을 깨닫게 되었다. 이와 같은 생각을 체계적으로 밝힌 최초의 사람은 '지질학의 아버지'로 불리는 제임스 허튼 경Sir James Hutton, 1726~1797이다.■ 그림 64

젊은 날의 허튼은 그의 조국 스코틀랜드에서 암석의 형성과 지층에 관해 연구하고 있었는데 그 지역에서 가장 잘 나타나는 노두露頭는 해드리언의 벽Hadrian's Wall으로 로마인들에 의해 쌓아진 거대한 석벽이었다.■ 그림 65 허튼은 성벽을 쌓은 돌이 1,700여 년 전에 건설해놓은 이래 아주 가볍게 풍화되었다는 것을 알게 되었다. 그는 자연 속에서 풍화 침식을 받은 돌과 이들이 다시 퇴적암으로 퇴적되는 속도를 비교하여, 지구의 나이는 실로 엄청나다는 결론을 내렸다. 이러한 내용을 그의 유명한 저서 『지구의 이론Theory of Earth』에서 밝혔는데 과거에 작용했던 모든 지질학적 과정들이 현재에도 작용하고 있다는 사실을 지적하며, 지구의 역사는 "시작도 없고 끝도 없는 것" 같다고 기록하였다.■ 그림 66 이를 '동일과정설Principle of Uniformitarianism' 이라고 한다. 이 원리를 가장 간결하게 잘 요약한 '현재는

▶ 그림 64. 지질학의 아버지 허튼경(Sir J. Hutton). (A) : 허튼의 모습, (B) : 19세기 풍자화에 묘사된 허튼. 당시 논쟁거리였던 동일과정설의 증거를 찾기 위해 바위를 쳐다보고 있다. 바위에 허튼을 향해 찡그리고 있는 얼굴들은 그의 이론에 반대하는 여러 사람들을 나타내고 있다.

▶ 그림 65. 로마의 황제 해드리언이 스코틀랜드인의 침략을 막기 위해 영국과 스코틀랜드 국경에 쌓아놓은 석벽으로 북해에서 에이레 해까지 동서로 약 120km에 이른다.

THEORY

OF THE

EARTH,

WITH

PROOFS AND ILLUSTRATIONS.

IN FOUR PARTS.

BY JAMES HUTTON, M.D. & F.R.S.E.

VOL. I.

EDINBURGH:

1795.

▶ 그림 66. 1795년 허튼의 저서 『지구의 이론』의 표지(왼쪽)와 책 속에 묘사된 그림(오른쪽). 마차가 다니는 길 밑의 땅속에 보이는 수평층과 부정합면 및 습곡받은 변성암은 오랜 지질시대 동안 형성된 것을 설명하고 있다.

과거의 열쇠다The present is the key to the past' 는 그 개념을 잘 함축하고 있는 유명한 구절이며, 지질학적 사건의 순서를 정하는 중요한 법칙이 되었다.

지사학의 5대 원리

지층이나 암석의 선후 관계를 판단하여 지질시대를 결정하는 연구 분야를 지사학이라 하며, 상대연령을 판단하는 데 적용되는 동일과정의 원리를 포함하여 다섯 가지의 원리들을 '지사학의 5대 원리' 라 부르는데, 다음과 같이 정리할 수 있다.

(1) 동일과정의 원리The Principle of Uniformitarianism

(2) 누중의 원리The Principle of Superposition

(3) 동물군 또는 식물군 천이의 원리The Principle of Faunal or Floral Succession

(4) 부정합의 원리The Principle of Unconformity

(5) 관입의 원리The Principle of Intrusion

지질학적 사건의 순서를 정하는 데 전 세계적으로 사용하는 기본 원리로서 '누중의 원리' 라는 것이 있는데, 이는 덴마크의 스테노Nicolaus Steno, 1631~1687가 처음 주장하였다. 누중의 법칙은 퇴적암의 생성 순서를 밝혀주는 법칙으로 지층이 퇴적된 순서를 유지하고 있을 때 '가장 오래된 지층은 아래에 놓여 있고, 점차로 젊은 지층들이 그 위에 쌓인다' 는 대단히 간단한 법칙이다.■ 그림 67 따라서 넓은 범위에 지층이 수평으로 놓여 있으면 이 원리를 적용하여 지층의 상하, 즉 선후를 판단할 수가 있다. 또 지층이 기울어져 있거나 뒤집혀 역전overturn될 경우에도 이 원리의 적용이 가능한데, 이때는 다소 주의가 필요하다. 이 경우 상하 판단에

◀ 그림 67. 누중의 원리를 보여주는 그랜드캐니언의 지층. 가장 오래된 지층(A층)은 아래에 놓이고 B→C→D의 순으로 쌓여 새로운 지층(E층)이 맨 위에 놓인다.

도움이 되는 여러 퇴적 구조들을 이용하기도 한다.■ 그림 68과 69 예를 들어 ① 점이 층리gradded bedding ② 사층리cross-bedding ③ 연흔물결 자국, ripple mark ④ 건열mud crack ⑤ 유기 구조organic structure ⑥ 베개용암pillow lava 등으로 상하 판단이 가능하다.

누중의 원리에 따라 지층이 아래에서 위로 계속하여 변하게 되면, 지층 속에 들어 있는 화석의 종류나 내용도 변하게 됨을 알게 된다. 즉, 시간을 대표하는 상하의 지층 사이에서 화석 생물의 내용이 달라진다는 사실을 '생물군 천이의 원리'라 하는데 영국의 측량 기사였던 스미스William Smith, 1769~1839가 주장했다. 이 원리는 특정 화석 생물군은 한 시대밖에 존재할 수 없음을 가르쳐주며이를 표준화석이라 함, 그 화석 내용을 잘 연구해두면 지층의 선후를 판단할 수 있을 뿐만 아니라,

▶ 그림 68. 지층의 선후 관계를 지시해주는 대표적인 퇴적 구조.
(A) 점이 층리(Graded bedding),
(B) 사층리(Cross bedding).

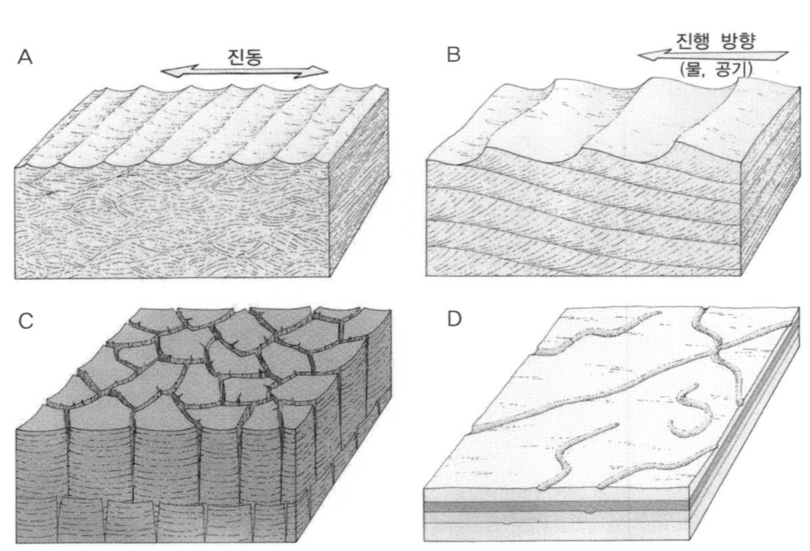

▶ 그림 69. 지층의 선후 관계를 지시해 주는 여러 퇴적 구조들. (A) 대칭 연흔(지층 내부에 사층리도 보임), (B) 비대칭 연흔(물이나 바람이 분 방향도 알 수 있다), (C) 건열, (D) 유기 구조(벌레가 기어간 흔적).

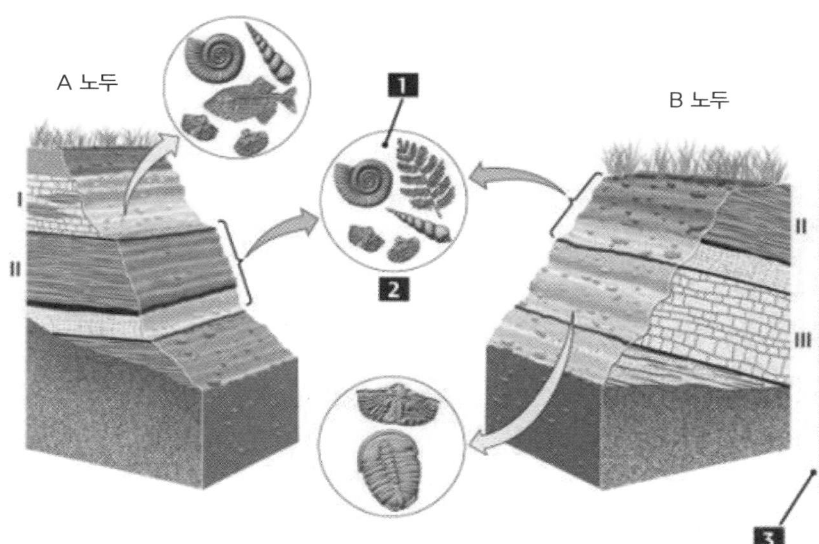

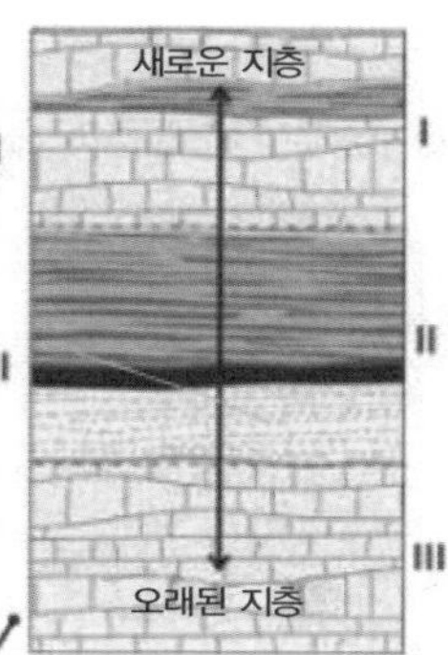

▲ 그림 70. 생물군 천이의 원리. 표준화석을 이용하여 지층을 대비할 수 있다.
1 노두 A와 B의 지층에서 동일한 화석이 발견되고, 2 두 지층을 같은 시대로 대비하면, 3 지층의 순서를 밝힐 수 있다.

◀ 그림 71. 부정합의 원리. 부정합면을 경계로 상하 지층 사이에는 오랜 시간의 단절이 있었다. (A) 스코틀랜드 해안가, (B) 그랜드캐니언.

멀리 떨어진 지층들 사이의 순서를 밝히는 지층의 대비에 이용할 수 있다.■그림 70

또한, 지층이 퇴적된 후, 오랫동안 퇴적이 중단되면 침식작용을 받아 지층의 일부 또는 전부가 깎여버리고, 다시 침식면 위에 새로운 퇴적층이 쌓이면 이 침식면 상위 및 하위의 지층은 부정합 관계에 있다고 말할 수 있다. 이러한 부정합면은 비록 하나의 평면이지만, 상당한 시간 간격이 있었음을 의미하며, 부정합을 경계로 상하에 놓인 두 지층의 선후 관계를 결정하는 좋은 기준이 된다.■그림 71 이를 '부정합의 원리'라 한다.

화성암의 관입도 인접 지층과 화성암체의 선후 관계를 밝혀주는 좋은 증거로 이용된다. 유동성 마그마가 주변 암체나 지층의 틈을 따라 관입하거나 큰 규모로 상승하여 굳어지면 주변 암석과 뚜렷한 경계를 이룬다. 이들 화성암 관입체는 예외 없이 주변 지층이나 암체에 비하여 항상 시간적으로 후기에 형성된 것으로 간주된다.■그림 72 따라서 '관입의 법칙' 은 이들 관입 화성암체와 그 인접 지층과의 접촉 관계를 조사하여 상호간의 상대적 선후 관계를 밝혀준다.

그림 73은 지사학의 원리를 적용하여 지층과 암석의 선후 관계를 결정할 수 있음을 보여주는 예이다.

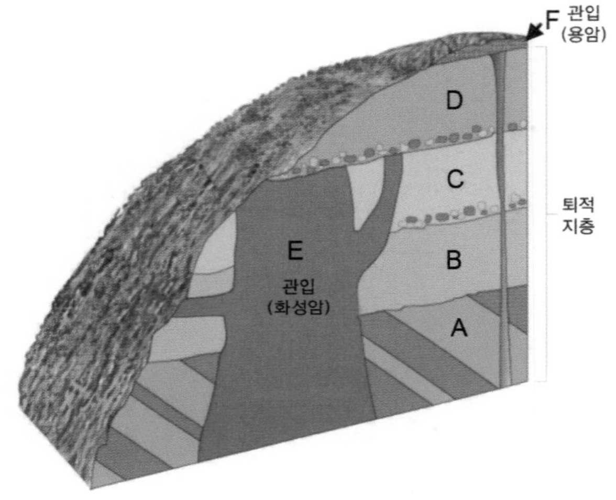

▶ 그림 72. 관입의 원리. 지층을 자르는 관입은 항상 나중이다. 지층 A→B→C가 쌓이고, 화성암 E과 관입하고, 다시 지층 D가 쌓이고 용암 F가 관입하여 분출하였다.

지질시대의 명명

지층이나 암석의 선후 관계에 의해 구분된 거대한 시간 단위를 지질시대라고 부른다. 19세기 말까지 허튼과 그를 따르는 지질학자들은 상대적 지질 연대를 결정하였다. 이 연대는 그야말로 지층에 나타난 대로의 지질학적 사건의 순서를 나타낸 것이다.

지질 연대는 대代, Era라 불리는 큰 시간 구분으로 나눠는데 이 대는 지질시대에 지배적이었던 고생물, 즉 화석의 형태에 의해 나타낸 것으로 예를 들어 삼엽충으로 대표되는 고생대, 공룡이 번성하였던 중생대, 포유류가 출현했던 신생대가 그것이다. 대는 다시 기紀, Period로 세분된다. 이것은 각 기에 쌓인 지층에 나타난 생물 형태의 변화와 지각변동으로 구분되며 대부분의 기는 최초로 확인되었거나 연구된 장소의 이름을 따서 명명되었다. 예를 들어, 고생대의 데본기는 영국의 데본 지방에서 처음 연구되어 붙여진 것이며, 중생대 말기를 나타내는 백악기도 영국의 앵글로 지방, 파리, 벨기에에서 발견되는 백악白堊, white chalk의 지층에서 따온 것이다. 기는 필요에 따라 다시 세,世, Epoch 세는 다시 절節, Age로 각각 세분된다.

상대연령의 지질시대 구분과 명칭은 표 1의 지질 연대표에 나와 있으며, 각 지질시대의 대표적인 고생물과 지질 사건을 정리하였다. 그리고 각 지질시대를 절대연령으로도 나타내고 있다.

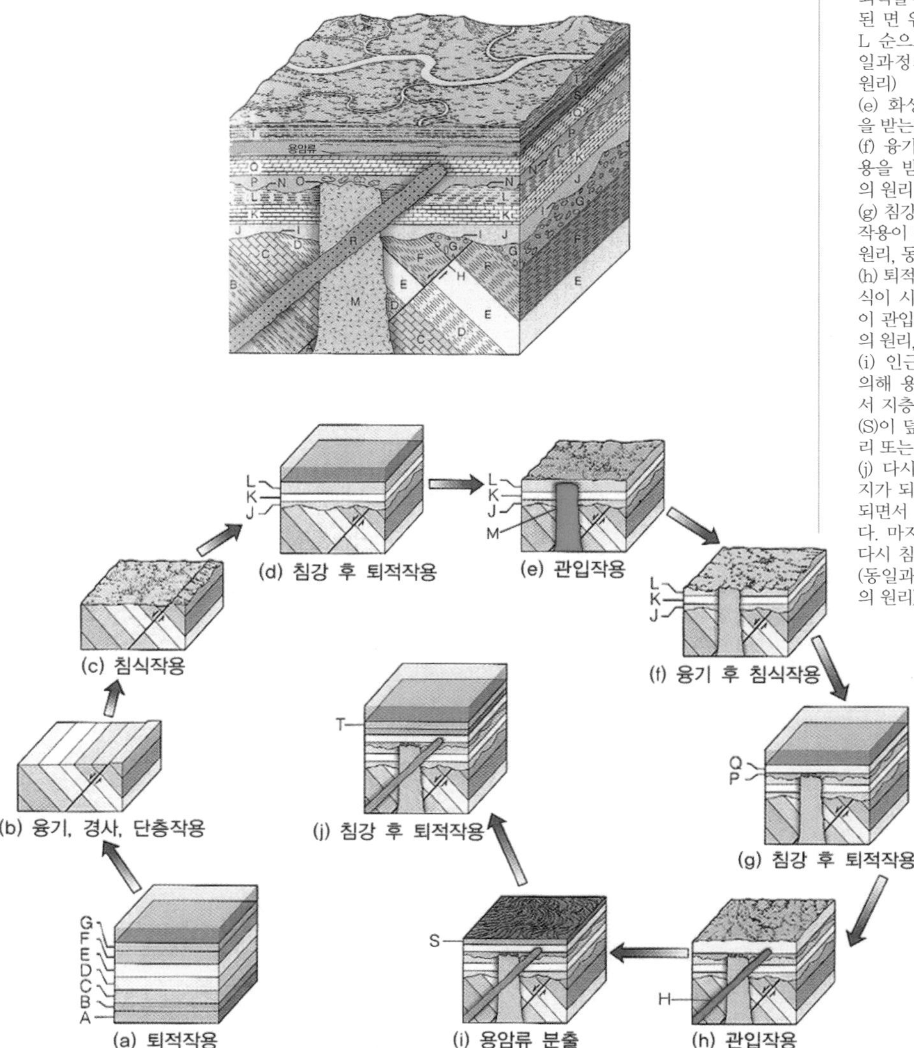

▼ 그림 73. 지사학의 법칙을 이용하여 지층과 암석의 선후 관계를 알 수 있다.
(a) 퇴적분지에서 지층 A→B→C→E→F→G의 순으로 퇴적된다. (누중의 원리)
(b) 지각변동을 겪으면서 융기하고 지층이 기울어진 후 단층작용을 받는다.
(c) 상당 기간 침식작용을 받는다. (부정합의 원리)
(d) 침강되어 분지가 되면 퇴적물이 공급되어 침식된 면 위로 지층 J→K→L 순으로 퇴적된다. (동일과정의 원리, 누중의 원리)
(e) 화성암체(M)의 관입을 받는다. (관입의 원리)
(f) 융기 후 다시 침식작용을 받는다. (동일과정의 원리, 부정합의 원리)
(g) 침강 후 P→Q의 퇴적작용이 일어난다. (누중의 원리, 동일과정의 원리)
(h) 퇴적이 멈추고 다시 침식이 시작되면서 암맥(H)이 관입하였다. (동일과정의 원리, 관입의 원리)
(i) 인근의 화산 폭발에 의해 용암류가 분출하면서 지층과 평행하게 암상(S)이 덮였다. (누중의 원리 또는 관입의 원리)
(j) 다시 침강에 의해 분지가 되고 퇴적물이 공급되면서 지층 T가 퇴적된다. 마지막으로 지표면은 다시 침식작용을 받는다. (동일과정의 원리, 누중의 원리)

▼ 표 1. 지질 연대표

방법	기	세	시작 시대 (백만 년 전)	고생물의 변화	고생물의 변화
신생대	제 4 기	홀 로 세 플라이스토세	0.01 2	인류 문화 출현 타르 핏트 동물	최근 빙기가 끝남 빙하시대
	제 3 기	플라이오 세 마 이 오 세 올 리 고 세 에 오 세 팔 레 오 세	12 26 37 53 65	올드바이 조지 화석 초원 전개 거대한 포유류 모든 포유류 등장 작은 원시 포유류	서늘한 기후, 산맥 형성 제4기 산안드레아스 단층 알프스 산맥의 형성 인도가 아시아와 충돌 로키 산맥 형성
중생대	백 악 기		136	공룡을 포함한 많은 생명체 사멸	온화한 기후
	쥐 라 기		190	꽃식물 출현, 공룡류 번창, 초기 포유류, 시조새	지중해 형성 시작, 습지 많아짐, 대륙이 갈라짐
	트 라 이 아 스 기		225	공룡시대 전개	건조기후
고생대	페 름 기		280	많은 생물들이 전멸	판게아 형성
	석탄기(펜실베니아기)		320	파충류 번성, 석탄 숲, 초기 파충류, 양서류	남반구 빙하
	미 시 시 피 기		435	산호초, 초기 양서류	애팔레치아 산맥 형성
	데 본 기		395	폐어, 육상 식물	원시 대서양이 좁혀지기 시작
	실 루 리 아 기		430	절족 동물이 바다를 이탈	
	오 르 도 비 스 기		500	초기 물고기	
	캄 브 리 아 기		570	해서 무척추 동물 번성	해양 식물로부터 대기 속으로 산소 공급 증가
원생대			2,500	해서 동물과 연한 신체를 가진 생물이 보통 해조류	유독한 대기 빙하의 흔적 다이아몬드 광상 형성
시생대			3,400 3,800 4,600	가장 오래된 생명체	지구의 가스 분출로 대양과 유독 대기층 형성 지각 형성 태양계와 지구 형성

절대연령

지층이나 암석의 연구에 의한 상대적인 연령은 지질학적 사건이 일어난 순서를 나타내는 간단한 증거를 제시할 수밖에 없으며 지질학적 사건이 일어난 시간이 언제인지를 밝힐 수는 없다. 암석이나 지층의 절대연령absolute age은 그 형성 시기를 현재를 기준으로 절대 시간 수로 계산하여 표시하는 것을 말한다.

지질학에서 방사성동위원소에 의한 연대 측정은 지질학적 절대연령을 결정하는데 사용하는 가장 근본적인 방법이다. 예를 들어, 어떤 지역의 화강암에 들어 있는 루비듐-스트론튬Rb-Sr 동위원소의 함량을 이용하여 연령을 측정한 결과, 2억 년의 연대가 나왔다면, 이는 그 화강암이 지금으로부터 2억 년 전에 마그마로부터 냉각되어 만들어진 것을 의미한다.

자연계에는 원자들이 같은 수의 양자를 갖고 있어 원자번호는 같으나 중성자 수가 달라지므로 질량수가 다른 동위원소isotope들이 있는데, 이들 동위원소 중에는 불안정하여 방사선을 방출하면서 붕괴하여 안정된 원소로 변하는 것들이 있다. 예를 들어, 원자번호가 6인 탄소C에는 질량수가 12, 13, 14인 3개의 탄소 동위원소^{12}C, ^{13}C, ^{14}C가 있다. 즉 각각의 동위원소는 중성자를 6개, 7개 또는 8개를 갖고 있는데, ^{12}C와 ^{13}C는 양자수와 중성자수가 변하지 않기 때문에 언제나 그대로 있지만,이를 안정동위원소라 함 ^{14}C는 불안정하여 그대로 있지 못하고 방사능을 방출하면서 붕괴하게 되는데,이를 방사성 동위원소라 함 핵 중의 중성자 하나가 양자로 변하여 질소^{14}N로 변한다. ■ 그림 74

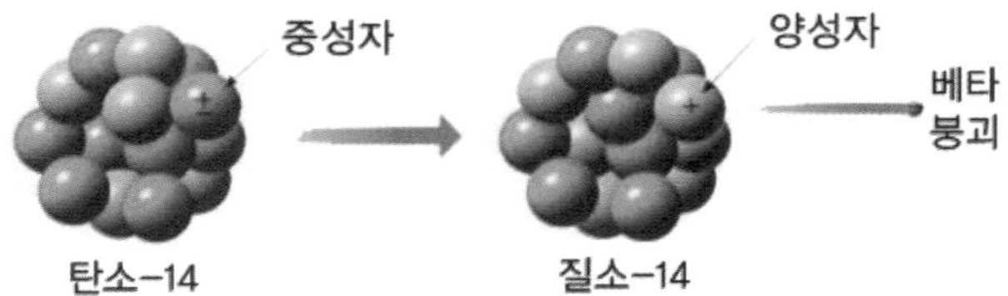

◀ 그림 74. 탄소의 붕괴 과정. ^{14}C가 β 붕괴하여 중성자 하나가 양성자로 바뀌면서 ^{14}N이 된다.

방사성동위원소 중 원래의 원소를 모원소母元素, parent element라고 하며, 방사능 방출에 의해 붕괴되면서 생긴 새로운 원소를 자원소子元素, daughter element라고 한다. 모든 방사성 동위원소들은 그들 자신의 고정된 비율로 붕괴되며 대부분의 동위원소들은 그 붕괴 과정이 매우 느리게 진행된다. 한 동위원소의 붕괴 속도는 반감기半減期, half life라는 용어로 정의되는데 이것은 주어진 모원소의 양이 붕괴되어 절반으로 줄어드는 데 걸리는 시간을 말한다. 첫 번째 반감기 동안 모원소

핵의 1/2이 붕괴되어 새로운 원소, 즉 자원소로 되고, 두 번째 반감기 동안 나머지의 반이 붕괴되며즉 모원소 핵의 1/4만 남음, 세 번째 반감기 동안 그 나머지의 반 즉, 전체의 1/8이 붕괴되어 새로운 자원소를 만들게 되며 이와 같은 방법으로 계속해서 붕괴된다.■ 그림 75

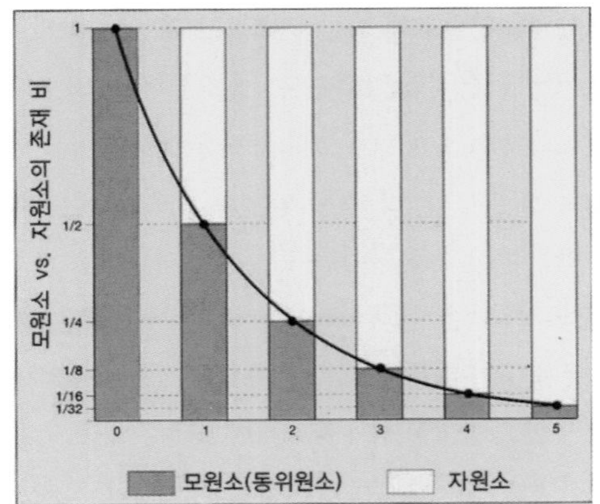

▶ 그림 75. 시간이 지남에 따라 방사성 원소의 양이 반감되어가는 모습. 모원소의 양이 반으로 줄어들 때까지의 걸리는 시간을 반감기라 한다.

방사성동위원소의 붕괴하는 속도가 온도, 압력 혹은 화학 조성과 같은 어떤 조건에서도 영향을 받지 않기 때문에 알려진 붕괴 속도 즉, 반감기는 동위원소가 암석이나 광물 속에 들어간 때부터의 경과 시간을 측정하는 데 사용될 수 있다.

따라서 어떤 암석이나 광물이 형성된 이후 경과된 시간을 알기 위해서는 다음과 같은 세 가지의 정보가 필요가 필요하다.

① 연령 측정에 사용되는 방사성 동위원소의 반감기, ② 남아 있는 모원소의 양, ③ 새로 생긴 자원소의 양의 비比를 안다면 암석의 생성 연대를 측정할 수 있다. 동위원소의 비를 측정하는 장치를 '질량 분석기mass spectrometer' 라 한다. 이와 같이 운석과 달 암석의 표본에서 추출한 방사성 동위원소에 의한 연령 측정으로, 지질학자들은 지구의 연령을 약 46억 년으로 확정할 수 있었다.

암석 연령 측정에 사용되는 동위원소에는 여러 가지가 있다.■ 표 2 이들 여러 동위원소들은 각기 붕괴 과정이 다르며 반감기 또한 상당히 차이 난다. 예를 들어 반감기가 5,700년인 ^{14}C는 다섯 번의 반감기를 거쳐 모원소가 1/32로 줄어드는 데 약 3만 년밖에 걸리지 않는 반면, 490억 년의 반감기를 가진 ^{87}Rb의 경우, 지구의 가장 오래된 암석의 연령인 약 38억 년은 ^{87}Rb의 첫 반감기의 약 1/16 정도이다. 이와 같은 사실로 ^{87}Rb같이 반감기가 긴 동위원소들은 오랜 암석의 연령을 측정하는 데 사용되고 ^{14}C와 같이 반감기가 짧은 것은 현재로부터 아주 가까운 지질시대의 연령을 측정하는 데 사용된다.

방 법	붕 괴 과 정	반 감 기	측 정 년 대	분 석 물 질
탄소법	$^{14}C \rightarrow ^{14}N+\beta$	5,700년	백-7만 년	나무, 숯, 토탄, 뼈, 빙하얼음, 지하수, 해수 등
Rb-Sr법	$^{87}Rb \rightarrow ^{87}Sr+\beta$	470억 년	천만-46억 년	백운모, 흑운모, K-장석
U-Pb법	$^{238}U \rightarrow ^{206}Pb+\beta$	7.1억 년	천만-46억 년	저어콘, 인회석
	$^{235}U \rightarrow ^{207}Pb+\beta$	45억 년	천만-46억 년	
K-Ar법	$^{40}K \rightarrow ^{40}Ar+\beta$	13억 년	5만-46억 년	백운모, 흑운모, K-장석

▲ 표 2. 주요 방사성동위원소와 연령 측정.

■ 용어와 개념

다이나모설Dynamo theory

지구의 외핵은 전기 전도도가 아주 높은 용융된 철과 니켈로 이루어져 있으며, 지구 자전 운동과 외핵 내의 대류 운동으로 발생하는 전류가 거대한 지구자기장을 형성한다는 가설로 상세한 원리에 대하여는 아직 완전히 해명되지 않고 있다.

마그마Magma

지하 내부에 있는 암석의 용융체로서 기원에 따라 두 가지로 나뉜다. 중앙해령에서 분출되는 상부 맨틀 기원의 마그마와 침강하는 지각판이 재용융되어 상승하는 마그마이다.

맨틀Mantle

지각과 핵 사이에 놓인 중간층으로서 다시 상부 맨틀upper mantle과 하부 맨틀lower mantle로 나뉘어 진다. 상부는 밀도가 $3.3g/cm^3$정도인 감람암질 암석으로 이루어지며, 하부는 보다 무거운 물질로 이루어져 있다. 상부 맨틀과 지각 사이에는 모호면이 놓인다.

방사성원소에 의한 연대 측정 Radioactive dating

방사성동위원소의 붕괴 속도 즉, 반감기를 알고 붕괴된 후 남아 있는 모원소와 새로 만들어진 자원소의 양의 비를 이용해서 암석의 생성 당시의 연령을 알아내고 지질시대를 규명하는 방법을 말한다.

베개용암Pillow lava

물속에서 분출된 마그마가 차가운 해수를 만나 표면은 급속히 굳어지지만 속은 여전히 솟아오르게 되어 마치 베개 모양으로 둥글고 길게 늘어지면서 생성된 용암. 따라서 베개용암은 반드시 해저에서 생성되며, 만약 육지에서 베개용암이 발견되면 그곳은 옛날 바닷속이었음을 나타낸다.

부가附加, Accretion **또는 대륙의 성장**

두 지각판이 충돌함으로써 섬과 대륙이 서로 결합하거나 판에 의해 이동해온 퇴적물이 부가되어 대륙이 성장하는 것. 북미 대륙의 서해안의 25%에 해당되는 내륙은 태평양판이 북미판에 충돌될 때 이동되어온 퇴적물에 의한 것으로, 그 퇴적물들은 바로 태평양의 심해저에 기원을 두고 있다.

암석권Lithosphere

지각과 맨틀 최상부층의 일부를 포함하는 암석으로 된 부분에 대한 이름.

연약권Asthenosphere

상부 맨틀을 구성하는 부분으로 지진파가 저속도로 통과하는 암석권 아래에 놓인 층. 오랫동안 고온과 고압 하에서 부드럽고 점성이 강해졌기 때문에 고체이면서 유동성이 커 실제 대류가 일어나는 곳이다. 부분적으로 용융이 되어 있다.

열점Hot spot

지각판의 이동과 관계없이 고정된 지점에서 마

그마를 분출하는 곳. 하와이 열도에서 보듯이, 열점 위로 해양판이 이동함으로써 연속적인 화산열도를 만든다.

중앙해령Mid-oceanic ridges

판 경계 중 확장 경계를 말하며 맨틀로부터 상승한 마그마에 의해 새로운 해양지각이 만들어지는 곳이다. 확장의 속도에 따라 느린 확장은 해령ridge이라 불리는 높은 산맥을 이루는 반면, 빠른 확장은 해팽rises이라 불리는 낮은 산맥을 만든다. 대표적인 것으로 중앙대서양 해령MAR : Mid-Atlantic Ridges과 동태평양 해팽EPR : East Pacific Rises가 있으며 이들의 총 연장 길이는 약 74,000km에 이른다.

지각Crust

지구의 표면에 해당되는 부분으로 밀도가 낮은 고체로 된 암석권의 최상부층. 지각은 대륙지각continental crust과 해양지각oceanic crust으로 이루어져 있는데 전자는 두께가 32~48km 정도로 두껍고 밀도가 낮은d=2.7g/cm³ 화강암질 암석으로 이루어져 있으며, 후자는 5~8km 정도의 얇은 두께와 밀도d=3.0g/cm³가 큰 현무암질 암석으로 이루어져 있다.

지질연대Geological time

지구 상에서 일어난 지질학적 사건들을 순서적으로 나타낸 지구의 역사. 지질연대를 나타내는 방법에는 상대연령과 절대연령이 있다.

판Plate

지구의 표면은 십수 개의 크고 작은 조각으로 나뉘어져 있으며 이들은 지각판 또는 줄여서 판板이라 한다. 이들 판들이 상호 움직임에 의하여 경계부에서는 화산이나 지진 같은 지질 현상이 자주 일어난다.

판게아Pangaea

알프레드 베게너가 대륙이동설에서 '모든 땅pan=all+gaea=land' 이란 뜻의 초대륙을 일컫는 용어로 사용하였다.

해구Trench

두 판이 충돌하는 수렴 경계의 하나로 대륙판과 해양판이 충돌하여 무거운 해양판이 보다 가벼운 대륙판 아래로 침강해 들어가는 경계부. 가장 깊은 해구는 마리아나 해구로서 거의 11km에 이른다.

핵Core

2,900km 깊이 아래에 있는 지구의 중심부에 해당되는 곳으로 철과 니켈로 이루어져 있으며 두께가 2,280km인 액체의 외핵outer core과 반경이 1,190km인 고체의 내핵inner core으로 나뉘어져 있다.

■ 관련 사이트

· 지구 개론Earth Introduction

http://www.star.le.ac.uk/edu/solar/earth.html

지구에 관한 전반적인 내용을 소개하는 사이트. 많은 그림과 관련 자료들을 제시하거나 연결하고 있으며, 동영상도 볼 수 있다. 내용 중에는 지구 내부와 판구조론, 지구 화산활동 그리고 지구 상의 운석 등에 관해서도 설명하고 있다. 매우 교육적인 사이트이다.

· 미지질조사소 지진재해센터USGS Earthquake Hazard Program

http://earthquake.usgs.gov/

미국지질조사소에서 운영하는 재해 프로그램의 하나로 미국을 포함한 전 세계 지진관측 자료를 실시간으로 제공한다. 지진에 관한 방대한 자료를 구축하고 있다.

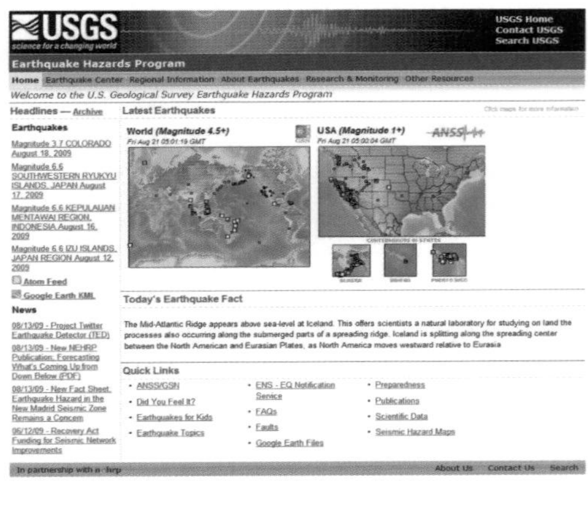

· 판구조론의 기구Mechanism of Plate Tectonics

http://www.seismo.unr.edu/ftp/pub/louie/class/plate/mechanisms.html

판구조론에 있어 가장 어려운 문제인 대륙을 움직이는 힘에 관해 다루고 있는 사이트. 맨틀 대류 모델로서 1층 대류와 2층 대류를 소개하고 특히 플룸구조론에 관해서도 설명하고 있다.

· 화산의 세계Volcano World

http://volcano.und.nodak.edu

화산에 관한 모든 것을 보여주는 최고의 교육 사이트 중의 하나. 미국 노스다코다 주립대학에서 개설한 사이트로 매달 전 세계에서 수만 명이 방문한다. 전 세계적으로 발생하는 화산 폭발 내용이 계속 새롭게 올라오며, 어린이에서 전문가에 이르기까지 여러 계층을 위한 다양한 자료들을 제공하고 초·중·고 교사들을 위한 화산 교육 정보도 제공한다. 인터넷 베스트 사이트로 각종 수상을 하였으며, 미국항공우주국NASA의 '교육기술계획LTP, Learning Technology Project'의 재정 지원을 받고 있다. 가장 최근 발생한 화산 폭발이 어디인지 알고 싶으면 여기를 방문하면 해결된다.

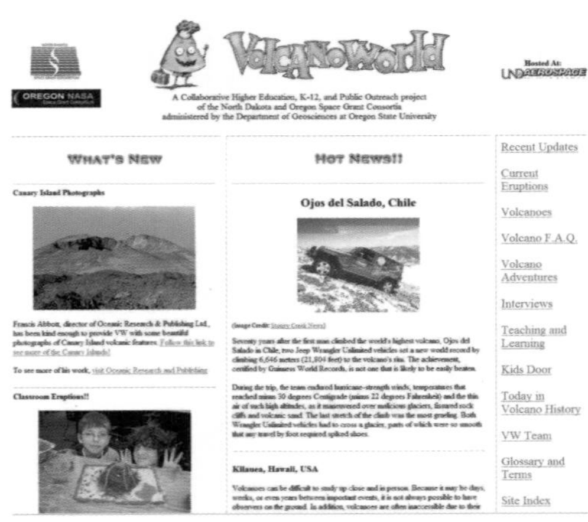

· 하와이 화산A Teacher's Guide to the Geology of Hawaii Volcano National Park

http://volcano.und.nodak.edu/vwdocs/vwlessons/atg.html

하와이 화산에 관한 많은 그림을 곁들여 자세히 소개하는 사이트. '화산의 세계' 에 연결된 사이트로 특히 교사들을 위한 학습 가이드가 잘 정리되어 있다.

· 캐스케이드 화산 관측소CVO, Cascade Vol-canic Observatory

http://vulcan.wr.usgs.gov

1980년에 분출한 미국 서북부의 세인트 헬렌스 화산을 비롯한 여러 지역 화산의 사진 자료와 보고서를 볼 수 있다. 〈단테스 피크〉라는 화산 영화에 나오는 바로 그 화산이며 주인공이 바로 미국 지질조사소USGS의 CVO에 근무하는 지질학자이다. 이 사이트에 들어가면 단테스 피크에 대한 '자주 하는 질의응답FAQ' 란이 있어 화산 폭발에 관한 흥미로운 질문들에 답해 주고 있다.

· 지진연구센터KERC

http://quake.kigam.re.kr/

우리나라 지진연구의 중심기구로 한국지질자원연구원 산하 지진연구센터의 홈페이지. 우리나라에서 발생하는 지진에 대해 전국 관측망으로 실시간 감시하고 있으며 지진연구, 지진정보 등 다양한 자료를 구축하고 있다.

· 열점Hot Spot

http://volcano.und.nodak.edu/vwdocs/vwlessons/hotspots.html

열점에 관하여 소개하는 사이트. 하와이 열도의 생성 과정을 알기 쉽게 그림을 사용하여 보여준다.

· 지질과 지질시대Geology and Geologic Time

http://www.ucmp.berkeley.edu/exhibit/geology.html

캘리포니아 주립대학 버클리 분교UC Berkeley의 지질학과에서 개설한 사이트로서 지질시대 별로 상세하게 설명하고 있는 있다. 판구조론에서 시대별 판의 이동에 관한 동영상도 제공한다. 또한 이 대학 자연사박물관 사이트도 방문해 볼 가치가 있다.

· 스미소니언 자연사박물관Smithsonian National Museum of Natural History

http://www.mnh.si.edu/

세계에서 가장 방대한 자연사 자료를 소장 전시하는 미국립자연사박물관 사이트. 인류의 역사부터 생물, 지질, 환경 등 다양한 자료를 전시하고 있다.

■ 생각해 봅시다.

(1) 국제지구물리년International Geophysical Year : IGY의 의의와 업적을 생각해 봅시다.

(2) 판구조론의 핵심은 지각을 이루고 있는 여러 개의 지판의 모습을 이해하는 것입니다. 판의 경계plate boundaries의 종류와 특징을 설명해 보시오.

(3) 베게너의 '대륙이동설continental drift'이 오늘날의 판구조론과 비교하여 근본적으로 개념은 같으나 학설로 실패한 이유는 베게너는 거대한 대륙을 움직이게 한 힘 또는 원리mechanism를 설명하지 못했기 때문입니다. 판구조론에서는 판 이동의 원동력을 어떻게 설명하는지 밝히시오.

(4) 대부분의 과학적 모델과 같이 판구조론은 수많은 증거들을 기초로 한 것입니다. 아래의 증거들을 주의 깊게 읽고, 판구조론을 지지하는 것의 번호를 고르시오. 그리고 그중에서 중요하다고 생각되는 증거를 세 가지만 지적하고 그 중요성을 간단히 설명하시오.

① 몇 종의 동물들에 있어서 불합리한 이주 양상
② 대양저에서의 높은 산맥과 깊은 골짜기
③ 대륙 중앙부에 있는 가파르게 침식된 협곡
④ 대양으로 분리된 대륙들에서 발견된 동일한 화석
⑤ 대륙들의 그림 조각 맞추기jigsaw puzzle 모양
⑥ 다른 지질시대 동안의 해양의 염분량의 변화
⑦ 달의 조석에 대한 영향
⑧ 지구자기장이 여러 번 역전되었다는 사실을 말해주는 자성 물질을 포함하고 있는 용암의 발견

⑨ 달 표면에 충돌하기 위한 최초의 우주 로켓인 '루닉Lunik 1호'

⑩ 아프리카와 북아메리카 대륙에서 새 울음소리의 유사성.

(5) 디츠R. Dietz와 헤스H. Hess의 해저확장설을 설명하고 해저확장설을 결정적으로 뒷받침한 증거는 무엇인지 생각해 봅시다.

(6) 판구조론과 관련하여 다음 사항들을 간단히 설명하시오.

① 아이슬란드

② 미국 캘리포니아 산안드레아스 단층

③ 히말라야 산맥

④ 알류 산Aleutian 해구

⑤ 이탈리아와 터키에서의 지진 활동

⑥ 남미의 안데스 산맥

⑦ 하와이 섬

(7) 상대연령과 절대연령의 그 차이점을 설명하고 각각 연령을 결정하는 방법을 말해 봅시다.

(8) 각 지질시대는 그 시대에 번성하였던 생물의 화석에 의하여 구분됩니다. 각 지질시대를 기紀별로 나누어 특징적인 화석과 그 시대의 지질환경을 설명하시오. 표 1을 참고하되 보다 자세하고 구체적으로 밝히시오

(9) 판구조론에서 앞으로 해결되어야 할 문제점은 무엇인지 밝히시오.

(10) 아래 그림에서 나타난 여러 종류의 화성암, 퇴적암, 변성암의 선후 관계를 오랜 것부터 순서대로 밝히고, 생성된 지질 과정을 간단히 설명하시오. 그리고 단층 F는 어느 지층 사이에서 일어났는지 설명하시오.

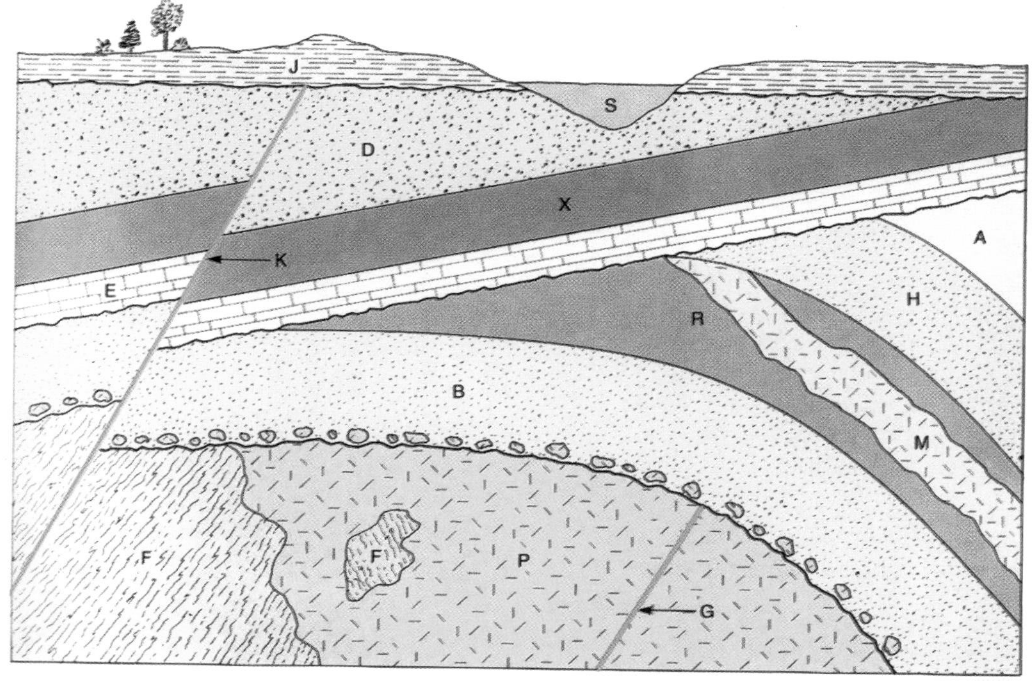

■ 인터넷 항해 문제

(1) 우리들은 '지구가 살아있다'는 사실을 폭발하는 화산이나 땅을 뒤흔드는 지진같이 지구 내부 에너지를 격렬하게 분출하는 모습에서 찾을 수 있습니다. 웹 사이트에서 해당되는 정보를 찾아서 다음에 답하시오.

① 올해에도 크고 작은 화산활동이 전 세계에서 발생하고 있습니다. 지난 3개월 동안 폭발한 화산들의 정확한 날짜와 장소들을 밝히시오.

② 판의 경계부에서는 끊임없이 지진이 발생하고 있으며, 전 세계의 지진 관측소에서 기록이 되고 있습니다. 가장 최근에 발생한 지진 10개를 조사하여 발생 시간, 발생 지역, 지진의 세기 등을 알아봅시다.

③ 여러분이 방문한 웹 사이트의 주소를 밝히시오.

■ 참고 문헌

정창희, 『지질학 개론』, 박영사, 1986.

타임 라이프, 『지구 재발견』, 한국일보사, 1986.

원종관 외, 『지질학 원론』, 우성출판사, 1989.

Weiner, J., *Planet Earth*, Bantam Book, Inc, 1986.

Judson, S., Kauffman, M. E. and Leet L. D., *Physical Geology* (8th Ed.), Prentice-Hall, 1990.

Skinner, B. J. and Porter, S. C., *The Blue Planet: An Introduction to Earth System Science* (2nd Ed.), John Wiley & Sons, 2000.

Press, F. and Siever, R., *Understanding Earth* (5th Ed.), Freeman Co, 2006.

Tarbuck, E. J. and Lutgens, F. K., *Earth Science* (12th Ed.), Prentice Hall, 2009.

Chapter 3

에메랄드 빛의 바다

The Blue Planet

깜깜한 우주 속에 지구가 푸르게 빛나는 까닭은
바로 바다가 있기 때문이다. 또한 바다로 인하여
생명체가 존재하는 유일한 행성이 지구이다.
바다를 향한 미지의 여행을 떠나보자.

멀고 먼 그곳,
깊고도 깊은 그곳,
어느 누가 알아낼 수 있으리.

—「전도서 Ecclesiastes」

다가오는 해양

만약 우리들이 우주선을 타고 외계로 나가 우주를 항해한다면, 사막에서 오아시스를 만나는 기분으로 깜깜한 우주 속에 빛나는 푸른 행성 지구를 발견하게 될 것이다. 이처럼 지구가 푸르게 빛나는 것은 지구 표면의 7 할을 차지하고 있는 에메랄드 빛의 바다가 있기 때문이다. 이와 같은 바다는 지구가 갖는 가장 대표적인 특징 중의 하나다. 다른 행성들도 기체인 대기를 가지고 있고 고체 성분인 단단한 표면을 가지고 있다. 그러나 태양계에서 오직 지구에만 액체로 이루어진 바다가 있으며, 이로 인하여 생물체가 번성할 수 있는 기적의 행성이 되었다.

바다는 인류 문명이 생긴 이래로 인간의 활동 무대가 되어왔다. 바다를 지배한 민족이 세계 역사를 이끌어왔다고 해도 과언이 아닐 만큼, 바다가 인간에게 주는 의미는 컸다. 하지만 우리는 육지에서 생활하고 있기 때문에 지구 표면의 대부분이 바다로 덮여 있다는 사실을 잊고 지낼 때가 많다. 또 지구 표면의 7 할에 해당되는 크기가 어느 정도인지 느끼지 못할 수도 있다. 실제로 태평양 하나만으로도 전 육지를 다 덮고 남북 아메리카 정도의 면적이 남는다. 오늘날 인류는 이미 달에 갔다 왔으며, 태양계의 저 멀리 해왕성에 이르는 먼 우주 탐사를 통하여 우주의 신비는 점차 그 베일을 벗고 있다. 그러나 의외로 가장 탐사나 조사가 덜 된 부분이, 얼음이나 눈으로 덮인 남극이나 울창한 밀림으로 덮인 아프리카가 아니라, 바로 우리 곁에 항상 가까이 있는 바다라는 사실에 우리는 깜짝 놀랄 것이다.

지난 수 세기 동안 지도 제작자들은 탐험되지 않은 지역을 가리켜 '미지의 땅 Terra Incognita' 이라 불렀는데, 해양은 바로 그들이 말하던 마지막 미지의 땅이다. 수 세기 동안 해양 지도가 그려졌는데 그 지도는 단지 육지의 해안선과 해양의 표면만을 나타내었다. 광대한 해양의 표면 아래는 전혀 알려지지 않았고 심해는 신비로운 동물이 사는 무서운 곳으로 생각되었다.

우리는 어릴 적에 때때로 바닷가를 거닐면서 무한히 펼쳐진 수평선과 부서지는 흰 포말을 바라보기도 하였다. 조약돌을 주우면서 그 생김새에 끌리기도 하고 엄청난 양의 물이 어디에서 왔으며 물 저 아래에는 무엇이 살고 있는지 의문을 갖기도 했다. 이와 같은 바다에 대한 관심은 고대로부터 현재에 이르기까지 계속되고 있지만, 바다에 대한 본격적인 연구가 시작된 것은 그리 오래되지 않았다. 옛날부터 항상 두려움의 대상으로 인식되던 바다는, 불과 지난 수십 년 사이에 고도로 발달한 과학기술의 영향으로 해저 수천 m 깊이까지 여행이 가능해지면서 우리들에게 무한한 가능성을 제시해주고 있다.

바다는 끊임없이 움직인다. 해수 속에 녹아 있는 물질들은 계속 화학적인 변화를 일으키면서 물속의 생물들과 상호작용을 하고 있다. 또한 바다는 육지로부터 흘러 들어온 물질들이 가라앉는 장소이며 오랜 기간에 걸친 지각운동으로 그 모습이 달라지고 있다. 즉, 바다는 물리, 화학, 생물 및 지질학적인 모든 현상이 나타나는 무대이다. 한편, 인간의 손이 닿지 않았던 해저는 무진장한 자원이 널려져 있는 자원의 또 다른 보고이기도 하다.

행성으로서 지구가 탄생된 후 얼마 되지 않아 형성된 바다는 그동안 많은 변화를 겪어왔다. 그 결과 해저에는 여러 가지 복잡한 구조가 나타나고, 해수의 형태와 조성이 지역과 수심에 따라 커다란 차이를 보이는 등 나름대로 독특한 환경이 조성되었다. 이러한 환경은 생명의 발아를 비롯하여 그 진화 과정에도 영향을 주었다. 또한 생명체들은 다양한 해양 환경에 제각기 적응하여 구조적, 기능적으로 분화된 다양한 생태계를 이루기도 한다. 이처럼 다양한 모습을 지닌 바다는 새로운 관측 기술의 발달로 전 지구 규모로 연구할 수 있게 되었고, 이제는 보다 친숙하게 우리에게 다가서게 되었다.

현대 과학으로서의 해양학은 19세기에 시작되었으며, 20세기 후반에 접어들면서 해양에 대한 우리의 지식은 폭발적으로 증가하였다. 해양저의 모습이 확실하게 지도 위에 그려졌고, 해저 확장의 중심지인 중앙해령이 해양저에서 발견되었다. 엄청나게 많은 새로운 종류의 생명체가 발견되었고, 해저 퇴적물의 시추 표본은 지구 역사에 대한 새로운 사실을 밝혀주는 증거로 이용되고 있다. 또한 인공위성과 원격 탐사 기술의 발달로 과학자들은 해양의 전체적, 동적 체계를 이해하게 되었다. 그 결과 개별 해양이 아니라 전 해양을 하나의 거대한 순환 체계로 인식하게 되었으며, 대기와 상호작용하는 해수의 역할이나 태양의 복사열을 조절하는 해양의 역할을 다시 평가하게 되었다. 이처럼 우리는 해양학의 역사에서 가장 역동적인 시대에 살고 있다.

해양과학사

고대의 해양학

바다와 관련된 모든 것을 연구하는 학문을 해양학Oceanography이라고 부른다. 바다에 대한 연구는 인류가 진화한 후, 인류 문명이 해안에 많이 위치하게 됨에 따라 자연히 발생했을 것이다. 물고기가 언제 어디서 많이 잡히는가를 살핀다든지, 달의 형태가 변하는 것으로부터 조석 주기를 예측한다든지 등의 것들이 바다에 대한 연구의 시초였을지 모른다.

고대 이집트의 역사 속에서 홍해의 물 빛깔이 핏빛으로 변하였다는 기록이 나오는데, 이것은 최근의 생물학자들의 주장에 의하면 단세포 식물의 일종인 와편모조류의 대량 번식으로 인한 적조赤潮, red tide의 결과로 생각된다.■ 그림 1 대부분의

▶ 그림 1. 적조를 일으키는 와편모조류(하단 박스), 해양오염 등으로 와편모조류가 번식하기에 적당한 조건이 되면 적조가 발생한다.

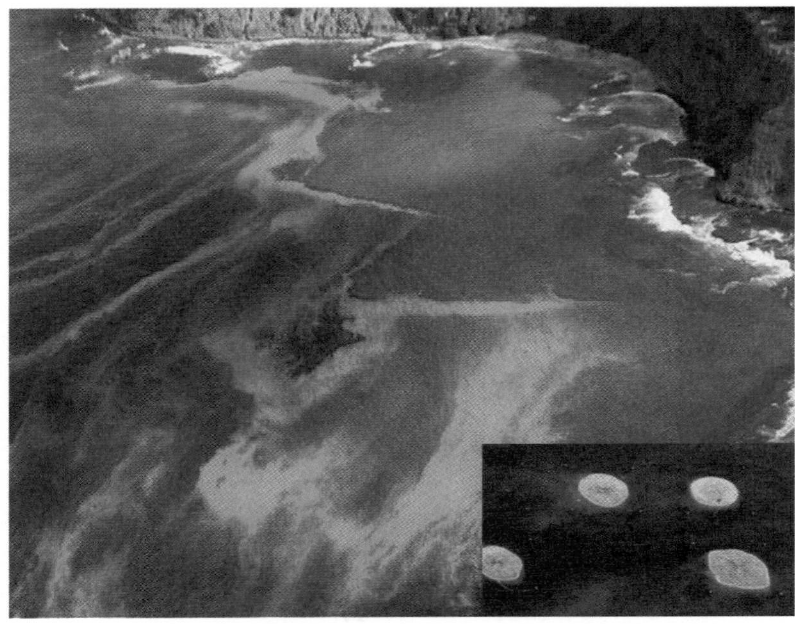

학문이 그러하듯이 초기의 해양학 역시 매우 단편적이고 국지적이었을 것이다.

바다에 관한 가장 오래된 기록인 기원전 3000년경 고대 바빌로니아인들의 지도를 보면 바다는 그때까지 알려진 모든 육지를 둘러싼 거대한 물의 고리ring로 나타나 있다.■ 그림 2 기원전 8세기경에는 페니키아인들이 바다에 대한 지식을 넓히고 지중해의 해류를 꾸준히 연구했다. 보통 해양학의 근원을 그리스에서 찾기도 하는데 지중해의 문명을 주도한 그리스인들이 바다에 대한 정보를 열심히 수집했기 때문이다. 기원전 4세기경에 파테아스Patheas는 조석 현상의 원인이 달에 있다고 주장했다. 아리스토텔레스Aristoteles, 384~322 B.C. 도 해양생물학에 공헌했는데 그는 에게 해Aegean Sea에 서식하는 180여 종의 동물과 100여 종의 어류 및 60여 종의 무척추동물에 대해 기재하였다.

▲ 그림 2. 호머가 제작한 기원전 1,000년의 지도. 유럽 남부와 아프리카 대륙이 연결되어 있으며 그 둘레로 바다가 고리를 이루고 있다.

기원전 1세기경에 포세이도너스Poseidonous 역시 조석 현상을 달과 관련시켰다. 그 외에 기원전 1세기 후반까지 몇몇 해양의 수심을 측정한 기록은 있으나 측정 방법에 대한 기록은 없었다. 그 후 로마인들은 통치 지역으로 항해하기 위하여 지중해를 누비고 다녔으나 바다 자체에 대한 관심은 없었다. 그리스와 로마의 멸망 후, 많은 그리스의 지식들이 애석하게도 사라져버렸다.

한편, 10세기경에 쓰여진 아랍의 서적에는 해수의 증발과 비의 원인, 수증기의 공중 순환과 염분의 성인 등에 대한 내용들이 담겨 있지만, 그 대부분은 과학적인 근거가 없는 설명들이다. 예를 들자면, 바다를 지켜주는 천사가 지구의 맨 끝에 있는 중국의 바다에 발꿈치를 담그면 수위가 높아져 밀물이 되고, 발꿈치를 빼면 썰물이 된다고 적고 있다. 한편, 12세기에 유일한 유럽 항해자들은 바이킹Viking이었는데 그들은 무용담과 시에 그들의 활동을 남겨놓았을 뿐이다.

해양 탐험의 시대

12세기 이후 바다에는 초자연적인 거대한 괴물과 귀신이 있다는 미신에도 불구하고, 선박들은 무역과 보물을 찾아 탐험을 시작했다. 선박을 만드는 기술과 항해 도구가 개선됨에 따라 바다에 대한 지식도 증가해갔다. 그러나 15세기 초 포르투갈인들이 아프리카 탐험으로 황금기를 누릴 때까지도 대부분의 유럽 탐험가들은 해안 가까이에만 머물러 15세기 말엽까지 해양에 대해 알려진 것은 고

▶ 그림 3. 미 대륙을 처음 발견한 이탈리아의 탐험가 콜럼버스.

▶▶ 그림 4. 대영제국 해군 소속이었던 제임스 쿡 선장.

작 해안에서 2~3 km에 불과했다.

15세기 말 이탈리아의 위대한 탐험가인 콜럼버스C. Columbus, 1451~1506■ 그림 3는 프톨레마이오스가 언급한 과소평가된 지구 둘레의 크기를 이용하여 조그만 범선으로 중국을 향해 서쪽으로 출발했다. 만일 그가 프톨레마이오스의 값이 실제보다 매우 작은 값임을 알았더라면 출발하지 않았을지도 모른다. 결과적으로 콜럼버스는 아메리카 대륙을 발견했고 신대륙의 발견으로 인해 본격적인 해양 탐험의 시대가 시작되었다.

1513년 스페인의 발보아V. de Balboa, 1475~1517는 태평양을 최초로 본 유럽인이 되었으며, 포르투갈의 마젤란F. Magellan, 1480~1521은 1520년에 세계 일주 항해를 해냈으며, 태평양의 수심을 최초로 측정하기도 하고, 남미 남단의 마젤란해협을 발견하기도 했다. 이러한 탐험의 결과로 바다의 실제 크기와 모습이 지도에 그려지게 되었다.

근대의 해양학

발견의 시대 이후 뒤늦게 식민지 쟁탈전에 뛰어든 영국은 18세기 이후부터 해양학의 발전에 지대한 공헌을 하게 된다. 영국 해군 소속의 제임스 쿡James Cook 선장■ 그림 4은 1768년 인데버호의 항해를 통해 뉴질랜드를 비롯한 수십 개의 작은 섬들을, 1776년 레졸루션호와 디스커버리호의 항해를 통해 하와이를 발견하였다. 쿡 선장이 남긴 태평양 해도는 얼마나 정확한지 제2차 세계대전 당시 연합군이 섬 공격 작전에 쓸 정도였다고 한다. 쿡 선장은 뛰어난 항해가임과 동시에 과학자로도 평가된다. 그는 동승한 과학자들과 함께 해양생물, 육상 동식물, 해저의 지질 층서에 대한 시료를 채취하여 자연사, 인류학 그리고 해양학에 대한 중요한 사실들을 처음으로 기록하고 해석하였다.

1831년 비글호가 항해를 떠날 때 젊은 자연과학도인 찰스 다윈C. Darwin, 1809~1882은 무보수 자연사학자로 승선하였는데 5년 동안 그는 육지와 바다를 연구하면서 수천 종의 표본을 수집하였다. 그는 첫 번째 저서인 『산호초의 구조와 분포Structure and Distribution of Coral Reef』(1842)에서 환초atoll와 산호초coral reef는 산호초가 자라면서 기저가 침강한 결과로 만들어진다는 해석을 하였으며, 또 다른 저술을 통해 화산섬과 화석에 대한 해석도 하였으나 그의 너무나 유명한 저서인 『종의 기원Origin of species』(1859)의 그늘에 가려버리고 말았다.

최초의 본격적인 정밀 해양조사는 1872년 12월 21일부터 1876년 5월 24일까지 챌린저호에 의해 실시되었다.■ 그림 5 영국 왕립학술원과 영국 해군의 재정적인 지원을 받아 1872년 영국의 포츠머스Portsmouth항을 출발한 챌린저호는 3년 6개월 동안 항해함으로써 해양학의 신기원을 열었던 것이다.

챌린저호는 2,306톤의 범선으로 여섯 명의 과학자, 한 명의 화가 그리고 많은 승무원들이 승선하고 있었다.■ 그림 5-A 챌린저호는 항해 도중 해양을 분석하고 채집된 각종 생물을 분류하고 연구할 수 있는 화학 및 생물 실험실을 갖추고■ 그림 5-B 대서양, 희망봉, 인도양, 남극권, 태평양과 마젤란해협을 거쳐 세계를 일주하였다.■ 그림 5-C 항해 기간 동안 챌린저호는 수온과 염분, 그리고 밀도를 측정하였으며, 심해 저인망底引網 시료와 해수 및 퇴적물 시료를 채취하였다. 이를 통해 4,717종의 새로운 해양생물을 발견했고, 망간단괴를 비롯한 풍부한 해저 광상을 발견하여 심해 채광에 대한 관심도 불러일으켰다. 챌린저호의 학술 탐사는 지금까지도 역사상 최장기 해양탐사로 남아 있으며 해양학이라는 학문의 탄생에 가장 중요한 역할을 하였다. 실제 해양학oceanography이라는 용어는 이 탐사를 주도한 톰

▼ 그림 5. 챌린저호의 탐사.
(A) 항해 중인 챌린저호, (B) 실험실 중의 하나인 생물 실험실, (C) 항해 궤도, 전 세계를 도는 데 3년 반이 걸렸다.

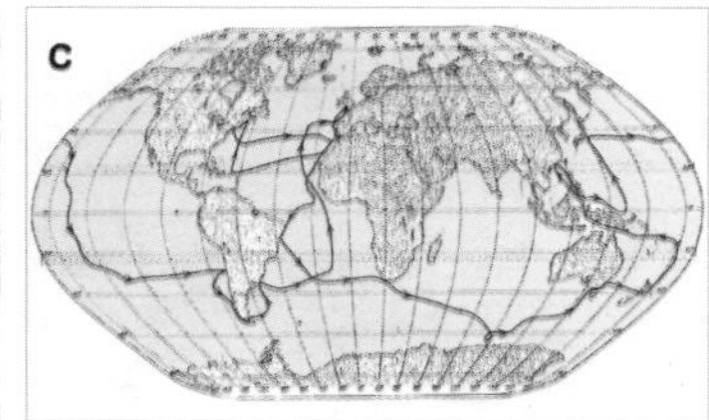

슨C.W. Thompson과 머레이J. Murray에 의해 처음 만들어진 단어이다.

현대의 해양학

20세기에 들어 해양조사는 기술 측면에서 더욱 야심차게 이루어졌다. 처음으로 현대식 광학 및 전자 장비를 쓰기 시작한 것은 독일의 메테오Meteor호로 1925년부터 2년간 남대서양을 횡단하며 탐사했다. 당시 가장 눈길을 끈 장비는 음향측심기echo sounder로 바닥에서 반사되는 음파로 수심을 재고 해저 수심도를 작성하는데 쓰였다. 이때 학자들은 해저가 평탄할 것이라는 예상과는 달리 매우 울퉁불퉁한 곳도 있다는 사실을 알게 되었고 대서양중앙해령Mid-Atlantic Ridges을 발견하기도 하였다.

20세기에 새로이 건조된 챌린저호는 1951년부터 2년간 주요 대양과 지중해의 정확한 수심을 알아내기 위한 항해를 하였으며, 이 항해를 통해 과학자들은 바다에서 제일 깊은 곳마리아나 해구을 찾아내고 구舊 챌린저호의 공적을 기리는 뜻에서 챌린저심연Challenger Deep이라 이름을 붙였다. 챌린저심연은 1960년에 미 해군의 심해잠수정인 트리에스테호에 의해 수심 10,850 m까지 탐사되었다.

1968년에는 심해 시추 전용선인 글로머 챌린저호가 진수하였는데 이로써 수심 6,000m에서도 해저 굴착이 가능해졌다. 이 배가 뚫어 올린 심해 시추 코어와 해저 암석 자료가 모여 결국 해저확장설과 판구조론이 입증될 수 있었다. 1985년에는 글로머 챌린저호보다 더 크고 각종의 첨단 장비가 장착된 조이데스 레졸루션호가 심해 시추 작업에 대체 투입되었다.■ 그림 6 이 배는 수심 8,100m에서도 굴착할 수 있으며 역대 최첨단의 지질실험실을 갖추고 있다.

우리나라에서는 최초의 종합 해양조사선으로 온누리호■ 그림 7가 1992년에 만들어져 한국해양연구원에 의해 운용되며 태평양 심해저 망간단괴 탐사와 남극

▼ 그림 6. 심해 시추 전용선인 조이데스 레졸루션호.

▶ 그림 7. 우리나라 최초의 종합 해양조사선 온누리호.

연구 등에 이용되고 있다. 노르웨이에서 건조된 이 배는 총 무게 1,422톤, 길이 63.8 m, 너비 12 m, 최대 항속은 16노트이다. 해양조사에서 필요한 다양한 첨단 장비를 갖추고 있으며 25명의 과학자와 16명의 승무원이 최장 40일 동안 계속 탐사를 수행할 수 있도록 시설이 갖추어져 있다. 2004년부터는 해양지질 전용 조사선인 탐해2호가 건조되어 한국지질자원연구원에 의해 운용되고 있다. 총 무게 2,080톤의 이 배는 3차원 탄성파 탐사 장비를 비롯한 최첨단의 해저지형 및 지질조사 장비를 갖추고 있으며, 극 지역을 포함한 전 세계 모든 해역에서 장기간 탐사가 가능하도록 만들어져 있다.

새로운 해양학

해양에 대한 연구는 20세기 중반까지도 과학자들이 배를 타고 바다로 나가 조사를 하고 시료를 채취하여 마치 커다란 그림 맞추기 퍼즐의 흩어진 조각들을 모으듯이 수행하였다. 그러나 이제는 인공위성과 원격감응장치remote sensing의 출현으로 과학자들은 범지구적 규모의 해양 관찰이 가능하게 되었으며 이전에는 상상할 수 없던 거대한 해양을 접하게 되었다.■ 그림 8 국지적이고 정적이었던 과거의 해양학은 우주시대의 범지구적이고 동적인 해양학으로 바뀌게 된 것이다.

해양에 대한 연구는 바다 위에서 혹은 밑에서 수행되기도 하지만 인공위성을 이용한 연구가 현재 활발히 진행되고 있다. 지구 관찰을 목적으로 하는 과학위성의 효시는 1960년 4월에 발사된 타이로스위성TIROS, Television and Infrared Observation Satellite이다. 지구 전체를 외계의 시각에서 관찰한다는 사실은 자연과학 중 특히 해양학과 기상학 분야에서 새 시대를 연 획기적인 사건이었다. 타이로스위성 이

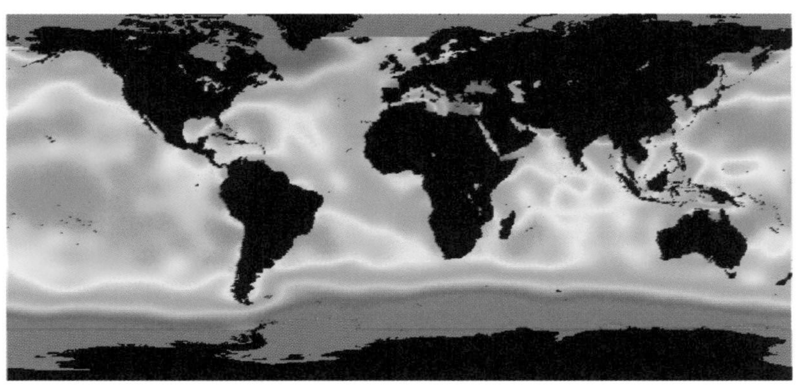

◀ 그림 8. 우주 시대의 새로운 해양학. 인공위성을 이용하여 범지구적 규모의 해양 관찰이 가능해졌다.

▶ 그림 9. 우주 시대의 새로운 해양학을 개막한 해양관측위성.
(A) 미국국립해양대기청(NOAA)에 의해 1983년 이후 발사된 타이로스 위성. (B) 1978년 발사된 SEASAT.

후 40년 이상이 지난 지금, 우리는 인공위성이 보내오는 구름 사진을 매일 밤 일기예보를 통해 접할 수 있으며, 과학자들은 광범위한 분야에서 위성 영상을 이용하고 있다.■ 그림 9-A

해양학 분야에서는 SEASAT,■ 그림 9-B NIMBUS, NROSS, GEOS-3 등 관측용 과학 위성으로부터 수신된 자료를 통해 해양의 변화를 파악함으로써 기상예보나 해난 예보, 어업 예보 등에 활용해왔으며 해양오염 분야에서는 오염의 범위를 추적하거나 확산을 예측하는 데 유용하게 사용되어왔다. 인공위성이 보내오는 이러한 영상을 통해 우리는 광범위한 해역의 수온과 생물의 생산력을 추정할 수 있으며 광역 파고 관측이나 위치 측정을 할 수 있게 되었고, 또한 해양순환의 역학적 과정을 이해하고 해류의 분포를 파악하며 해저면의 형태를 파악할 수 있게 되었다.

과학기술은 쉴 새 없이 진보하고 있다. 인공위성의 영상으로도 많은 것을 알아낼 수 있지만, 이제는 인류가 직접 외계에서 지구를 관찰할 수 있게 된 것이다. 1984년 10월, 챌린저호의 항해가 끝난 지 약 100년 후 새로운 챌린저호가 바다 위에 띄워졌는데 이번에는 '우주라는 바다'에서의 탐사 임무였다. 이 최신의 챌린저호는 바로 우주왕복선Space Shuttle이었으며 해양학자 폴 스컬리-파워Paul Scully-Power가 승선했다. 그는 이전에 어떤 해양학자도 보지 못했던 것을 최초로 보게 되었는데 지중해의 표면이 나선형의 소용돌이와류(渦流)를 이루고 있음을 알게 되었다.■ 그림 10 이와 같은 소용돌이가 전 바다에 걸쳐서 발생한다는 사실은 우주 공간에서 보기 전까지는 알려지지 않았었다.

원격감응장치

원격감응장치는 먼 거리에서 물체를 연구하는 데 쓰이는 다양한 기술에 적용

◀ 그림 10. 챌린저호에서 바라본 지중해의 와류의 모습. 과학자의 눈에 비친 바다는 정적인 모습이 아니라 해류가 흐르면서 휘고 감기며 소용돌이치는 동적인 바다이다.

되는 용어로 '과학의 새로운 눈' 이다. 이 장치는 항공기, 인공위성 및 우주선 등에 장착되어 여러 가지 정보를 수집하는 데 사용된다. 이 장치는 햇빛의 반사나 인공위성에서 발사되는 초음파 레이더와 레이저 빔laser beam 및 해양, 대기, 대륙에서 방출되는 적외선열을 이용하여 정보를 기록한다.

원격감응장치는 다른 관측 기술에 비해 두 가지의 중요한 이점을 가지고 있다. 첫째 짧은 시간에 넓은 지역을 세밀히 조사할 수 있고, 둘째 직접 접근할 수 없는 곳의 조사가 가능하다는 것이다. 그러면 원격감응장치에 의해 어떤 종류의 자료를 얻을 수 있을지 생각해보자.

우선 해양이나 대륙의 표면 온도 변화를 측정할 수 있다. 인공위성에서는 이러한 정보를 분석하여 숫자로 바꾸고 이것은 다시 우주 공간을 통해 컴퓨터로

▶ 그림 11.
해양관측 위성 토펙스 포세이돈(TOPEX/Poseidon)과 표층 해수 온도(SST)의 변화를 역동적으로 보여주고 있다.

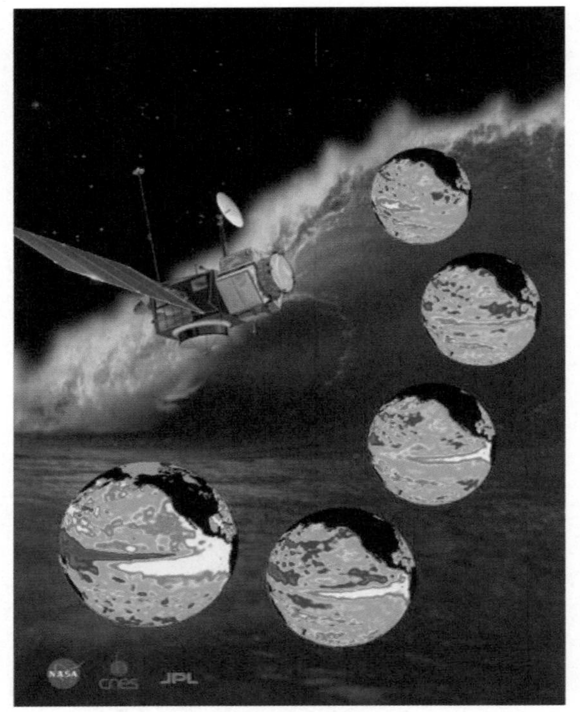

전송되어 상세한 영상으로 전환된다. 이들 영상은 해류와 소용돌이 또는 산업폐기물로부터 나오는 따뜻한 물이 차가운 해수나 호수, 강에 섞이는 모습을 보여주는데, 이들 영상을 구별하기 쉽도록 컴퓨터는 각 온도 영역에 해당하는 서로 다른 색깔로 나눠놓는다. 이렇게 하여 해양의 대규모 순환을 이해할 수 있는 것이다.■ 그림 11

현재 원격감응장치를 이용하여 많은 인공위성들이 기상 자료를 수집하고 있다. 이 장치들은 구름의 온도를 알려주는데 이것은 단기간의 일기예보에 중요하다. 또 고기압과 저기압 지역을 알려주며, 기상재해를 피할 수 있게도 해준다. 1985년 9월 태풍 글로리아에 대한 계속적인 인공위성 감시 결과 미국의 동부 해안 지방의 주민들을 대피토록 함으로써 많은 인명을 구할 수 있었다.

원격감응장치의 용도는 이뿐만 아니다. 토양의 수분을 측정할 수 있고, 사막의 면적 변화를 측정하는 데 도움을 주기도 한다. 또 지질학자들에게는 행성 규모의 지형을 연구하는 데 도움을 주기도 하며, 지도 제작자들이 가장 정확한 지도를 만드는 데 도움을 주기도 한다. 생물학자들에게는 계절에 따른 초목의 변화를 전 세계적으로 추적할 수 있게 하는데, 이러한 정보는 농작물 생산을 예측하는 데 쓰이며, 육상식물이 대기로부터 한 계절이나 1년 동안 소모하는 이산화탄소의 양을 평가하는 데 쓰이기도 한다.

한편, 환경 연구가들은 인간이 환경에 미치는 영향을 파악하는 데 인공위성의 자료를 사용하기도 한다. 대기와 바다의 오염, 화석연료의 연소에 의한 대기 중 이산화탄소의 증가 등을 추적하고 예측할 수 있다. 우리의 눈을 태양계의 다른 천체들로 돌릴 때 원격조정감응장치는 다른 행성과 그 위성의 신비를 벗겨주기도 한다.

해저지형과 해양퇴적물

해양의 형태와 규모

바다는 5개의 대양ocean 즉, 대서양Atlantic Ocean, 태평양Pacific Ocean, 인도양Indian Ocean, 남극해Southern Ocean 그리고 북극해Arctic Ocean로 구성되어 있다. 대양보다 규모가 작고 육지에 의해 부분적으로 둘러싸여 있으며 나름대로의 독특한 해양학적 특성을 지닌 바다는 해sea라고 하는데 지중해Mediterranean Sea, 카리브 해Caribbean Sea, 베링 해Bering Sea 그리고 동해East Sea 등이 대표적인 예이다.

지구 표면은 약 71%가 바다이고 나머지 29% 정도가 육지로 되어 있다. 남반구에서 바다와 육지의 비가 4 : 1인데 비해, 북반구에서는 1.5 : 1 정도이므로, 북반구는 육반구로, 남반구는 수반구로 부르기도 한다.■ 그림 12 대양의 평균 수심은 4km 정도로 매우 깊다고 생각되지만, 대양의 폭이 5,000에서 15,000km 정도이므

A

B

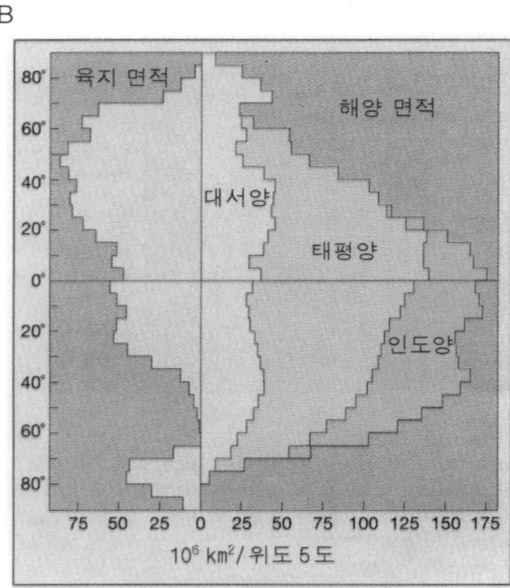

▶ 그림 12. 해양과 육지의 면적.
(A) 양 극에서 바라본 지구의 모습. 북반구에 상대적으로 많은 육지가 보인다.
(B) 북반구는 육지의 비율이 상대적으로 높아 육반구라 하고, 남반구는 해양의 비율이 높아 수반구라 한다.

로 그 넓이에 비하면 수심이 매우 깊지는 않다고 할 수 있다. 바다는 이같이 지구 표면을 얇은 막처럼 덮고 있지만, 그 밑에는 육지만큼 복잡한 지형과 구조가 나타난다.

해저의 자세한 모습이 알려진 것은 제2차 세계대전 중에 이루어진 '음향측심 echo-sounding' 기술의 발달 덕분이다. 음향측심이란 배에서 발사한 음파가 해저면에서 반사하여 되돌아오는 데 걸리는 시간을 재어 수심을 측정하고 해저지형의 2차원 단면을 그려낼 수 있는 방법이다.■ 그림 13-A 현재는 다중주사 음향측심기 multibeam echo-sounder를 이용하여 폭넓은 해저면을 스캐닝하듯 3차원의 해저지형을 그려내는 기술이 널리 보급되어 있다.■ 그림 13-B 뿐만 아니라 해저의 퇴적층 아래까지도 조사할 수 있는 강력한 음향측심기를 이용하여 해저의 숨겨진 구릉과 산, 깊은 계곡을 찾아내고 지층의 행태와 지각의 내부구조를 밝혀내기도 한다.

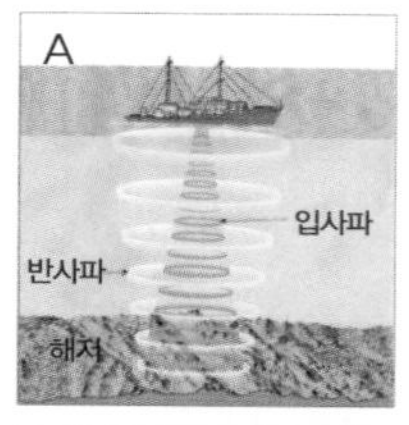

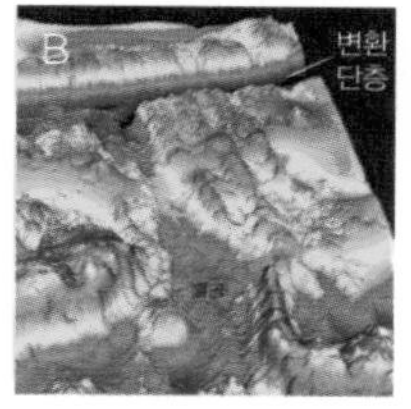

▲ 그림 13. (A) 음향측심의 원리. (B)다중주사 음향측심기(multibeam echosounder)를 이용해 작성한 대서양 중앙해령 부근의 3차원 해저지형

대륙주변부

대륙의 두꺼운 화강암질 지각은 심해저로 가면서 비교적 얇은 현무암질 지각으로 바뀌어간다. 해안 부근의 해저는 인접한 육지와 같은 화강암질 암석으로 이루어져 있으며 이것이 현무암으로 바뀌는 곳이 진짜 대륙의 끝이다. 물속에 잠겨 있는 대륙의 가장자리 부분을 대륙주변부continental margin라고 하며, 그 바깥쪽의 심해저를 대양저ocean basin라고 한다.

대륙주변부는 대부분 서로 다른 성질의 암석권판이 수렴하거나 발산하거나 스쳐 지나가는 지역으로 판운동의 영향을 많이 받는다. 발산하는 판에 만들어진 대륙주변부는 비교적 지진이나 화산활동이 적기 때문에 수동형 대륙주변부passive margin라고 하는데, 대서양 주변이 이렇기 때문에 대서양형 대륙주변부라고도 한다.■ 그림 14-A 수렴하거나 스쳐 지나가는 판의 가장자리에 있는 대륙주변부는 지진과 화산활동이 활발하기 때문에 능동형 대륙주변부active margin라고 한다. 이런 형태는 태평양에서 흔하기 때문에 태평양형 대륙주변부라고도 부른다.■ 그림 14-B

대륙붕

대륙붕continental shelf은 물속에 잠겨 있는 얕은 대륙의 연장이다. 대륙붕은 해안에서 평균 경사 1 : 500 정도로 해양 쪽으로 뻗어나가며, 수심이 약 130m 되는 대륙붕단shelf break에서 급경사가 시작되면서 끝난다. 대륙붕의 평균 수심은 75m이며, 폭은 65km 정도인데, 수동형 대륙주변부의 대륙붕은 넓지만, 능동형 대륙주

▶ 그림 14. 대륙주변부의 지형과 내부 구조.
(A) 수동형 대륙주변부는 대륙붕, 대륙사면, 대륙대로 이루어져 있다.
(B) 능동형 대륙주변부에는 대륙붕의 발달이 불량하고 대륙대가 없는 대신 해구가 대륙사면 아래에 나타난다.

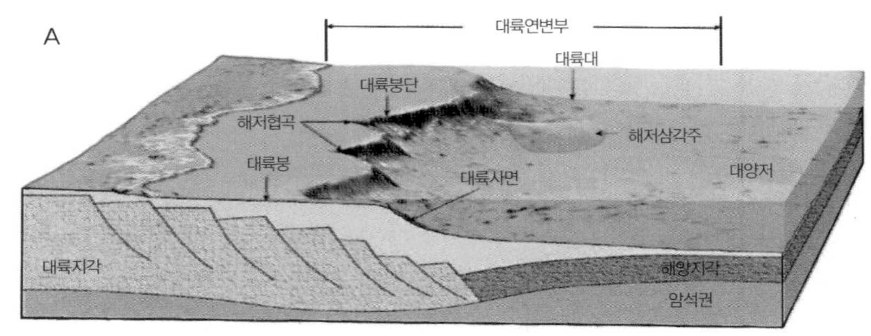

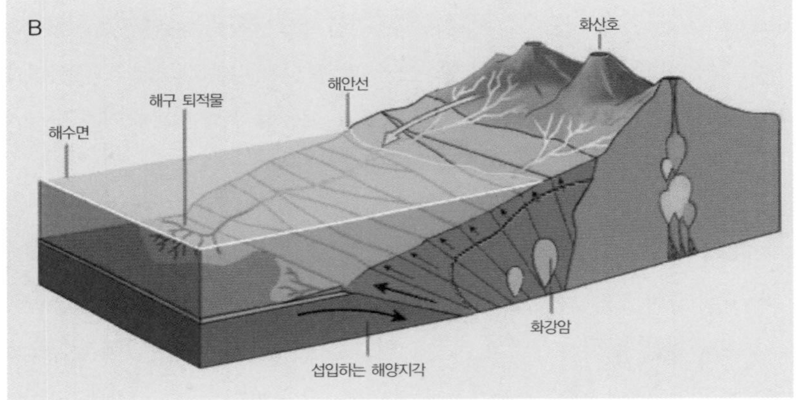

변부의 대륙붕은 매우 좁다. 대륙붕은 수심이 낮아 해수면의 변화에 큰 영향을 받는다. 현재보다 해수면이 약 130m 낮았던 약 만 8천 년 전의 빙하기에 대륙붕은 거의 완전히 노출되었고 육지의 면적은 지금보다 약 18% 정도 더 넓었다. 대륙붕에는 다양한 광물자원과 석유나 천연가스가 매장되어 있으며, 채광과 굴착 작업이 용이해 집중적인 천연자원 탐사의 대상이 되어왔다.

대륙사면과 대륙대

대륙사면continental slope은 얕고 완만한 대륙붕이 심해저로 바뀌는 부분이다. 대륙사면의 평균 경사는 약 4°로 육지에서 볼 수 있는 고지대와 저지대 사이의 경사면보다 더 가파르다. 대륙사면에는 해저협곡submarine canyon이 발달하여 있으며, 이 해저협곡을 통해 대륙붕에 쌓였던 진흙, 모래, 자갈 등의 물질이 대양저로 운반된다. 해저협곡은 V자 모양으로 생겼으며, 강이나 사막이 해양과 만나는 곳의 외해 부분에 흔히 존재한다. 해저협곡이 대양저와 만나는 부분에는 해저협곡을 통해 운반된 퇴적물이 쌓여 대륙대continental rise라는 완만한 경사의 지형이 만들어진다. 대륙대는 해양지각 위에 만들어져 있으며 폭은 약 100km에서 1,000km에 이른다. 대륙대는 수동형 대륙주변부에서만 나타나며 능동형 대륙주변부에서는 나타나지 않는다.

대양저

대양저ocean basin는 대륙주변부가 끝나는 부분부터 나타나는 평탄한 해저면이다.■ 그림 15 수심은 3,000m ~ 6,000m 정도이며 전체 대양의 약 74% 그리고 지구 표면의 절반 이상을 차지한다. 대양저에는 육지의 산맥에 해당하는 대양저산맥 또는 해령oceanic ridge을 비롯하여 심해저평원abyssal plain과 심해저구릉abyssal hill, 해산seamount과 기요guyot 등 다양한 지형이 나타난다.

대양저산맥은 총연장 65,000km로 지구를 둘러싸고 있으며 지구 표면의 약 22%를 차지하고 있는 지구 최대의 지형이다. 해저면에서 약 2km 높이로 솟아 있으며 이스터 섬이나 아이슬란드와 같은 곳에선 물 밖으로 나와 있다. 심해저평원은 평탄하고 아무런 지형도 없이 퇴적물만 덮여 있는 지역이며, 심해저구릉은 높이 200m 이하의 돌출부를 칭한다. 해산은 높이가 1km 이상인 해저화산들이며, 기요는 한때 섬이었던 화산이 침식된 후 침강하여 만들어진 해산의 일종이다. 대양저의 연변부에는 수심이 10,000m 이상 되는 좁고 긴 해구trench가 나타나기도 한다. 해구의 내륙 쪽으로는 보통 호상열도island arc가 발달하고 있다.

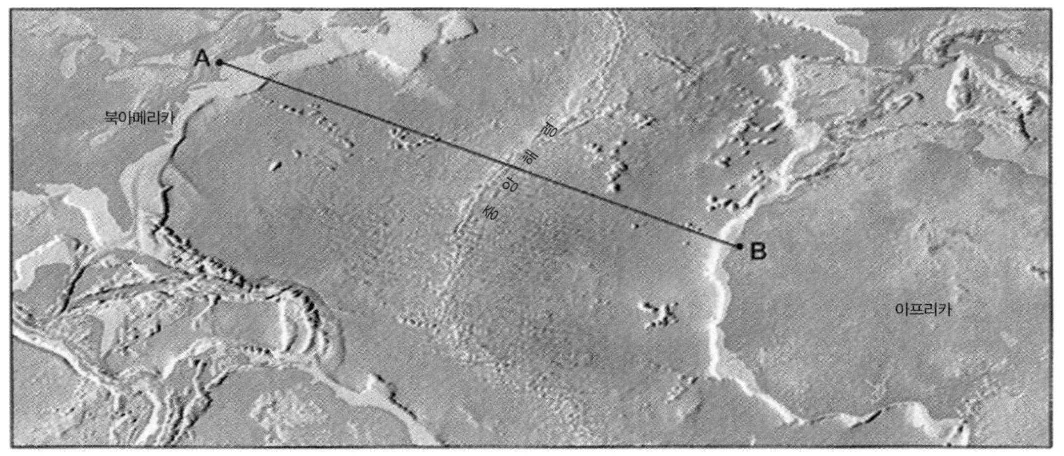

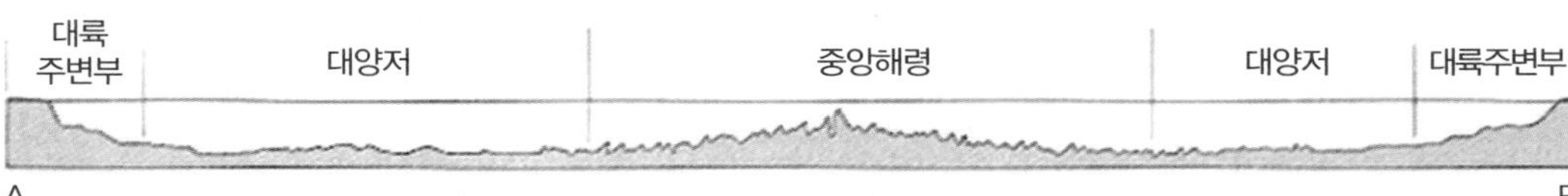

▼ 그림 15. 전체 대양의 74%를 차지하는 대양저의 모습. 해령(대양저 산맥), 심해저평원, 해산 등의 지형이 보인다.

▶ 그림 16. 수성기원퇴적물의 일종인 망간단괴의 단면.

▶▶ 그림 17. 우주기원퇴적물의 일종인 마이크로텍타이트.

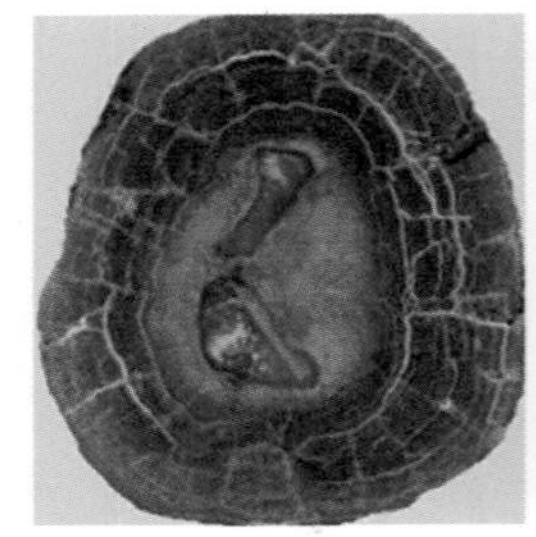

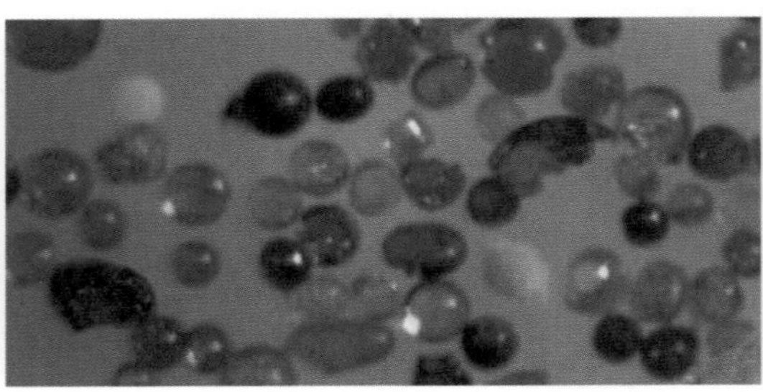

해양퇴적물의 종류

대부분의 해저는 다양한 기원의 퇴적물로 덮여 있다. 해양퇴적물의 두께는 대륙주변부에서 가장 두꺼우며 대양저산맥 쪽으로 가며 얇아진다. 해양퇴적물은 지구의 역사, 특히 고환경 및 고기후변화의 역사를 밝히는 데 중요한 정보를 제공하여 고해양학paleoceanography 연구의 가장 중요한 대상 물질이며, 그 자체가 귀중한 자원으로 이용되는 경우도 있다.

육성기원퇴적물

육성기원퇴적물terrigenous sediment은 육지에서 하천, 바람, 빙하, 화산 분출 등에 의해 바다로 운반되어 쌓인 석영과 점토광물로 이루어져 있으며 양적으로 가장 많다. 매년 약 165억 톤의 육성기원퇴적물이 강을 통해 바다로 흘러들며, 1억 톤이 먼지나 화산재의 형태로 바람에 날려와 바다에 쌓인다.

생물기원퇴적물

생물기원퇴적물biogenous sediment은 양적으로 육성기원퇴적물 다음으로 많으며, 조개와 산호와 같은 생물로부터도 유래하지만 주로 플랑크톤그림 18 참고의 껍질로 이루어져 있다. 성분은 규산염SiO_2 또는 탄산칼슘$CaCO_3$이며 영양염이 풍부해 생물 생산성이 높은 대륙주변부와 용승 지역에서 많이 쌓인다.

수성기원퇴적물

수성기원퇴적물hydrogenous sediment은 해수로부터 침전된 광물로 구성되어 있다. 심해저의 망간단괴■ 그림 16나 대륙주변부에서 발견되는 인회석단괴 등이 대표적인 수성기원퇴적물이다. 지중해와 같이 육지에 둘러싸인 바다가 증발할 경우 암염이나 석고와 같은 물질이 침전하여 수성기원퇴적물을 쌓는 경우도 있다.

우주기원퇴적물

우주기원퇴적물cosmogenous sediment은 외계에서 온 우주 분진과 간혹 거대한 운석이나 혜성이 지구와 충돌하여 만들어진 물질로 이루어져 있으며, 그 양은 매우 적다. 우주기원퇴적물 중에는 반투명하며 타원형의 입자인 마이크로텍타이트microtektite도 있는데, 이는 운석이나 혜성이 지구와 충돌할 때 지각의 암석이 녹아 대기권으로 올라가 만들어진 직경 1mm 내외의 유리구슬이다.■ 그림 17

해양퇴적물의 분포

대륙주변부의 퇴적물과 심해저의 퇴적물은 성질에 큰 차이가 있다. 연안퇴적물neritic sediment로 불리는 대륙주변부의 퇴적물은 대부분 육성기원퇴적물로 구성되어 있으나 원양성 퇴적물pelagic sediment로 불리는 심해퇴적물은 대부분 생물기원퇴적물로 구성되어 있다.

원양성 퇴적물 중 30% 이상의 생물기원입자를 함유한 퇴적물을 연니ooze라고 한다. 연니는 죽은 후 바다에 가라앉은 플랑크톤의 껍질로 이루어져 있으며 규산염으로 이루어진 생물기원입자■ 그림 18-A를 많이 포함할 경우 규질 연니siliceous ooze, 탄산염으로 이루어진 생물기원입자■ 그림 18-B를 많이 포함할 경우 석회질연니calcareous ooze라 부른다. 연니의 퇴적 속도는 천년에 1~6cm 가량이다.

수심이 깊은 곳의 해수는 이산화탄소를 많이 함유하고 있으며 약간 산성을 띤다. 수심이 깊은 곳에서는 산성을 띤 해수와 수압 그리고 낮은 수온으로 인해 탄산염 광물의 용해도가 증가하여 탄산염으로 이루어진 생물기원입자는 용해된다. 석회질퇴적물이 해저에 공급되는 속도와 용해되는 속도가 같아지는 수심을 탄산염보상수심carbonate compensation depth : CCD이라고 하는데, 탄산염보상수심보다 깊은 곳에서는 탄산염으로 이루어진 생물체는 해저에서 녹아 없어지므로 석회

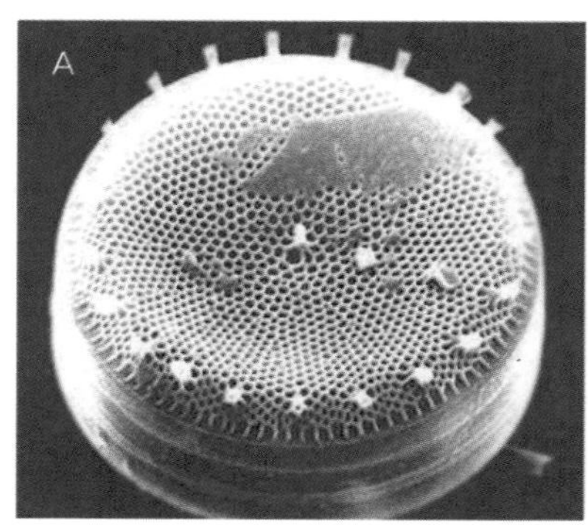

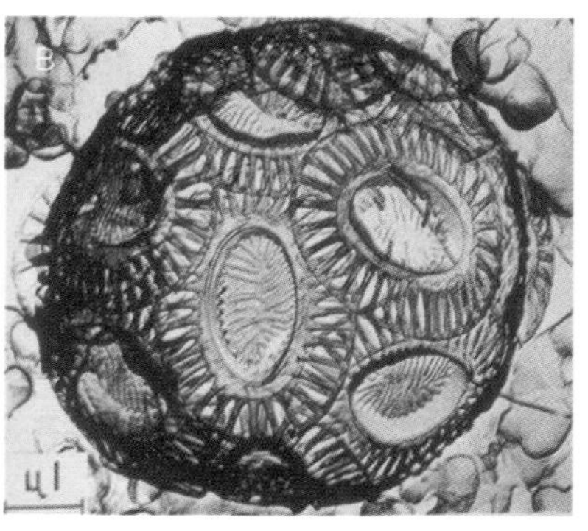

◀그림 18. 생물기원퇴적물. (A) 규산염의 껍질을 갖는 규조류(돌말류)의 모습. (B) 탄산칼슘의 껍질을 갖는 석회비늘편모조류의 모습.

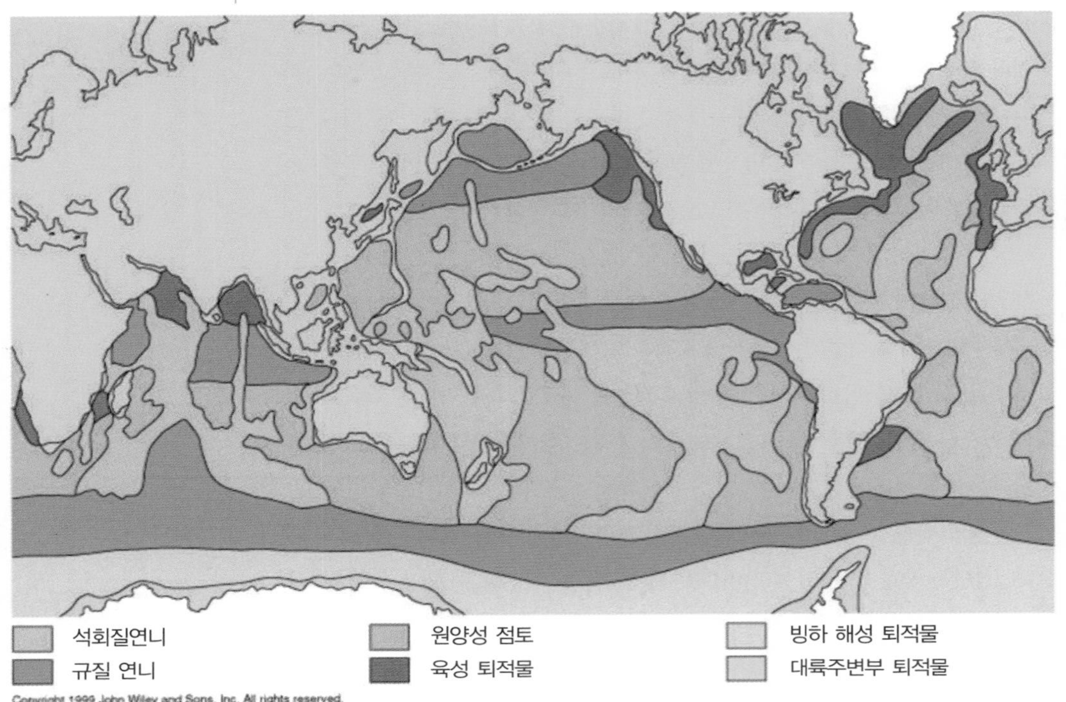

▲ 그림 19. 해양퇴적물의 종류와 분포.

질연니가 보존되지 않는다. 일반적으로 탄산염보상수심의 깊이는 4,500m이어서 석회질연니는 이보다 수심이 얕은 대양저산맥이나 해산의 정상부에 주로 분포한다. ■ 그림 19

규질 연니는 강한 해류와 용승으로 인하여 생물 생산성이 높고 수심이 깊은 적도 해역, 그리고 생물 생산성이 높으며 물이 차가운 극지방에 주로 분포한다. ■ 그림 19 생물 생산성이 낮아 생물기원입자가 공급되지 않는 심해저 지역에는 적점토red clay로 불리는 원양성 점토가 쌓인다. 적점토는 바람에 의해 운반된 미세한 먼지와 화산재가 서서히 가라앉아 형성된다. 적점토의 퇴적 속도는 1천 년에 약 2mm이다.

해수의 물리화학적 성질

해수의 조성

염분의 기원

해수는 약 96.5%가 물이며 나머지 3.5%는 무기염류 또는 염salt이 대부분이며 용존 기체와 불용성 입자 등이 약간 포함되어 있다. 해수는 약 500조 kg에 달하는 염을 지니고 있는데, 이는 지구를 약 45m의 두께로 덮을 수 있는 양이다.

물에 녹아 있는 무기염류의 총량 또는 농도는 염분salinity이라 하며 단위는 1kg당 포함된 g량을 나타내는 퍼밀‰(=1/1,000)을 주로 사용한다. 바닷물의 염분은 증발량과 강수량 그리고 육지에서 유입하는 담수의 양에 따라 33‰에서 37‰ 범위 안에서 달라지지만 통상 35‰로 나타낸다. 해수의 무기염류는 염소Cl와 나트륨Na 이온이 85% 이상을 차지하고 황산SO_4, 마그네슘Mg, 칼슘Ca 및 칼륨K 이온 등이 나머지의 대부분을 차지한다.■ 그림 20

바닷물에 녹아 있는 염의 대부분은 육지의 암석이 풍화를 받아 생긴 여러 원소가 이온 상태로 하천을 통해 공급된 것이다. 하지만 강물에 녹아있는 염은 칼슘과 중탄산 이온이 주인 반면 바닷물의 염은 염소와 나트륨이 주성분이다. 따라서 지각 암석의 풍화가 전적으로 바다 소금의 기원일 수 없다.

바닷물에 들어 있는 성분 가운데 지각 암석의 풍화로 설명되지 않는 부분을 잉여 휘발성 물질excess volatiles이라고 한다. 잉여 휘발성 물질은 해저화산이나 대

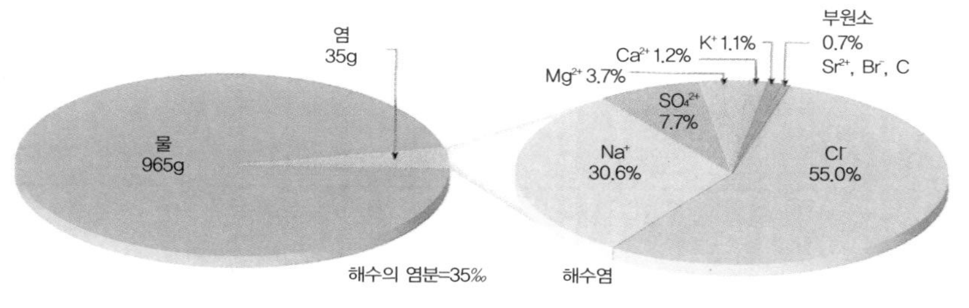

◀ 그림 20. 해수의 평균 조성. 해수의 염분은 35‰이다.

양저산맥의 열곡을 통해 나오며, 여기에는 이산화탄소, 염소, 황, 수소, 불소, 질소 등이 포함된다. 우리가 매일 섭취하는 식염 중 나트륨은 주로 암석이 풍화되어 공급되는 반면 염소는 맨틀에서 유래하여 해저화산이나 열곡을 통해 바다로 공급된다.

화학평형과 체류 시간

19세기 말경 해양화학자들은 바닷물의 염분이 지역에 따라 다를 수는 있지만 주성분간의 비율은 일정하다는 것을 알아내었다. 이것은 '일정성분비의 원리 principle of constant proportions'로 불리게 되었는데, 이는 전 해양이 여러 물리적 과정을 통해 골고루 혼합되고 있음을 의미하는 것이다.

암석의 풍화와 지구 내부의 방출을 통해 바다로 염이 계속 공급되지만 바닷물은 더 이상 짜지지 않으며 화학평형에 도달한 것처럼 보인다. 이는 바다로 유입되는 이온들이 같은 속도로 제거되기 때문이다. 암석의 풍화와 맨틀에서 공급된 염들은 퇴적물로 제거되며 균형을 이루는데, 각 원소는 화학반응성에 따라 서로 다른 체류 시간residence time을 갖는다. 체류 시간이란 어느 원소가 바다에 유입한 후 퇴적 또는 침전이 되기까지 바다에 머무는 평균 시간을 의미한다. 철이나 알루미늄과 같이 반응성이 강한 원소는 퇴적되기까지 비교적 짧은 시간수백 년이 걸린다. 반면 염소, 나트륨, 그리고 마그네슘은 반응성이 작아 바닷물에 수천만 년에서 수억 년 동안 체류하게 된다. 바다로 유입되는 염소와 나트륨의 양이 많지는 않으나 염분의 대부분을 차지하는 이유는 이들이 긴 체류 시간을 지니고 있기 때문이다.

이와 같이 긴 체류 시간을 갖고 있으며 성분비가 일정하게 유지되거나 변화가 아주 천천히 일어나는 주성분을 보존 성분conservative constituents이라고도 한다. 하지만 광합성 결과로 방출되는 산소, 동물의 호흡으로 나오는 이산화탄소, 동식물의 골격을 만드는 데 쓰이는 규소와 칼슘, 그리고 유기물 합성에 쓰이는 질소와 인의 농도는 지역적으로, 계절적으로, 그리고 생물학적 과정에 따라 큰 변화를 보이며, 무엇보다도 체류 시간이 매우 짧아 비보존 성분nonconservative constituents으로 불린다.

용존 기체

바다에 사는 어떤 동물도 물을 분해하여 직접 산소를 공급하는 능력을 지니고 있지 못하다. 그리고 식물도 광합성에 필요한 이산화탄소를 충분히 만들어내지 못한다. 따라서 바다의 생물이 살기 위해서는 용존 기체가 필요하다.

바닷물에 녹아 있는 기체는 질소, 산소, 이산화탄소의 순서로 양이 많다. 바다의 용존 기체 중 질소는 약 48%, 산소는 약 36%, 이산화탄소는 약 15%를 차지한다. 바닷물에 녹아 있는 산소의 양은 대기에 있는 산소의 1/100에 불과하며 농도는 6ppm에 불과하다. 그러나 이는 동물들이 충분히 호흡할 수 있는 농도이며 전 세계 해양의 대부분은 원활한 해수 순환을 통해 산소가 충분히 공급되고 있다.

해수 중에 녹아 있는 이산화탄소의 총량은 대기에 있는 양의 60배에 달한다. 해수 중의 이산화탄소는 대부분 탄산 이온으로 존재하며, 칼슘과 결합하여 생물의 껍질과 골격을 만드는 데 주로 쓰인다. 이렇게 생물 활동에 의해 만들어진 탄산칼슘은 생물이 죽은 후 퇴적되어 석회암이 되는데, 이런 과정을 통해 암석에 고착된 탄소의 양은 현재 지구 상에 살아 있는 생물에 들어 있는 탄소의 10,000배에 해당한다.

해양의 밀도 구조

해수에 녹아 있는 염으로 인해 해수의 비열은 순수한 물에 비해 4% 가량 낮다. 즉, 바닷물 1g을 1℃ 올리는 데 0.96cal만 필요하다. 해수의 어는점 역시 −1.91℃로 민물에 비해 낮다. 하지만 해수의 밀도는 1.020~1.030g/㎤로 순수한 물에 비해 2~3% 더 무겁다. 해수의 밀도는 온도와 염분에 따라 변하는데, 대부분의 해양이 3개의 밀도층으로 나뉘어져 있다. ■그림 21

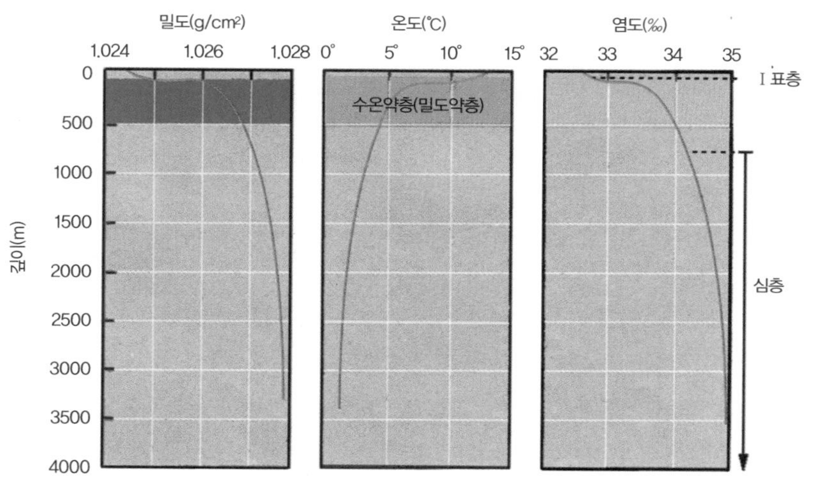

◀ 그림 21. 3개의 층으로 이루어진 해수의 층상 구조. 표층, 수온약층, 심층으로 나뉜다.

표층

표층surface layer 또는 혼합층mixed layer은 해양의 상층을 이루며 파도와 해류의 작용 때문에 수직적으로 균질한 수온과 비중을 지니고 있다. 표층은 대기와 바로 접하고 햇빛에 노출되어 있으며, 해수의 증발과 강우에 따라 계절적 변화가 심하게 일어나는 부분이다. 표층의 두께는 평균 150m이지만 지역에 따라 1,000m의 두께를 가지는 곳도 있으며, 해양 전체 부피의 약 2%를 차지한다. 일반적으로 표층 해수는 매우 따뜻하고 비중이 낮다.

수온약층

표층 아래로는 차갑고 안정된 물의 층이 존재하는데, 그 경계부에는 깊이에 따라 온도가 급격히 변하는 중간층이 나타난다. 이 중간층을 수온약층thermocline이라고 한다.■ 그림 21 수온약층은 모든 장소나 위도에서 나타나지는 않는다. 온대와 열대 해역은 상층에 따뜻한 물이 존재하여 그 밑으로 수온약층이 존재하나 극지방의 물은 수심에 따른 온도 변화가 매우 작아 수온약층이 거의 없다. 즉, 수온약층은 중-저위도에서만 나타나는 현상이다.

강수량이 높거나 담수의 유입이 큰 바다에서는 염분약층halocline이 만들어지기도 하는데, 흔히 염분약층은 수온약층과 일치하여 밀도약층pycnocline을 만들어낸다. 밀도약층은 깊이에 따라 밀도가 증가하는 층으로 전체 해수의 약 18%를 차지한다.

심층

밀도약층 아래에는 −1℃에서 3℃ 사이의 매우 차가운 물로 이루어진 심층deep zone이 존재한다. 심층은 중위도남위 40°에서 북위 40°사이에서 약 1,000m 이하 수심에 위치하는데, 여기에서는 깊이에 따른 밀도의 상승은 거의 없다. 심층은 전체 해수의 약 80%를 차지한다.

밀도성층과 수괴

앞서 설명한 표층, 수온밀도약층, 심층은 구분이 명확한 수괴water mass들이다. 수괴는 특징적인 온도와 염분, 따라서 밀도를 갖는 물의 덩어리이다. 해양은 이러한 수괴들로 밀도성층이 되어 있어 표층 순환에 관여하는 상부 20%의 물과 전체 해수의 80%를 차지하는 심층수는 효과적으로 분리되어 있다.

해양에서 가장 무거운 심층의 물은 모두 해수면에서 만들어진다. 즉, 극지방의 차가운 물이 얼거나 지중해와 같이 폐쇄된 해역에서 심하게 증발이 일어나 만들어진 무거운 수괴는 해양의 밑으로 가라앉는다. 밀도약층 밑으로 가라앉은 수괴들은 표층과 분리되어 그들을 섞을 만한 에너지가 없는 한 오랜 기간 동안 고유의 특성을 보존한다.

해수의 운동

해파

해파ocean wave는 해양에서 일어나는 파랑wave의 일종이다. 모든 파가 그러하듯이 해파는 해수매질가 이동하는 것은 아니고 파랑에너지가 전달되는 것뿐이다. 파는 파장wavelength, 파고wave height, 주기wave period의 3요소로 이루어지며, 물결의 높은 곳을 파두crest, 낮은 곳을 파곡trough이라 한다. ■그림 22 파랑에 의한 표면 물 입자의 원운동은 아래로 내려갈수록 작아지며, 파장의 반 이하의 깊이파저면, wave base에서는 파랑의 영향이 거의 사라진다. 즉, 표면에서 30m 파장의 파랑이 지나가더라도 잠수부는 수심 15m에서 파랑의 영향을 거의 느끼지 못한다.

▶ 그림 22. 파랑의 구조와 물 입자의 운동

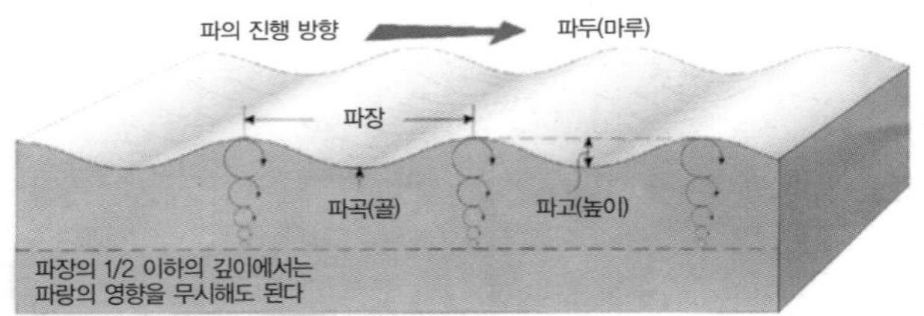

수심이 파저면보다 깊은 곳에서 물 입자는 표면부터 바닥까지 원운동을 유지할 수 있는데, 이런 파를 심해파deep-water wave라고 한다. 반면 파도가 해안 가까이 전파되어 수심이 파저면보다 얕아지면 물 입자는 타원 또는 전후 운동을 하게 되는데, 이런 파를 천해파shallow water wave라고 한다.

풍랑wind wave은 바람 에너지가 바다에 전달되어 생긴 중력파의 일종으로 파고는 3m를 넘지 않으며 파장은 60~150m이다. 폭풍해일storm surge은 허리케인과 같은 열대성 폭풍에 의해 생긴 큰 풍랑이다. 폭풍과 관련된 저기압에 의해 해수면이 평균 해수면보다 1m 이상 돔 형태로 부풀어 오르는 수가 있는데, 폭풍과 함께 이 해수의 돔이 육지에 상륙하게 되면 큰 풍랑가 만들어져 해안 지역에 큰 피해를 준다. 쓰나미tsunami는 해수의 급격한 이동에 의해 형성되는 긴 파장의 천해파이다.■ 그림 23 간혹 지진 해파라 불리기도 하나 쓰나미는 지진 이외에도 해저 사태, 빙하의 붕괴, 해저화산 폭발, 또는 운석 충돌 등의 원인에 의해서도 발생한다.

◀ 그림 23. 해일을 동반하는 쓰나미.
(A) 쓰나미의 공포를 잘 표현한 일본의 그림.
(B) 2004년 수마트라 해저지진에 의해 발생한 쓰나미가 주변 섬을 덮어 엄청난 피해가 발생하였다.

조석

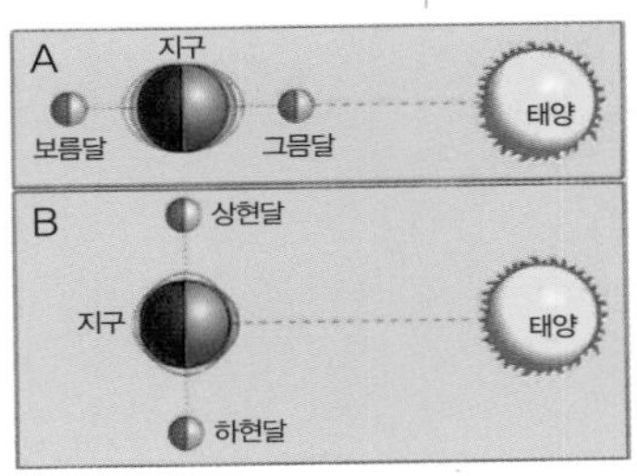

▲ 그림 24. 태양, 지구, 달의 위치와 조석의 변화. (A) 대조, (B) 소조.

조석tide이란 달과 태양 그리고 지구의 운동에 의해 생기는 주기적인 해수면의 변동을 말한다.■ 그림 24 조석에 의해 변화하는 수면의 높이를 조위tidal level라 하며, 조위가 증가하는 상태를 밀물flood, 감소하는 상태를 썰물ebb이라 한다. 그리고 조위가 가장 높은 순간을 만조high water라 하며, 가장 낮은 순간을 간조low water라 한다. 만조 때의 조위와 간조 때의 조위의 차이를 조차tidal range라 하며, 조차는 달의 공전 주기에 따라 변한다. 보름 혹은 그믐일 경우 조차는 최대가 되며 이때를 대조spring tide라 하며, 상현 혹은 하현일 경우 조차는 최소가 되며 이때를 소조neap tide라 한다. 연속되는 간만조 사이의 시간을 조석 주기라 하는데 이 조석 주기가 평균 12시간 25분인 조석을 반일주조semidiurnal tide라 하며, 이에 비해 주기가 24시간 50분인 조석을 일주조diurnal tide라 한다. 우리나라의 서해와 남해는 전형적인 반일주조 현상을 나타내고 있다.

조석에 의해 생긴 해수면 변화 때문에 필연적으로 수평적인 해수의 흐름이 생기게 되는데, 이러한 주기적인 해수의 흐름을 조류tidal current라 한다. 해수면이 상승하며 고조로 가는 동안의 흐름을 창조류flood current라 하고, 고조에서 해수가 밀려나가는 동안의 흐름은 낙조류ebb current라고 한다. 고조와 저조 사이에 흐름의 방향이 바뀌는 잠시 동안 흐름이 없을 때를 정조slack water라 한다.

매일 일어나는 조석은 많은 에너지를 소모하며 소모된 에너지는 열로 전환된다. 소모되는 에너지는 전부 자전하는 지구로부터 오는 것인데, 조석으로 인한 마찰은 지구의 자전 속도를 한 세기에 수백 분의 1초 정도 늦춘다. 지질학자들의 연구에 따르면 3억 5,000만 년 전에는 하루의 길이가 22시간, 1년이 400일 내지 410일이었으며, 먼 미래에는 하루의 길이가 현재보다 더 길어질 것으로 예측된다.

표층 해류

태양열은 물을 약간 팽창시킨다. 이러한 이유로 적도 지방의 해수면은 온대 지방보다 약 8cm 높으며, 극지방의 물 역시 비슷한 양으로 수축된다. 이 때문에 해양의 표면에는 매우 약한 경사가 만들어져 저위도 지방의 물이 중력에 의해 극지방으로 흐르려는 힘이 만들어진다. 이에 더불어 해양의 표층수는 무역풍편

동풍과 편서풍의 영향을 받으며 바람의 방향을 따라 흐르려 한다. 여기에 코리올리효과Coriolis Effect가 개입하여 북반구의 표층 해류는 바람 방향의 오른쪽으로, 남반구의 해류는 왼쪽으로 흐르려 한다.■ 그림 25 대륙은 해류가 지구를 휘감으며 흐르는 것을 방해하여 해류가 원의 모양으로 흐르도록 돕는다. 이리하여 해양의 변두리를 따라 흐르는 흐름이 생기는데 이를 환류 또는 소용돌이gyre라 부른다.

전 세계 해양에는 6개의 큰 환류가 만들어져 있는데, 둘은 북반구에 나머지 넷은 남반구에 있다.■ 그림 25 이들 중 남극 순환류Antarctic Circumpolar Current를 제외한 나머지 환류는 모두 지형 환류geostrophic gyre이다. 지형 환류는 환류에 만들어진 압력 경사와 코리올리효과 사이에 균형이 이루어진 상태로 흐르는 환류를 지칭하며, 이를 구성하고 있는 흐름을 지형류geostrophic current라고 한다.

지형 환류를 구성하는 지형류는 위치에 따라 각기 다른 성질을 지닌다. 가장 빠르고 깊은 지형류는 대양의 서쪽 경계에서 발견되며 서안경계해류western boundary current로 불린다. 서안경계해류는 적도의 따뜻한 물을 극 쪽으로 운반하는 역할을 한다. 지구 상에는 북대서양의 멕시코만류Gulf Stream, 그림 28 참고, 북태평양의 쿠로시오Kuroshio, 남대서양의 브라질해류, 인도양의 아굴하스해류, 그리고 남태평양의 동 오스트레일리아해류를 포함하여 5개의 커다란 서안경계해류가 있다.

해양의 동쪽에서 나타나는 동안경계해류eastern boundary current는 서안경계해류와

▼ 그림 25. 세계 대양의 주요 표층 해류의 분포. 표층 해류는 거대한 환류로서 북반구는 시계 방향, 남반구는 반시계 방향의 소용돌이(gyre)가 된다.

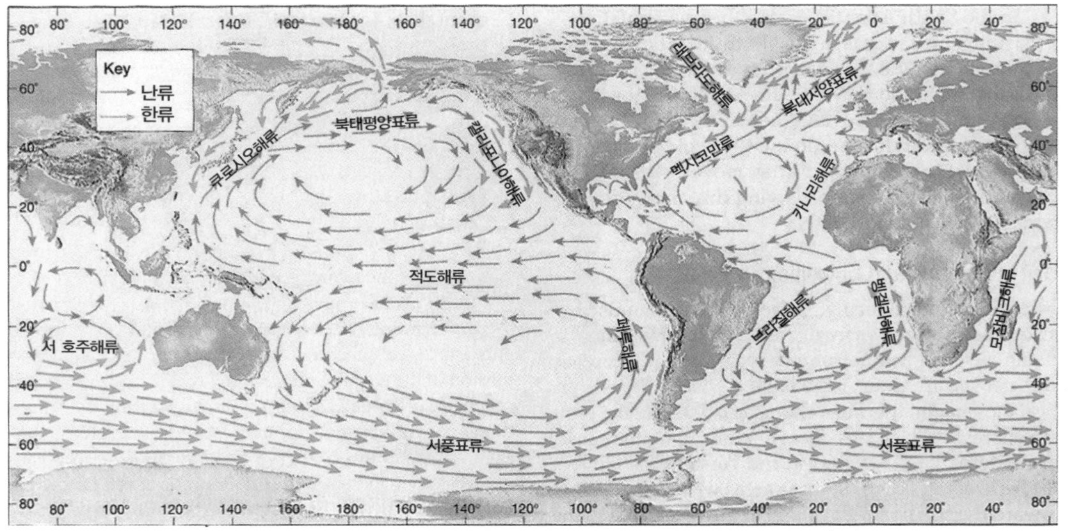

거의 모든 면에서 반대이다. 즉, 차가운 고위도 지방의 물을 적도 방향으로 운반하며, 느리고 얕고 넓으며 경계도 뚜렷하지 않다.

코리올리효과

북반구의 어느 지점에서 멀리 던져진 물체는 본래의 방향에서 오른쪽으로 편향되어 떨어진다는 사실이 알려져 있다. 지구의 중력 이외에 다른 힘이 없는데도 운동하는 물체의 실제 낙하지점은 본래의 방향에서 오른쪽으로 편향되어 있다. 이러한 현상을 설명하기 위하여 생각한 힘이 전향력Coriolis force이며 이 효과를 '코리올리효과' 라 한다.

코리올리효과는 서에서 동으로 자전하는 지구의 자전에 기인하는데 남반구에서는 북반구와 반대 현상이 일어난다. 즉, 지구 표면에서의 운동을 북반구에서는 오른쪽으로, 남반구에서는 왼쪽으로 휘게 하는 것이다.■그림 26 회전하는 레코드판 위에서 바깥쪽으로 직선을 그려 본다면 이 코리올리효과를 이해할 수 있다. 이 효과는 극지방에서 가장 크게, 적도지방에서 가장 작게 나타난다. 코리올리효과는 공기의 흐름과 물의 흐름 양쪽에 같은 현상을 유발한다.

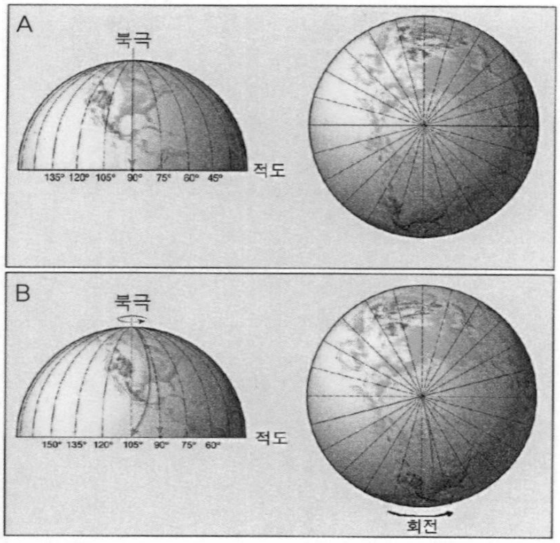

▶ 그림 26. 코리올리효과. (A) 지구가 자전하지 않을 때의 물체의 이동, (B) 지구 자전 때문에 북극에서 적도 쪽을 향해서 발사된 물체는 실제 방향보다 오른쪽으로 치우친 지점에 도달한다.

멕시코만류

1768년 벤자민 프랭클린이 런던을 방문했을 때, '왜 영국에서 미국으로 보내는 우편물은 미국에서 고래잡이배로 영국으로 보내는 것보다 2주 정도 더 걸리는가' 에 대해 의문을 가졌다. 프랭클린은 몇 척의 미국 선박들의 항해일지를 조사하여 오늘날 우리가 멕시코만류Gulf Stream라 부르는 해류를 알아냈는데 이 해류는 미국에서 영국 쪽으로 북대서양을 횡단하여 흐른다.■ 그림 27

◀ 그림 27. 벤자민 프랭클린이 1787년 그린 멕시코 만류. 대서양해류에 길게 띠의 형태로 그려 넣으면서 '바다의 강'이라 불렀다.

고래들은 이 해류 바깥쪽에 머물기 때문에 포경선들도 해류의 바깥쪽을 돌아다닌다. 일찍이 멕시코만류의 존재를 알고 있었던 포경선의 선원들은 이 해류에 맞서 항해하기를 꺼렸지만, 다른 선박들은 유럽에서 신대륙으로 가기 위해 이 해류를 거슬러 항해를 하였는데 가장 짧은 길이 가장 빠른 길이라는 잘못된 생각에서 비롯되었던 것이다.

멕시코만류는 '해양의 강' 이라 불리기도 한다. 상공에서 보면 그것은 플로리다Florida 해협에서 빠져나오는 더운 물로 리본 모양을 하고 있으며 하루에 160km의 속도로 북쪽으로 흐르면서 전 세계의 강물을 다 합친 것보다 25배나 많은 양의 물을 수송한다.■ 그림 28 이 해류는 대규모로 시계 방향으로 소용돌이치는 북대서양 표층순환해류의 일부이다. 이 순환은 뉴잉글랜드로부터 영국제도British Isles 쪽으로 방향을 바꾸어 아프리카의 서해안으로 흘러내려가 적도 근처를 따라 서쪽으로 흘러 카리브 해를 통해 북쪽으로 선회하여 다시 플로리다 해협으로 들어간다. 이러한 흐름은 총 연장 20,000 km에 달하며 한 번 일주하는 데 1년~2년 정도나 걸린다.

남대서양의 적도 남쪽에는 또 다른 순환계가 반시계 방향으로 흐른다. 적도 위의 시계 방향의 순환 양상과 적도 바로 남쪽의 반시계 방향의 순환 양상은 코리올리효과에 기인하는 것으로 태평양에서도 나타난다. 세계의 모든 해양은 이러한 순환을 하고 있다.

▶ 그림 28. 남하하는 래브라도 한류와 경계를 이루며 북동쪽으로 흘러가는 멕시코만류(Gulf Stream). 아래 그림은 인공위성에서 한 달 간격으로 촬영한 것으로 빠른 속도로 흘러가면서 곡류가 발달하여 와류(고리)가 생성되고 소멸되는 과정을 보여준다.

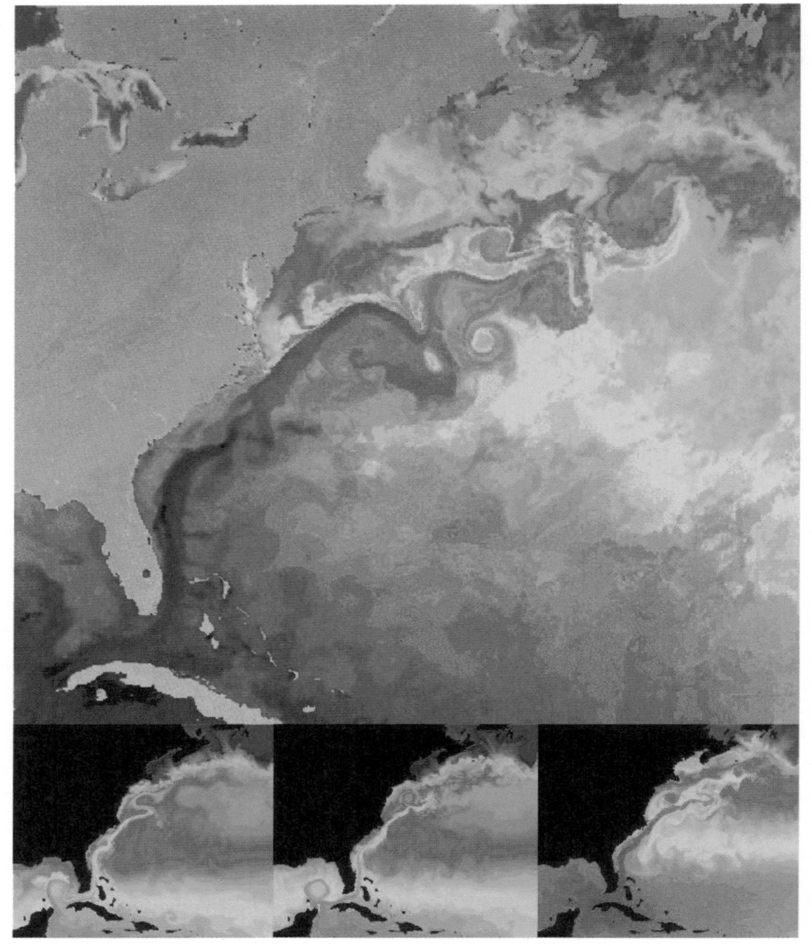

와류

와류eddy는 해류가 계란형, 나선형 또는 원형 고리ring 모양으로 사행운동을 하는 현상으로 2~3달에서 2~3년간 계속된다.■ 그림 28 폭은 300km 정도까지 관측된 경우도 있는데, 이런 와류가 어떻게 형성되는지에 대해 아직 모르는 부분들이 많이 남아 있다.

고리형 와류ring eddy는 멕시코만류와 같은 해류에 의해 생긴다. 멕시코만류는 남하하는 차가운 래브라도 해류를 거슬러 미국 동부 연안을 따라 북동쪽으로 마치 뱀처럼 구불구불 흘러간다. 곡류가 점점 자라 떨어져 나온 것이 고리이다. 이때 주목할 것은 멕시코만류의 북쪽 한류 쪽에는 따뜻한 고리warm ring가 갇히고 남

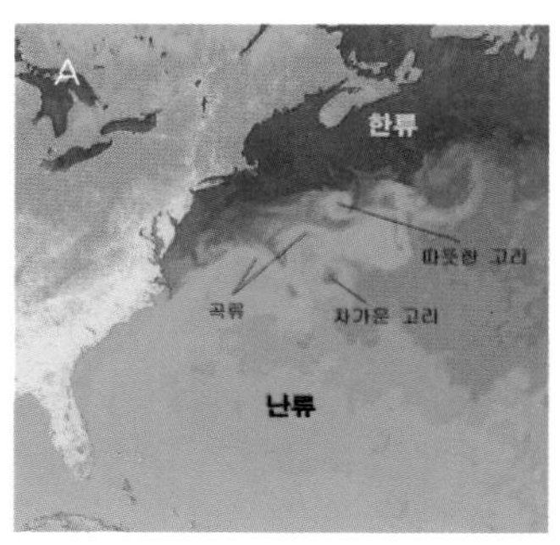

쪽 난류 쪽에는 차가운 고리cold ring가 생겨 있다. 이들 고리의 또한 북쪽은 시계 방향으로 남쪽은 반시계 방향으로 회전한다.■ 그림 29

멕시코만류 양쪽의 물은 서로 다른 온도와 화학적 성질 및 서로 다른 생성 원인을 갖는다. 원형 고리의 와류가 형성되면 해류의 한 쪽의 물을 가두어 다른 쪽으로 운반한다. 원형 고리의 와류는 떠다니는 수영장과 같아 소용돌이에 갇힌 물은 그대로 있는 것이다. 원형 고리는 본류멕시코만류로부터 떨어져 나올 때 에너지를 가지고 나오며 본류에 다시 합쳐질 때에는 에너지를 되돌려준다.

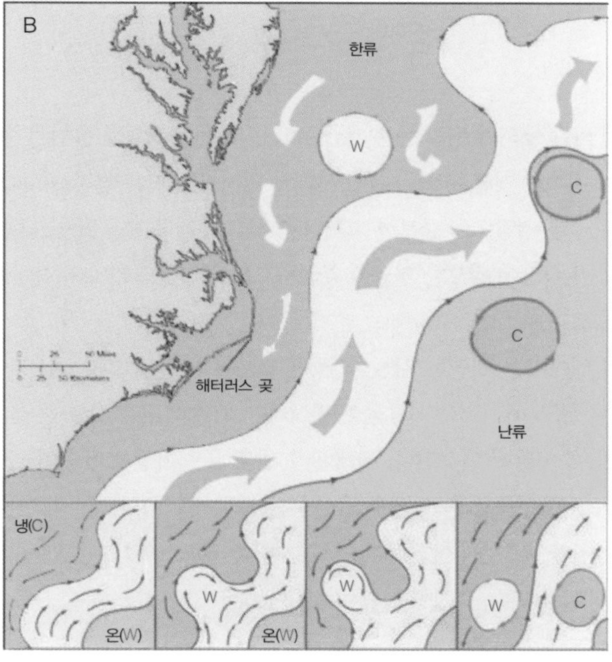

◀ 그림 29. 멕시코 만류의 모습
(A) 흘러가면서 곡류를 이루기도 하고, 떨어져 나와 고리를 만들기도 한다.
(B) 고리(와류)의 생성과 소멸을 보여주는 모식도. 차가운 고리(C)는 난류에 따뜻한 고리(W)는 한류에 위치한다.

이러한 방법으로 와류는 해수 표면의 양상을 계속 변화시킨다. 해양학자들은 이것을 '바다의 기상' 이라 부르는데 특별한 와류에 대해서는 기상학에서 태풍hurricanes이나 열대성 저기압에 이름을 붙이는 것처럼 이름을 지어 부르기도 한다. 예 : Ring-Bob 실제로 와류는 특정 지역의 날씨에 영향을 미친다고 추정되기도 한다. 해양 흐름 전체 모양을 변화시키는 와류는 해양탐사에 중요한 초점으로 부

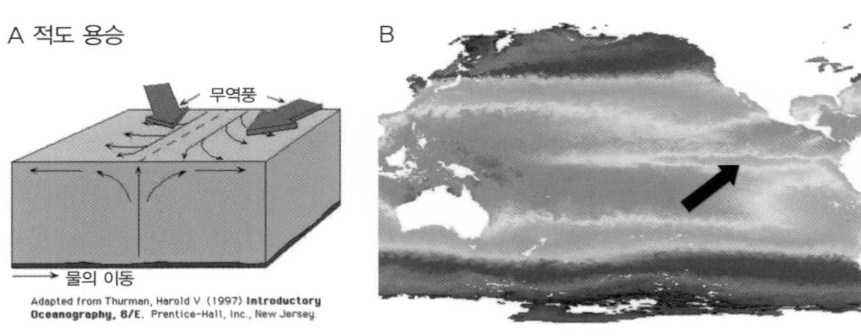

▶ 그림 30. 적도 용승. (A) 적도 용승의 생성을 보여주는 모식도. (B) 용승에 의해 적도 유역의 온도가 낮음을 알 수 있다(화살표).

각되고 있다.

용승

바람에 의한 물의 수평 이동은 가끔 표층수의 수직 이동을 유발할 수 있다. 물이 위로 움직이는 것은 용승upwelling, 아래로 내려가는 것은 침강downwelling이라 부르는데, 용승은 영양염이 풍부한 밀도약층과 그 아래의 물을 표면으로 끌어올려 해양 생물의 성장에 필요한 영양을 공급하므로 해양생태계의 유지에 중요한 역할을 하고 있다.

용승이 일어나는 지역에서는 식물플랑크톤의 대번성bloom이 일어난다. 식물플랑크톤이 풍부해지면 초식동물이 번성하게 되며 그들은 보다 큰 물고기에 먹히어 결국 큰 어장이 형성된다. 세계에서 가장 좋은 어장은 용승이 일어나는 해안 가까이에 형성되는데 연구에 의하면 전 세계 바닷물의 1% 정도만이 해안에 인접해 있지만, 전 세계 어획량의 약 50%를 공급한다고 한다. 용승의 유형으로 적도 용승, 연안 용승, 그리고 계절 용승이 있다.

적도 용승

대서양과 태평양의 적도를 따라 남적도해류가 서쪽을 향해 흐르고 있다. 적도 부근에서 코리올리효과는 매우 약하지만 남적도해류의 물은 약간 극 방향으로 편향되어 흐르며 표층의 물을 양편으로 갈라놓게 된다.■ 그림 30 표층의 물이 발산함에 따라 적도 해역에서는 깊은 곳의 물이 상승하게 되는데, 이를 '적도 용승equatorial upwelling'이라 한다. 적도 용승으로 인해 적도 해역의 생물 생산성은 매우 높으며, 적도 해역의 해저에는 생물 기원의 연니가 두텁게 쌓여 있다.

연안 용승

해안에 평행하게 부는 바람은 연안 용승coastal upwelling을 일으킬 수 있다.■ 그림 31-A

바다 위로 부는 바람은 마찰력으로 물을 움직이게 하고 코리올리효과는 그것을 오른쪽북반구에서으로 편향시켜 물을 외해 또는 육지 쪽으로 움직이게 한다. 연안 용승은 해안에서 물이 상승하고 표면의 물이 외해로 빠져나갈 때 일어난다. 남미의 페루 해안, 서부 아프리카와 인도의 서쪽 해안이 연안 용승이 일어나는 대표적인 지역이다. 용승은 날씨에도 영향을 주는데, 캘리포니아 해안을 따라 북쪽에서 불어오는 바람에 의해 연안 용승이 일어날 경우 그 위의 공기는 차가워지며 이는 샌프란시스코의 유명한 안개와 시원한 여름의 원인이 된다. ■ 그림 31-B

계절 용승

계절적으로 부는 바람의 방향이 표면 해류에 영향을 미쳐 용승이 일어나기도 하는데, 이를 계절 용승seasonal upwelling이라 한다. 인도와 사우디아라비아 반도 지역에서는 몬순의 영향으로 봄에는 인도양에서 아라비아 해또는 사우디아라비아 방향으로 바람이 불어가고 여름에는 반대로 아라비아 해에서 인도양 방향으로 바람이 분다. 이 계절풍은 표면 해류를 같은 방향을 이동시키는데, 여름철에 외해인도양 방향으로 해류가 빠져나갈 때

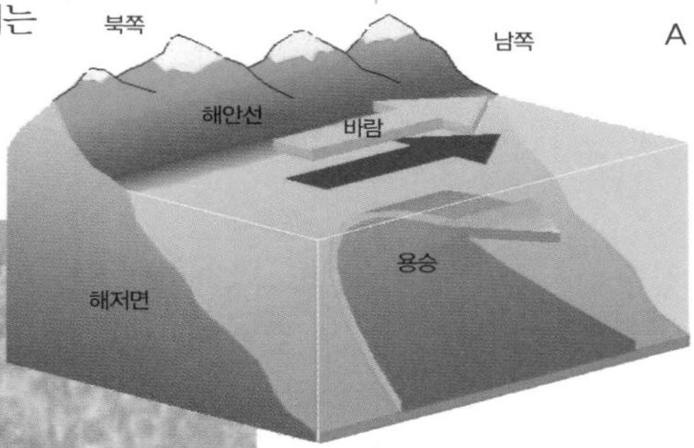

◀▲ 그림 31. 연안 용승.
(A) 해안을 따라 부는 바람에 의해 용승이 발생하는 모식도.
(B) 캘리포니아 해안은 연안 용승으로 인해 수온이 낮아진다.

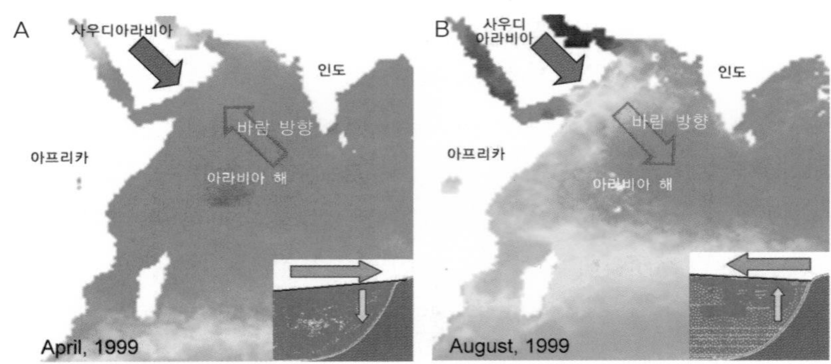

▶ 그림 32. 계절 용승. 1999년 4월(A)과 8월(B)에 촬영한 아라비아 해 주변의 수온 변화. 몬순이 약해지는 여름에는 외해로 부는 바람에 의해 해류가 이동하고 용승이 일어나 수온이 낮아진다.

해안에서는 용승이 일어난다.■ 그림 32

열염분 순환

표층 해류는 해양의 최상층부피의 약 10%에 영향을 끼친다. 하지만 밀도약층 아래의 심층수에도 수평-수직적인 흐름이 존재한다. 심층수의 흐름은 바람의 에너지가 아니라 해수의 밀도 차에 의해 일어난다. 그리고 해수의 밀도는 온도와 염분에 의해 결정되므로 심층수의 흐름을 열염분 순환thermohaline circulation이라고 부른다. 열염분 순환은 사실상 전 세계의 모든 해양이 관여를 하고 있는 범지구적 규모의 해수 순환으로 볼 수 있다.

남극 저층수Antarctic Bottom Water는 염분 36.5‰, 온도 −0.5℃, 밀도 1.0279g/cm³으로 모든 심층수 중 가장 무겁고 차가운 심층수이다. 이 물은 거의 대부분 남극의 겨울 동안 웨델 해Weddell Sea에서 만들어지는데, 1초에 2천만~5천만 톤씩 만들어지는 것으로 알려져 있다. 큰 밀도로 인하여 이 물은 대륙붕 아래로 침강한 후 심해저를 따라 북쪽으로 퍼지면서 서서히 이동한다. 이동 속도는 매우 느려 적도까지 가는 데 1,000년이 걸린다.

밀도가 높은 심층수가 북극해에서도 만들어지는데, 이 물 중에서 극히 일부만이 태평양으로 흘러들어가며 대부분은 북대서양의 해저로 흘러들어 북대서양 심층수North Atlantic Deep Water를 만든다.

남극과 북대서양 북부에서 침강한 심층수는 서서히 인도양과 태평양으로 흐른 후 결국에는 표면까지 상승하여 표층 해류와 연결된다.■ 그림 33 이러한 순환이 완성되는 데는 대략 1,000년의 시간이 걸린다. 컨베이어 벨트처럼 느리고 지속적이며 3차원적으로 움직이는 해수의 순환은 해양들 사이에 용존 기체 및 고체

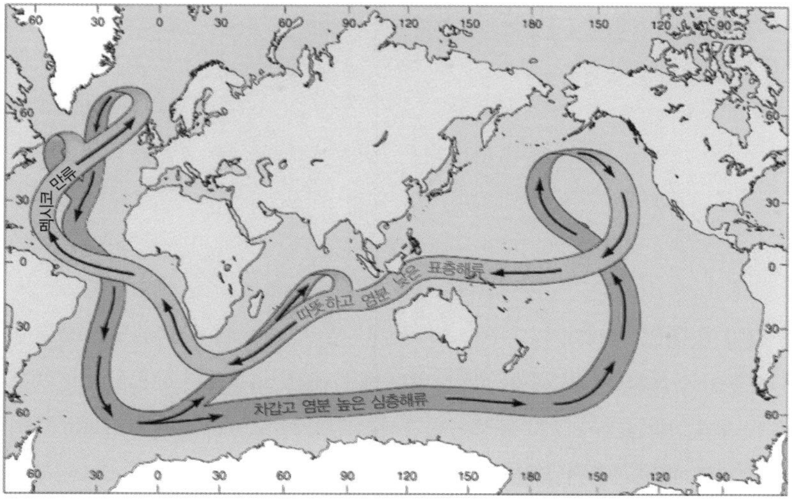

◀ 그림 33. 열염분 순환도. 컨베이어 벨트 형태로 느리고 지속적으로 이동하여 한 번 대류하는 데 약 천년이 소요된다.

를 분배하고 영양염을 섞고 열heat을 분배함으로써 지구의 기후를 조절하고 해양 생태계를 유지하는 데 결정적인 역할을 한다.

해양의 생물과 생태

해양 환경의 특징

생물의 서식처로서의 해양은 육상과는 매우 다른 환경이다. 따라서 해양생물은 바다의 화학조성과 물리 특성에 반응하여 진화하여왔다. 육지와 비교하여 해양 환경의 가장 근본적인 차이점은 서식 공간의 매질이 공기가 아니라 물로 되어있다는 점이다. 물은 공기보다 밀도가 약 900배 이상 높으므로 생물의 비중이 주위와 비슷하게 되고 중력의 영향은 사라진다. 따라서 생물이 서식할 수 있는 범위가 3차원적이며 부유생물drifter, plankton 또는 유영생물swimmer, nekton의 존재가 가능하다. 뿐만 아니라 해수는 밀도가 높기 때문에 유기물 입자가 해수 내에 함유될 수 있고 해수는 끊임없이 움직이고 있기 때문에 먹이를 찾으러 다니지 않고 한 장소에 머물며 서식하는 저서생물benthos도 다양하게 나타난다. 이러한 해양생물의 서식에 영향을 주는 요인들로는 빛, 영양염의 농도, 수온, 염분, 용존기체, pH, 수압 등이 있다.

유광층과 무광층

물은 빛을 흡수하는 능력이 매우 크고 빛의 파장에 따라 그 흡수 능력이 다르다. 따라서 해수면에 도달한 빛은 해저로 전달되면서 급격히 광량이 감소하여 수심 수십~수백 m 이하에는 빛이 도달되지 않는다. 결국 빛이 존재하는 유광층photic zone에서만 광합성이 가능하므로 무광층aphotic zone에서는 식물의 성장이 불가능하다. 유광층 내에서도 파장별로 침투하는 깊이가 달라서 청색광단파이 적색광장파보다 더 깊이 침투한다. 또한 빛의 침투 깊이는 부유물질의 종류와 양에 따라 달라지기도 한다. 따라서 대부분의 해양생물들은 유광층에 한정되어 서식하고 있다.

중력의 영향

육상의 생물은 중력에 견디기 위해 튼튼한 골격 구조가 필요하며 운동에 있어 항상 중력과 반대되는 방향의 힘이 필요하기 때문에 많은 에너지를 저장해야 한다. 따라서 기본적인 저장 물질이 탄수화물이다. 그러나 해양에서는 육상처럼 중력의 영향이 크지 않기 때문에 골격의 필요성이 없게 된다. 또한 부유를 위해서는 밀도가 낮아야 하므로 주 구성물질이 단백질이다. 빛이 침투하는 깊이가 한정되어 있으며 미약하나마 중력이 작용하므로 광합성을 하는 식물은 표층에 머물러 있기 위해 부유 기작을 발달시켰다.

큰 입자는 작은 입자에 비해 침전 속도가 빠르기 때문에 부유성 식물은 대부분 현미경적 크기의 단세포생물로 생활하고 있으며 부수적으로 부유하기 위한 돌기나 기낭air sack과 유사한 기관을 갖기도 한다. 따라서 해수에 부유하는 생물은 대부분 크기가 작고, 크기가 큰 생물의 경우는 바닥에 서식하거나 헤엄치는 능력을 가지고 있다.

제한 요인

제한 요인limiting factor은 적절한 양으로 있지 않을 경우 생물체의 정상 반응 즉, 탄수화물의 생산을 제한하는 요인들이다. 광합성 생물은 탄수화물을 만들기 위해 네 가지 주된 성분 즉, 물, CO_2, 무기 영양염류와 빛을 필요로 한다. 바다의 경우 물과 이산화탄소는 제한 요인이 되지 않는다. 그러므로 해양의 일차생산에서의 제한 요인은 영양염nutrient과 빛이다.

식물플랑크톤이 필요로 하는 주요 영양염으로는 질산염, 인산염 그리고 규산염이 있다. 이러한 영양염들은 생물의 몸 안에 존재하다가 생물이 죽으면 생물의 사체와 함께 표층의 유광층 밑으로 떨어지게 된다. 표층에서 사라진 영양염은 영양염이 풍부한 깊은 바닷물이 용승하거나 육상에서 유입된 담수와 대기로부터 보충된다.

영양염의 부족이 가장 보편적으로 일차생산을 제한하는 요인이며, 영양염의 조건이 맞을 경우라도 일차생산은 빛에 의존하게 된다. 빛이 너무 약하면 광합성이 제한되는데 100m보다 깊은 곳에서는 광합성이 거의 일어나지 않는다.

해양의 생물들

해양에는 수 미크론μ 정도의 박테리아로부터 수백 m의 포유동물에 이르기까지 다양한 크기와 형태의 생물이 존재한다. 분류학적으로는 원핵생물, 원생생물, 균, 식물, 동물 등 5계에 해당하는 모든 생물이 서식하고 있다. 이 중 동물과

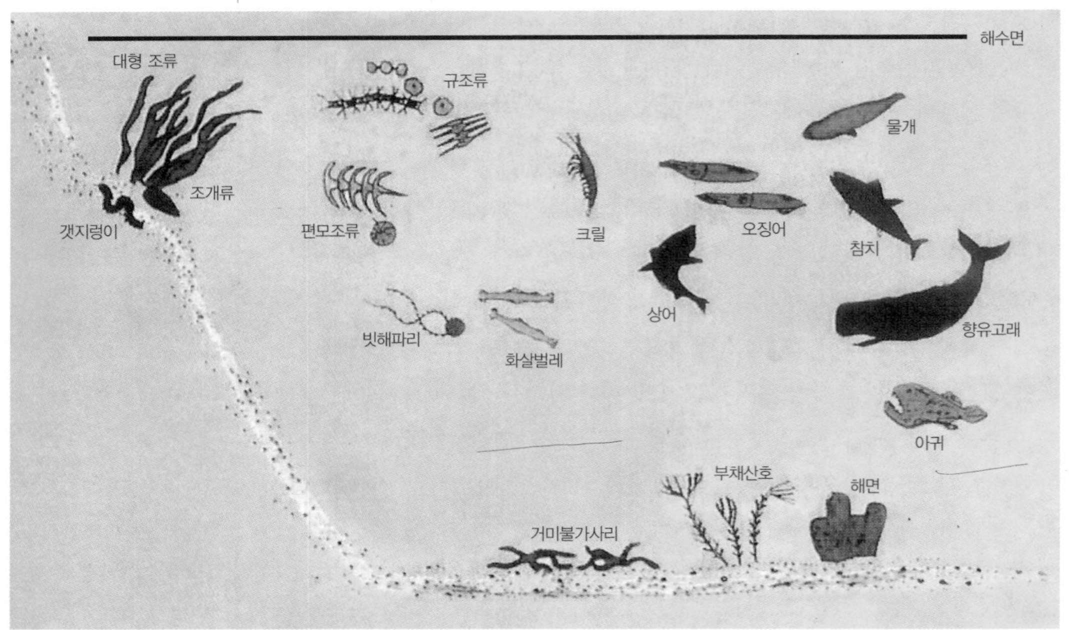

▲ 그림 34. 해양생물의 서식 형태와 분포. 서식 방법에 따라 부유, 유영, 저서생물로 구분한다.

식물은 서식 방법에 따라 부유생물drifter, plankton, 유영생물swimmer, nekton 그리고 저서생물benthos로 구분한다.■ 그림 34

부유생물플랑크톤

플랑크톤은 유영 능력이 미약하여 수류를 거슬러 움직일 수 없는 생물을 의미한다. 해파리와 같은 생물을 제외하면 플랑크톤은 대부분 크기가 작은 생물들이다. 이들은 다시 광합성을 하는 식물플랑크톤phytoplankton과 이들을 먹고사는 동물플랑크톤zooplankton으로 구분된다.

식물플랑크톤을 구성하는 생물군은 주로 규조류돌말류(diatom), 그림 18-A 참고와 와편모조류dinoflagellate이며 그 외에 규질편모조류silicoflagellate, 석회비늘편모조류coccolithophore, 그림 18-B 참고,■ 그림 18-B 참조 미세 플랑크톤nanoplankton 및 초미세 플랑크톤picoplankton 등이 있다. 동물플랑크톤은 전 생애를 플랑크톤으로 살아가는 종생 플랑크톤holoplankton과 생애의 일부 기간 동안만 플랑크톤의 시기를 거치는 일시 플랑크톤meroplankton으로 구분된다. 종생 플랑크톤으로 해양에서 중요한 생물군으로는 요각류, 난바다 곤쟁이류, 화살벌레류, 유공충류, 방산충류 등이 있으며, 일시 플랑크톤으로서는 저서성 동물의 어린 유생이 대부분 여기에 해당된다. 즉, 저서동물은 성장의 초기에는 플랑크톤으로 존재하다가 시기가 지나면 바닥으로 내려와 정착하게 된다.

유영생물

유영생물은 자신의 유영 능력이 강하여 수류의 방향과 무관하게 이동할 수 있는 생물을 가리킨다. 유영생물은 대부분이 어류이며 두족류의 일부오징어 등와 해양 포유류고래 등가 이에 해당된다.■ 그림 34

저서생물

저서생물은 해저에 서식하는 생물을 통칭하는 말로서, 식물로는 대형 조류macro algae가 있으며 동물로는 정착성 및 이동성 무척추동물과 저서 어류가 있다.

대형 조류는 녹조류, 갈조류, 홍조류에 속하는 것이 대부분이며 무척추동물로는 해면동물, 강장동물말미잘 등, 환형동물갯지렁이 등, 절지동물게 등, 연체동물조개 등, 극피동물불가사리, 성게 등이 있다.■ 그림 34 이들 중 암반에 서식하는 생물들은 바위에 붙을 수 있는 표면을 갖거나 그런 물질을 분비하여 몸을 바위에 완전히 부착시키기도 한다. 이들은 바위 표면에 있는 미세한 먹이를 갉아먹거나 물에 떠다니는 먹이를 걸러 먹는다. 바닥이 부드러운 모래나 진흙의 퇴적물에서 서식하는 생물들은 퇴적물 표면에서 살거나 퇴적물을 파고 들어가서 살기도 하는데 이들은 해수의 부유물을 먹거나 퇴적물을 삼켜 그중의 유기물을 섭취한다.

해양의 일차생산력

독립영양생물이 무기물을 유기물질로 전환시키는 과정을 일차생산력primary productivity이라고 하며, 일차생산력은 단위 표면적m^2에서 1년 동안 유기물에 고정된 탄소의 무게$gC/m^2/yr$로 나타낸다. 해양에서 유기물 생산의 90~96%는 식물플랑크톤이 차지하며 큰 식물인 해조류seaweed는 2~5%를 차지한다. 태양에 의존하지 않고 화학합성chemosynthesis을 하는 생물들도 해양 일차생산력의 2~5%를 차지한다.

현재 해양의 일차생산력은 75~150$gC/m^2/yr$로 1년에 35~50×10^9톤의 탄소가 유기물로 고정되고 있는 것으로 추산된다. 육상에서는 1년에 50~70×10^9톤의 탄소가 고정되는 것으로 알려져 있어 해양의 생산력이 육상에 비해 뒤떨어지는 것처럼 보인다. 그러나 해양의 생물량biomass은 육상의 생물량에 비해 약 1/500에 불과하다. 실제 해양생물은 해양의 생물량1~2×10^9톤보다 훨씬 많은 양200~250×10^9톤의 유기물을 생산하고 있다. 이렇게 생산된 엄청난 양의 유기물은 분해된 후 다시 광합성으로 합쳐져 유기물이 되어 계속 재순환한다. 해양의 일차생산자들은 별로 뚜렷하게 보이지 않으나 육상의 일차생산자에 비해 훨씬 빠른 속도로 광합성을 하고 재순환을 하기 때문에 해양의 일차생산력의 중요성을 간과해서는 안 된다.

심해저의 생태계

우리는 오랫동안 태양이 궁극적인 에너지원이자 식량원이라고 알아왔다. 그러나 이제 그러한 생각은 바뀌어야 한다. 우리는 녹색식물이 햇빛에서 에너지를 얻어 광합성photosynthesis을 하여 탄수화물을 생산하고, 이를 바탕으로 초식동물herbivore과 육식동물carnivore로 이어지는 먹이사슬이 만들어지고, 먹이사슬을 통해 결국은 태양에너지가 한 유기체에서 다른 유기체로 전달된다고 배워왔다.

그러나 이러한 생태의 법칙에 예외가 되는 놀랍고 새로운 발견이 있었다. 수심 200m 아래의 해저에서는 햇빛이 절대적으로 부족하여 광합성이 이루어질 수 없기 때문에 이보다 더 깊은 곳에는 모든 생물이 표층에서 떨어져 내려오는 적은 양의 유기물에 의존해 살아간다고 오랫동안 믿어왔다. 더구나 수천 m 수심의 심해저에서 독립적인 생물군집이 존재하리라곤 누구도 생각지 못했다.

1980년대 초 앨빈호나 아르키메데스호 같은 심해잠수정은 중앙해령을 따라 광물질이 풍부하고 뜨거운 열수용액hydrothermal fluid이 흘러나오는 분출구를 발견하였다.■그림 35 이 열수용액의 분출구 주변 지역에서 과학자들은 풍부한 생명체

▶ 그림 35. 대양저산맥의 열곡 부근에서 발견된 블랙스모커. 열수와 함께 검은 연기를 내뿜고 있다. 검은 연기처럼 보이는 것은 납, 아연, 동과 같은 황화광물의 입자이다.

의 오아시스를 함께 발견하였다. 이들은 한 번도 보지도 듣지도 못했던 새로운 생물들이었으며 크고 밝은 빛깔을 지닌 관 속에서 사는 벌레tube worm, 햇빛을 받지 못해 하얗게 탈색한 물고기zoarcid fish와 게sqaut lobster, 투명하여 속이 비치는 국수가락 같은 벌레spaghetti worm, 아름다운 식물의 모양을 한 벌레sea anemone 등 다양한 생명체들이 서식하고 있었다.■ 그림 36 이들 생명체들은 너무나 풍부해서 해양의 표층에서 떨어지는 유기물만으로는 도저히 살아갈 수가 없을 뿐만 아니라 실제 깊고 깊은 심해저에 그러한 유기물이 있을 리도 만무하다. 그렇다면 이들 생명체는 어디서 에너지를 얻는 것일까?

그들은 에너지를 지독히 해로운 황화수소H_2S로부터 끌어들이는 것으로 밝혀졌다. 열수용액은, 해저의 틈을 통해 해수가 지각 밑으로 스며들어 데워지고 다시 해저로 분출하여 형성된다. 해저 아래의 뜨거운 암석에 의해 높은 온도로 가열된 열수 속에는 용해된 금속과 황화수소가 많이 들어 있는데 이 황화수소는 모든 동물에게는 지독히 해롭지만 이 분출구 주변의 생물군집에게는 궁극적인 에너지원이 되는 것이다. 과학자들이 발견한 놀라운 사실은 매우 높은 온도에서도 견딜 수 있는 박테리아가 있다는 점이다. 몇 개의 분출구 주위에서 과학자들은 박테리아가 아주 많아 구름 낀 것같이 물이 흐린 지역을 찾아냈다.비슷한 박테리아가 옐로스톤 국립공원의 온천 못에서도 발견됨 박테리아는 열수 속에서 황화수소를 분해시키면서 살아가고 있다. 이들 박테리아는 황화수소를 에너지원으로 사용하여 유기물을 합성하는데 여기에 바로 태양에너지를 필요로 하지 않는 먹이사슬이 생기는 것이다. 그것은 식물에 의한 광합성보다도 박테리아에 의한 화학합성chemosynthesis으로 시작된 것이다.

블랙스모커Black Smoker

뜨거운 열수용액이 흘러나오는 분출구는 검은 연기가 분출하는 굴뚝과 같은 모습이어서 '블랙스모커black smoker' 라 부르게 되었다.■ 그림 35 과학자들이 이 블랙스모커의 온도를 측정하려고 했을 때 온도계가 곧바로 녹아버렸다. 그 온도는 나중에 350℃나 되는 것으로 밝혀졌다. 검은 색깔의 연기는 금속 황의 입자들에 의한 것인데, 차가운 주위의 물에 닿을 때 용액으로부터 황이 분리되기 때문이다.

블랙스모커 주위에는 10층 높이 건물만큼 높은 커다란 언덕이 있는데 이곳에는 구리, 철, 아연을 포함한 황화광물이 풍부하다. 이러한 놀라운 발견은 많은 재미있는 의문점들을 유발했다. 300℃ 이상의 온도에서도 견딜 수 있는 박테리아

▶ 그림 36. 심해저 블랙 스모커 주변에 살고 있는 생물들.
(A) 튜브벌레(tube worm)와 함께 햇빛을 못 받아 백색을 띠는 물고기(zoarcid fish)와 게(crab), (B) 백색의 바닷가재(squat lobster), (C) 속이 투명하게 비치는 국수가락 벌레(spaghetti worm), (D) 식물처럼 보이는 말미잘(sea anemone).

의 존재는 이전까지 너무나 악조건이라고 생각했던 장소에서도 생명체가 발견될 수 있다는 가능성을 시사한다. 금성에도 그러한 박테리아 생명체가 있을까? 지구의 맨틀 속에는? 지구 상의 생명체가 열수용액의 분출구와 비슷한 환경에서 생겨난 것일까? 표면에서 광합성을 일으키는 생명체가 없는데도 질소를 고정하고 자유 산소를 만들어낼 수 있을까? 또한 황을 기반으로 하는 생명 형태는 존재할 수 없는 것일까? 이런 의문이 생겨나는 것이다.

해양과 지구환경

엘니뇨El Niño와 남방진동

캘리포니아에서의 강한 바람과 억수 같은 비는 방문 중인 영국 여왕을 흠뻑 적시게 했고, 홍수와 사태는 에콰도르를 황폐화시켰다. 남동 아프리카에는 심한 한발旱魃이 닥쳤고, 오스트레일리아의 경우 먼지를 동반한 열풍이 가뭄으로 건조한 농경지와 산림에 대규모의 화재를 일으켰다. 1982~1983년의 겨울 동안 세계의 날씨는 격노한 것처럼 보였다. 이러한 이상한 기상현상이 지구의 여러 곳에서 나타나는 것에 대해 기상학자들은 엘니뇨El Niño가 그 원인일 것으로 생각한다.

엘니뇨는 페루와 칠레 연안에서 일어나는 해안의 온난 현상인데 12월 말경에 발생하므로 '크리스마스의 어린아이' 란 의미의 이름이 붙여졌다. 이 해양의 교란은 2~3년에서 십수 년 간격으로 발생한다. 과학자들은 지난 100년 동안에 최악이었던 1982~1983년의 엘니뇨를 남방진동Southern Oscillation으로 알려진 훨씬 크고 복잡한 현상의 일부로 보고 있다. 엘니뇨는 남방진동에 대한 하나의 증거인데 남아메리카 해안에서 일어나는 국소적인 현상이 아니라 칠레와 알래스카, 아프리카와 인도네시아만큼 넓게 떨어진 지역에서 기후변화를 일으키는 대규모적인 이상현상으로 이해되고 있다.

▼ 그림 37. 남방진동의 모식도.
(A) 평상시, (B) 엘니뇨 시.

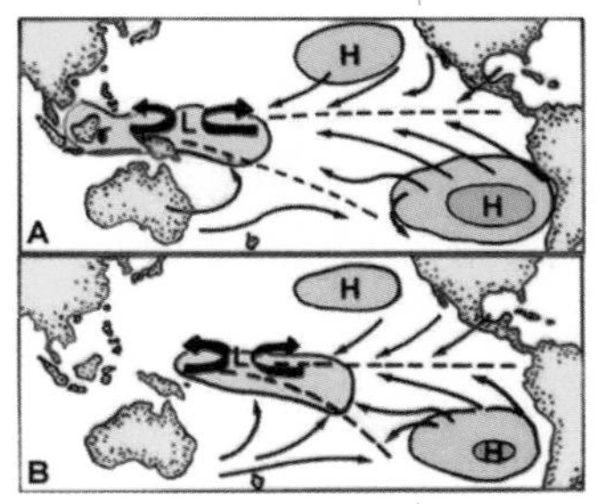

1923년 워커Walker는 언뜻 보기에 무질서한 지상기압의 변동 가운데서도 수 년 정도의 간격으로 나타나는 확실한 기압변동이 존재함을 발견했다. 즉, 인도네시아를 중심으로 한 해륙의 지상기압변동과 남아메리카 근처 이스터Easter 섬을 중심으로 한 동부 태평양의 지상기압변동 사이에 강한 역의 상관관계가 있다는 것이다. 이 대규모의 대기압 시소 현상을 그는 남방진동이라고 불렀다.■그림 37 그 후 관측 자료가 축적됨에 따라 이 남방진동은 단순한 적도의 기압변동이 아니고 적도의 표층수온, 강수량, 인도 및 남동 아프리카의 강수량, 중위도의 기온과 강수량 등과도 밀접한 관련이 있음이 알려졌다. 기압변동인 남방진동과 적도 태평양의 표층수온 및 강수량의 변화 사이에는 특별한 의미가 있고, 그것이 엘니뇨로 나타나는 것이다.

1982년~1983년의 엘니뇨에 대한 첫 신호가 1982년 6월 초에 나타나기 시작했는데 해양학자들은 중앙 태평양에서 표층수온의 상승을 관측했다. 3년에서 7년을 주기로 발생하는 정상적인 엘니뇨는 표층수온이 조금 밖에 올라가지 않지만, 어쩌다 발생하는 강한 엘니뇨는 약 3℃의 온도 상승을 보이는데 1982년~1983년의 엘니뇨는 평소보다 5℃~6℃의 온도 상승을 보였다.

따뜻한 물은 남아메리카 해안에서 날짜변경선까지 멀리 북쪽으로도 퍼져갔다. 일반적인 경우 강한 무역풍은 따뜻한 적도해류를 아시아 쪽으로 밀어내고 보다 차갑고 영양염이 풍부한 훔볼트Humboldt해류를 페루와 칠레 해안을 따라 흐르게 한다. 그러나 1982년~1983년의 남방진동에서는 이것이 뒤바뀌었는데 표층수온의 이상 상승이 중앙 태평양에 나타나면 인도네시아를 중심으로 한 해양에서의 저기압대가 태평양 쪽으로 이동하게 된다. 결과적으로 무역풍이 사라지고 따뜻한 물이 적도반류로서 남아메리카 쪽으로 거꾸로 흐르게 되는 것이다. 이렇게 엘니뇨와 남방진동과의 밀접한 연관성을 가리켜 '엔소ENSO, El Niño Southern Oscillation'라 부르고 있다. ■ 그림 38

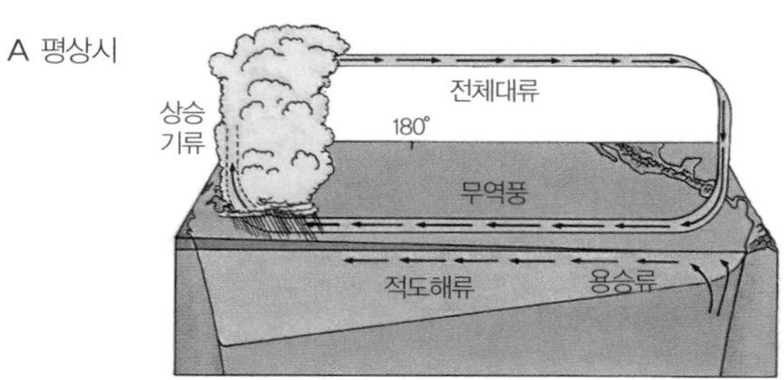

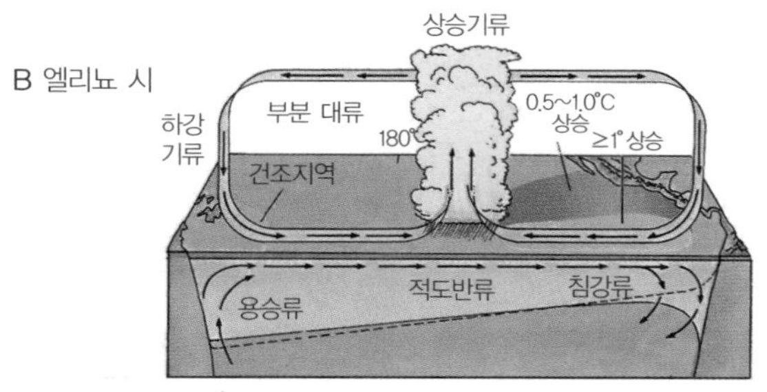

◀ 그림 38. 엔소(ENSO)의 모식도.
(A) 평상시의 대기와 해양의 움직임.
(B) 엘니뇨 시의 대기와 해양의 움직임.

따라서 생물에 영양염을 공급하는 훔볼트해류가 없어지고 심층수의 용승이 사라져버린다. 질산염과 인산염의 정상적인 공급이 없으면 연약한 먹이사슬은 깨지게 되는데 먹이사슬의 기본이 되는 식물플랑크톤은 번성할 수가 없으며 그들에 의존하는 유기체들은 굶어 죽고 만다. 결과적으로 엄청난 양의 물고기와 새들이 떼죽음을 당했다. 수 톤의 물고기 시체가 페루 해안에 쌓였고, 멸치류가 사라졌고, 수백만 마리의 새가 굶어 죽었으며 보금자리를 잃은 수백만의 새가 떠나자 그들의 새끼들도 모두 굶어 죽고 말았다. 페루의 멸치류 어업과 해조海鳥의 분비물guano에 의존하는 비료 산업이 문을 닫았다.

이 엘니뇨 사건은 생물적·경제적 타격뿐만 아니라 대기의 불균형을 초래하여 지역별 한발과 홍수를 발생시켜 지구 기후에 큰 영향을 끼쳤다.■ 그림 39 높아진 해양의 온도는 해수의 증발을 증가시켜 육지 여러 곳에 많은 비를 내리게 했고 서쪽 반구의 대기압을 변화시켰다. 대기 상층에서 부는 제트류jet stream는 정상 때보다 두 배나 빨라져 호놀룰루에서 로스앤젤레스까지의 비행시간을 1시간이나 단축시켰다. 캘리포니아에 겨울 폭풍이 계속 발생하여 대륙을 가로질러 동쪽으

▶ 그림 39. 엘니뇨가 발생한 해의 기상 변화.
(A) 겨울에 지구 전역에 걸쳐 광범위하게 한발과 홍수가 발생하고 그 피해도 심각하다.
(B) 여름에는 범위가 축소된다.

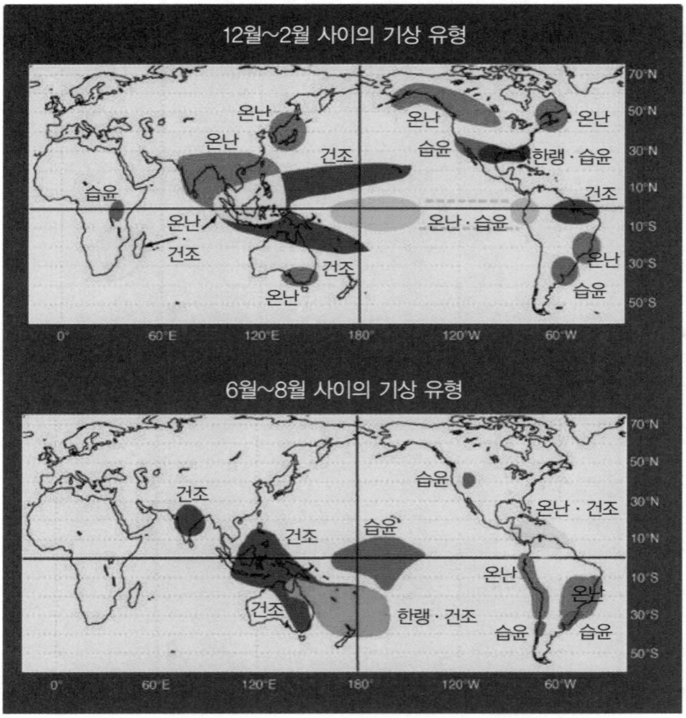

로 이동해가면서 유타Utah 주의 눈을 녹임으로써 홍수와 사태를 일으켰으며 같은 현상이 남아메리카의 여러 곳에 폭우를 내리게 하여 페루와 에콰도르에 비극적인 진흙 사태를 일으켰다.

이와는 대조적으로 태평양의 다른 쪽에서는 역사상 최악의 한발을 겪게 되었다. 앞서 말한 가뭄과 대화재에 의해 오스트레일리아에서는 농업 손실이 10억 달러를 초과했으며 수천 마일 떨어진 남아프리카의 짐바브웨와 모잠비크에서는 식량 생산이 평소의 70%로 줄어들었다.

중앙태평양에서 해수의 온난 현상은 적어도 세계의 1/3 이상의 날씨에 영향을 미친다. 그렇다면 그러한 사건을 어떻게 예측할 수 있을까? 콜롬비아 대학의 라몬트-도허티Lamont-Doherty 연구소의 마크 케인M. Cane은 태평양의 열대 해상에서 해양과 대기의 상호작용을 정확히 설명하기 위한 컴퓨터 모델을 개발했다. 앞으로의 사건을 예측하는 모델의 개발은 과학의 기본적인 과제이며 과학자들은 계속 엘니뇨에 대한 자료를 수집하여 기존 모델을 더욱 보강하거나 새로운 모델을 만들어낼 것이다.

엘니뇨와 라니냐La Niña

라니냐는 동태평양의 해수 온도가 보통 때보다 5℃ 정도 낮아져 6개월 이상 지속되는 현상을 말한다. 그러므로 엘니뇨가 해수의 온난 현상인데 반해, 라니냐는 태평양 적도 해수의 저온 현상을 말한다. 따라서 명칭도 반엘니뇨 또는 남자아이라는 뜻의 엘니뇨에 대해 '여자아이'라는 뜻의 라니냐La Niña라 붙여졌다. 라니냐 역시 남방진동과 관계가 있으며, 엘니뇨 발생 때와는 정반대의 현상으로 이해된다.

보통 엘니뇨가 일어나기 전후에 적도 무역풍이 강해지면 태평양의 따뜻한 난수층이 서쪽에서 동쪽으로 점점 얇아지며, 이 결과로 동태평양에서는 차가운 해수의 용승이 활발해져 저수온 현상인 라니냐가 발생하게 된다. 라니냐가 발생하면, 엘니뇨 때 가뭄이 드는 동남아시아와 오스트레일리아 북부 등에서는 홍수가 일어나고, 반대로 엘니뇨 때 홍수가 발생하는 미국 남부와 남미 대륙에는 강우량이 줄어든다. 또 알래스카와 캐나다 서부에서는 엘니뇨 때와는 반대로 저온 현상이, 미국 남동부에서는 고온 현상이 나타난다.

1997년~1998년에 걸쳐 20세기 최악의 엘니뇨를 겪었으며, 1998년 여름부터

▶ 그림 40. 태평양 적도 부근 표층해수온도(SST) 사진.
(A) 1998년 1월 12일(엘니뇨), (B) 1998년 9월 22일(라니냐).

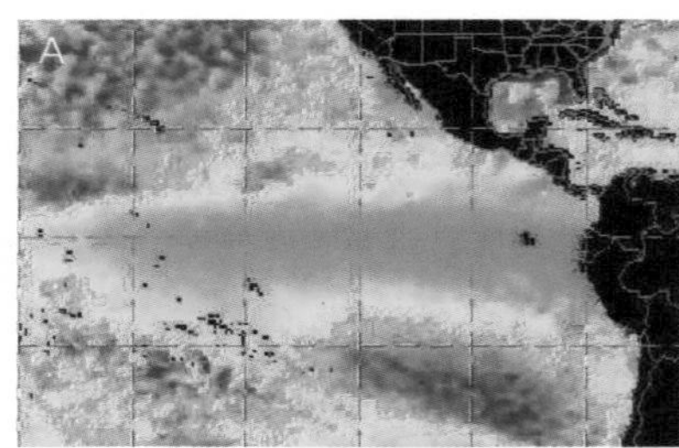

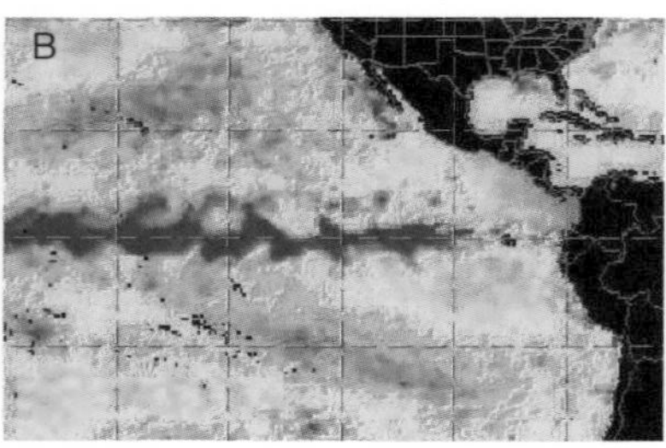

라니냐 현상이 관찰되기도 하였다.■ 그림 40 그림 40은 1998년 1월 엘니뇨와 1998년 9월 라니냐 현상을 보여주는 태평양 적도 부근의 표층해수온도SST : sea surface temperature로서 토펙스포세이돈 인공위성이 찍은 영상을 처리한 것이다.

생명의 후원자로서의 해양

지구 상의 생명은 바다에서 시작되었고 오늘날에도 바다는 생명체에 영양을 공급하며 또 탄생을 가능케 한다. 우리는 해양이 남겨준 유산을 지니고 다니는데, 우리 신체 속의 액체는 해수와 매우 흡사하다. 그러나 우리들 대부분은 해양을 한 번도 보지 못하고 살다가 죽기도 한다. 우리는 태어나서 죽을 때까지 육지에 속해 있고, 우리 대부분에게 바다는 단지 휴식을 찾아가는 낯선 지역으로만 여겨지고 있다. 그러나 인간이 바다와 전혀 무관하다는 생각은 잘못이다. 해양은 지구의 환경을 지배하며 생명의 유지를 가능하게 한다.

우리는 지구 상의 생명의 미래를 위해 해양을 확실하게 이해해야 한다. 우선 물을 생각해보자. 모든 생명은 물에 의존하고 있으며 지구의 먹이사슬의 기본이 되는 식물을 자라게 하는 비와 눈의 근원도 해양에서 증발한 물인 것이다. 우리가 호흡하는 공기도 바다로부터 온 선물이다. 지구 대기 중 산소의 3/4 이상이 식물플랑크톤이라 불리는 조그만 해양식물의 광합성의 결과 배출된 것이며 우리 눈에 잘 띄는 육상식물은 지구 산소의 일부분만을 만들어낼 뿐이다.

지구의 기후는 생명을 적합하게 유지시키는 해양에 의해 조절되고 있다. 막대한 해수의 가열과 냉각은 육지의 물보다 느리게 일어나기 때문에 계절에 따라 아주 작은 온도 변화를 일으킨다. 따라서 해안의 온도는 1년에 17℃ 이상 변하지 않는데 반해 대륙 내부에서는 55℃ 이상이나 변한다. 거대한 규모로 해양은 순환하며 저장한 태양열을 운반하면서 극지방을 데우고 열대지방을 식힌다. 이러한 커다란 순환은 세계의 날씨에도 영향을 미친다.

한편, 육상의 생명체가 해양에 의존하는 것과 똑같이 해양의 생명도 대륙에 의존하고 있다. 모든 유기체의 신진대사 과정은 영양분을 필요로 하는데 이들 중 가장 중요한 것은 산소, 탄소, 수소, 질소 및 인이다. 이들 대부분은 대륙과 해양 사이를 끊임없이 순환하고 있다.

예를 들면 인은 극히 소량만이 필요하지만 상대적으로 매우 희귀하다. 인의 결핍은 생물학적 성장에 제한을 줄 수도 있다. 지구 상의 인은 주로 대륙에 있는 암석에서 침식에 의해 빠져나와 육지의 유기체에 의해 쓰여지고, 남은 인은 하천을 통하여 바다로 들어가서 해양 먹이사슬의 바탕을 이룬다. 결국 인은 해저에 퇴적되는데, 이 퇴적 지역은 대륙의 땅덩어리로 결합되기도 하지만 대부분의 인은 지구의 맨틀 속으로 침강하여, 새로운 해양저가 만들어지는 중앙해령에 다시 나타나는 데 약 2억 년이 걸린다.

비록 육지와 바다의 영역이 물리적으로는 떨어져 있지만, 각 영역에 살고 있는 생명체들은 싱싱한 영양물에 의해 서로 의존하며 주거니 받거니 하면서 순환하고 있다. 이 커다란 순환을 생화학적 순환이라고 부르며 지구 상의 생명을 유지해주는 기본적인 메커니즘의 하나인 것이다.

■ 용어와 개념

고해양학Paleoceanography

해양퇴적물을 이용하여 과거 해양의 특성과 고환경 변화를 연구하는 해양학의 한 분야.

구아노Guano

해조海鳥의 배설물이 강우량이 적은 섬과 해안 부근에 퇴적되어 고화된 것. 유기적 성인의 인 광상을 형성하여 비료 산업에 중요한 자원이 된다.

규질 연니Siliceous ooze

규산염으로 이루어진 생물기원 입자가 많이 포함된 연니.

기요guyot

한때 섬이었던 화산이 침식되고 침강하여 정상부가 평평해진 해산의 일종.

남극저층수Antarctic Bottom Water

염분 36.5‰, 온도 −0.5℃, 밀도 1.0279g/cm³으로 모든 심층수 중 가장 무겁고 차가운 심층수로 남극의 웨델 해Weddell Sea에서 만들어지는 수괴.

남방진동Southern Oscillation

태평양의 동쪽과 서쪽 해상의 기압 변동이 서로 상반된 관계가 있는 것을 말하는데 전 태평양을 포함하는 대규모의 대기압 시소 현상.

능동형 대륙주변부Active margin

수렴하거나 스쳐 지나가는 판 경계부에 만들어진 대륙주변부.

대륙대Continental rise

해저협곡이 대양저와 만나는 부분에 해저협곡을 통해 운반된 퇴적물이 쌓인 지역.

대륙붕Continental shelf

해안에서 평균 경사가 1 : 500 정도로 완만하게 해양 쪽으로 뻗어나가다가 급격히 경사가 증가하는 지점대륙붕단까지의 지역으로 평균 수심은 75m 정도.

대륙사면Continental slope

대륙붕의 말단으로부터 대륙대 사이의 부분으로 평균 경사가 약 4°인 지역.

대양Ocean

대륙에 의해 그 구분이 명확히 결정지어지는 다섯 개의 바다로 대서양, 태평양, 인도양, 남극해 및 북극해가 이에 해당된다. 단, 남극해의 경우 구분이 불명확하다.

대륙주변부Continental margin

물속에 잠겨 있는 대륙의 가장자리 부분으로 대륙붕부터 대륙대까지의 지역이다.

대양저Ocean floor

대륙주변부 바깥의 심해저. 전체 대양의 약

74%를 차지하며 대양저산맥이 발달해 있고 해산 seamount이 산재해 있다.

대양저산맥Oceanic ridge

해저면에서 약 2km 정도 솟아 있으며 총 연장 65,000km인 해저산맥.

동안경계해류Eastern boundary current

대양의 동쪽 경계에서 나타나며 차가운 고위도 지방의 물을 적도 방향으로 운반하는 느리고 얇고 넓게 흐르는 해류.

보존 성분 Conservative constituent

긴 체류 시간을 갖고 있으며 성분비가 일정하게 유지되거나 변화가 아주 천천히 일어나는 주성분.

부유생물Plankton

유영 능력이 미약하여 수류를 거슬러 움직일 수 없는 생물.

비보존 성분 Nonconservative constituent

계절에 따라, 그리고 생물학적 과정에 따라 큰 농도 변화를 보이며 체류 시간이 매우 짧은 성분.

생물기원퇴적물Biogenous sediment

조개, 산호, 플랑크톤 등의 생물 골격으로부터 유래한 퇴적물.

서안경계해류Western boundary current

대양의 서쪽 경계에서 나타나며 적도의 따뜻한 물을 극 쪽으로 운반하는 빠르고 깊이 흐르는 해류.

석회질연니Calcareous ooze

탄산염으로 이루어진 생물기원 입자가 많이 포함된 연니.

수괴Water mass

특징적인 온도와 염분, 따라서 밀도를 갖는 물의 덩어리.

수동형 대륙주변부 Passive margin

발산하는 판 경계부에 만들어진 대륙주변부.

수성기원퇴적물Hydrogenous sediment

해수로부터 침전한 광물로 이루어진 퇴적물예: 망간단괴.

수온약층Thermocline

표층과 그 밑의 차갑고 안정된 심층 사이에 존재하며 깊이에 따라 온도가 급격히 변하는 층.

심층Deep zone

수온약층 또는 밀도약층 아래에 −1℃에서 3℃ 사이의 매우 차가운 물로 이루어진 층.

심해저구릉Abyssal hill

대양저 위에 발달한 높이 200m 이하의 구릉.

심해저평원Abyssal plain

평탄하고 아무런 지형도 없이 퇴적물로 덮여 있는 대양저의 일부.

심해파Deep-water wave

수심이 파저면보다 깊어 물 입자가 원운동을 유지하고 있는 파도.

쓰나미Tsunami

해저 사태, 빙하의 붕괴, 해저화산 폭발, 또는 운석 충돌 등의 원인에 의해 발생하는 긴 파장의 천해파.

엘니뇨El Niño

페루와 칠레 연안에서 12월 말경에 발생하는 온난 현상. 3~7년을 주기로 발생하며 대기와 해양의 상호작용으로 국부적인 해양의 교란은 전 지구적 기상이변으로 확대된다.

연니Ooze

생물기원 입자를 30% 이상을 함유한 원양성 퇴적물.

연안 용승 Coastal upwelling

해안에 평행하게 부는 바람에 의해 일어나는 용승 현상.

연안퇴적물Neritic sediment

대륙주변부의 퇴적물로 대부분 육성기원퇴적물로 구성됨.

열수용액Hydrothermal fluid

지하에서 고온으로 데워지고 광물질이 풍부한 용액. 마그마로부터 유래되는 경우도 있고, 지표수가 지하에 침투하여 데워지는 경우도 있다.

열염분순환Thermohaline circulation

해수의 밀도차에 의해 일어나는 심층수의 느리지만 거대한 순환.

염분Salinity

해수 중에 녹아 있는 무기염류의 총량 또는 농도. 주로 ‰로 나타냄.

영양염Nutrient

해양의 일차생산을 위해 식물플랑크톤이 필요로 하는 양분으로 질산염, 인산염, 규산염 등이 포되어 있다.

와류Eddy

해류가 계란형, 나선형 또는 원형 고리ring 모양으로 사행 운동을 하는 현상.

용승Upwelling

수온약층 또는 심층의 물이 표층으로 상승하는 현상.

우주기원퇴적물Cosmogenous sediment

외계에서 온 우주 분진과 운석 파편 등의 물질로 이루어진 퇴적물.

원양성퇴적물Pelagic sediment

심해퇴적물로 대부분 생물기원퇴적물로 구성됨.

유광층

빛이 존재하는 해수의 표층.

유영생물

유영 능력이 강하여 수류를 거슬러 움직일 수 있는 생물.

육성기원퇴적물Terrigenous sediment

육지에서 하천, 바람, 빙하, 화산 분출 등에 의해 바다로 운반되어 쌓인 퇴적물.

일정성분비의 원리 Principle of constant proportions

바닷물의 염분이 지역에 따라 다를 수는 있지만 주성분간의 비율은 일정하다는 원리.

일차생산력

독립영양생물이 무기물을 유기물질로 전환시키는 과정.

저서생물

해저 바닥에 정착하거나 이동하며 서식하는 생물.

적도 용승 Equatorial upwelling

적도해류의 물이 남과 북으로 발산함에 따라 적도 해역의 깊은 물이 표층으로 상승하는 현상.

적점토Red clay

바람에 의해 운반된 미세한 먼지와 화산재가 대양저에 쌓여 만들어진 적색, 갈색 또는 황색의 점토.

조석Tide

달과 태양의 인력으로 하루에 한 번 또는 두 번 씩 해수면이 상승과 하강을 반복하는 현상.

지형환류Geostrophic gyre

환류에 만들어진 압력 경사와 코리올리효과 사이에 균형이 이루어진 상태로 흐르는 환류.

천해파Shallow water wave

수심이 파저면보다 얕아 물 입자가 타원 또는 전후 운동을 하는 파도.

체류 시간 Residence time

해수를 구성하고 있는 특정 원소가 해양으로 유입되고 나서 제거되기까지 해수 속에 존재해 있는 시간.

탄산염보상수심CCD, Carbonate Compensation Depth

석회질 퇴적물이 해저에 공급되는 속도와 용해되는 속도가 같아지는 수심. 탄산염보상수심보다 깊은 곳에서는 탄산염 물질의 퇴적이 일어나지 않는다.

파저면Wave base

파장의 절반에 해당하는 수심으로 파랑의 영향

이 거의 사라지는 깊이.

폭풍해일Storm surge

허리케인과 같은 열대성 폭풍에 의해 생긴 큰 풍파.

표층 또는 혼합층 Surface layer or mixed layer

파도와 해류의 작용 때문에 수직적으로 균질한 수온과 비중을 지니고 있는 해양의 상층부.

풍랑Wind wave

바람 에너지가 수면에 전달되어 생긴 중력파의 일종으로 파고는 3m 이내, 파장은 60~150m.

해海, Sea

대양보다 좀더 작은 규모이며 바다의 한 부분으로 육지에 의해 완전히 끊어지지 않고 나름대로의 독특한 해양학적 특성을 지닌 바다를 일컫는다.

해구Trench

대양저의 연변부에 나타나는 수심이 10,000m 이상 되는 좁고 긴 골짜기.

해산Seamount

대양저 위에 발달한 높이 1km 이상의 해저화산.

해저협곡Submarine canyon

대륙사면에 발달하는 V자 모양의 협곡. 육지와 대륙붕의 물질이 해저협곡을 통해 대양저로 운반된다.

호상열도弧狀列島, Island arc

도호島弧라고 부르기도 한다. 판 경계부를 따라 활arc 모양으로 분포하고 있는 일련의 섬들로 부근에서는 화산활동과 지진이 빈번히 일어난다.

환류Gyre

대양의 가장자리를 따라 소용돌이의 모양으로 흐르는 해류.

■ 관련 사이트

· 해양과학Ocean Planet Ocean Science

http://seawifs.gsfc.nasa.gov/OCEAN_PLANET/HTML/ocean_planet_ocean_science.html

미국 스미소니언 박물관 해양관Ocean Planet에서 운영하는 가상 박물관으로 흥미로운 자료들을 이해하기 쉽게 소개하고 있다.

· 해양학 관련 사이트 모음

http://www.esdim.noaa.gov/ocean_page.html

미국국립해양대기청NOAA, National Oceanic and Atmospheric Administration에서 운영하는 인터넷에 올라온 해양학 관련 사이트를 정리해 소개하고 있다. 특히 노아NOAA에서 운영하는 웹 소스들을 연결해주며 많은 연구소와 대학들을 연결하고 있다.

· 웹가상도서관-해양World-Wide Web Virtual Library : Oceanography

http://www.mth.uea.ac.uk/ocean/oceanography.html

WWW 본부가 운영하는 가상도서관 중 해양 관련 사이트 모음. 전 세계 해양 관련 모든 사이트를 일목요연하게 정리하고 있다.

· 스크립스해양연구소Scripps Institution of Oceanography

http://sio.ucsd.edu/

미국 서부에 있는 스크립스해양연구소 홈페이지. 캘리포니아 주립대학 산디에고 분교UCSD와 학연협동과정을 운영하고 있다.

· 우즈홀해양연구소Woods Hole Oceanogra-phic Institution

http://www.whoi.edu/

미국 동부에 있는 우즈홀해양연구소 홈페이지. 매사추세츠공과대학MIT과 학연협동과정MIT/WHOI Joint Program을 운영하고 있으며 연구소 소속의 앨빈호를 이용한 심해저 탐사를 주관한다.

· 미해양정보센터NODC, NOAA National Ocean-ograhic Data Center

http://www.nodc.noaa.gov/

미국 노아가 운영하는 국립해양정보센터NODC 홈페이지. 인공위성으로 얻어진 자료들을 많이 제공하고 있으며 해양학 관련 사이트도 연결해준다.

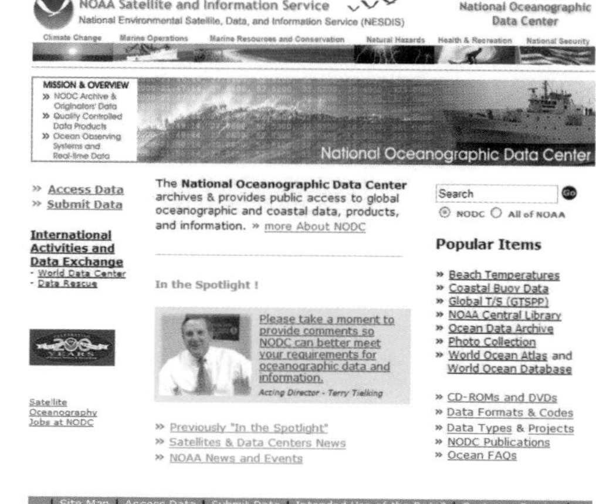

· 미국국립해양대기청NOAA, National Oceanic and Atmospheric Administration

http://www.noaa.gov/

NASA에 버금가는 국립연구기관으로 해양과 대기에 관한 모든 것을 관장하는 NOAA의 홈페이지. 방대한 자료를 가지고 있으며, 교육 자료도 많이 있다.

· 한국해양연구소KORDI, Korea Ocean Research and Development Institute

http://www.kordi.re.kr

우리나라의 해양 연구의 현재를 알아볼 수 있는 사이트. 해양 특성 연구, 연안역 개발 연구, 해양 에너지 연구, 남극 연구, 해양 환경 연구에 관한 정보를 얻을 수 있다.

· 토펙스포세이돈 홈페이지TOPEX/Poseidon Homepage

http://topex-www.jpl.nasa.gov/

미국과 프랑스가 공동 주관하여 NASA와 JPL에서 운영하는 해양 관측 위성 토펙스포세이돈 홈페이지. Mission과 관련한 시디롬을 얻을 수 있다.

· 우주왕복선과 해양학Oceanography from the Space Shuttle

http://daac.gsfc.nasa.gov/CAMPAIGN_DOCS/OCDST/shuttle_oceanography_web/ oss_cover.html

NASA의 'Goddard 우주비행센터GSFC ; Goddard Space Flight Center' 임무의 일환으로 이루어진 우주왕복선에 의한 해양관측 자료를 모아놓은 곳. 다양한 인공위성 사진 자료들을 제공하고 있으며, 그 중에는 파랑wave, 바람, 와류eddy 등 일반적인 해양 관련 내용뿐만 아니라 해양오염에 관한 감시 자료도 제공하고 있다.

· 해양시추사업ODP, Ocean Drilling Program

http://www-odp.tamu.edu/

ODP는 판구조론 성립에 큰 역할을 한 DSDP Deep Sea Drilling Project의 후속 사업으로 진행 중이며 해양의 비밀을 밝히는 데 큰 공헌을 하고 있다. 이 사이트는 ODP 결과 보고서를 비롯한 ODP 관련 자료를 제공한다.

ODP Search Database Drilling Publications Science & Curation Cruise Info. Staff Mirrors
Legs 100-210 general information
Leg participant postcruise info
Request core data/photos
Request core samples
Meeting information
JOIDES Resolution
ODP/DSDP site maps
Photos from ODP legs
ODP & IODP related sites
Public & media information
Index of ODP/TAMU web site
Human resources & employment
OCEAN DRILLING PROGRAM
SCIENCE OPERATOR
Ocean Drilling Program, Texas A&M University, 1000 Discovery Dr., College Station TX 77845, USA | (979) 845-2673
Also see the ODP Legacy web site at www.odplegacy.org
and the following Integrated Ocean Drilling Program web sites:
IODP Management International: www.iodp.org
IODP U.S. Implementing Organization (IODP-USIO): www.iodp-usio.org
The Ocean Drilling Program (ODP) was funded by the U.S. National Science Foundation and 22 international partners (JOIDES) to conduct basic research into the history of the ocean basins and the overall nature of the crust beneath the ocean floor using the scientific drill ship JOIDES Resolution. Joint Oceanographic Institutions, Inc. (JOI), a group of 18 U.S. institutions, was the Program Manager. Texas A&M University, College of Geosciences was the Science Operator. Columbia University, Lamont-Doherty Earth Observatory provided Logging Services and administered the Site Survey Data Bank.
Any opinions, findings, and conclusions or recommendations expressed in these documents are those of the author(s) and do not necessarily reflect the views of the National Science Foundation, the participating agencies, Joint Oceanographic Institutions, Inc., Texas A&M University, or Texas A&M Research Foundation.

· **엔소ENSO, El Niño Southern Oscillation**

http://www.ogp.noaa.gov/enso/

NOAA에서 제공하는 페이지로 남방진동과 엘니뇨의 관계를 명쾌하게 설명하고 있으며, 1997~1998년 전 세계적으로 관심을 끌었던 금세기 최대 규모의 엘니뇨와 라니냐에 관한 다양하고 생생한 정보들을 제공해준다.

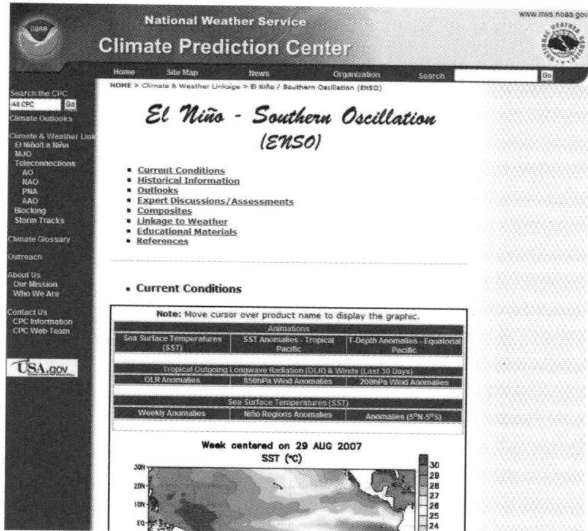

· **엘니뇨란 무엇인가?What is El Niño?**

http://www.pmel.noaa.gov/toga-tao/el-nino-story.html

노아에서 제공하는 엘니뇨 현상에 관한 사이트. 엘니뇨 관련 전문 논문을 참고할 수 있다.

· **검은 연기 굴뚝Hydrothermal Vent in Deep Sea**

http://seawifs.gsfc.nasa.gov/OCEAN_PLANET/HTML/oceanography_recently_revealed1.html

심해저에 존재하는 블랙스모커와 주변의 생물들에 관하여 소개하고 있다.

· **기상청 엘니뇨·라니냐 페이지**

http://www.kma.go.kr/gif/elnino.htm

우리나라 기상청에서 개설한 사이트. 엘니뇨와 라니냐에 관해 개론적 설명과 몇 가지 그림 파일을 제공한다.

■ 생각해 봅시다.

(1) 바다에 대한 본격적인 최초의 정밀 조사가 19세기 후반 영국의 챌린저HMS Challenger호에 의해 수행된 이후, 해양조사의 방법은 비약적으로 발전하게 되었고 오늘날 전 세계의 해양에서 활약하고 있는 해양조사선들은 '움직이는 연구소' 로서의 기능을 충분히 수행하고 있습니다. 그 당시 챌린저호의 활약상을 그려보고 현재의 해양조사선들의 기능 등과 비교하여 살펴봅시다.

(2) 전 지구적인 규모의 연구 및 외계의 탐사 등에 사용되는 강력한 도구로서 원격감응장치remote sensing가 있습니다. 인공위성이나 우주왕복선을 이용하여 바다에 대한 많은 자료가 수집되고 있는데 원격감응장치의 원리와 용도를 알아보고, 또한 구해양학과 신해양학의 차이점을 설명해봅시다.

(3) 고대 사람들이 생각하던 해양의 모습과 현재 우리가 알고 있는 그것과는 커다란 차이가 있습니다. 특히 해양의 크기나 구조의 경우 그 차이는 비교할 수 없을 정도입니다. 현재까지 알려진 해양의 크기와 구조에 대해 살펴봅시다.

(4) 해양에서 표층수와 심층수의 순환이 어떻게 일어나는지, 이러한 해류의 순환에 의해 지구의 기후가 어떻게 조절되는지 알아봅시다.

(5) 해수는 깊이에 따라 크게 3개의 층표층, 수온약층 및 심층으로 구분할 수 있습니다. 각각의 층에 대한 해수의 온도, 염도 및 밀도의 차이를 알아봅시다. 그리고 대서양, 태평양 및 인도양의 해수 성질에 대해서도 비교해봅시다.

(6) 해양 환경과 육상 환경과는 생물의 서식 형태를 비롯한 여러 가지 면에서 다릅니다. 그 차이점을 설명해봅시다.

(7) 바다에 쌓이는 퇴적물의 종류를 알아보고, 기후대나 해저지형에 따라 퇴적물의 종류가 어떻게 달라지는지 알아봅시다.

(8) 멕시코만류Gulf Stream가 곡류하는 모습과 이 과정을 통해 형성되는 고리형 와류의 모습들을 직접 그려봅시다.

(9) 엘니뇨El Niño 현상은 해양과 대기의 상호작용 결과로 나타나는 중요한 예이며, 특히 이 현상으로 야기되는 기상이변한발, 홍수 등은 인류에게 커다란 재해를 가져다줍니다. 엘니뇨 현상이 일어나는 원인과 이 현상으로 초래되는 재해 등에 대해 알아봅시다.

(10) 심해잠수정의 활약으로 발견된 열수공 생태계에 어떤 생물들이 나타나는지 알아보고 이 생물군집이 무엇을 에너지원으로 이용하고 있는지, 외계 행성의 생명 탐사와 관련하여 어떤 의미가 있는지 알아봅시다.

(11) 우리나라도 21세기의 선진 해양국을 목표로 온누리호와 탐해2호를 진수하여 현재 활발히 활동 중에 있습니다. 온누리호와 탐해2호의 제원, 탑재된 중요 연구 장비를 비교해보고 이러한 해양탐사선의 활동으로 얻어지는 기대 효과 및 의의를 알아봅시다.

■ 인터넷 항해 문제

(1) 오늘날의 해양은 원격감응장치에 의한 인공위성의 도움으로 역동적이고dynamic, 지구적인 모습으로 우리에게 다가오고 있습니다. 각종 첨단 장비를 갖춘 인공위성들은 다양한 해양의 정보를 수집하는데, 목적에 따라 인공위성들의 임무와 수집 정보는 다르게 됩니다. 특히 지구 표면의 70%를 차지하는 바다는 대기와 대부분 접함으로써 바다의 변화는 직접적으로 대기에 영향을 주게 됩니다. 기상에 대한 많은 관측이나 기상 변화 예측을 위한 자료 수집이 바다와 관련하여 이루어지는 이유가 여기에 있습니다. 현재 해양관측 위성 중의 하나인 'Topex/Poseidon' 에 관하여 다음에 답하시오.

① 이 위성은 어디서 주관하였으며, 발사 시기, 발사 방법 등에 관해 밝히시오.

② 이 위성의 임무는 무엇이며 그동안의 성과를 간단히 소개하시오.

③ 여러분이 방문한 웹 사이트의 주소를 적어 보시오.

(2) 1997년 겨울부터 1998년 여름까지 금세기 최악의 엘니뇨가 발생했습니다. 인공위성의 감시 덕분에 엘니뇨 현상이 아주 자세히 관찰되고 인터넷 덕분에 엘니뇨에 관한 많은 정보들을 접할 수가 있습니다. 다음에 답하시오.

① 1997년~1998년 발생한 엘니뇨의 규모와 그 영향impact에 관해 조사하시오. (아직 엘니뇨의 영향에 대해서는 계속 전 세계에서 보고가 되고 있기 때문에 완전히 밝혀진 것은 아니지만, 많은 자료를 접할 수 있습니다. 1997년 겨울부터 여름까지 발생한 기상이변홍수, 가뭄과 그에 따른 산불에 대해 몇 가지 사례를 소개하면 됩니다.)

② 엘니뇨가 끝나자, 라니냐가 1998년 여름부터 계속되고 있습니다. 라니냐의 영향으로 보고된 기상이변이 있으면 찾아보기 바랍니다.

③ 여러분이 방문한 웹 사이트의 주소를 적어 보시오.

■ 참고 문헌

정창희, 『지질학 개론』, 박영사, 1986년.

이광우 · 손영수(역), 『바다의 세계(3)』, 전파 과학사, 1988.

박병권 · 양재삼, 『일반 해양학』, 정문출판사, 1992.

Gross M.G., *Oceanography—A view of the Earth*, Prentice-Hall Inc, 1987.

Duxbury, I.C. & Duxbury, I.B., *An Introduction to the World's Oceans*, W.C. Brown Pub, 1991.

Chapter 4

수수께끼의 기후

The Climate Puzzle

아침에 비가 오다 오후에 개는 날씨는 예측이 불가능한 수수께끼이다.
이런 날씨와 기후에 대해 알아보고, 기후에 영향을 미치는 요인에 대해 배운다.
그리고 과거 북반구의 1/3 이상을 덮었던 빙하와 빙하기의 정체도 밝힌다.

하늘로 올라가라.
수만 군상들의 구름과 눈의 응집력,
아침 이슬의 신비로움 등을 응시하라.
또한 우박과 천둥의 애무를 지켜보라.
결코 그곳에는 아무런 비밀도 없으리.

— 밀턴(J. Milton)

생활 속의 기후

올 여름에 비가 많이 올 것인지 혹은 가뭄이 들 것인지, 또 올 겨울은 추울 것인지 아니면 따뜻할 것인지 등의 장기적 기상예보와, 아침에 우산을 가지고 가야 할지 혹은 등산을 갈 때에 어떤 준비물이 필요한지 등의 단기적 일기예보에 우리의 생활은 크게 의존하고 있다. 또 고대의 생활을 이해하기 위하여 그 당시의 기후에 관한 지식은 많은 도움이 된다. 고대에도 따뜻한 지방과 추운 지방의 생활양식이 달랐으며, 비가 많이 오는 지방과 건조한 지방의 생활양식이 달랐다.

이와 같이 기후는 인류의 생활이나 문명과 밀접한 관계가 있다. 우리가 알고 있는 4대 문명의 발상지를 살펴보면 공통점을 발견할 수 있다. 나일 강 유역의 이집트 문명, 티그리스 강과 유프라테스 강 유역의 메소포타미아 문명, 인더스 강 유역의 인도문명, 그리고 황하강 유역의 황하문명은 모두 강을 끼고 있어 토지가 비옥하였고 교통이 발달하였으며 각자 고유의 문자를 사용하고 있었다. 그러나 우리가 또 한 가지 주목해야 할 점은 기후적 측면에서 4대 문명이 모두 북위 30도 부근에 위치하며 온대기후에 속한다는 사실이다. 사계절이 뚜렷한 온화한 기후가 농경을 가능하게 하여 풍요로운 수확으로 많은 사람들이 정착 할 수 있었다. 그러나 오늘날 4대 문명 발상지는 모두 사막이 되거나 황폐해져 더 이상 도시가 존재하지 않게 되었다. 이는 인구가 많아짐에 따라 생활공간을 넓히기 위해 산림을 개간하고 벌채하는 등 자연 훼손으로 기후가 변했기 때문이며, 더 이상 문명을 유지하기 어려워짐에 따라 다른 곳으로 이동한 결과이다. 이처럼 먼 옛날 인류의 조상들은 기후의 변화에 따라 대이동을 하였으며, 또 인류는 변화하는 기후에 적응하기 위하여 과학과 기술을 발전시켜왔다. 지금도 우리들은 여름의 더위와 겨울의 추위에 대비해야 하며 홍수, 태풍 등의 기상재해는 우리 생활에 막대한 피해를 준다. 98년 한 해 동안 전 세계적으로 관심을 끌었던 엘니뇨와 라니냐는 홍수와 가뭄, 이상한파와 이상난동 등 전 세계에 걸쳐 기상재해를 가져다주었

▲ 그림 1. 기상이변으로 빙하기가 덮친 한계 상황을 그린 재난 영화 〈투모로우〉. 기상이변의 재앙을 잘 묘사하고 있다.

다. 또한, 88년 서울 올림픽을 비교적 비 올 가능성이 적은 초가을에 개최한 것도 날씨가 우리 생활에 어떻게 영향을 미치는지 알 수 있는 좋은 예이다. 이런 관점에서 볼 때, 기후를 이해하고 연구하는 것은 매우 중요한 일이다.

한편 20세기 이후, 인구의 증가와 공업 기술의 발달로 석탄, 석유 및 천연가스 같은 화석 에너지의 소비가 급증하였으며, 그 결과 대기오염은 심각한 환경문제로 대두되었으며, 인간에 의한 지구온난화와 같은 기상이변도 염려된다.■ 그림 1

46억 년의 역사를 가진 지구의 기후는 끊임없이 변해왔다. 원시 지구의 표면에는 대기와 해양이 거의 존재하지 않았을 것으로 추정된다. 수소와 헬륨 등은 지구 중력에 비하여 너무 가볍기 때문에 외계로 달아나버렸을 것이며, 다만 극소량의 네온Ne과 크세논Xe 등 불활성 기체만이 존재하였을 것이다. 따라서 현재 지구를 둘러싸고 있는 해양과 대기는 2차적 생성물로 지구 진화의 산물이다. 원시 대기 중에서 많은 양을 차지하고 있었던 이산화탄소는 칼슘, 수소, 산소와 화학적으로 결합하여 석회암, 석탄 및 석유 등으로 변하였다. 현재 대기 중의 이산화탄소는 0.03%에 지나지 않는다.

지구 기후의 특색

태양계의 여러 행성 중 지구와 비슷한 금성과 화성과 비교하여 지구 기후의 특색을 살펴보자.

금성 표면의 온도는 두꺼운 이산화탄소에 의한 온실효과로 약 450℃ 정도에 달한다. 이와 같은 높은 온도에서는 물이 있었다 하더라도 지표에서는 이미 수증기로 변해 증발해버렸을 것이다. 한편, 화성은 희박한 대기 때문에 열을 차단하거나 저장할 수 없다. 그 결과 낮에는 수십 도까지 올라갔다가 밤에는 영하 100℃ 이하로 떨어져, 낮과 밤의 기온차가 매우 심하다. 또한 물이 있었더라도 기압이 낮아 외계로 달아나거나, 일부는 지하에 얼음의 형태로 존재할 수밖에 없다. 이와 같이 물이 없어 건조하고dry 뜨거운hot 금성과 건조하고 차가운cold 화성에는 생명체가 살 수 없을 가능성이 매우 높다.■ 그림 2

한편, 지구는 어떠한가? 지구는 생명체가 존재하고 또 번성할 수 있는 충분한 기후 조건을 가지고 있다. 즉, 푸른 해양과 적당한 대기는 기후를 습윤하고wet, 따뜻하게warm 유지해 준다. 대기 중의 오존층은 태양으로부터 방출되는 유해파를 막아준다. 대기의 순환과 대기 중의 이산화탄소에 의한 온실효과로 지구 대기는

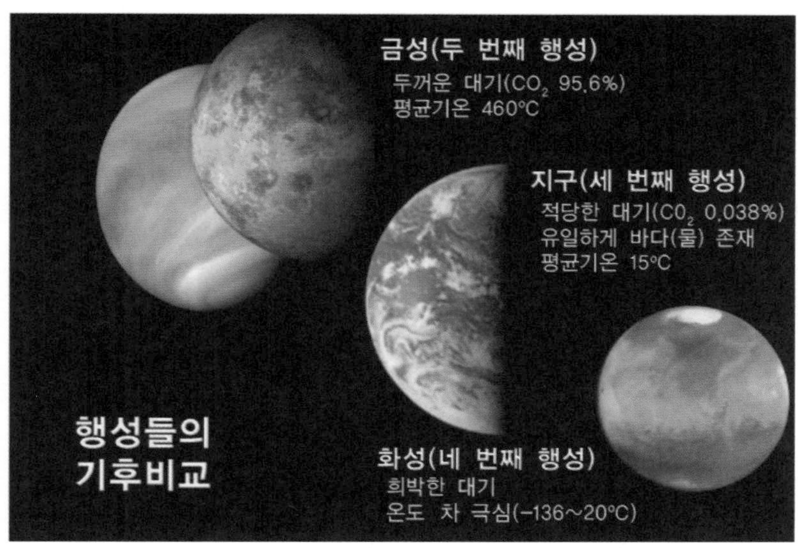

◀ 그림 2. 금성, 지구, 화성의 기후. 금성은 두터운 이산화탄소 대기로 매우 뜨거우며, 화성은 대기(주로 이산화탄소)가 희박하여 낮과 밤의 온도 차가 극심하다.

생명체가 살 수 있는 일정한 온도로 유지되며, 해양은 생명체가 번성할 수 있는 적절한 환경이 된다. 따라서 지구는 태양계의 여러 행성 중 유일하게 생명체가 존재하는 아름답고 풍요로운 기적의 행성이다.

지구가 태양 주위를 공전하며 자전을 계속하는 한, 지표면은 항상 태양빛을 받아 에너지를 얻는다. 지구에 도달하는 태양에너지는 태양이 방출하는 총 에너지의 10억분의 1에 불과하지만, 그 에너지는 기후계를 형성하고 있는 모든 요소들에 영향을 주는 근본적인 원동력이다. 대기 중에서 끊임없이 일어나는 다양한 기상 현상은 기후계의 여러 요소들이 상호작용한 결과이다. 지구 상의 위도에 따라 지표면에 닿는 태양빛의 입사각이 차이가 나서, 적도지방은 에너지가 남고 극지방은 에너지가 모자라게 된다.■ 그림 3 만약, 대기의 순환이 없다면, 적도 지방

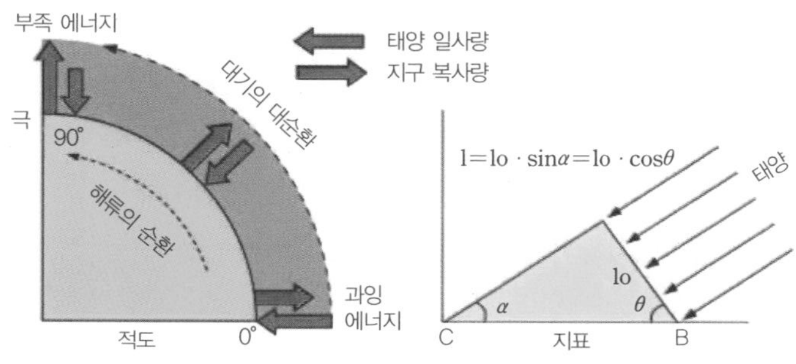

◀ 그림 3. 위도에 따른 열수지.

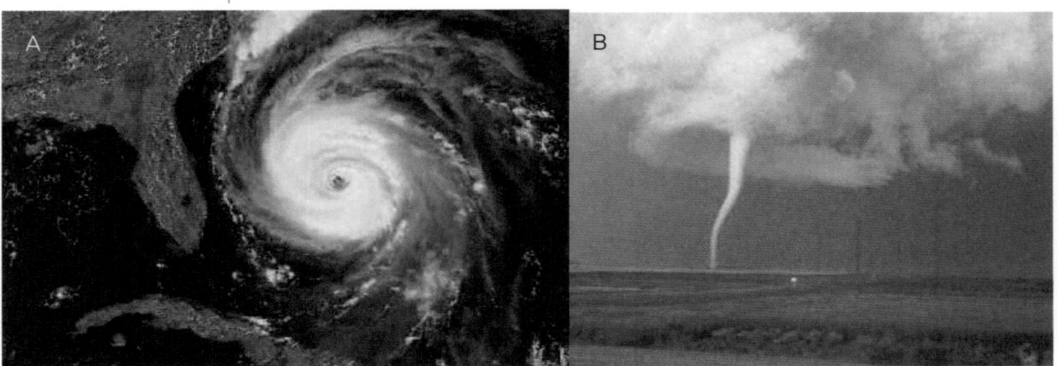

▲ 그림 4. 태풍 허리케인(A)과 토네이도(B)의 모습.

은 시간이 지날수록 온도가 계속 올라가고 극지방은 온도가 계속 내려 갈 것이다. 하지만 지구 규모의 바람에 의한 해수와 대기의 순환으로 열에너지가 고위도로 이동함에 따라 지구는 일정 온도를 유지하고 있다.

열에너지의 이동 메커니즘은 일차적으로 대기 대순환과 지구 규모의 해류에 의해 일어난다. 또한 계절풍이나 해양과 육지의 기압 차로 부는 해풍과 육풍 같은 지역적인 바람, 거대한 열대성 저기압에서 비롯되는 태풍이나 허리케인, 또 지엽적인 토네이도■그림 4 등과 같은 이차적인 기상 현상에서 비롯되기도 한다.

지구가 탄생한 이후, 지구의 기후는 끊임없이 변해 왔고 앞으로도 변해갈 것이다. 과거 지구에는 전 대륙의 약 1/3이 얼음으로 덮여 있었던 빙하기도 있었다. 또한 대륙의 이동으로 사하라사막에서 빙하의 흔적이 나타나고 극지방에서도 석유, 석탄 등이 부존되어 있다.

우리는 태양계에서 유일하게 생명체가 존재하는 지구를 아끼고 보존하여 우리 후세대에게 물려줄 의무가 있다. 그러나 불행하게도 현대사회는 인구의 증가와 문명의 발달에 따른 엄청난 화석연료의 소비로 심각한 대기오염을 야기했다. 지구는 이제까지 경험해보지 못했던 여러 가지 위험에 직면하고 있다. 대기와 물의 오염 외에도 생명을 지켜주는 오존층의 파괴, 계속 증가하는 이산화탄소에 의한 지구의 온난화, 인구의 증가와 산성비로 인한 삼림 훼손, 사막화 등의 문제는 인류가 시급히 풀어야 할 공동의 과제이다. 과거 온화한 기후와 비옥한 토지로 번영을 누렸던 4대문명의 발상지는 현재 사막으로 변하였다. 이는 문명발달로 야기된 무분별한 자연훼손이 가져오는 결과로 다시 되풀이되어서는 안된다는 큰 경각심을 일깨워주고 있다.

세계의 주요 기후

기후대氣候帶, climate zone는 위도에 따라 대상으로 나타나는 기후의 분포를 말한다. 그러나 같은 기후대라도 여러 다른 기후를 나타내는 구역으로 세분할 수 있으며, 이를 기후구氣候區, climate area라 한다. 기후 구분은 현재 쾨펜G. Koppen, 1864~1940의 구분법이 널리 알려져 있다. 쾨펜의 기후 구분법은 식생을 기초로 하여 구분한 것과 기호를 사용하여 간결하게 표시한 점이다.

쾨펜은 기후를 크게 나무가 자랄수 있는 기후수목기후와 없는 기후무수목기후로 나눈 후, 기온과 강수량에 의해 열대기후A, 건조기후B, 온대기후C, 냉대기후D, 극한대기후E로 구분하고, 식생에 의거해 고산기후H를 추가하였다.■ 그림 5 이들을 다시 연중다우f, 하계다우w, 동계다우s, 스텝S, 사막W, 툰드라T, 영구동결F로 세분하여 총 11개의 기후구로 세계 기후를 구분하였다.■ 표 1 각 기후구의 대표적인 식생을 그림 6에 나타내었다.

열대기후는 연중 온도가 18℃ 이상이며, 강수량의 변화에 따라 열대우림기후Af와 사바나Aw기후로 나눌 수 있다. 열대우림기후는 중남미 아마존 강 유역의 거대한 지역■ 그림 6-A과 중앙아프리카, 그리고 동남아 일대에 분포하고 있다. 이들 지역은 연중 고온 다습하여 울창한 삼림을 이루며 지구에 산소를 공급하는 지구의 허파 역할을 한다. 사바나기후는 베네수엘라와 브라질 일부, 중앙아프리카 주변■ 그림 6-B으로 넓게 분포하고 인도 및 동남아 일부, 그리고 호주 북부에 분포하고 있다. 이곳은 여름에는 비가 많이 내리지만 겨울에는 건조하여 키 작은 관목과 초원이 펼쳐진다.

건조기후는 강수량보다 증발량이 많은 곳을 말하며, 기온은 열대기후보다는 낮지만 연중 높은 기온을 유지한다. 아프리카와 남미의 열대기후를 제외한 거의 대부분 지역과 미국의 중서부 지역에 로키 산맥을 따라 남북으로 분포하며, 아

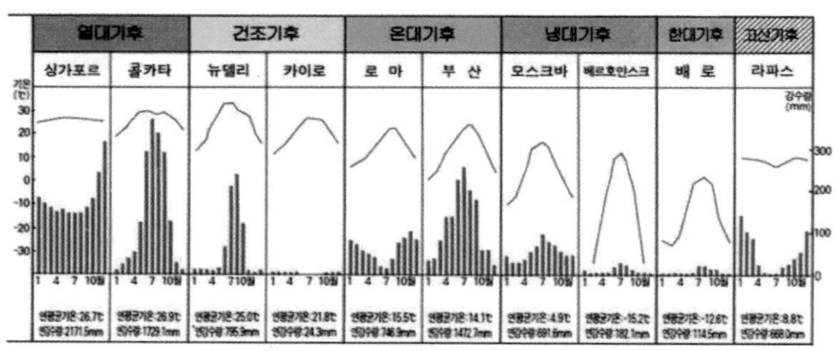

◀ 그림 5. 세계의 주요 기후구. 쾨펜은 기온과 강수량으로 전 세계 기후구를 5개의 기후구로 구분하였다.

▶ 표1. 쾨펜의 기후 구분

기 후 구	기호	주요 기후	특 징	대표 도시
열대기후, A	Af	열대우림기후	연중 고온 다우	싱가포르, 키상가니
	Aw	사바나기후	고온, 하계 다우, 동계 건조	연중 고온 다우
건조기후, B	BS	스텝초원기후	연중 비가 적다	뉴델리, 라호르
	BW	사막기후	연중 비가 거의 없다	카이로, 리야드
온대기후, C	Cf	온대습윤기후	온난, 연중 다우	부산, 런던
	Cw	온대동계건조기후	온난, 하계 다우, 동계 건조	홍콩, 칭따오
	Cs	지중해성기후	온난, 동계 다우, 하계 건조	로마, 케이프타운
냉대기후, D	Df	냉대습윤기후	한랭, 연중 다우	모스크바, 위니펙
	Dw	냉대동계건조기후	한랭, 하계 다우, 동계 건조	베르호얀스크
극기후, E	ET	툰드라기후	일부 지표가 녹아 식물 성장	고트호프, 딕손
	EF	빙설기후	영구히 지표가 동결	헬리베이

▶ 그림 6. 세계의 대표적인 기후구에 따른 식생. (A) 아마존의 울창한 삼림(열대우림기후), (B) 아프리카 케냐의 국립공원 세렝게티의 초원(사바나기후), (C) 몽고의 대초원(스텝기후), (D) 모하비사막(사막기후), (E) 미국 동부의 산림지대(온대습윤기후), (F) 유럽 남부의 산림지대(지중해성기후), (G) 캐나다 북부 유콘주의 침엽수림(타이가기후), (H) 알래스카의 평원(툰드라기후).

시아에서는 사우디아라비아가 속한 중동지역과 내몽고■ 그림 6C부터 터키에 이르는 중앙아시아에 넓게 분포하고 호주의 해안지역을 제외한 내륙의 대부분을 차지한다. 건조기후는 연중 비가 적은 스텝초원기후BS와 연중 비가 거의 오지 않는 사막기후BW로 나뉘는데, 특히 아프리카의 사하라사막, 중국 내륙의 고비사막, 타클라마칸사막 등 최근 지구온난화로 기후대가 이동하면서 사막의 면적이 갈수록 넓어지고 있다. 사막기후 지역은 흔히 끝없는 모래로 덮인 지역을 상상하기 쉬운데, 풀 한포기 자라지 않은 모래로만 이루어진 사막은 사막화의 최종 단계이고 대부분의 사막은 식물이 자라기 어려운 황무지로서 서부 영화에서 보듯이 선인장과 키 작은 관목이 자라는 지역■ 그림 6D이다.

온대기후는 현재 인류가 밀집되어 살고 있는 대도시가 위치하고 문명이 가장 발달한 지역이며, 북유럽을 제외한 유럽의 대부분 나라와 미국의 중동부 지역, 한국과 일본이 속한 동아시아에 분포한다. 기온은 연중 온난하며-3℃~18℃, 강수량에 따라 다시 3개의 기후구로 나뉘는데, 연중 비가 많은 온대습윤기후Cf■ 그림 6E와 여름철에 비가 많고 겨울은 건조한 온대동계건조기후Cw, 반대로 여름은 건조하고 겨울에 비가 많은 지중해성기후Cs■ 그림 6F이다. 침엽수와 활엽수, 다년생과

A
B
C
D
E
F
G
H

낙엽수의 혼합림이 계절에 따라 자연의 변화를 보여준다.

냉대기후는 더울 때는 10℃ 이상 올라가나 추울 때는 −3℃ 이하인 지역이며, 캐나다의 대부분과 알래스카,■ 그림 6-G 북유럽과 소련의 대부분을 차지한다. 이들 지역은 연중 비가 많은 냉대습윤타이가기후Df와 여름철에는 비가 오나 겨울에는 건조한 냉대동계건조기후Dw로 나뉘고 키가 큰 사계절 침엽수림이 울창한 삼림을 이룬다.

한대 또는 극기후는 가장 더운 날씨도 10℃ 이하이며 주로 냉대기후의 북쪽에 분포하며 식생의 유무에 따라 툰드라기후ET와 영구빙설기후EF로 나뉜다. 툰드라기후지역■ 그림 6-H에는 일부 지표가 녹아 이끼 등의 식물이 성장한다.

기후계

날씨Weather와 기후Climate

우리 생활과 밀접한 관계를 가지는 날씨와 기후란 무엇일까? 예를 들어, 오늘은 맑다, 비 온다, 흐리다, 눈 온다, 덥다, 춥다 등을 말할 때, 우리는 날씨 또는 일기日氣라는 용어를 사용한다. 또한 하루 중에도 오전은 맑다가 오후에는 비가 오기도 하며, 진주에 비가 오더라도 가까운 마산에는 맑기도 한다. 이러한 현상들이 모두 날씨인 것이다. 이와 같이 날씨weather는 특정 지역에서 특정 시간대의 대기 현상을 말하는데 ① 온도의 변화(온도), ② 습도량(습도), ③ 풍향, ④ 풍속, ⑤ 운량, ⑥ 강우 등 수량적으로 관측되는 모든 기상요소로 나타나는 종합적인 대기 현상이다.

한편, 기후氣候라는 용어는 날씨와 구분하여 사용한다. 예를 들어, 우리나라와 같이 중위도지방은 온난 기후 지역이고, 적도지방은 열대기후, 사막 같은 곳은 건조기후, 및 극지방은 냉대기후 지역으로 일컫는다. 이와 같이 기후climate는 장시간 동안의 기상 현상의 평균치를 말한다. 기후에 영향을 주는 요인들을 기후요소라 하는데 ① 온도, ② 습도, ③ 풍향, ④ 풍속, ⑤ 운량, ⑥ 강우, ⑦ 전선前線의 형태, ⑧ 토양 수분, ⑨ 불쾌지수 등이 모두 기후요소이다. 이러한 모든 기후요소들이 서로 복합적으로 작용하여 다양한 기상 현상이 나타나고, 지역적으로 장기간의 특징을 보여주는 기후가 된다.

기후를 결정하는 데 크게 영향을 미치는 다섯 가지 서로 다른 영역이 있어 이들은 서로 상호작용하는데 이를 '5대 기후계climate system' 라 한다.■ 그림 7 즉, 기후에 영향을 주는 5대 기후계는 지구를 둘러싸고 있는 기체로 된 대기권大氣圈, atmosphere 해양과 호수 등의 수권水圈, hydrosphere 빙하로 덮인 빙하권氷河圈, cryosphere 지각과 상부 맨틀을 포함한 암석권岩石圈, lithosphere 그리고 생물권生物圈, biosphere을 말한다.

▶ 그림 7. '5대 기후계'. 이들은 상호작용하면서 기후에 영향을 미친다.

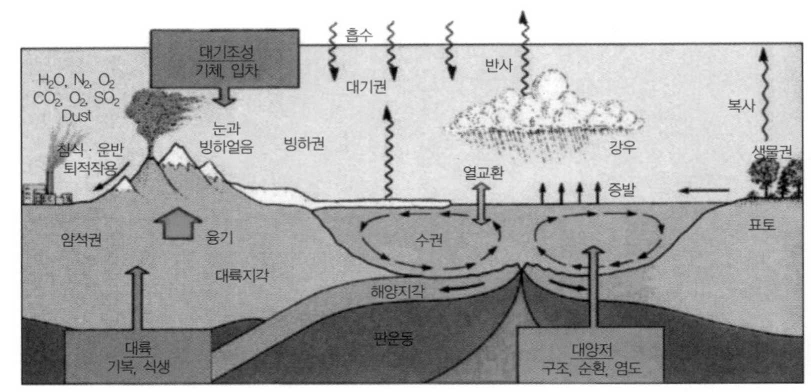

기후에 관한 연구를 하는 학문을 기후학climatology이라 한다. 따라서 기후학의 연구 대상은 대기뿐만 아니라 기후에 영향을 미치는 5대 기후계가 모두 포함되는데, 이들이 기후학의 주요 연구 대상이다. 즉, 기후학은 기상학meteology 해양학oceanography 빙하학glaciology 지질학geology 생물학biology 등을 모두 알아야 하는 종합 학문인 셈이다.

대기권Atmosphere

지구를 둘러싸고 있는 공기air 전체를 대기라 한다. 대기는 기체의 혼합체이고 순수한 공기에서 수증기를 제외한 모든 기체를 '건조공기dry air' 라고 하며, 수증기를 포함한 공기를 '습윤공기wet air' 라 한다.

▼ 그림 8. 대기의 성분. 주로 질소와 산소로 되어 있다.

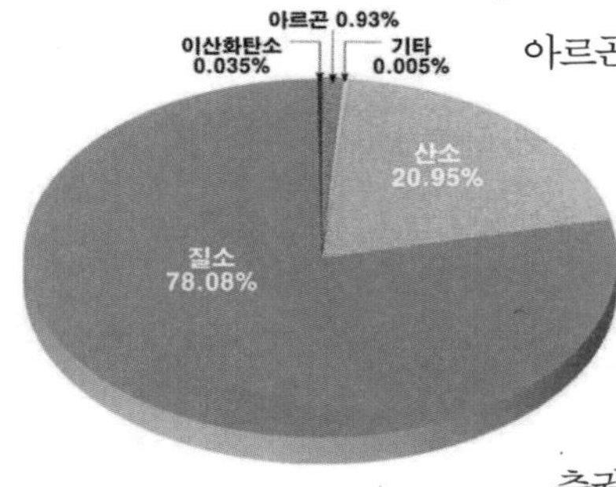

건조공기의 성분은 지상 약 90km까지는 거의 일정하며 주 성분은 질소78.08%와 산소20.95%로서 대기의 99%이상을 차지하고 있다. 그리고 나머지 기체로는 아르곤0.93%, 이산화탄소0.035%, 기타 기체0.005%들로서 모두 합쳐 1% 미만이다. ■ 그림 8

대기권大氣圈의 구조는 여러 높이에서 대기의 온도, 압력, 화학적 및 전기적 성질에 따라 구분할 수 있으나, 특히 온도의 변화는 대기권의 분류에 주요한 지표가 된다. 대기권은 온도의 변화에 따라 네 개의 층으로 나뉘는데, 지표면에서부터 대류권troposphere, 성층권stratosphere, 중간권mesosphere, 그리고 바깥쪽의 열권thermosphere으로 구분한다. ■ 그림 9

대류권Troposphere

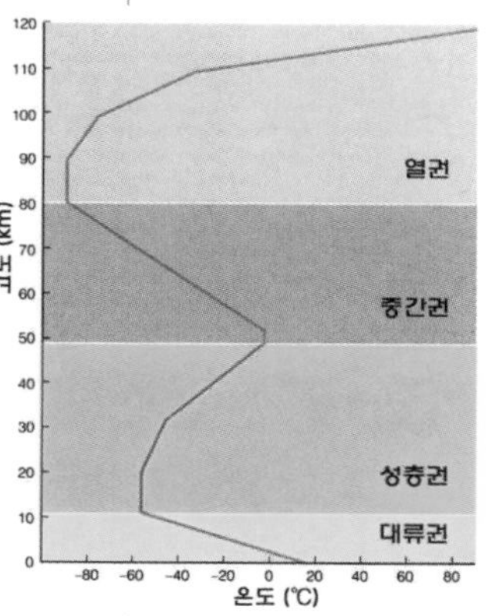

▲ 그림 9. 대기권의 구조. 위로 올라갈수록 대류권, 성층권, 중간권, 열권으로 나뉜다.

대류권對流圈의 높이는 약 10~15Km 사이로 평균 12km위도 45도의 경우 정도이며, 이 높이는 기류와 원심력의 차이로 적도지방으로 갈수록 높아지고 극지방으로 갈수록 낮아진다.

지표면을 둘러싸고 있는 대류권의 공기는 위도 차에 따른 햇빛의 입사각 차이와 지구 공전으로 태양과 지구 사이의 거리 차로 인한 온도 차에 의한 대류 운동과 지구 자전운동에 의한 원심력 등의 영향으로 매우 복잡한 기상 현상을 일으키고 있다. 비, 눈, 바람 등의 주요 기상 현상의 무대가 바로 대류권이다. 대류권에서는 고도가 높아짐에 따라 단열팽창에 의하여 6.5℃/km씩 낮아지는 기온 감률 때문에 따뜻한 공기가 하부에, 찬 공기가 상부에 분포하며, 이 온도의 역전 현상으로 지표면에서 가열된 공기의 상승과 상부의 냉각된 공기의 하강으로 인해 대류가 일어나 공기의 수직 혼합이 일어난다. 대류권이라는 이름도 바로 대류현상에 의해 붙여진 것이다.

적도에서 따뜻하고 습한 공기는 수직 상승하고 고위도로부터 찬 공기가 유입되는 지구 규모의 순환대류 운동이 일어난다. 이러한 순환은 만약 지구가 자전을 하지 않는다면, 적도에서 상승한 공기는 양극 쪽으로 이동하고 지표에서는 빠져나간 공간을 메우기 위해 극 쪽에서 하강한 차가운 공기가 이동해올 것이다. 따라서 북반구와 남반구 각각 1개씩의 대류세포가 만들어질 것이다. ■ 그림 10

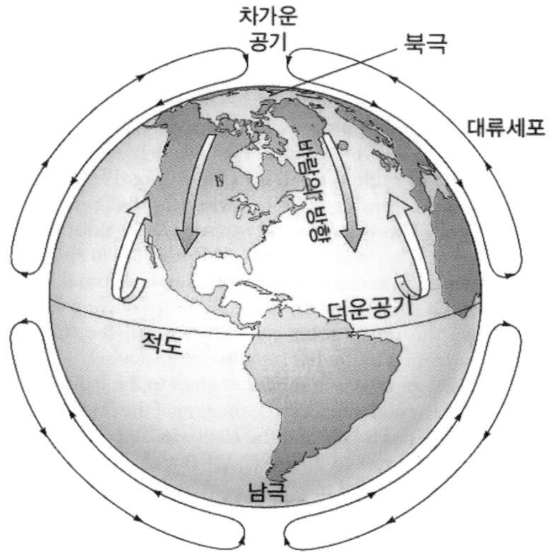

◀ 그림 10. 지구 대순환. 지구의 자전이 없으면, 각 반구에 하나씩의 큰 대류가 발생한다.

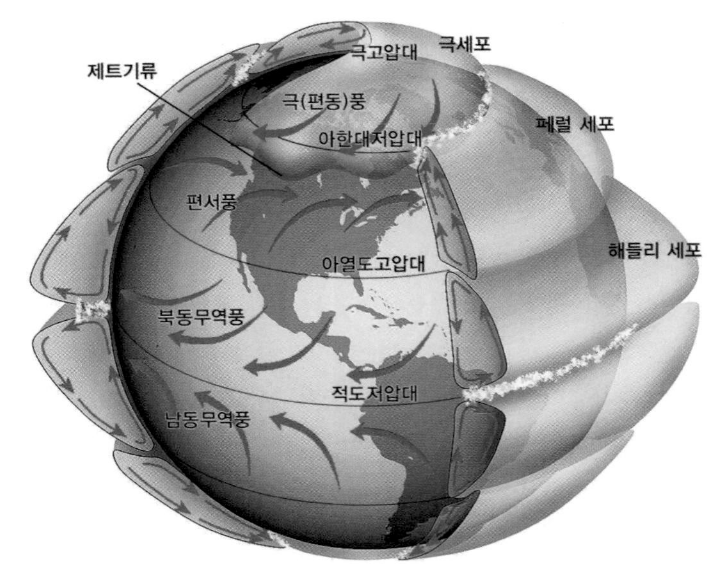

▶ 그림 11. 지구 대순환의 모식도. 3개의 대류세포로 나뉘며, 지표에서는 각각 무역풍, 편서풍, 극편동풍의 바람이 발생한다.

태양빛의 입사각이 가장 큰 적도 지방에서는 태양복사에너지가 많고, 극지방으로 갈수록 감소하게 된다. 따라서 적도 지방에서는 에너지가 남고 극지방에서는 에너지가 부족한 현상이 나타난다. 이러한 불균형 상태는 공기의 대류 운동에 의하여 적도에 남는 열에너지가 극지방으로 분산됨으로써 균형 상태를 유지하게 된다.

실제 대류의 운동은 지구 자전에 의한 '코리올리효과Coriolis effect'로 북반구에서는 시계 방향, 남반구에서는 반시계 방향의 회전운동이 작용한다. 이러한 운동은 지표의 바람의 방향을 바꾸게 되어 지구 풍향계의 모습에 영향을 미친다.

적도 지방에서는 작열하는 태양으로 데워진 공기가 수직 상승하므로 지표면에서는 바람이 거의 없는 적도 저압대가 형성된다. 이 상승한 상층의 기류는 고위도 지방으로 이동하면서 냉각되어 위도 30° 근처에서 하강기류를 형성한다. 이 하강하는 기류에 의해 아열대 고압대가 형성되어 일부는 적도 지방 쪽으로 이동하고 일부는 고위도로 이동한다. 고위도로 이동한 공기는 극에서 이동한 차가운 공기가 60° 부근에서 서로 만나 상승하면서 아한대 저압대를 만든다. 상승한 공기는 일부는 남으로 이동하여 30° 부근의 아열대 고압대의 하강한 공기를 메워주고, 일부는 극으로 이동하여 찬 공기가 하강하는 극고압대의 빠져나간 공기를 메워준다.■ 그림 11

이리하여 각 반구에서는 그림 10과는 달리 그림 11에서 보듯이 3개의 대류convection가 만들어지며 대류 운동의 단위를 '대류세포convection cell'라 한다. 적도에서 저위도아열대 고압대까지의 대류세포를 처음 발견한 사람의 이름을 따 '해들리 세포Hadley cell'라 하고, 저위도에서 중위도까지의 대류세포를 '페럴 세포' Ferrel cell, 그리고 극까지의 대류를 '극세포polar cell'이라 한다.

이때, 지표에서는 고압대에서 저압대로 공기가 이동하게 되어 바람이 불게 된다. 아열대 고압대에서는 각각 적도 및 아한대 저압대로 편동 무역풍대와 편서풍대를 만든다. 한편, 위도 50~60° 부근의 아한대 저압대에서는 아열대 고압대로부터 이동한 편서풍과 극지방에서 불어온 차가운 극동풍이 마주치게 된다. 이렇게 부딪힌 공기는 상승하여 제트기류를 형성한다.

제트기류 Jet Stream

차가운 극편동풍과 따뜻한 편서풍이 60° 부근의 중위도 저압대에서 만나 상승하게 되면 대류권 상층부에서는 차갑고 따뜻한 두 공기기단가 서로 경계를 이루면서 동서로 이동하는 흐름이 생기는데 이를 '제트기류jet stream'이라 한다. 제트기류는 비행기의 항로로 많이 이용되는데, 서에서 동으로 흐르고 있기 때문에 우리나라에서 유럽에 갈 때보다 유럽에서 돌아올 때 비행시간이 1~2시간 단축된다.

이 제트기류는 북쪽의 찬 공기와 남쪽의 따뜻한 공기가 서로 세력 다툼을 하며 계속 모양이 변하게 되는데,■ 그림 12 제트기류가 지나가는 위도 50° 전후의 지방에서는 겨울철 날씨의 변화가 매우 심하게 된다. 극편동풍이 확장하게 되면, 제트기류의 경계는 남하하게 되고, 그곳에 놓이는 지역은 매우 추워진다. 반대로 따뜻한 편서풍이 강해지면 제트기류의 경계는 북쪽으로 밀려나고, 겨울에도 따뜻한 날씨가 된다.

최근 인공위성 관찰 결과, 제트기류의 모습을 극에서 보게 되면 4~6개의 꽃잎 모양을 하고 있으며 서서히 회전하는 것으로 밝혀졌다. 지난 몇 년간 기상 변화에서 혹한이 유럽을 덮치고, 러시아를 덮치고, 동아시아를 지나 중부 미국에 몰아치는 현상이 바로 회전하는 제트기류의 영향으로 알려지고 있다.

우리나라도 과거 겨울 날씨가 삼한사온이던 것이, 최근에 아주 추운 겨울과 따뜻한 겨울이 불규칙하게 반복되는 것은 기후변화에 따라 제트기류대가 상당히 남하하여 영향을 미치는 것과 무관하지 않다.

이 제트기류가 빠른 이유는 상층으로 갈수록 밀도가 상대적으로 작아 마찰력이 감소한다. 따라서, 같은 기압경도력에서도 상층에서는 지상보다 약 5배 이상 빨라질 수 있다.

▶ 그림 12. 제트기류의 형성과 변하는 모습.

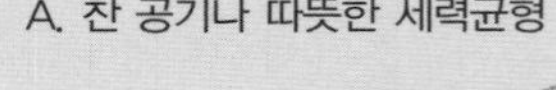

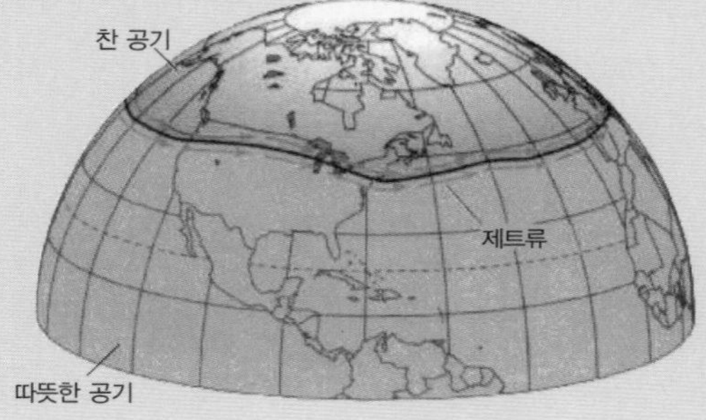

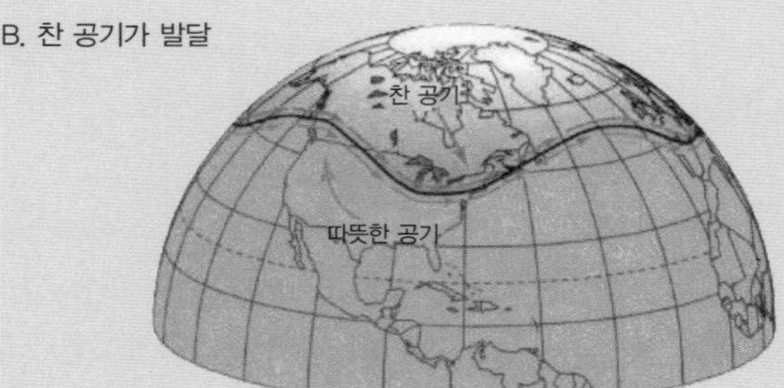

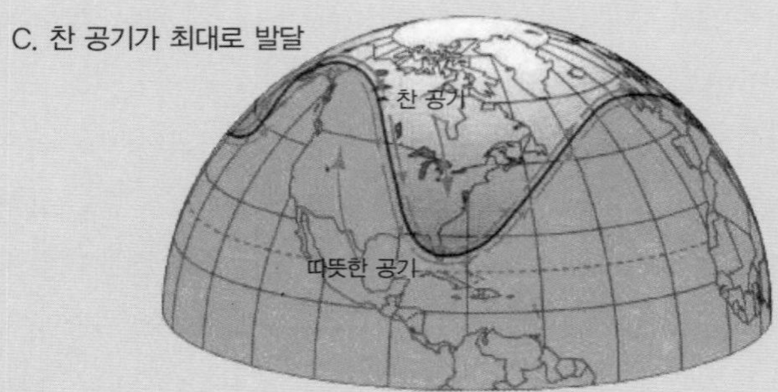

대기의 대순환 외에도 지역적인 것으로 상대적 기온차에 의한 것과 지형적인 것이 있다. 전자의 예로는 낮과 밤의 비교적 작은 기압 차에 의해서 발생하는 해륙풍海陸風과 산골바람山谷風이 있다.■ 그림 13 해륙풍의 경우, 낮에는 육지가 바다보다 빨리 데워져서 육지가 바다보다 기압이 낮아지므로 바람이 바다에서 육지로 부는 해풍이 불고, 밤에는 반대 현상이 일어나 바람이 육지에서 바다로 부는 육풍이 부는데 주로 해안선 수십 km의 범위 내에서 이루어진다. 마찬가지로 산골바람은 골짜기보다는 산 정상의 온도 차가 훨씬 심하여 맑은 날의 낮에는 골짜기로부터 산정으로 불어 올라가는 골바람곡풍이 불고 밤에는 산정으로부터 골짜기로 불어 내리는 산바람이 분다.

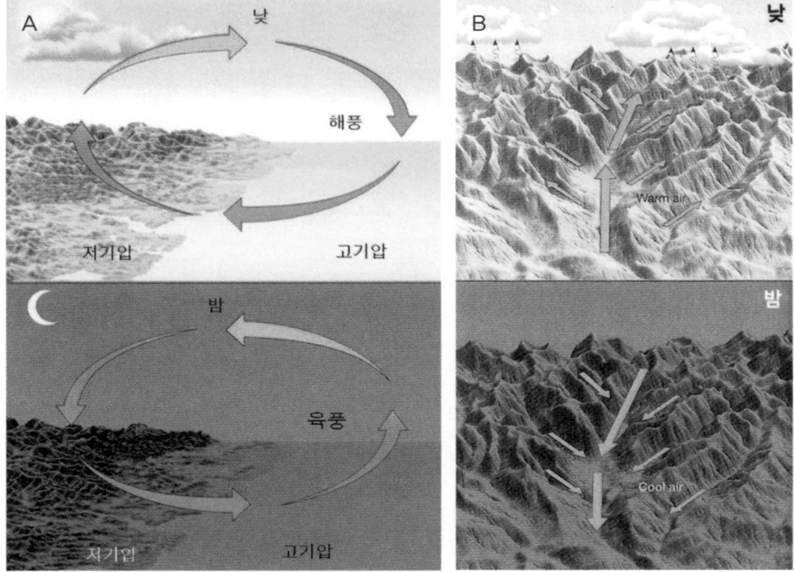

◀ 그림 13. 상대적 기온차에 의한 바람의 종류. (A) 해륙풍. 낮에는 해풍이 불고, 밤에는 육풍이 분다. (B) 산곡풍. 낮에는 곡풍이 불고, 밤에는 산풍이 분다.

후자의 예로는 지형적인 영향으로 발생하는 푄Föhn 현상이 있다. 푄 현상은 공기가 산맥을 넘을 때, 불어 올라가는 쪽에서는 단열 냉각이 되고 불어 내려가는 쪽에서는 단열 상승한다. 그 결과 올라가는 쪽에서 구름이 생기고 심할 경우 비가 오게 되며, 산맥을 넘은 공기는 고온 건조한 바람이 된다.■ 그림 14 푄은 알프스 북쪽에서 흔히 발생하고, 우리나라의 경우 동해안에서 불어온 습윤한 바람이 태백산맥을 올라가면서 단열 냉각되어 영동 지방에 비를 내리고 영서 지방에는 고온 건조한 바람이 부는 현상으로 일명 높새바람이라고도 한다.

▶ 그림 14. 영서 지방의 높새바람. 동해 지방의 차갑고 습기를 가진 공기가 태백산맥을 지나면서 따뜻하고 건조한 공기로 바뀐다.

그리고 일시적인 기상이변으로, 계절적으로 발생하는 큰 기압 차로 생기는 바람이 있는데 열대성 저기압에 의한 것으로 그 중심 부근의 최대 풍속이 17m/sec 이상으로 된 것을 극동 지방에서는 태풍太風, Typhoon, 미국에서는 허리케인 Hurricane, 인도에서는 사이클론Cyclone, 호주에서는 윌리윌리willy willy라 부른다.

성층권Stratosphere

성층권은 대류권의 상부 경계에서 약 50km까지를 말하며, 대류권과 성층권의 경계인 권계면 부근은 비행기의 항로로 사용된다. 특히 성층권에서는 25~30km 사이에 오존층이 존재하여 태양으로부터 방출되는 파장이 짧은 유해파X-선, 감마선, 자외선 등를 흡수한다. 성층권의 상부일수록 유해파를 흡수하는 양이 많으므로 기온이 상승하여 온도가 정상분포하기 때문에 성층권 내에서는 대류가 일어나지 않는다.

중간권Mesosphere

중간권은 성층권 상부의 층으로 지상 50~90km 사이에 위치하며, 중간권의 하부는 기온이 0℃이나 상부로 갈수록 지구 복사열의 감소로 기온이 내려간다. 중간권에서는 비록 공기의 양은 상대적으로 희박하지만 기온이 역전 분포를 하기 때문에 성층권과는 달리 공기의 대류가 있다. 그러나 공기의 양이 희박하여 기상 현상은 관찰되지 않는다.

전리층의 D층이 중간권의 상부에90km 이하 위치하여 낮에만 파장이 긴 장파를 흡수 · 반사한다.

열권Thermosphere

열권은 지상 90km에서 대기의 상한인 1,000km까지이며 기온은 상부로 갈수록 상승하나 그 이상에서는 등온층을 형성한다. 오로라가 열권에 존재하며 전리층의 E층과 F층이 90~160km과 160km 이상에 각각 위치하여 중파와 단파를 반사한다. 대기가 희박하여 밤과 낮의 온도 차가 심하다.

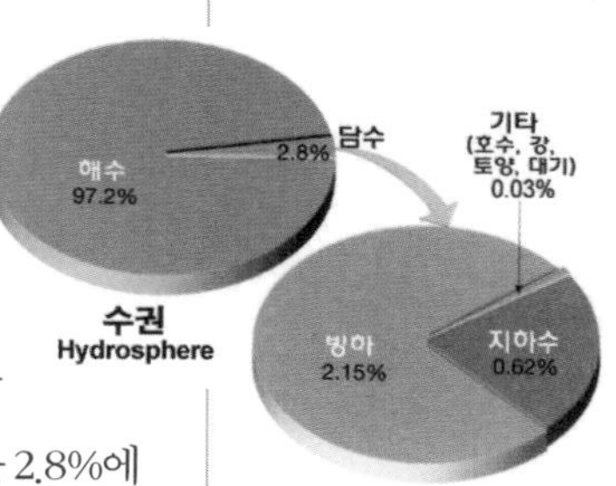

▲ 그림 15. 수권의 분포.

수권 Hydrosphere

지구 표면의 71%가 물로 덮여 있으며 이를 수권水圈이라 한다. 지구 상의 물의 총량은 약 13억6천만 Km³로 대부분인 97.2%가 해수이며 담수는 2.8%에 불과하다.■ 그림 15 담수도 대부분이 빙하와 얼음으로 2.15%를 차지하고, 0.65%만이 지하수, 호수, 강 등의 물과 대기 중의 수증기이다.

지구 전체로 볼 때, 물은 해양, 대기, 대륙 상호 간 물의 교환에 의해 분배되는데 이러한 과정을 '물의 순환hydrologic cycle' 이라 부른다.

물의 순환은 근본적으로 태양으로부터 받은 열에 의해 이루어지는데, 해양이나 육상으로부터 증발된 물은 수증기가 되어 대기 중에 머무르거나 바람에 의해 이동되기도 한다. 이 수증기들은 응결되어 구름으로 변하였다가 비나 눈의 형태로 다시 해양이나 대륙으로 되돌아온다. 빗물이나 녹은 눈은 지표를 따라 흐르거나 땅속으로 침투하여 지하수를 이루기도 하지만 다시 바다로 흘러가거나 그 사이 증발하여 대기 중으로 되돌아가는 순환을 하게 된다. 일부 눈은 빙하로 성장하여 수십 년 또는 수천 년 갇히기도 하지만 결국은 녹아서 증발하거나 바다

▼ 그림 16. 물의 순환. 지구 전체로 보면 물이 얻은 양과 잃은 양이 평형을 이루는데 이를 물의 수지라 한다.

로 되돌아간다. 육지에 떨어진 일부의 물은 식물에 의해 수분으로 섭취되지만 증발하여 대기 중으로 되돌아간다. 이와 같은 순환과정을 통해 물은 해양, 대륙 및 대기에 분배되고 이러한 분배는 끊임없이 반복되고 있다. 그리하여 장기간에 걸쳐 지구 전체에서 얻은 물의 양과 잃은 양은 평형을 이루고 있으며 이를 '물의 수지water balance' 라고 한다.■ 그림 16

이러한 수권은 태양열을 저장하고 분산시키는 역할을 한다. 물은 열을 매우 효과적으로 저장하는 역할을 하는데, 저장된 열은 일정한 비율로 다시 공기 중으로 방출된다. 해양은 큰 열용량을 가진 거대한 '수괴水塊, water mass' 로서 낮에는 태양으로부터 받은 방대한 양의 에너지를 저장하고 햇빛이 없는 밤에는 방출한다. 또한 겨울에 해양은 그 위를 통과하는 찬 공기를 따뜻하게 해주며 여름에는 해수가 공기보다 차가워 공기로부터 해수로 열이 전달된다.

이와 같이 열의 저장과 대기와의 열교환은 낮과 밤의 기온차일교차 및 계절간의 기온차연교차를 적게 하여 생명체가 살기 좋은 기후를 제공하여준다. 물이 없는 화성이나 사막이 기온의 일교차가 심하며, 해안에 위치한 제주시는 내륙에 위치한 대구시보다 일교차 및 연교차가 적은 것도 이런 이유 때문이다.

한편, 해양은 지구가 차별적으로 흡수하는 태양열을 골고루 분산시키는 역할도 한다. 즉, 태양에너지는 입사각의 영향으로 적도 지역에 가장 많이 들어오고 극지방에 가장 적게 도달한다. 그리하여 해양은 다량의 열을 따뜻한 열대지방으로부터 차가운 극지방으로 수송하는 수단으로서도 중요하다. 계속 강하게 내리쬐는 태양에 의해 데워진 적도의 해수를 해류에 의해 고위도로 이동시킴으로써 태양열을 적게 받는 극지방이 계속 추워지는 것을 막아준다. 이러한 열 수송으로 해양은 전체적인 온도 차를 감소시키고, 지구 규모의 바람의 원동력도 감소시킨다.

멕시코 만류, 쿠로시오 해류, 브라질 해류와 같은 난류는 열을 극 쪽으로 운반하고, 캘리포니아 해류나 페루 해류와 같은 한류는 찬물을 적도 쪽으로 운반한다. 예를 들어, 스코틀랜드와 모스코바 그리고 북아메리카의 허드슨 만은 모두 동일한 위도 상에 있으나, 스코틀랜드가 다른 두 곳보다 겨울철이 훨씬 따뜻하다. 스코틀랜드는 멕시코 만류로 둘러싸여 있는데 아열대 난류인 멕시코 만류는 대서양의 동쪽에서 출발하여 카리브 해 서쪽으로 흘러가므로, 미국의 동해안은 매우 추운 반면 유럽의 북서쪽은 훨씬 따뜻하다. 따라서 수권이 기후에 막대한

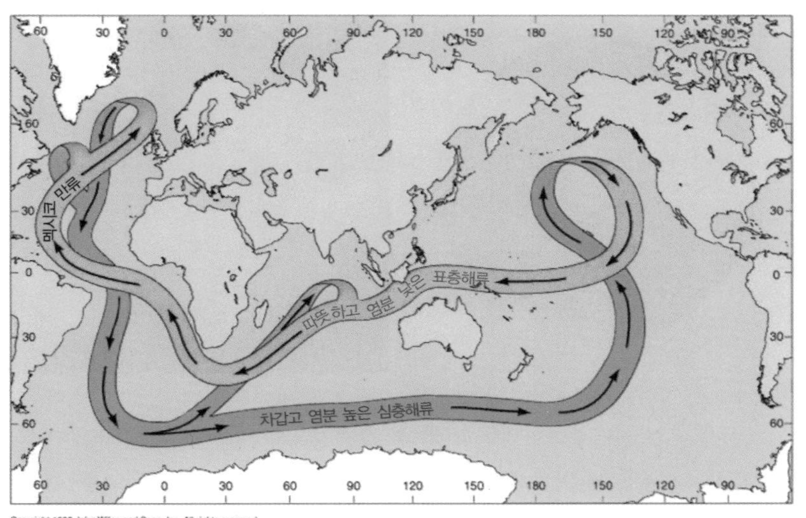

◀ 그림 17. 해양의 컨베이어 벨트 순환. 따뜻한 표층수가 침강하여 해저를 따라 차갑고 염도가 높은 심층수로 운반되다가 다시 용승하여 표층수로 순환된다.

영향을 미치는 것은 쉽게 상상할 수 있다.

바다는 또 다른 방식으로 열을 수송하는데, 지구 규모의 운동으로 극지방의 차고 밀도가 큰 해수는 밑으로 가라앉아 해저를 따라 적도 쪽으로 흘러간다. 이 물은 대부분 아열대 해역에서 올라오는데, 이곳에서는 무역풍이 표층수를 북서북반구 혹은 남서남반구 쪽으로 이동시켜 심해로부터 차가운 물이 용승하게 된다.■ 그림 17

빙하권Cryosphere

빙하권氷河圈은 눈과 얼음으로 덮여 있는 부분을 일컫는데 기후계에서 가장 알려지지 않은 부분이다.■ 그림 18 대다수의 빙하권은 인구 밀집 지역과는 동떨어져 있으며 양극에 한정되어 있어 기후에 미치는 영향은 거의 없는 것으로 인식되어 왔으나, 빙하기Ice Age가 알려지면서 빙하의 존재가 기후계에 커다란 영향을 미친다는 것을 알게 되었다. 특히, 사막이 확장되는 사막화 현상은 빙하의 분포와 밀접한 관계가 있는 것으로 인식되고 있다.

극지방처럼 눈이나 얼음으로 덮인 넓은 지역은 해수의 열전달을 철저히 차단하는데 얼어붙은 지역이 해수와 공기 사이의 직접적인 열전달을 막기 때문이다. 특히, 얼음은 흰색이기 때문에 햇빛을 잘 반사하므로 다른 육지나 해양보다 햇빛을 훨씬 적게 흡수한다. 따라서 얼음은 주변 지역의 기온을 더욱 떨어뜨리는 이중 효과가 있다.

▶ 그림 18. 빙하가 덮인 지역. 북극(A)과 남극(B)의 극지방에 국한된다. 빙하권이 지구 기후에 미치는 영향이 최근에 밝혀졌다.

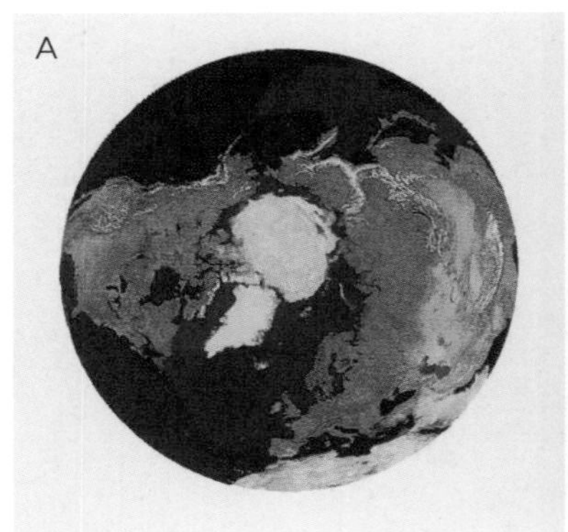

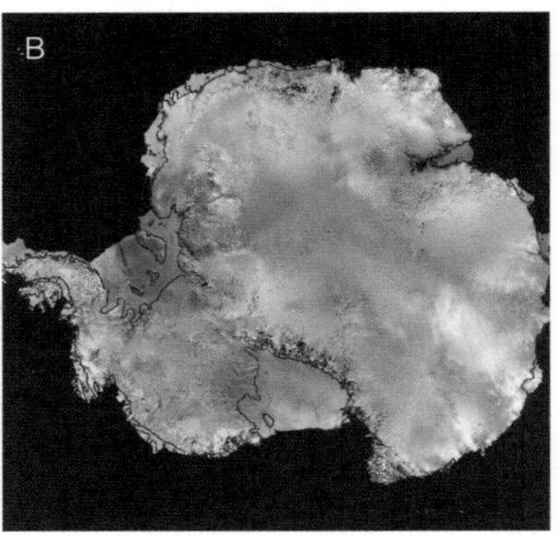

빙하의 분포는 해수면의 상승과 하강에 큰 영향을 준다. 실제로 북극과 남극의 빙하는 주변의 해수를 기원으로 하고 있다. 바닷물이 빙하 주변에 일부 얼어붙기도 하지만, 바닷물이 직접 빙하가 되는 것은 아니다. 대부분 해수에서 증발한 수증기가 눈이나 비가 되어 쌓여서 빙하가 된다. 따라서 빙하가 두꺼워질수록 해수면은 낮아지게 된다.

기후가 따뜻해지면 빙하 덩어리가 더욱 많이 바다에 떠내려오고 육지에 남아 있던 빙하도 녹아서 해수면은 상승하게 된다. 그러나 이런 일은 급속도로 진행되지는 않는다. 빙하는 대기나 해양보다 더 천천히 기온 상승에 반응하므로 기온이 높아져도 해수면이 상승하려면 수천 년이 걸린다. 하지만 최근 화석연료의 사용 증가와 열대림 훼손으로 인한 대기오염으로 나타나는 온실효과는 결국 빙하권의 축소를 초래하고 사막화 현상을 가속화하는데, 그로 인한 해수면의 상승 등은 기후변화에 심각한 영향을 줄 것이다.

암석권Lithosphere

암석권巖石圈은 지각과 상부 맨틀을 포함하는 화강암, 현무암, 감람암으로 이루어진 부분을 말하는데, 암석권 아래를 연약권asthenosphere이라 한다.

기후에 있어서 암석권의 영향은 단기간의 변화보다는 수십억 년에 걸친 지구 역사에서의 커다란 변화를 보여준다. 고기후의 측면에서 보면 판구조론에서 말하는 대륙의 이동은 장기간에 걸친 기후의 변동에 영향을 주었을 것이다.■ 그림 19 즉, 대륙의 위치는 대기 순환의 양상에 크게 영향을 미친다.

오랜 세월을 주기로 하는 또 다른 상호작용이 있다. 빙하기 동안에 지구를 덮

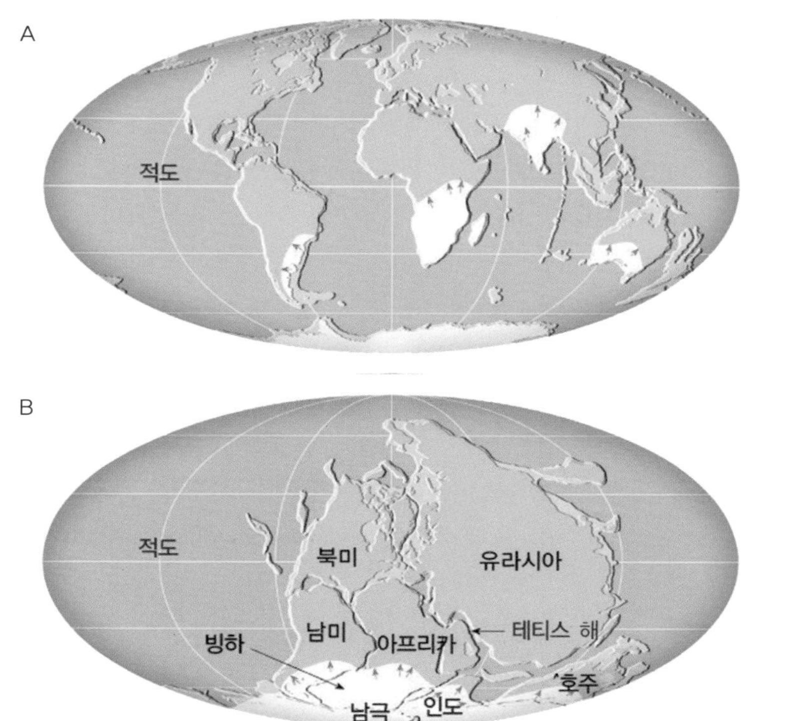

◀ 그림 19. 현재 각 대륙에서 발견되는 냉대기후의 흔적(A)은 하나의 초대륙(B)에서 분리되어 현재의 대륙의 위치로 이동한 결과이다.

고 있었던 수 km 두께에 달하는 빙원은 그 무게로 밑에 있는 대륙들을 가라앉게 했다. 이러한 현상은 '지각평형설Isostasy theory'로 잘 설명된다. 이러한 지각의 침강은 해저지형의 높이를 변화시키기에 충분하며 이로 인해 따뜻한 해수가 극지방으로 흘러 들어가게 되었다. 만일 해수가 조금씩 극지방으로 흘러간다면 얼어붙어서 빙하 지역에 갇히게 될 것이다.

지각평형설Isostacy theory

지각평형설Isostacy theory은 빙산이 바다에 떠 있는 것처럼 지각도 맨틀 위에 떠 있어 평형을 유지한다는 학설이다. 고체인 지각이 고체인 맨틀 위에 떠 있는 것은 이해하기 힘들지만, 고체도 오랜 기간지질학적 시간에 걸쳐 서서히 작용하는 거대한 힘에 의해 액체처럼 작용한다.

지각평형설에는 에어리Aiery설과 프레트Pratt설이 있다.■ 그림 20 에어리설■ 그림 20-A은 떠 있는 물체의 밀도가 일정하여 물체의 무게에 따라 가라앉는 깊이가 각기 다르다는 것이다. 따라서 해양지각과 대륙지각 밀도가 같다고 가정하면 부피가 큰 대륙지각이 무거우므로 대륙지각이 맨틀 속으로 훨씬 깊이 자리잡고 있다는 것이다. 한편, 프레트설■ 그림 20-B은 밀도가 다른 물체들이 질량이 같으면 잠긴 부분의 깊이는 일정하는 것이다. 따라서 대륙지각이 해양지각보다 가벼우므로 전체적인 질량은 일정하여 맨틀 경계부의 지각의 깊이가 일정하다는 것이다.

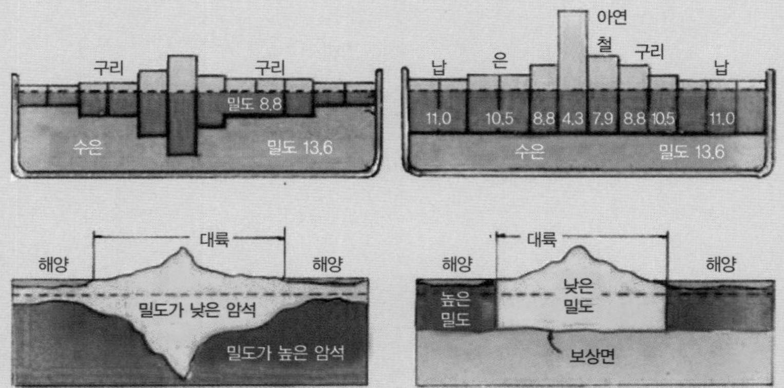

▶ 그림 20. 지각평형설의 모식도. (A) 에어리설, (B) 프레트설.

생물권Biosphere

우리는 기후계를 공기, 물, 얼음, 암석들만의 상호작용에 의한 물리적 현상으로 생각했다. 그러나 지구가 형성된 후 기후의 변화로 번성한 생물들이 거꾸로 기후에 여러 가지 영향을 미치기 시작하였다. 이를 생물권biosphere이라 한다.

약 30억 년 전의 원시 지구 대기는 오늘날의 대기 성분과는 판이하게 달랐던 것으로 생각된다. 기온은 훨씬 높았고, 빙하기도 없었으며 탄소가 풍부한 대기 속에는 암모니아NH_3, 메탄CH_4, 물H_2O과 같은 생명체를 만들 성분들도 포함되어 있었다. 원시 해양생물은 이산화탄소와 메탄으로 만들어졌다. 그리고 식물이 만들어진 후 광합성을 하면서 비로소 이산화탄소가 흡수되고 산소가 방출되기 시작하였다. 수백만 년이 지나면서 산소가 많아진 공기는 육상생물을 출현하게 하였고, 마침내 생물은 지구 상의 모든 장소와 환경에 적응하여 살게 되었다.

생물들이 기후계에 중요한 성분인 탄소의 육지 순환을 촉진시켰다. 북반구에서는 매년 대기 중의 이산화탄소량이 봄부터 가을까지 3% 가까이 감소하는데 이것은 식물이 수백억 톤이나 되는 이산화탄소를 광합성을 통하여 소비하기 때문이다. 한편 가을부터 겨울까지의 탄소 순환은 죽은 식물체로부터 유기 영양분의 형태로 다시 지구로 되돌려진다. 이 탄소는 마침내 풍화에 의해 다시 해양으로 운반되고 생물체는 이를 석회암으로 변화시키며, 이 퇴적물이 침강대를 따라 맨틀로 들어가게 된다. 그리고는 화산활동을 통하여 다시 대기 중으로 되돌아온다.

한편, 인류가 지구 상에 출현한 것은 불과 수만 년 전, 그중에서도 지난 수백 년 동안 문명이 급속도로 발달함에 따라 에너지 자원의 소비가 급격히 늘었다. 특히 화석연료의 연소에 의한 이산화탄소의 증가로 그동안 균형을 이루던 이산화탄소의 순환과정이 허물어지고 있다. 퇴적되는 데 수백만 년이나 걸린 이 화석연료를 캐내어 단 수십 년 동안에 연소시킴으로써 자연의 정화에 의한 회수는 이 짧은 기간 동안에는 불가능하게 되었다. 또한 산림 훼손과 해양오염으로 인한 생태계의 파괴는 생물들에 의한 정화 능력을 현격히 저하시킨다.

기후계를 이루고 있는 이렇게 복잡한 상호작용의 모든 것에 대하여 올바르게 이해하는 것만이 지구와 인류의 미래를 점칠 수 있게 해줄 것이다.

일기와 기상관측 기기

일기와 전선

날씨 또는 일기日氣는 특정 시간대의 기상의 종합적인 상태를 말하며, 기상의 상태는 기상요소에 의해 지배를 받는다. 기상요소는 기압, 기온, 습도, 풍향, 풍속, 구름의 양과 형태, 강수량 등이다. 이러한 기상요소들은 대기를 이루는 성분인 공기의 성질을 결정한다. 성질이 균질한 거대한 공기 덩어리air mass를 기단氣團이라고 하는데 공기의 성질, 즉 기압, 기온, 습도 등 같은 물리적 성질을 갖는다.

기단은 발생지의 열적 특성에 따라 열대T, tropical와 한대P, polar로 구분하고 발원지의 종류에 따라 해양성m, marine 혹은 대륙성c, continent으로 분류된다.■ 그림 21 예를 들어, 열대 해상에서 형성된 기단은 해양성 열대기단으로 mT라 표시하며 대륙의 고위도 지방에서 형성된 기단은 대륙성 한대기단, 즉 cP이다. 각 기단의 특징은 열대기단은 따뜻하고, 한대기단은 차갑고, 해양기단은 습하며 대륙기단은 건조하다. 대류운동에 의한 대기 순환으로 남쪽 바다로부터 온난 다습한 공기기단

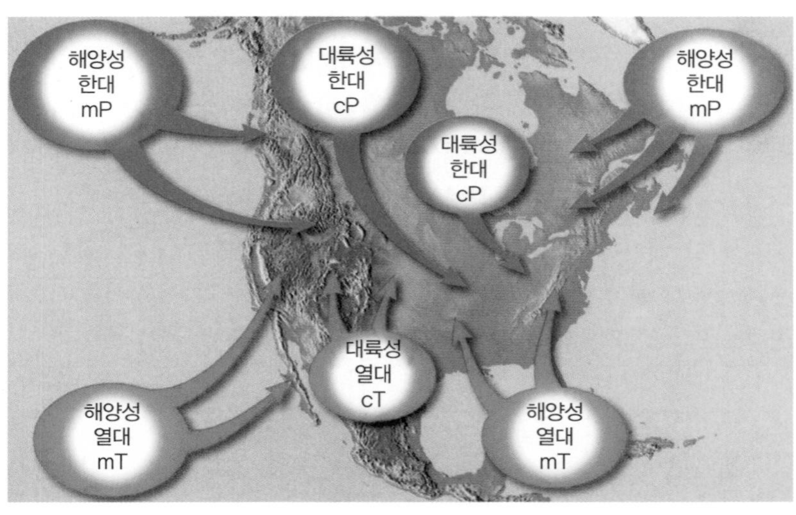

▶ 그림 21. 기단의 종류. 성질에 따라 열대(T)와 한대(P), 해양성(m)과 대륙성(c)으로 구분된다.

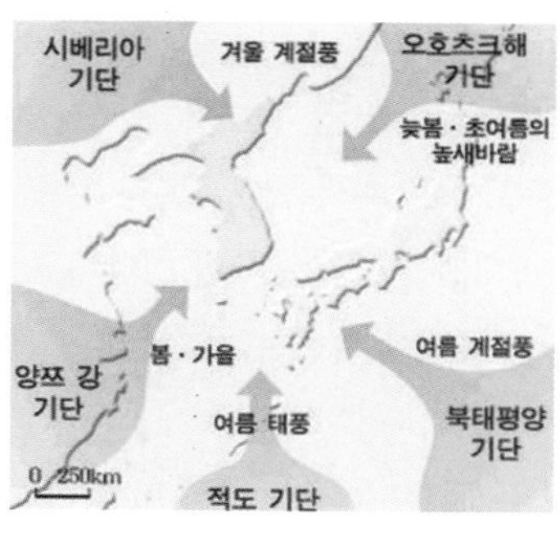

◀ 그림 22. 우리나라 주변의 기단. 계절에 따라 성질이 다른 기단이 영향을 미친다.

는 북쪽으로 이동하고, 또한 북쪽으로부터 찬 공기가 남쪽으로 이동한다. 이처럼 서로 다른 기단이 이동하게 되면 날씨가 변하게 된다. 우리나라의 경우 계절풍의 원인이 되는 것으로 봄·가을철에는 양쯔강 기단cT, 여름철에는 북태평양기단mT, 겨울철에는 시베리아기단cP이 있으며, 여름철 태풍의 원인이 되는 적도기단mT과 늦봄과 초여름에 발생하는 높새바람은 오호츠크해 기단mP이 있다.■ 그림 22

성질이 서로 다른 차갑고 따뜻한 두 기단이 만나게 되면 기단 사이에 불연속면이 생긴다. 이 불연속면을 전선前線, front이라 한다. 전선이라는 용어는 20세기 초 기상학자에 의해 도입되었는데, 서로 성질이 다른 기단이 만나 서로 다투는 모습을 제1차 세계대전에서 연합군과 독일군이 만나 치열한 전투가 벌어지는 전선war front과 연계한 것이다.

전선Fronts과 구름Clouds

전선은 어느 기단이 전진하고 있는가에 따라 분류된다.■ 그림 23 온난기단을 밀면서 한랭기단이 전진하게 되면 차가운 한랭기단이 상대적으로 무거워서 온난기단 아래로 파고들어가고, 이때 생기는 두 기단의 불연속면을 한랭전선cold front이라 부른다. 한랭전선에서는 따뜻한 공기가 수직으로 상승하여 두터운 비구름이 형성되어 좁은 지역에 소나기가 오고 뇌우를 동반하는 경우가 많다. 반대로 온난기단이 전진하며 한랭기단을 밀게 되면 온난전선warm front이 형성된다.■ 그림 23-A

온난전선에서는 따뜻한 공기가 한랭기단의 경계면을 따라 서서히 상승하게 되는데, 이 경우는 넓은 지역에 얇은 구름이 퍼지게 되며 적은 양의 비 혹은 눈이 내리게 된다. 두 기단이 만난 상태에서 머무르게 될 때의 전선을 장마전선stationary fomt이라 부르고, 여름의 장마전선은 여기에 해당된다.■ 그림 23-B

▼ 그림 23. 전선의 발달 과정을 보여주는 전선의 수직 단면도.
(A) 한랭전선과 온난전선. (B) 정체전선. (C) 폐색전선.

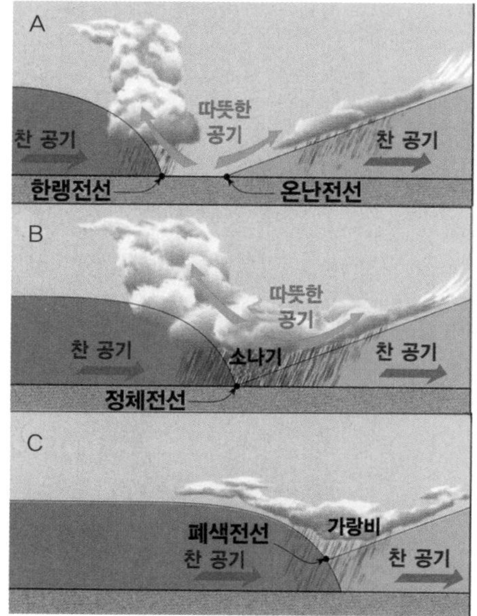

정체전선에서는 폭넓은 비구름으로 인하여 전선이 머무르는 동안 계속해서 비가 오게 된다. 한랭전선이 온난전선 뒤에 놓였다가 그 이동 속도가 빠르기 때문에 온난전선을 추월하여 그 아래로 파고들 경우, 이를 폐색전선occluded front이라 한다.■ 그림 23-C 이 전선에서는 기단이 상하로 분리되면서 아래에는 찬 기단이, 상공에는 따뜻한 기단이 남게 된다. 따라서 동일한 공기에 의한 층이 형성되면서 전선이 소멸된다.

구름cloud은 앞서 설명처럼 기단이 만났을 때 발생하는 가장 극명한 현상이다. 우리가 알다시피 공기는 데워지면 상승하면서 식기 시작한다. 공기가 식게 되면 상대습도가 증가하고 수증기가 응결하여 구름이 된다. 구름의 생성은 전선과 연관되어 있고, 전선의 이동을 관측하는 데 이용되기도 한다. 수백 가지의 구름의 형태가 알려져 있지만, 크게 세 종류로 나눌 수 있는데, 권운, 층운, 그리고 적운이다.■ 그림 24

권운卷雲, cirrus은 라틴어 'curl소용돌이 또는 커브'에서 유래하였는데, 지표로부터 10~14km 범위에서 발생하며 가늘고 희미한 구름으로 새털구름이라 부르기도 한다.■ 그림 25-A 시속 160km 정도로 빠르게 움직이며, 높은 고도로 인하여 얼음 결

▼ 그림 24. 고도에 따른 여러 가지 구름의 생성 모습.

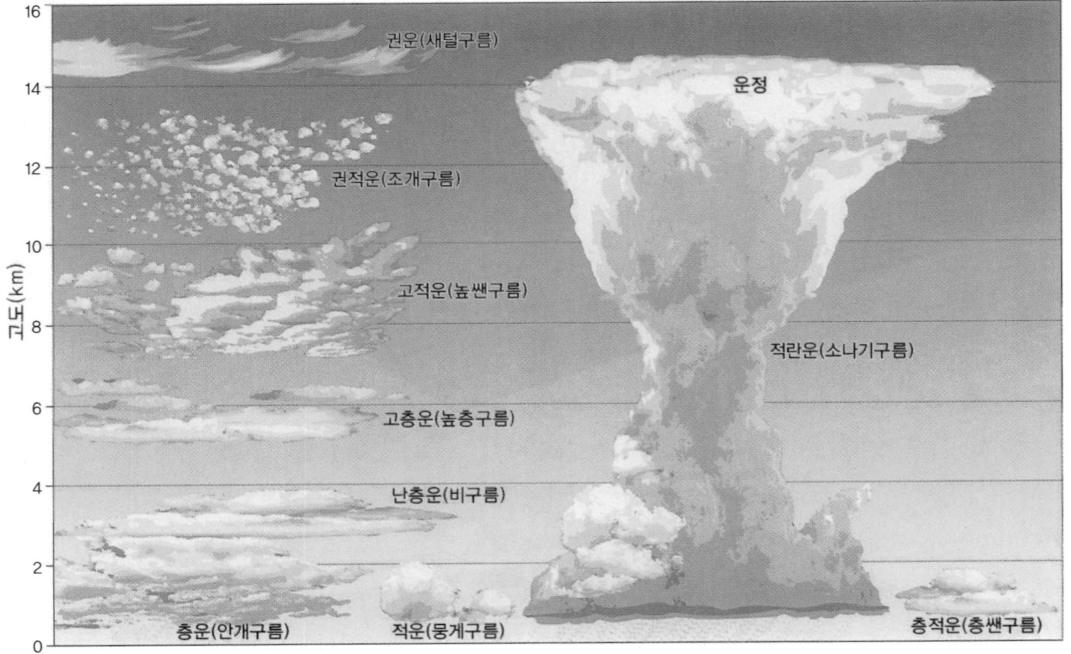

▲ 그림 25. 구름의 종류.
(A) 권운(새털구름),
(B) 층운(안개구름),
(C) 적운(뭉게구름),
(D) 적란운(소나기구름).

정으로 이루어져 있다. 층운層雲, stratus은 라틴어 'layer층' 에서 유래하였으며, 상대적으로 낮은 고도2~6km에서 생성되며 낮은 고도인 관계로 물방울의 형태로 이루어져 있다. 얇고 평평한 형태를 이루며 안개구름이라 부른다.■ 그림 25-B 권운이 빠르게 이동하는 반면, 층운은 습기 찬 상태로 머물러 있으며, 이따금 이슬비로 내리기도 한다. 적운積雲, cumuls은 라틴어 'stack쌓은 더미' 서 유래하였는데, 말 그대로 구름이 층층이 쌓여 부풀어 오른 형태를 하고 있으며 불안정한 상승기류를 의미한다.■ 그림 25-C 적운은 대부분 규모가 작고 지표로부터 2km 범위 내에서 머무르며 뭉게구름이라 부르기도 한다. 그러나 적운은 불안정한 상승기류가 계속 발달하면 한랭전선에서 보듯이 높은 고도까지9km 두텁게 발달하여 적란운cumulonimbus이 되며, 심한 경우 구름이 발달하는 경계대기권의 경계인 약 14km인 운정anvil cloud이 되며 일명 소나기구름이라 불린다.■ 그림 25-D 그 결과 천둥을 수반한 일시적인 폭풍우인 뇌우雷雨, thunderstorm를 발생하기도 한다.

고기압과 저기압

일반적으로 고기압이 발달하는 지역은 날씨가 좋고, 저기압이 발달하는 지역에서는 구름이 많이 생겨 비가 올 때가 많다.

고기압은 주위보다 기압이 상대적으로 높은 곳을 말하며, 원형으로 된 등압선의 중심부가 가장 기압이 높다. 바람은 기압이 높은 곳에서 낮은 곳으로 공기가 이동하는 현상이며 등압선의 간격이 좁을수록 즉, 기압 차가 클수록 바람의 세기는 강해지고, 등압선의 간격이 넓을수록 바람은 약해진다. 북반구에서 고기압에서는 시계 방향으로 바람이 불어 나가고, 반대로 저기압에서는 반시계 방향으로 불어 들어가게 된다. ■ 그림 26

▶ 그림 26. 고기압과 저기압의 모식도.

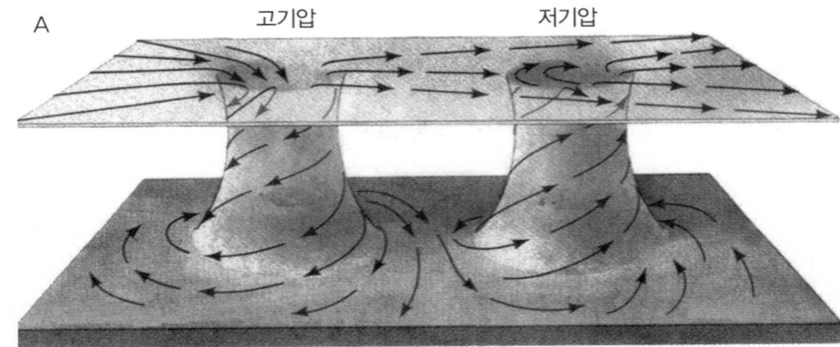

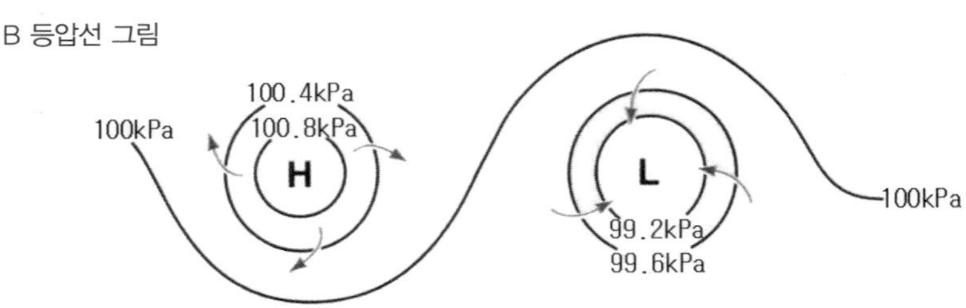

고기압이 발달하는 지역은 밀도가 큰 공기에 의해 하강기류가 생기고, 그로 인하여 단열압축을 하기 때문에 온도는 올라가게 된다. 그리하여 상대습도가 감소되어 구름이 수증기로 변하게 되어 날씨가 맑아진다. ■ 그림 27-A

이와는 반대로 주위보다 기압이 낮은 저기압에서는 상승기류가 발생한다. 이 때 공기가 상승하면서 단열팽창을 하기 때문에 온도가 떨어지게 되고 상대습도는 증가하게 된다. 따라서 대기 중의 수증기가 응결되어 구름을 이루게 되고 결국 비가 되어 하강한다. ■ 그림 27-B

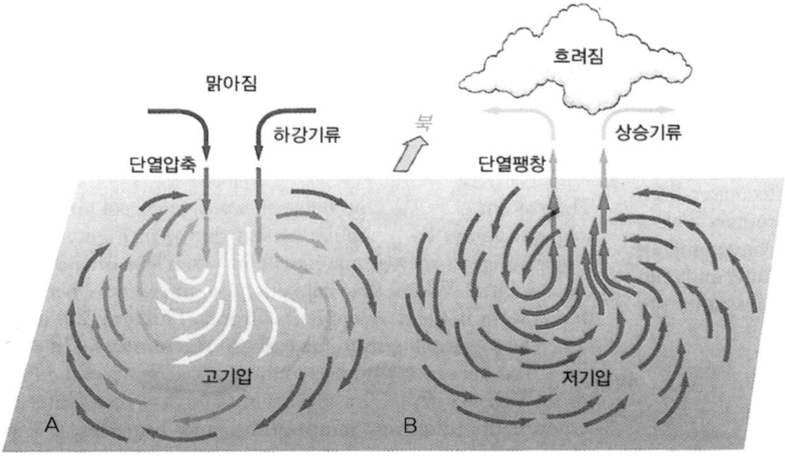

◀ 그림 27. 기압과 날씨. (A) 맑은 날씨(고기압), (B) 흐린 날씨(저기압).

보통 저기압이라 하면 온대성 저기압을 말하며 이것은 한랭기단과 온난기단의 접촉부에서 생기는데 겨울보다는 여름에 많이 발생한다. 온대성 저기압의 일생은 다음과 같다. ■그림 28

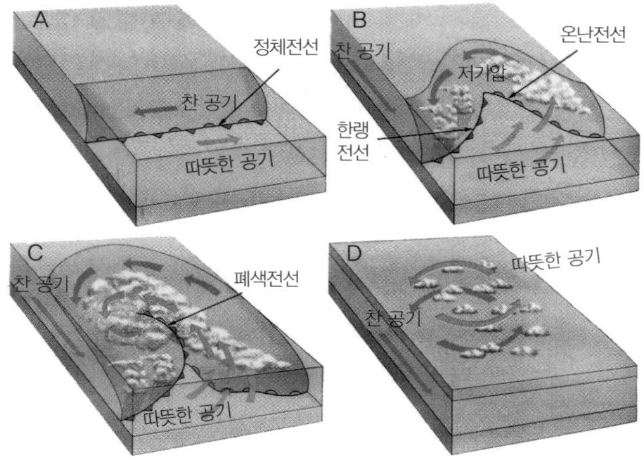

◀ 그림 28. 온대성 저기압의 발달과 소멸.

Ⓐ 두 기단에 서로 반대 방향의 기류가 나타나 장마전선을 형성하고,

Ⓑ 파동이 생겨 저기압이 형성되기 시작한다.

Ⓒ 계속 파동의 진폭이 커지고 저기압이 발달되면서,

Ⓓ 패색전선이 저기압 중심부에서 형성되기 시작하여, 저기압의 최고 전성기가 된 후, 저기압은 점차 소멸한다.

열대성 저기압

열대성 저기압은 여름철에 적도 부근 해역에서 강한 태양열을 받아 열에너지를 많이 포함한 수증기가 증발하고, 그 상승기류가 원인이 되어 저기압이 형성된다.

▲ 그림 29. 태풍의 발생 장소와 이동 경로.

지구 상에서 연간 발생하는 열대성 저기압은 평균 80개 정도이며 이를 발생 해역별로 서로 다르게 부르고 있다. 즉, 북태평양 남서해상에서 발생하여 동북아시아를 내습하는 태풍Typhoon : 30개, 북대서양, 카리브 해, 멕시코 만 그리고 동부태평양에서 발생하여 플로리다를 포함한 미국 동남부와 중미에 피해를 주는 허리케인Hurricane : 23개, 인도양과 호주 부근 남태평양 해역에서 발생하여 주변을 습격하는 것을 사이클론Cyclone : 27개이라 부른다. 다만, 호주 동쪽 부근 남태평양 해역에서 발생하는 것을 지역주민들은 윌리윌리Willy-Willy : 7개라고 부르기도 한다.■그림 29 이들은 초속 17m/sec 이상의 강한 바람과 폭풍우를 동반한다.

태풍의 크기규모는 초속 15m/sec 이상의 풍속이 미치는 범위에 따라 분류하는데 300km 미만을 소형이라 하고 800km 이상이면 초대형이라 한다. 태풍의 세기강도는 중심기압보다 중심 최대 풍속을 기준으로 분류하는데, 중심부의 최대 풍속이 32.7m/sec64노트 이상 이상일 때 태풍이라고 부른다.■표 2 태풍은 매년 여름이면 수차례 우리나라를 내습하여 많은 인명과 재산 피해를 일으키기도 하는데, 바람은 반시계 방향으로 회전하면서 중심을 향해 분다. 중심기압은 970 hPa헥토파스칼 이하이고, 풍속은 중심으로 갈수록 증가하여 50~100m/sec에 이른다.

▶ 표2. 태풍의 분류.

태풍의 크기(규모)		태풍의 세기(강도)		
단 계	반경(풍속 15m/s 이상)	구 분	단계	중심 최대 풍속(초속, 노트)
소 형	300km 미만	열대 폭풍우	약	17.2~24.4 m/s (34~47 knots)
중 형	300~500km		중	24.5~32.6 m/s (48~63 knots)
대 형	500~800km	태 풍	강	32.7~43.9 m/s (64~85 knots)
초대형	800km 이상		초강	44 m/s 이상 (85 knots 이상)

태풍의 중심부를 태풍의 눈■그림 30이라 하는데 중심 부근에서는 기압 경도력과 원심력이 커지므로 전향력과 마찰력이 따라서 커지게 되어 5 m/sec 이하의 미풍이 불게 되고 비도 내리지 않고 날씨도 부분적으로 맑다.

태풍의 발생 장소는 북태평양의 남부 해상의 서쪽 부분, 즉 북위 5°~25°와 동

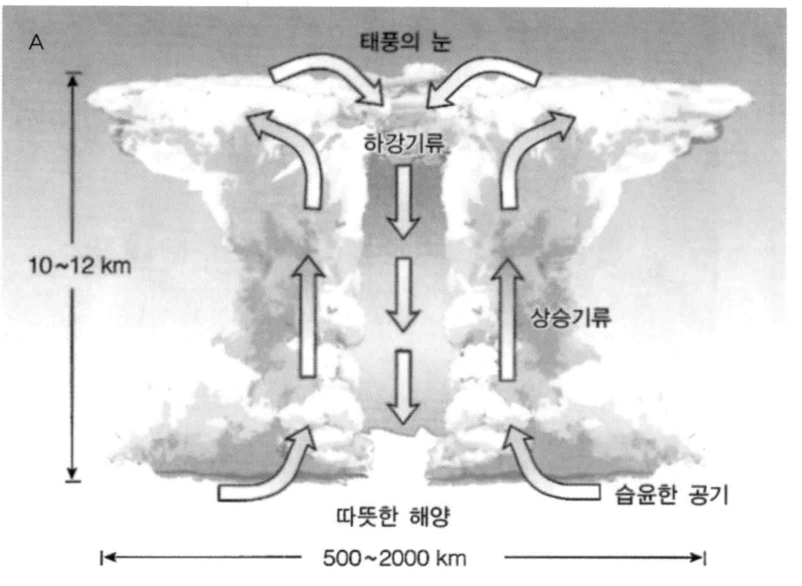

◀ 그림 30 (A) 태풍의 눈 단면도. (B) 인공위성으로 촬영한 허리케인 앤드류의 모습.

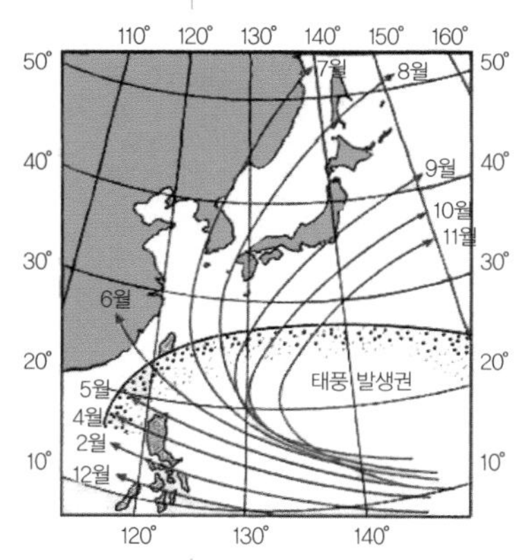

▲ 그림 31. 태풍의 계절별 진로

경 120°~170° 사이의 범위 내에서 발생한다.

태풍의 대부분은 7월과 10월 사이에 발생하는데, 대체로 12월부터 이듬해 6월까지 발생한 것은 서~서북서 방향으로 진행하여 남지나해를 거쳐 월남 또는 중국의 화남 지방으로 상륙하여 소멸한다. 그러나 7월에서 11월 사이에 발생한 것은 처음에 서~서북서 방향으로 진행하다가 점차로 북쪽으로 방향을 바꾸고, 위도 30° 부근에서 전향하여 북동쪽으로 진행하므로 그 진로는 대체로 포물선을 그리게 된다.■그림 31 이때 우리나라나 일본이 그 진로에 놓이게 되어 많은 피해를 입는다. 우리나라에 영향을 크게 미친 태풍들의 진로는 그림 32와 같다.

▶ 그림 32. 우리나라에 영향을 미친 태풍의 종류와 진로.

▶▶ 그림 33. 태풍의 진로에 따른 위험반원과 가항반원.

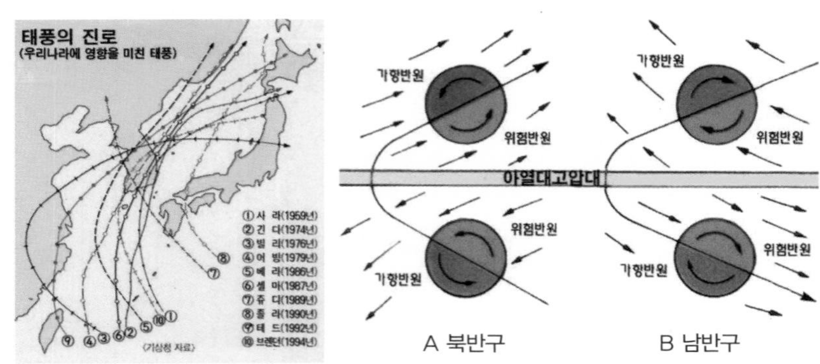

태풍의 진행 방향에 대해서 오른쪽 반원을 위험반원, 왼쪽 반원을 가항반원이라 한다.■ 그림 33 위험반원에서는 태풍의 풍향과 일반류의 바람무역풍, 편서풍의 풍향이 비슷하여 풍속이 더 증가하고 가항반원에서는 태풍의 풍향과 일반류의 바람이 서로 상쇄되므로 폭풍의 정도는 비교적 약하다. 그러므로 항해 중 태풍을 만나게 될 경우, 가항반원 쪽으로 항해해야만 피해를 줄일 수 있다.

일례로 1959년의 사라호■ 그림 32-①와 1987년의 셀마호■ 그림 32-⑥는 경남 내륙 지방을 통과하였는데 부산, 진주를 포함한 경남 해안 지방에 막대한 피해를 준 것은 바로 위험반원에 놓여 있었기 때문이다. 특히 2002년 8월 28일 여수에 상륙한 태풍 루사는 경상도와 전라도의 경계를 따라 내륙을 통과하여 강릉으로 빠져나갔는데, 사라호에 버금가는 935 hPa의 A급 태풍으로 시속 35km의 빠른 속도로 북상하면서 위험 반원에 놓였던 경남, 경북과 강원도 등지에 사상 최대의 엄청난 피해를 주었는데, 270여 명이 사망 내지 실종하고 6조 천152억 원에 달하는 재산상의 손실을 기록하였다.■ 그림 34

기상관측

일기를 이해한다는 것은 지구를 둘러싸고 있는 대기의 물리·화학적 성질을 파악하는 것이다. 이를테면, 대기의 성분, 기온, 기압, 풍속, 풍향, 습도 등을 측정하여 그 변화량을 아는 것이다.

이런 기상요소들의 변화는 전체 대류권에서 일어나기 때문에 정확한 기상예보를 위해서는 다양한 기상관측을 실시한다. 주로 일기예보와 관련된 기상관측에는 지상 기상관측, 고층 기상관측, 레이더 기상관측, 위성 기상관측 등이 있다.

◀ 그림 34. 태풍 루사. (A) 태풍 루사의 인공위성 사진. (B) 루사의 진로와 피해 상황

A

GMS Infrared 2002-08-28 09UTC(08.28 18KST) K.M.A.

B

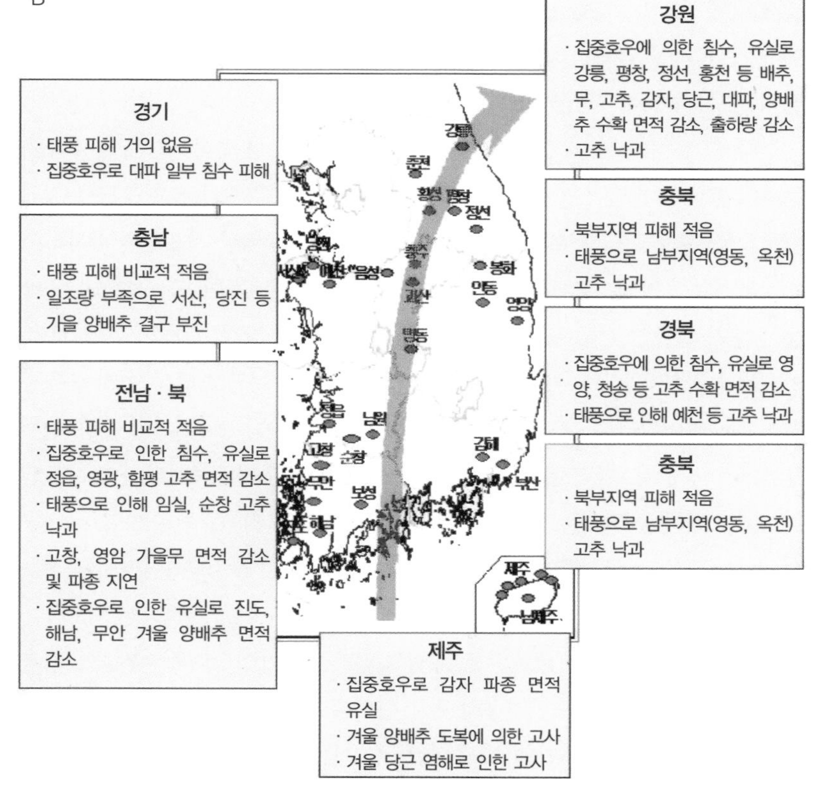
강원
· 집중호우에 의한 침수, 유실로 강릉, 평창, 정선, 홍천 등 배추, 무, 고추, 감자, 당근, 대파, 양배추 수확 면적 감소, 출하량 감소
· 고추 낙과
경기
· 태풍 피해 거의 없음
· 집중호우로 대파 일부 침수 피해
충남
· 태풍 피해 비교적 적음
· 일조량 부족으로 서산, 당진 등 가을 양배추 결구 부진
충북
· 북부지역 피해 적음
· 태풍으로 남부지역(영동, 옥천) 고추 낙과
경북
· 집중호우에 의한 침수, 유실로 영양, 청송 등 고추 수확 면적 감소
· 태풍으로 인해 예천 등 고추 낙과
전남 · 북
· 태풍 피해 비교적 적음
· 집중호우로 인한 침수, 유실로 정읍, 영광, 함평 고추 면적 감소
· 태풍으로 인해 임실, 순창 고추 낙과
· 고창, 영암 가을무 면적 감소 및 파종 지연
· 집중호우로 인한 유실로 진도, 해남, 무안 겨울 양배추 면적 감소
충북
· 북부지역 피해 적음
· 태풍으로 남부지역(영동, 옥천) 고추 낙과
제주
· 집중호우로 감자 파종 면적 유실
· 겨울 양배추 도복에 의한 고사
· 겨울 당근 염해로 인한 고사
강릉
춘천
횡성
평창
정선
음성
충주
봉화
안동
괴산
영양
영동
정읍
남원
고창
순창
김해
무안
부산
보성
해남
제주

지상 기상관측

실제 사람들이 경험하는 피부에 와 닿는 날씨 변화는 직접 느낄 수 있는 지표로부터 수 m 이내에서 일어나는 것들이다. 따라서 기상관측 기기들도 수 m 이내에서 측정하는 것들이 대부분이며 다음과 같다.■ 그림35

▲ 그림 35. 지표에서 측정할 수 있는 다양한 기상 장비들.

▷ 온도 : 온도temperature란 물체의 차고 더운 정도를 수량적으로 표시한 것으로 지상의 기온이라 함은 지면상 1.2~1.5m 높이의 공기 온도를 뜻한다. 지면 가까이의 기온은 낮과 밤 또는 단시간 사이에도 매우 변화가 크게 나타나지만, 지상 1.5m 정도의 높이에서는 그 변화가 매우 적어지는 현상이 있으므로, 일정하게 변하는 온도 값을 구할 수 있다. 온도계의 종류로는 일반적인 기온을 측정하는 막대 온도계, 이중관 온도계가 있으며, 지하 0.5m 깊이의 온도를 측정하는 곡간, 철간 지중온도계, 측정 방법에 따라 건구온도계, 습구온도계가 있다. 현재 널리 보급되어 이용되는 금속제 온도계로 연속적인 기온 변화를 자동적으로 기록해주는 바이메탈 백금저항온도계가 있다. 온도 단위는 섭씨Celcius, ℃와 화씨Fahrenheit, ℉가 있으나 국제 표준으로 섭씨를 사용하도록 되어 있다.

▷ 강수 : 강수precipitation란 수증기가 응결하여 구름에서 떨어지거나 공기 중으로부터 지면에 침전된 액체비 또는 고체눈의 수증기 응결체이다. 강수량은 지면에 떨어진 강수의 양으로서, 강수가 일정 시간 내에 수평한 지표면에 낙하하여 증발되거나 유출되지 않고 그 자리에 고인 물의 깊이를 말하며 눈, 싸락눈, 우박 등 강수가 얼음인 경우에는 이것을 녹인 물의 깊이를 말하며 이슬, 무빙, 서리, 안개를 포함한다. 비의 경우 강우량, 눈의 경우 강설량이라고 하며, 이것을 통칭하여 강수량이라고 한다. 측정 기기는 원통형 우설량계, 사이펀자기 우량계일명 저수형 자기우량계, 강우강도계, 적설심도계 등이 있으며, 우리나라에서 널리 사용되는 것으로 우량을 연속적으로 자동 기록하는 전도형 자기우량계가 있다. 강수량의 측정 단위는 mm이고, 적설의 단위는 cm로 측정하며, 소수 1위까지 측정한다.

▷ 습도 : 습도humidity란 공기의 건습 정도를 가늠하는 것으로 현재의 수증기량과 그 온도에서의 포화수증기량의 비로 나타내며, 상대습도라고 한다. 습도는 하루 중 규칙적으로 변화하며, 낮 동안은 낮고 밤이 되면 높아지는 경향이 있다.

그런데 수증기압이나 혼합비를 구해보면, 습도와 같이 큰 폭으로 변화하지 않는다. 이것은 습도의 변화는 주로 기온 변화에 의해 생기기 때문이다. 습도와 가장 밀접한 관계에 있는 물리량은 수증기압이다. 공기는 N_2, O_2, Ar, CO_2 등 여러 가지 기체들의 혼합물이고, 모든 기체들의 압력은 전체 기압에 기여한다. 혼합기체 중 한 기체에 관련된 압력을 부분압력이라 하며, 공기 중에 수증기의 부분압력을 수증기압이라 한다. 측정 기기로는 통풍건습도계, 자기온습도계, 모발자기습도계 등이 있다. 습도와 관련한 단위로는 수증기압은 hPamb, 수증기 밀도절대습도는 kg/m³, 상대습도는 %로 나타낸다.

▷ 기압 : 기압pressure은 대기의 압력을 말하며, 일정 지점을 중심으로 한 단위면적 위에서 연직으로 취한 공기 기둥 안의 공기 무게를 말한다. 기압이 중요한 기상요소의 하나로서 수량적으로 취급하기 시작한 것은 1643년 토리첼리Torricelli, 이탈리아에 의한 실험 이후부터이다. 국제적으로 협정된 표준중력값은 980.665cm/sec², 표준온도는 0℃로 이 온도에서의 수은의 밀도는 13.5950889g/cm²기준 : 물 1g/cm²)로 하고 있다. 측정 기기로는 포르탕 수은기압계, 아네로이드 지시기압계와 현재 널리 사용되는 아네로이드 자기기압계가 있다. 기압의 단위는 hPa이며, 소수 1위까지 측정한다1표준기압(atm)=760mmHg=1,013.25hPa.

▷ 바람 : 바람wind은 바람의 방향풍향과 속도풍속와 구분되며, 풍향·속계의 기준 높이는 10m로 하며, 측기 주변은 넓은 평지로서 주위 장애물의 10배 이상 거리를 확보하는 것이 이상적이다. 풍속은 같은 장소에서도 지면으로부터의 높이에 따라 달라, 일반적으로 높은 곳일수록 바람이 강하다. 지면 부근에 건물이나 수목 등이 있으면 이 경향은 더욱 현저하게 된다. 그러므로 신뢰성이 높은 관측값을 얻기 위해서는 국지적인 지형지물의 영향을 최소화시켜야 한다. 측정 기기로는 풍차형 풍향풍속계, 자기전접계수기, 바람자루, 3배풍속계 등이 있다.

▷ 일사/일조 : 일사solar radiation는 태양복사단파복사를 말하며, 태양상수는 1.96cal/㎠·min이나, 지표에 도달할 때까지 일사의 감쇠요인 등으로 실제적인 지표 도달 복사는 1.4 ~ 1.5 cal/㎠ · min(1,380 watt/m²)이다. 일사의 감쇠요인은 대기 기체에 의한 흡수, 먼지, 물방울 등에 의한 흡수·산란, 구름에 의한 반사 등이다. 일사계의 종류는 직달일사계, 열전퇴일사계, 전천일사계 등이 있다. 일조sunshine시간이라 함은 태양 광선이 구름이나 안개 등에 차단되지 않고 지표면을 비친 시간을 말한다. 만약 지평선까지 장애물이 없는 지방의 일조시간은 태양이 동쪽 지평선

에 나타나면서부터 서쪽 지평선으로 사라질 때까지의 시간 즉, 가조시수와 거의 일치하게 된다. 그러나, 대부분 지형적인 영향위도에 따라 지평선을 기선으로 일출, 일몰을 결정함등으로 가조시수와 일조시간은 일치하지 않는다. 일조시간은 소수 1위까지 시간의 백분율로 표시하며, 일조시간을 가조시수로 나눈 것을 일조율이라고 한다. 일조율은 백분율로 표시하고 소수 1위까지 산출한다. 현재 가장 많이 쓰이며 비교적 정확도가 높은 일조계는 캠벨-스토크스 일조계, 조르단 일조계, 회전식 일사계가 있다.

▷ 기타 : 이 외에도, 지상 기상관측에 필요한 것으로 경위의, 백엽상, 운고계, 증발계 등이 있다. 경위의經緯儀, theodolite는 상공으로 날아오른 기구의 방위각 및 고도각을 측정하는 소형 망원경으로 주로 파이볼piball 관측 등에 사용한다. 백엽상instrument shelter은 온도계를 이용해서 기온을 측정할 때, 일광의 직사直射와 지면 또는 주위의 지물地物 등에서 오는 강한 열복사를 막고 온도계 수감부에 주위의 공기를 충분히 접촉시키기 위해서 사용하며, 되도록 각종 방해물이 없는 개방된 장소에 설치하고, 주위에는 일사의 지면에 의한 반사 영향을 완화하기 위해 잔디 등을 심는 것이 좋다.■ 그림 36 백엽상 문은 북쪽을 향하도록 하며, 밑면의 높이가 지상 1m 남짓하게 설치한다. 백엽상의 내외부는 백색 페인트를 칠하는데, 이것은 일사를 반사시키기 위함이다. 운고계ceilometer는 구름 밑면의 높이를 측정하는 기기로 주로 단시간에 발생하는 나쁜 기상은 낮은 구름에서 발생하므로 이러

▶ 그림 36. 백엽상.

한 구름을 운고계를 통해 정확히 관측함으로써 양질의 예보를 하기 위한 관측 기기이다. 운고계에서 연직 위쪽으로 발사한 레이저펄스laser pulse가 구름으로부터 반사되어 되돌아오는 시간으로부터 구름의 높이를 구하는 방법으로, 레이저 빛의 속도에다 되돌아온 신호의 시간을 곱하여 구름 높이를 계산한다. 증발계는 증발량amount of evaporation을 측정하는 것으로 증발량은 임의 시간 내에 단위면적의 지표면이나 수면으로부터 증발에 의해 잃어버린 수분의 양을 말하며, 강수량과 같이 mm 단위를 사용하여 물의 깊이로 표시하고, 시간은 24시간 또는 1시간 단위로 관측한다.

고층 기상관측

세계기상감시계획WWW의 일환으로 실시하는 관측으로서, 대기의 입체적인 3차원 분석을 위하여 지상으로부터 30km 이상까지의 고도별 기압, 기온, 습도, 풍향·풍속을 관측하는 것이다. 세계고층기상관측망을 구성하는 모든 관측소는 하루에 2회씩정오, 자정 라디오존데 등을 비양시켜 상층 기상요소를 관측하고 있다.■ 그림 37 비양된 라디오존데가 관측하여 지상으로 송신한 자료는 범세계적인 대기 상태를 분석하기 위해 수집·교환되고 있으며, 이 자료를 이용하여 고층일기도가 작성되고 예보의 기본 자료로 활용되고 있다. 기상청의 고층기상업무는 포항기상대에서 1964년 4월 1일부터 관측을 시작한 이래, 현재 전국 7개소에서 관측하고 있으며, 공군광주, 오산에서도 관측하고 있다.

▲ 그림 37. 라디오존데를 이용하여 대기의 온도, 기압, 습도 등을 측정한다.

레이더 기상관측

전파의 도플러효과를 이용하여 송신파와 목표로부터의 반사파와의 주파수 편차를 검출해서 목표의 이동속도를 측정하기 위한 레이더를 이용하여 기상관측을 실시한다. 도플러 레이더는 주로 구름과 강수입자 등 대기의 운동을 측정하는데, 태풍, 집중호우 등의 맹렬한 국지폭풍 내의 기류 분포, 강수입자의 낙하속도 및 입자 분포를 알 수 있으며, 구성은 레이더돔, 레이더 송·수신기, 레이더 지시계, 안테나 등으로 이루어진다. 기상레이더는 태풍 탐지, 집중호우, 천둥 번개, 지역 우량 측정 등에 이용된다. 또한 강수 현상의 구조, 대기의 대류 활동 등을 관측하고, 구름물리학 중기상학을 연구하는 자료를 제공한다.

▲ 그림 38. 제주도의 기상레이더. 2006년 본격 운영에 들어간 성산포 기상레이더(왼쪽)와 1991년 설치된 고산 기상레이더(오른쪽).

우리나라는 1970년 관악산에 기상레이더S-band가 처음 설치되어 레이더 관측이 시작되었으며, 이후 제주 고산1991, 부산1991, 동해1991, 군산1992에 레이더가 설치되었다. 레이더 관측 영역 확대와 관측 사각지대 해소를 위해서 백령도2000를 시작으로 진도2001, 광덕산2003, 면봉산2005, 성산포2006에 레이더를 추가로 설치하였다.■ 그림 38 노후한 관악산2005, 구덕산2005, 고산2006 오성산2007 레이더를 새로운 S-band 레이더로 교체하였다. 영종도2001에 설치된 공항용 레이더를 포함하여 11개 지점에서 레이더를 운영함으로써 우리나라 전역의 기상을 감시할 수 있는 기본적인 관측망이 완성되었다.

위성 기상관측

지구 규모의 관측 장비인 인공위성■ 그림 39은 대기에 관한 값진 정보를 제공해 준다. 기상위성이 대기의 상태를 촬영하여 전파로 송신해줌으로써 전체적인 대기 상태를 한 눈에 알아볼 수 있을 뿐만 아니라, 계속 관찰함으로써 기상의 변화를 추적하고 이를 근거로 앞으로의 기상예보를 가능하게 한다.

▶ 그림 39. 일본이 2005년 발사하여 운영 중인 정지 기상위성인 MTSAT-1R의 모습.

2005년 현재 운영 중인 정지 기상위성으로는 MTSAT-1R일본, 140E, Meteosat-8유럽 0E, FY-2C중국, 105E 등이 있고, 극궤도 기상위성으로는 NOAA-18미국, 2005.5 발사, 지구 관측 위성으로는 EOS-AM육상, EOS-PM해상 등이 있다. 우리나라는 MTSAT-1R과 NOAA-18로부터 기상정보를 받고 있다. 정지위성 MTSAT-1R은 2005년 2월 일본이 발사하여 동경 140도 적도 상공의 우주에서 지구를 바라보며 동남아시아, 호주, 서태평양 영역의 구름의 분포와 대기의 흐름 등의 기상을 관측하고 있다.

주로 일기예보에 사용되는 기상위성 자료는 적외선IR, 근적외선SIR, 가시광선VIS, 수증기WV 등 다양한 주파수의 채널을 통해 촬영하여 컴퓨터로 처리함강조 : EIR, 합성 : COM으로써 매우 상세하고 정확한 기상 상태의 파악이 가능하다. 그림 40은 MTSAT-1R이 한반도 주변의 기상 상태를 수집한 여러 가지 영상들이며, 그림 41은 이를 근거로 작성한 1시간 후의 지상 일기 예상도이다.

오늘날의 일기예보는 여러 가지 수집된 기상정보를 바탕으로 다양한 수치 모델을 적용하여 복잡한 과정을 거쳐 이루어진다. 지상 기상관측 자료, 고층 기상관측 자료, 레이더 기상관측 자료, 위성 기상관측 자료 등을 국·내외에서 관측

▼ 그림 40. 기상위성 MTSAT-1R이 보내온 우리나라 주변의 기상 사진(2006년 11월 14일 오후 10시). (A) 적외선, (B) 가시광선, (C) 수증기, (D) 근적외선, (E) 강조, (F) 합성 영상.

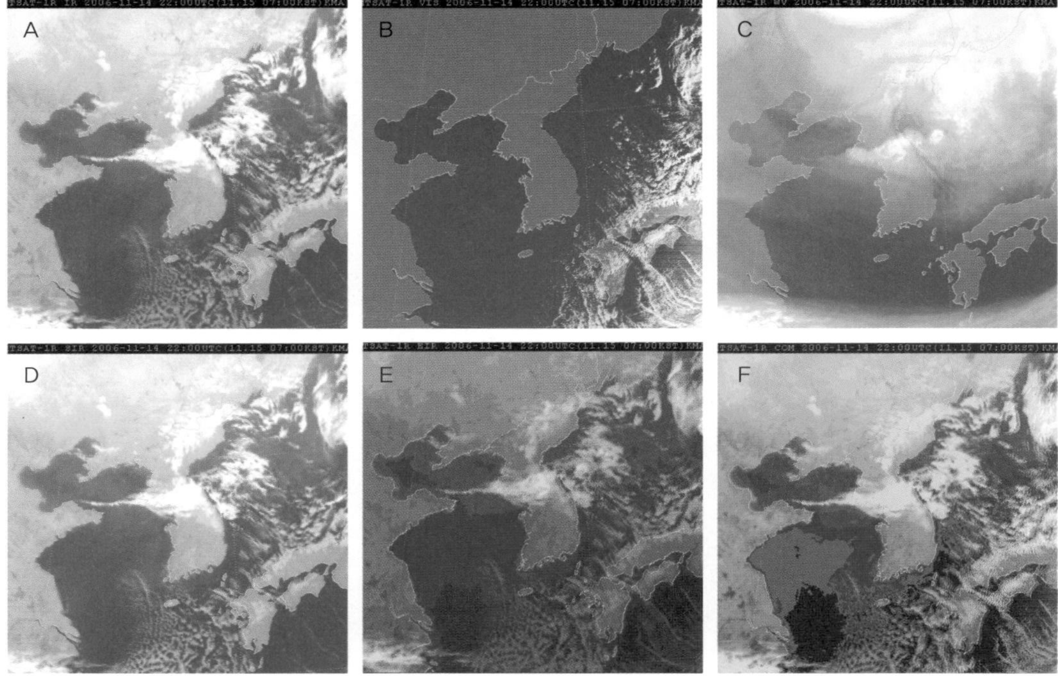

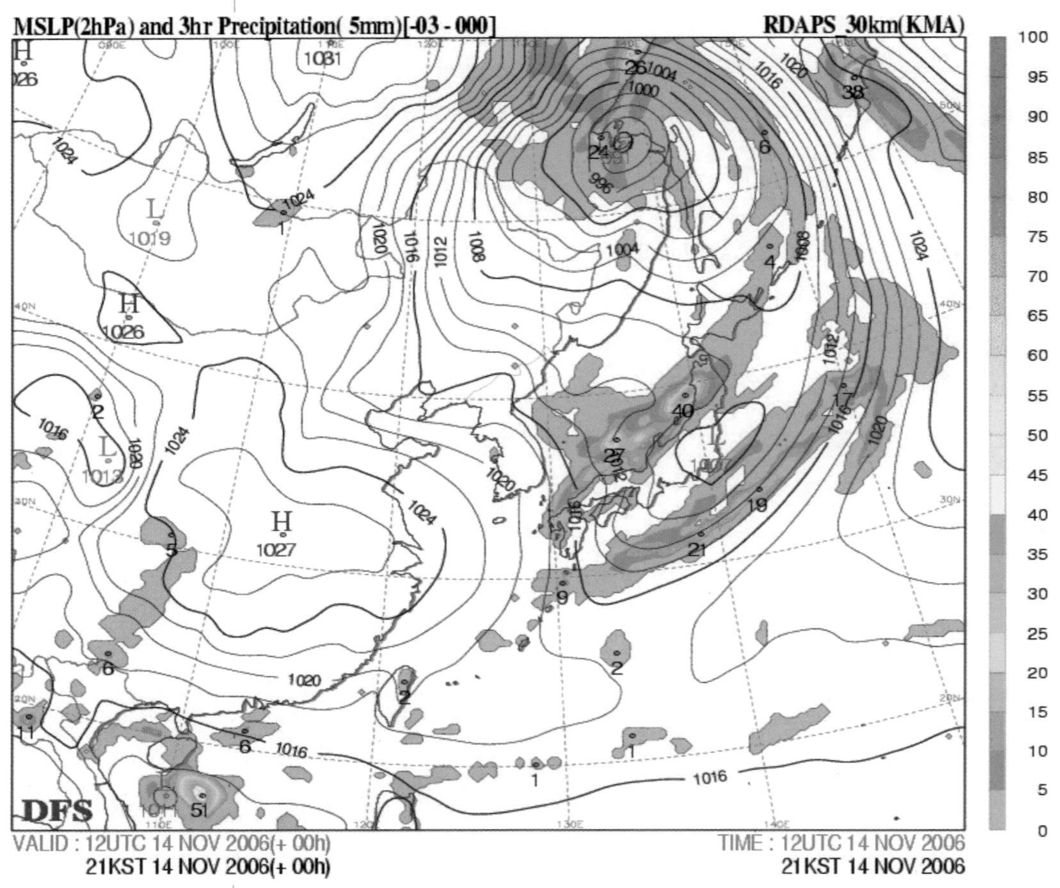

▲ 그림 41. 위성 자료(그림 38)에 의해 작성된 1시간 후의 지상 일기 예상도 (2006년 11월 14일 오후 11시).

된 자료를 종합하여 컴퓨터에 기록하고 전지구 모델, 지역 모델, 국지 모델, 고분 예측 모델 등 수치 모델을 적용하여 예상 일기도를 작성한다. 이러한 수치 예보 모델의 운용을 위하여 슈퍼컴퓨터가 이용된다. 예보관들이 각종 예보 분석자료를 토대로 토의하고, 각 지방관서의 예보관과 충분한 의견 교환을 한 후 예보를 결정, 발표한다. 언론기관과 방재기관에 통보를 하면, 최종 일기예보를 하게 된다. 예보의 종류에는 3시간 단위로 1일 8회 이루어지는 초단기예보, 3일간의 일별 예보인 단기예보일일예보, 일 4회 발표, 5일간의 일별 예보인 중기예보주간예보, 매일 발표와 장기예보로 1개월예보월 3회, 계절예보년 4회, 6개월예보년 2회가 있으며, 정보 특보로 기상정보악기상 발생이 예상될 때, 예비특보기상특보 발생 가능성이 있을 때, 기상특보악기상으로 재해가 예상될 때가 있다.

날씨와 컴퓨터

◀ 그림 42. 미국국립해양대기청(NOAA)의 슈퍼컴퓨터 크레이의 모습. 복잡한 대기 현상을 계산하기 위해서는 방대한 용량과 고성능의 슈퍼컴퓨터가 필요하다.

날씨는 어느 순간의 대기 상태를 말하고, 기후는 장기간에 걸친 일기의 평균 상태를 말한다. 그러므로 지상관측과 위성관측에 의한 방대한 기상 자료를 오랫동안 추적하여 분석하고 예측하기 위해서는 방대한 처리 능력을 가진 고성능의 슈퍼컴퓨터의 사용이 필수적이다.

일례로 미국의 '미국국립해양대상청NOAA' 에 있는 슈퍼컴퓨터인 크레이■ 그림 42의 방대한 기억용량은 백과사전 3백만 질보다 더 많은 양이다. 여기에 기록된 자료로부터 기상학자들은 과거의 기후 모델을 만들 수 있다. 수백만 년의 긴 주기의 기후변화 모델은 이러한 컴퓨터 자료에 의해서만이 가능하다.

한편, 컴퓨터를 사용하면 미래의 기후 모델GCM : Global Circulation Model도 만들 수가 있다. 현재의 지구 대기 성분은 대부분이 질소와 산소이고, 아르곤, 이산화탄소, 메탄, 그리고 기타 성분이 소량으로 들어 있다. 그러나 열을 흡수하는 대표적인 기체인 이산화탄소와 이와 비슷한 효과를 갖는 다른 기체들—메탄, 프레온가스, 일산화질소 등—의 증가는 지구의 기후변화에 커다란 영향을 미칠 것이다.

이들 자료로부터 컴퓨터는 미래의 기후 모델을 만들어 낸다.■ 그림 43 예를 들면 '만일 지금처럼 화석연료의 소비에 의해 이산화탄소의 양이 증가하면 어떻게 될까?' 와 같은 가정의 질문에, 컴퓨터는 앞으로 더욱 늘어나는 화석연료의 소비를 예측하여 어떤 지역에서는 기대하는 양 이상으로 이산화탄소가 더 증가하리라는 것을 보여줄 것이다.

▼ 그림 43. 방대한 기상 자료와 수치 모델을 적용하여 계산한 지구 규모 대기 모델(GCM, Global circulation model)

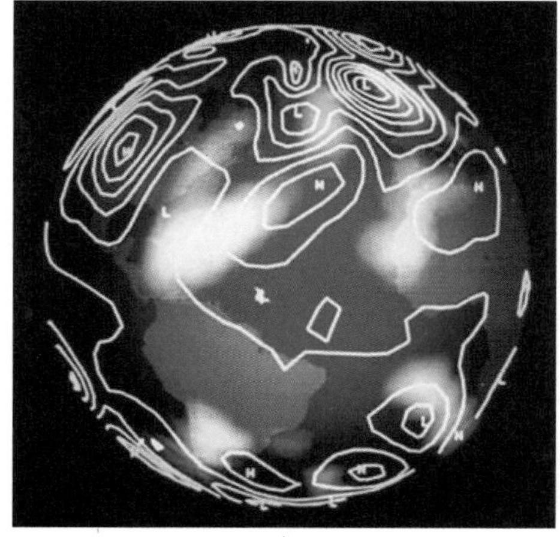

그리하여 '앞으로 100년 동안 대기 중의 이산화탄소량이 계속적으로 증가한다면 기후는 어떻게 변할까?' 는 질문에 대하여 컴퓨터는 온실효과로 현재보다 더욱 더워지게 될 것이라는 답을 알려줄 것이다.

많은 질문 가운데서도 컴퓨터는 특히 온실효과를 일으키는 기체, 화산재, 산불 연기, 상층 대기에서의 방사성 낙진 같은 것들의 이동을 추적하는 데 적합하다. 이들이 대기 중에 퍼지면서 그 양이 더욱 증가한다면 기후에 상당한 영향을 미칠 것이다. 대기 중의 이러한 성분이 기후변화에 주는 영향을 알아야 하며, 따라서 이러한 정보를 찾아낼 새로운 장비가 곧 개발될 것이다.

빙하와 빙하시대

현재 수권의 약 2%인 담수의 대부분은 빙하glacier로 존재하며, 현재 육지의 약 10%는 빙하로 덮여 있다.

지난 수백만 년 동안 빙하가 지표의 넓은 지역을 덮고 있었던 때가 여러 차례 있었는데, 북반구의 1/3 이상이 빙하에 의해 덮였다.■그림 44 이러한 지구적인 혹한기 동안에는 중위도 지역까지도 눈과 얼음으로 뒤덮인 엄동의 시대를 맞고 있었다. 이와 같은 혹한의 시대를 '빙하기Ice Age'라 하는데 빙하기가 우리에게 알려진 것은 불과 100년이 채 되지 않는다.

▲ 그림 44. 빙하기에 빙하가 최대로 확장한 북반구의 모습.

빙하작용Glaciation

빙하의 형성은 바닷물이 직접 얼어서 만들어지는 것이 아니라, 해수의 증발에 의해 내리는 눈에 기원을 두고 있다. 처음에 내린 눈은 눈송이 사이에 공기가 채워져 비중이 0.06~0.16 정도로 낮지만, 눈이 쌓이게 되면 자체의 무게로 압축되어 공기가 빠져나간다. 계속 눈이 쌓여 수 년이 경과하는 동안 눈은 녹기도 하고 다시 얼기도 하면서 알갱이 형태의 눈granular snow이 된다비중 0.5. 그리고 재결정 작용 등을 반복하면서 점점 치밀해지는데, 비중이 약 0.7~0.8에 이르게 되면 '만년설firn'이라고 한다. 만년설이 더욱 치밀해져서 비중이 0.8 이상이 되면 빙하얼음氷河氷, glacial ice으로 변

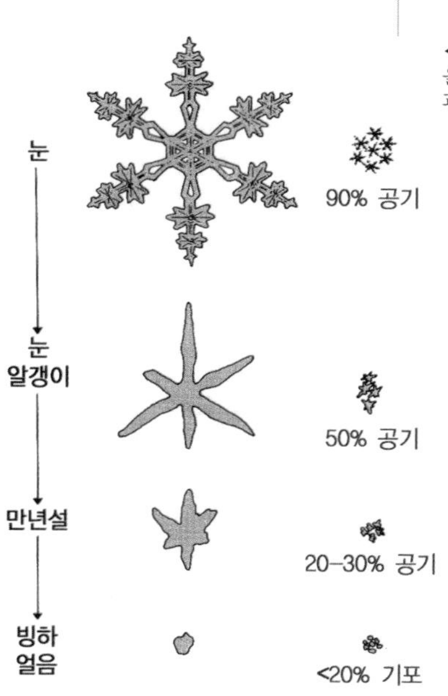

◀ 그림 45. 눈이 만년설을 거쳐 빙하로 변하는 과정.

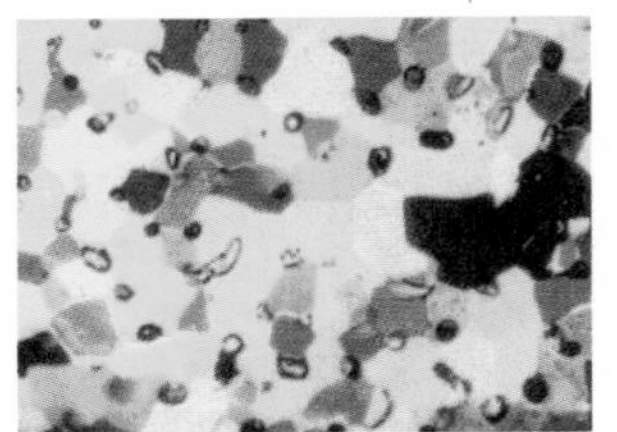

▲ 그림 46. 빙하얼음의 현미경 사진. 얼음 결정 사이에 많은 기포가 보인다.

한다.■ 그림 45 빙하얼음과 일반 얼음은 쉽게 구별할 수 있는데, 빙하얼음을 얇게 잘라 현미경으로 관찰하면 얼음 결정 사이에 많은 기포들이 들어 있는 것을 볼 수 있다.■ 그림 46 이는 직접 물이 얼어서 된 것이 아니라 눈이 쌓여서 압력을 받아 얼음으로 변하는 과정에서 미처 공기가 빠져나가지 못하고 갇혔기 때문이다물이 동결될 때의 얼음의 비중은 0.917로서 빙하얼음과 구별되어야 한다. 이렇게 점점 빙하얼음이 발달하여 빙하가 형성된다.

빙하작용glaciation은 지형학적인 관점에서 두 가지 점이 중요하다. 하나는 빙하가 발달하거나 후퇴할 때 침식과 퇴적작용에 의해 생성된 빙하지형이고, 또 다른 하나는 해수면의 상승 또는 하강 운동에 의해서 해안 및 하곡河谷 지형의 발달에 간접적으로 영향을 미친다는 것이다.

현재 남아 있는 빙하작용의 흔적은 북미 대륙에 60% 정도와 북유럽에 20% 정도로 집중되어 있으며 나머지는 고산지대에 흩어져 있다. 우리나라에서도 백두산과 관모봉의 고산지대에 빙하작용의 흔적이 남아 있다.

주로 고산지대에서는 일정한 고도 이상에서는 온도가 낮아 항상 눈이 온다. 이 경계를 '설선snow line'이라 하며, 설선 위로는 눈이 쌓이면서 압력을 받아 빙하가 만들어진다. 빙하가 계속해서 두껍게 형성되면 빙하의 바닥 쪽에는 압력이 높아지고 녹기 시작하면서 지면과의 접촉부가 미끄러워져 빙하는 낮은

▼ 그림 47. 빙하의 생성과 이동. 설선을 경계로 위는 빙하 누적대라 하고 아래는 빙하 소모대라 한다.

곳으로 흘러내리기 시작한다. 여기서 설선 위로 빙하가 생성되어 계속 쌓이는 곳을 '빙하 누적대zone of accumulation'라 하고, 설선 아래에서는 빙하가 녹기 시작하여 계속 없어지는데 '빙하 소모대zone of wastage'라 하며, 빙하가 이동하면서 깨져 만들어진 깊은 틈을 '크레바스crevasse'라 한다.■ 그림 47 이렇게 흘러내리는 빙하는 이동하면서 침식작용과 운반작용을 하면서 여러 가지 빙하지형을 남기고, 빙하가 후퇴하면서 운반해온 퇴적물들을 남기면서 다양한 빙하지형을 만든다. 전자를 빙하의 침식작용에 의한 지형이며, 후자를 운반 및 퇴적작용에 의한 빙하지형으로 구분한다.

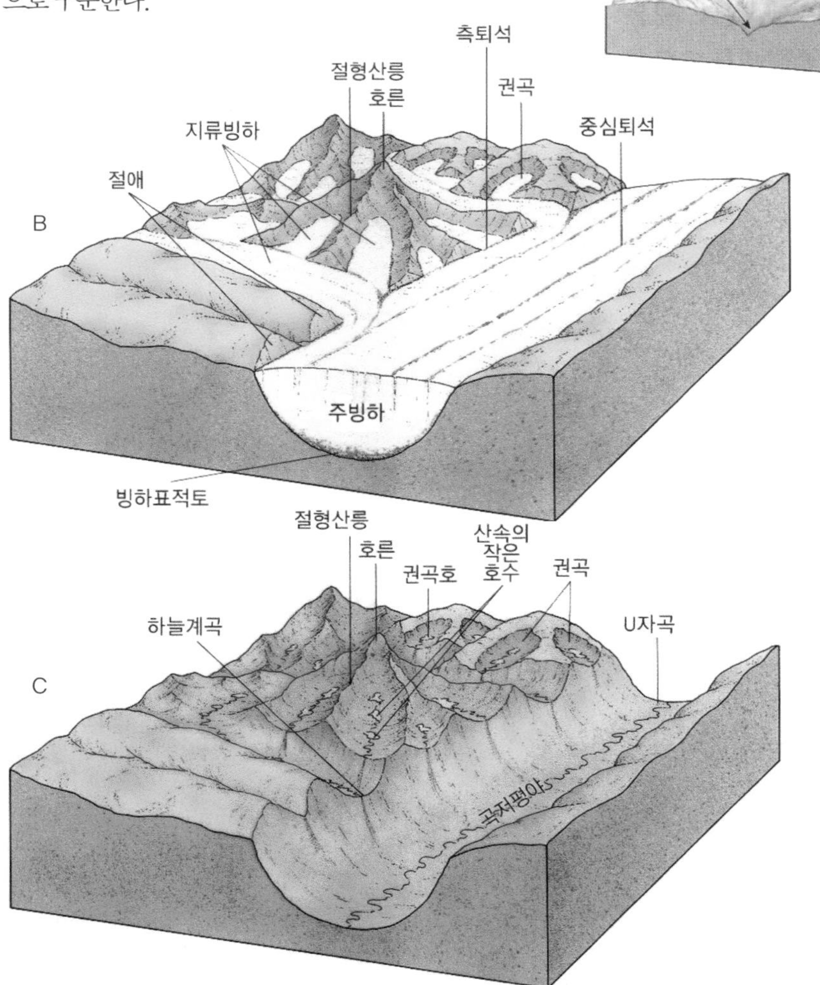

▲◀ 그림 48. 빙하의 침식작용에 의한 빙하지형. (A) 빙하 전. (B) 빙하 극대기. (C) 빙하 후퇴 이후.

빙하지형

침식작용

전 세계에서 가장 인상적인 풍경들 중 일부는 산 정상부로부터 이동하는 곡빙하valley glacier의 침식작용에 의해 만들어진다. 많은 산 또는 산맥들이 지각운동을 받아 만들어질 때부터 나름대로의 경관을 보여주지만, 빙하의 침식작용으로 모습이 바뀌어 깎아지른 듯 예리하게 이어지는 능선과 첨탑처럼 뾰족한 봉우리들은 독특한 경관을 연출한다. 미국 서부와 캐나다의 일부 국립공원과 천연기념물들이 보여주는 경이로운 경치들은 바로 이러한 빙하의 침식작용의 결과인 것이다. 이러한 침식지형들은 쉽게 알아볼 수 있는 한편, 우리들은 움직이는 빙하의 엄청난 위력을 실감하기도 한다. 곡빙하가 이동하면서 주변 지형을 침식하여 변화시키는 과정은 그림 48과 같으며 다음과 같은 지형들이 있다.

▷ U자곡U-valley : 유수에 의해 만들어지는 산골짜기는 V자 형태를 보이지만, 빙하에 의해 만들어지는 골짜기는 깊고, 폭이 넓으며 길게 일자로 발달해 있다. 수직에 가까운 가파른 벽면과 상대적으로 넓고 평평한 바닥의 모습을 하고 있어 마치 U자 형태의 단면을 보여준다 하여 'U자형 계곡U-shaped trough' 또는 U자곡U-valley이라 부른다.■ 그림 49 이런 빙하 계곡은 삼각형 모양의 '절애絶崖, truncated spur'를 끼고 있는데, 계곡을 지나가는 빙하가 수직 방향으로 놓인 산 능선을 깎아 절벽을 만들었기 때문이다.

지사학적으로 보면, 신생대 제4기 플라이스토세에 빙하기는 극대기에 있었으며 해수면은 지금보다 약 130m 낮았다. 따라서 빙하가 바다로 흘러가면서 골짜기를 지금보다 더욱 깊게 하였으며 절애도 매우 높았다. 홀로세가 시작되면서

▼ 그림 49. (A) 그린란드의 거대한 U자곡. (B) 노르웨이의 피요르드 해안.

빙하가 녹기 시작하였고 해수면이 상승하여 골짜기 가장자리까지 바닷물이 채워졌다. 그 결과 길고도 가파른 절벽으로 이루어진 해안 지형을 만들었는데, 이를 '피요르드fjord' 라 한다.■ 그림 49-B

▷ 하늘계곡Hanging valley : 폭포의 기원에는 몇 가지가 있지만, 전 세계적으로 매우 높고 경관이 좋은 폭포들을 빙하지형에서 볼 수 있다. 예를 들어, 미국 캘리포니아 요세미티 국립공원에서 볼 수 있는 브리다베일Bridaveil 폭포는 하늘계곡에서 떨어지는 것이다.■ 그림 50 절애 위에 발달한 작은 계곡은 주 계곡에 합쳐지는 지곡支谷으로서 계곡 바닥이 주 계곡의 바닥에 비해 매우 높아 마치 높은 하늘에 걸려 있는 모습이라 하여 '하늘계곡hanging valley' 이라 부른다. 이는 거대한 빙하가 주 계곡을 격렬하게 침식하는 반면, 작은 빙하가 지나가는 지곡은 빙하침식을 덜 받게 되고, 빙하가 물러가면 지곡은 절애 위로 하늘계곡으로 남는다.

▲ 그림 50. 요세미티 국립공원의 앞면은 U자형 계곡이다. 오른쪽에는 절애(truncated spur)를 따라 떨어지는 브리다베일 폭포가 보인다. 하늘계곡에서 지면까지 높이가 무려 190m에 이른다.

▷ 권곡Cirque, 절형 산릉Arete 및 호른Horn : 곡빙하 지역에서 가장 경이로운 침식 지형은 빙식곡의 위쪽 끝 부분에 놓이는데, 예리한 능선 사이로 밥공기를 엎어 놓은 듯 움푹 패인 지형을 '권곡cirgue' 이라 한다. 권곡은 전형적으로 3면은 가파른 벽면을 이루지만, 나머지 한쪽 면은 빙식곡 쪽으로 열려 있다.■ 그림 51-A 권곡의 생성 과정은 아직 자세히 알려져 있지 않지만, 산 능성을 따라 옆으로 존재하는 무거운 빙하의 압력에 의한 파쇄와 빙하 이동에 의한 침식이 동시에 작용한 결과로 이해하고 있다. 이런 동시 작용이 진행되면서 권곡은 더욱 깊어지고 넓어지게 된다. 대부분 권곡들은 입술 또는 문턱 같은 지형이 계곡 쪽으로 발달하는데, 이는 빙하가 바깥쪽으로 움직이기도 하지만, 회전도 함께 했음을 가리킨다. 그 결과 빙하의 압력은 암석들을 가장자리로 밀어 둘러싸게 하고 권곡 속에 '권곡호tarn' 라 알려진 산속의 작은 호수를 남겨두기도 한다.■ 그림 51-B 이러한 권곡의

▼ 그림 51. (A) 밥공기를 엎어 놓은 것 같은 권곡(미국 레이니어 국립공원의 유니콘 산). (B) 권곡 내에 남겨진 권곡호(캐나다 빙하 국립공원). (C) 칼날처럼 예리하게 발달한 절형 산릉과 뾰족한 산봉우리인 호른이 장엄하게 펼쳐진 모습(알래스카).

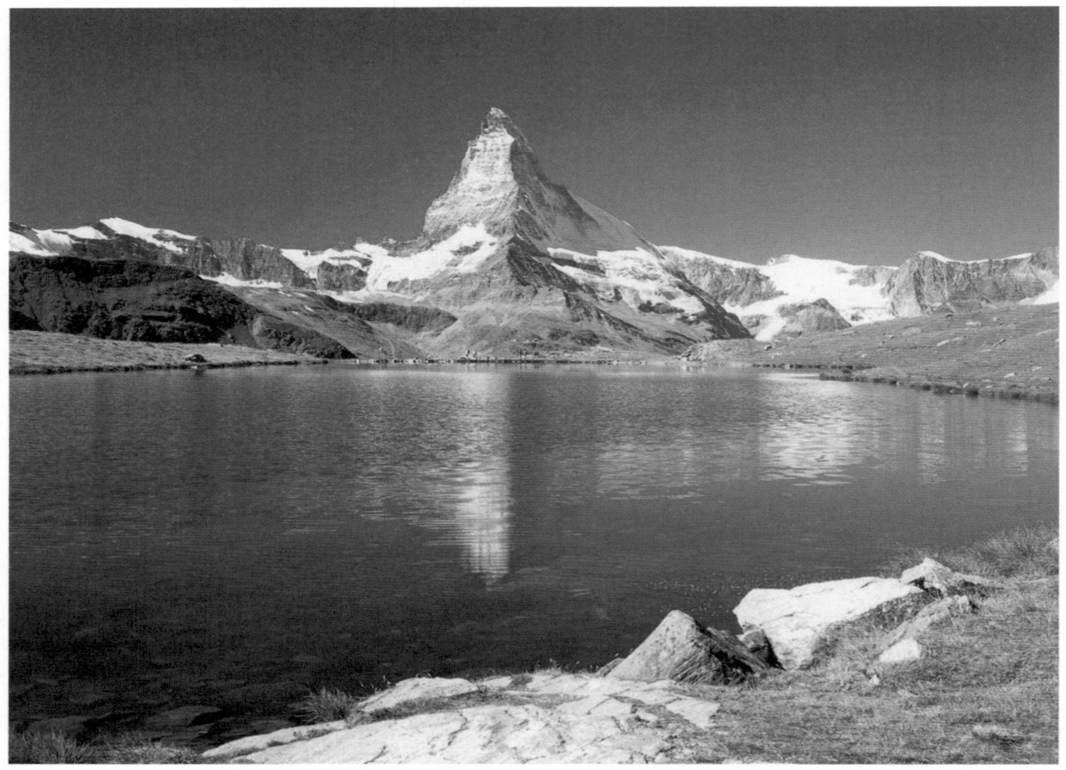

▲ 그림 52. 스위스 알프스 산의 최고봉인 마테호른은 알려진 호른 중 가장 유명하다.

발달은 양 옆으로 예리한 산 능선을 만드는데 이를 '절형 산릉arete'이라 하고, 피라미드 끝처럼 뾰족한 뿔 같은 산꼭대기를 남겨두어 이를 '호른horn'이라 한다. ■그림 51-C 산꼭대기가 호른이 되기 위해서는 적어도 3개의 권곡을 끼고 있어야 하는데, 이들이 각기 바깥쪽으로 진행한 침식작용의 산물이다. 호른의 대표적인 예로는 캐나다 로키 산맥의 아시니본 산과 미국 와이오밍 주의 그랜드테턴 국립공원이 있으며, 그중에서 압권은 스위스에 있는 알프스 산의 정상인 마테호른 봉이다.■그림 52

운반작용

빙하는 이동하면서 침식작용에 의해 생성된 모래, 자갈, 미고화된 흙 같은 퇴적물을 운반하는데 유수에 의한 퇴적물의 운반과 달리 빙하의 운반작용에는 침식작용이 함께 수반된다. 빙하는 기반암과 접촉하면서 그 위를 이동한다. 이 때, 기반암과 접촉하는 빙하 바닥에서는 빙하의 무거운 하중에 의해 강한 압력으로 마찰이 생겨 기반암을 침식한다. 이러한 침식작용은 세 종류가 있다. 마치 불도저로 밀어붙이듯이 이루어지는 '불도저질' 또는 '바닥 고르기bulldozing', 깨트려서 깎아내는 '다듬질plucking', 그리고 '연마하기' 또는 '갈아내기abrasion' 이다. 불도저질은 지질학적 용어는 아니지만, 불도저의 역할을 상상하면 쉽게 이해할 수 있다. 빙하가 이동하면서 울퉁불퉁한 바닥을 고르게 하거나 운반하는 퇴적물들을 고르게 깔아주는 작용을 말한다. 다듬질은 채석장에서 정을 가지고 돌의 거친 면을 다듬는 것에 비유할 수 있는데, 빙하가 이동하면서 녹은 물이 암석의 틈에 들어가서 다시 얼게 되면, 틈이 더욱 벌어지면서 횡압력에 의해 암석이 느슨해져 부서지게 된다. 이와 같은 과정으로 작은 언덕이나 불룩 솟은 앞면이 떨어져나가 깎이게 된다. 갈아내기는 연마제로 금속 표면을 갈아 광택 내는 것에 비유할 수 있는데, 빙하가 이동하면서 빙하 바닥에 붙은 입상의 퇴적물들이 기반암의 표면과 마찰하면서 갈아내는 현상이다.

◀ 그림 53. 거대한 집채만 한 빙하 표석(glacial erratic). 빙하에 의해 운반되어 온 표석은 주변에서 발견되는 것이 아니라 먼 곳으로부터 이동해온 것이다. 일명 미아석(lost stone)이라고도 한다.

▷ 빙하 표석Glacial erratic : 빙하의 침식에 의해 떨어져 나온 커다란 돌덩어리가 빙하에 의해 운반되다가 빙하가 녹으면서 그 자리에 남겨지게 된다. 이를 빙하에 의해 운반되어 온 돌이란 뜻으로 '빙하 표석glacial erratic' 또는 '표석標石' 이라 부른다.■ 그림 53 표석은 수십 km 또는 수백 km 떨어진 먼 곳에서 이동해 왔기 때문에 주변에서는 같은 암석을 발견할 수 없어 집 잃은 돌이란 뜻의 '미아석lost stone' 이라고도 한다.

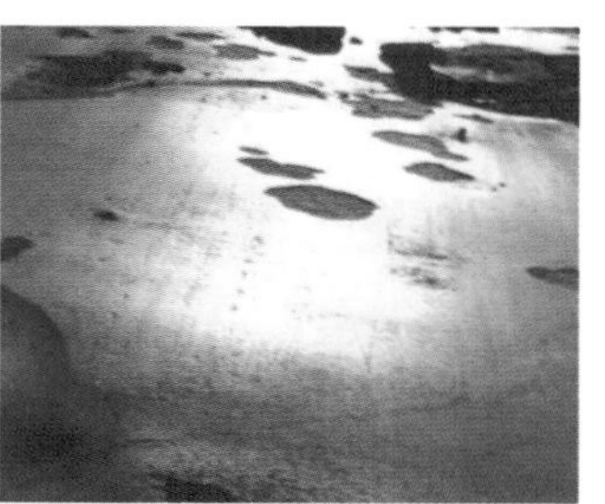

◀ 그림 54. 빙하 광택과 찰흔. 빙하의 바닥에 붙은 퇴적물이 기반암과 마찰하면서 연마하고 긁어 남긴 흔적. 매끈하게 연마되어 햇빛에 반짝거리는 빙하 광택과 함께 빙하 줄무늬인 찰흔이 함께 관찰된다. 줄무늬의 방향을 따라가면 빙하가 이동해온 경로를 추적할 수 있다.

▷ 빙하 광택Glacial polish 과 찰흔Striation : 빙하가 이동하면서 갈아낸 기반암의 표면이 햇빛에 반사되어 반들거리는 것을 볼 수 있다.■ 그림 54 이를 '빙하 광택glacial polish' 이라 부른다. 이런 연마 작용은 기반암에 빙하 줄무늬glacial striation를 수반한다. 빙하의 바닥에 붙은 모래 크기의 입자가 지나가면서 평행한 줄무늬의 긁힌 자국을 남기는데, 이 빙하 줄무늬를 '찰흔striation' 이라 한다. 찰흔의 길이는 길게 발달하지만, 패인 흠의 깊이는 불과 수mm에 불과하다. 그림 54에서 보듯이, 빙하 광택과 찰흔은 항상 함께 관찰된다. 빙하 줄무늬는 빙하의 이동 방향과 평행하게 발달하기 때문에 줄무늬의 방향을 따라가면 빙하가 이동해온 경로를 추적할 수 있다.

▲ 그림 55. 빙하 그루브. 찰흔과 비교할 수 없을 정도로 빙하 줄무늬의 폭도 크고 깊다.

▷ 그루브Groove : 생성 과정은 찰흔과 같지만, 찰흔과는 달리 줄무늬의 폭이 크고 깊이도 훨씬 깊은 것을 '그루브groove' 라 한다.■그림 55 이는 자갈이나 훨씬 더 큰 크기의 돌멩이에 의해 깎여진 빙하 흔적이다.

미국 맨해튼의 센트럴파크Central Park

미국 뉴욕 맨해튼의 중심부에 위치한 센트럴파크는 맨해튼 고층 빌딩의 밀림 속에 울창한 산림과 잘 가꾸어진 산책로 등 사막의 오아시스처럼 일상에 쫓기는 바쁜 뉴요커들의 편안한 휴식처이다. 한편, 지질학적 관심에서 살펴보면, 빙하가 이동해오면서 만들어낸 빙하 흔적의 교과서적인 지역이다. 사람 키보다 큰 빙하 표석■그림 56-A이 여기저기 숲 사이에 놓여 있고, 기반암에 남겨진 빙하 광택 및 찰흔,■그림 56-B 그리고 그루브■그림 56-C 등을 쉽게 관찰할 수 있다.

▶ 그림 56. 센트럴파크에서 쉽게 발견할 수 있는 빙하 이동의 증거들. (A) 사람 키 만한 표석. (B) 기반암에 남겨진 빙하 광택과 찰흔. (C) 맨해튼 빌딩숲을 배경으로 놓인 빙하 그루브.

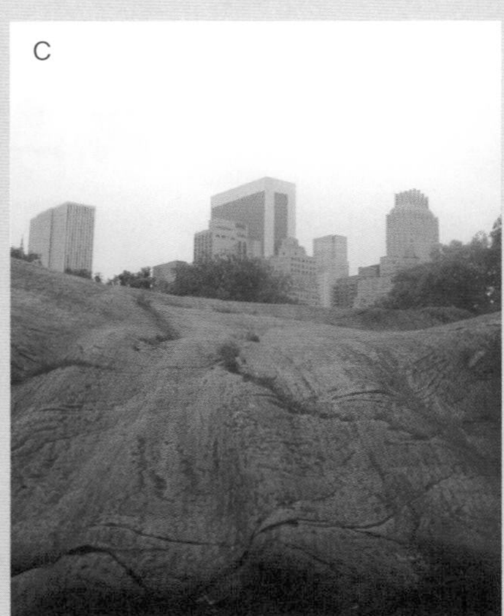

대륙빙하에 의한 침식작용

곡빙하가 격렬하게 침식작용을 일으켜 각지고 날카로운 지형을 만드는 반면, 대륙빙하continental glacier는 이동하면서 상대적으로 둥글고 원만하게 침식하여 평평한 지형을 만든다. 이러한 지역은 무질서하게 흩어진 강줄기와 수많은 빙하호와 늪지, 낮은 기복의 둥글고 완만한 언덕, 흙이 거의 없는 노출된 기반암으로 특징지을 수 있다. 캐나다의 대부분 지역, 특히 광대한 캐나다 순상지와 미국 북부에 넓게 펼쳐져 있다.

▷ 빙하호Glacial lake : 빙하의 무게에 의해 가라앉거나 빙식이 되어 평원이 된 후, 빙하가 녹은 물이 채워져 생긴 호수를 '빙하호glacial lake'라 한다. 빙하호는 규모도 크고 아름다운 풍광을 보여준다. ■ 그림 57

▼ 그림 57. 캐나다 밴프 국립공원 내의 모레인 호수. 에메랄드 색의 물빛이 아름다운 빙하호로서 뒤에 펼쳐진 빙하지형과 함께 훌륭한 경관을 자랑한다.

퇴적작용

곡빙하와 대륙빙하는 이동하면서 침식작용과 더불어 자갈, 모래, 흙과 같은 다양한 크기를 갖는 엄청난 양의 퇴적물을 운반하여 마침내 퇴적하게 된다. 이러한 퇴적물들이 만드는 지형은 빙하침식 지형보다 놀랄만한 풍경을 보여주지는 않지만, 지하수의 주요한 집수원이 되며, 운반된 모래와 자갈은 자원으로 개발되기도 한다. 사실 빙하 자갈과 모래 속에는 경제적으로 유용한 광물들이 많이 들어 있어, 이들을 추출하는 산업이 발달하기도 한다.

빙하에 의해 운반되는 모든 퇴적물을 통칭하여 '빙하표적토glacial drift' 라 한다. 빙하표적토는 두 가지 유형으로 나눌 수 있는데, '표력토till' 와 '층상표적토stratified drift' 가 있다. 표력토는 빙하에 의해 직접적으로 퇴적된 암편들이기 때문에 큰 자갈에서부터 진흙 입자에 이르기까지 다양한 크기로 되어 있고 분급이 대단히 불량하다.■ 그림 58-A 또한 층리의 발달이나 층상 구조를 보여주지 않는다. 반면, 층상표적토로 알려진 대부분의 퇴적물들은 실제 모래와 자갈 또는 이들이 혼합된 층들이 쌓여 있어 층리가 뚜렷하며, 어느 정도 분급도 이루어진다.■ 그림 58-B 주로 눈이 녹은 강물이 흘러가면서 운반된 퇴적물이 유수 통로에 퇴적되어 형성된다.

▲ 그림 58. 빙하에 의해 운반된 빙하표적토. (A) 다양한 입자 크기와 분급이 매우 낮은 표력토(till), (B) 층리 발달을 보여주는 층상표적토. 부분적인 분급이 이루어진다.

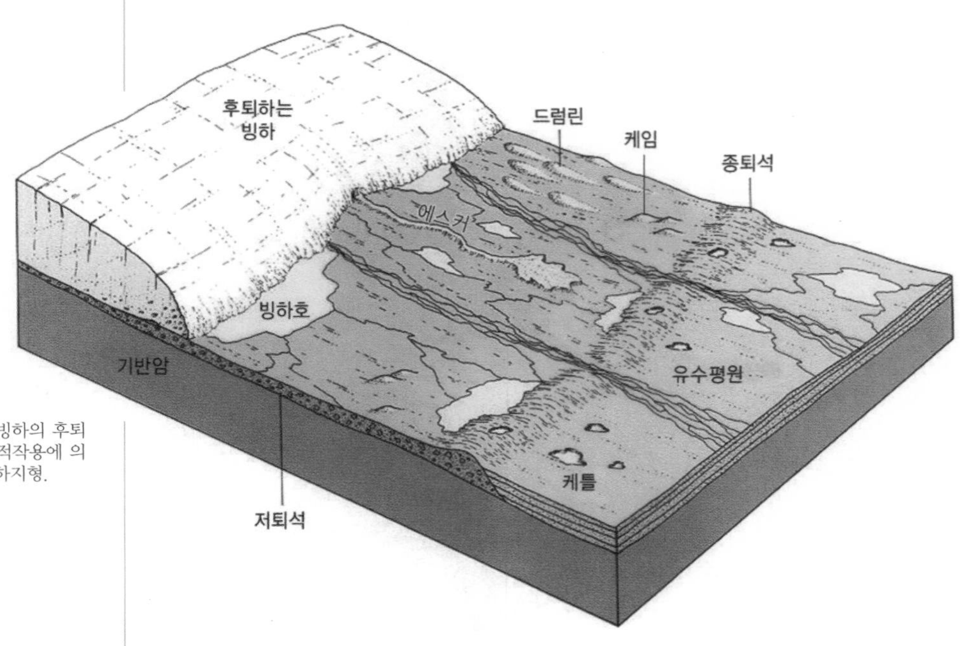

▶ 그림 59. 빙하의 후퇴함에 따라 퇴적작용에 의한 생성된 빙하지형.

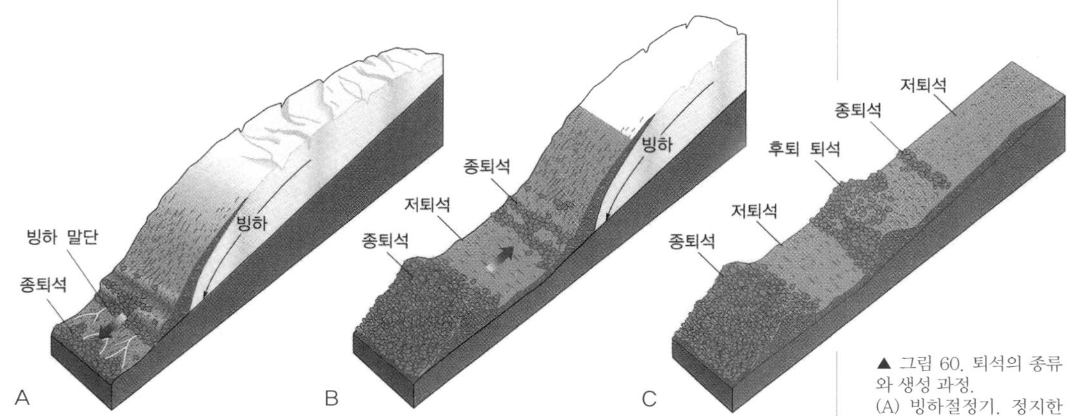

▲ 그림 60. 퇴석의 종류와 생성 과정.
(A) 빙하절정기. 정지한 빙하 종단에는 계속 퇴석이 공급되어 제방처럼 퇴적되는데 이를 종퇴석이라 한다. (B) 빙하 후퇴기. 물러가는 빙하는 기반암 바닥에 저퇴석을 만들고, 또 다른 정지한 빙하 종단에서는 종퇴석이 만들어진다. (C) 빙하 후퇴 후. 넓게 펼쳐진 저퇴석 위로 맨 앞쪽으로 거대한 종단퇴석이 놓이고, 불규칙한 형태의 후퇴퇴석과 종퇴석이 남아 있다.

표력토의 퇴적에 의한 지형에는 다양한 형태의 빙퇴석moraine과 길게 발달한 언덕으로 알려진 드럼린drumlin이 있으며, 층상표적토에 의한 퇴적으로는 유수평원outwash plain과 곡저평야valley train, 케임과 에스커가 있다.■ 그림 59

▷종퇴석End moraine : 빙하에 직접 퇴적된 표력토를 '빙퇴석moraine' 또는 '퇴석'이라 하며 퇴석의 성장 과정은 그림 60과 같다. 이동하는 빙하의 맨 앞쪽 또는 기반암과 빙하가 만나는 경계를 '빙하 말단ice front' 이라 하는데, 어느 지점에 이르러 빙하의 전진이 중단되고 빙하 말단은 수년이나 수십 년 동안 머물게 되며 빙하 정지기period of ice stabilization가 된다. 빙하 말단이 정지해 있다고 해서 빙하의 흐름이 멈춘 것은 아니며, 공급되는 빙하와 녹아 소모되는 빙하가 균형을 이뤄 빙하의 양이 일정한 상태glacial balance를 이룬다. 이를 예산의 수입 지출에 빗대어 빙하의 '균형재정balanced budget' 이라 부르기도 한다.■ 그림 60-A 따라서 빙하 말단에는 빙하에 의해 운반된 표력토가 제방처럼 쌓이게 되고, 빙하 말단이 정지해 있는 한 계속 더 쌓이게 된다. 이렇게 빙하 말단에 퇴적된 퇴석을 '종퇴석end moraine' 이라 한다.■ 그림 61-A 빙하 정지기가 지나면 빙하 공급량과 소모량의 변화에 따라 빙

◀ 그림 61. (A) 불규칙하게 넓게 펼쳐 있는 저퇴석과 빙하 말단에 발달한 종퇴석. (B) 거대하게 쌓여 있는 종단퇴석의 모습.

▲ 그림 62. 진행하는 빙하의 가장자리로 발달한 것이 측퇴석이며, 두 개의 지류빙하가 만날 때 각각의 측퇴석이 합쳐져 중심 퇴석이 된다.

하 말단이 다시 전진하기도 하고 물러가기도 한다. 균형 상태가 무너져 빙하 공급량이 많아지면 빙하 말단은 다시 전진하며 종퇴석도 앞으로 이동하게 된다. 빙하 종단으로부터 가장 멀리 최대규모로 퇴적된 종퇴석을 특히 '종단 퇴석termial moraine' 이라 한다.■ 그림 61-B 한편, 빙하재정이 적자가 되면 빙하가 물러가게 되고 녹는 빙하에 의해 퇴석들이 불규칙하게 기반암 위에 얇게 층을 이루는데 '저퇴석ground moriane' 이라 한다. 물러가는 빙하는 어느 시점에 다시 빙하 말단이 정지하게 되며 머무르는 동안 다시 종퇴석을 만들게 된다.■ 그림 60-B 이렇게 물러가면서 만드는 종퇴석을 '후퇴 퇴석recessional moraine' 이라 한다. 빙하가 완전히 물러가면 넓게 펼쳐진 저퇴석 위로

▶ 그림 63. 드럼린.
(A) 앞쪽은 가파르고 뒤쪽은 완만한 비대칭 언덕. (B) 많은 드럼린들이 한쪽방향으로 평행하게 놓여있다. 드럼린을 통해 빙하의 진행 방향을 알 수 있다.

가장 멀리 퇴적된 최대 규모의 종단퇴석, 불규칙하게 쌓인 후퇴퇴석, 그리고 제방 모양의 종퇴석들이 다양하게 남겨진다. ■ 그림 60-C

▷측퇴석과 중심 퇴석Lateral and medial moraine : 앞서 밝혔듯이, 빙하는 이동하면서 퇴적물을 운반한다. 곡빙하는 이동하면서 계곡 벽을 침식하고, 이때 떨어져 나온 퇴적물들은 빙하와 함께 운반되다가 일부는 남겨져 빙하가 진행하는 방향에 평행하게 빙하 가장자리를 따라 길게 배열되고 빙하가 녹으면서 표력토를 퇴적시킨다. 이를 '측퇴석lateral moraine' 이라 한다. ■ 그림 62 따라서 곡빙하는 이동하면서 빙하 양쪽으로 측퇴석을 남기는데, 두 개의 지류 빙하가 서로 만나 보다 큰 빙하로 합쳐질 때 각각 안쪽의 측퇴석들도 합쳐져 빙하 가운데에 빙하 진행 방향과 평행하게 놓이게 되는데 이를 '중심 퇴석medial moraine' 이라 한다. 빙하 상에 놓인 위치로 중심 퇴석은 쉽게 알아볼 수 있지만, 사실 두 개의 측퇴석이 합쳐진 것이므로, 중심 퇴석의 개수로 몇 개의 지류빙하가 존재했는지를 판단할 수 있다.

▷드럼린Drumlin : 표력토가 쌓여 만든 비대칭적 언덕을 '드럼린drumlin' 이라 하는데, 빙하가 진행하는 앞쪽은 경사가 가파르고, 뒷쪽은 경사가 완만하여 빙하의 진행 방향을 알 수있다. ■ 그림 63-A 따라서 드럼린은 빙하의 진행 방향을 결정하는 데 매우 유용하다. 일부 드럼린은 50m의 높이에 1km 정도의 긴 것도 있지만, 대부분 규모는 크지 않다. 드럼린은 하나가 단독으로 발견되는 것은 흔치 않으며, 대신에 수백 내지 수천 개의 드럼린이 함께 분포하여 드럼린 밭drumlin field을 이룬다. ■ 그림 63-B

▷유수평원Outwash plains과 곡저평야Valley trains : 빙하가 녹게 되면 많은 물을 방

▼ 그림 64. 유수평원(A)과 곡저평야(B). 모두 하천 통로에 퇴적된 층상표적토로 이루어졌다. 유수평원은 계곡 바깥으로 넓게 펼쳐지고, 곡저평야는 계곡 내에 좁고 길게 발달한다.

출한다. 빙하 녹은 물이 여러 갈래의 하천을 만드는데 빙하 말단으로부터 방사상으로 넓게 뻗어져나간다. 이때 많은 퇴적물들이 하천에 공급되고, 모래와 잔자갈로 이루어진 대부분의 퇴적물들은 하천의 통로에 층상으로 퇴적된다. 모포처럼 넓고 얇게 퇴적된 층상표적토를 '유수평원outwash plain' 이라 한다.■ 그림 64-A 이러한 하천들은 빙하 계곡의 아랫 부분에 넓게 펼쳐지는데 반해, 빙하 계곡 내에 좁고 길게 발달한 하천에 의해 퇴적된 층상표적토는 곡저평야valley train을 만든다.■ 그림 64-B

▷케임Kame과 에스커Esker : 층상표적토가 쌓여서 만든 최대 50m 정도 높이의 원뿔 모양의 가파른 언덕을 '케임kame' 이라 한다.■ 그림 65-A 한편, 층상표적토로 이루어진 좁고 긴 제방처럼 생긴 언덕을 '에스커esker' 라 한다.■ 그림 65-B 에스커는 구불구불하고 굽이치기도 하는데, 일부 에스커는 높이가 100m에 이르고, 연장 길이가 100km 이상 발달한 것도 있다. 케임이나 에스커 내에는 분급이 좋은 층상의 퇴적물들이 발견되는데 이는 유수에 의해 퇴적된 것임을 강력히 지시한다.■ 그림 65-C

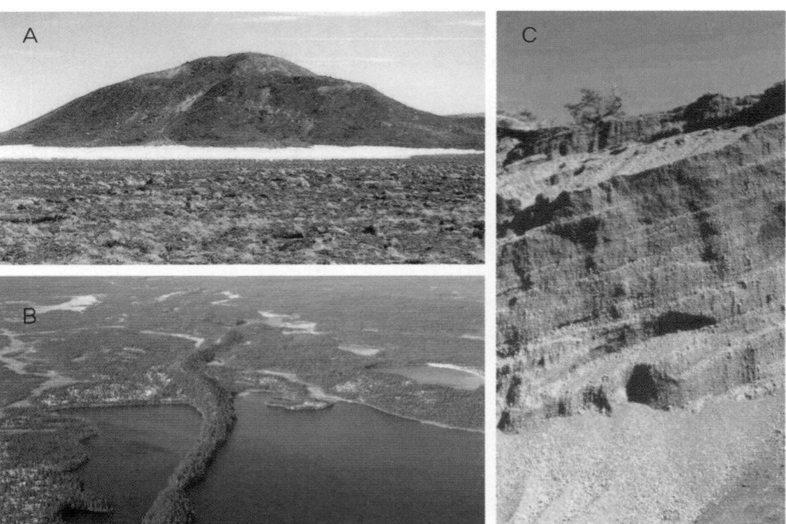

▶ 그림 65. 층상표적토가 쌓여서 만든 퇴적 지형. (A) 원뿔 모양의 가파른 언덕인 케임(kame). (B) 좁고 긴 제방처럼 생긴 에스커. 구불구불하고 길게 뻗어있다. (C) 케임에서 관찰되는 분급이 양호한 층상표적토. 이로써 유수에 의해 퇴적된 것임을 알 수 있다.

▷케틀Kettle : 빙하가 이동해왔다가 물러가면서 빙하의 깨진 조각이 떨어져 남게 된다. 빙하의 무게에 의해 움푹 패이고 출구가 없는 큰 웅덩이가 만들어진 후, 빙하가 녹은 물이 채워져 생긴 호수이다. 이를 '케틀kettle' 이라 한다.■ 그림 66 유수평원이나 곡저평야에는 많은 케틀들이 발견된다.

◀ 그림 66. 케틀(kettle).

빙하학의 선구자

유럽의 곳곳에는 빙하가 남긴 지형들이 쉽게 관찰된다. 예를 들어, 뾰쪽한 첨탑 같은 호른, 들판 한가운데서 있는 거대한 '집 잃은 돌lost stone, 미아석',■ 그림 67 기반암에 길게 긁힌 찰흔, 점토와 자갈로 된 분급이 불량한 표력토가 만든 드럼린이나 케임 같은 독특한 지형 등이 많이 발견된다. 그러나 지금은 의심의 여지없이 빙하기의 빙하작용에 의한 지형으로 인식하고 있지만, 과학적 사실로 빙하작용을 받아들인 건 불과 200년이 채 되지 않는다.

▲ 그림 67. 들판 한가운데 놓인 '집 잃은 돌'(미아석). 유럽의 산간 지방에는 이런 미아석들이 흔히 발견된다.

19세기까지 그 당시의 모든 사상이나 과학을 지배했던 근본은 기독교에 뿌리를 둔 종교로서 이와 같은 지질학적 현상에 대해서도 예외는 아니었다. 따라서 미아석이나 표력토 등은 성서에 나오는 노아의 대홍수의 증거로 오히려 믿고 있었으며, 이를 '대홍수설'이라 한다.

그러나 집채만 한 거대한 미아석이 홍수에 의해 수백 km나 이동한다는 것은 불가능하며, 특히 기반암의 긁힌 찰흔을 설명할 수가 없었다. 그러자 대홍수설을 약간 수정한 것으로 1830년, 스코틀랜드의 유명한 지질학자인 라일C. Ryle■ 그림 68은 '빙산설'을 주장하였는데, 미아석이 대홍수 때 물 위를 표류하던 빙산의 밑바닥에 얼어붙어 이동하였다는 것으로 제법 그럴듯한 설이었다. 비록 빙산에 의해 표

▲ 그림 68. 영국의 유명한 지질학자 찰스 라일.

이석이 이동한 것으로 설명하였지만, 대홍수설을 바탕으로 한 성서의 가르침을 크게 벗어나지는 않았다.

그러나 그 당시 학식이 있다는 유명한 과학자들이나 그들을 따르는 추종자들이 대홍수설을 믿고 지지하는 동안에도, 스위스 알프스의 주민들은 훨씬 이전부터 관찰을 통하여 빙하가 유동할 뿐만 아니라 지나갈 때 땅에 자국을 남기는 것을 잘 알고 있었다. 또한 현재 목축을 하고 있는 푸른 초원에 과거 빙하가 덮쳤다가 빙하가 물러가면서 거대한 표석을 남겼다는 사실을 그들의 조상들로부터 들어서 알고 있었다.

이와 같이 인간 문명 이전에 큰 빙하기가 있었다는 것을 지시하는 지질학적 흔적들을 해독하고 그 무엇이 그렇게 광범위한 빙하 확대를 초래하게 되었는가 하는 어려운 수수께끼에 접근을 시도한 것이 과학자가 아니라 바로 지질학적 현장에서 살면서 관찰할 수 있었던 일반인에 의한 것이 결코 우연은 아니었다.

스위스 알프스 남부 출신으로 관광 안내원과 영양 사냥을 생업으로 하던 장 피에르 페로댕J. Perodin은 1818년 암석에 패인 흔적을 조사한 결과, 그것이 빙하의 무게와 압력에 의해 생긴 것으로 결론을 내렸다.

그 후, 페로댕을 만나 그의 이야기에 감동을 받은 스위스 토목기술자 이그나츠 베네츠I. Benetz는 오랜 시간에 걸쳐서 스위스 알프스의 수많은 지역에서 빙하를 조사했다. 그는 1829년 스위스 자연과학협회의 학술회의에서 알프스의 빙하가 이전에는 유럽의 북쪽을 향해 유럽 평원까지 퍼져 있었다고 주장했지만, 과학자가 아닌 일반인이 주장했다는 이유로 참석자들은 그 사실을 받아들이지 않았다.

단 한 사람만이 그의 생각에 동조했는데, 그는 스위스의 벡스에서 암염광산을 경영하고 있던 저명한 박물학자 장 드 샤르팡티에J. Sarpindre였다. 샤르팡티에는 암염광산을 운영하기 위해 스위스의 산을 자주 방문하였으며, 그때 보았던 지질학적 현상들에 대해 부딪힌 각종 의문들이 빙하작용으로 쉽게 설명되는 것을 실감하였기 때문이었다. 과학자인 샤르팡티에는 이그나츠의 설명에서 부족한 부분을 뒷받침하기 위해 더 많은 증거를 수집하였으며, 이를 정리하여 1834년 스위스 자연과학협회에서 베네츠의 주장을 지지하는 지질학적 증거의 제시와 함께 빙하의 존재에 관해 발표했다. 이 자리에 루이스 아가시도 있었으나, 그 역시 당시 사람들의 머리에 가득 차 있던 대홍수설을 지지하고 있었기에 그의 연설에

별다른 인상을 받지 못했다.

빙하기라는 용어는 스위스의 해양생물학자 루이스 아가시L. Agassiz■ 그림 69에 의하여 최초로 제안되었다. 본래 아가시는 30세의 젊은 나이에 스위스 대학의 촉망받는 교수이자 박물학자로서 어류 화석 분야의 몇 되지 않는 권위자의 한 사람으로 이미 인정받고 있었다. 개인적으로 박물학의 선배이자 스승인 샤르팡티에의 초청을 받고 그는 1836년 샤르팡티에의 고향인 벡스의 휴양지에서 여름을 보내면서 수십 내지 수백 km나 떨어진 곳에서 운반된 거대한 표이석이 여기저기 흩어져 있는 기이한 지형에 매료되었다. 아가시는 그렇게 거대한 표이석은, 아무리 많은 물일지라도 운반하기는 불가능하다는 사실을 눈으로 확인함으로써 지금까지 빙하에 관한 인식을 바꾸게 되었으며, 마치 개종자처럼 열렬하게 빙하 이론을 믿게 되었다.

▲ 그림 69. 미국에서 강연하는 루이스 아가시.

그는 많은 조사와 연구를 발전시켜 빙하 이론을 주장하게 되었다. 1837년 6월 24일, 아가시는 그 자신이 회장으로 있는 스위스 자연과학협회에서 강연을 하게 되었는데, "거대한 미아석이 1만 8천 년 전 스위스를 덮고 있던 대빙하의 전진으로 운반되었다가 빙하가 녹아 없어짐으로써 현재의 위치에 있게 되었다" 고 발표하면서 이 지구 규모의 사건을 칼 심퍼가 1년 전에 사용한 용어를 채택하여 '빙하기Eiszei t: Ice Age' 라고 불렀다. 그러나 '누샤텔의 강연' 으로 나중에 유명해진 그날의 강연에 대해 청중들은 기독교에 대한 이단으로 몰아붙이고 몰이해와 냉담한 침묵으로 응하였다.

그러나 아가시는 빙하기에 대한 강한 확신을 갖고 있었기에 결코 실망하지 않았다. 다시 산으로 들어간 아가시는 보다 자세한 연구를 통해 1840년 『빙하의 연구Studies on Glaciers』라는 제목의 책을 발간하였다. 그는 그 책에서 이전에 빙하가 유럽, 아메리카, 아시아의 북방을 전부 덮고 있었다는 사실을 자신 있게 주장하였다. 그러나 계속 많은 반대자들의 저항에 부딪힌 아가시는 학문적으로 훨씬 자유로운 미국에서 초청하자, 1846년 미국으로 건너가 하버드 대학의 동물학 교수로 임명되었다. 그 후, 그의 주장에 대한 확신과 끊임없는 노력으로 많은 지질학적 증거를 제시함으로써 마침내 라일을 포함한 그 당시의 많은 과학자들이 그의 주장에 동조하게 되었다. 그래서 루이스 아가시는 빙하설의 창시자로 인정받기에 이르렀다.

빙하기의 원인

빙하기 동안에는 현재 따뜻하고 푸른 초원 지대인 중위도 지역까지도 눈과 얼음으로 덮여 있었다. 그리고 이런 빙하기가 전 세계적인 현상이며 과거의 지질시대에 여러 차례 빙하기와 간빙기가 반복되었다는 것이 아가시를 비롯한 많은 과학자들의 연구 결과 밝혀졌다. 그러나 지구 규모의 빙하기가 왜 반복적으로 일어나는지에 관해서는 여전히 해결되지 않고 있었다.

빙하기의 전진과 후퇴에 대해서 20세기에 들어와서 지구 바깥에서 그 원인을 찾기 시작하였는데, 지구 공전과 자전의 형태에 관련되어 있다는 이론이 수학자와 천문학자들에 의하여 발표되었다. 유고슬라비아의 천문학자인 밀루틴 밀랑코비치M. Minlancovici는 1912년과 1941년 사이 그 자신의 생각을 수차례 수정하고 혼신의 힘을 다한 계산 끝에 ① 공전궤도의 이심률의 변화, ② 자전축의 경사 효과, ③ 세차운동이 여름의 햇살 강도를 크게 변화시키기 때문에 빙하기의 재현을 충분히 설명할 수 있다고 주장하였다.■ 그림 70

밀랑코비치의 이러한 설명 이후, 광범위하게 밝혀진 지질학적 증거는 지구의 기후에 미치는 천체 주기의 영향을 강하게 뒷받침하고 있는 것이다.

이심률의 효과

약 10만 년을 주기로 지구의 공전궤도가 원에 가까운 모양에서 더욱 납작한 타원으로 변하게 된다.■ 그림 70-A 이 주기 동안에 지구와 태양의 거리는 1827만km나 변화한다. 이심률이 최대가 되는 시기에 지구와 태양의 거리가 최대가 되어 겨울은 한 달 이상 길어지고 대략 수천 년 동안은 통상적인 경우와 비교하여 추워진다.

지구 자전축의 경사 효과

지구 자전축이 공전궤도 면에 수직으로 되어 있지 않고 경사진 채로 공전하므로 여름에는 북반구가 태양을 향하고 겨울에는 남반구가 태양을 향하게 된다. 이 효과가 지구 상에 어떤 위치에도 1년 사이에 온도 차가 나타나 사계절이 생겨난다. 대략 4만 1천 년을 주기로 하여 그 각도는 21.5°와 24.5°사이를 변하는데, 현재는 약 23.5°이다.■ 그림 70-B 이 기울기가 최소가 되면 여름은 덜 더워져 서늘해지고 겨울은 덜 춥게 된다. 한편, 북극지방에서는 햇빛은 다소 큰 각도로 입사되어 극지방은 계절에 따른 온도 차가 적어지게 된다.

세차운동의 효과

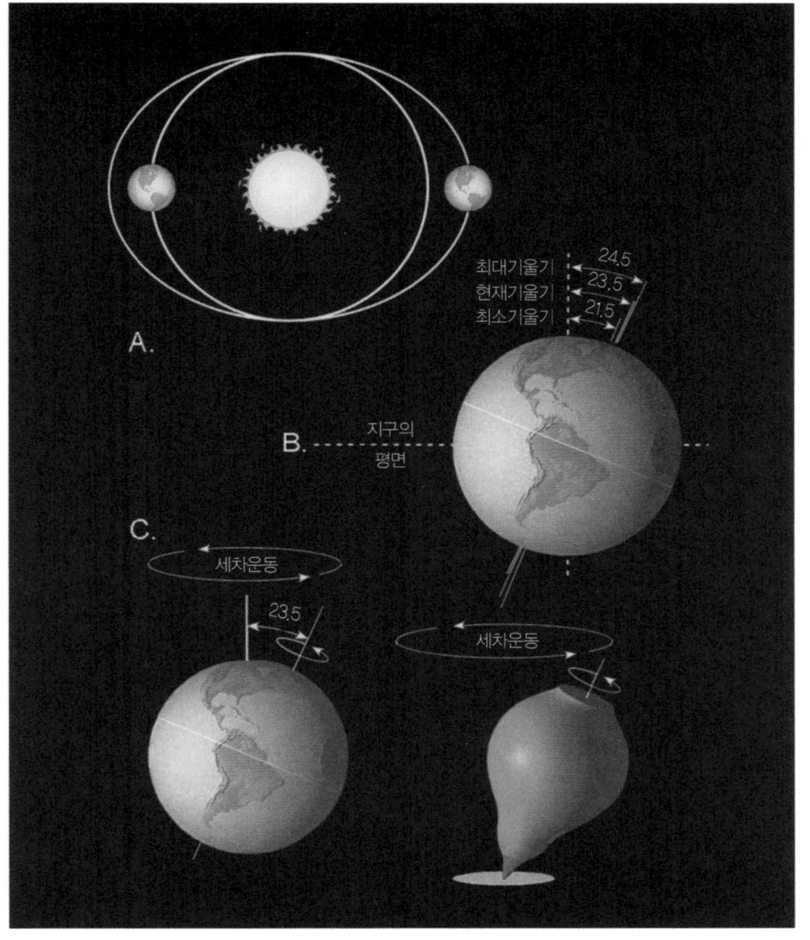

◀ 그림 70. 빙하기의 발생 원인.
(A) 이심률의 변화. 최대가 대면 빙하기, 최소가 되면 간빙기가 발달한다.
(B) 자전축의 경사 효과. 자전축의 경사가 최대가 되면 간빙기, 최소로 되면 빙하기가 된다.
(C) 세차운동. 북반구의 여름이 원일점이 되면 빙하기, 근일점이 되면 간빙기가 된다.

팽이 축이 지면에 경사져 있을 때 팽이가 비틀거리며 도는 현상을 '세차운동'이라고 한다. 지구 자전축도 경사져 있기 때문에 지축의 세차운동으로 계절마다 지구와 태양 사이의 거리는 서서히 변한다.■ 그림 70-C 세차운동의 주기는 2만 3천 년이므로 1만 1천5백 년 전에는 현재와 달리 북반구의 여름이 원일점에 생기고 겨울은 근일점에 생겨 여름은 시원하고 겨울은 온화하여 빙하의 성장에 좋은 조건이 된다. 그러나 현재에는 반대가 되어 북반구에 빙하가 축소되는 조건으로 되어 있었다.

4만 1천 년, 10만 년, 그리고 2만 3천 년 주기로 일어나는 이 세 가지의 효과가 합쳐지거나 극대화되면 빙하기가 시작된다. 빙하기는 북반구에 있어 추운 겨울에 일어나는 것이 아니라, 서늘한 여름에 시작한다.

서늘한 여름이 되어 지난겨울에 쌓인 눈과 얼음이 다 녹지 못하면 눈과 얼음의 성질상 열을 적게 흡수하고 햇빛을 모두 반사하게 되어 주변을 더욱 차게 만든다. 이때 바다로부터 불어오는 습윤한 온대 기단이 대륙의 찬 기단을 만나 상승하게 되고, 모여서 무거워진 구름은 비가 아니라 눈이 되어 하강한다. 계속되는 눈은 주위를 더욱 차게 하고 그 결과 기온이 떨어져 구름이 하강하면서 더 많은 눈이 오게 된다.

점점 눈이 쌓이게 되면서 무게와 압력에 의해 눈은 얼음으로 결정되고 점차 빙하로 성장하게 된다. 이렇게 성장한 빙하는 점점 커지면서 무게가 무거워지고 빙하 바닥은 무게에 의하여 녹기 시작하고 지표를 따라 미끄러져 빙하는 서서히 이동을 하기 시작하며, 그 결과 지구 북반구의 반 이상을 덮어버리는 빙하기가 시작되는 것이다.

일단 빙하가 발달하게 되면 태양으로부터 받는 지구의 복사량은 줄어들기 때문에 지구의 기온은 점점 낮아지면서 빙하의 성장 조건을 더욱 가속되게 된다. 실제 지구 자전축의 경사 효과, 세차운동, 이심률의 변화 중 어느 한 가지의 효과만으로도 소빙하기를 가져오기 충분한데, 만약 이 세 가지 효과가 중첩되면 지구의 대부분은 얼음으로 덮이게 될지도 모른다.

■ 용어와 개념

고기후학Paleoclimatology

먼 지질시대의 기후를 연구하는 학문.

기후Climate

장시간 동안의 기상 현상의 평균치.

기후학Climatology

기후의 원인, 변화, 분포 및 형태에 관한 학문.

날씨Weather

주어진 시간과 장소에서의 기온, 기압, 습도, 풍향, 풍속, 강우 등의 대기 현상.

단열압축Adiabatic compression

공기 덩어리를 하강시키면 주위의 압력이 높아지므로 부피가 압축되고 온도가 올라가는 현상. 고기압의 하강기류에서 단열압축이 일어난다.

단열팽창Adiabatic decompression

공기 덩어리를 상승시키면 주위의 압력이 낮아지므로 부피가 팽창하고 온도가 내려가는 현상. 저기압의 상승기류에서 단열팽창이 일어난다.

대류Convection

온도가 높아지면 부피가 팽창하고 따라서 밀도가 작아지고, 온도가 낮아지면 반대 현상이 나타난다. 온도 차가 나면 흔히 기체나 액체 상태에서 가벼운 물질은 올라가고 무거운 것은 내려오는 순환 운동을 대류라고 하고 이 순환 운동에 의하여 열이 이동한다.

대륙빙하Continental glacier

보통 빙하기 동안에 대륙이나 대륙 아래를 넓게 덮고 있는 얼음으로 현재는 그린란드와 남극대륙에만 존재한다.

대기권Atmosphere

지구 같은 행성의 중력에 의하여 붙잡혀 있는 행성을 둘러싸고 있는 공기층.

만년설firn

눈 입자가 재결정 작용을 반복하여 치밀해져 비중이 0.5 이상에 도달한 얼음.

몬순Monsoon

넓은 지역에서 계절에 따라 방향이 바뀌며 기후에 영향을 주는 풍계로서, 특히 인도나 북부 아시아에서 우세하여 겨울에 건조한 바람, 여름에 습한 바람을 불게 한다.

미생물 풍화

미생물에 의하여 암석이 풍화되어 퇴적물로 바뀌는 것.

방산충Radiolaria

라틴어의 '작은 햇빛'에서 유래된 말로, 딱딱한 규산질 껍질을 갖고 있는 현미경적 미생물이나 특히 해양 퇴적층의 대비에 사용하는 지시 화석이다.

빙하권Cryosphere

지구에서 얼음이나 눈으로 덮여있는 지역으로 주로 극지방을 일컫는다.

빙하 표석 Glacial erratic

본래 암석이 만들어진 지역으로부터 빙하에 의해 멀리 운반된 거대한 암석. 일명 미아석lost stone 이라고도 한다.

빙하표적물Glacial drift

빙하작용으로 야기된 모든 퇴적물에 사용하는 일반적인 용어로서 빙하에 의해 운반된 퇴적물은 표력토till와 층상표적물stratified drift의 두 종류가 있다.

생물권Biosphere

지각으로부터 대기권까지 뻗친 살아 있는 유기물이 있는 지구의 일부분.

설선Snow line

여름철에 눈이 녹는 만년설원의 하한. 설선의 고도는 위도에 따라 달라진다.

세차운동Precession

회전운동을 하는 물체가 자전축이 일정한 범위 내에서 회전하는 것.

온실효과Greenhouse effect

열을 흡수, 반사하는 수증기, 이산화탄소 등의 대기 성분에 의한 지구의 보온 효과.

원격조정감응Remote sensing

멀리 떨어진 곳에서 간접적인 방법을 사용하여 물리적 여러 조건을 조사하는 방법으로, 인공위성에서 지구나 다른 행성들의 물리적 환경을 조사하여 전송하는 과정 같은 것이다.

일기 상보

현재 진행 중인 일기의 지역적인 자료 수집 및 정보 분석 기술 능력으로 이것의 가장 큰 이점은 태풍의 현재와 장차의 진로 또 예상 피해 지역을 경보하는 데 있다.

일기예보Weathercast

기상 자료를 분석하여 장래의 대기 상태 변화를 예측하는 일.

지각평형설Isostasy

빙산이 바다에 떠 있는 것처럼 지각도 맨틀 위에 떠 있어 평형을 유지한다는 학설. 고체인 지각이 고체인 맨틀 위에 떠 있다는 것은 이해하기 힘들지만, 고체도 오랜 기간지질학적 시간에 걸쳐 서서히 작용하는 거대한 힘에 대하여서는 액체처럼 작용한다. 지각평형설에는 에어리Airy설과 프래트Pratt의 설이 있다. ■ 그림 26

코리올리효과Coriolis effect

회전운동에서 원심력을 기술하는 데 사용되는 겉보기 힘으로 예를 들면 북반구에서 고기압이 시계 방향으로, 저기압이 반시계 방향으로 회전하는 것과 같이 바람이나 해류의 운동 방향이 지구 자전에 의한 원심력 때문에 휘게 하는 효과이다.

해들리 세포Hadley cell

적도와 남북위 위도 30° 사이에서 대류 운동을 하는 대기 순환 세포로서, 북반구에서는 북동 무역풍을, 남반구에서는 남동 무역풍을 발생시킨다.

■ 관련 사이트

· 기상학 관련 사이트Metreology Hot List

http://metolab3.umd.edu/~stevenb/metlist.html

기상학과 관련되는 모든 사이트를 연결해주고 있다. 기상학 자료 수집을 위한 인터넷 항해의 출발점으로 좋은 사이트이며, 전 세계의 일기를 보여주는 사이트, 대학 및 연구소와 공공기관, 관련 학회 등을 정리해 소개하고 있다.

· 미국 기후정보센터NCDC, National Climate Data Center

http://www.ncdc.noaa.gov/

미국국립해양대기청NOAA에서 운영하는 사이트로 기후와 관련된 다양하고 전문적인 방대한 양의 정보를 제공하고 있다.

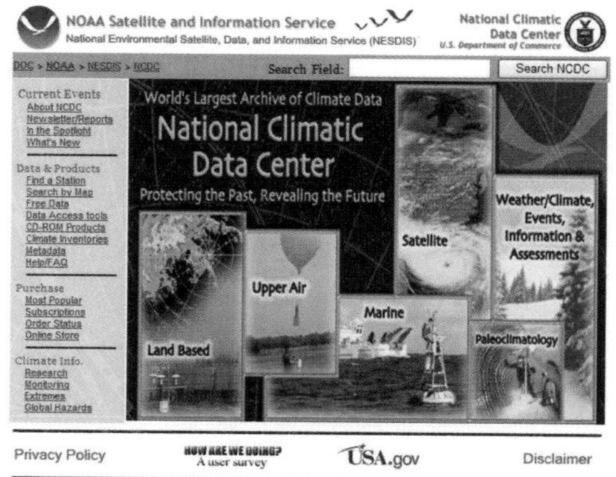

http://www.ncdc.noaa.gov/oa/ncdc.html

· 기상청

http://www.kma.go.kr/

기상청 공식 사이트. 우리나라의 기상과 관련한 다양한 자료를 접할 수 있다. 실시간으로 인공위성 기상 사진을 볼 수 있으며, 엘니뇨와 라니냐에 대하여 알기 쉽게 설명하고 있다.

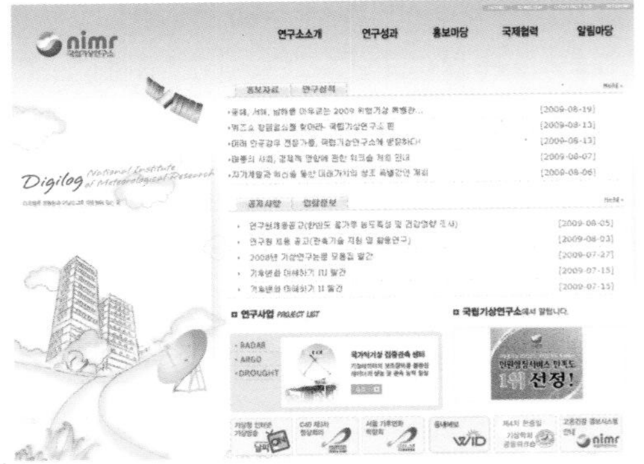

· 대서양 허리케인 감시센터 Atlantic Hurricane Track Center

http://fermi.jhuapl.edu/hurr/index.html

미국 존스홉킨스 대학교 응용물리 연구실에서 개설한 사이트로서 허리케인이 발생한 날부터 소멸될 때까지 전 과정을 보여준다. 허리케인의 경로와 규모를 시간대별 인공위성 사진과 함께 소개하고 있으며, 피해의 정도에 관해서도 자세히 밝히고 있다.

· 날씨 네트 WeatherNet

http://cirrus.sprl.umich.edu/wxnet/

미시간 주립대학교에서 제공하는 사이트로 미국을 포함한 전 세계의 지역별 날씨에 관한 정보를 제공하고 있다. 각종 인터넷 정보 사이트가 정하는 베스트 사이트 중의 하나.

· 미국 일기 정보 National Weather Service

http://www.nws.noaa.gov/

NOAA가 제공하는 미국 일기 정보 서비스. 인공위성으로 얻어진 자료들을 많이 제공하고 있다.

· 일기예보 Weather Forecast

http://www.metolab3.umd.edu/~owen/EARTHCAST/BUTTONS4/buttons4.html

미국 메릴랜드 대학 대기과학과에서 운영하는 일기예보 사이트. 미국뿐만 아니라 전 세계 원하는 나라 또는 도시의 일기예보를 다양한 인공위성 자료를 토대로 보여준다.

· 온라인 오늘의 날씨 On-line Weather Report

http://www.jwa.go.jp/jwa.html

일본기상협회Japan Weather Association가 제공하는 현재의 날씨 정보로서 일본 인공위성 '히마와리'가 보내오는 위성 사진을 실시간으로 제공하고 있다. 한국과 일본의 대기 상태를 관찰할 수 있다.

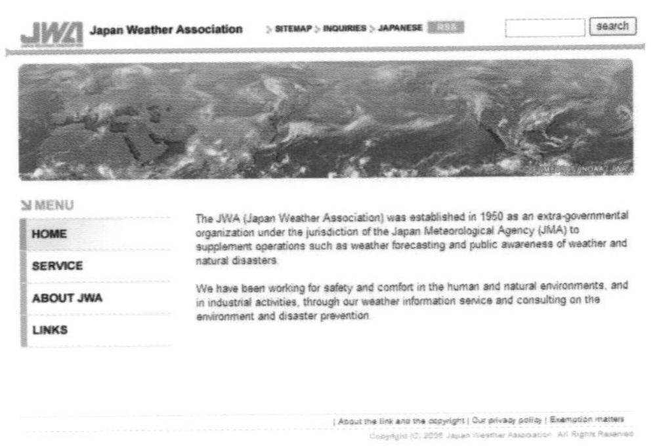

· 기후와 복사열 Climate and Radiation

http://climate.gsfc.nasa.gov/

미국항공우주국NASA의 고다드Goddard 우주비행센터가 제공하는 사이트. 인공위성을 이용한 기후변화 관측이나 모델링에 관해 설명하고 있다. 그림보다 텍스트 위주로 소개되어 다소 지루할 수 있다. 관련 사이트도 연결해준다.

· 국립기상연구소

http://www.nimr.go.kr/metri_home/

국립기상연구소의 홈페이지. 기상관련 연구를 수행하고 정책을 개발하는 기상연구소의 역할을 소개고 있다. 주요 연구 사업으로 국가악기상 집중관측센터 사업, 전지구해양변화감시시스템 사업, 가뭄연구정보웹센터 사업 등이 있다.

· 기후변화 관련 신문기사 모음

http://climate.snu.ac.kr/others/scrap/warm95.html

서울대학교 대기과학과에서 만든 사이트로 국내 신문에 게재된 기상 관련 기사엘니뇨, 몬순 장마, 기후변화 등들을 연도별로 모아두고 있다. 일기와 기후 관련 리포트를 쓰는 학생들이 참고하기 좋은 사이트.

■ 생각해봅시다.

(1) 지각평형설의 에어리설과 프래트설을 설명하고 대륙지각이 해양지각보다 두꺼운 사실을 지각평형설로 설명하시오.

(2) 일기예보 기술에 대하여 생각해봅시다. TV의 일기예보 장면을 한두 번 보도록 하고 예보 자료와 TV 화면 자료가 어떻게 얻어졌는지 알아봅시다. 그리고 일기예보가 왜 중요한지 생각해봅시다.

(3) 미국 남부의 평원 지방에는 매년 여름 토네이도로 막대한 피해를 입고 있습니다. 토네이도의 메커니즘과 특징을 조사해봅시다.

(4) 우리나라에서는 봄에 영동, 영서 지방에 태백산맥을 넘어온 고온 건조한 바람, 푄Föhn 혹은 높새바람이 분다. 이는 공기가 산을 넘으면서 단열팽창과 압축이 일어나기 때문이다. 해수면에서 포화 상태가 된 15°C의 공기가 2,000m의 산을 넘어갈 때, 산꼭대기에서의 온도와 산을 넘어 반대쪽 해수면에 왔을 때의 온도를 계산하시오. 단 건조공기의 경우 기온감률은 1°C/100m 이고, 습윤공기는 0.5°C/100m 이다. 또 왜 산을 넘기 전에는 습윤공기가 산을 넘은 후에는 건조공기로 변화하는지 설명하시오.

(5) 태풍의 명칭은 어떤 원칙 하에서 명명되어지고, 또 태풍은 무엇을 기준으로 A, B, C급으로 분류하는지 알아봅시다.

(6) 원격조정감응 장치가 실제 기상 자료 수집에 어떻게 사용되고 있는지 알아봅시다.

(7) 현재는 고기후 자료에 의하면 간빙기에 해

당된다. 비디오 시청 자료에 의하면 뉴욕 센트럴 파크에서 출발하여 캐나다에 이르는 빙하의 성장 과정을 추적하고 있다. 그 과정을 설명하고 빙하가 남긴 각종 증거들에 관하여 설명하시오. 또 빙하기가 시작되는 과정을 설명하시오.

(8) 46억 년이라는 지구의 역사에서, 지구의 기후는 단기간에 걸친 일시적인 변화를 겪긴 하였지만, 대체로 거의 일정하게 유지되고 있다. 지구의 기후가 이처럼 수억 년 동안에 일정하게 유지되는 까닭은 무엇입니까?

(9) 과학자들은 빙하기가 한 번도 아니고 수차례에 걸쳐 있었다고 주장합니다. 이들이 주장하는 근거는 무엇이며, 구체적으로 어떠한 자료가 있습니까?

(10) 태양계를 이루고 있는 8개의 행성 중 오직 지구 상에서만 생명체가 번성하고 있습니다. 이것은 지구의 기후가 생물이 살아가기에 적합한 때문입니다. 이처럼 생명체가 살아가기에 알맞게 지구의 기후를 유지하는 요인에는 어떠한 것들이 있습니까?

■ 인터넷 항해 문제

(1) 매년 여름 발생하는 열대성 저기압은 지역별로 명칭은 다르지만 그 세기와 진로에 따라 해당 지역에 큰 피해를 준다. 즉, 우리나라의 태풍처럼 미국의 허리케인은 여름철 기상의 주요한 현상이다. 이러한 허리케인은 인공위성을 통해 계속 감시되고 있는데, 매년 여름에서 가을까지 십수 번의 허리케인또는 열대성 폭풍이 발생한다. 허리케인의 경우 저기압이 성장하여 풍속이 45mph 이상이 되면 열대성 폭풍Tropical Storm이라 부르고, 계속 성장하여 풍속이 75mph 이상이 되면 허리케인Hurricane이라 불리는 강한 바람이 된다. 다음에 답하시오.

① 금년또는 작년에 발생한 열대성 저기압의 이름을 모두 밝히시오.

② 이들을 허리케인과 열대성 폭풍으로 구별하고, 발생 기간, 최대 풍속을 나타내시오.

③ 이들 중 진로가 플로리다 쪽으로 진행하여 많은 피해를 준 것은 무엇인지 밝히시오.

④ 여러분이 방문한 웹 사이트의 주소를 적어 보시오.

(2) 요즘의 일기예보는 기상위성이 보내온 다양한 영상을 이용한다. 특히 넓은 지역에 걸쳐 구름의 이동이나 대기의 변화를 관찰함으로써 상당히 정확한 예보를 하고 있다. 다음에 답하시오.

① 인공위성이 보내오는 사진의 종류를 알아봅시다.

② 각각의 사진들은 어떻게 다른지 실시간 위

성 자료를 인터넷에서 내려받읍시다.

③ 이 사진들을 종합하여 대기 상태를 결정하는 과정을 알아봅시다.

④ 여러분이 방문한 웹 사이트의 주소를 적어 보시오.

■ 참고 문헌

김소구 · 심중석, 『지구과학』, 청문각, 1984.

타임스라이프 북스 편집부, 『바람, 대기, 빙하, 빙하기』, 한국일보 타임-라이프, 1985.

정창희, 『지질학 개론』, 박영사, 1986.

곽종흠 외, 『지구과학 개론』, 교문사, 1987.

원종관 외, 『지질학 원론』, 우성문화사, 1989.

Press, F. and Siever, R., *Understanding Earth* (5th Ed), Freeman Co, 2006.

Tarbuck, E. J. and Lutgens, F. K., *Earth Science* (12th Ed.), Prentice-Hall, Inc, 2009.

Chapter 5

외계에서 온 이야기

Tales from Other Worlds

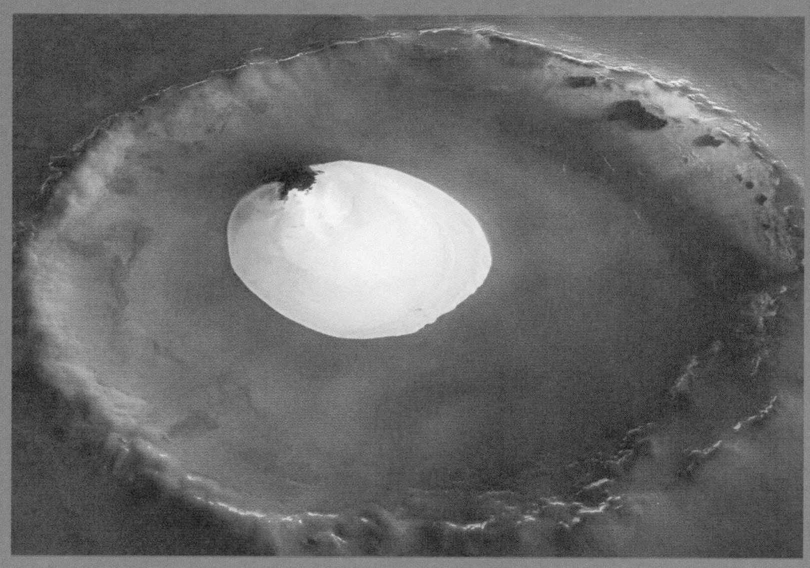

지난 반세기 동안 우주에 대한 지식은 엄청나게 증가하였다. 이는 IGY 이후, 경쟁적으로 발사된 인공위성에 의한 탐사의 결과이다. 우리들도 함께 우주여행을 떠나보고 우주산업의 중요성도 알아보자. 또한 외계의 방문자인 운석이 지구의 역사에 남긴 충격도 살펴보자.

내가 세상의 기초를 닦을 때
너는 어디에 있었느냐?
주춧돌을 놓은 이가 누군지
알았다면 외쳐보아라.
그때, 새벽별은 노래하고
모든 신의 아들들은 기뻐 소리치리라.

— 「욥기」The Book of Job

멀리 있는 거울

인류는 오랜 옛날부터 밤하늘의 별을 쳐다보며 먼 외계에 대한 강한 호기심을 나타내기도 하였다. 점성가들은 떨어지는 별똥별유성 또는 운석에서 죽음이나 운명을 예측하기도 했다. 농경시대에는 달의 운행에 맞춰 농사를 지었으며, 나침반이 없던 시절에 바다를 항해할 때 별의 위치는 유일한 길잡이가 되기도 하였다.■그림 1 이와 같이 태양계 안의 다른 행성이나 더 멀리 있는 별에 대한 호기심과 관심은 거의 문명의 시작과 때를 같이하고 있다.

제1장 '행성으로서의 지구'에서 배웠던 내용들을 다시 상기해 보자. 우리들이 알고 있는 지구의 나이는 약 46억 년이다. 그러나 지구에서 발견된 가장 오래된 암석이 43억 년으로 알려져 있다. 대개는 30억 년 이상의 나이를 먹은 암석을 찾기란 매우 힘들다. 만약 이것이 사실이라면 우리들은 바로 지구가 탄생한 후, 약 16억 년에 대한 과거를 잃어버린 셈이 된다. 또한 우리 인류가 땅속으로 파고 들어간 깊이가 수 km에 불과하여 아직 맨틀에도 이르지 못하였다. 그렇다면 지구 중심까지 약 6,000km의 구성 물질이 무엇으로 이루어져 있는지 밝히기가 쉽지 않다.

▲ 그림 1. 2세기 알렉산드리아의 유명한 천문학자, 수학자 겸 지리학자인 프톨레마이오스(Ptolemaeos)가 사분의를 사용하여 별자리를 관측하고 있다. 그의 점성술은 중세 서구와 이슬람 세계에 많은 영향을 끼쳤다.

과거 일찍이 시작된 천체의 연구에서부터 오늘날 우주탐사선에 의한 외계에 대한 연구와 지구를 방문하는 운석의 연구는, 태양계의 신비와 우주의 역사를 밝혀주었을 뿐만 아니라 바로 그동안 잃어 버렸던 지구의 과거와 감추어졌던 지구 내부의 구성 물질에 관한 많은 의문들에 해답을 주고 있다. 한편, 태양계의 행성들에 관한 지식은 지구를 바라보는 시각을 다르게 바꾸어준다. 예를 들어 딱딱한 표면, 태양으로부터의 거리, 크기 등으로 보아 금성과 화성은 지구와 가장 흡사한 행성이다. 화성은 대기가 거의 없어 낮과 밤의 온도 차가 매우 크고 물이 없는 춥고 건조한 행성이다. 한편, 두꺼운 이산화탄소로 대기를 이루고 있는 금성은 온실효과 때문에 표면 온도가 450°C에 가까운 지옥을 연상하게 하고 물 또한 없는 행성이다. 이런 이유로 지구와 유사한 두 행성에서는 생명체가 살 수 없으나, 지구는 덥지도 춥지도 않은 따뜻한 행성이며 물이 존재하여 유일하게 생명체가 살 수 있는 기적의 행성인 것이다. 이와 같이 지구가 우리에게 얼마나 소중한가를 지구와 이웃한 행성인 금성과 화성을 탐사함으로써 알게 되는 것이다. 이와 같이 외계에 대한 연구는 외계에 대한 지식의 축적과 함께 우리의 지구를 알게 하는, 즉 우리들 자신을 비춰주는 거울의 역할을 한다.

▲ 그림 2. 아폴로 11호의 역사적 발사 장면. 미국과 구소련 간에 경쟁적으로 진행되던 우주개발은 미국이 달에 먼저 우주선을 보냄으로써 일단락되었다.

이미 우리들은 태양계에 관한 상당한 지식을 갖고 있다. 예를 들어, 태양계를 구성하고 있는 행성의 수는 8개이고, 태양에 가장 가까운 행성은 수성이며 태양으로부터의 평균 거리가 가장 먼 행성은 해왕성이다. 또한 지구는 태양에서 3번째 놓여 있는 행성이며, 가장 큰 행성과 가장 작은 행성은 각각 목성과 수성이다. 이처럼 지난 50년 동안 지구 주위의 우주 공간에 대한 지식은 엄청나게 증가하였다. 이는 무엇보다도 1957년의 '국제지구물리년IGY' 이후, 경쟁적으로 발사된 우주선에 의한 탐사의 결과이다. 비록 우주선의 발사에는 막대한 비용이 소요되고 많은 위험이 내포되어 있지만, 미국과 구소련 양 대국을 중심으로 시도되어왔다.■그림 2

그동안 반대자들의 많은 논란에도 불구하고 우주선 탐사가 계속된 것은, 인공위성의 개발이 가져다주는 이익이 우주탐사 외에도 오늘날 우리들의 실생활과 떼어놓을 수 없는 많은 부분에서 기여하기 때문이다. 예를 들어, 우리들은 매일의 날씨를 기상위성을 통해서 예측하고 있고, 지구 반대편에서 일어난 사건을 방송위성을 통해서 곧바로 알 수 있으며, 통신위성을 통해서 멀리 떨어진 사람들과 직접 대화를 하기도 한다. 이와 같이 인공위성은 우리들 일상생활과 직결되어 엄청난 이득을 가져다주기 때문에, 인공위성으로 대표되는 우주산업은 앞으로 21세기를 주도할 가장 핵심적인 산업이다. 따라서 우리도 국가 간의 경쟁에서 살아남기 위해 반드시 참여하여야 한다.

이 단원에서는 그동안 우주에 대한 지식의 축적 과정을 밝히고, 지난 50년간의 괄목할 만한 발전을 한 우주개발의 과정을 소개하며, 오늘날 우주개발이 단순한 강대국의 전유물이 아니며 우주산업에 참여하는 것이 왜 중요한지도 함께 다루고자 한다. 한편, 외계의 방문자인 운석이 지구 역사에 어떤 충격을 남겼는지도 살펴보고자 한다.

망원경에서 우주선까지

눈이 유일한 도구

고대 천문학자들은 태양과 달 그리고 다른 행성들의 천구상의 겉보기운동을 기록하였는데 이 천체 운동의 관측으로부터 하루나 한 달, 그리고 일 년의 길이가 결정되었다. 이 단위들로 엮은 달력에 따라 농사를 짓기 시작하였는데, 1년을 주기로 짓는 농작은 보다 정확하고 과학적인 천체관측을 요하게 되었다. 또 바다를 항해하는 사람들은 별들이 일주운동을 한다는 것을 알고 이들의 위치를 각도로 나타낼 수 있음을 알아냈는데, 이것이 먼 발견의 항해를 떠난 탐험가들을 그들의 고향으로 되돌아갈 수 있게 해주었다.

▲ 그림 3. 폴란드의 천문학자 코페르니쿠스. 그는 지구도 하나의 행성에 불과하다고 믿었다.

한편, 이러한 일상생활의 응용 외에도 천문의 관찰은 지구에 관한 새로운 지식을 가져다주었다. 그리스의 천문학자 에라토스테네스Eratosthenes, 276~194 B.C.는 태양빛을 이용하여 지구가 구형이라는 가정 아래 지구의 둘레를 측정하였으며, 아리스토텔레스Aristoteles, 384~322 B.C.는 조석간만의 차이를 달에 의한 인력으로 설명하였으며, 코페르니쿠스N. Copernicus, 1473~1543■ 그림 3는 별의 관측을 통하여 지구가 만물의 중심이 아니라 태양계의 중심은 태양이며 지구도 태양 주위를 돌고 있는 행성 중의 하나라는 지동설을 주장하기도 하였다.

케플러의 법칙

케플러J. Kepler, 1571~1630■ 그림 4는 코페르니쿠스의 지동설에 입각하여 그의 스승 브라예T. Brahe, 1546~1601가 남긴 행성의 운동에 관한 관측 자료로부터 화성의 궤도를 구하였다. 그의 연구 결과, 궤도를 원이라고 가정할 때 브라예의 관측 결과와 8°의 차이가 났다. 이러한 차이가 관측 오차가 아닐 것이라는 점과 이로부터 행성의 운행 속도가 일정하지 않다는 점에서 타원궤도를 도입하였으며, 세 가지의 중요한 천문학적인 발견을 하였으며, 이를 케플러의 법칙이라고 한다. 이 법칙으로부터 고전 물리학의 근간이 되는 뉴턴 역학이 탄생할 수 있었다.

▲ 그림 4. 독일의 천문학자 케플러. 현대 천문학을 확립하는 데 기여를 하였다.

(1) 제1법칙—타원궤도의 법칙

모든 행성은 태양을 초점으로 하는 타원궤도를 그린다.

(2) 제2법칙—면적속도 일정의 법칙

행성과 태양을 잇는 가상 선분은 동일 시간에 동일 면적을 그린다. 즉, 행성의 공전 속도가 일정치 않다.

(3) 제3법칙—조화의 법칙

태양으로부터의 행성까지의 평균 거리의 세제곱은 행성의 공전 주기의 제곱에 비례한다.

망원경의 발견

갈릴레이G. Galilei, 1564~1642에 의해 발명된 망원경은 그동안 행해진 천체관측에 일대 혁명을 가져다주었다.■ 그림 5 1610년 자신이 발명한 8배율의 망원경을 들여다보고 있던 갈릴레이는 목성 주위를 도는 4개의 위성을 발견하여 모든 천체가 지구를 돌지 않음을 최초로 증명하였는데, 이는 코페르니쿠스의 지동설을 지지하는 결과가 되었다.

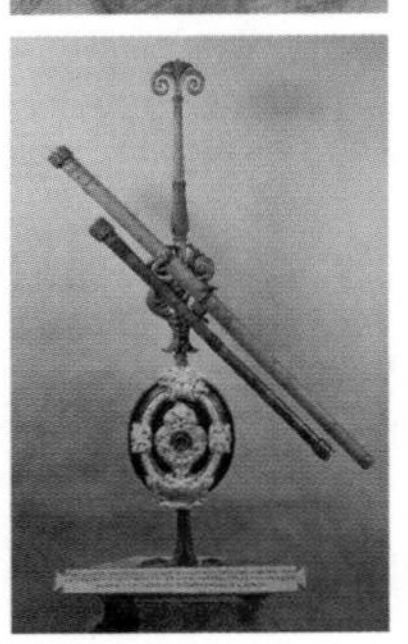

▲ 그림 5. 이탈리아의 천재 과학자 갈릴레이(위)와 그가 발명한 망원경(아래). 목성 주위의 4개의 위성을 발견하는 등 천체관측에 일대 혁명을 가져왔다.

태양이나 달, 행성들이 구 모양을 하고 있으므로 천문학자들은 지구도 구 모양이어야 한다고 생각했는데, 뉴턴I. Newton, 1643~1727이 지구를 포함한 모든 행성들의 구 모양에 바탕을 둔 중력을 찾아냈다. 그는 중력의 법칙을 이용하여 별들의 운동은 물론 지구의 운동도 이 법칙을 따르고 있음을 밝혔다.

오늘날은 누구든지 지구도 태양을 도는 행성 중의 하나임을 알고 있으므로 지구에 대한 호기심도 과거보다 훨씬 덜하게 되었다. 그러나 태양계의 다른 행성이나 보다 먼 우주에 대한 호기심은 결코 줄어들지 않아 계속 성능이 좋은 망원경이 개발되었다. 그러나 불행하게도 가장 성능이 좋은 망원경을 사용하더라도 다른 행성의 표면만을 크게 알아볼 수 있을 뿐이었다.

20세기에 들어와 망원경에 큰 진전이 있었는데, 허블Edwin Hubble, 1899~1953■ 그림 6은 윌슨 산 천문대에서 100인치 망원경을 이용하여 세페이드 안드로메다좌에 있는 큰 나선형 성운에서 변광성Cepheid Variable을 찾았으며, 이를 이용하여 5억 광년이라는 거대한 우주의 크기를 규명하고 1억 개의 은하계를 포함하는 영역까지 우주의 범위를 넓혔다. 이것은 100인치 망원경이 있기 이전에 알려진 50만 개보다 훨씬 큰 숫자이다.

IGY와 스푸트니크

국제지구물리년IGY 기간인 1957년 10월 구소련에 의해 최초로 발사된 스푸트니크Sputnik 1호는 미국을 자극하여 미국은 몇 달 후 익스플로러Explorer 1호를 발사했다. 그 후 미국과 구소련 양국간 경쟁적으로 우주선을 발사하게 되었으며, 결과적으로 우주시대가 열리면서 모든 것이 달라졌다.

무엇보다 지상에서 망원경으로 자세히 볼 수 없었던 태양계 안의 이웃 행성들을 관찰할 수 있게 되었으며, 우주선이 개발되고 다양하게 발사됨에 따라 짧은 시간 동안에 행성과 그 주변에 대한 우리의 지식은 엄청난 속도로 증가되었다.

더불어 지구에 대해서도 많은 것을 알게 해주었다. 태양에 대한 연구로부터 태양흑점 주기와 지구 장주기 기후변화와의 상호 관계가 밝혀지기 시작하였으며, 금성과 화성의 관측으로부터 해양이 없는 곳에서의 기후 양상을 알게 되었다. 그리고 목성과 토성의 관측에서 이들 행성에 암석으로 이루어진 표면이 없으므로 대륙과 산맥이 없는 환경에서의 기후 양상을 알게 되었다. 또한 화성 표면의 연구로부터 침식에 관한 지식을, 매우 뜨겁고 이산화탄소가 많은 금성 대기의 연구로부터는 온실효과를 알게 되었다. 또한 월석으로부터 지구의 나이를 알게 되었는데, 이런 것들 이외에도 수많은 정보들을 얻게 되었다.

▲ 그림 6. 미국의 천문학자 허블. 100인치 망원경을 이용하여 우주의 크기를 규명하였다.

더욱이 지구와 다른 행성들에 대한 연구는 새롭고 발달된 과학 기기의 개발을 가져왔는데, 기상위성 티러스Tiros, 지질과 광물 자원 탐사선인 랜드셋Landsat 위성 등에 탑재된 각종 고도의 관측 장비와 이들로부터 전송된 자료를 해석하는 컴퓨터 기술의 폭발적인 성장 등은 지구에 대한 우리의 지식을 증가시키는 데 크게 공헌을 한 것들이다.

국제우주년International Space Year

1992년은 '국제우주년ISY, International Space Year'이다. 1992년은 콜럼버스의 아메리카 대륙 발견으로부터 500년째 되는 해이며, 인류 최초의 인공위성이 발사된 국제지구물리년에서 35년째가 된다. 국제우주년의 취지는 사회의 많은 사람들에게 신세계로서의 우주에 대하여 생각하는 기회를 제공함과 동시에, 우주개발의 국제 협력을 더욱 추진하는 계기를 만드는 일이었다. 이러한 취지에 따라 1986년 미국 마쓰나가 상원 의원■ 그림 7-A에 의해 제창되어 당시 미국의 레이건 대통령과 소련의 고르바초프 대통령의 지지와 국제연합의 찬동을 얻어 국제적인 모임으로 발전하였다.

▲ 그림 7. 국제우주년을 제안한 미국 마쓰나가 상원 의원(A). 국제우주년의 주제인 "행성지구 탐사"(MPTE, Mission to Planet Earth)의 로고(B)와 국제 우주 협력을 기념하여 소련에서 발간한 기념우표(C).

이 해에는 세계 많은 기관에 의해 이루어진 이제까지의 우주개발 성과에 대한 보고와 앞으로의 전망을 포함한 수많은 행사가 계획되었다. 국제우주년의 활동의 중심이 되는 것은 세계의 각 우주 기구로부터 구성되는 '국제우주년우주기구회의SAFISY' 인데 미국의 NASA미국항공우주국, 유럽의 ESA유럽우주기구, 구소련의 ICC인터코스모스카운실 등 24개국 29기구의 멤버들로 구성되어 있다. 국제우주년은 '무엇과도 바꿀 수 없는 지구를 지키는 일'을 사명으로 하고 있는데, 'MTPE Mission to Planet Earth' 라는 키워드로 표현하고 있다.■ 그림 7-B

우리의 일상생활에는 기상위성에 의한 일기예보, 방송위성에 의한 TV방송, 통신위성에 의한 국제통신 등, 우주개발의 성과가 이미 많이 나타나고 있다. 더욱이 최근, 지구온난화와 엘니뇨 같은 기상이변, 오존홀, 사막화, 열대림 벌채 등의 전 지구적 환경이 악화됨에 따라 이들 현상을 지구 규모로 관측하고 감시하기 위하여 인공위성의 필요성은 더욱 커지고 있다. 이와 같이 지구에 대한 관심이 높아지는 한편, 인류는 지구 밖의 행성계나 은하계로도 눈을 본격적으로 돌리기 시작하였다. 지상으로부터의 우주 관측은 대기의 영향으로 결코 만족스러울 만큼 충분한 것이 아니므로, 여기서도 인공위성이나 인공행성 및 우주정거장 등에 큰 기대를 걸고 있다.

이처럼 우주개발은 일부 전문가들만의 전유물이 아니라, 온 인류가 함께 참가해야 할 성질의 것이다. 바로 1992년 국제우주년을 계기로 우주와 인류의 미래에 대한 인식의 전환이 절대적으로 필요하게 되었다.

우주개발의 발자취

우주는 우리 인류에게 남겨진 무한한 가능성의 개척지이다. 그곳은 우리가 사는 지구와는 전혀 다른 환경으로 중력이 없는 무중력, 공기가 없는 고진공, 그리고 무방비로 내리쬐는 우주선宇宙線 등 지상에서는 도저히 상상할 수 없는 혹독한 세계이다. 우리 인류는 겨우 반세기 남짓한 기간 동안 달에 진출하였고, 현재는 화성을 목표로 하고 있다. 여기서는 이 짧은 우주개발의 역사에서, 인류가 가혹한 우주 환경을 어떻게 극복하고, 우주로 진출해 나갔는가 하는 과정을 간단히 정리해보자.

스푸트니크

1957년 10월 4일, 구소련이 발사한 스푸트니크 1호는 지구궤도 진입에 성공을 함으로써 세계 최초의 인공위성이 되었다. 스푸트니크Sputnik는 '여행의 동반자fellow traveler' 라는 러시아어로 '멀고도 외로운 우주로의 여행에 동반자가 되어 달라' 는 뜻으로 붙여졌다. 그것은 지름 58 cm, 무게 83.6 kg의 알루미늄의 구체球體로서 주위의 밀도와 온도를 측정하는 계측기를 싣고 있었다.■ 그림 8

◀ 그림 8. 구소련이 발사한 최초의 인공위성. 스푸트니크(Sputnik)라는 이름은 우주라는 미지의 세계로 떠나는 '여행의 동반자' 라는 뜻으로 붙여졌다.

산소가 없는 우주에 나가려면 반드시 로켓을 사용해야 한다. 일반 교통기관인 제트기는 연료를 연소시키는 데 필요한 산소를 공기 중에서 흡입하지만, 로켓은 연료와 함께 산소도 싣고 있어서 진공의 우주 공간에서도 계속하여 날 수가 있다.

한편, 로켓으로 물체를 궤도에 진입시키려면 고도 200 km 이상에서 수평 방향으로 매초 7.9 km의 속도를 주어야 하는데, 이를 '제1 우주속도' 라 하며 로켓이 이만한 힘을 가지고 있지 않으면 물체는 다시 지상으로 떨어지고 만다. 스푸트니크 1호는 지상에서 우주로 나가기 위한 첫 단계인 제1 우주속도를 처음으로 달성한 최초의 인공물이었다.

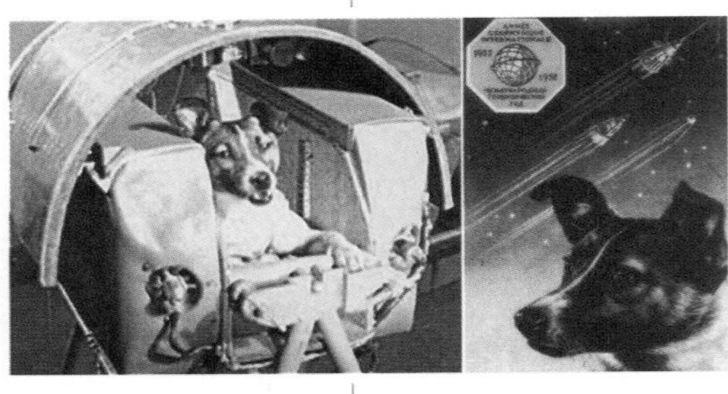

▲ 그림 9. 스푸트니크 2호. 2호에는 최초의 생명체로 우주 개가 탑승하였다(왼쪽). 2호 발사를 기념한 포스터. 국제지구물리년(IGY)의 로고가 상단에 보이고, 우주선에 실린 암컷 개인 라이카의 모습이 스푸트니크 1, 2호를 배경으로 그려져 있다(오른쪽).

구소련은 스푸트니크 1호 발사 한 달 뒤인 11월 3일 스푸트니크 2호를 발사했으며, 2호에는 라이카Laika 개 한 마리가 실려 우주선에 생명체의 탑승 가능성을 시험하였는데, 독일의 유명한 카메라의 이름과 같은 라이카는 '소리치다bark' 라는 뜻의 러시아어로 최초의 우주 개First space dog가 되었다. ■그림9

최초의 유인 우주비행

"……여기서 지구가 잘 보인다. 아름답다. 기분이 매우 좋다." 이것은 지구 밖에서 지구의 모습을 최초로 본 인류가 내뱉은 말이었다. 1961년 4월 12일, 소련이 발사한 보스토크 1호■그림10는 지구궤도의 진입에 성공하였는데, 그 속에는 구소련의 공군 소령 유리 가가린Gagarin■그림11이 타고 있었으며, 그는 최초의 우주인으로서 앞에서와 같은 역사적인 말을 하였다. 보스토크 1호는 1인승 우주선으로 인간이 탄 부분은 지름이 겨우 2.3 m인 공 모양의 캡슐이었으며, 지구궤도를 89분 걸려 1회전한 후, 108분 만에 무사히 지구에 귀환하였다.

무중력과 시속 2만 8천km라는 초고속의 비행 환경에서 인간이 견딜 수 있는가에 대한 가능성이 보스토크 1호의 성공으로 충분하게 증명이 되었다.

미국의 유인 우주비행

인공위성 발사에서 소련에 뒤진 미국은 1958년 10월 NASA미국항공우주국를 설립하였으며, 1959년에 전국에서 엄격한 심사를 거쳐 7명의 우주 비행사를 선발하여 마침내 머큐리 계획을 시작하였다. 그들 중 한 사람인 셰퍼드Sheppard는 1961년 5월 5일에 머큐리 3호로 15분간 궤도 우주비행을 하여 가가린에 이어 세계에서 두 번째로 우주에 나갔다 온 사람이 되었다.

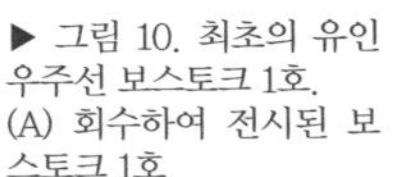

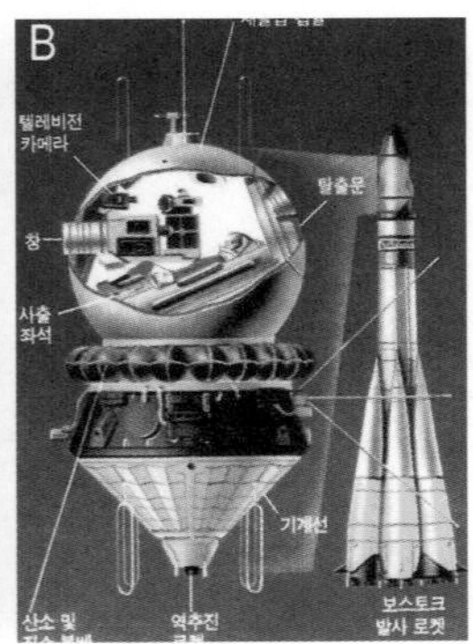

▶ 그림 10. 최초의 유인 우주선 보스토크 1호.
(A) 회수하여 전시된 보스토크 1호.
(B) 보스토크의 내부 구조. 한 사람이 겨우 탑승할 수 있는 좁은 공간에 움직이지 않고 누워있었으며, 옆으로 난 창을 통해 처음으로 우주의 모습을 볼 수 있었다.

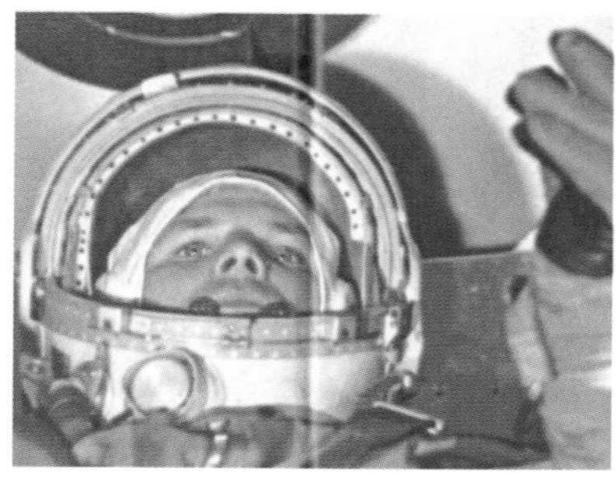

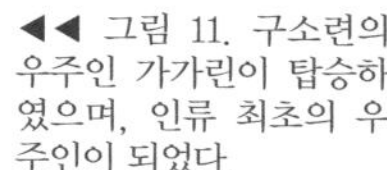

◀◀ 그림 11. 구소련의 우주인 가가린이 탑승하였으며, 인류 최초의 우주인이 되었다.

◀ 그림 12. 제미니 4호에 탑승한 화이트 비행사가 우주유영을 하는 모습.

1960년대에 이루어진 우주개발은 미국과 구소련의 치열한 경쟁의식으로 진행되었다. 따라서 우주 비행사는 단지 우주로 나가는 우주선을 운행하는 비행사라는 인식을 뛰어넘어, 우주라는 미지의 영역을 개척하는 파이오니아로서 국가의 위신을 짊어진 애국자 겸 국가 대표자였다. 즉, 우주 비행사는 수많은 난관을 돌파한 엘리트 중의 엘리트였다.

우주유영

초창기의 우주개발은 조금씩 구소련이 앞서 가고 미국이 추월하는 양상으로 전개되었는데, 1965년 3월 18일 소련의 신형 우주선 보스토크 2호를 탄 레오노프Leonov는 우주선을 나와 이제까지 인류가 발을 들여놓은 일이 없는 우주 공간으로 나아갔다. 그와 우주선을 잇는 것은 오직 한 가닥의 생명줄뿐이었다. 그의 눈에 지구는 달리는 것처럼 회전하고 있었는데, 실제로 레오노프와 우주선은 초스피드로 지구를 돌고 있었다.

한편, 미국은 1965년 새로이 제미니 계획을 시작하였으며, 그 해 6월 3일에 발사된 제미니 4호에서 우주 비행사 화이트White는 사상 두 번째로 약 21분간의 우주유영 실험을 하였다.■ 그림 12 성공적인 우주유영을 한 후, 우주선으로 돌아가라는 지시를 받은 화이트는 이렇게 말했다. "지금은 나의 생애에서 가장 슬픈 순간이다."

▲ 그림 13. 제미니 6호와 7호가 랑데부 하는 모습.

열악한 우주 공간에서 견디기 위한 우주복의 개발은 필수적이었는데, 레오노프와 화이트의 우주유영의 성공은 우주 공간에서도 인간이 충분히 활동할 수 있다는 것과 개발된 우주복이 우주라는 가혹한 환경에서 충분히 견딘다는 것을 동시에 입증하였다.

보다 개선된 제미니는 궤도 변경을 하기 위한 제어 로켓으로 자력에 의해 코스를 바꿀 수 있었으며, 제미니 우주선의 랑데부, 도킹 기술이 확립되어 최초로

제미니 6호와 7호는 랑데부 실험에 성공하였다. ■그림 13

달로 향하는 인류

그동안 우주개발에서 구소련에 뒤져오던 미국은 마침내 야심찬 계획을 수립하였다. 1969년 7월 16일, 미국의 케네디우주센터에서 새턴 V형 로켓에 실려 아폴로 11호가 발사되었다그림 2 참고. 승무원은 암스트롱N. Amstrong, 올드린E. Aldrin, 콜린즈M. Collins의 3명으로 인류의 역사에 영원히 남을 대장정을 시작하였다. 바로 인간을 달에 보냈다가 다시 돌아오게 하는 것이었다. ■그림 14

여기에는 달까지 갔다가 지구로 돌아오는 능력을 가진 로켓이 필요하였는데,

▶ 그림 14. 아폴로 달 탐사 계획. 아폴로 11호에 탑승한 3명의 우주인. 왼쪽부터 암스토롱(Neil Amstrong, 함장), 콜린즈(Michael Collins, 우주선 조종사), 올드린(Edward Aldrin, 달 착륙선 조종사)(왼쪽). 달 표면에 역사적 첫발을 내디딘 암스트롱. "한 인간에게는 작은 걸음이지만, 인류에게는 위대한 발자국이다"라는 유명한 말을 남겼다(오른쪽). 가운데 원 안은 아폴로 11호 탐사 로고.

이제까지 없었던 강력하고 긴 항속 거리의 로켓이 개발되었다. 새턴 V형은 전체 길이 110.7m, 최대 지름 10.1m, 발사 중량은 2,941톤이라는 거대한 것이었다. 새턴 V형의 개발에는 모두 25만 명의 기술자와 약 2,000개의 기업이 참가하였으며, 마침내 인류는 달까지 왕복할 수 있는 능력을 가진 로켓을 개발하게 되었다.

마침내 1969년 7월 20일, 아폴로 11호는 지구를 떠난 지 4일 만에 달을 도는 궤도에 진입하여 암스트롱과 올드린은 '이글Eagle' 이라 명명된 착륙선을 타고 콜린즈를 아폴로 사령선에 남겨둔 채, 달의 고요의 바다에 역사적인 착륙을 하였다. 바로 7월 20일 오후 4시 17분 40초의 일이었으며, 이어 6시간이 지난 오후 10시 56분 15초에 암스트롱은 인류로서는 최초로 달의 표면에 첫발을 디뎠다. 암스트롱은 다음과 같이 말하였다. "이것은 한 사람의 인간에게는 작은 한 걸음이지만, 인류에게는 위대한 한 걸음이다."

아폴로 계획은 17호까지 총 6번의 발사가 있었으며, 모두 12명의 우주 비행사가 달에 내려섰다. 아폴로 계획에 투자된 비용은 총액 240억 달러이고, 최종적으로 2만 개의 회사와 40만 명의 인원이 동원된 이 계획은 우주개발이라는 분야뿐

만 아니라, 전 분야에서 20세기를 대표하는 거대한 계획이 되었다.

◀ 그림 15. 미국의 아폴로 18호와 구소련의 소유즈 19호가 성공적으로 도킹한 후 서로 만난 양국의 우주인들이 함께 웃고 있다.

경쟁에서 협력으로

1975년 7월 15일, 미국의 아폴로 18호와 구소련의 소유즈 19호는 지구궤도에서 성공적으로 도킹하였다. 두 나라의 우주선이 도킹한 아폴로·소유즈 시험 계획에서 우주 비행사들은 서로 우주선을 방문하거나 공동으로 실험을 하였는데,■그림 15 우주개발이 경쟁의 시대에서 협력의 시대로 접어드는 계기가 되었다.

그동안 달로 향하던 우주개발에서 1970년대에 들어와서 우주개발의 무대는 다시 지구궤도상으로 옮겨졌다. 구소련은 1971년 '살류트Salute' 라 불리는 우주정거장Space station, 1971~1982을 발사하였으며, 미국도 우주에서의 실험을 목적으로 한 '스카이 랩Sky Lab, 1973~1980' ■그림 16-A계획을 실시하였다. 여기서 우주 비행사들은 천문 관측이나 무중력을 이용한 각종의 재료 실험을 하였다. 그중에서도 우주에서 인체에의 영향에 관계되는 데이터들은 장래의 우주정거장이나 장기 우주여행을 고려할 때 귀중한 기초 자료가 되었다. 구소련에서는 살류트에 이어 미르Mir, (1986~2001)■그림 16-B를 통한 장기간의 우주 실험을 하였다.

◀ 그림 16. 우주정거장. (A) 미국의 스카이랩(Skylab). (B) 구소련의 미르(Mir).

미국과 구소련에 의해 단독으로 이루어지던 우주정거장 계획은 90년대 이후 여러 나라가 협력하여 함께 참여하는 방식으로 바뀌었다. 1992년 미국, 러시아, 유럽우주기구ESA 소속의 11개국, 일본, 캐나다, 브라질 등 16개국이 공동으로 참가하는 국제우주정거장ISS, International Space Station 사업이 시작되었는데 우주식민지 시대를 여는 인류 우주 역사의 새로운 장을 열었다. 1단계1994~1997 사업에서는 러시아의 재정 파탄으로 우여곡절을 겪은 준비 기간을 가진 후, 1998년 11

▲ 그림 17. 2010년 완성될 국제우주정거장(ISS, International Space Station)의 모습.

월 20일 러시아 화물우주선 '자리야새벽이라는 뜻'를 발사로 시작된 2단계1998~1999 사업에서는 우주정거장 부품을 나르기 시작하였고, 사람이 거주하면서 본격적인 조립을 하는 3단계2000~2004 사업으로 진행되었다. 최종 완성될 국제우주정거장은 7명이 동시에 거주가 가능한데 길이 108m, 폭 74m, 무게 420t이 나가는 물체로서 우리 인류가 만들었던 가장 비싸고 가장 큰 우주 인공물인 셈이다.■ 그림 17 이 사업 계획에 따르면 총 400억 달러약 40조 원가 투입되며, 정거장을 조립하는 부품을 실어 나르기 위해 총 45회의 우주선 발사미국 36회, 구소련 9회가 필요하다. 그러나 2004년 또는 2005년 완공하려던 계획에 차질이 생겼는데, 바로 2003년 컬럼비아호의 참사 때문이었다. 이로 인해, 조립품을 실어 나르려던 우주왕복선은 운행이 당분간 중단되었으며, 2006년 9월 다시 조립을 시작하여 2010년 완공할 예정이다.

완성된 후 20여 년간 사용될 국제우주정거장에서는 우주 환경이 인체에 미치는 영향과 무중력 상태를 이용한 다양한 실험 및 관측을 수행하게 된다. 예를 들어 중력의 영향을 거의 받지 않는 상태에서 강도는 높으면서 무게는 엄청나게 가벼운 신물질을 만든다든지, 효능이 높은 고순도의 의약품을 제조하는 것이다. 우주탐사선이 머물다 갈 임시 정거장으로서, 그리고 추진 연료 충전을 위한 정거장으로 활용할 수도 있다. 무엇보다도 인류에게 지구의 한계를 벗어나는 발판을 마련한다는 데 큰 의의가 있다.

그러나 우주정거장 건설과 운영에 장밋빛 미래만 기다리는 게 아니다. 처음 계획할 때 건설 비용이 약 80억 달러였으나, 현재 400억 달러가 투입되었으며, 우주정거장 건설 완료 목표가 2010년으로 변경되면서 비용도 천억 달러 이상으로 예상되고 있으며 이것도 지켜질지 의문이다. 안전성에도 문제가 있다. 정거장 건설은 불안한 궤도 변경, 아슬아슬한 우주유영 등 많은 위험 요소를 안고 있기 때문이다. 또한 총 45회 우주선 발사 중 2003년까지 우주왕복선이 17회의 비행을 마쳤으나 그 후 컬럼비아호의 폭발 사고로 중단되고, 2005년 7월 재개된 디스커버리호 발사 때 단열타일 이탈 문제가 발생하는 등 정거장 건설이 지연되고 있다.

이런 이유로 미국 내에서조차 국제우주정거장 건설에 대한 반대 여론이 있지만 우주 선점이라는 매혹적인 특권을 미국은 포기하지 않을 것이며, 우주정거장 건설은 우주로 진출하기 위한 도약대로 우리 인류가 반드시 거쳐야 할 관문이다. 한 가지 아쉬운 점은 이 사업에 아직 우리나라가 참여하지 못하고 있다는 것이다.

이제까지의 우주개발은 우주의 가혹한 조건을 어떻게 극복해나가야 하는가가 기술 개발의 중심 과제였지만, 그 이후 우주개발은 우주 환경을 적극적으로 이용해나간다는 새로운 단계로 들어서게 되었다.

쓰고 버리는 1회용에서 재사용의 시대로

1981년 4월 12일, '우주왕복선Space shuttle' 컬럼비아Columbia는 54시간 20분 54초의 비행을 끝내고 지상으로 귀환하여 무사히 에드워드 공군 기지에 그 모습을 드러냈다. 이때부터 우주여행에 새로운 교통수단인 우주왕복선의 시대가 개막되었다. 새처럼 날고자 하는 인간의 꿈은 마침내 우주여행에서도 마음대로 이착륙이 가능한 단계에 이르게 되었다.■ 그림 18

우주왕복선의 최대의 특징이자 장점은 '오비터Orbiter' 라 불리는 유인 궤도 비행을 할 수 있는 비행체를 반복해서 사용할 수 있다는 점이다. 이제까지의 로켓은 쓰고 나면 버리는 데 반하여, 우주왕복선은 발사 때 필요한 외부 탱크만 교체하면 몇 번이고 계속해서 사용할 수가 있다.■ 그림 19

◀◀ 그림 18. 우주왕복선 챌린저의 발사 모습. 우주왕복선 시대가 개막되어 우주여행에서도 마음대로 이착륙이 가능하게 되면서 새처럼 날고자 하는 인간의 꿈이 실현되었다.

◀ 그림 19. 비행체인 오비터로부터 발사체인 고체연료 로켓부스터가 떨어져나가는 모습. 계속 재사용이 가능한 오비터에는 페이로드베이라는 화물실이 있어 많은 화물을 적재한다.

한편, 우주왕복선은 인간이 우주에서 활동한다는 점에서도 큰 성과를 올렸다. 인공위성을 궤도에 진입시키거나, 고장이 난 인공위성을 회수하거나, 우주에서 대형 구조물을 조립하거나 하는 보다 폭넓은 목적에 대응할 수 있었다.■ 그림 20-A 그리하여 우주왕복선으로 인하여 인류의 우주 활동의 폭은 매우 크게 확대되었다.

또 다른 장점은 인공위성을 직접 외계에서 궤도에 진입시키거나 발사하게 됨으로써 종래의 인공위성 발사 방식에 큰 변화를 가져오게 되었다. 즉 오비터에는 '페이로드베이Payload Bay' 라 불리는 충분한 화물실이 확보되어 있는데, 이

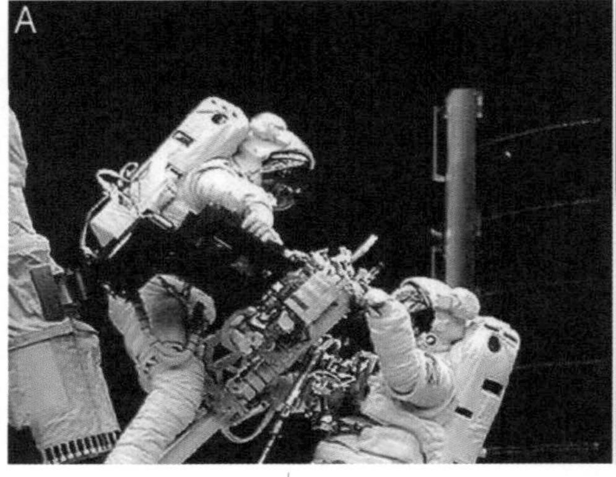

▲ 그림 20. 우주왕복선은 우주에서의 활동 영역을 크게 넓혔다.
(A) 우주 비행사들이 고장난 허블우주망원경을 수리하고 있다. (B) 오비터가 페이로드베이(화물실)를 열고 태양극 탐사 위성인 율리시즈를 궤도에 진입시키고 있다.

화물실에 하나 또는 여러 개의 인공위성을 적재하여 우주로 나간 뒤, 그곳에서 직접 발사함으로써 위성을 지상에서 발사할 때 대기권 탈출에 드는 엄청난 비용을 줄일 수 있게 되었으며, 보다 값싸게 많은 인공위성의 발사가 가능하게 되었다.■그림 20-B 이로써 인공위성을 발사하려는 많은 나라에서 우주왕복선을 이용하는 기회가 많아지게 되었으며, 1980년대 후반에는 수많은 외계 탐사선들이 우주왕복선에 의하여 발사되고 있다.

위험과 이웃하고 있는 우주개발

1986년 1월 28일에 우주왕복선 챌린저Challenger는 발사 직후, 폭발을 하여 탑승원 7명이 목숨을 잃었다. 희생자 중에는 일반 시민으로서는 처음으로 고등학교 여교사인 맥콜리프C. McAuliff가 탑승하고 있어서 그 충격을 더했다.■그림 22 이 폭발 사고는 2번째의 사망 사고인데, 최초는 1967년 1월 아폴로 계획의 연습 중에 사령선 내부에 화재가 나 3명의 우주 비행사가 죽었으며 그 중에는 사상 2번째로 우주유영을 한 화이트도 있었다.

이런 사망 사고는 구소련에서도 발생하였다. 1967년 4월 소유즈 1호가 대기권

▶ 그림 22 챌린저호의 사고.
(A) 챌린저호가 발사 직후, 갑자기 폭발하였다.
(B) 사고로 희생된 7명의 승무원들. 그중에는 일반인으로 고등학교 여고사인 맥콜리프(뒷줄 오른쪽 끝)가 탑승하고 있었다.

돌입 후, 지상에 그대로 충돌함으로써 우주 비행사 1명이 사망하였다. 1971년 6월에는 소유즈 11호에 탄 3명의 우주 비행사가 지구로 귀환 도중 사령선의 공기가 새어 전원이 질식사하였다.■ 그림 23 2003년 1월 16일에는 28번째의 비행을 마치고 돌아오던 우주왕복선 컬럼비아호가 지구 귀환을 불과 몇 분 앞두고 폭발하는 참사가 발생하였으며, 그 후 2005년 9월 발사 재개까지 2년여 왕복선 발사가 중지되기도 하

▲ 그림 23. 소유즈 11호의 사고로 3명의 우주인은 전원 질식사하였다.

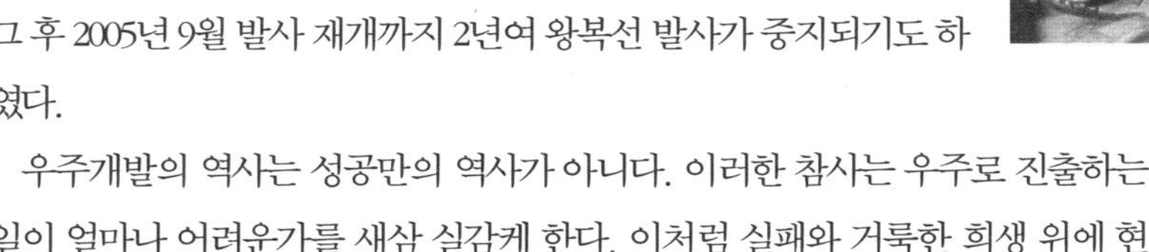

였다.

우주개발의 역사는 성공만의 역사가 아니다. 이러한 참사는 우주로 진출하는 일이 얼마나 어려운가를 새삼 실감케 한다. 이처럼 실패와 거룩한 희생 위에 현재와 같은 우주개발의 성과가 있다는 것을 잊어서는 안 될 것이다.

우주왕복선 임무

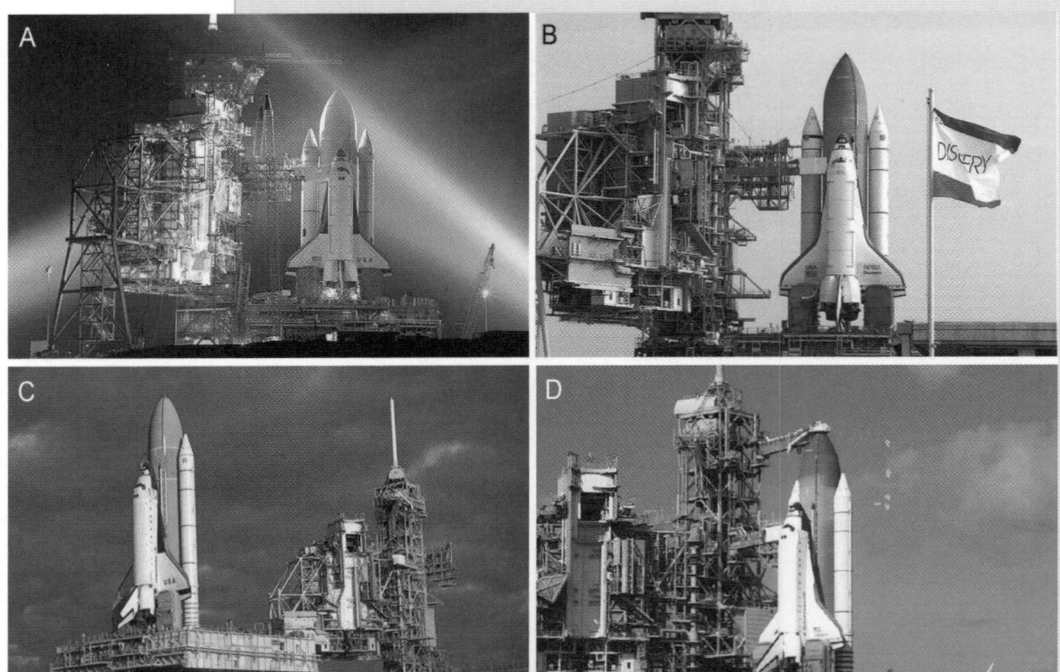

▲ 그림 21. 우주왕복선의 종류.
(A) 컬럼비아호. (B) 디스커버리호. (C) 애틀랜티스호. (D) 엔데버호

우주왕복선은 1981년 4월 12일 컬럼비아호■ 그림 21-A가 처음 발사된 이래, 2008년 12월 7일까지 총 125회의 임무를 수행하였다. 컬럼비아호의 성공적인 첫 임무 수행 이후 1982년 챌린저호, 1983년 디스커버리호,■ 그림 21-B 그리고 1985년에 애틀랜티스호■ 그림 21-C를 운항하면서 총 4기의 왕복선이 다양한 우주 임무를 수행하였다. 그러나 챌린저호가 1986년 1월 28일 10번째 임무51-L를 수행하기 위해 발사되었으나 수 초 후 공중폭발 하는 불의의 사고를 당하였다. 그 후 1991년 엔데버호■ 그림 21-D를 추가로 투입하면서 4기가 계속 운영되었으나 28번째 임무STS-107를 위해 2003년 1월 16일 발사된 컬럼비아호마저 2주간의 임무를 성공적으로 마치고 2월 1일 귀환 도중 착륙을 불과 몇 분 앞두고 폭발하는 비운을 맞이하였다. 그 후, 우주왕복선 계획은 많은 반대에 부딪혀 난관에 봉착하다가, 2005년 7월 28일 "재개된 비행 임무Return to Flight Mission, STS-114"라는 명명 하에 사고 후 첫 왕복선의 시범 임무를 디스커버리호가 성공적으로 수행하면서 우주왕복선 비행은 거의 2년 반의 침묵을 끝내고 다시 시작되었다. 2006년에 디스커버리호

가 2회STS—121, STS—117, 애틀랜티스호가 1회STS—115씩 총 3회의 비행 업무를 수행하였다. 2006년의 성공적인 임무 수행으로 2007년에도 3회STS—117, 118, 120가 수행되었으며, 2008년에는 5회STS—122, 123, 124, 126로 확대되었다. 최근에 진행되는 우주왕복선의 주요임무는 국제우주정거장ISS에 각종 부품을 가져가 국제우주정거장ISS을 조립·완성하는 일이다.

왕복선 종류	컬럼비아 Columbia	챌린저 Challenger	디스커버리 Discovery	아틀란티스 Atlantis	엔데버 Endeavour
	OV–102	OV–99	OV–103	OV–104	OV–105
도입 연도	1981	1982	1983	1985	1991
첫 임무	STS–1	STS–6	41–D	51–J	STS–49
	1981.04.12.	1983.04.04.	1984.08.30.	1985.10.03.	1992.05.07.
최근 비행	STS–107*	51–L*	STS–124	STS–122	STS–126
	2003.01.16.	1986.01.28.	2008.05.31	2008.02.07.	2008.11.14.
비행 횟수	28	10	36	29	22

◀ 표 1. 우주왕복선의 종류와 임무 일람표(2008년 말 현재)
* 컬럼비아와 챌린저는 사고로 마지막 비행이 되었다.

인공위성과 우주산업

▲ 그림 24. 프랑스 아리안 로켓에 실려 발사되는 우리별 1호.

1992년 8월에 우리나라도 최초의 과학위성인 '우리별 1호'를 성공적으로 발사하였다.■ 그림 24 비록 소규모의 실험위성이지만 1992년은 우리나라가 우주산업에 첫발을 내디뎠다는 측면에서 매우 의미 있는 해로 판단된다.

1960, 70년대 미국과 구소련이 엄청난 비용을 쏟아부으면서 경쟁적으로 우주개발을 할 때, 대부분의 나라들은 경제성이라고는 눈곱만큼도 없다 하여 많은 비난을 하면서도 한편으로는 부러워한 것도 사실이다. 이처럼 우주개발은 20년 전만 하더라도 강대국의 전유물로 여겨졌던 분야였다. 그런데 방송·통신위성 등 각종 상업위성이 막강한 위력을 보이면서 우주개발은 '황금알을 낳는 거위'가 되어버렸다. 미국과 구소련은 물론 유럽 국가, 일본, 중국, 캐나다 및 이스라엘 등이 가세하면서 우주개발은 우주산업으로 인식되면서 불꽃 튀는 경쟁이 벌어지고 있다. 이제 우리나라도 1992년 우리별 1호 발사 이래 2008년 말까지 과학위성인 우리별 4기, 상업용 방송통신위성인 무궁화 4기 및 다목적 실용위성인 아리랑 2기 등 총 10기의 위성을 보유한 세계 6위의 위성 대국 반열에 올랐다. 우리나라도 본격적으로 우주산업을 펼치는 시점에서 우주개발의 첨병이자 우주산업의 꽃인 인공위성의 의미를 짚어볼 필요가 있다.

막대한 비용과 경제성

미국은 1993년 4월 26일 처음 발사한 우주왕복선 컬럼비아Columbia의 개발에 약 6천억 원5억 8천만 달러를 투입했으며, 1992년 9월 27일 발사되어 실패로 끝난 화성탐사선 마스 옵저버Mars observer의 발사에는 무려 1조 원10억 달러 이상을 들였다. 이것은 우주개발에는 얼마나 많은 비용이 드는지를 보여주는 한 예에 지나지 않는다.

1957년 스푸트니크의 발사 성공 이후, 최초의 우주인 유리 가가린 탄생과 아폴로의 달 착륙을 거쳐 우주왕복선 개발에 이르기까지 일련의 우주개발 성공사를 보면 경제성이라고는 거의 찾아보기 힘들다. 우리가 인식하는 우주개발의 개념은 달나라 정복으로 표현되는, 경제성을 고려하지 않은 인간 의지의 구현이거나 '별들의 전쟁SDI' 등에서 나타나는 미국과 구소련 양대국의 국력 내지 국방 경쟁의 결과물 정도이다.

1970년대까지만 하더라도 '우주개발'이라는 용어는 있었어도 '우주산업'이라는 용어는 생소했다. 그러나 그 후 프랑스를 중심으로 유럽우주기구ESA와 일본 등에서 우주의 상업적 이용이라는 목표를 설정하면서, 21세기 유망 산업으로 발전할 가능성이 제시되었다. 그러다가 1980년대에 접어들면서 정보사회의 핵심으로 인공위성의 용도가 급속도로 확대되면서 우주산업의 중요성이 부각되었다. 2004년 퓨트론사Futron Co.에 따르면 우주산업 매출액은 1996년 38조 원380억 달러에서 2003년에는 시장 규모가 91조 원에 도달하여 연평균 13.3%의 고성장을 보여주는데, 미국은 전 세계 우주산업 매출의 50%를 차지하고, EU, 일본, 러시아, 중국 등 소수 우주 선진국들이 세계 우주산업을 주도하고 있다. 현재 민간용 이동통신 산업 등 위성서비스 산업의 비약적 발전과 이에 따른 지상 장비 산업의 발전이 예상되고 최근 5년간 EU와 일본은 연평균 15~20%의 고성장을 유지하고 있어, 향후 세계 우주산업 시장 규모는 연평균 10% 이상 지속적인 신장이 이루어 질 것으로 전망된다.

상업위성과 과학위성

인공위성은 크게 상업용 위성과 과학위성으로 나뉜다. 상업위성의 용도는 오늘날 우리의 일상생활과는 분리해서 생각할 수 없을 정도로 커졌다. 이미 지구 반대편에서 벌어지고 있는 스포츠 경기를 안방에 편히 앉아서 시청할 수 있게 한 것이 바로 방송위성BS, broadcasting satellite이며박찬호의 메이저리그 야구나 최경주의 PGA 골프, 2006년 독일 월드컵 중계 등을 생각해 보라!, 바다 너머 여러 나라들과 전화와 팩스로 정보를 주고받을 수 있는 것이나 히말라야나 사막의 오지에서 휴대용 전화기로 연락을 가능케 하는 것이 바로 통신위성CS, communication satellite의 덕분인 것이다. 앞으로 정보가 더욱 중요해지고 양이 많아짐에 따라 사회에서는 이들 상업위성의 가치가 아무리 강조되어도 지나치지 않을 것이다.

과학위성은 지구와 관련된 여러 가지를 관찰하고 측정하며 탐사하는 용도로 이용된다. 기상의 변화를 감지하고 해류를 파악하며, 특히 최근에 와서 각종 환경오염과 관련한 지구 감시자로서 과학위성의 역할은 매우 크다. 오존층의 파괴, 지구온난화, 해상오염, 열대림 벌채와 사막화 등 지구 곳곳에서 일어나고 있는 각종 환경 위협으로부터 우리 인류의 유일한 보금자리인 지구를 보호하기 위한 일차적인 임무는 지구를 시시각각 관찰, 감시하는 일이며, 지구 규모의 감시에 가장 적합한 것이 바로 과학위성이다. 이것은 경제적 효용성 그 이상의 중요한 가치를 띠는 것이라 하겠다. 이외에도 군사용 내지 첩보위성과 자원 탐사위성, 외계 탐사용 우주선 등은 다른 의미에서의 중요성을 가지고 있다.

한편, 상업위성의 경우 '지구 정지궤도GEO, global earth orbit'를 이용하여 본격적인 상업 통신 서비스를 시작한 지 20년이 지난 지금 위성 통신 기술 분야에 일대 발상의 전환이 예견되고 있다. 이는 종래의 정지궤도에서 '지구 저궤도LEO, Low Earth Orbit' 또는 '중궤도MEO, middle earth orbit'를 이용하는 것이다. 저궤도나 중궤도를 이용할 경우 경제적인 측면에서 위성 발사 비용이 1/3수준으로 절감된다.■그림 25

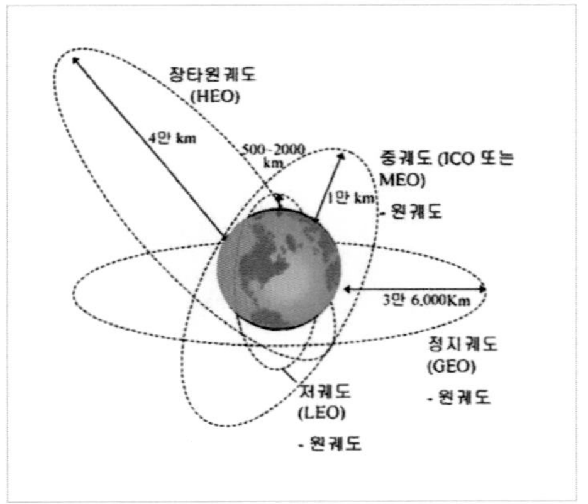

▶ 그림 25. 위성의 지구궤도 종류. 원궤도에는 36,000km 상공의 정지궤도(GEO)가 있으며 10,000km 이하로 올리는, 중궤도(MEO)와 저궤도(LEO)가 있다. 또한 40,000km 상공의 장타원궤도(HEO)가 있다.

앞으로 휴대폰의 보급이 확대되고, 컴퓨터와 통신이 결합하여 전 세계가 하나의 통화권이 될 때, 통신위성의 폭발적 수요를 예상하기란 어렵지 않다. 이러한 위성 서비스는 고정통신음성 및 데이터 처리용, 영상통신영상신호 중계 및 직접 위성방송, 그리고 이동통신 등으로 구별할 수 있다. 미국의 통신회사인 AT&T사와 모토롤라사는 지구 상공 저궤도에 66개의 위성을 띄워 전 세계를 단일 무선통신으로 연결하는 '이리듐' 계획원래는 77개를 띄울 예정으로 원자번호 77번인 '이리듐'에서 따와 명명하였으

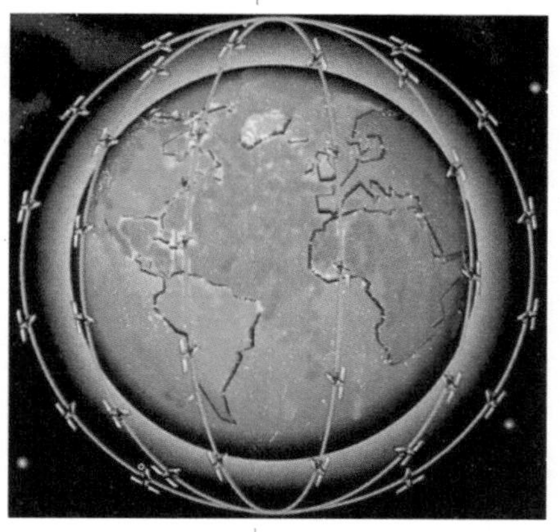

▲ 그림 26. 이리듐 계획. 지구 저궤도에 66개의 통신위성을 띄워 전 세계를 단일 무선 이동통신으로 연결한다.

나 10개를 줄임. 그러나 명칭은 그대로 사용을 수립하였다.■ 그림 26 1998년 2월까지 49개의 위성을 쏘아 올려 9월부터 전 세계 이동통신 서비스를 시작하였으나 실제 국제간 통신 호환성 문제로 본격 실시는 1999년 초부터 이루어짐 단말기의 보급과 비싼 이용료 등으로 활성화되지 못하였다. 우리나라는 SK 텔레콤이 함께 참여하였다.

이러한 '이동위성통신사업GMPCS, global mobile personal communicati-on system'은 미국의 대형 통신회사들을 주축으로 국제간 다국적 콘소시움을 형성하여 경쟁적으로 추진 중에 있으며 앞으로 21세기 통신 산업을 주도하기 위한 선두 다툼이 치열하다. 현재 추진되고 있는 사업들을 표 2에 정리하였다. 다만, 초기 투자가 너무 많고 일정대로 통신 기술 개발이 이루어지지 않아 일반화되지 못하고 현재 제한적인 용도로 활용되고 있다.

◀ 표 2. 위성 이동통신 사업의 종류

사업의 종류	이리듐	글로벌스타	ICO
고도km	780저궤도	1,414저궤도	10,300중궤도
궤도면 수	11	4	2
위성 수	66	48	10
주도 기업	모토롤라	로럴, 퀄컴	인마르셋
투자액$	42억	29억	30억
한국 참여 기업	SK텔레콤	DACOM, 현대	한국통신, 삼성
서비스 개시	1998년	1999년	2000년

우주산업의 중요성

우주산업은 방송위성, 통신위성 등의 위성체 및 발사체 제조 산업과 이를 지구 궤도에 띄우는 발사일명 로켓기지 운영 산업, 자국에서 제조하지 않더라도 외국의 위성체와 우주 발사체를 구입하여 이용하는 위성 서비스 산업 등으로 나뉜다.

우선 위성체나 발사체의 제조 산업은 오늘날 첨단산업의 집합체라 할 수 있다. 즉, 위성체를 설계하고 제작하는 데는 기초과학이 뒷받침되어 초정밀 기계공학, 첨단 전자 기술, 극한 환경 기술, 및 신소재 공학 등의 여러 분야의 발전이 필수적이다. 따라서 우주산업을 효과적으로 발전시키려면 전 산업 분야의 발전과 더불어 과학 기술의 발전이 수반되어야 할 것이다. 한편, 위성을 탑재하여 로켓을 발사하는 발사장우주센터은 미국을 비롯하여 12개국 27개 기지가 있다. 우리

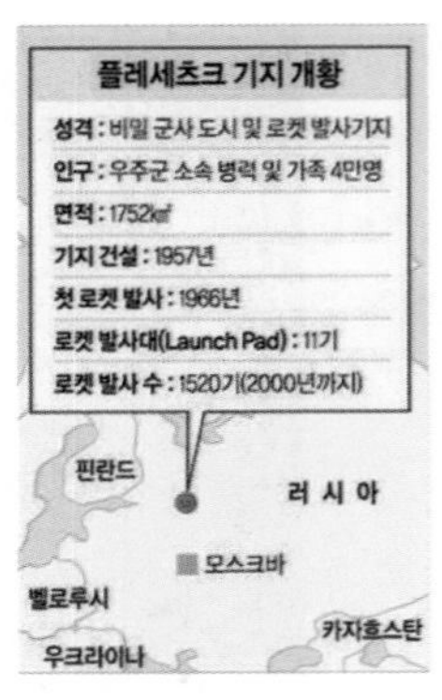

▶ 그림 27. 러시아의 우주센터 플레세츠크 기지와 운영 현황.

나라의 우리별이 발사된 곳은 남아메리카의 프랑스령 기아나에 있는 쿠루기지이며, 최근에는 인도도 중요한 발사 기지로 부상하고 있다. 2006년 7월 28일 발사된 아리랑 2호의 발사 장소로 이용된 러시아의 플레세츠크■그림27 기지는 1966년 첫 로켓을 발사한 이래 11기의 발사대에서 2000년까지 1,520기의 로켓을 발사하였다. 과거 러시아의 비밀 군사도시였으나 현재는 우주군 소속 군인들과 가족 4만여 명이 로켓발사 산업으로 살아가고 있다. 그리고 위성체의 유지 및 운영에는 컴퓨터 산업의 발전이 반드시 따라야 하며, 위성통신 및 방송 서비스 산업과도 밀접히 연관되어 있다.

그동안 발사된 인공위성은 총 7천 개 정도이며, 현재 2,500개가 운용 중에 있다. 2004년 기준 위성 관련 시장은 약 700억 달러이며 연 20%씩 성장하고 있다. 향후 10년간 1,700개가 추가로 발사될 예정이다. 따라서 우주산업은 고부가가치 산업 및 21세기를 주도하는 핵심 산업이 될 것이 분명하다.

우리나라의 우주산업

1995년 8월 5일 국내 최초로 상업용 방송·통신위성인 무궁화호가 성공적으로 발사되었다. 이로서 우리나라는 세계 23번째 위성 보유국이 되었으며, 우리의 주권을 하늘의 영역까지 연장하였다. 무궁화 위성의 발사는 우주 경쟁에 본격적으로 참여하는 것을 의미하며, 비로소 우리도 우주산업을 시작하는 계기가 되었다. 우리는 이미 두 차례의 인공위성을 발사한 경험을 가지고 있다. 그럼에도 불구하고 무궁화호의 발사에 더 큰 의미를 부여하며, 이제 위성 보유국이란 용어도 사용하고 있다. 그 이유는 무엇일까?

1992년과 93년에 발사된 우리별 1, 2호는 과학 실험위성이다. 과학위성에 '실험' 자 하나가 덧붙은 셈이다. 과학위성은 상업용 위성보다 한 단계 낮은 수준의 순수한 탐사나 관측을 위한 과학 연구용 위성이다. 더구나 실험위성은 추후 정식 위성을 발사하기 위하여 연습 삼아 한번 발사하여 운영을 시험하는 위성을 말한다. 이미 수많은 위성을 소유한 국가에서 실험위성이 정부 주도가 아닌 학교나 연구소 단독으로 그것도 수시로 발사되는 이유가 여기에 있는 것이다.

방송·통신위성은 활용도가 높은 상업위성인 동시에 고부가가치를 창출하는 우주산업의 총체이다. 따라서 국민의 실생활과 산업 전반에 걸쳐 그 파급효과는 매우 크다 하겠다. 무궁화 위성은 1995년 1호가 발사된 이래 1996년에 2호, 1999년에 3호, 2006년 8월 22일 5호가 성공적으로 발사되었다. 무궁화 위성에는 방송 및 통신용 중계기가 탑재되었다. 방송용 중계기를 통한 위성방송은 난시청 지역 없이 전국 어디서나 선명한 화질의 TV시청이 가능하고, 고음질의 입체 음향과 최대 3개 언어의 다중방송을 가능케 한다. 또한 방송국에서 다양한 데이터를 송출하면 가정에서 PC를 통해 뉴미디어 방송도 가능하다. 통신 서비스로는 주문형 비디오VOD, 뉴스현장 중계SNG, 케이블TV 중계분배망, 위성 기업 통신망 사업 등을 활성화시킬 수 있으며, 위성 이동전화 등 고품질의 첨단 통신 서비스도 이용할 수 있다. 특히 언제 어디서나 화상회의, 원격 교육, 원격 의료 등 국민 복지 통신 서비스가 가능해진다. 이밖에 태풍이나 지진 등 천재에 의한 지상 통신망 장애와 상관없이 긴급 통신망을 구축할 수 있으며, 지상 통신이 어려운 도서, 산간 지역 통신용으로도 활용이 가능하다.

한편, 다목적 실용위성인 아리랑 1호와 2호가 1999년과 2006년에 각각 발사되어 국토개발, 해양, 환경, 과학 탐사 분야에 활용됨으로써 국가적으로 또는 산업·기술적 측면에서 매우 중요하며 의의가 크다.

우리별과 과학위성

1992년 8월 11일, 프랑스의 아리안 4V-52 로켓에 실려 성공적으로 발사된 '우리별 1호' 그림 24 참고와 1993년 9월 23일 발사된 '우리별 2호'는 모두 크기가 352×356×670mm로서 라면 박스만 하며, 무게는 약 50kg에 불과한 소형의 과학실험 위성이다. 그 후, 독자 설계로 개발하여 1999년 5월 6일 발사한 3호가 있으며, 자신감을 얻은 우리나라는 본격적인 과학위성 1호인 우리별 4호를 2003년 9월 26일 러시아의 코스모-3M 로켓으로 발사하였다. 과학기술위성2호는 그동안의 소형과학위성 개발 경험 및 실적을 최대한 활용하여 훨씬 소형화되고 성능을 향상시킬 예정이며, 우리나라 최초의 우주발사체 '나로호KSLV-1'에 실려 전남 고흥의 외나로도의 나라우주센터에서 2009년 발사될 예정이다.

우리별 1호가 비록 영국의 서레이 대학의 기술을 빌려 발사되었지만, 위성 제작 기술의 습득과 위성 관련 분야의 전문 인력 양성, 관련 기술의 국내 이전 등 많은 기여를 하였다. 특히 우리별 1호는 우리나라 최초로 발사된 인공위성으로 지금까지 우리가 경험해보지 못한 전혀 새로운 분야에서 우리도 할 수 있다는 자신감을 심어주었다.

▶ 표 3. 과학실험위성 우리별 위성의 종류와 제원.

구 분	우리별 1호	우리별 2호	우리별 3호	과학위성 1호 (우리별 4호)
발사일	1992.8.11.	1993.9.26.	1999.5.26	2003.9.26.
발사체	아리안4V-52 (프랑스)	아리안4V-59 (프랑스)	PSLV-C2 (인도)	코스모-3M (러시아)
개발 비용	38억	31억	80억	116억
지원 부처	과학기술부, 정보통신부, 과학재단			과학기술부
궤도(km)	1,300	800	730	635
크기(mm)	352×356×670		495×604×852	551×665×830
무게(kg)	48.6	47.5	110	106
특징	최초의 과학실험위성	국산화와 자신감	국내 독자 설계 모델	본격적인 과학위성 천문학적 관측 시도
탑재체	• 축적 및 전송 통신 실험 • 지구표면 촬영 실험 • 우리말 음성 방송 실험 • 우주방사선 측정 실험	• 지구표면 촬영 실험 • 소형위성용 차세대 컴퓨터 • 고속변복조 실험 장치 • 축적 및 전송 통신 실험 • 저에너지 입자 검출기 • 적외선감지기 실험 장치	• 원격탐사 탑재체 · 15mm 해상도 3채널, 선형 CCD 카메라 • 우주과학 탑재체 · 방사능영향 측정기 · 고에너지입자 검출기 · 지구자기장 측정기 · 전자온도 측정기	• 원자외선분광기 • 우주물리탑재체 · 고에너지 검출기 · 저에너지 검출기 · 랑마이어 탐침 · 정밀 지구자기장 측정기 • 데이터 수집 장치 • 고정밀 별 감지기

▲ 그림 28. 국내 기술진으로 제작 완료된 우리별 2호(위). 우리별 3호를 탑재한 인도의 PSLV—C2 로켓이 발사를 기다리고 있다(아래).

한편, 우리별 2호에서는 우리별 1호 운영 중에 발견된 미비점을 개선 · 보완하고 가능한 많은 국산 부품을 사용하였으며 국내 기술진의 힘으로 제작하였다.■ 그림 28 그리고 보다 많은 장비를 탑재하여 우주에서 여러 가지 실험을 실시하며 지상에서 원격 운용을 시험하였다. 이들 두 과학실험위성은 크기도 작고 기능도 상업용 위성에 비해 보잘것없다 하더라도 황금 알을 낳는 우주산업의 주역을 인공위성으로 볼 때, 위성을 한번 제작해보고 운영해본다는 의미와 위성 연구 인력을 집단적으로 양성한다는 측면에서 충분히 가치가 있다고 판단된다.

우리별 3호는 1999년 5월 26일 인도의 PSLV- C2 로켓에 실려 발사되었으며,■ 그림 28 이는 기존의 1, 2호의 개발 경험을 바탕으로 독자 설계로 개발된 최초의 우리나라 고유의 위성 모델이다. 성능면에서 세계시장의 동급 소형 위성과 비교할 때 전혀 손색이 없는 것으로 평가되었다. 우리별 3호의 발사 및 성공적인 운용은 향후 우리나라가 우주 기술 개발에 있어 절대적으로 요구되는 핵심 요소 기술을 우주에서 검증한다는 점에서 기술적인 중요한 의미를 담고 있다.

우리별 4호는 그동안 기술 습득과 독자 개발의 단계를 거쳐 기술의 최적화와 동시에 천문학적 관측을 시도하는 최초의 본격적인 과학위성이다.■그림 29 '과학기술위성 1호STSAT-1'로 명명된 우리별 4호는 은하 전반에 분포한 고온의 플라즈마에서 방출되는 자외선을 검출하게 되며, 태양 활동 극대기에 방출되어 지구의 극지방에서 일어나는 태양과 지구자기장의 상호작용을 조사하게 된다. 원자외선 분광기와 더불어 탑재되는 우주과학 탑재체는 지구의 상층대기로 투입되는 높은 에너지의 하전 입자를 동시에 관측함으로써 상층대기의 여러 가지 물리적 현상에 대한 정보도 얻게 된다.

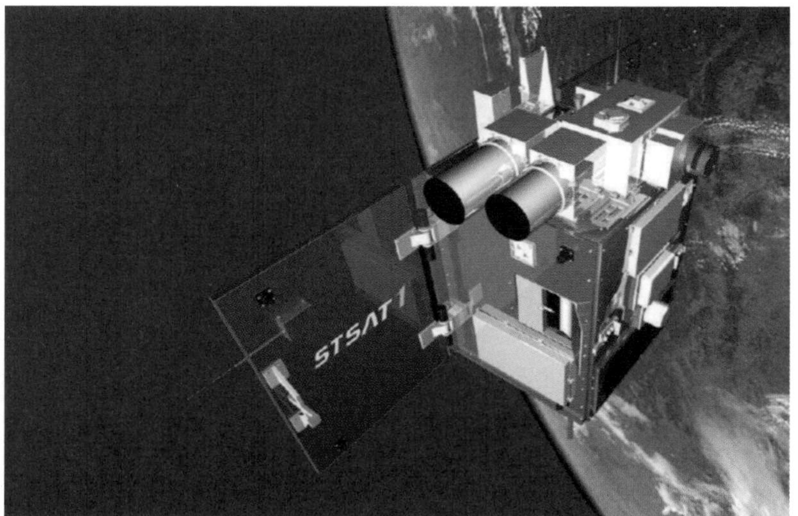

◀ 그림 29. 본격적인 과학위성인 우리별 4호. 과학위성 1호(STSAT-1)로 명명되었다.

무궁화 위성과 상업용 방송·통신위성

상업용 위성으로 본격 개발된 무궁화 위성은 1995년 1호가 발사된 이래 4호 위성 제작을 포기하고 2006년 8월 22일 5호를 성공적으로 발사함으로써 총 4차례 발사되었다. 1호에서 3호는 미국 록히드마틴Lockheed Martin사에 의뢰하여 제작한 것으로 동경 116도, 지상 약 3만 6천km 정지궤도에 머무르면서 방송·통신 임무를 수행하고 있다. 무궁화 5호는 유럽 위성시스템 선두 주자인 프랑스의 알카텔Alcatel Alenia Space사가 제작하였으며, 동경 113° 정지궤도에 머물면서 36기 중계기 중 민간용 24기와 군용 12기를 탑재하여 상업적 방송·통신 외에 최초의 군사적 임무를 수행하고 있다.■표4

▶ 표 4. 상업용 방송·통신위성 무궁화 위성의 종류와 제원

구 분	무궁화 1호	무궁화 2호	무궁화 3호	무궁화 5호
발사일	1995.8.5.	1996.1.14.	1999.9.5.	2006.8.22.
발사체	MD Delta II 미국 케이프커내버럴		아리안IV 프랑스	Zenit-3SL 적도공해상
발사 용역사	McDonnell Douglas		Arian Space	Sea Launch
위성 제작사	Lockheed Martin (미국)			Alcatel Alenia 프랑스
중계기수	통신(12)/방송(3)		통신(27)/방송(6)	민간(24)/군용(12)
궤도(km)	동경 116° 정지궤도(35,768km 상공)			동경 113°
무게(kg)	1,464		2,800	4,470
수명(년)	4.5	10	15	15

무궁화 1호 위성은 델타II 로켓에 실려 플로리다 주 케이프커내버럴 공군기지에서 1995년 8월 5일 발사되었다. 그러나 로켓 추진체의 1개가 제대로 작동되지 않아 정상 궤도에 올리는 데 실패하였다. 그 후, 궤도 수정을 거쳐 보조 추진 로켓을 사용하여 궤도 진입에는 성공하였으나, 예상치 않은 연료 소모로 수명이 단축되어 계획을 앞당겨 2호 위성을 1996년 1월 14일 발사하였다. 무궁화 1호는 발사 후 4년 3개월 만인 1999년 정지궤도 위성으로서의 임무를 마치고 상용서비스를 종료한 뒤, 프랑스의 유럽스타사에 임대돼 6년 동안 경사궤도에서 통신용으로 운용되다 발사 후 10년 4개월 만에 수명을 다해 2006년 11월 16일 궤도이탈 작업을 통해 우주로 떠나보냈다. 그 뒤 한국통신KT은 무궁화 2호 위성을 통신용 주위성으로 변경했으며, 무궁화 3호 위성을 계획보다 5년 앞당긴 1999년 9월 5일 발사하였다. 3번째 통신·방송용 상업위성인 무궁화 3호는 유럽연합 아리안스페이스사의 아리안IV 로켓에 실려 발사되었으며, 3호는 1, 2호를 합친 크기로 대용량 첨단 위성으로 수명이 완료된 1호의 역할을 이어받아 15년 동안 국내 및 동남아 지역을 대상으로 초고속 멀티미디어 통신 및 위성방송 서비스를 제공하고 있다. 1, 2호가 통신용 12개, 방송용 3개 총 15개의 중계기를 탑재한 반면, 3호는 통신용 27개, 방송용 6개로 1, 2호의 2배가 넘는다. 3호가 동경 116° 궤도를 차지하면서 2호는 동경 113°로 이동해 기존 서비스를 계속하게 된다.

2006년 발사된 무궁화 5호 위성은 1996년 발사된 기존 2호 위성의 임무를 대체

하게 되는데, 탑재된 총 36기의 중계기 중 군사용 12기를 포함하고 있어 우리나라가 군사 목적의 우주개발에 첫발을 내딛는 것이라는 점에서 중요한 의미를 지닌다. 무궁화 5호에 탑재된 군용 통신 중계기의 정확한 용도 등은 군사기밀로 분류돼 일체 공개되지 않았으나, 민·군 공용으로 운영되는 이 위성이 한반도 일대 군사정보 수집과 통신에 막대한 기여를 할 것이라는 점에서 아무도 이견을 달지 않는다. 그리고 그동안 통신 산업의 관점에서 보면 내수산업으로만 여겨져왔던 국내 통신 사업이 위성통신 분야를 통해 해외로 직접 진출하는 교두보를 마련했다는 또 다른 의미가 있다. 따라서 5호를 통해 상용 통신 서비스 범위를 일본, 중국, 대만, 필리핀 등 아시아 지역으로 확대, 국내 통신 사업이 해외로 진출하는 중요한 계기가 되고 있다. 아울러 사용하는 주파수 대역은 2호와 동일하지만 편파 관련 기술을 이용, 2배로 많은 데이터를 주고받을 수 있어 최근 몇 년째 완전 포화 상태였던 기존 2호의 상용 통신 서비스를 넘겨받아 국내용 수요를 충당하는 역할을 하게 될 전망이다.

다목적 실용위성 아리랑

다목적 실용위성Korea Multi-Purpose Satellite : KOMPSAT 개발 사업은 국가적으로 또는 산업 기술적 측면에서 매우 중요하며 의의가 크다. 우리나라는 1980년대부터 기상, 통신 분야에서 해외 위성을 이용하여 자료를 활용하고 있으며 국토 개발, 해양, 환경, 과학 탐사 분야에서도 각 연구 기관과 대학을 중심으로 위성 자료를 활용한 연구가 진행되고 있다. 그리고 우리별 1~4호와 무궁화위성 4기의 성공으로 통신, 방송, 지리, 해양, 환경, 과학 등의 분야에서 인공위성의 국가적 수요가 발생하여 위성의 독자적인 국내 개발의 필요성이 가시화되었다.

다목적 실용위성 아리랑 1호는 1999년 12월 21일 미국의 반덴버그 공군기지에서 미국 오비탈사Orbtal Science Co.의 토러스 로켓에 실려 발사되었으며, 무게 470 kg의 중형급 위성으로 해상도 6.6m급의 고해상도 전자광학 카메라와 해상도 1 km급의 해양관측 카메라를 장착하고 있다.■ 그림 30 위성체 개발은 미국 TRW사와 국제공동개발 방식으로 개발되어 초기 모델proto-flight model은 미국에서 개발, 조립되었고 이 과정에서 우리나라 연구 기술진이 설계, 개발, 조립 및 시험 기술을 습득한 후, 실제 발사될 비행위성Flight Model은 우리 연구 기술진의 주도로 한국항공우주연구소에서 개발, 조립 및 시험을 완료하였다. 아리랑 1호의 성공적인 발사·운영을 통해 우리나라는 인공위성 시스템의 독자적 개발 능력을 배양

▲ 그림 30. 다목적 실용위성 아리랑 1호의 모습.

하고, 인공위성 핵심 부품의 설계·제작·시험 기술을 확보하여, 인공위성 관련 기술 확보로 국내 수요 충족 및 세계시장 진출 기반을 구축하게 되었다. 1호는 고도 685km, 경사각 98.13°의 태양동기궤도에서 운용되고 있으며, 그동안 지도 제작용 한반도 영상을 100% 확보하여 1/25,000 축적의 한반도 입체전자지도 제작 및 지리정보시스템에 활용할 수 있으며, 국토 관리, 해양자원 및 해양환경 관측, 해양오염 상태를 조사하는 데도 유용한 자료로 활용하게 된다. 이온층 측정시스템과 고에너지 입자 검출기를 탑재하여 우주 환경에 대한 연구를 수행하고, 이를 토대로 저궤도에서 우주 환경이 위성부품에 미치는 영향 등을 연구하게 된다.

아리랑 2호는 2006년 7월 28일 러시아 모스크바 북동쪽 약 800km에 위치한 플레세츠크 기지에서 로콧ROCKOT 발사체에 실려 성공적으로 발사되었다. 국내기술진의 주도로 설계, 조립된 아리랑 2호에는 1m급 해상도의 팬크로매틱 영상흑백과 4m급 해상도의 다색대역 영상칼라을 촬영할 수 있는 고해상도 카메라MSC, Multi-Spectral Camera를 탑재하고 지구를 하루 14바퀴 반을 돌며 곳곳을 촬영하게 되는데, 하루에 두세 차례씩 한반도를 지나가면서 우리나라는 물론 북한도 함께 촬영하게 된다. 만약 북한의 군사기지를 촬영한다면 탱크와 전투기, 미사일 등의 종류와 이동 경로까지 파악할 수 있다. 군 당국은 아리랑 2호가 군사목표물의

▶ 표 5. 다목적 실용위성 아리랑의 종류와 제원.

구 분	아리랑 1호	아리랑 2호
발사일	1991.12.21	2006.7.28
발사체	토러스미국 반덴버그 공군기지	로콧러시아 플레세츠크
발사용역사	미국 Orbital Science Co.	
위성제작사	미국 TRW사와 공동 개발	한국항공우주연구원
궤도(km)	태양동기궤도(685km)	
무게/전력	510kg/635W	765kg/850W
수명(년)	3년 이상	3년 이상
탑재체	전자광학 카메라EOC, 6.6m급 해양관측 탑재체OSMI 과학실험 탑재체SPS	고해상도 전자광학 카메라MSC (흑백 1m, 칼라 4m)
임 무	한반도지도 제작 (10m 해상도, 입체지도 포함) 해양관측(해양오염 및 생태 변화) 과학 실험	한반도 및 전 지구 정밀 관측 GIS 구축표

85%까지 판독할 수 있어 유사시 군사용으로의 효용 가치가 높을 것으로 보고 있다. 특히 아리랑 2호는 대규모 자연재해 감시와 각종 자원의 이용 실태조사, 지리정보 시스템 구축, 지도 제작 등 다양한 분야에 활용될 전망이며, 고해상도 영상은 해외 판매를 통해 세계 영상 시장 진출이 기대된다.

다목적 실용위성 아리랑 2호는 1호의 공동 설계 경험을 토대로 국내 주도로 설계 제작되었다. 2호 설계 및 제작 기술은 국내 항공우주산업이 세계 항공우주 시장에서 경쟁을 하는 데 있어서 요구되는 경제성을 향상시키며, 기술 이전을 통해 국내 산업 발전에 크게 기여를 할 것으로 생각된다. 특히, 국내 기업에 전수되는 항공우주 기술을 통하여 지상국, 지상 수신기기, 개인용 위성 수신 장비 및 위성 이용, 응용기기 등의 설계 기술 개발에 긍정적인 영향을 줄 것으로 판단된다. 아리랑 2호가 성공적으로 발사되면서 2009년 발사를 목표로 다목적 실용위성 3호아리랑 3호의 개발이 본격화되었다. 아리랑 3호는 고해상도 카메라를 공동 개발, 국산화율 80% 수준인 아리랑 2호와 달리 100% 국산화율을 목표로 하고 있다. 아리랑 3호는 특히 대미 의존도가 높은 한반도 주변 지역에 대한 독자적인 감시 정찰 전력을 획기적으로 향상시키는 데 기여할 것으로 기대되고 있다.

▲ 그림 31. 카메라 해상도의 차이.
(A) 30m급. 한강 주변의 모습. (B) 6m급. 잠실 주변의 모습. (C) 1m급. 잠실종합운동장의 모습.

▼ 그림 32. 아리랑 2호가 촬영한 최초의 시범 4m급 컬러 영상인 백두산 주변 모습.

아리랑 위성과 카메라 해상도

아리랑 1호에는 6.6m급 고해상도 카메라가 탑재되어 있으며, 2호에는 1호보다 40배 이상 해상도가 좋은 1m급 고해상도 카메라가 탑재되어 있다. 1m급 고해상도 카메라는 미국과 러시아, 프랑스, 이스라엘, 일본만이 보유하고 있는 초정밀 카메라다. 가로와 세로 1m의 물체를 사진 상 점으로 표시하는 것을 의미하는데, 해상도를 비교해 보면 얼마나 정밀한지 알 수 있다.■그림31 그림 32는 아리랑 2호가 2006년 7월 28일 발사된 이후, 최초로 촬영한 시범 영상으로 4m급 백두산 칼라 영상이다. 항공우주연구원이 8월 29일 공개한 자료에 따르면 계획보다 조기에 얻어진 것으로 시험 영상수준으로는 만족할 만하고, 위성체의 검정·보정을 완료하면 보다 개선된 영상을 확보할 수 있을 것으로 밝히고 있다. 따라서 9월 중에 위성 상태 검증, 자세제어, 탑재 카메라 시험 등을 실시하고 10월부터 정상 운영하고 있다. 위성영상 상용화를 위해 2006년 7월 프랑스의 스팟이미지SPOT Image사와 국외지역 위성영상 판매 대행 계약을 체결한 바 있으며, 국내 및 미국, 중동 일부지역은 한국항공우주산업과 계약을 체결하여 위성영상을 판매하게 되며, 연 천만 달러 가까운 외화 획득도 가능할 것으로 보인다.

세계 6위의 위성 대국 도약

현재 우리나라는 우리별 1~3호, 과학기술위성 1호우리별 4호, 무궁화위성 1~3호 및 5호 등 8기의 위성을 보유하게 되었으며 특히 아리랑 2호가 성공적으로 발사되면서 우리나라는 아리랑 1호에 이어 2대의 실용급 위성을 포함하여 모두 10개의 위성을 보유한 국가가 되었다. 게다가 1m급 고해상도 카메라를 탑재한 아리랑 2호를 운영함으로써 미국과 프랑스, 러시아, 일본 등에 이어 세계 6~7위권의 원격탐사용 고정밀 위성을 보유한 명실상부한 '위성 대국'의 반열에 올라섰다.

2005년 5월 국가우주개발중장기 기본계획에 따르면 우리나라는 오는 2010년 중기계획까지 ① 소형위성 자력발사 능력 확보, ② 2010년까지 국내 기술에 의한 저궤도 실용위성 독자 개발, ③ 세계 우주산업 시장 진출을 위한 기술 기반 마련을 목표로 이미 개발이 착수된 4기를 포함해 모두 13기정지궤도위성 2기, 다목적 실용위성 7기, 과학기술위성 4기의 인공위성을 개발할 예정으로 민간 부문을 제외하고 총 2조 4650억 원의 국가예산이 투입된다. 장기적으로는 2015년까지 ① 핵심 우주 기술 개발로 독자적 우주개발 능력 확보, ② 우주산업의 세계시장 진출을 통한 세계 10위권 진입, ③ 우주공간의 영역 확보 및 우주 활용으로 국민 삶의 질 향상, ④ 성공적 우주개발을 통한 국민의 자긍심 고취를 목표로 하고 있다.■ 그림 33

발사체 분야에서는 그동안 우리의 위성을 모두 외국의 발사체를 빌려 발사해 왔다. 현재 1, 2단형 과학로켓KSR은 1998년에, 3단형 로켓은 2002년에 각각 발사 성공하였으며, 이를 토대로 100kg급 소형위성 발사체 개발을 완료하고 2009년

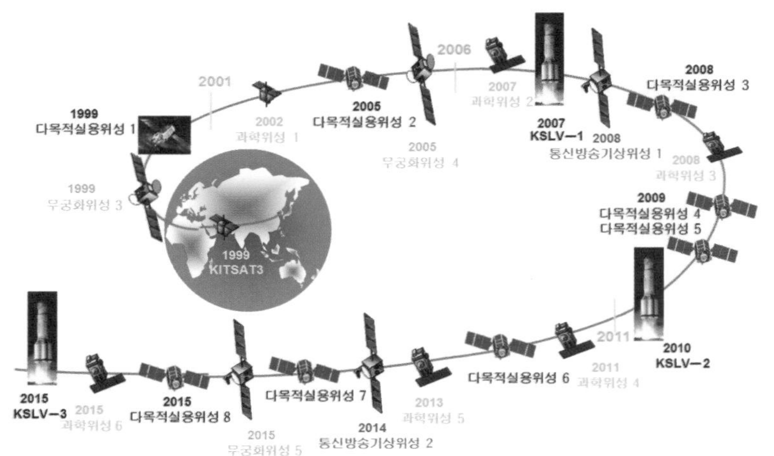

◀ 그림 33. 2005년 작성된 우리나라 국가우주개발 중장기계획. 2015년까지 우주산업 세계 10위권을 목표로 한다. 2007년 과학위성 2와 KSLV-1 발사체는 2009년으로 연기됨.

▲ 그림 34. 한국인 최초의 우주인 이소연 박사.

소형위성 자력 발사와 2015년까지 1.5톤급 실용위성 자력 발사를 목표로 하고 있다. 이를 위해 전남 고흥의 외나로도에 나라우주센터를 건립하였다. 마침내 과학위성 2호는 우리가 개발한 우주발사체 '나로호KSLV-1'에 실려 2009년 8월 25일 성공적으로 발사되었으며, 나라우주센터를 2015년까지 실용위성급 우주센터로 확충할 계획이다.

7년간에 걸친 계획과 러시아의 발사체 기술을 도입하여 진행된 '나라호KSLV-1'의 발사는 비록 성공적으로 이루어졌으나, 과학위성 2호가 정상궤도 진입에 실패함으로써 우주개발이 얼마나 어려운 것인지를 다시 한 번 실감하게 했다.

우주개발에 소요되는 인력은 2015년까지 분야별로 위성체 2천5백 명, 발사체 1천 명, 우주 연구 개발 및 국제 협력에 1천 명 등 총 4천5백 명이 필요할 예정이며, 산 · 학 · 연 연계 체제를 통한 인력 개발과 인력 활용의 극대화가 요구된다. 한편, 우주인 양성 계획의 일환으로 러시아 우주선에 탑승할 우리나라 최초의 우주인 선발을 하였는데, 3천8백여 명이 지원하여 체력 평가와 신체 검사 및 어학 평가를 통해 최종후보자 2명을 선발하여, 우주적응훈련을 받은 이소연 박사KAIST, ■ 그림 34가 대한민국 최초의 우주비행 참가자Space Flight Participant가 되어 국제우주전거장에서 11일간2008.4.8~4.19체류하였다. 전 세계적으로는 475번째, 여성으로는 49번째 우주인이며, 역대 3번째로 나이가 적은 여성 우주인이다. 아울러 2명의 아시아계 미국인을 포함하여 4번째 아시아 여성 우주인이기도 하다.

밝혀지는 태양계

태양계는 어떻게 생성되었는가? 그리고 어떻게 진화되어왔는가? 이 문제는 현대 과학이 당면한 과제 가운데 중요한 것 중의 하나로 인식되고 있다. 왜냐하면, 바로 우리 인간의 기원 및 지구의 탄생, 나아가 우주 속에서의 인간의 위치와 관련돼 있기 때문이다. 태양계의 생성이 인류의 커다란 관심사인 만큼 역사를 통해서 그동안 많은 학자들이 이 문제를 다루어왔고, 여러 가지 모델들이 제안되어왔었다. 그러나 현재까지는 어느 모델도 완벽하게 태양계의 탄생과 진화를 밝혀주고 있지 못하다. 여기서는 현재까지 행성들에 관해 밝혀진 사실들로부터 보다 합리적으로 설명되는 유력한 이론을 소개하고자 한다.

행성의 관찰

어떠한 이론도 우선은 태양과 태양 주위를 공전하는 행성들이 보여주는 규칙성과 특성을 설명하는 것에서 출발하여야 할 것이다. 그 규칙성과 특성은 다음과 같이 정리할 수 있다.

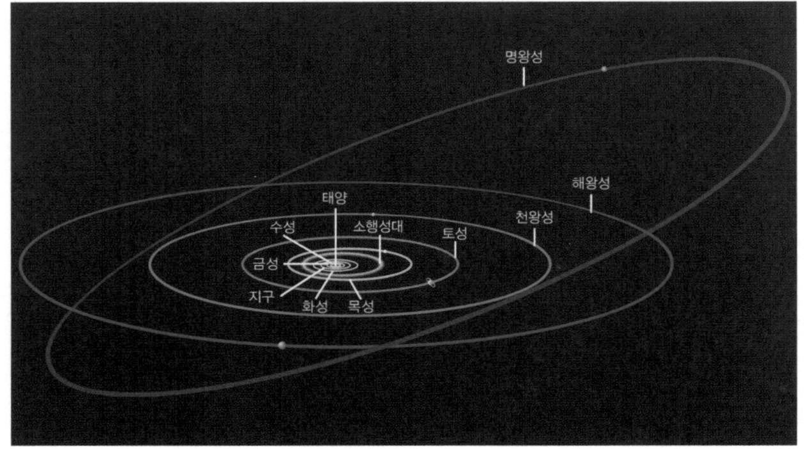

◀ 그림 35. 태양을 공전하는 행성들의 궤도. 명왕성을 제외하고 동일 궤도에 놓인다.

(1) 태양 주위를 공전하는 행성들은 같은 방향으로 회전하고 있으며, 공전궤도는 명왕성을 제외하곤 거의 동일 평면상에 놓이며, 행성 주위를 도는 대부분의 위성들도 같은 방향으로 공전한다. ■ 그림35

(2) 금성과 천왕성을 제외한 모든 행성들은 공전 방향과 같은 방향, 즉 반시계 방향으로 자전한다.

(3) 각 행성은 태양으로부터 '보데의 법칙Bode's rule'으로 알려진 규칙적인 배열을 한다. 즉, 태양으로 멀어질수록 행성간의 거리는 약 2배로 증가한다.

(4) 태양은 태양계 전체 질량의 99.9%를 차지하는 데 반하여, 각 운동량의 99%는 목성, 토성과 같은 큰 행성들에 집중되어 있다.

(5) 태양계 행성들은 수성, 금성, 지구 및 화성의 태양계 안쪽 행성내행성과 목성, 토성, 천왕성, 해왕성의 태양계 바깥쪽 행성외행성으로 나뉜다. 전자를 '육성 행성terrestrial planet' 또는 '지구형 행성'이라고 하며, 후자를 '거대 행성giant planet' 또는 '목성형 행성'이라고도 한다. ■ 그림36

(6) 지구형 행성은 크기가 작고 치밀한 고체로 이루어져 있으며, 주성분은 약 90% 이상이 지구의 암석과 같은 무거운 성분인 Si, O, Mg, Fe로 이루어져 밀도가 높고4~5.5 자전 속도가 느린 반면, 거대 행성은 주로 가스 성분±99%=H, He으로 이루어져 낮은 밀도0.7~1.7를 갖고 있으며 자전 속도는 빠르다.

▶ 그림 36. 태양계 안쪽을 도는 수성, 금성, 지구, 화성을 내행성이라 하고 태양으로부터 멀리 떨어진 목성, 토성, 천왕성, 해왕성을 외행성이라 한다.

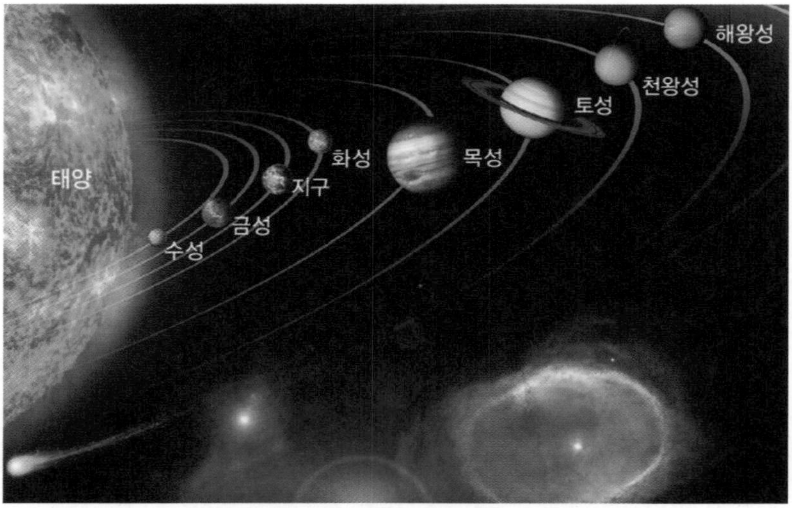

보데의 법칙

일찍이 케플러는 앞서 밝힌 바와 같이, 행성의 운동에 대하여 세 가지 법칙을 발견하였지만, 행성이 태양으로부터 정해진 거리에 있는 이유를 설명하진 못하였다. 1766년 티티우스Titius라는 독일의 천문학자는 행성과 태양 사이의 거리에 대한 간단한 규칙을 발견하였다.

즉, 이웃하는 두 행성들 간의 거리는 태양으로부터 안쪽으로 놓인 이웃하는 두 행성들간의 거리의 두 배의 관계에 있다는 것이다. 이것을 보데Bode는 공식화하였으며, 이를 보데의 법칙Bode' s rule 또는 보데—티티우스의 법칙이라고 하며 그 과정은 다음과 같다.

우선 '0' 에서 시작하여 '3' 그리고 2배씩 증가하는 수열을 생각해보자. 즉, 0, 3, 6, 12, 24, 48, 96, 192……으로 나열하고 이 숫자들에 각각 4를 더한 다음 10으로 나누면 0.4, 0.7, 1.0, 1.6, 2.8, 5.2, 10.0, 19.6……이라는 숫자가 배열된다. 여기서 4를 더하여 10으로 나눈 것은 태양에서 지구까지의 거리를 1로 만들기 위한 것으로 이를 1AU천문단위, astronomical unit: 1 AU는 1억 5천만km라 한다.

n		-	0	1	2	3	4	5	6
지구궤도 바깥을 도는 n번째 행성		수성	금성	지구	화성	소행성대	목성	토성	천왕성
태양에서의 평균 거리(AU)	관측치	0.39	0.72	1.0	1.52		5.20	9.54	19.2
	보데-티티우스의 법칙	0.4	0.7	1.0	1.6	2.8	5.2	10.0	19.6

◀ 표 6. 보데-티티우스의 법칙.

* 보데-티티우스 공식 : 0.4+0.3×2n
참고 : n=3의 위치에 소행성대가 있으며 관측치 2.0~3.5의 값을 보여준다.

표 6은 보데의 법칙과 관측된 행성과의 거리를 비교한 것이다. 표 6에서도 알 수 있듯이 행성과 태양과의 거리가 관측된 거리와 거의 일치하는 것을 알 수 있는데, 예를 들어 태양과 수성의 거리는 0.4AU실제 거리 0.39 AU, 태양과 금성은 0.7AU실제 0.72, 태양과 화성은 1.6AU실제 1.52 등 잘 맞아떨어지고 있다.

그러나 여기서 하나 주목할 것은 명왕성을 예외로 제외하면, 보데의 숫자들이 관측된 행성의 거리와 거의 일치하고 있는데, 화성과 목성 사이의 2.8AU 부근은 실제와 일치하지 않고 있다.

이러한 보데의 법칙이 관심을 모은 것은 허셀Hussell이 보데의 법칙으로 예언된 천왕성을 1781년에 발견한 이후이다. 그 후 천문학자들은 2.8AU 부근에서 혹 발견하지 못하였을 행성, 다시 말해서 잃어버린 행성을 찾기 시작했다. 그 결과,

1801년 궤도 반경 2.77AU의 위치에 새로운 천체인 케레스Ceres가 발견된 후, 현재까지 약 4천 개의 직경 1 km이내의 소행성이나 미행성을 발견되었다.

이 작은 천체들은 화성과 목성 사이에서 커다란 띠를 이루고 행성처럼 일정한 궤도를 유지하여 이들을 '소행성대astroid belt' 라고 부르고 있다.■ 그림 37 천왕성과 소행성대의 발견이 보데의 법칙의 덕택이라고는 하지만 법칙으로 하기에는 물리적으로 합리화된 이론적 근거가 없으므로, 현재는 하나의 규칙으로 인정할 뿐이다. 실제로 외행성인 해왕성의 경우 오차가 크고 명왕성에는 전혀 맞지 않는다.

▶ 그림 37. 화성과 목성 사이에 놓인 소행성대와 주요 소행성의 궤도. 이카루스(Icarus)와 아폴로(Apollo)는 타원궤도이며 특히 이카루스는 근일점이 수성궤도 안쪽에 놓인다.

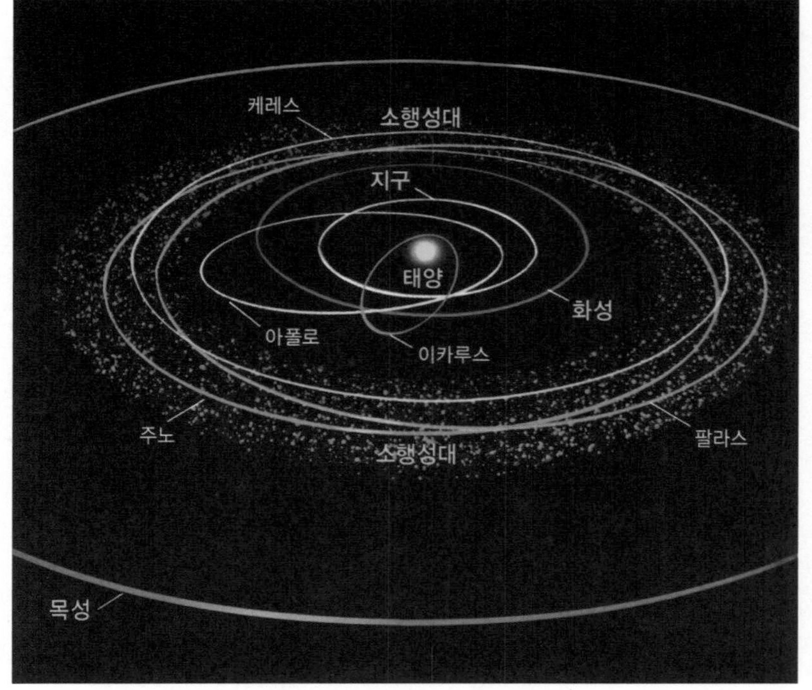

소행성대Astroid Belt

보데의 법칙에서 예언된 바와 같이, 화성과 목성 사이의 2.8AU의 위치에 행성이 있을 것이라 추측되어왔으나 1801년에 이르러 이탈리아의 천문학자 피아치J. Piazzi에 의해 2.77AU의 위치에 새로운 천체가 발견되었다. 보데의 법칙에서 예언된 2.8AU와 상당히 일치해, 제5의 행성으로서 케레스Ceres란 이름이 붙여졌다.

그러나 케레스는 직경이 950km로서 행성이라고 하기에는 너무나 작았기 때문에 천문학자들은 행성 탐색을 계속하였다.

그 1년 후, 독일의 천문학자 올버스H. Olbers에 의해 케레스와 비슷한 거리에서 다른 희미한 천체를 발견하여 팔라스Pallas란 이름을 붙였다. 그러나 이 행성은 더 작아 그 직경이 560km 밖에 되지 않았다. 그 후, 1804년 하딩K. Harding이 주노Juno를, 1807년 다시 올버스가 베스타Vesta를 각각 발견하였다. 현재까지 국제소행성센터MPC가 인정하는 소행성은 13만 개를 넘었으며, 최근 발견된 것만 해도 2천2백 개나 된다.

이들 소행성들은 대부분 태양에서 2.0~3.5AU 떨어진 곳에서 위치하여 띠 모양의 소행성대asteroid belt를 형성하며 공전 주기는 3~8년 정도이다.■ 그림 36 평균 궤도 이심률은 0.15인데, 이카루스Icarus처럼 이심률이 0.83이나 되어 근일점이 수성 궤도 안쪽에 있게 되는 것도 있다. 소행성의 직경은 케레스가 950km로 가장 크고 다음이 팔라스560km, 베스타200km, 주노80km의 순이며, 그 외의 대부분은 1km 정도의 크기를 가진 것으로부터 조그만 암편에 이르기까지 다양하다. 크기가 이처럼 작기 때문에 행성처럼 자신의 중력에 의하여 구형의 형태를 이루지 못하고 매우 불규칙한 모양을 띠고 있다.

예를 들면 소행성 에로스Eros는 7×19×30km 크기의 장방형인 것으로 밝혀졌다.■ 그림 38-A 최근 목성 탐사선 갈릴레오가 소행성대를 통과하면서 보내온 사진에 의하면 아이다Ida 소행성은 위성 닥틸Dactyl를 가지고 있는 것으로 밝혀졌으며,■ 그림 38-B 소행성 가스파라Gaspara도 표면에 많은 운석공을 가진 불규칙한 모양임이 밝혀졌다. 소행성의 질량은 모두 합해도 지구 질량의 1천 분의 1 밖에 되지 않는다. 이처럼 소행성의 질량이 작은 이유는 태양계 행성 중 가장 질량이 큰 목성의 근처에서 만들어졌기 때문인 것으로 추측된다.

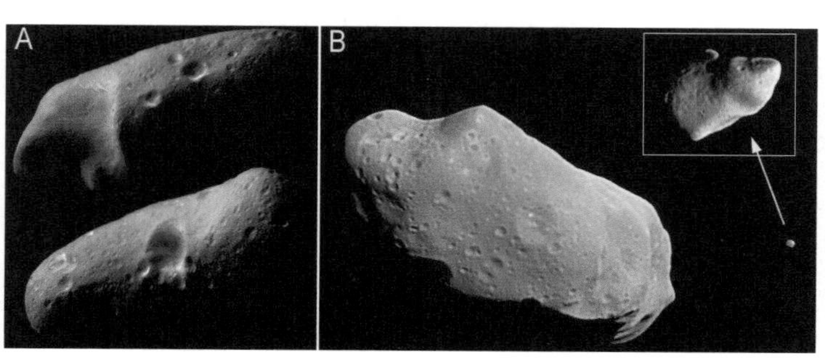

◀ 그림 38. 갈릴레오 목성 탐사선이 소행성대를 통과하면서 촬영한 소행성들.
(A) 에로스(Eros)의 앞과 뒤. 장방형의 모습을 하고 있다. (B) 아이다(Ida)는 위성 닥틸(Dactyl)을 거느리고 있다. 네모 속은 닥틸의 확대 모습.

한편, 소행성 사이의 충돌 확률은 다른 행성들에 비하여 매우 높아서 비교적 큰 행성이 소행성대에 몇 개 만들어졌더라도 후에 충돌을 일으켜 여러 개의 작은 천체들로 부서졌을 것으로 추측된다. 지구에 떨어지는 운석들은 바로 소행성대의 부서진 조각들이 지구의 인력에 끌려 떨어지는 것이다. 이미 제1장 '행성으로서의 지구' 에서 소개하였듯이, 2만 5천 년 전에 직경이 약 50m 되는 소행성의 조각인 운석이 지구에 떨어져 직경 1.5km나 되는 커다란 운석공크레이터을 애리조나 주에 남겼다.

두 종류의 행성군

태양계의 행성들은 그 크기와 구성 물질에 따라 두 가지로 분류된다. 즉, 지구와 같이 철, 산소, 규소 등의 무거운 원소로 이루어진 지구형 행성Earthlike, terrestrial planet■ 그림 39과 주로 수소와 헬륨으로 이루어진 거대 행성인 목성형 행성

▶ 그림 39. 지구형 행성인 수성, 금성, 지구, 화성(왼쪽부터). 크기가 상대적으로 작으며, 철, 규소, 산소 등 무거운 원소로 이루어져 있다.

▶ 그림 40. 목성형 행성인 목성, 토성, 천왕성, 해왕성(왼쪽부터). 크기가 크며 수소와 헬륨으로 이루어져 있다.

Jupitorlike, Jovian planet■ 그림 40이다. 수성, 금성, 지구 및 화성이 전자에 속하고, 목성, 토성, 천왕성 및 해왕성이 후자에 속한다. 그리고 지구형 행성과 목성형 행성의 경계부인 화성과 목성 사이에 약 10만 개의 작은 미행성이나 소행성들의 집단인 소행성대가 놓여 있다.

모든 행성들이 하나의 원시 성운에서 함께 탄생하였음에도 불구하고, 구성 성분이 다른 두 가지 종류의 행성으로 나누어지게 된 것은 행성 생성 당시의 온도에 의한 것으로 생각되고 있다. 즉, 태양으로부터의 거리가 다르면 행성의 온도가 달라지고 다른 화학 조성을 갖게 된다.

태양계 안쪽에서 생성된 지구형 행성의 주성분은 금속의 핵과 암석질의 맨틀이다. 내부 구조의 규모와 조성은 태양과의 거리에 따라 조금씩 다르다. 태양에 가까운 수성이나 금성은 보다 무거운 철과 니켈의 핵과 규소, 철, 산소로 이루어진 암석질의 맨틀과 지각으로 이루어져 있으며, 화성은 다소 가벼운 성분으로 이루어져 있을 것으로 생각되는데 철과 황화철FeS로 이루어진 핵과 철, 마그네슘 규산염을 주성분으로 하는 암석질의 맨틀 및 알루미늄 규산염의 지각으로 이루어져 있다.■ 그림 41

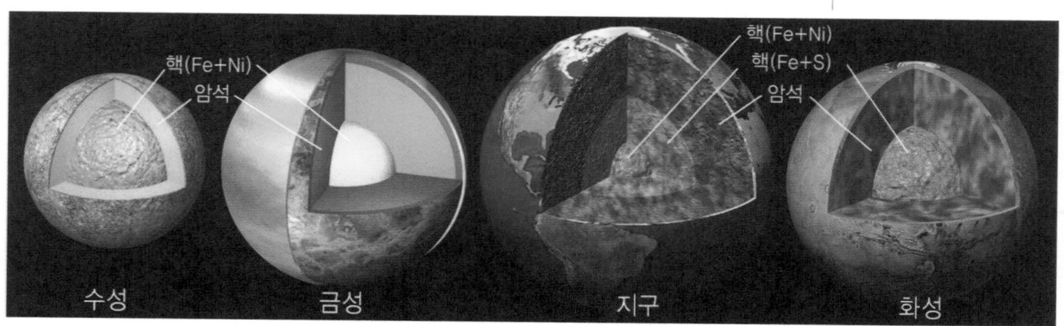

▲ 그림 41. 내행성인 수성, 금성, 지구, 화성의 내부 구조

목성형 행성은 수소를 주로 하는 기체와 그것이 액화한 것이 대부분을 차지하는데, 내부 구조는 내행성과 마찬가지로 태양과의 거리에 따라 다소 다르다. 목성형 행성들의 중심 부분에 상대적으로 크기는 다르지만 암석질로 된 고체의 핵이 있고, 그 주위에는 액체인 물의 층이 있다. 그 바깥쪽으로는 다소 달라지는데, 안쪽의 목성과 토성은 금속수소층과 그 위로 기체로 된 수소분자층이 표면을 이루고 있다. 바깥쪽의 두 행성인 천왕성과 해왕성은 금속수소층은 없이 두꺼운 물의 층 위로 수소와 헬륨 분자들로 이루어진 기체층이 표면을 이룬다.■ 그림 42

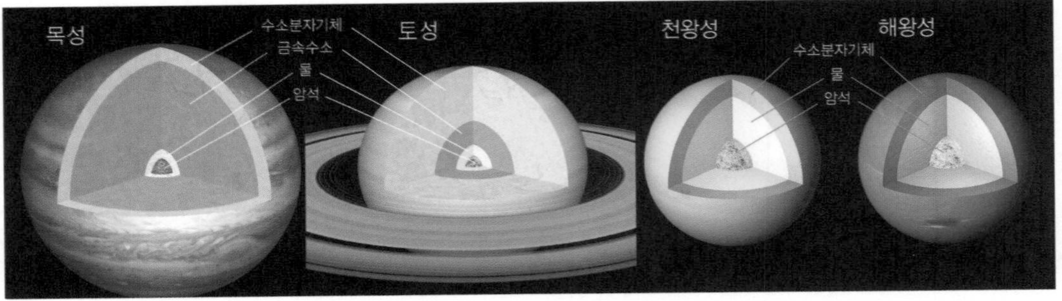

▲ 그림 42. 외행성인 목성, 토성, 천왕성, 해왕성의 내부 구조

목성형 행성들의 가장 큰 특징은 동서로 발달한 '줄무늬'이다. 언뜻 보면 아무런 무늬도 보이지 않는 천왕성에도 컴퓨터 화상 처리 결과, 다른 행성과 마찬가지로 똑같은 줄무늬가 있다는 것을 알게 되었다. 이러한 줄무늬는 거대한 목성형 행성들이 고속 자전에 의해 생성된 대기 중의 강한 동서풍과 깊은 관계가 있는 것으로 과학자들은 생각하고 있다. 동서풍은 행성 내부에서 솟아오르는 열에 의한 대류 운동과 자전에 의한 코리올리 힘에 의해 만들어지는 것으로 알려져 있다. 특히 이러한 운동은 목성의 대적점, 토성의 대백점, 해왕성의 대흑점 같은 대기의 불규칙한 소용돌이의 원인이 되기도 한다.

태양계의 기원

태양계는 어떻게 생성되었는가? 태양계의 기원에 관해서는 앞에서 이야기한 태양계의 성질을 근거로 여러 가설과 이론이 제기되어왔다. 최근, 보이저에 의해 외행성에 관한 여러 새로운 사실들이 밝혀지고 보다 상세한 관측에 의해 태양계의 기원에 관한 진일보된 모델이 세워지게 되었는데, 호주의 수학자 프렌티스 박사에 의해 새로운 이론이 제안되었다.

종래의 학설로 널리 알려진 것으로는 성운설星雲說, Nebular hypothesis, 소행성설小行星說, Planetestimal hypothesis, 조석설潮汐說, Tidal hypothesis이 있다.

성운설은 독일의 철학자 칸트I. Kant, 1724~1804■그림 43-A에 의해 제기된 후, 프랑스의 수학자 라플라스P. Laplace, 1749~1827■그림 43-B가 다시 제안하였다. 성운이라고 하는 가스의 집합체가 천천히 회전하면서 수축해가는 과정에서 회전 속도가 빨라지면서 여러 개의 구형체들이 분리되어 떨어져 나와 행성들이 되었다는 가설이다. 성운설은 태양과 행성들의 자전과 공전 방향의 일치성을 설명할 수 있었으나, 각 행성을 형성하는 고리의 질량이 행성으로 응집할 수 있는 중력을 공급하

▲ 그림 43. 태양계의 기원을 주장한 여러 학자들. (A) 칸트, (B) 라플라스, (C) 챔벌린, (D) 제프리, (E) 진스

기에는 충분치 못하다는 반대 이론을 극복할 수 없었다.

소행성설은 미국의 지질학자 챔벌린T. Chamberlin, 1843~1929■ 그림 43-C이 주장하였는데, 원시 태양 주위의 다른 별이 근접통과할 때, 인력에 의해 태양으로부터 소행성planetestimal과 같은 작은 덩어리들이 다량으로 끌려 나와 통과하는 별의 평면을 따라 태양을 회전하면서 행성들을 이루게 되었다는 것이다. 그러나 이 가설은 태양으로부터 끌려 나온 물질은 온도가 거의 백만 도에 달해, 행성으로 응집되기보다는 우주 공간으로 흩어졌을 것이라는 천문학자들의 반대에 부딪치게 되었다.

조석설은 영국의 지구물리학자 제프리H. Jeffrey■ 그림 43-D와 천문학자 진스J. Jeans■ 그림 43-E가 제창한 것으로 소행성설의 약점을 보완한 것이었다. 이 설은 원시 태양 주위에 또 하나의 별이 접근할 때 생기는 인력으로 태양으로부터 끌려나온 물질은 소행성과 같은 덩어리들이 아니라 바다의 조석 현상에서와 같이 가스의 연속체였을 것이며, 이들이 분리되어 행성으로 성장하였다는 것이다.

소행성설과 조석설은 원시 태양에 접근하는 또 하나의 별을 전제로 하고 있으므로 이 두 가설을 합쳐 충돌설Collision hypothesis라고도 하는데, 이 두 설의 약점은 우주의 거대한 공간에서 우연히 원시 태양과 또 다른 별의 접근 가능성이 극히 희박하다는 것이다.

프렌티스 박사가 제창하고 있는 태양계 생성 이론은 라플라스의 성운설과 비슷하다. 즉, 원시 태양계 성운에서 가스가 수축하는 과정에서 가스 고리가 남게 되며 그 고리 안에서 행성이 형성된다는 것으로 그 고리의 존재가 최대 특징인데, 그는 자신의 이론을 '현대판 라플라스 이론Neo-Laplace theory' 이라 부르기도 한다. 다만 프렌티스 박사는 라플라스의 성운설의 문제점을 지적하였는데, 원시 태양이 만들어지는 초기 단계에서 성운 가스가 왜 수축하는가를 설명하지 못한다는 것이었다. 다만, 최근의 운석 연구에 의하면1장 '행성으로서의 지구' 중 운석이 전해준 이야기 참고, 초신성의 폭발에 의한 충격파의 영향으로 성운 가스가 수축을 시작하였을 가능성을 제시하고 있다.

따라서 그의 이론은 수축의 중심이 되는 가스 덩어리의 핵에서 출발하였으며 그 생성 과정은 다음과 같다.■그림 44

(1) 최근 수십 년간의 천문 관측에 의하면, 우주 공간이나 성운 가스 속은 텅빈 진공이 아니라 희박하지만 물질들로 가득 차 있는데, 이를 '드문 물질rarefied matter' 또는 '성간물질interstella matter' 이라고 하며 수소와 헬륨으로 이루어진 99%의 가스와 1%의 먼지로 구성되어 있다는 것이다. 1%의 먼지는 지구의 구성 물질들과 비슷한 광물과 얼음 결정 및 유기물 등 무거운 성분들로 되어 있다.■그림 44-A

(2) 이들 먼지들은 가스 분자들에 비해 아주 무겁기 때문에, 서서히 회전하는 성운 가스의 중심을 향해 침강하여 핵core을 이루게 된다. 이때, 성운 가스 덩어리의 크기는 해왕성 궤도의 약 750배에 이른다.■그림 44-B

(3) 핵은 커감에 따라 중력이 커져 주변의 먼지와 가스를 끌어들이며, 원시 태양계 성운이 형성된다. 이때부터 원시 태양계 성운은 독자적으로 수축을 시작하는데 회전도 점차 빨라진다. 이때 지름이 해왕성 궤도의 150배의 크기이며 온도는 −258℃ 이다.■그림 44-C

(4) 수축은 해왕성 궤도에 이를 때까지 15만 년 동안 진행되며, 회전 속도가 상승하여 원시 태양계 성운의 표면에서는 초음속 가스의 제트류가 발생하면서 최초의 해왕성 고리가 형성되기 시작한다. 이때의 원시 태양은 자전 때문에 약간 납작해지며 온도는 −246℃로 떨어진다. 원시 태양은 수축에 방해가 되는 회전 운동량을 가스 고리에 넘겨주게 된다. 맨 먼저 해왕성 궤도에 회전 운동량을 넘겨준 결과, 천왕성 궤도까지 수축할 수가 있으며, 천왕성 궤도에 다시 회전 운동량을 넘겨준 원시 태양은 수축을 계속할 수가 있는 것이다. 여기서 가스는 도넛 모양으로 남게 되는데, 회전 운동량이 거의 일정 비율로 가스 고리를 남김으로써 보데의 법칙이 보여주는 규칙성이 설명된다. 해왕성 및 천왕성 궤도 그리고 토성 및 목성의 가스 고리가 차례로 형성되는데, 가스운에서 분리된 지 30만 년 후이며, 지름은 해왕성 궤도의 3분의 2, 온도는 −200℃가 된다. 그러나 원시 태양과 가까운 내행성의 분리는 일어나지 않고 있다.■그림 44-D

(5) 가스운에서 분리된 지 약 50만 년이 경과하게 되면, 태양의 수축은 거의 절

정에 이르러 수축 속도는 느려지는데, 그 지름은 해왕성 궤도의 320분의 1이며 온도는 2,700도에 이른다. 태양 내부에서는 핵융합이 시작되면서 많은 빛과 열을 발산한다. 이 무렵 4개의 외행성들은 각각의 가스 고리로부터 형성되면서 뭉쳐서 점점 커지게 된다. 한편 태양 가까이에서는 하나의 큰 고리를 이루고 있는데, 태양의 복사열에 의해 고리는 붕괴된다. ■ 그림 44-E

(6) 중심부의 원시 태양은 계속 더 많은 빛과 열을 내면서 진화한다. 태양 가까이의 고리에서는 태양의 중력과 회전하는 원심력에 의해 가스는 모두 흩어지고 무거운 암석 성분의 입자들이 분리를 시작하면서 다시 여러 개의 고리로 나누어진다. 이때 고리의 분리는 고리의 회전 속도에 의해 결정이 되는데, 고리 속의 고체 입자는 회전하면서 무거운 입자들은 태양 안쪽으로 모이고, 다소 가벼운 것은 바깥으로 흩어지면서 수성, 금성, 지구 및 화성의 고리가 만들어진다. 그리고 고리 내의 가스의 저항으로 입자들의 속도는 매우 느리게 된다. 따라서 입자들끼리 충돌에 의해 파괴되지 않고 함께 뭉쳐질 확률이 높아지며, 합쳐진 입자들은 자체의 중력으로 덩어리가 모여 미행성이 되고, 미행성이 충돌, 합체하여 행성이 된다. ■ 그림 44-F

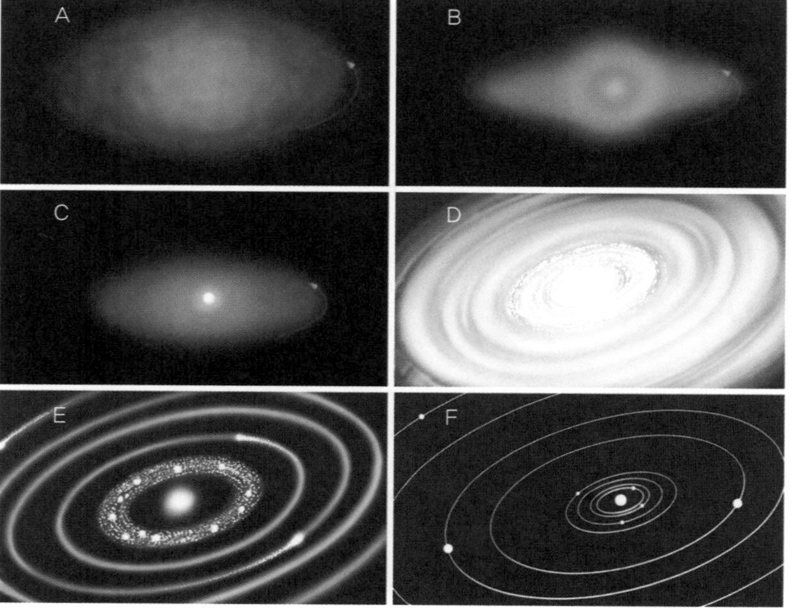

◀ 그림 44. 원시 태양계의 형성 과정. 태양과 주변의 행성들이 함께 탄생하였음을 보여준다.

이후, 중심부의 원시 태양은 계속되는 핵융합으로 더 많은 빛과 열을 내면서 현재의 태양으로 진화하였다. 이와 같이 태양 가까운 거리의 고리에서는 태양과의 인력과 열의 영향으로 가벼운 원소들은 모두 날아가고 주로 고체 입자들이 뭉쳐 무겁고 크기가 작은 지구형 행성으로 성장하고, 태양으로부터 거리가 먼 고리에서는 가스의 대부분 성분인 H와 He의 가벼운 원소들이 충돌, 합체하여 거대한 목성형 행성으로 성장하게 된 것이다. 그러나 태양으로부터 적당한 거리에 놓인 고리에서는 태양의 인력과 바깥의 거대 행성의 인력이 균형을 이루어 고리 내의 미행성들이 합체하지 못하고 집단적으로 띠를 이루면서 원시 고리 형태를 계속 유지하여 소행성대가 놓여 있는 것이다.

이와 같은 태양계 생성 이론은 현재로서 가장 유력하지만 완전한 것은 아니다. 앞으로 계속되는 태양계의 탐사와 더 많은 관측으로 가까운 장래에 완전한 태양계 탄생의 모습이 밝혀질 것으로 기대된다.

행성들의 맨얼굴

행성 탐사선

IGY 이후, 지난 반세기 동안 태양계 내의 다른 행성들에 대해 우리가 알게 된 것들의 대부분은 다양한 관측 장비를 탑재하여 행성의 궤도에 올려놓은 무인 또는 유인우주선으로부터 얻은 것이며, 이들 우주선은 주로 미국과 구소련에 의해서 발사된 것들로 인류 탐험 사상 극적인 순간들을 수없이 연출하였다.

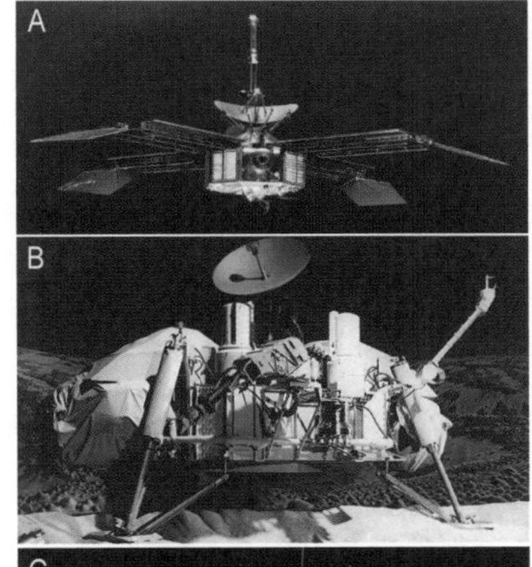

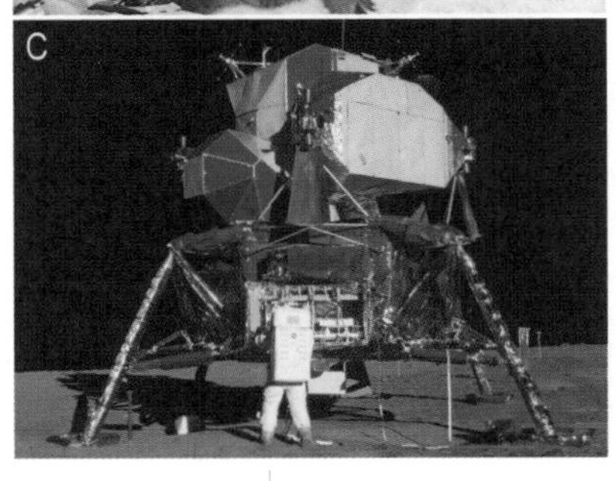

▲ 그림 45. 탐사선의 종류. (A) 화성과 수성을 통과하면서 탐사한 근접통과위성인 마리너 4호. (B) 표면충돌우주선인 화성 탐사선 바이킹 1호. (C) 아폴로 11호에 탑재되어 달에 착륙한 착륙우주선인 이글호.

더욱이 최근 십수 년간 활발하게 이루어진 우주탐사 계획으로 수많은 인공위성을 보다 값싼 비용으로 발사할 수 있게 되었는데, 이는 미국에 의해 성공적으로 수행되고 있는 우주왕복선Space shuttle 계획의 덕분이며 많은 화물의 적재와 발사체의 재사용으로 인한 경비 절감으로 보다 손쉽게 탐사선들을 우주로 보내게 되었다.

일반적으로 인공위성을 통한 탐사 방법은 다섯 가지 방식으로 나뉜다. 근접통과위성Fly-by은 인공위성이 행성의 중력에 이끌려 휘어진 경로를 따라 빠르게 통과하며 관측하는 것이며, 탐사선이 행성의 대기 속으로 직접 들어가서 관측이 이루어지는 대기조사선Probe, 그리고 수명이 다할 때까지 궤도를 선회하며 자료를 보내오는 궤도선회우주선Orbiter, 때로는 대기조사선과 마찬가지지만 행성 표면에 착륙하여 조사하는 방식으로 두 가지가 있는데, 우주선을 회수할 필요가 없을 때는 역추진 로켓을 비록 사용하지만 직접 충돌하는 표면충돌우주선Lander과 유인우주선의 경우 되돌아오기 위하여 부드럽게 표면에 연착륙하는 착륙우주선Touch-down의 다섯 가지이다.

여러 탐사선 중 보이저와 마리너 4호■ 그림 45-A는 근접통과우주선에 해당되며,

마젤란은 대기조사선, 허블 우주망원경은 궤도선회우주선, 1975년 화성에 착륙한 바이킹■ 그림 45-B과 1997년 화성에 에어백을 이용하여 착륙한 패스파인더는 모두 표면충돌우주선, 그리고 1970년대의 세턴 V형 로켓에 탑재되어 달에 착륙한 아폴로 우주선의 이글호■ 그림 45-C는 착륙우주선이라 할 수 있다.

여기서는 최근 십수 년간 발사되어 우리들에게 많은 새로운 사실들을 알려주며 괄목할 성과를 거두고 있는 탐사선들을 요약하였다.

보이저Voyager

▲ 그림 46. 보이저 탐사선의 모습. 지금도 은하계 저편을 향해 힘차게 날고 있다.

보이저 계획은 원래 태양권heliosphere을 탐사할 목적으로 미국항공우주국NASA에 의해 추진이 되었다. 그런데 태양계의 큰 외행성 4개목성, 토성, 천왕성, 해왕성가 177년을 주기로 일렬로 늘어서게 되는데, 바로 보이저 발사 시기와 행성의 배열 시기가 일치하게 되었다. 그 결과 태양계를 벗어나면서 주변의 행성을 모두 통과할 수가 있어서 2대의 보이저로 하여금 지구에서 먼 외행성을 최초로 가까이 관찰할 수 있게 계획을 수정하였다. 무려 7억 8천만 달러를 들인 보이저 1호와 2호는 NASA의 야심작이었다.■ 그림 46

1977년 여름 타이탄 3형 로켓에 탑재되어 8월 20일 2호가 먼저 발사되고, 9월 5일 1호가 발사되었다. 두 대의 보이저 탐사선은 1979년 넉 달 간격3월, 7월으로 각각 목성을 통과하여, 1호는 1980년 11월 토성을 통과한 후 외계로 빠져나갔으며, 2호는 1981년 8월 토성을 통과한 후 항해를 계속하여 1986년 1월 천왕성을 통과하고 1989년 8월 해왕성을 근접하여 관찰하였다. 현재 보이저는 태양권heliosphere과 그 바깥쪽을 살피기 위해 태양권경계인 태양권계면heliopause을 향하여 나아가고 있다.■ 그림 47 미국항공우주국의 최근 소식에 따르면 보이저1호는 2004년 12월 말단충격termination shock을 통과하여 태양권덮개heliosheath에 돌입했으며, 보이저 2호는 2007년에 통과하였다고 밝혔다. 태양권덮개는 태양권계면heliopause과 말단충격 사이의 영역으로 태양의 영향이 미치는 태양권의 가장 바깥층이다. 태양권계면 밖은 은하로 태양자기장이 영향을 미치지 않는다.

두 보이저는 각각 행성들의 인력에 끌려 근접통과하면서 지구 상에서는 도저히 관찰되지 않던 많은 극적인 장면과 새로운 사실들을 알려주었다. 천왕성과 해왕성의 자기권을 발견하고, 22개의 새로운 위성목성 3개, 토성 3개, 천왕성 10개, 해왕성 6

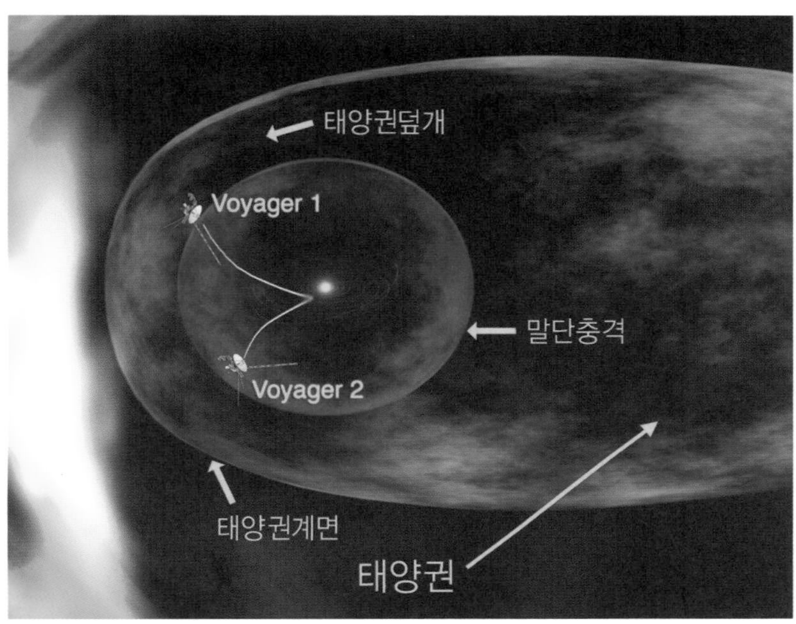

◀ 그림 47. 2005년의 보이저의 위치. 보이저 1호는 말단충격을 통과하여 태양권덮개에 돌입하였으며, 보이저 2호는 말단충격을 향해 나아가고 있다.

개을 찾아냈다. 또 지구보다 큰 목성의 위성인 이오Io에서 화산이 폭발하는 것을 발견하였으며, 해왕성의 위성 트리톤Triton에서 온천과 같은 것이 분출되는 것을 보았다. 최근 화제가 되는 목성의 고리 또한 이때 발견되었다.

이들이 목성, 토성, 천왕성, 해왕성을 찍어 보낸 사진은 10만 장에 이르고 있다. 사실 거대 행성에 대하여 우리들이 알고 있는 90%이상의 정보들이 보이저에 의해 밝혀진 것들로서 바로 이들의 임무는 참으로 크다 할 것이다.

한편 보이저에는 혹 있을지 모를 외계인에게 보내는 '지구의 소리Sounds of Earth' 를 담은 금제 음반이 실려 있다.■그림 48-A 그 디스크에는 59개국 언어로 된 인사말우리나라 인사말 '안녕하세요' 도 실려 있음과 입맞춤 소리, 어린아이 우는 소리, 사랑을 나누는 젊은 여성의 뇌전도 기록, 우리의 과학과 문명을 알리는 161개의 부호화된 그림, 최고의 히트곡 등이 들어 있다.

이러한 외계에 보내는 지구인의 메시지는 1972년 3월과 1973년 4월 각각 발사된 파이어니어 10호와 11호에도 실려 있는데, 인간의 모습을 비롯하여 지구 상의 많은 생물들에 관한 정보, 각 나라의 언어를 포함한 문화, 역사 및 태양계에 속한 지구의 위치 등을 담고 있다.■그림 48-B

플루토늄 원소를 동력원으로 하여 원자력 에너지로 움직이는 보이저는 2017

▶ 그림 48. 지구의 메시지.
(A) 보이저에 탑재된 외계인에 보내는 지구의 소리가 담긴 디스크. (B) 파이어니어에 실린 지구인이 외계에 보내는 메시지의 일부.

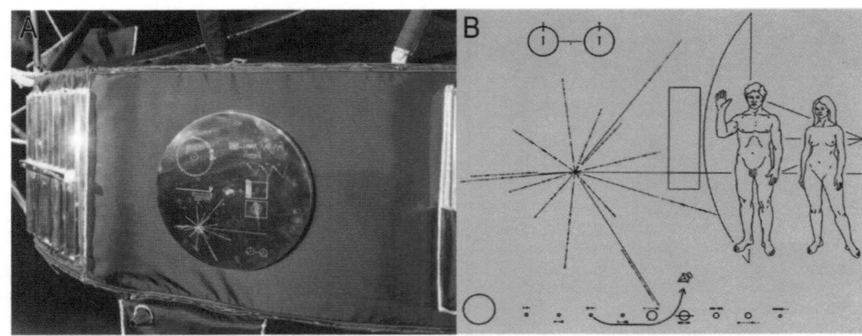

년경까지 활동할 예정이며 그 후는 우주의 미아로서 영원히 우주를 떠돌게 될 것이다. 어쩌면 먼 후일, 발달된 문명을 가진 외계인이 보이저를 발견하여 혹시 사라져버렸을지도 모를 지구의 기록을 전해 받을지도 모를 일이다.

● 보이저 공식 홈페이지 http://voyager.jpl.nasa.gov

마젤란Magellan

마젤란은 우주왕복선 아틀란티스Atlantis에 탑재되어 1989년 5월 4일 금성만을 탐사할 목적으로 발사되었다.■ 그림 49 그 후 마젤란은 1990년 8월 10일 금성 궤도 진입에 성공하였으며 활발한 관측으로 금성에 관한 많은 새로운 사실들을 밝혀 주었다.

그동안 금성은 두꺼운 대기층으로 인하여 지구에서의 관측에는 한계가 있었다. 그러나 마젤란이 임무를 마칠 때까지 4년간의 활약은 상세한 금성 표면에 관한 정보를 얻게 해주었는데, 나사가 1992년 6월에 공개한 전체 금성 표면의 사진 한 장만으로도 우리를 감탄시키기에 충분하였다. 마젤란은 마지막 임무로서 금성 대기의 특성을 살피기 위해 1994년 10월 금성 대기권에 돌입하였다. 불행히도 대기권에 들어서 마지막 사진을 전송한 마젤란은 곧바로 불타버림으로써 성공적으로 탐사 임무를 마쳤다.

▼ 그림 49. 금성을 탐사하기 위해 아틀란티스호에서 발사되는 마젤란. 1994년 10월 임무를 마치고 불타버렸다.

● 마젤란 공식 홈페이지 http://www.jpl.nasa.gov/magellan

갈릴레오Galileo

갈릴레오■ 그림 50는 1989년 10월 18일 우주왕복선 아틀란티스Atlantis에 탑재되어 발사된 목성탐사선으로 금성과 지구의 중력을 이용하는 방식VEEGA, Venus-Earth-Earth Gravity Assist으로 1990년 2월 10일 금성을 근접통과하고, 다시 1990년 11월 11일 다시

◀◀ 그림 50. 목성에 접근하는 갈릴레오.

◀ 그림 51. 목성 대기를 조사하기 위해 갈릴레오 오비터로부터 프로브가 분리되는 모습.

지구 가까이 통과하면서 얻은 추진력으로 1995년 7월 13일 목성궤도에 도착하였다. 그해 12월 7일 목성대기권에 진입하였다. 그 후, 2003년 9월 31일 목성 표면으로 추락할 때까지 지구를 떠난 후 장장 15년간, 그리고 대기권 진입 후 7년 9개월간의 임무를 성공적으로 수행하였다. 그동안 갈릴레오는 오비터orbitor로부터 가스 분석기를 탑재한 프로브probe를 1995년 7월 목성 대기 속으로 떨어뜨려 목성의 대기 조성을 조사하는 것으로 시작해서■그림 51 2년 동안 주 임무인 목성과 목성의 링, 그리고 4개의 갈릴레이 위성가니메데, 이오, 유로파, 칼리스토을 성공적으로 탐사하였으며, 그 후 임무를 연장하면서 4개의 갈릴레이 위성에 대해 정밀 탐사를 실시하였다.

갈릴레오 탐사를 통해 목성과 목성 대기에 관한 정보가 상세하게 밝혀졌으며, 특히 4개의 위성에 대해 수많은 사진들이 전송되었다. 한편, 갈릴레오는 목성을 향해 날아가는 도중 소행성대를 통과하면서 위성을 거느린 소행성 에로스Eros와 아이다Ida를 촬영하기도 하였으며그림 38 참고, 목성에 접근하면서 마침 슈마커—레비9 혜성이 목성에 충돌하는 역사적인 장면도 놓치지 않았다.■그림 52 특히 소행성 아이다의 위성 닥틸Dactyl은 직경이 1.5 km에 불과하며, 아이다는 우리 인간이 발견한 최초의 위성을 거느린 소행성이 되었다.

▲ 그림 52. 갈릴레오에 의해 촬영된 슈마커—레비9 혜성이 목성을 충돌하는 장면.

● 갈릴레오 공식 홈페이지 http://www2.jpl.nasa.gov/galileo

율리시즈Ulysses

우주왕복선 디스커버리Discovery에 탑재되어 1990년 10월 6일 발사된 율리시즈■그림 53는 태양극궤도 탐사선이다. 율리시즈는 태양의 남북 양극에서 일어나는

▲ 그림 53. 태양극 궤도 탐사선 율리시즈.

현상을 잘 관찰하기 위해 태양의 가장 높은 고도인 목성궤도에서 관찰을 하게 되는데, 1992년 2월 목성궤도에 도착하여 태양극궤도를 돌면서 1994년 9월 13일 태양 남극을 통과하며 관찰하였으며, 2000년 11월~2001년 1월 사이 남극 상공을, 그리고 2001년 9월~12월 사이에 북극 상공을 각각 통과하면서 양극을 한 번 더 조사하고 2004년 9월 임무를 마감하게 되었다. 율리시즈는 플라즈마 계측기를 탑재하여 태양풍이 불 때 방출되는 이온, 전자, 자기장, 에너지파, 플라즈마, 우주에너지, X선 및 감마선 등 각종 우주선을 관측하게 되며, 태양계의 생성과 우주 탄생의 베일을 벗기는 많은 실마리를 제공하게 된다.

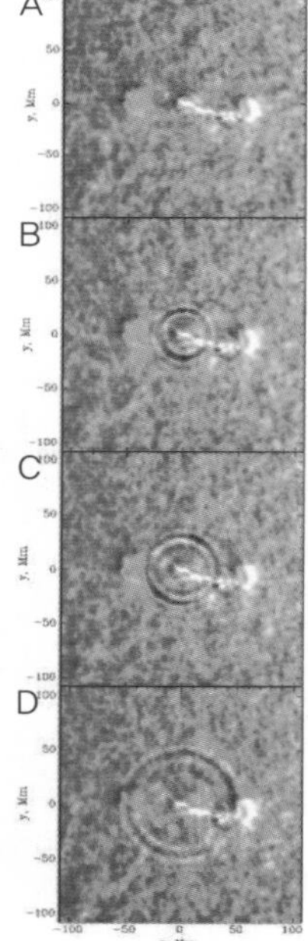

▲ 그림 54. 1996년 7월 9일 율리시즈가 관찰한 태양진(Solarquake). 10분 간격으로 찍은 사진으로 발생 후(A), 30분이 지나면(D) 반경이 약 5만 km에 이른다.

1996년 7월 율리시즈는 흥미로운 관측을 하였는데, 태양에도 지구의 지진처럼 태양진solarquake이 있다는 증거를 사진으로 보내와 우리를 놀라게 하기도 하였다.■ 그림 54

● 율리시즈 공식 홈페이지 http://ulysses.jpl.nasa.gov

허블우주망원경Hubble Space Telescope

허블우주망원경HST은 우주왕복선 디스커버리에 탑재되어 1990년 4월 24일 발사된 것으로 지구 저궤도고도 600km를 선회하며 먼 우주를 관측하는 정지궤도 우주선이다.■ 그림 55 허블 우주망원경은 대기의 영향을 전혀 받지 않기 때문에, 지상보다 해상도가 훨씬 뛰어나팔로마 천체망원경의 약 10배 상세한 관측 사진을 얻을 수 있을 뿐만 아니라, 지상까지 도달하지 못하거나 지상에서는 놓치기 쉬운 매우 약한 전파조차도 관측이 가능하다.

처음 발사되고 난 후, 망원경 거울의 구면수차가 생겨 올바른 상을 맺지 못하는 문제가 발생하였다. 그럼에도 불구하고 지상의 망원경보다 훨씬 고성능으로 상당한 위력을 발휘하였다. 지난 1992년 6월 NASA에서 우주 태초에 생성된 빛을 관측하였다고 발표하였는데 이는 바로 허블망원경이 이룬 극적인 개가이며, 보이저가 미처 관측하지 못했던 행성들에 관한 새로운 사실들도 허블망원경이 관측하고 있다.

1993년 12월, 우주왕복선 엔데버Endeavour호에 탑승한 5명의 우주인들에 의해 구면 수차 보정을 위한 보조 렌즈 수리가 성공적으로 끝났다.■ 그림 56 그 후, 허블망원경이 보내오는 화상들은 놀랍도록 선명해졌으며 천문학적으로 주요한 여

◀◀ 그림 55. 디스커버리가 지구 정지궤도 위성인 허블우주망원경을 발사하고 있다.

◀ 그림 56. 우주왕복선에 탑승한 우주인들이 허블망원경을 수리하고 있다.

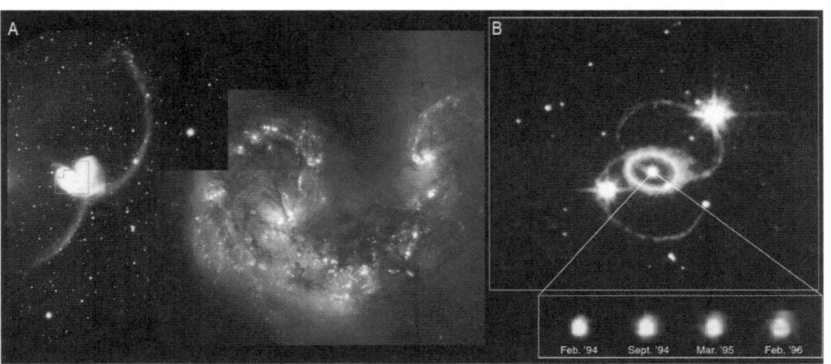

◀ 그림 57. 허블우주망원경이 우주의 비밀을 밝히는 영상.
(A) 두 은하가 충돌하여 합쳐지는 장면. 은하의 탄생과 소멸에 관해 중요한 정보를 제공하였다.
(B) 초신성 1987A의 대폭발 장면. 1994~1996년 2년에 걸쳐 찍었는데, 초신성이 점점 더 커지고 있다.

러 발견들이 이루어졌다. 1994년 9월 큰 화제를 불러일으켰던 '슈메이커—레비' 혜성의 목성 충돌 때에도 허블망원경은 크게 활약하였다. 향후 약 15년간 관측 활동을 수행할 것으로 기대하고 있다.

허블망원경이 발사된 지 16년이 지난 2006년까지 지구를 8만 바퀴 이상 돌면서 어림잡아 2만여 개의 천체를 관측하였다. 관측 데이터는 자그마치 7백만조 바이트가 넘는다. 이 초대형 인공위성에 의한 놀라운 관측은 우리의 사고 체계에 엄청난 지각변동을 일으키고 있다. 몇 년 후에는 천문학 교과서는 물론 과학 학습 대백과의 내용이 허블망원경에 의해 대폭 바뀔지도 모른다. 그림 57은 그동안 HST가 촬영한 수많은 영상 중에 우주의 비밀을 밝히는 주요한 발견으로서

▲ 그림 58. 토성궤도를 탐사 중인 카시니의 가상 모습.

나사가 추천한 2장의 사진이며 허블우주망원경의 그동안의 활약상의 일부를 엿볼 수 있다.

● 허블우주망원경 공식 홈페이지 http://hubblesite.org, http://hubble.nasa.gov

카시니-호이겐스Cassini-Huygens

파이어니어 11호1973년와 보이저 1호1980년, 2호1981년에 이어 NASA는 본격적인 토성 탐사를 계획하였다. 카시니-호이겐스■그림 58는 미국과 유럽이 공동으로 참여한 토성 탐사선으로 1997년 10월 6일 타이탄 4호 로켓에 실려 발사되었다. 타이탄 4호 로켓은 지금껏 NASA가 제작한 가장 크고 무거운 로켓이었다. 이 토성 탐사선은 미국항공우주국이 개발한 카시니이태리 천문학자 G. Cassini의 이름에서 따옴 오비터와 유럽우주기구ESA가 개발한 호이겐스독일 천문학자 C. Huygens의 이름에서 따옴 프로브로 이루어져 있다. 카시니는 지구를 떠난 지 만 4년 만인 2000년 12월 30일 목성궤도를 통과하였고, 2004년 7월 1일 토성궤도에 도착하였으며, 12월 25일 오비터로부터 분리된 호이겐스 프로브는 토성의 가장 큰 위성인 타이탄에 2005년 1월 14일 도착하여 대기를 통과하여 표면에 착륙하면서 타이탄에 관한 과학적인 정보를 전송하였다.■그림 59

카시니-호이겐트 탐사는 토성과 토성 고리의 3차원적 모습, 토성 대기, 위성인 타이탄의 물리, 화학적 특성을 조사하게 되며, 2008년까지 임무를 수행하게 된다. 카시니는 토성궤도를 돌면서 2004년 6월에 두 개의 새로운 위성인 메톤Methone과 팔레인Pallene을 발견하였으며, 2005년 5월 1일에도 킬러 간극Keeler gap에서 새로운 위성 다프니스Daphinis를 발견하였다.■그림 60

▶ 그림 59. 카시니 오비터에서 분리된 호이겐스 프로브가 토성의 위성 타이탄에 착륙하는 모습.

▶▶ 그림 60. 카시니가 2005년 5월 1일 킬러 간극에서 새롭게 발견한 토성의 위성 다프니스.

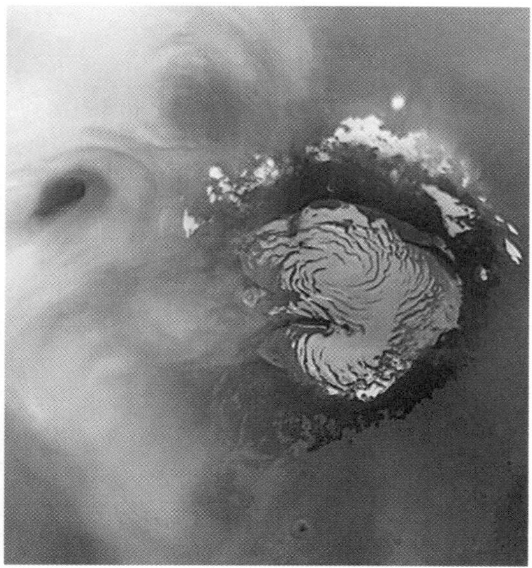

◀ 그림 61. 화성 표면을 정밀 탐사하고 있는 글로벌 서베이어호.

▲ 그림 62. 화성의 북극관(north polar cap) 위로 2개의 고리 형태의 구름이 펼쳐져 있다. 고리구름은 화성의 북극 주변의 중위도에서는 여름철에 흔히 관찰되는 현상이며, 화성력 4년 동안 매년 2주 정도 관찰되었다(2006년 10월 15일 글로벌 서베이어 촬영).

● 카시니-호이겐스 공식 홈페이지 http://saturn.jpl.nasa.gov/home/index.cfm

글로벌 서베이어Global Surveyor와 패스파인더Pathfinder

그동안 여러 차례 화성 탐사의 실패 끝에 20세기 화성 탐사에서 가장 성공적으로 평가받는 탐사가 '글로벌 서베이어Mars Global Surveyor, MGS'와 '패스파인더Mars Pathfinder, MPF' 탐사이다. 화성의 대기와 표면을 동시에 공략하기 위해 궤도선회용orbiter인 서베이어와 착륙용lander인 패스파인더를 각각 1996년 11월 7일과 12월 4일 두 대의 델타 II로켓에 실어 발사하였다.

글로벌 서베이어는 1997년 9월 12일 화성궤도에 진입하였으며, 1년 반 동안 궤도 수정을 한 후에, 1999년 3월부터 저궤도인 화성극궤도를 돌면서 서베이어의 주 임무인 화성 표면 정밀지도 작성에 돌입하였다.■그림61 이 작업은 지구 시간 2년에 해당되는 화성력 1년 동안 수행되어 2001년 1월 31일 완료되었다. 이 탐사를 통해 얻어진 화성 표면 전체에 대한 자료를 포함하여 대기 및 내부에 관한 방대한 자료는 이전에 행해진 모든 화성 탐사에서 얻은 자료보다 더 많고 귀중한 내용을 담고 있다. 서베이어는 발사 10주년의 해인 2006년 11월 21일 더 이상 교신이 되지 않아 임무를 마친 것으로 판단되며, 2006년 3월 10일 화성궤도에 진입한 '화성수색오비터MRO' 탐사선에 그동안의 역할을 넘겨주게 된다. 서베이어에 탑재된 화성궤도 카메라Mars Orbit Camera, MOC는 그동안 24만 장의 사진을 지구로 전송하였는데, 2000년 초 활동을 끝낼 것으로 예상했으나 계속 작동했으며, NASA에서는 서베이어 발사 10주년 기념으로 2006년 10월 15일 MOC로 촬영한 사진을 공개하였다. ■그림 62

패스파인더는 1997년 7월 4일 미국 독립 기념일에 맞추어 바이킹 착륙 이후 21년 만에 화성을 성공적으로 '재침공' 하였다. 특히 그동안 막대한 비용을 들이고 실패한 이전의 화성 탐사를 만회하기 위해 패스파인더는 기간단축, 고효율, 저비용의 세 가지 원칙으로 개발되었다. 실제 개발 기간은 3년밖에 걸리지 않은 데다가바이킹은 개발에서 발사까지 8년 비용도 2억 8천만 달러에 불과하였다10억 달러가 든 마스업저버와 30억 달러가 든 바이킹과 비교하면 그야말로 저비용이다. 비행 기간도 바이킹이 11개월이 걸린 반면 패스파인더는 7개월밖에 걸리지 않았다. 패스파인더는 화성 북반구의 과거 범람원으로 추정되는 '아레스 발리스Ares Vallis' 라는 암석 지대에 착륙하였다. 패스파인더는 독특한 방식으로 착륙하였는데, 역추진 로켓 대신에 에어백을 사용하여 4분에 착륙하여 랜더lander가 펼쳐지고 그 속에서 6개의 바퀴가 달린 소형 로버인 '소저너Sojouner' ■그림 63-A라는 탐사차가 원격조정으로 움직여 수 m의 범위 내에서 탐사활동을 펼쳤다. 1997년 9월 27일 랜더의 신호가 끊어질 때까지 총 1만 7천여 장랜더 : 1만 6천5백 장, 소저너 : 550장의 사진과 15개의 암석 및 토양 분석 자료, 상당한 양의 대기 관측 자료 등을 지구로 전송하였다. ■그림 63-B

▶ 그림 63. 패스파인더 탐사.
(A) 에어백 방식으로 착륙한 패스파인더(랜더)가 펼쳐지고 소저너 로버가 화성 탐사를 나서고 있다.
(B) 소저너가 촬영한 아레스 발리스 지역의 사진. 붉은색의 토양과 암석들이 주변에 널려 있다.

●마스 글로벌 서베이어 공식 홈페이지 http://marsprogram.jpl.nasa.gov/mgs

●마스 패스파인더 공식 홈페이지 http://marsprogram.jpl.nasa.gov/MPF/index1.html

오디세이Odyssey

'2001화성오디세이2001 Mars Odyssey' 라 명명된 오디세이 탐사선은 2001년 4월 7일 델타 II 로켓에 실려 발사되어, 2001년 10월 24일 화성 가까이 도착하였으며,

점진적으로 화성궤도에 접근하여 2002년 10월 19일부터 화성궤도에서 탐사를 시작하였다. ■ 그림 64 오디세이에는 열방출이미지시스템THEIS, 감마선분광기GRS, 화성방사능환경실험MARIE 등의 장비를 탑재하였는데, 탐사의 목적은 첫째, 생명체의 존재를 확인할 장비를 탑재하진 않았지만, 생명체 존재의 필수 조건인 액체 상태의 물을 찾는 것이며, 둘째 화성은 표면에 물을 액체 상태로 유지하기엔 너무 춥고 대기가 희박하므로, 물은 표면 가까운 대기에 얼음 상태로 존재할 것으로 판단되므로 화성 대기의 특성을 규명하는 것이며, 셋째 화성의 화학성분과 광물들을 분석하여 화성 지형이 어떻게 만들어졌는지를 알기 위해 화산활동 등 화성의 지질학적 특성을 조사하는 것이며, 마지막으로 화성의 방사능 환경을 조사하여 향후 인간이 화성에서 활동할 때 부딪힐 잠재적 위험을 조사하는 것이다. 2002년 5월 28일 GRS가 많은 양의 수소를 탐지함으로써, 이는 화성 남극 주변 위도 60° 이내의 수 m 깊이의 지하에 거대한 얼음층이 존재하는 것을 밝혀내었다. 오디세이는 2004년 8월까지 목적했던 임무를 성공적으로 완수했으며, 2009년까지 현재까지 계속 활동 중이다.

● 화성오디세이 공식 홈페이지 http://marsprogram.jpl.nasa.gov/odyssey

◀ 그림 64. 대기조사선인 오디세이의 모습. 물의 흔적을 찾는 관측 끝에 화성 지하에 대규모의 바다가 존재하는 것을 밝혀냈다.

화성 탐사의 역사

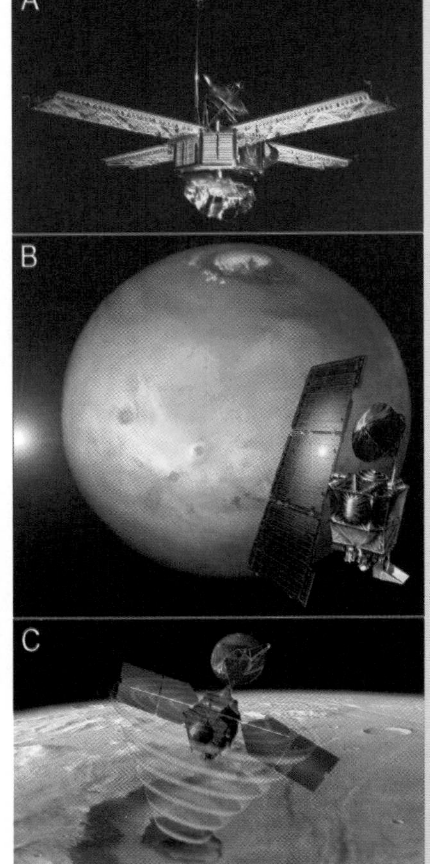

▲ 그림 65. 화성 탐사선 종류.
(A) 근접통과(Fly-by) 방식으로 조사한 화성 탐사선 마리너 6호, (B) 화성 궤도를 돌며 기상관측을 수행하는 오비터(Mars Climate Orbit)의 모습. 실패로 끝났다.(C) 저공 레이더(SHAR-AD)를 이용하여 화성 표면을 관측하는 화성수색오비터(MRO).

그동안 화성은 지구에서 가깝고 무엇보다 생명체가 존재할 가능성이 높은 행성으로 우주 탐사 역사에 있어 달과 더불어 가장 많은 탐사를 실시하였다. 근접통과Fly-by 방식으로 1964년 11월 5일과 28일 각각 발사된 마리너Mariner 3호와 4호그림 45-A 참고는 화성을 통과하면서 최초로 근접 촬영하는 데 성공하였으며 화성 표면에서 달 표면과 같은 크레이터를 관찰하였다. 그 뒤, 1969년 2월 24일과 3월 27일 발사된 마리너 6호■그림 65-A와 7호는 화성 적도와 남극 지역을 통과하면서 화성 표면의 관찰과 더불어 남극에서 극관ice cap을 발견하였다. 마리너 8호와 9호는 1971년 5월 8일과 30일에 각각 발사되었는데, 특히 9호는 이전의 근접통과 방식을 벗어나 화성 최초의 궤도선회우주선orbiter으로서 1년간 화성궤도를 돌면서 다양한 관측을 하였다. 이때 태양계 최대의 화산인 올림포스 산에 대해 자세히 알려지기도 하였다.

화성 표면에 착륙lander시키기 위해 바이킹Viking 1호와 2호를 1975년 8월 20일과 9월 9일 발사하였으며, 화성 침공에 성공하였다그림 45-B 참고. 그 뒤에 처음으로 화성 표면을 분석한 결과가 알려졌다. 바이킹이 화성 표면을 착륙함으로써 화성에 대한 관심은 다소 줄어들었으며, 타행성에 대한 본격적인 탐사와 1981년부터 시작된 우주왕복선 탐사가 활성화되면서 화성 탐사는 중단되었다. 1992년 9월 25일 17년의 공백을 뚫고 10억 달러를 투입하여 의욕적으로 화성 탐사를 재개하였는데, 대기조사선Probe인 마스업저버Mars Observer는 화성의 지질, 지구물리, 기후 등을 본격적으로 조사할 예정이었으나 1993년 8월 22일 화성 도착 후 교신이 끊어져 실패하였다. 막대한 예산을 투입하고도 실패로 끝나자 생명체의 존재 가능성을 찾는 화성 탐사의 효율성이 여론의 도마에 오름으로써 화성에 대한 관심은 식게 되었다.

이에 미국항공우주국NASA은 새로운 탐사 방식을 도입하였는데, '개발은 더욱 빠르게, 효율은 더 좋게, 그리고 예산은 더 줄이는 방식Faster, better, and cheaper' 으로 마스업저버 사고 후 4년 만인 1996년에 화성의 대기와 표면을 동시에 공략하는 2대의 탐사선인 마스 글로벌 서베이어Mars Global Surveyor, MGS와 패스파인더Mars Pathfinder, MPF를 델타 II로켓에 실어 각각 발사하였다. 이 두 번의 탐사는 지난 20년간의 화성 탐사에서 가장 성공적인 탐사가 되었다. 특히 패스파인더에서 떨어져 나와 에어백 방식으로 화성 표면에 착륙한 소저너는 그 자체로 많은 관심을 끌었을 뿐만 아니라 화성 표면에 관한 엄청난 양의 정보를 얻게 하였으며, 서베이어는 화성저궤도를 순회하며 현재까지 화성 표면, 대기 및 내부 조사를 실시하고 있다.

두 탐사선의 성공으로 고무된 NASA는 '화성탐사 98Mars Surveyor 98' 계획의 일환으로 화성대기탐사선인 오비터Mars climate orbiter■ 그림 65-B와 화성극착륙선인 랜더Mars polar lander, 일명 딥스페이를 1998년 12월 11일과 1999년 1월 3일에 각각 발사하였으나 오비터는 물론 극관 아래 지하 1m 깊이의 물의 존재를 확인할 랜더조차 화성 도착 후 모두 실종되면서 이 계획은 수포로 돌아갔다.

2000년대에 들어와 그동안 실패의 악운을 끝낸 탐사가 2001년 4월 7일 발사된 오디세이Mars Odyssey 탐사선이다. 오디세이는 화성의 생명체의 근원인 액체상태의 물의 존재와 화산활동 등을 조사하기 위한 탐사를 성공적으로 수행하였다. 오디세이에 의한 궤도선회 조사에 이어 지표 조사를 위해 2대의 로버rover를 보내는 화성탐사로버Mars Exploration Rovers, MER 계획을 실시하여 2004년 1월 스피릿Spirit과 오퍼튜니티Opportunity 두 대 모두 성공적으로 화성 표면에 착륙하여 활발한 조사 활동을 수행하고 있다. 실제 오퍼튜니티가 보내온 자료를 분석한 결과 화성 지하에 염수의 지하 바다가 존재하는 것으로 알려졌다.

본격적인 화성 정찰을 주도하는 다목적 화성탐사선인 '화성수색오비터Mars Reconnaissance Orbiter, MRO'가 2005년 8월 12일 발사되어 2006년 3월 10일 화성궤도에 진입하였다. MRO는 고분해능영상과학실험HiRISE 카메라, 소형정찰영상분광기CRISM, 및 표면레이더SHARAD 등 각종 첨단 장비를 탑재하여 화성 지형을 분석하고 표면과 표면 아래의 물, 얼음 및 광물 등을 조사하게 된다.■ 그림 65-C

향후, 화성 탐사는 화성에서의 인간의 활동을 목표로 진행되는데 2007년 화성착륙선lander인 피닉스Phenix에 이어서 2009년과 2011년에 몇 차례의 로버를 발사할 예정이며, 2009년에는 화성의 위성인 포보스를 탐사하는 포보스—그룬트Phobos—Grunt 프로버가 계획되어 있다.

화성탐사로버Mars Exploration Rovers

▲ 그림 66. 바이킹, 패스파인더에 이어 세 번째 화성 답사 프로그램의 일환인 화성탐사로버(MER) 스피릿의 모습.

오디세이 탐사의 성공 이후, 화성 지표 조사를 위해 2대의 로버Rover 탐사차를 보내는 '화성탐사로버Mars Exploration Rovers, MER' 계획을 실시하였다. MER은 NASA가 추진해온 일련의 화성답사프로그램Mars Exploration Program의 일환으로 1976년의 2차례의 바이킹, 1997년도의 패스파인더에 이어 세 번째 착륙조사선이다. 스피릿Spirit이라 명명된 MER–A는 2003년 6월 10일 발사되어 2004년 1월 4일 구세프Gusev 크레이터에 성공적으로 착륙하였으며, MER–B인 오퍼튜니티Opportunity는 2003년 7월 7일 발사되어 2004년 1월 24일 메리디아니Meridiani 평원에 역시 무사히 안착하였다.■ 그림 66 특히 오퍼튜니티가 착륙한 메리디안 평원은 거대한 적철석Hematite의 기반암으로 이루어졌는데, 물의 존재를 확인하는 좋은 지점으로 판단하고 있다. 스피릿이 일시적으로 송신 장애를 일으키기도 하였으나, 두 대의 로버 모두 정상적으로 활동하면서 방대한 양의 자료를 전송해오고 있으며, 2009년 7월까지 이동한 거리는 각각 스피릿이 7,730m, 오퍼튜니티가 17,225m에 이른다. 2003년 3월 23일 NASA 관계자들은 오퍼튜니티가 보내온 방대한 자료를 분석한 끝에 적철석 기반암 아래로 염수로 이루어진 지하 바다가 존재하는 것으로 공식적으로 발표하였는데, 이는 과거 어느 시점에 화성에 액체 상태의 물이 존재했음을 강력히 지시하는 첫 번째 증거가 되었다. 「선데이타임즈」 2005년 7월 30일자에 한 가지 흥미로운 기사를 실었는데, 화성에서 활동 중인 2대의 로버가 'Bacillus safensis' 라는 박테리아를 배양하고 있을지 모른다는 것이며, NASA의 미생물학자의 말을 빌려 이 박테리아가 화성의 열악한 환경과 탑승한 로버의 환경 모두에 적응한 것으로 보도하였다. 그러나 발사 전 두 대의 로버 모두 무균 처리한 노력에도 불구하고, 어느 것도 완전하게 무균 상태를 유지했을 것으로 확신할 수 없기 때문에 아직 화성에서의 생명체 존재는 확인하지 못하고 있다.

● 화성탐사로버 공식 홈페이지 http://marsrovers.jpl.nasa.gov

딥임펙트Deep Impact

2005년에 날아가는 총알을 다른 총알로 맞추는 것에 비유되는 혜성충돌계획인 '딥임펙트Deep Impact' 를 성공함으로써 우주개발사에 또 하나의 이정표를 세웠다. 딥임펙트 우주선은 2005년 1월 12일 델타 II로켓에 실려 발사되어 174일

동안 4억 2천9백만km를 비행하여 7월 3일 초속 28.6km/sec시속 103,000km/sec의 속도로 날고 있는 템플1 혜성에 근접한 후, 근접비행 프로브로부터 충돌체가 분리되어 하루 뒤인 미국 독립기념일인 7월 4일에 정확히 충돌하였다.■ 그림 67 과학자들은 혜성이 태양계 생성 초기의 정보를 가지고 있는 것으로 생각하며, 이번 충돌로 혜성의 핵이 떨어져 나온다면 태양계 초기의 단서를 얻을 수 있을 것으로 기대하고 있다.

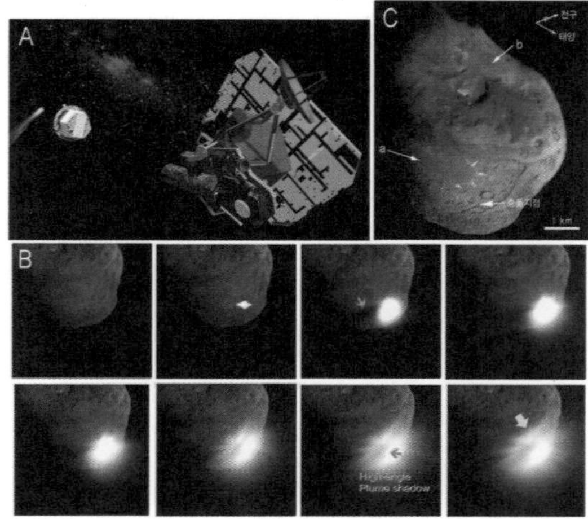

▲ 그림 67. 딥임펙트 계획. (A) 프로브(probe)로부터 떨어져 템플1 혜성을 향해 날아가는 충돌체(impactor)의 모습, (B) 500km 정도 떨어진 프로브가 충돌 과정을 촬영하였다. (C) 충돌 후 템플1의 모습. 화살표 a, b는 혜성 표면의 매끈한 고원지대이며, 작은 화살표는 고원을 경계 짓는 절벽 내지 경사진 부분으로 반사되어 밝게 보인다.

● 딥임펙트 공식 홈페이지

http://deepimpact.jpl. nasa.gov/home/index.html

뉴호라이즌New Horizon

'뉴호라이즌New Horizon' 호는 태양계에서 가장 멀어 현재까지 잘 알려지지 않은 명왕성과 위성인 카론을 탐사하기 위해 2006년 1월 19일 아틀라스 V호 로켓에 실려 성공적으로 발사되었다. 근접통과Fly-by 방식으로 탐사할 뉴호라이즌은 2007년 2월 28일 목성을 근접통과하여 2015년 7월 14일 해왕성에 가장 근접하게 된다.■ 그림 68 그리고 명왕성 바깥에 존재하는 주로 얼음덩어리 띠로 알려진 카이

◀ 그림 68. 2015년경 명왕성에 도착할 예정인 뉴호라이즌호의 상상도.

퍼벨트Kuiper Belt에 존재하는 몇 개의 소천체에 대해서도 조사를 하게 된다.

● 뉴호라이즌 공식 홈페이지 http://pluto.jhuapl.edu/

행성들의 이야기

보이저의 탐사나 허블우주망원경의 관측 등 지난 수십 년간의 다양한 우주탐사를 통해 태양계 행성들에 관해 엄청난 양의 지식이 축척되었다. 특히 지구에서 멀리 떨어진 목성과 토성은 갈릴레오와 카시니 탐사선의 최근 방문으로 보다 많은 새로운 사실들이 밝혀졌다. 이미 금성은 마젤란의 활약으로 베일에 가려졌던 표면의 모습을 드러냈으며, 화성은 지난 10년간 진행된 여러 탐사에 의해 물의 존재가 밝혀지기도 하였다. 행성의 지위를 박탈당해 소행성으로 전락한 명왕성은 가장 멀리 떨어져 여전히 우리에게 의문투성이지만 다른 행성이 그랬듯이 뉴호라이즌 탐사로 언젠가는 맨 모습을 드러낼 것이다. 이처럼 태양계와 우주에 관한 인류의 오래된 관심과 기존의 지식들은 계속되는 탐사로 많은 내용들이 새롭게 바뀌고 더 많은 새로운 지식들이 추가될 것이다.

아래에 나오는 지구를 포함한 9개의 행성에 대한 내용은 각종 탐사 활동에 의해 최근까지 얻어진 자료들을 요약하여 정리한 것이다. 다음의 표 7은 각 행성들의 주요 수치들을 나타낸다.

▶ 표 7. 각 행성들의 주요 수치 자료

* 자전주기의 음수값은 자전 방향이 지구(반시계 방향)와 반대(시계 방향)를 의미한다.

항목 \ 행성	수성	금성	지구	화성	목성	토성	천왕성	해왕성	명왕성
직경(지구=1)	0.382	0.949	1	0.532	11.209	9.44	4.007	3.883	0.180
직경(km)	4,878	12,104	12,756	6,787	142,800	120,000	51,118	49,528	2,300
질량(지구=1)	0.055	0.815	1	0.108	318	95	14.5	17.2	0.003
태양과의 평균 거리(AU)	0.39	0.72	1	1.52	5.20	9.54	19.18	30.06	39.44
공전주기(연)	0.24	0.62	1	1.88	11.86	29.46	84.01	164.8	247.7
자전주기(일)	58.65	-243*	1	1.03	0.41	0.44	-0.72*	0.72	-6.38*
자전축 경사(°)	0	177.4	23.45	23.98	3.08	26.73	97.92	28.8	122
밀도(g/cm3)	5.43	5.25	5.52	3.93	1.33	0.69	1.32	1.64	2.03
탈출속도(km/sec)	4.25	10.36	11.18	5.02	59.54	35.49	21.29	23.71	1.27
표면 온도(℃)	-180~430	460	15	-82~0	-150	-170	-200	-210	-220
대기 조성	-	CO_2	N_2+O_2	CO_2	H_2+He	H_2+He	H_2+He	H_2+He	CH_4
위성 수	0	0	1	2	63	61	27	13	1
고리	no	no	no	no	yes	yes	yes	yes	no

수성Mercury

수성水星은 태양에서 가장 가까운 첫 번째 행성이자 가장 작은 행성이다. 수성의 특징은 대기가 거의 없으며소량의 Na와 He이 있음 태양과의 거리가 가까워서 낮에는 납이 녹을 정도로 뜨거운 용광로약 430℃가 되고, 밤에는 온도가 −180℃나 되는 동토凍土인 행성으로 생물체가 살 수 없다. 표면이 온통 크레이터■ 그림 69로 뒤덮여 마치 지구의 달과 매우 유사한 행성이라 할 수 있다. 낮과 밤이 58일 만에 바뀌는 행성이다.

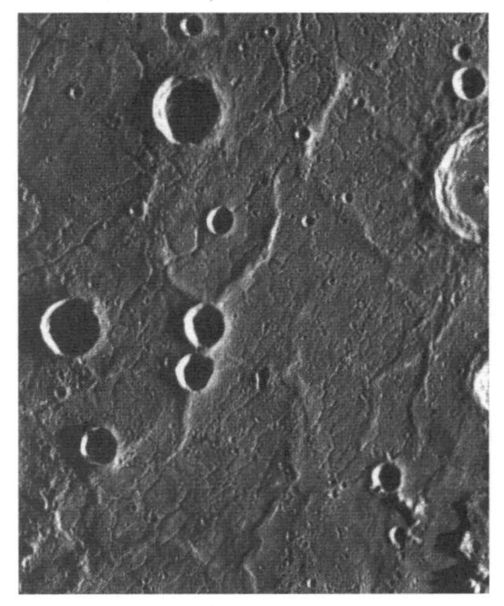

▲ 그림 69. 마리너 10호가 찍은 수많은 크레이터로 이루어진 '곰보 딱지' 수성 표면의 모습. 비스듬히 지나가는 주름은 거대한 절벽으로 링클리지라 부른다.

수성은 위성이 없어 질량을 정확히 측정할 수 없으나 1974년과 1975년에 걸쳐 수성을 근접통과한 마리너 10호가 수성으로부터 받은 중력으로 측정한 수성의 질량은 3.3×10^{23}kg지구의 약 0.055배이며 수성의 밀도는 5.43g/cm³으로 이는 지구의 밀도5.52와 거의 같은 값을 보여준다. 이로써 수성은 지구와 같이 철과 니켈로 이루어진 큰 중심핵과 규산염으로 이루어진 맨틀이 있음을 암시하고 있다.

수성의 표면은 지구의 달로 착각할 정도로 흡사한 수많은 분화구를 가지고 있다. 또한 수백 km씩 뻗어 있는 절벽링클리지, wrinkle ridge이 발달되어 있는데, 이는 수성이 냉각될 때 수축되면서 표면에 주름이 잡힌 것으로 생각된다. 이로써 수성은 중심핵까지 완전히 식은 행성으로 간주되고 있다.■ 그림 70

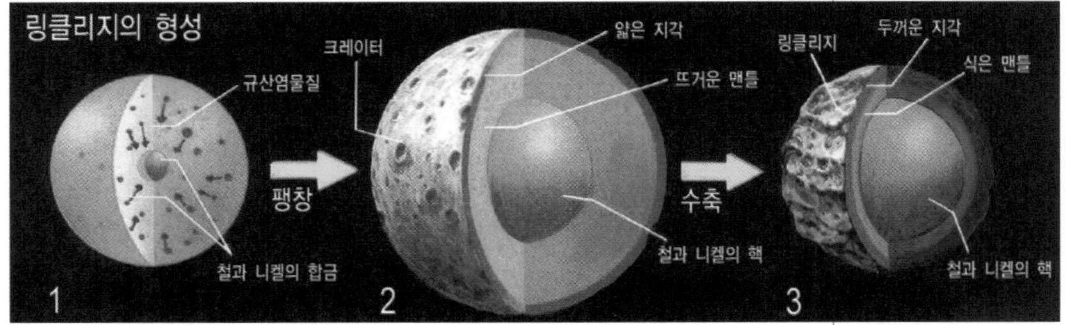

▲ 그림 70. 링클리지의 형성 과정. 수성이 냉각되면서 수축 작용에 의해 형성되었다.

금성Venus

금성金星은 새벽 무렵 일출 전후 동쪽 하늘에, 또는 저녁 무렵 일몰 전후 서쪽 하늘에서만 볼 수 있다. 옛날에는 그 출현 시간에 따라 다른 이름으로 불렸는데 저녁 무렵에 나타나는 금성을 태백성, 장경성, 혹은 개밥바라기라고 부르고, 새

▶ 그림 71. 지구와 크기가 비슷해 자매 행성으로 불리는 금성은 그 색깔이 붉고 아름다워 사랑의 여신 '비너스'라 이름 붙여졌다.

▶▶ 그림 72. 금성의 내부 구조. 지구처럼 핵, 맨틀, 지각으로 구성된다.

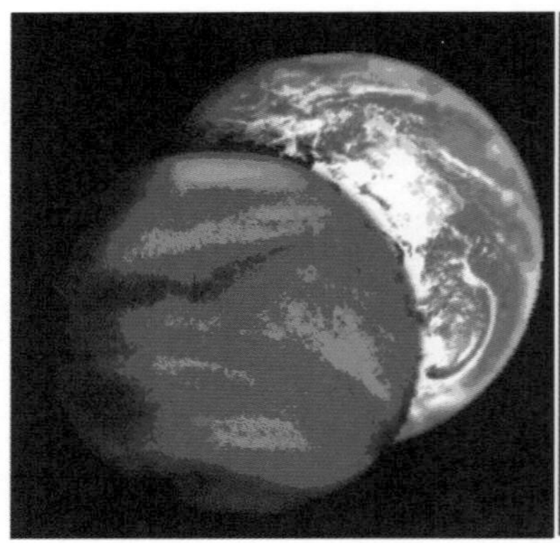

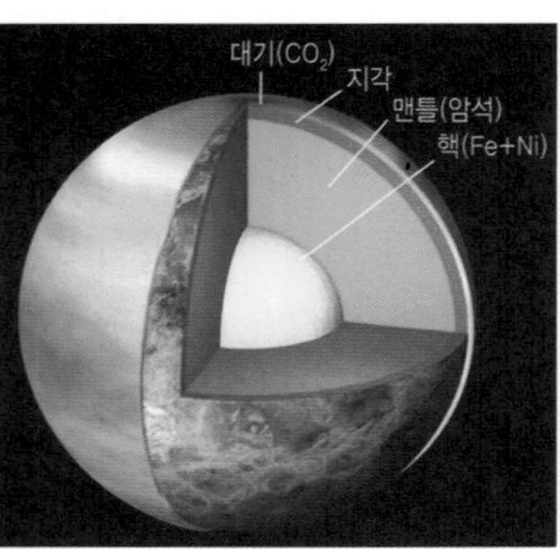

벽 무렵에 나타나는 금성을 샛별 혹은 명성이라 부른다. 금성은 보석과 같이 영롱하게 빛나는 별로서 하늘에서 태양과 달 다음으로 가장 밝은 천체이며, 그 색깔은 붉고 아름다워 서양에서는 '사랑의 여신'인 비너스Venus라 불린다.

지구에 가장 가까이 근접하는 금성은 크기와 질량, 그리고 태양과의 거리가 지구와 비슷해 지구와는 자매 행성으로 불리고 있다.■ 그림 71 금성의 지름은 1만 2104km로 지구의 지름1만 2756km보다 5% 정도 작고, 질량은 지구 질량의 0.82배, 밀도는 5.2 g/cm³으로 지구의 밀도 5.5와 비슷하다. 또한 태양에서 두 번째로 가까운 금성은 태양에서 지구까지 거리의 0.72배이다. 금성의 내부구조는 많이 알려지지 않았으나 지구와 유사한 크기와 밀도 등으로 보아 지구와 같은 구조인 핵과 맨틀 및 지각으로 이루어진 것으로 판단되며, 지구와 마찬가지로 금성의 핵의 일부는 액체인 것으로 추정된다.■ 그림 72 금성은 지구보다 크기가 다소 작기 때문에 이 차이로 인해 내부의 압력은 상당히 낮을 것으로 판단된다.

물리적인 수치로는 금성이 지구와 비슷하지만, 그 환경에서는 전혀 다른 모습을 보여준다. 금성은 짙은 이산화탄소CO_2의 대기로 둘러싸여 망원경으로는 그 표면이 관찰되지 않는다. 그래서 레이더 전파를 이용하거나 탐사선을 보내 금성 표면 상태를 조사하였다. 그동안의 탐사 결과에 따르면 그곳에는 산소도 물도 없어 보기와는 달리 생명체가 도저히 살 수 없는 아주 열악한 환경을 가지고 있으며, 짙은 대기는 온실효과를 유발하여 표면 온도가 460℃ 정도로 매우 높아 우리가 말하는 '지옥'과 다를 바가 없는 행성이다.■ 그림 73

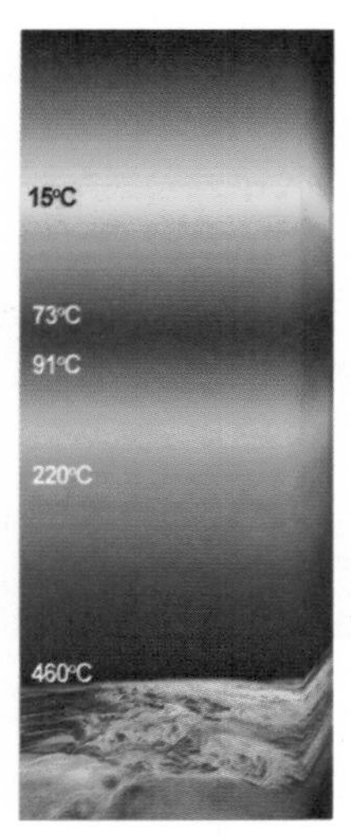

▲ 그림 73. 금성의 대기의 구조. 이산화탄소의 대기층으로 표면 온도는 460℃로 매우 높다.

1989년에 미국은 마젤란을 우주왕복선 아틀란티스호에 탑재하여 금성에 보냈으며, 고성능 레이더는 과거의 금성 탐사선인 베네라 15와 16호가 가지고 있던

◀ 그림 74. 1992년 나사가 공개한 금성의 맨 모습. 그동안 짙은 이산화탄소의 대기로 베일에 가려졌던 금성 표면의 모습이 마젤란의 활약으로 밝혀졌다. 금성 표면에는 수성이나 화성처럼 수많은 크레이터 외에도 용암 유출의 흔적이 많이 관찰된다.

가장 좋은 성능의 레이더보다 10배나 더 좋은 해상도로 금성 표면을 120m 크기의 지형지물까지 식별하면서 관찰하였다. 그 결과 1992년 6월에는 지금까지 베일에 가려져 왔던 금성 표면의 맨 모습이 전혀 새로운 영상으로 100% 완성되어 미국항공우주국NASA에 의해 공개되었다.■ 그림 74 이 기념비적인 모습은 마젤란이 보내온 수천 장의 사진과 그 이전 여러 탐사선이 찍은 사진을 조합하여 합성한 것이다.

금성의 지형을 보면, 표면의 약 80%는 평평한 화산 대지로 이루어지고 상대적으로 고원을 이루는 두 개의 대륙이 나머지를 차지한다. 이시타르 대륙Ishtar Terra은 북반구에 놓이며 호주 정도의 크기이다. 금성의 약 11 km 높이의 가장 높은 봉우리인 맥스웰 산이 여기에 위치한다. 다른 하나는 적도 아래에 위치하며, 아프로디테 대륙Aphrodite Terra이라 불리며 남미 대륙만 한 크기이다.■ 그림 75 금성 표면은 화산 분화구와 용암 유출에 의한 평행한 줄무늬 형태의 균열이 발달하는 등 화산활동으로 인해 독특한 지형을 보여준다. 금성의 분화구는 팬케이크처럼

▶ 그림 75. 금성의 두 대륙. (A) 북반구의 이시타르 대륙(Ishtar Terra)은 호주만 한 크기이며, 금성의 최대 봉우리인 맥스웰 산이 있다. (B) 적도 바로 아래에 위치한 아프로디테 대륙(Aphrodite Terra)은 남미 대륙만 하다.

▼ 그림 76. 마젤란이 촬영한 금성의 지형.
(A) 마트(Maat) 페이라(farra). 정상부가 평평한 분화구로 주변에 용암이 흘러내리는 모습이 관찰된다. (B) 쿠바 코로나 지역. 지구의 대양저처럼 평행한 줄무늬가 발달하고 있으며, 용암이 흘러가는 모습도 관찰된다. (C) 금성에서만 관찰되는 복잡한 거미줄 같은 동심원 형태의 방사상 균열인 아라크노이드(arachnoid).

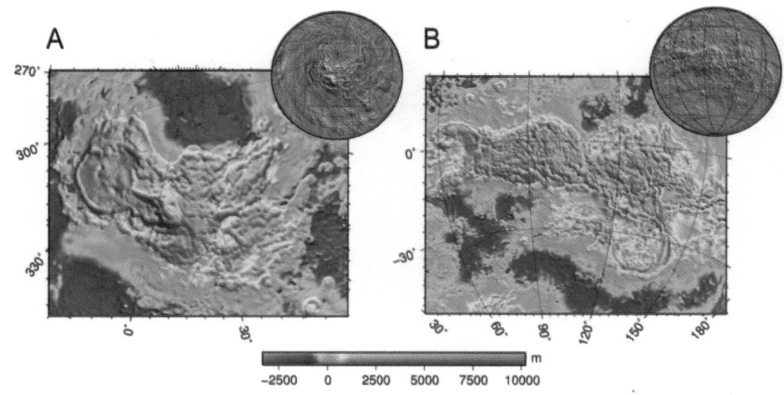

정상이 평평한 모습을 가지는데 이를 '페이라farra'라 하며 폭 20~50km, 높이 0.1~1km 정도의 크기이다. 그리고 동심원 형태의 방사상으로 균열이 생겨 거미줄 모양의 구조를 '아라크노이드arachnoid'라 부른다.■ 그림 76 전체적으로 금성은 지구보다 몇 배나 많은 화산들을 가지고 있다. 직경 100km 이상의 화산이 167개나 되며, 지구에서 발견할 수 있는 이 정도 크기의 화산은 하와이의 빅아일랜드 정도이다. 그러나 이런 현상이 금성의 화산 활동이 지구보다 더 활발하다는 것을 의미하는 것은 아니며, 단지 금성의 지각이 더 오래되었다는 뜻이다. 지구의 지각은 판구조 운동으로 침강에 의해 끊임없이 재순환되므로 지각의 평균 연령이 약 1억 년에 불과하지만, 금성의 지각은 약 5억 년으로 추정된다.

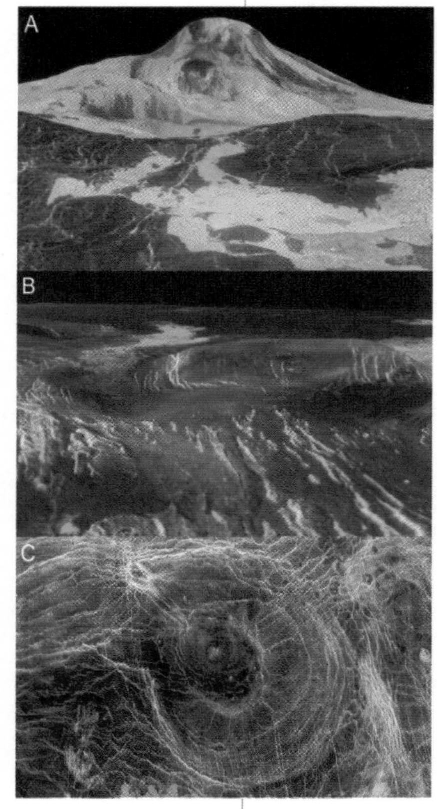

금성 표면에는 약 1,000개의 크레이터가 있는데, 지표 전체에 골고루 분포한다. 이들 크레이터의 85% 정도는 원래의 모습을 잘 보존하고 있다. 금성의 크레이터는 크기가 3km에서 280km에 이르며, 3km 이하의 크기는 발견되지 않는다. 특히 금성은 두터운 대기로 인하여 운석이 충돌할 때, 독특한 형태의 크레이터를 형성한다.■ 그림 77 크레이터 주위에 불가사리와 같은 모양이 생기거나 충돌 시 방출된 물질들이 방사상으로 분포하지 못하고 계란 프라이처럼 퍼지기도 하는데, 이는 운석이 비스듬히 충돌하거나, 대기를 통과할 때, 대기층에 의해 일부 표면이 부서졌기 때문으로 생각된다.

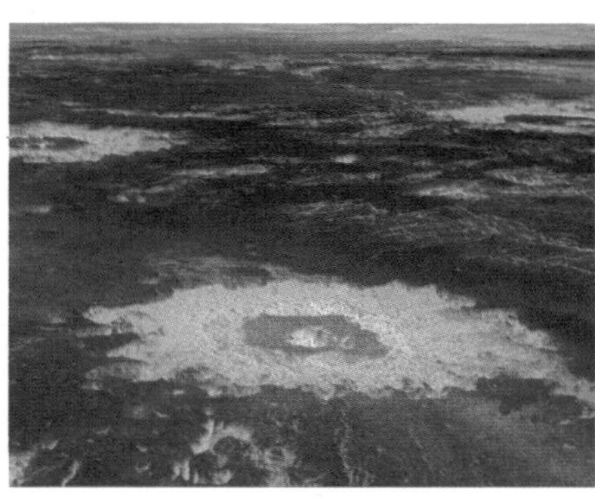

◀◀ 그림 77. 금성의 크레이터. 크레이터 주변이 계란 프라이처럼 퍼지는 형태의 독특한 모습을 보여준다.

◀ 그림 78. 붉게 보이는 화성은 고대 중국에서는 불의 행성(火星)으로 불렸다. 이는 화성 전체를 덮은 거대한 먼지 폭풍에 의한 것으로 최근 밝혀졌다(2005년 10월 28일 허블우주망원경 촬영).

오래된 화산 대지의 연령과 크레이터의 지형으로 판단하건데, 금성은 약 5억 년 전에 지표의 변화가 완료된 것으로 보고 있다. 이는 지구의 지각이 계속해서 변화하는 반면, 금성은 그러한 변화 과정이 일어날 수 없는 것으로 생각된다. 다시 말해서 금성에서는 맨틀로부터 열을 지표로 지속적으로 분산시키는 판구조 운동이 없는 대신에, 적어도 1억 년 이상이 경과하면서 맨틀의 열이 지각을 균열시킬 정도까지 올라간 후, 거대한 규모로 침강이 일어나면서 한꺼번에 지각을 변화시키는 순환 작용을 주기적으로 진행한다.

화성Mars

태양계 4번째 행성인 화성은 인간의 관심을 가장 끌었던 행성으로 붉은색을 띠기 때문에 고대 중국에서는 '불火의 행성' 즉, 화성火星이라 부르고, 바빌로니아에서는 '죽음과 질병'의 상징으로, 그리스·로마에서는 '전쟁의 신' 마르스의 이름을 따 마르스Mars라 부른다.■ 그림 78

화성의 지름은 6,804.9 km이다. 이는 지구 지름의 0.53배이고 수성보다는 약 40%가 더 크다. 그러나 질량은 6.42×10^{23}kg으로 지구의 0.11배에 지나지 않고, 밀도는 3.93g/cm³으로 달의 밀도3.3보다는 조금 크고 지구의 밀도5.5보다는 훨씬 작다. 이로써 화성의 내부 구조는 지구처럼 핵과 맨틀과 지각으로 구성된 것으로 판단되지만, 지구와는 달리 핵은 화성의 크기에 비해 상당히 크며반경 1,480km 철과 15~17%의 황으로 이루어져 있다. 황화철의 핵은 부분적으로 용융되어 있으며 지구의 핵에 비하면 가벼운 원소의 함량이 약 2배 가량 된다. 핵은 규산염질 맨틀에 둘러싸여 있으며, 평균 두께 약 50km의 지각으로 이루어져 있다.■ 그림 79

▼그림 79. 화성의 내부 구조. 철과 황으로 이루어진 핵과 암석질의 맨틀, 그리고 지각으로 이루어져 있다.

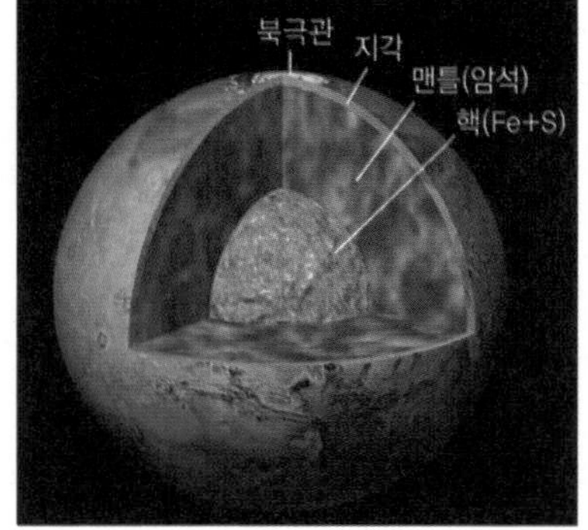

▲ 그림 80. 화성 표면의 모습. 여러 개의 대형 화산과 운석 충돌 분화구, 그리고 거대한 협곡 등이 발달해 있다.

인간의 화성 탐사는 1965년 근접통과 위성 마리너 4호로 시작되어 1975년 바이킹 1, 2호가 화성 표면에 연착륙하였다. 이때까지 화성에는 물이 존재하고, 생명체가 있을 것이라는 생각을 계속해왔으나, 이들이 보내온 사진에는 온통 붉게 물든 땅과 운석 크레이터의 황무지뿐이었으며, 바이킹은 유감스럽게도 생명체의 발견에는 실패하였다. 화성에는 태양계에서 가장 높은 산인 올림포스 산Olympus Mons과 역시 태양계에서 가장 큰 협곡인 발레스 마리네리스Valles Marineris가 있으며, 양 극에는 얼음으로 덮인 극관polar ice cap이 있다. ■그림 80 화성은 현재 궤도선회 우주선에 의해 계속 탐사가 진행 중인데, 나사NASA가 운영 중인 마스 글로벌 서베이어MGS, 오디세이Mars Odyssey, 화성수색오비터MRO와 유럽우주기구ESA가 발사한 화성특급Mars Express이 각기 활동하면서 새로운 사실들이 속속 밝혀지고 있다. 2006년 12월 나사NASA는 흥미로운 사진을 공개하였는데, 글로벌 서베이어가 보내온 사진에 의하면 현재 물이 존재할 가능성이 있어 보인다. ■그림 81 2001년 12월 촬영한 사진왼쪽에 움푹 팬 기다란 고랑gully만 보이는데, 2005년 9월 촬영한 사진오른쪽에는 물이 흘러 생긴 침전물이 하얗게 고랑을 채우고 있다. 화성에 최근까지 물이 흘렀으며 지금도 흐르고 있을지 모른다는 증거라고 나사NASA는 밝혔다. 과학자들은 화성 표면과 가까운 지하에 액체 상태의 물이 존재하고 있다가 주기적으로 새어 나오고 있으며, 대기가 희박한 화성 표면에서는 곧 증발하고 흔적만 남는 것으로 추측하고 있다.

화성 표면 사진을 관찰하면 화성에 지질 작용이 많이 있었던 흔적이 나타난다. 남반구는 비교적 평탄하고 운석공이 많아 초기의 표면 상태가 그대로 남아

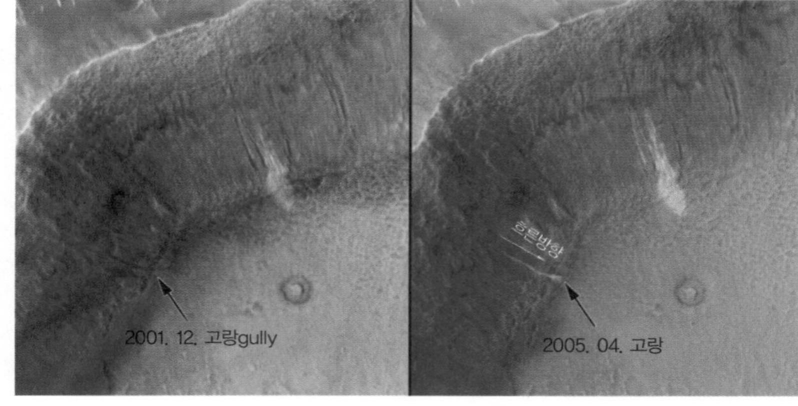

▶ 그림 81. 글로벌 서베이어가 촬영한 사진은 화성에 최근까지 물이 존재했음을 시사한다. 2001년(왼쪽)에는 움푹 팬 기다란 고랑(gully)만 보이는데, 2005년에는 물이 흘러 생긴 침전물이 하얗게 고랑을 채우고 있다(2006년 12월 6일 NASA 공개).

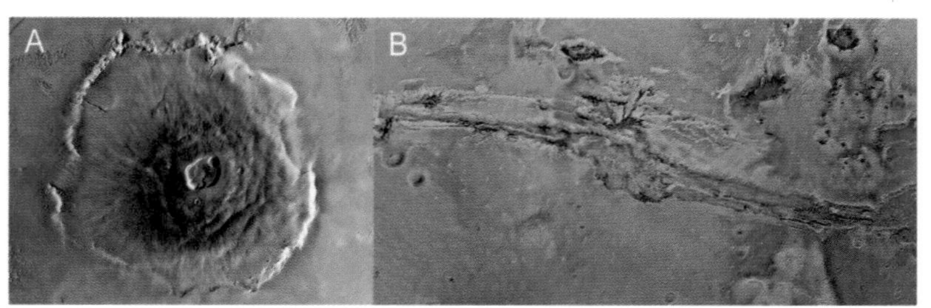

◀ 그림 82. 화성의 지형. (A) 태양계 최대의 화산인 올림포스 산. 이 거대한 화산은 화성 내부의 에너지가 일시에 분출하여 형성된 것이다. (B) 태양계 최대 규모의 협곡인 발데스 마리네스 협곡. 움푹 팬 수지상의 구조로 지하에 얼음이 존재함을 시사한다.

있는 반면, 북반구는 젊은 지형으로 거대한 용암 분지와 화산이 많이 있다. 궤도 선회 우주선의 관측과 화성 기원 운석에 대한 분석 결과에 따르면, 화성 표면은 기본적으로 현무암으로 되어 있다. 표면의 일부는 현무암보다는 Si 성분이 보다 많은 지구의 안산암과 유사하다는 증거가 있으나, 실리카 유리의 존재로 설명되기도 한다. 화성 표면의 대부분이 분필 가루처럼 미세한 Fe^{3+} 산화철의 먼지로 두껍게 덮여 있는데, 이는 과거 화성의 표면에 액체의 물이 있었다는 결정적인 증거로 받아들이고 있다. 왜냐하면, 한때 물이 존재할 때 생성되는 적철석hematite이나 침철석goethite 같은 광물들이 발견되었기 때문이다.

비록 화성 자체의 자기장은 없지만, 과거 행성 표면의 일부는 자화된 적이 있음이 관측을 통해 밝혀졌다. 화성에서 발견된 고지자기는 지구의 해양지각에서 발견되는 역전띠 모양의 고지자기와 비교한 결과, 이들 지자기의 띠들은 과거에 있었던 화성의 판구조 활동의 증거일 수 있다는 결론을 내렸으며, 극이동polar wandering으로도 화성에서 발견된 고지자기를 설명하기도 한다.

화성에는 태양계의 행성에서 지금까지 발견된 것 중 가장 큰 화산인 올림포스 산■그림 82-A이 있는데 화산 하부의 직경이 600km이고 높이가 25km로서 한반도를 덮을 정도로 크다. 이와 같은 초대형의 화산은 화성 내부의 막대한 에너지가 일시에 폭발적으로 분출한 것으로 추측된다. 이는 과거 화성의 맨틀이 많은 판구조 활동과 화산 활동을 일으켜왔으나 현재는 더 이상 활동하지 않는 것을 의미한다.

화성에는 물이 흘러서 패인 수로水路, water channel로 추측되는 많은 협곡들이 발견되는데, 가장 큰 것은 길이 5,000km, 폭 200km, 깊이 600km인 '발데스 마리네리스' 협곡이다.■그림 82-B 현재는 물이 없으며, 있다 하더라도 낮은 기압으로 외계로 다 빠져나갔을 것이다. 다만 협곡 주변의 움푹 패인 수지상의 구조로 판단하건대 지하에 얼음이 존재할 것으로 생각하고 있다.

화성에는 대기가 있지만 밀도는 아주 낮고 기압은 0.6kPa 정도로 지구의

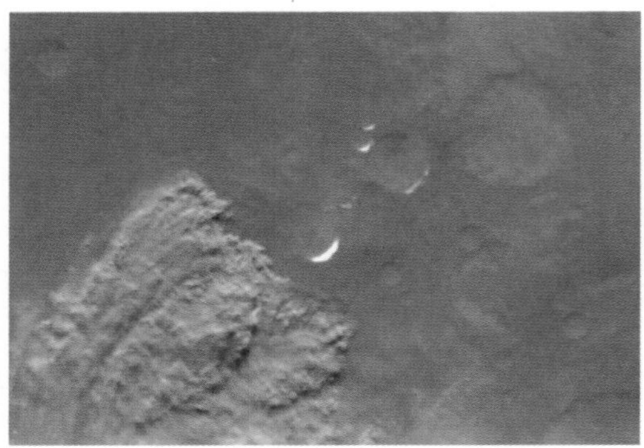

▲ 그림 83. 화성의 먼지 폭풍.

101.3kPa에 비해 200분의 1에 지나지 않는다. 이는 지구 고도 35km 정도의 높이에 해당되며 희박한 대기의 성분도 지구의 그것과는 달리 95%가 이산화탄소이며 나머지는 3%의 질소와 1.5% 아르곤으로 이루어지며 미량의 산소와 물을 함유하고 있는데, 금성의 대기 조성과 오히려 비슷하다. 화성도 지구처럼 비슷한 기울기의 자전축을 가지고 있기 때문에 지구와 같은 계절이 있다. 다만, 화성의 1년이 지구의 2년과 비슷하여 계절의 길이가 길다. 화성의 표면 온도는 −140℃ 겨울 극지방에서 여름에 20℃까지 올라가 변화가 심하다. 이는 화성의 대기가 희박하여 태양열을 저장하지 못하기 때문이다. 화성은 지구와 달리 이심률이 매우 커, 남반구의 여름과 북반구의 겨울일 때 근일점이며, 반대로 남반구의 겨울과 북반구의 여름일 때 원일점이 된다. 따라서 남반구의 겨울은 혹독한 반면, 북반구의 겨울은 상대적으로 온화하다.

화성에는 태양계에서 가장 큰 규모의 먼지 폭풍dust storm이 존재한다. 그 변화가 심하여 좁은 지역을 덮기도 하다가,■ 그림 83 화성 전체를 덮을 정도로 대규모가 되기도 한다그림 78 참고.

화성은 양극 모두에 얼음으로 된 '극관polar cap'을 가지고 있다. 극관 위로는 드라이아이스가 덮고 있는데, 북극관에는 약 1m 두께의 얇은 드라이아이스 층이 북반구의 겨울에 덮지만, 남극관에는 약 8m 두께의 드라이아이스가 영구적으로 덮고 있다. 북극관은 화성의 여름 동안 두께 2km와 직경 약 1,000km 크기에 달하는데, 약 $1.6 \times 10^6 km^3$에 해당되는 양의 얼음으로 이루어지며,■ 그림 84 남극

▼ 그림 84. 화성의 여름철에 최대로 확장된 북극관의 모습. 두께 2km, 폭 1,000km에 달하며 계절에 따라 줄어들기도 하고 커지기도 한다.

▶ 그림 85. 화성의 두 위성. (A) 포보스, (B) 데이모스.

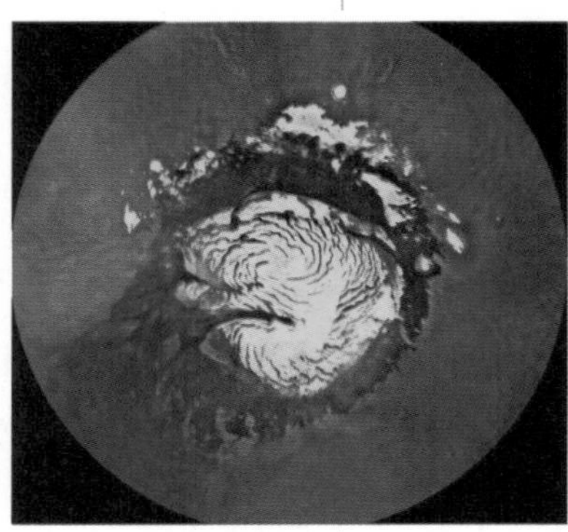

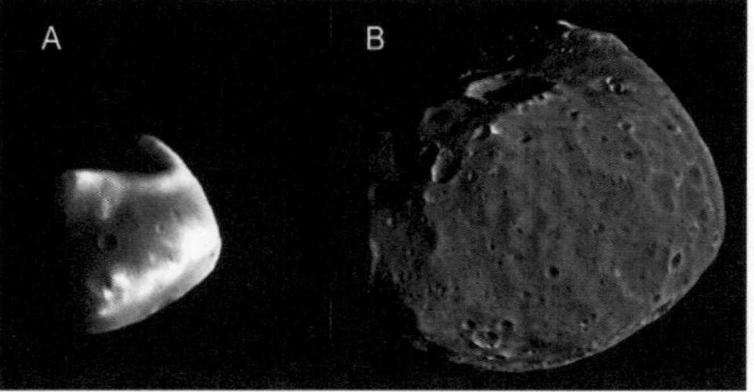

관은 두께 3km와 직경 350km의 크기이다. 양 극관은 계절에 따라 크기가 줄어들기도 하고, 다시 커지기도 한다. 양 극관 모두 소용돌이 모습을 하고 있는데, 원인은 아직 밝혀지지 않고 있다.

화성에는 포보스Phobos와 데이모스Deimos라는 두 개의 위성이 있으며 이 위성들은 마치 감자와 비슷하게 매끄럽지 못한 타원체에 표면에는 검은색의 수많은 운석 크레이터로 덮여 있다.■ 그림 85

목성Jupiter

태양으로부터 5번째 행성이자 가장 큰 행성이 목성木星이다. 목성의 질량은 1.9×10^{26} kg지구의 318배으로 태양계의 다른 8개 행성을 합친 것보다 2.5배나 더 큰 질량을 가지고 있으며 크기에서도 적도 지름이 14만 2,984km지구의 11.2배, 극반경이 13만 3,709km지구의 10.5배로 목성의 부피는 1.431×10^{15}km³이며 지구로 채우려면 지구가 1,321개는 있어야 한다.■ 그림 86 목성의 영어 이름인 주피터Jupiter도 올림포

▼ 그림 86. 지구의 크기와 비교한 목성. 태양계 행성 중 가장 크며, 표면에 동서 방향으로 발달한 줄무늬가 보인다.

스 신들 중, 왕의 이름에서 따온 것으로 이름 그대로 목성은 '행성 중의 왕'인 셈이다.

목성은 태양계 생성 초기의 상태를 잘 간직하고 있는 행성으로 알려져 있고, 격렬한 대기 활동과 강력한 자기장이 존재하기 때문에 많은 과학자들은 목성에 큰 관심을 가지고 있었다. 그리하여 목성 탐사가 일찍부터 이루어졌는데, 파이어니어Pioneer 10호와 11호가 각각 1973년과 1974년 말에 근접통과Fly-by했으며, 1979년 3월과 7월에는 보이저 1호와 2호가 각각 목성을 근접통과하였고, 1992년 태양극 탐사선 율리시즈가 45만km의 거리까지 근접통과하였다. 이러한 탐사들을 통해 새로운 위성 발견을 비롯한 많은 새로운 사실들이 밝혀졌을 뿐만 아니라 가까이서 촬영한 많은 영상들을 얻을 수 있었다. 그러나 근접통과 방식의 탐사는 제한적일 수밖에 없어 목성의 대기 조성이나 거느린 위성의 상세한 모습 등 목성에 관한 많은 부분이 여전히 비밀로 남겨졌다.

따라서 본격적인 목성 탐사의 필요성이 제기되어 궤도선회Orbiter 방식의 탐사가 시작되었다. 바로 1989년 10월 18일 우주왕복선 아틀란티스에 탑재되어 발사된 목성 탐사선 갈릴레오Galileo는 발사 6년 후인 1995년 7월 13일 목성궤도에 도착하여 12월 7일부터 탐사를 시작하여 2003년 9월 31일 목성 대기로 추락하여 불타버릴 때까지 7년 9개월간의 임무를 성공적으로 수행하였다. 그동안 갈릴레오는 오비터로부터 가스 분석기를 탑재한 프로브probe를 1995년 12월 목성 대기 속으로 떨어뜨려 목성의 대기 조성을 조사하는 것으로 시작해서 2년 동안 주 임무인 목성과 목성의 링을 탐사하였으며, 그 후 4개의 갈릴레이 위성에 대해 정밀탐사를 실시함으로써 비로소 목성과 4개의 위성가니메데, 이오, 유로파 칼리스토에 대한 상세한 모습이 밝혀졌다박스기사 참고.

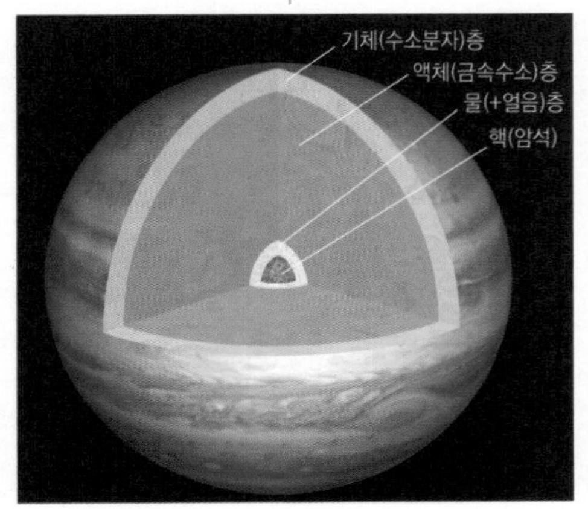

▼ 그림 87. 목성의 내부 구조. 작은 크기의 암석질 핵과 금속수소층, 액체수소층, 기체수소층의 순으로 구성되어 있다.

목성의 내부 구조는 상대적으로 작은 암석질의 핵을 중심으로 주변에 물또는 얼음층이 있으며 그 바깥에 액체 상태의 금속수소층, 그리고 기체 상태의 수소분자층으로 이루어져 있으나,■ 그림 87 다른 상태의 수소층들 간에 뚜렷한 경계는 없다. 목성의 밀도는 1.326g/cm³으로 물의 밀도보다 조금 크고 태양의 밀도와 비슷하다.

목성의 대기 성분은 양원자수으로는 약 90%의 수소와 약 10%의 헬륨으로 이루어지며, 무게질량로는 약 75%와 24%

를 각각 차지하며, 기타 1% 다른 물질들로 이루어졌다. 대기의 소량 성분으로는 메탄, 수증기, 암모니아 및 암석 등이 함유된 것으로 밝혀졌으며, 미량의 탄소, 에탄, 황화수소, 네온, 산소, 인 그리고 황 등도 포함된 것으로 알려졌다. 대기의 최상층부에는 암모니아 얼음 결정들이 함유되어 있으며, 자외선 및 적외선 분광 분석 결과, 벤젠과 탄화수소도 발견되었다. 대기의 조성은 태양계 성운의 조성과 매우 유사하며, 토성도 유사한 조성을 가진다. 그러나 천왕성과 해왕성은 수소와 헬륨이 훨씬 적다. 목성의 표면 온도는 −157℃~−121℃로 낮으며 대기압은 70kPa이다.

목성은 질량이 크므로 목성을 탈출하기 위한 이탈 속도는 초속 59.5 km이다지구 이탈 속도 : 11.2 km. 수소 분자는 초속 1 km로 움직이기 때문에 수소를 비롯한 어

▼ 그림 88. 목성 대기의 동서풍의 구조. 따뜻한 상승기류의 띠(zone)는 서풍이며, 차가운 하강기류의 줄(belt)은 동풍이다. 이들 고도가 다른 동서풍이 교차하면서 난류를 만들어내고 소용돌이 형태의 난류 폭풍인 대적점을 생성한다.

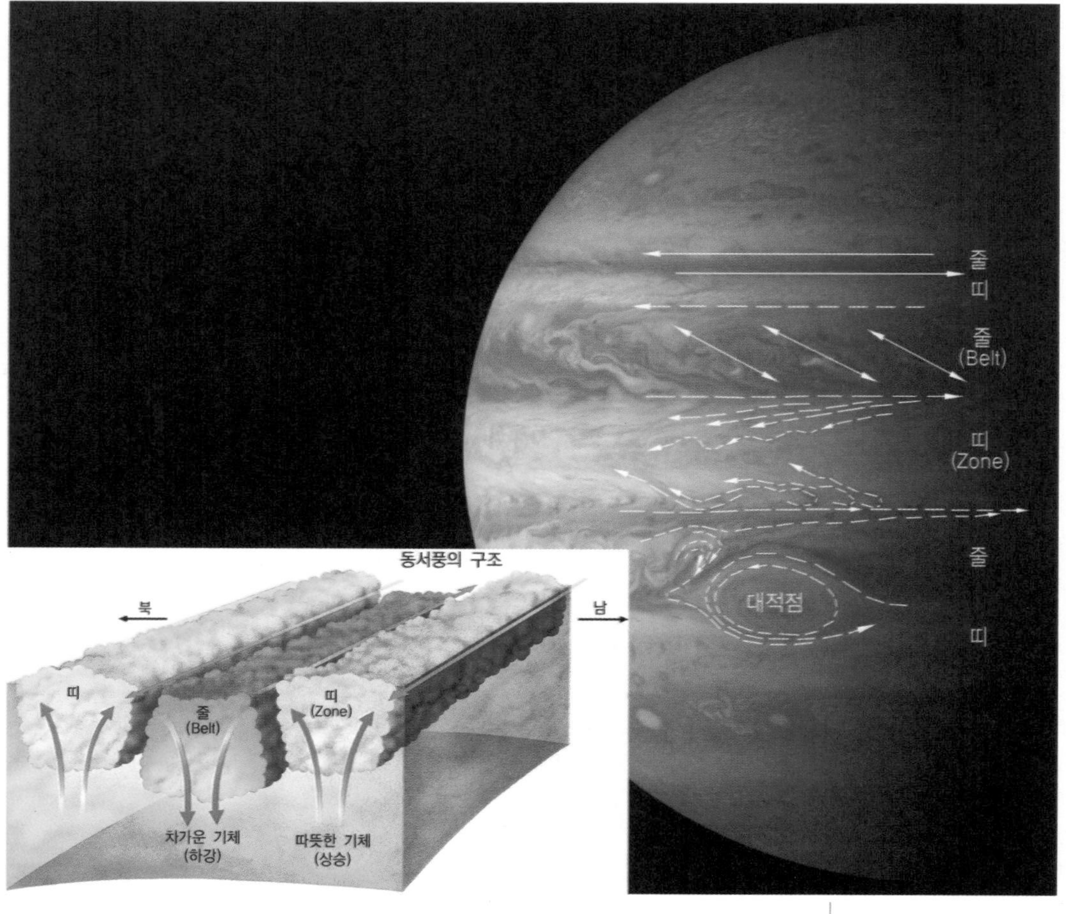

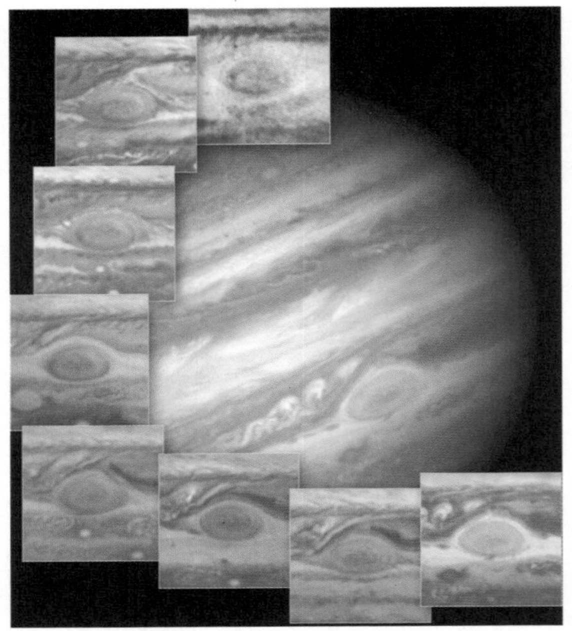

▲ 그림 89. 목성의 대적점이 변하는 모습. 허블 우주망원경에 의해 수년간에 걸쳐 촬영한 이 영상은 대적점이 어떻게 변하고 이동하는지를 보여준다.

떤 원자나 분자도 목성을 빠져나가지 못한다. 그래서 지금 우리가 보는 목성은 45억 년 전 생성될 때의 대기 조성과 질량을 그대로 간직하고 있는 것이다.

목성은 거대한 행성임에도 불구하고 자전 속도는 상당히 빠르며, 적도 대기 상층부는 시속 4만 5천km의 속도로 돌고 있는 셈이다. 목성 사진에서 관찰되는 밝고 어두운 평행 줄무늬와 타원의 모습타원체로 oval이라 부름을 한 폭풍의 형태는 바로 고속 자전으로 발생한 동서풍에 의한 대기의 난류 현상인 것이다.■그림 88 밝은 부분은 따뜻한 기체로 고기압에 의한 상승기류로 상층대기에 위치하며 '띠zone'라 불리며 서풍인 반면, 갈색의 어두운 부분은 차가운 기체로 저기압에 의한 하강기류에 의해 다소 낮은 정상 구름층에 위치하며 '줄belt'이라 불리며 동풍이다. 고도가 차이 나고 성질이 서로 다른 동서풍이 교차하면서 다양한 형태의 난류를 만드는데, 특히 줄과 띠에 걸쳐 형성된 붉은색의 거대한 타원체 폭풍을 '대적점Great red spot, 또는 대홍점'이라 부른다. 대적점은 목성 적도로부터 22° 남쪽에 위치하며, 카시니G. Cassini가 1665년에 관찰한 기록으로 보아 적어도 340년 이상 지속되고 있다.■그림 89 대적점은 반시계 방향으로 회전하며 6일의 주기를 가진다. 타원체의 크기는 장경이 24~40,000km, 단경이 12~14,000km이며, 지구 서너 개를 삼킬 수 있을 정도로 크다. 대적점과 같은 타원체는 목성에서는 흔한 현상인데, 흰색과 갈색의 타원체가 관찰된다.■그림 90 흰색 타원체는 상층대기 내에 상대적으로 따뜻한 구름으로 이루어지는 반면, 갈색 타원체는 정상 구름층 내에서 차가운 구름으로 이루어진 것으로 판단된다. 이러한 타원

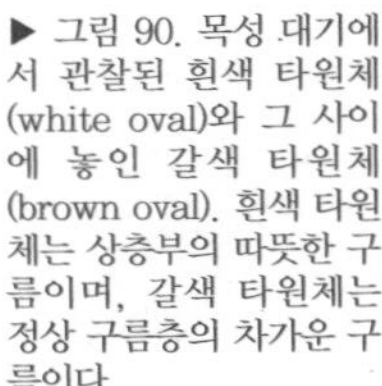

▶ 그림 90. 목성 대기에서 관찰된 흰색 타원체(white oval)와 그 사이에 놓인 갈색 타원체(brown oval). 흰색 타원체는 상층부의 따뜻한 구름이며, 갈색 타원체는 정상 구름층의 차가운 구름이다.

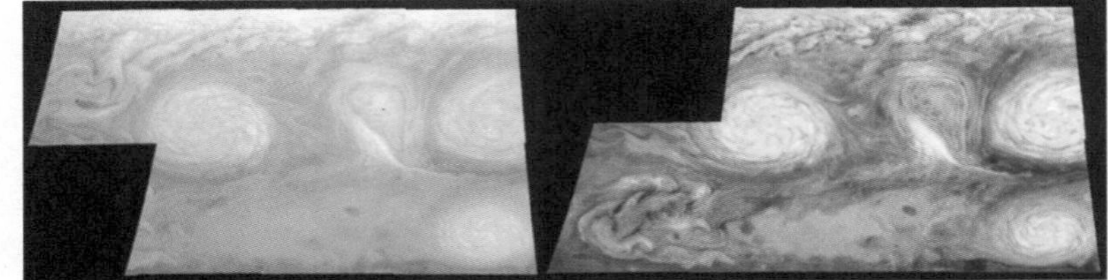

체 폭풍은 수 시간 또는 수백 년간 지속되기도 한다.

과거 목성의 위성은 5번째 이오Io에서 8번째 칼리스토Callisto까지 4개의 갈릴레이 위성을 포함하여 모두 16개까지 밝혀졌으나 갈릴레오의 탐사와 허블 관찰에 의해 계속 늘어나 2009년 현재 63개가 알려졌다. 따라서 목성은 태양계에서 가장 많은 위성을 거느린 행성인 것이다. 목성에도 토성과 같은 가는 고리가 있음이 보이저에 의해 밝혀졌다. 이 고리는 두께가 30km로 얇고 거의 투명한데 먼지 입자들10 ㎛로 이루어져 있다.

갈릴레이 위성

1610년 갈릴레이가 자신이 발명한 망원경으로 관찰하여 발견한 목성의 가장 큰 4개의 위성을 '갈릴레이 위성Galilean moons'이라 하는데, 목성에서 가까운 궤도로부터 이오Io, 유로파Europa, 가니메데Ganymede, 칼리스토Callisto 순서로 놓여 있다. 그동안 멀어서 자세히 알려지지 않았으나, 보이저가 근접통과하면서 이오에서 화산 폭발을 처음 관찰하였으며, 2003년 갈릴레오가 성공적인 탐사 임무를 마치면서 자세히 밝혀졌다. ■그림 91

이오는 목성에서 가장 가까우며, 갈릴레이 위성 중 두 번째로 작은 위성3,643km이며, 태양계에서는 네 번째로 큰 위성이기도 하다. 태양계에서 가장 화산활동이 활발하며, 이로 인해 표면에 운석공은 그리 많지 않다. 또한 태양계 위성 중 가장 밀도가 높은 것으로 알려져 있다. 공전궤도는 지구의 달과 비슷한 거리인 42만 1,700km지구-달 거리의 1.1배에 놓이며, 공전주기는 1.77일이다. 전체 조성은 외행성보다는 육성행성과 비슷할 것으로 판단된다. 내부 구조는 철과 황산염의 핵직경 900km과 용융 상태의 규산염질 암석층의 맨틀과 얇은 암석질 지각으로 이루어졌다. 대기는 SO_2 성분으로 매우 희박하다.

유로파는 목성에서 두 번째로 가까운 위성이며, 갈릴레이 위성 중 가장 작다3,122km. 내부 구조는 철성분이 풍부한 금속의 핵과 암석의 맨틀로 이루어지고, 갈릴레이의 탐사에 의하면 맨틀 위로 100km 정도의 두께를 가진 바다물의 층가 존재하며, 지각은 얼음으로 덮여 있다. 바다는 액체 상태이며 만약 생명체가 존재한다면, 지구의 심해저의 생명체와 유사할 것으로 추정된다. 공전궤도는 67만 1,000km지구-달 거리의 1.75배이며, 공전주기는 3.55일이다. 유로파의 대기에는 극소량의 산소가 있다.

가니메데는 목성에서 세 번째로 가까운 위성이며, 태양계에서 가장 큰 위성5,262km이다. 또한 태양계 위성 중 유일하게 자기장을 가진 것으로 알려져 있다. 내부 구조는 3개의 층으로 구분되는데, 작지만 부분 용융 상태의 철또는 철과 황의 핵, 암석질의 하부 맨틀과 얼음또는 물로 이루어진 상부 맨틀, 그 위로 얼음의 지각이 덮여 있다. 가니메데의 표면은 두 종류로 구분되는데, 운석공이 많이 관찰되는 어두운 부분과 바퀴자국 같은 평행한 줄무늬groove들이 발달한 밝은 부분이다. 가니메데는 한때 운석 충돌이 매우 많았으나, 현재의 얼음지각으로 덮여 잘 관찰되지 않는다. 공전궤도는 107만 400km지구-달 거리의 2.8배이며, 공전주기는

7.15일이다. 가니메데에도 유로파와 마찬가지로 희박한 산소의 대기가 있다.

칼리스토는 갈릴레이 위성 중 목성에서 가장 먼 위성이며, 두 번째로 큰 위성 4,821km이다. 네 위성 중 가장 밀도가 낮다. 칼리스토는 태양계 위성 중 가장 심하게 운석 충돌의 흔적을 간직한 위성이며 지각이 생성된 당시의 모습을 그대로 간직하고 있는데, 약 40억 년의 나이로 추정된다. 칼리스토는 지표 아래로 150km 두께의 얼음층이 놓이며, 그 아래로 10 km 두께의 염해소금 바다가 놓여 있다. 바다 아래에는 독특한 내부를 보여주는데, 고압 상태의 얼음과 암석이 거의 균질하게 이루어져 있다. 공전궤도는 188만 2,700km지구-달 거리의 4.9배이며, 공전주기는 16.7일이다. 칼리스토는 CO_2 성분의 얇은 대기를 가진다.

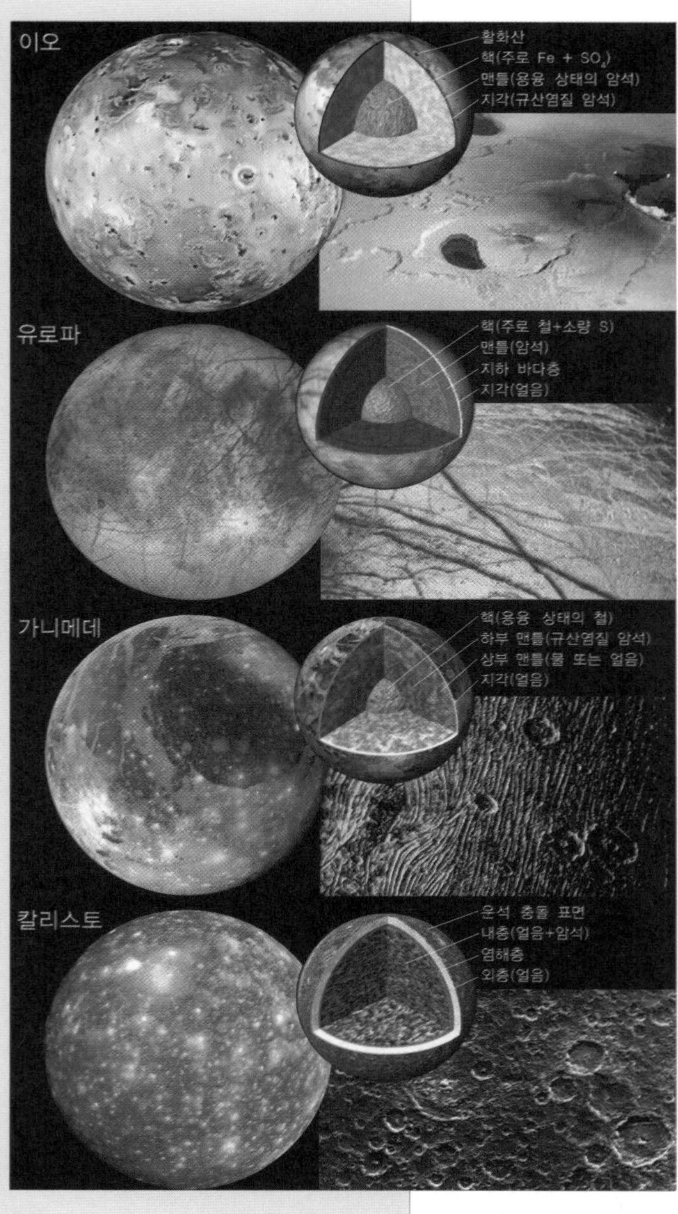

▲ 그림 91. 갈릴레이 위성들. 위성들의 모습, 내부 구조 및 표면 모습. 위로부터 이오(Io), 유로파(Europa), 가니메데(Ganymede), 칼리스토(Callisto).

토성Saturn

태양에서 6번째로 먼 행성이자 태양계에서 목성에 이어 2번째로 큰 행성인 토성土星은 본체가 마치 색동옷을 입은 듯 여러 색깔의 띠로 둘러져 있음은 물론, 주변에는 아름다운 고리가 감겨 있어, 보는 이로 하여금 그 신비스러움에 감탄을 금할 수 없게 한다.■그림 92 토성은 로마의 농사의 신인 '새터누스Saturnus'의 이름을 따서 새턴Saturn으로 불리게 되었다.

토성에 대한 본격적인 관찰은 1610년 갈릴레이Galilei에 의해 그가 만든 8배 배율을 가진 망원경으로 관측하여 토성에 귀 또는 손잡이가 있는 것을 알아냈다. 그 후 1655년 호이겐스Christiaan Huygens에 의해 고리로 확인되었으며, 가장 큰 위성인 타이탄Titan이 발견되었다. 1675년 카시니Giovanni D. Cassini는 고리가 사이에 간극gap을 가진 여러 개의 작은 고리들로 이루어진 것을 밝혀내고, 그중 가장

▼ 그림 92. 여러 색깔의 띠를 두르고 고리를 가진 토성은 태양계 행성 중 가장 아름다운 행성이며 지구의 95배나 되는 크기이다.

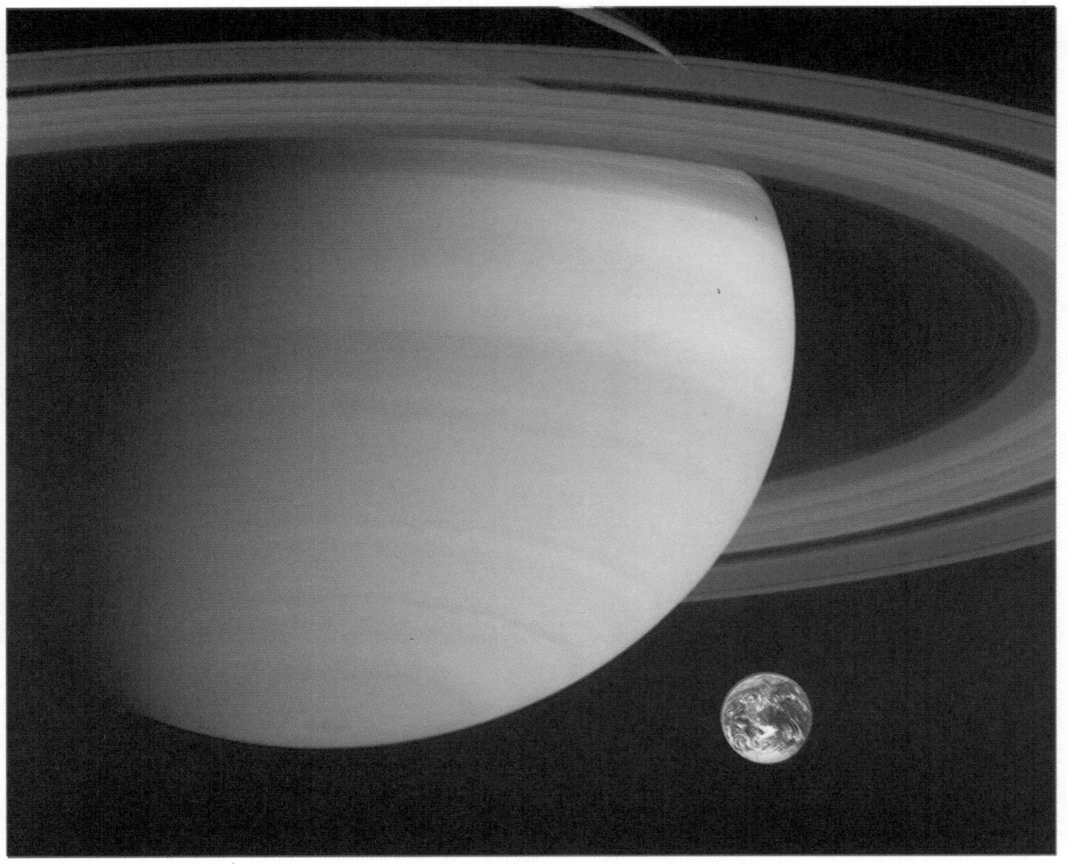

큰 간격은 나중에 그의 이름을 붙여 카시니 간극이라 불렀다. 1859년 맥스웰 James C. Maxwell은 토성의 고리는 단단하지 않거나 안정치 못하여 쪼개질 수 있다고 주장하면서 고리는 각기 독립적으로 토성을 공전하는 수많은 작은 입자들로 구성되었다고 제안하였는데, 이러한 맥스웰의 이론은 나중에 킬러James Keeler의 1895년 연구를 통해 사실로 확인되었다.

우주개발이 본격적으로 시작된 후에는 파이어니어 11호가 1979년 9월에 최초로 토성을 방문하였다. 2만km 토성 대기 가까이 접근하였으나 카메라 해상도가 낮아 토성 표면의 모습을 밝히는 데 실패하였다. 보이저 1, 2호가 각각 1980년 11월과 1981년 8월에 근접통과하면서 탐사 작업을 벌였다. 보이저 관측으로 비로소 토성의 표면과 고리 및 위성에 관한 고해상도 사진들을 얻게 되었다.

특히 토성의 가장 큰 위성인 타이탄에 근접통과하면서 타이탄 대기의 정보를 얻을 수 있었으나 카메라의 가시광선 영역 파장이 대기를 통과하지 못해 위성 표면에 대한 정보는 얻지 못했다. 마침내 2004년 7월 카시니-호이겐스 탐사선이 토성궤도에 진입함으로써 본격적인 토성 탐사가 수행되었다. 그리고 2004년 12월 25일 호이겐스 조사선이 타이탄 대기를 통과하여 이듬해 1월 14일 표면에 도착할 때까지 타이탄의 대기와 표면에 대한 데이터의 홍수를 지구로 쏟아내었다. 카시니는 2005년에도 타이탄과 다른 위성들에 대해 조사를 계속하였으며, 그 결과 나사는 2006년 3월 10일 토성의 위성인 엔셀라두스Enceladus의 간헐천에서 분출되는 액체 상태의 물을 발견하였다고 발표하였으며, 2006년 9월 20일에는 지금까지 발견되지 않았던 G고리와 E고리 안쪽과 가장 밝은 중심 고리 바깥 사이에서 새로운 고리를 발견하였다. 카시니는 2008년 7월까지 첫 4년간의 임무를 성공적으로 수행하였다.

▼ 그림 93. 토성의 내부 구조. 목성과 비슷하여 암석질 핵과 금속수소층, 액체수소층, 기체수소층의 순으로 구성된다.

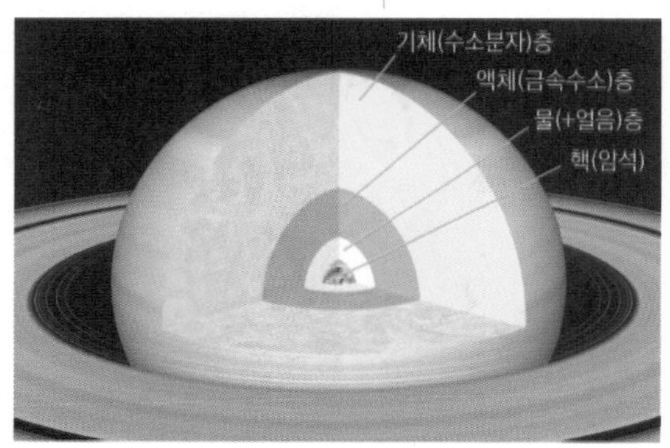

그후 카시니위성의 상태가 양호한 점을 고려하여 추가 임무가 부여되었는데, 2010년 9월까지 관측하게 된다. '카시니 분점 임무Cassini Eauinox mission' 라 명명된 이 탐사는 2009년 8월 이후 토성 북반구가 태양에 노출되면서 약 1년 동안 북반구의 계절 변화와 고리의 윗면 등을 관측하게 된다.

토성의 질량은 5.69×10^{26}kg으로 지구의 95배이

고, 적도 지름은 12만km로 지구의 9.45배이다. 토성은 크기와 질량에서 목성 다음으로 큰 행성이지만 밀도는 0.69g/cm³으로 태양을 포함해 태양계 모든 천체 중 가장 가볍다. 이는 물의 밀도보다도 작아 만약 물에 넣는다면 둥둥 뜰 정도이다. 토성의 1년은 29.46년이고 자전축은 공전축에 26.73도 기울어져 있는데 이 값은 지구 자전축의 기울기 23.45도와 비슷하다. 토성의 내부 구조는 목성과 비슷한데, 암석질 핵을 중심으로 물의 층과 액체의 금속성 수소가 둘러싸고 기체의 수소 분자층이 바깥을 이룬다. ■그림 93

토성을 망원경으로 보면 띠 두른 모습이 목성과 비슷하지만, 목성에 비해 토성의 띠가 훨씬 희미하고 적도 부근에서 폭이 훨씬 넓어진다. 대기의 화학 성분도 두 행성이 거의 비슷하여 93%의 수소와 약 5%의 헬륨으로 이루어지고 나머지 소량의 메탄0.2%, 수증기0.1% 외에 미량의 암모니아, 에탄, 포스핀PH_3 등이 포함되어 있다. 다만 토성 대기 상층부 온도가 목성보다 훨씬 낮은 −178℃이므로 대기 중의 암모니아는 결빙해 대부분 눈의 형태로 강하했고, 더 복잡한 분자의 형성도 이루어졌을 것으로 생각된다.

토성 대기의 유동 속도는 목성에서보다 훨씬 크다. 토성의 바람은 태양계에서 가장 강력한데, 보이저의 관측은 최고 초속 500 m의 동풍을 보여준다. 허블망원경이 찍은 사진에 의하면 지름 수천 km의 대백점이 나타나는데, ■그림 94-A 목성에서처럼 대기의 빠른 회전에 따른 동서풍에 의한 교란 현상으로 생각된다. 한편, 지구에서와 마찬가지로 토성의 양극 주변에서 오로라를 발생하는 것이 허블망원경에 의해 관찰되기도 하였다. ■그림 94-B

토성에서 가장 관심을 끄는 것은 고리ring이다. 토성의 고리는 1610년에 갈릴

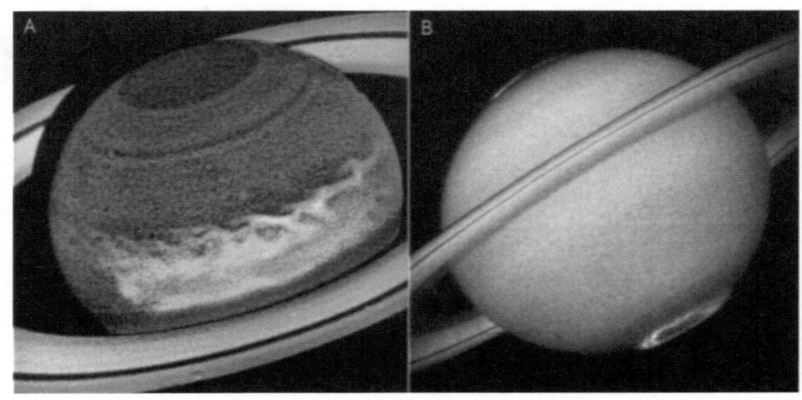

▶ 그림 94. 허블망원경이 찍은 토성 영상.
(A) 대백점. 목성의 대적점처럼 빠른 동서풍에 의한 대기의 교란 현상. (B) 오로라. 태양 활동이 토성에도 영향을 미쳐 양극지방 주위로 오로라가 동시에 발생하고 있다.

◀ 그림 95. 카시니가 포착한 태양일식 때의 토성 고리 모습(2006년 9월 15일). 밝은 배경으로 토성의 전 고리가 비교적 뚜렷하게 보인다. 왼쪽 박스 안은 고리의 확대 모습.

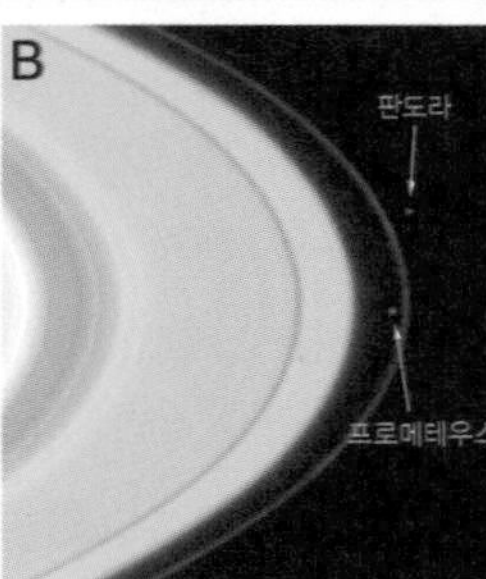

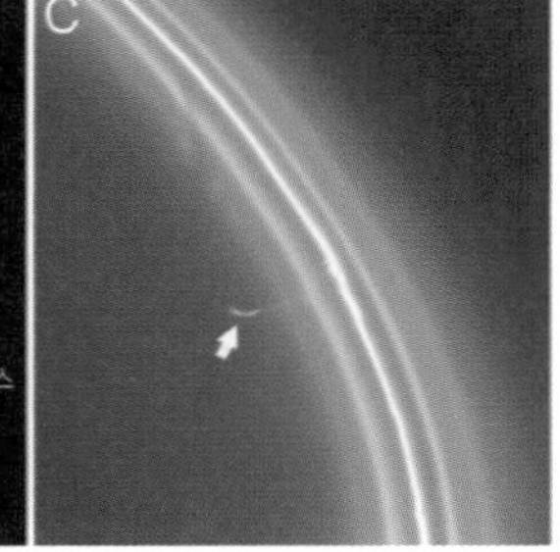

◀ 그림 96. 카시니가 보내온 토성 고리의 사진들(2004년 10월 29일 촬영). (A) A고리 내의 엔케 분리. 분리 내에 소형고리가 발견된다. (B) 가느다란 F고리의 모습. 양치기 위성(shepherd moon)인 프로메테우스(Prometheus)와 판도라(Pandora)가 고리 안팎으로 보인다. (C) F고리의 확대 사진. 프로메테우스 양치기 위성(화살표)이 작용하여 F고리는 5개의 고리 가닥이 꼬이고 매듭진 모습을 하고 있다.

레이가 최초로 발견하였다. 이 고리는 토성궤도면에 27° 기울어져 있으며, 약 30년 만에 한 번씩 태양의 둘레를 공전한다. 따라서 지구 상에서 토성을 관측하면 토성의 고리 형태가 끊임없이 변하는 것을 볼 수 있다. 고리의 폭은 토성의 적도로부터 6,630km에서 12만 7백km이며, 두께는 불과 1km에 지나지 않는다. 고리를 이루는 물질은 대부분이 얼음 입자들이며 소량의 규산염질 암석과 철산화물로 이루어져 있는데, 크기는 먼지 덩어리부터 소형 자동차까지 매우 다양하다. 토성의 고리는 균일하게 퍼져 있는 것이 아니라, 군데군데 틈이 있고 밝기의 정도도 서로 다르며, 둥근 띠처럼 늘어서 있다. 틈은 그 폭의 크기에 따라 넓은 것을 '분리division' 라 하고 좁은 것을 '간극gap' 이라 구분한다. 토성의 고리는 안쪽으로 부터 D, C, B, A, F, G, E의 7개로 구분된다.■그림 95 알파벳 순서가 다른 것은 발견된 순서대로 불렀기 때문인데, 지구에서도 똑똑히 보이는 것은 가장 크고 밝은 고리인 A고리폭 14,600km와 B고리폭 25,500km이다. A고리와 B고리의 사이에는 상당히 큰 틈이 있는데, 이는 발견한 사람의 이름을 따서 카시니 분리Cassini Division, 폭 4,700km라고 한다. 그리고 A고리의 안쪽에는 엥케 분리Encke Division,

325km가 있다. 보이저의 탐사에 의해 B고리 안쪽으로 토성 가까이에 희미한 2개의 고리인 D고리폭 7,500km와 C고리폭 17,500km를 발견하였으며, C고리에는 2개의 작은 틈인 콜롬보 간극Colombo Gap, 폭 100km과 맥스웰 간극Maxwell Gap, 폭 270km이 존재한다.■ 그림 95 카시니 관측에 의하면 간극 내에도 '소형 고리ringlet'가 존재하기도 하는데, 콜롬보 간극에는 타이탄 소형 고리Titan Ringlet가 존재한다. 카시니 분리는 과거 카시니 간극이라 불렸는데, 지구에서 보면 좁고 검은 빈 공간틈으로 보이지만, 보이저와 카시니 탐사선의 관측에 의하면 틈은 수많은 가는 고리들로 가득 차 있다. 고리 사이의 간극들은 토성의 하나 이상의 위성들의 인력에 의해 당겨져 생성된 것이며, 카시니 분리는 미마스Mimas 위성에 의해 그 공간의 모든 물질들이 청소된 것에 기인한다. 또한 분리에는 작은 간극이 들어 있기도 하는데, A고리에 존재하는 엔케 분리에는 희미한 킬링 간극Keeling Gap, 폭 35km이 바깥쪽으로 놓여 있으며, 카시니 관측에 의해 엔케 분리에는 최소한 3개의 소형 고리가 확인되었다.■ 그림 96-A A고리 바깥에는 가늘고 희미한 F고리폭 30~500km가 있다. 2004년에 카시니는 A고리와 F고리 사이에 2개의 새로운 고리를 발견하였다. 한편, 고리가 거느린또는 고리를 따라 도는 작은 위성을 '양치기 위성shepherd moon'이라 한다. F고리는 1979년에 발견되었는데, 고리 안팎으로 2개의 양치기 위성인 프로메테우스Prometheus와 판도라Pandora가 돌고 있다.■ 그림 96-B 카시니가 보내온 최근의 고해상도 사진에 의하면, F고리는 하나의 주 고리와 그 주위를 나선형으로 꼬인 여러 가닥의 고리로 이루어져 있다. 이는 프로메테우스의 인력이 주변의 물질들을 잡아당기듯이 F고리 내에서 꼬고 매듭을 만든 것임을 알 수 있다.■ 그림 96-C 2006년 카시니는 G고리폭 5,000km 안팎으로 두 개의 희미한 먼지 고리를 발견하였는데, 안쪽으로는 폭 5,000km의 야누스Janus와 에피메테우스Epimetheus 고리와 바깥으로는 폭 2,500km의 펠리니Pallene 고리이다.■ 그림 95 이들 고리는 각 위성들의 궤도가 차지하는 영역에 놓여 있다. 이들 먼지 입자들은 운석이 위성 표면에 충돌할 때 폭발로 분사되었다가 이들 위성 궤도를 돌면서 고리 형태로 분산된 것으로 보인다. 그 바깥으로 가장 폭이 넓은 E고리폭 302,000km가 놓여 있다.

▼ 그림 97. 토성 고리에서 관찰되는 방사상의 빗살무늬인 스포크(spoke). 토성 자기장과 같은 속도로 회전하며, 계절적으로 사라졌다 다시 나타난다.

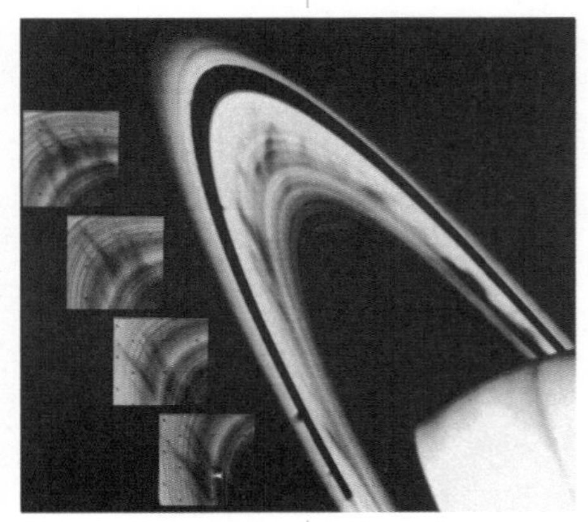

토성 고리의 또 다른 특징적인 모습은 고리를 가로지르는 방사상의 빗살무늬인데, 마치 수레바퀴의 살처럼 생겼

다 하여 '스포크spoke'라 부른다. ■그림 97 스포크는 1981년 보이저 2호에 의해 처음 관측되었는데, 토성의 자기장과 동조하여 같이 공전하기 때문에 토성의 전자기장의 상호작용 영향으로 추측하지만 아직 정확한 원인은 밝혀지지 않고 있다. 그 후 25년이 지나 스포크의 모습은 2005년 카시니 관측에 의해 다시 확인되었다. 스포크는 계절적인 현상으로 보이는데, 토성의 여름과 겨울에는 사라졌다가 봄과 가을에 다시 나타난다. 카시니가 2004년 초 토성에 도착하였을 때 스포크는 관찰되지 않았으며, 일부 과학자들은 스포크 생성 모델에 근거하여 2007년까지 다시 보이지 않을 것으로 추정하였다. 그럼에도 불구하고 카시니 탐사팀에서는 토성 고리에서 스포크를 찾는 노력을 계속했으며, 마침내 2005년 9월 5일 스포크는 다시 나타났다.

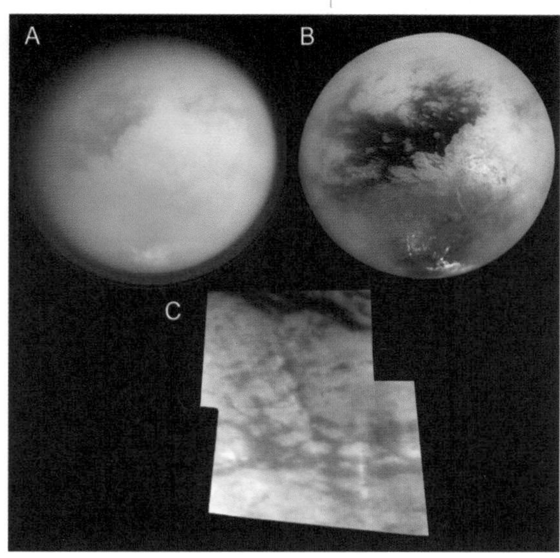

▲ 그림 98. 토성 최대의 위성 타이탄의 모습. (A) 대기와 표면의 모습. 오른쪽 오렌지색은 타이탄 상층대기의 탄화소수가 만드는 스모그. (B) 타이탄 표면은 밝고 어두운 영역으로 구분되는데, 가운데의 밝은 부분은 제나두(Xenadu)라 불리는 고원지대이다. 어두운 영역은 메탄(또는 에탄)의 바다로 보인다. (C) 타이탄 적도 바로 아래에 남동쪽으로 길게 발달한 산맥의 모습. 길이가 150km, 폭이 30km, 높이가 1.5km에 이르며, 구조운동으로 지표가 밀려 솟아오른 것으로 판단된다.

토성은 많은 위성들을 거느리고 있으나 토성 고리 내에 위치하면서 궤도를 돌고 있는 얼음 덩어리를 위성으로 판단할 정확한 기준이 확실치 않다. 따라서 고리 내의 큰 입자와 작은 위성 사이의 구별이 어렵다. 토성에서 확인된 위성 수는 2009년 현재 61개이며, 대부분의 크기가 매우 작다. 토성 위성 중 크기로 인해 두드러진 위성은 7개 정도이며, 가장 큰 것은 타이탄Titan인데 태양계에서 유일하게 농도가 짙은 대기를 가지고 있다. ■그림 98-A 타이탄은 크기가 5,150km로 달의 1.5배에 달할 뿐만 아니라 수성4,878km보다 커 그동안 태양계에서 가장 큰 위성의 지위를 갖고 있었으나 갈릴레오의 탐사 후, 목성의 가니메데직경 5,262km에게 1위 자리를 물려주었다.

타이탄은 호이겐스 조사선이 대기를 통과하여 표면에 착륙하면서 많은 새로운 사실들이 밝혀졌는데, 내부 구조는 큰 크기의 암석질 핵직경 3,400km과 여러 겹의 성질이 다른 얼음층으로 이루어졌다. 내부는 여전히 뜨거워 얼음 지각 아래로 액체 상태의 물과 암모니아의 혼합층이 존재한다. 대기는 98.4%의 질소와 나머지 1.6%는 메탄으로 이루어져 있으며, 기타 미량의 기체 성분으로 탄화수소에탄, 아세틸렌, 프로판, 메틸아세틸렌 등와 아르곤, 이산화탄소, 일산화탄소, 헬륨 등이다. 탄화

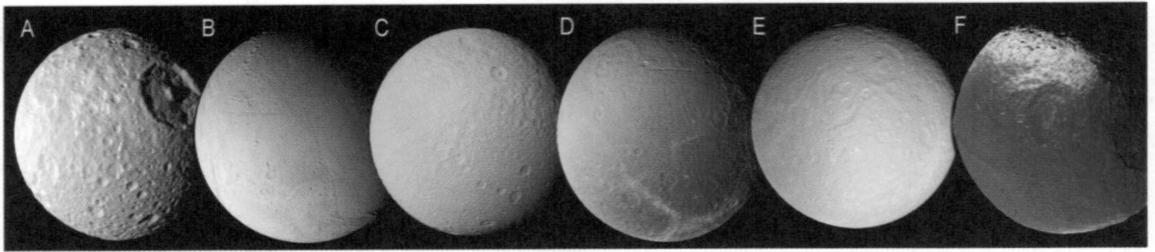

▲ 그림 99. 카시니탐사로 모습을 드러낸 토성의 6 위성들. (A) 미마스(Mimas), (B) 엔셀라두스(Enceladus), (C) 테티스(Tethys), (D) 다이오네(Dione), (E) 레아(Rhea), (F) 아이에페투스(Iape-tus)

수소는 타이탄의 상층대기를 구성하는데 이는 메탄이 태양의 자외선에 의해 파괴되어 생성된 것으로 두꺼운 오렌지색의 스모그를 형성한다. 호이겐스의 탐사에 의하면 타이탄에는 주기적으로 메탄의 비가 내리는 것으로 알려졌다. 타이탄의 지표는 상당히 평평하여, 조사된 지역에서는 고도의 차이가 50m 이내인 것으로 밝혀졌다. 타이탄의 표면은 밝은 영역과 어두운 영역으로 구분되는데, 오스트렐리아 정도의 크기를 가진 밝은 지역은 '제나두Xenadu' 라 불리는 고원지대이며, 같은 크기의 어두운 지역은 메탄이나 에탄의 바다로 생각된다.■ 그림 98-B 카시니 탐사는 아직 액체의 바다나 호수에 관한 뚜렷한 증거를 찾지 못했다. 이에 대해 과학자들은 카시니나 호이겐스가 조사한 시기가 타이탄의 건기에 해당되어 메탄의 호수또는 바다는 증발한 것으로 설명하기도 한다. 2006년 12월 12일 카시니가 보내온 사진에 의하면, 타이탄의 적도 남쪽에 북서에서 남동 방향으로 길게 발달한 산맥이 발달하고 있다.■ 그림 98-C 미국의 시에라네바다 산맥에 버금가는 규모로 길이가 150km에 이르고 폭은 약 30km 높이가 1.5km에 달한다. 이는 구조운동으로 표면이 솟아오른 것으로 판단하고 있다.

나머지 6개의 큰 위성은 미마스Mimas, 직경 400km, 엔셀라두스Enceladus, 직경 500km, 테티스Tethys, 직경 1,060km, 다이오네Dione, 직경 1,120km, 레아Rhea, 직경 1,530km, 아이에페투스Iapetus, 직경 1,440km이다. 카시니의 관측에 의하면 토성의 모든 위성은 주로 얼음으로 구성되어 있고, 표면은 많은 크레이터로 덮여 있어 위성이 생성된 직후 운석의 충돌이 많았던 것으로 생각된다.■ 그림 99 한 가지 흥미로운 점은 그림 99의 미마스 위성을 보면 영화 〈스타워즈〉에 나오는 그 유명한 제국군대의 '데스스타Death Star' 를 흡사하게 닮았는데, 물론 감독 조지 루카스는 미마스 위성의 모습이 밝혀지기 훨씬 이전에 상상으로 만들었다.

천왕성Uranus

태양으로부터 일곱 번째 행성인 천왕성天王星은 워낙 태양에서 멀리 떨어져 있

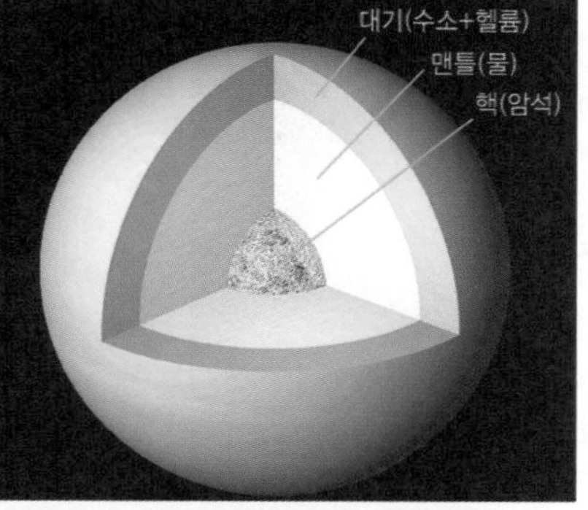

◀ 그림 100. 지구의 크기와 비교한 천왕성. 푸르게 보이는 천왕성은 유일하게 자전축이 누워 있는 특이한 행성이다.

◀◀ 그림 101. 천왕성의 내부 구조는 암석질의 핵을 물의 층이 둘러싸고 수소분자층이 표면을 이룬다.

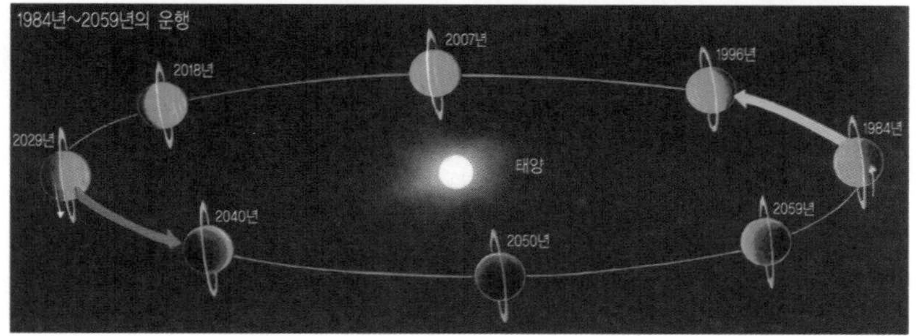

◀ 그림 102. 1984년부터 2059년간의 천왕성의 운행. 자전축이 누워 있는 천왕성은 공전할 때 태양을 바라보는 면이 변한다.

는 데다가 희미하기 때문에 1690년 이후 적어도 20번이나 관찰되었지만 행성으로 알려지지 못하였다. 1781년 3월 13일 영국의 위대한 천문학자인 허셀 경Sir William Herschel은 천왕성을 발견하고 우라누스Uranus 즉, 타이탄의 아버지이며 주피터의 할아버지의 이름을 따서 명명하였다.

그동안 천왕성은 크기가 아주 작고 희미하여 망원경으로도 관찰이 어려웠으나, 보이저 2호가 1985년 11월부터 탐사를 시작하여 1986년 1월 24일에는 81만 km 상공까지 접근하여 수천 장의 사진 촬영에 성공함으로써 많은 새로운 사실들을 알아냈다.■ 그림 100

천왕성의 적도 지름은 5만 1,118km로서 토성 지름의 반보다 조금 작고 목성 지름의 1/3 크기에 해당되지만 지구보다는 4.01배나 크다. 천왕성의 질량은 8.68 $\times 10^{25}$kg지구의 14.53배이며, 밀도는 1.32g/cm^3으로 목성의 밀도와 유사하다. 천왕성의 1년은 84.01년이고 자전 주기는 17시간 14분 24초이다. 천왕성의 대기 조성은 83%의 수소와 15%의 헬륨으로 구성되고 나머지 2%는 메탄1.99%과 암모니아0.01%이며 미량의 에틸렌과 아세틸렌이 포함된다. 내부 구조는 목성이나 토성처럼 암석의 핵을 가진 점에서는 유사하나 많은 부피를 차지하는 액체 금속수소층

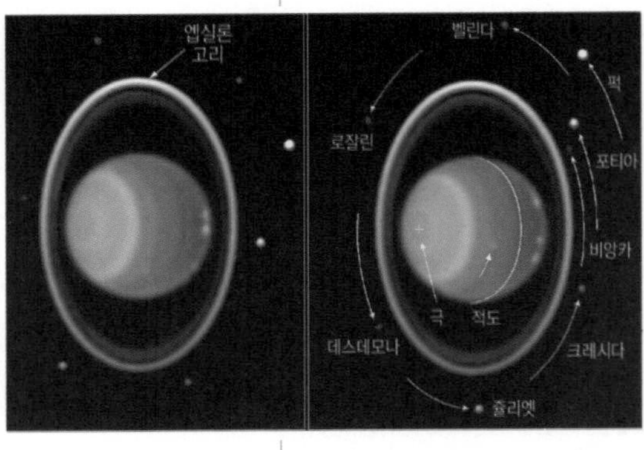

▲ 그림 103. 공전궤도가 누워 있는 천왕성. 3개월 전에 찍은 위치(왼쪽)에 비해 천왕성이 거느린 위성들이 누워 있는 자전축을 따라 반시계 방향으로 이동한 것을 보여준다(오른쪽), (1997년 7월 28일 허블우주망원경 촬영).

은 없으며, 대신에 물의 층이 둘러싸고 바깥의 수소 분자층에는 보다 무거운 원소인 산소, 탄소, 질소 등의 원소가 많이 포함되어 있다.■ 그림 101 천왕성이 녹색을 띠는 것은 대기 중의 메탄CH_4 때문이며, 북극 근처의 상층대기가 적갈색으로 다소 어둡게 보이는 것은 메탄과 아세틸렌 등의 탄화수소 분자가 집중돼 생기는 안개 때문인 것으로 생각되고 있다. 구름으로 덮여 있는 천왕성의 표면 온도는 약 −218℃이며, 평균적으로 −205℃이다.

우리의 관심을 끄는 천왕성의 가장 두드러진 특징은 극단적인 자전축의 경사인데, 자전축이 공전축에 정확히 97°55' 기울어져 있다. 따라서 다른 행성과는 달리 거의 누워서 자전하는 셈이다. 천왕성의 공전주기가 84년이니까 남극이 태양을 향한 시점에서 42년이 지나면 반대로 북극이 태양을 향하게 된다.■ 그림 102 보이저가 통과할 당시인 1986년 천왕성은 남극이 태양을 정면으로 향하고 있었으며, 2007년에는 태양이 천왕성의 적도 바로 위에 놓이게 된다. 1997년 허블이 3개월에 걸쳐 촬영한 영상에 의하면, 천왕성이 거느린 위성들이 누워 있는 자전축을 따라 반시계 방향으로 이동한 것을 보여준다.■ 그림 103 아직 천왕성의 자전축이 왜 누워 있는지에 대해 정확히 밝혀진 것은 없으나, 태양계가 생성될 당시 지구 크기의 원시 행성이 충돌하면서 자전축이 누운 것이 아닌가 추측하기도 한다. 이런 극단적인 자전축의 경사는 기후에 있어 극단적인 계절적 변화를 야기하는데, 보이저 2호가 근접통과할 당시, 목성과 토성이 보여주는 줄무늬 대기 패턴이 천왕성에서는 밋밋하고 희미하여 거의 보이지 않을 정도이지만 그림 103에서 보듯이 허블우주망원경HST의 1997년 관찰에 의하면 줄무늬가 보다 강력해지고 뚜렷하게 보인다.

천왕성은 희미한 고리 체계를 가지고 있는데, 대략 직경 수십 m 크기의 암흑 입자들로 구성되었으며 1977년 처음 발견된 후, 1986년 근접통과하는 보이저 2호에 의해 모두 10개의 고리가 확인되었다. 그 뒤, 허블우주망원경HST의 계속된 관찰로 2005년까지 고리가 13개로 늘었다. 2005년 12월 그동안 자세히 알려지지 않았던 가장 바깥의 2개의 고리가 기존의 고리보다 직경이 2배가 될 정도로 행성으로부터 멀리 떨어져 있는 것을 HST의 사진으로 확인하고, 2개의 고리를 별

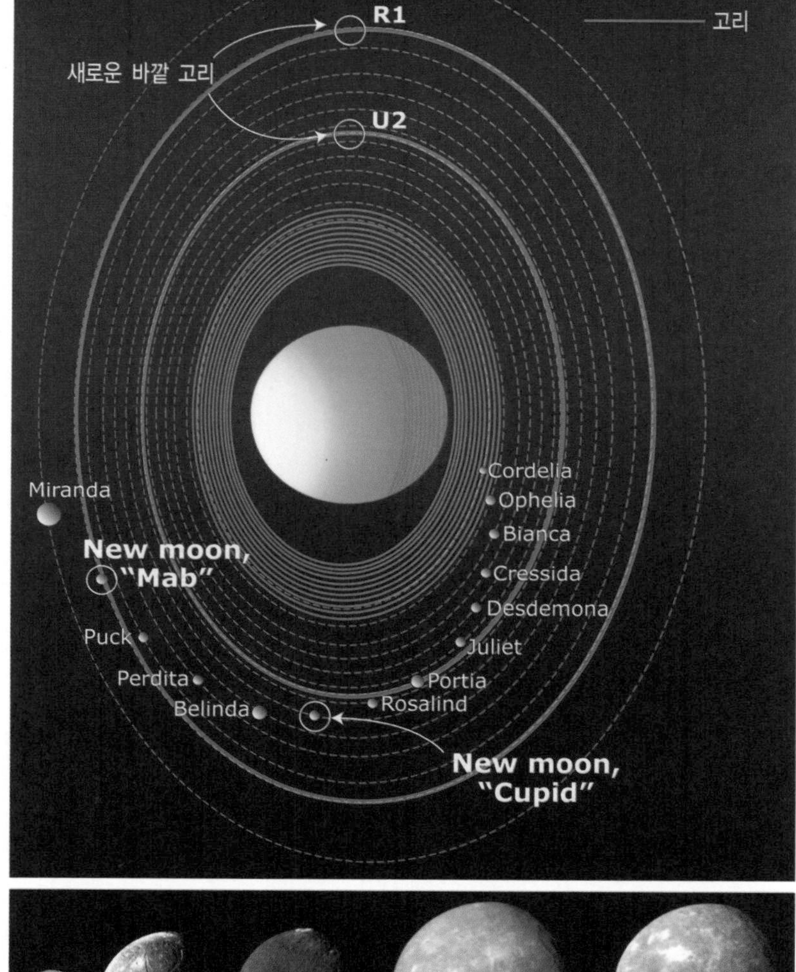

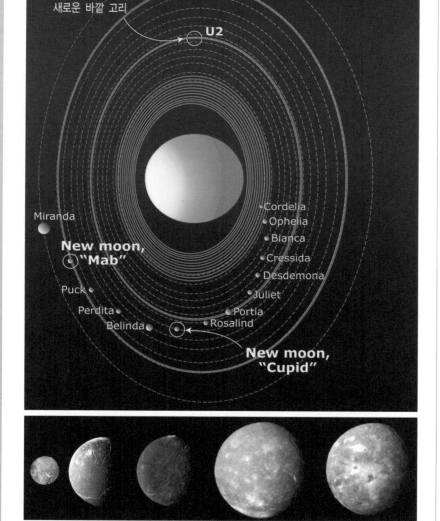

◀ 그림 104. 천왕성의 고리 체계. 모두 13개이며, 2005년 HST에 의해 새로운 바깥 고리 2개가 발견되고, 동시에 2개의 새로운 위성도 발견되었다.

◀ 그림 105. 천왕성의 주요 위성들. 왼쪽부터 미란다(Miranda), 아리엘(Ariel), 움브리엘(Umbriel), 타이타니아(Titania), 그리고 오베론(Oberon)의 모습.

도의 고리 체계로 구분하기도 한다.■ 그림 104 동시에 HST는 2개의 소형 위성들을 발견하였는데, 그중 하나는 새로 발견된 고리와 궤도를 공유하고 있는 것으로 밝혀졌다.

천왕성이 거느린 위성 수는 처음 허셜이 1787년 2개의 위성인 타이타니아

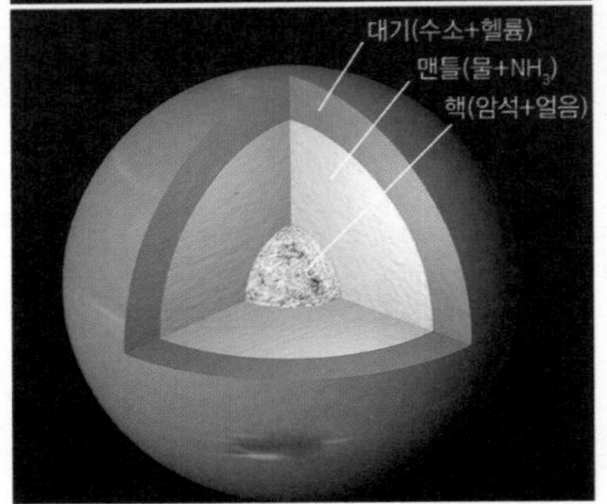

▲▲ 그림 106. 지구와 비교한, 푸르게 빛나는 해왕성. 흰 구름처럼 보이는 부분은 메탄과 암모니아 등이 언 것이며, 왼쪽 검게 보이는 것이 대흑점이다.

▲ 그림 107. 해왕성의 내부 구조. 천왕성과 비슷하며, 암석질의 핵과 물의 맨틀이 둘러싸고 수소 대기층으로 이루어져 있다.

Titania와 오베론Oberon을 발견한 이후 20세기 중반까지 5개였다. 보이저 탐사로 10개가 추가로 발견되었으며 그 뒤, 보이저 사진을 판독하던 중 1개 더 추가가 되었다. 현재 허블망원경의 도움으로 모두 27개의 위성이 발견되었다. 그중 주요한 5개 위성은 미란다Miranda, 직경 470km, 아리얼Ariel, 직경 1,160km, 움브리얼Umbriel, 직경 1,170km, 타이타니아Titania, 직경 1,580km, 오베론Oberon, 직경 1,520km. ■ 그림 105

해왕성Neptune

녹색과 푸른색의 진주라고 묘사되는 해왕성海王星은 천왕성과 크기와 질량 면에서 비슷해 쌍둥이 행성으로 알려져 있으나, 천왕성보다 푸른색이 더 영롱하다. ■ 그림 106 해왕성은 그리스신화에 나오는 새턴의 아들이자 해양의 지배자인 넵튠Neptune의 이름을 따서 명명되었다. 천왕성이 우연히 발견된 것과는 달리 해왕성은 1843년 영국의 수학자 애덤스John C. Adams와 1846년 프랑스의 과학자 르베리어Urbain LeVerrier에 의해 각기 행성들의 위치 계산을 통해 존재가 예견되어오다 1846년 독일의 갈레Johann G. Galle가 르베리어의 요청에 의해 탐사하던 중 같은 해 9월 23일 발견하였다. 실제 르베리어의 예측과는 불과 1°밖에 차이가 나지 않았고, 애덤스의 예측과도 단지 10° 정도 벗어났을 뿐이었다.

해왕성은 그동안 멀리 떨어져 있고 8등급으로 흐리기 때문에 상세한 모습이 가려져왔다가 보이저 2호가 1989년 8월 25일 12년간의 긴 항해 끝에 해왕성의 북극 상공 4,656km까지 접근하면서 비밀의 장막이 걷히게 되었다. 보이저는 해왕성의 위성인 트리톤을 자세히 관찰하고 대흑점Great Dark Spot과 2개의 고리를 발견하는 성과를 거두었다. 당시 해왕성의 신비한 모습을 처음 접한 나사NASA의 관계자들은 "2개의 밝은 고리를 두른 이 행성의 수줍은 자태는 마치 예술가가 만들어낸 아름다운 작품을 보는 듯하다"고 탄성을 올린 바 있다.

해왕성은 적도 지름이 4만 9,528km지구 지름의 3.88배로 태양계 행성 중 네 번째 큰 행성이며, 질량은 1.02×10^{26}kg으로 지구의 17.15배이다. 밀도는 1.64g/cm³인데 목성형 행성 중에서는 가장 큰 값이다. 궤도주기인 해왕성의 1년은 164.8년이고 보이저에 의해 밝혀진 정확한 자전주기는 16시간 6분 36초이다. 해왕성의 내

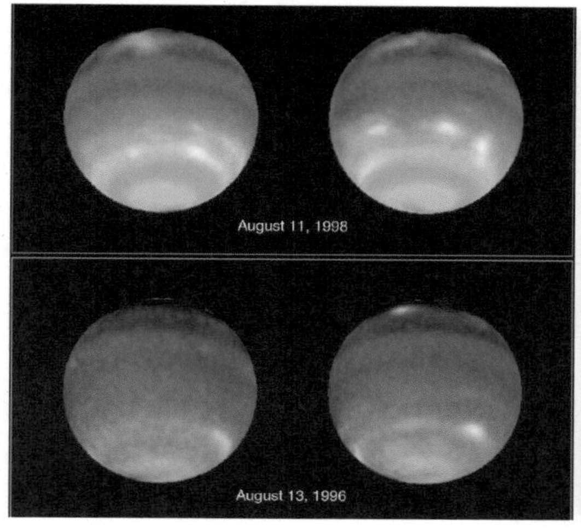

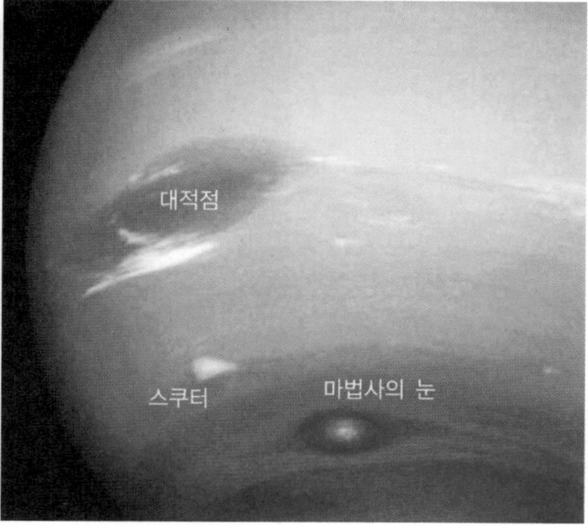

▲ 그림 108. 1998년 두 달간 관찰한 해왕성의 줄무늬 이동. 시속 1,448.37 km로 부는 강한 바람으로 동서줄무늬에 발달한 흰 구름 형태의 폭풍이 이동하고 있다.

◀ 그림 109. 해왕성의 격렬한 대기 활동. 거대한 소용돌이 폭풍인 대흑점(Great Dark Spot) 아래로 흰 구름 형태의 스쿠터(Scooter)와 마법사의 눈(Wizard's eye)이라 불리는 제2의 대흑점이 보인다.

부 구조는 천왕성과 비슷하다. 용융 상태의 암석과 금속으로 이루어진 핵은 물암석, 암모니아, 메탄 함유로 이루어진 맨틀로 둘러싸이고 고체의 표면은 없으며 80% 수소와 19% 헬륨으로 구성된 대기로 이루어져 있다.■ 그림 107 해왕성이 청록색으로 보이는 것은 대기 중의 메탄 때문이며, 상층대기는 희미한 구름의 띠를 나타내고 있다. 대기의 온도가 −218℃로 낮기 때문에 기체 상태의 메탄, 수소, 헬륨에 물과 암모니아의 얼음이 합쳐져 흰 구름 형태를 보여주기도 한다.

해왕성은 천왕성과 달리 기상적인 활동이 매우 활발하며 태양계에서 가장 빠른 속도시속 2,000km/h의 바람을 가진 격렬한 폭풍이 부는 특징이 있다. 1998년 허블우주망원경이 2달간에 걸쳐 관찰한 바에 따르면, 동서 줄무늬에 발달한 흰구름 형태의 폭풍이 시속 1,448.37km로 이동하고 있다.■ 그림 108 1989년 보이저에 의해 해왕성의 적도 부근에서 목성의 대적점과 유사한 소용돌이 폭풍인 대흑점또는 대암점이 직경 1만km로 거의 유라시아 대륙 크기만 하게 관찰되었다.■ 그림 109 그러나 1994년 11월 HST는 대적점을 보지 못했다. 대신에 대흑점과 비슷한 새로운 폭풍이 해왕성의 북반구에서 관찰되었다. 대흑점이 왜 사라졌는지 그 이유는 알려지지 않았으나, 많은 과학자들은 핵에서 전달된 열이 대기의 균형을 교란시켰으며 기존의 대기 순환을 깨트린 것으로 믿고 있다. 그림 109에서 보면, 대흑점 아래에 흰 구름 형태의 폭풍이 있는데 이를 '스쿠터Scooter'라 부르며, 그 아래로 일명 '마법사의 눈Wizard's eye'이라 불리는 제2의 대흑점이 있다.

해왕성은 희미한 고리 체계를 가지고 있는데, 몇 개의 뚜렷한 고리와 최외각

▶ 그림 110. 해왕성에서 가장 바깥에 놓인 애덤스(Adams) 고리와 르비에르(LeVerrier) 고리의 모습. 애덤스 고리에는 자유(Liberty), 평등(Equality), 박애(Fraternity)라 불리는 3개의 호(arcs)가 포함되어 있다(1989년 8월 보이저 2호 촬영).

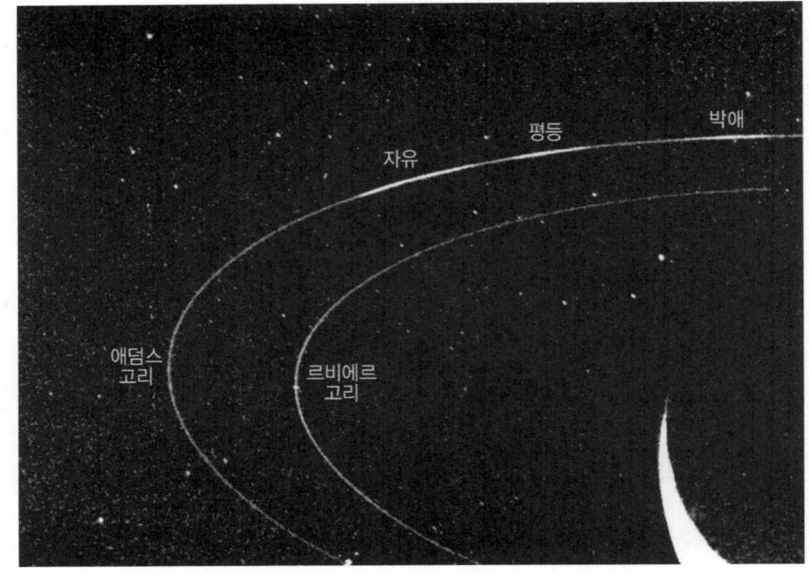

고리에 존재하는 특이한 형태의 '호弧, arcs'로 이루어져 있다. 완전한 고리는 현재 6개로 그중 제일 안쪽 고리인 갈레Galle, 폭 2,000km와 4번째 고리인 라셀Lassel, 폭 4,000km은 뚜렷하며, 가장 바깥에 놓인 고리가 애덤스Adams, 폭 50km이다. 가장 특징적인 고리는 바로 애덤스 고리인데, 4~10°의 각을 가진 4개의 호를 포함하고 있는데, 주변 고리보다 훨씬 밝으며, 불투명한 모습을 보여준다.■ 그림 110 3개의 뚜렷한 호는 앞에서부터 자유Liberty, 호각 10~8°, 평등Equality, 호각 5~8°, 박애Fraternity, 호각 4°라 불리는데 유명한 프랑스혁명의 이념에 따라 붙여졌다. 나머지 한 개는 용기Courage, 호각 2~4°라 불린다. 이들 호들은 서로 모여 있으며, 전체를 펼치면 각도가 40°에 이른다.

▼ 그림 111. 해왕성 최대의 위성 트리톤. 거대한 남극관을 가지고 있으며, 북쪽에는 멜론 껍질과 같은 줄무늬가 발달해 있다.

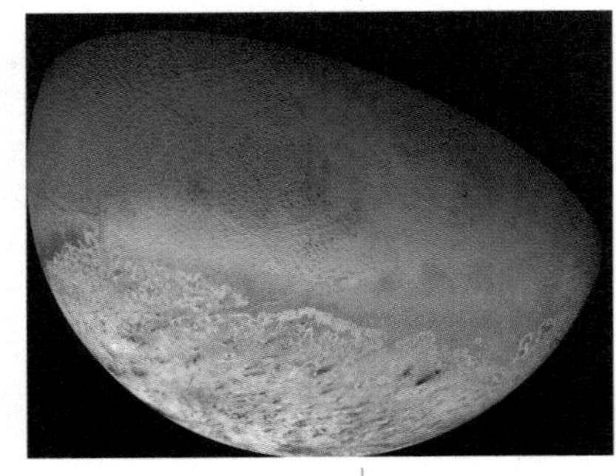

해왕성의 알려진 위성은 모두 13개인데, 가장 큰 것은 트리톤Triton이다. 트리톤은 해왕성이 발견된 지 바로 17일 후에 라셀에 의해 발견되었다. 대부분의 위성과는 달리 자전축과 공전 방향이 반대인 역행 위성이며, 표면 지형이 상당히 복잡하다. 거대한 남극관을 가지고 있으며 북쪽은 멜론 껍질과 같은 불규칙한 줄무늬를 가지고 있다.■ 그림 111 극관 주위에서는 질소 가스의 분연을 뿜는 화산이 많이 존재하는 것이 보이저의 사진에서 밝혀졌다. 트리톤은 태양계에서 가장 차가운 물체표면 온도 −235℃로 알려져 있다.

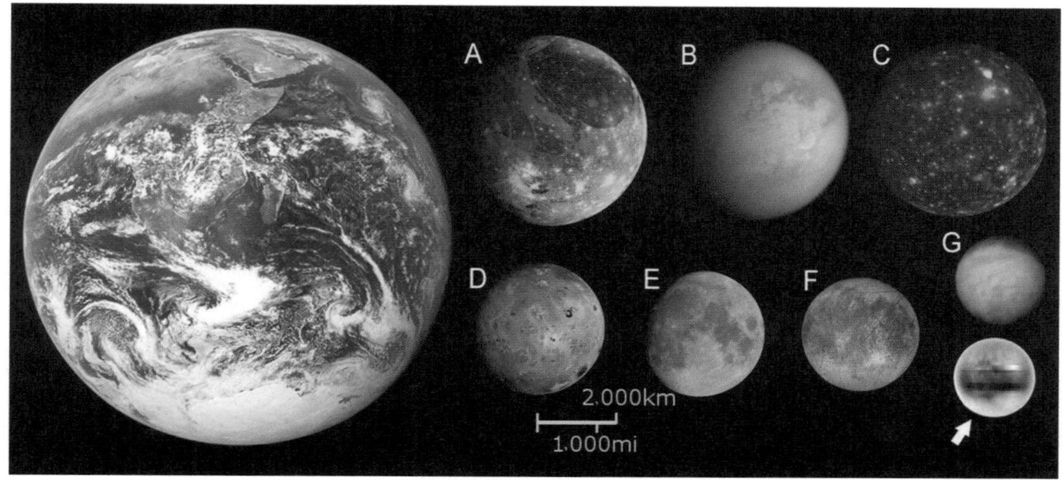

▲ 그림 112. 지구 및 태양계 위성과 비교한 명왕성(화살표). 명왕성보다 큰 태양계 위성만 7개이다. (A) 가니메데, (B) 타이탄, (C) 칼리스토, (D) 이오, (E) 달, (F) 유로파, (G) 트리톤.

왜소행성 명왕성Pluto

태양계에서 가장 먼 '왜소행성dwarf planet' 명왕성冥王星은 2006년 소행성 134340의 명칭을 부여받았다. 1916년 미국의 천문학자인 로웰에 의해 예언되어 오다 톰보C. Tombaugh에 의해 1930년 발견되었으며 태양계의 9번째 행성으로 간주되어 '지하 세계의 신' 이름을 따서 플루토Pluto라 명명됐다. 그러나 20세기 후반과 21세기 초반에 걸쳐 외태양계outer solar system에 명왕성과 유사한 소천체들이 많이 발견되었으며, 2006년 8월 국제천문학연맹IAU은 행성의 정의를 새롭게 내리면서 명왕성, 케레스Ceres, 제나Xena를 왜소행성이라 분류하였다. 명왕성은 해왕성 횡단 물체TNOs, trans-Neptunian objects라는 새로운 범주로도 분류되었다.

명왕성은 워낙 흐리게 나타나고 또 아직 어떤 우주선도 이 멀고 작은 왜소행성을 근접탐사한 일이 없으므로 우리는 이 왜소행성에 관해서 아는 것이 많지 않다. 그러나 그동안 알려진 사실로 볼 때, 명왕성은 궤도와 물리적 성질에 있어 대부분의 태양계 행성들이 갖고 있는 공통성을 벗어나 있는데, 일부 학자들은 명왕성이 태초에 해왕성의 위성이었다가 떨어져 나온 것이거나, 혜성이었다가 궤도가 변한 것이라고 주장하고 있다.

명왕성은 질량이 지구의 0.26%인 1.5×10^{22}kg이며, 달 질량의 1/4에도 미치지 못한다. 크기는 최근 허블의 관측으로 지름이 2,274km정도로 지구의 달지름

▶ 그림 113. 명왕성이 탈락되면서 태양의 행성들은 수·금·지·화·목·토·천·해, 8개이다.

명왕성의 행성 지위 박탈

태양계 행성은 수·금·지·화·목·토·천·해 8개, 명왕성은 탈락! ■ 그림 113

2006년 8월 24일 체코 프라하에서 개최되었던 26차 국제천문학연맹IAU, International Astronomical Union 총회에서 명왕성은 태양계 행성에서 제외되는 비운을 맞게 되었다. 실제 명왕성Pluto은 1930년 발견된 이래 소행성에 불과하다는 주장이 끊임없이 제기되어왔다. 이미 밝혔듯이, 타 행성들에 비해 크기, 공전궤도, 질량, 그리고 거느린 위성까지 여러 가지 면에서 너무 다르기 때문이다. 명왕성이 본격적인 논란의 대상이 된 것은 2003년 발견된 소천체 '2003UB313' 때문이다. 허블우주망원경 관측 결과 그리스신화의 여전사 '제나Xena'로 명명된 이 천체는 지름이 3,000㎞로 명왕성보다 더 큰 것으로 밝혀졌다. 역시 명왕성과 같이 카이퍼벨트에 속하고 공전궤도도 비슷했다. 때문에 명왕성보다 큰 제나를 행성에 포함시키느냐, 아니면 명왕성마저 행성 지위에서 제외하느냐는 문제를 IAU는 전체 총회에 안건으로 올리게 되었다.

IAU 총회에서 결의한 새로운 행성 정의에 따르면 ① 태양을 돌며, ② 구형에 가까운 모양을 유지할 수 있는 질량이 있어야 하며, ③ 궤도 주변에서 지배적인 천체이다. ①과 ② 조건만을 만족시키면 '왜소행성dwarf planet'이며, ① 조건만 만족시키는 경우를 '태양계 소천체small solar system bodies'로 구분하고 있다. 이번 결의안에 새롭게 추가한 세 번째 정의인 '궤도 주변에서 지배적인 천체clear the neighborhood around its orbit'란 무슨 뜻일까? 알다시피, 행성들은 생성 당시 무수히 많은 소천체들이 일정한 궤도를 이룬다. 이들은 돌면서 서로 충돌·합체하여 어느 정도 크기로 성장하고 그 후 자체 중력으로 주변의 물체들을 끌어당겨 점점 더 커지게 되고 나중에는 궤도를 혼자서 지배하게 된다. 즉, 주변의 소천체들을 청소하여 궤도에 혼자 행성으로 남는다는 뜻이다. 명왕성은 해왕성과 일부 궤도가 겹치게 되어 지배적 위치를 잃어버리게 되므로 ③ 조건을 충족시키지 못하게 되었다. 따라서 명왕성을 왜소행성이라 하고 '해왕성 횡단 물체Trans-Neptunian Objects' 라는 새로운 범주로 인식하였다.

행성 지위를 박탈당한 명왕성은 국제소행성센터MPC로부터 '소행성 134340' 이라는 새 공식 명칭이 부여됐다. MPC는 이와 함께 명왕성의 세 위성 카론과 닉스, 히드라를 각각 134340 I, II, III으로 재명명했다고 발표했다. 현재 MPC가 인정하는 소행성은 13만 6,563개이며 이 가운데 명왕성을 비롯한 2,224개는 최근 추가됐으며, 명왕성의 행성 지위 논란을 불러일으킨 소행성 2003UB313(일명 제나)은 136199로, 최근 발견된 카이퍼 벨트 천체 2003EL61과 2005FY9는 각각 136108과 136472로 명명됐다. 한편, MPC는 별도 성명에서 명왕성을 비롯하여, 해왕성 바깥에서 발견된 대형 천체들에 영구적인 소행성 번호가 매겨졌다 해서 이 천체들이 2개의 명칭을 갖지 못하게 되는 것은 아니라고 밝혔다.

이번 26차 IAU 총회 결의안에 따라 그동안 논란이 되었던 태양계 행성은 명왕성을 뺀 8개가 되었다. 그러나 새로운 탐사와 그로 인해 새로운 사실들이 밝혀질 때마다 우리들의 지식이 바뀌어왔던 점을 상기한다면 이 또한 최종적인 결론이 아닐 수도 있다. 2006년 1월 19일 미국항공우주국NASA은 새로운 탐사선을 발사하였는데, 명왕성과 카론, 그리고 카이퍼벨트 탐사를 위해 '뉴호라이즌호'가 2015년 7월 도착예정으로 힘차게 날고 있다. 어쩌면 2015년 이후 태양계 외행성들outer solar system planets에 관해 새로운 사실들이 밝혀진다면 태양계 행성들의 숫자는 12개, 아니 20개가 넘을지도 모른다. 우리가 뉴호라이즌호가 보내올 자료에 관심을 기울이는 것도 이 때문이다.

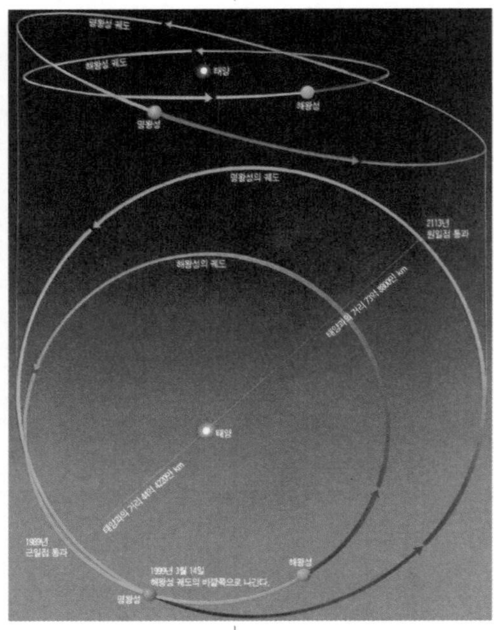

▲ 그림 114. 타원을 그리는 명왕성의 공전궤도. 일부 구간에서는 해왕성 안쪽을 돌아 8번째 행성이 되기도 한다.

3,476km보다도 작고, 명왕성보다 큰 태양계 위성들만 7개나 된다.■ 그림 112 밀도는 2.03g/cm³이며 외행성 중 가장 큰 값을 갖는다.

공전 주기가 244.7년인 명왕성의 공전궤도는 다른 행성들의 궤도가 동일 평면상에 놓이는 것과는 달리 상당히 찌그러진 타원이고 황도면과의 기울기가 상당히 크다. 타원의 궤도이기 때문에 태양과 가장 가까울 때는 거리가 29.7AU이고 가장 멀 때는 49.3AU로 명왕성은 일부 구간에서 해왕성 안쪽으로 들어와 임시로 여덟 번째 행성 노릇을 하기도 한다.■ 그림 114 명왕성의 유일한 위성인 카론Charon은 직경이 약 1,172km로서 명왕성의 반을 조금 넘어 위성이라기보다 오히려 형제 행성처럼 보인다. 또한 서로가 서로를 도는 이중 행성의 형태를 취하고 있다.

사라진 공룡

어린아이들에게 가장 좋아하는 장난감 하나를 집으라고 하면 대부분 공룡 모습의 인형을 선택한다. 인형처럼 작은 공룡은 무섭기는커녕 그 기이한 생김새로 인해 우스꽝스러워 보이기 때문에 아이들은 공룡에 강한 호기심을 느낀다.

이와 같이 어린이들의 장난감이던 공룡이 1990년대 들어와 많은 사람들의 새로운 관심을 끌기 시작하였다. 1992년은 미국이 정한 '공룡의 해'로서 공룡에 대한 전시회와 자료가 많이 소개되고, 공룡에 대한 많은 발견이 이루어짐으로써 새로운 사실들이 속속 밝혀졌다. 한편, 우연히 이 해에 발표된 공룡을 소재로 한 마이클 크리튼의 베스트 셀러 『쥬라기 공원Jurassic Park』은 유전공학으로 과거의 멸종된 동물을 현대에 되살리는 발상을 하여 공룡을 현실로 끌어내게 되었는데, 흥행의 귀재 스티븐 스필버그 감독의 동명의 영화가 1993년도에, 그리고 1997년 속편 〈잃어버린 세계The Lost World〉,■ 그림 115 그리고 2001년 〈쥬라기공원〉 3편까지 수많은 공룡을 등장시켜 관심을 불러일으켰다. 영국 BBC나 미국의 디스커버리 채널 등에서도 공룡과 관련한 다양한 다큐멘터리를 컴퓨터 그래픽을 이용하여 매우 사실적으로 제작함으로써 공룡은 새삼 현대에 되살아나고 있다. 최근 우리나라에서도 "한반도의 공룡"이란 제목의 다큐멘터리가 EBS에 의해 제작되어 EBS 제작 다큐멘터리 중 최고의 시청률을 기록하기도 했다.

▲ 그림 115. 〈쥬라기 공원〉 속편인 〈잃어버린 세계〉의 한 장면. 두 마리의 랩터가 실제 존재하는 것 같은 사실감이 돋보인다.

고생대가 끝나면서 출현하여 중생대의 1억 6천5백만 년 동안 육상에서, 하늘에서, 그리고 바다에서 지구의 왕자로서 군림하였던 거대한 공룡은 신생대가 시작되는 6천5백만 년 전에 일시에 멸종하였다.

불과 100년 전만 하더라도 거대한 몸집을 가진 공룡이 한때 지구에 존재하였

▶ 그림 116. 한때 지구상에 공룡이 살았던 흔적으로 화석이라 부른다. (A) 골격 화석, (B) 알 화석, (C) 흔적화석인 공룡의 발자국 화석.

으리라곤 아무도 생각지 않았으나 속속 발견되는 공룡의 뼈 화석fossil으로부터 조립된 골격에서 드러나는 거대한 형상은 놀랍다 못해 경이롭기까지 하며, 그들의 발자국이나 배설물 등흔적화석에서 공룡들의 생태가 구체적으로 밝혀졌다.■그림 116 그래서 이들이 한때 번성하여 지구를 지배하고 있었다는 사실이 엄연한 현실로 받아들여지게 되었으며, 더불어 이들이 일시에 멸종하였다는 사실은 매우 충격적이었다.

멸종滅種, Extinction이란 말 그대로 생물의 한 종種의 마지막을 뜻한다. 지구의 긴 역사를 살펴보면 수많은 생명종들이 탄생하여 환경의 변화에 적응하거나, 또는 변화되거나 도태되면서 오늘날에 이르고 있다. 바로 찰스 다윈Charles Darwin은 그의 저서 『종의 기원Origin of species, 1859』에서 자연선택으로 설명하고 있다. 그러나 한때 번성했던 생물이 일시에 전부가 멸종하는 일은 이와 같은 과정으로 설명되지 않는다.

최근에 밝혀진 바에 따르면, 이러한 일시의 대량 멸종은 지질시대를 통틀어 여러 차례 반복된 것이 확인되고 있다. 화석에 의해 분류된 상대적 연령을 의미하는 각 지질시대는 바로 그 해당 시대의 생물의 번성과 멸종을 의미하는 것이다. 예를 들어, 고생대를 대표하는 삼엽충은 고생대가 끝나면서 멸종하였고, 공룡은 중생대를 대표하여 단지 중생대에만 번성하였다. 이와 같은 대량 멸종에 대하여 19세기의 과학자들은 '격변설catastrophism' 이라는 이론으로 설명하고 있다. 그리하여 대멸종을 자연선택에 의한 도태가 아니라 어떤 극단적인 충격에 의한 대격변으로 설명하는 것이다. 최근 운석 충돌에 의한 공룡 멸망에 관한 여러 증거가 밝혀지고 있어 그와 같은 이론을 더욱 뒷받침해주고 있다.

여기서는 그동안 발견된 공룡의 뼈 화석과 흔적화석으로 밝혀진 공룡의 모습과 생태를 살펴보고, 공룡이 일시에 멸망하게 된 원인에 대하여 알아보고자 한다.

▲ 그림 117. 중생대에 번성했던 다양한 공룡들. (A) 육지에 사는 공룡, (B) 하늘을 나는 익룡, (C) 바다에 사는 어룡과 수장룡.

공룡이란?

화석 뼈의 발견으로 처음 존재가 알려진 동물로서 놀랄만한 거대한 몸집을 소유한 공룡다이노서, Dinosaurs은 현재 알고 있는 어떤 종류의 동물과도 다른 화석 파충류라는 점에서 '무서운 도마뱀라틴어로서 dino=terrible과 sauria=lizard의 합성어' 이라고 명명되었다. 최근까지 공룡은 527종이 확인되었으며 모두 1,844종이 존재하였을 것으로 믿고 있다. 그들은 육지의 공룡 외에도 하늘을 나는 익룡이나 바다의 수장룡, 어룡 등이 있다. ■ 그림 117

공룡은 크게 용반목Saurischia과 조반목Ornithischia으로 나뉘는데 골반의 형태로 분류된다. ■ 그림 118 용반목은 도마뱀형 골반으로 장골, 치골, 좌골이 각각 세 방향을 가리키는 반면, 조반목은 새鳥의 그것처럼 치골이 좌골과 평행하여 뒤쪽을 향

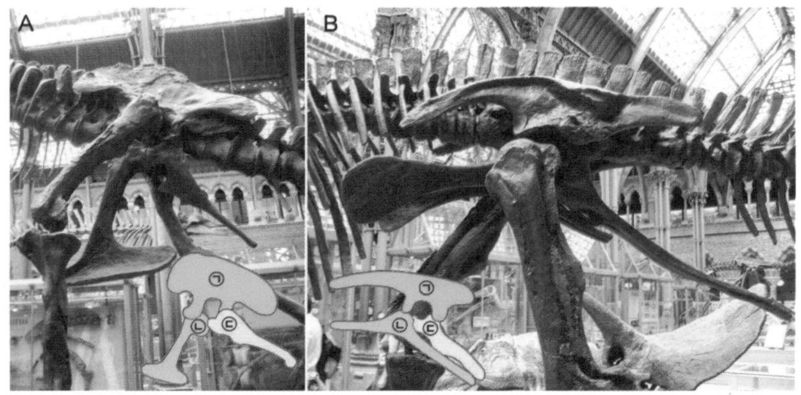

◀ 그림 118. 골반의 형태에 따라 용반목(A)과 조반목(B)으로 나뉜다. ㉠ 장골(腸骨), ㉡ 치골(恥骨), ㉢ 좌골(坐骨).

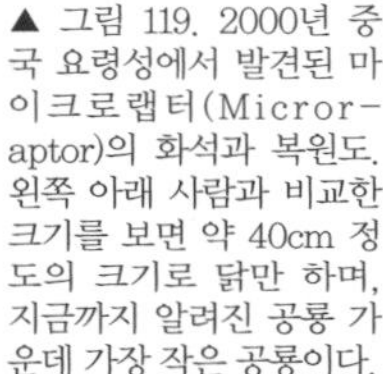
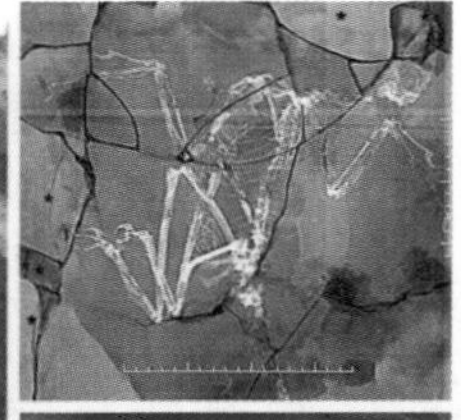

▲ 그림 119. 2000년 중국 요령성에서 발견된 마이크로랩터(Microraptor)의 화석과 복원도. 왼쪽 아래 사람과 비교한 크기를 보면 약 40cm 정도의 크기로 닭만 하며, 지금까지 알려진 공룡 가운데 가장 작은 공룡이다.

하고 있다.

공룡시대의 환경은 중생대가 판구조 운동의 시작기인 점을 감안하면, 히말라야 같은 대형 산맥이 생기기 전으로 대륙은 평탄하거나 낮은 산악이었을 것이며, 백악기에 화산활동이 활발하였던 점을 감안하면, 온실효과에 의해 기후는 상당히 따뜻했을 것이다.

이름처럼 공룡은 몸집이 큰 것으로 알려져 있다. 육식공룡은 6~15m 사이로 비교적 작은 반면, 초식성은 몹시 커서 수십 m에 이르기도 한다. 지금까지 발견된 최대 크기의 공룡은 울트라사우루스Utrasaurus로 알려져왔으나, 1986년 8월 뉴멕시코에서 발견된 세이스모사우루스Seismosaurus, '지진룡' 이라는 뜻으로, 너무나 크기 때문에 걸으면 쿵쿵하고 지진이 일어난 것처럼 땅이 울렸을 것으로 상상되어 붙여진 이름인데 길이가 약 50m 정도로 알려졌다. 한편, 공룡이라면 '거대' 하다는 이미지를 가지고 있지만 의외로 작은 것도 있어 콤프소그나투스라는 공룡은 닭 정도의 크기로 길이 60cm에 몸무게 3kg 정도로 알려져 있으며 2000년 중국 요령성에서 발견된 마이크로랩터Microraptor는 불과 40cm에 불과하며, 현재까지 알려진 공룡 중에서 가장 작다.■ 그림 119

공룡의 보행

공룡의 두드러진 특징 중의 하나가 사지四肢의 구조이다. 현재의 대표적인 파충류인 악어나 도마뱀의 다리는 팔꿈치나 무릎이 몸통 옆으로 튀어나와 '기어 다니는 형' 이거나 반직립형이다. 그러나 공룡은 포유류와 조류처럼 다리가 몸통 바로 밑에 있는 직립형이다. 따라서 효율적으로 걸었을 것으로 추정된다.

현재 흔적화석으로 공룡의 발자국은 공룡의 종류, 크기, 주행이나 보행의 속도, 자세, 걷는 방식 등을 알 수 있는 직접적인 증거로 중요한 의미를 갖는다. 발자국 화석에 의하면 공룡은 2족 보행하는 것과 4족 보행하는 것으로 나타나고 있다. 대체로 몸집이 큰 초식공룡은 4족 보행이 우세하며, 몸집이 작거나 민첩하게 움직이는 육식공룡들은 2족 보행이 많다. 공룡의 계통도를 보면 초기 조반류에서 진화된 공룡들은 거의 4족 보행인 데 반해, 용반류에서 진화된 공룡은 4족 보행과 2족 보행 모두 있으나 2족 보행이 우세하다.■ 그림 120

현재의 파충류들을 생각해보면, 특히 현존하는 동물 중 가장 공룡의 모습을 많이 가지고 있는 이구아노돈이나 악어의 경우 움직임이 매우 느리다. 공룡도

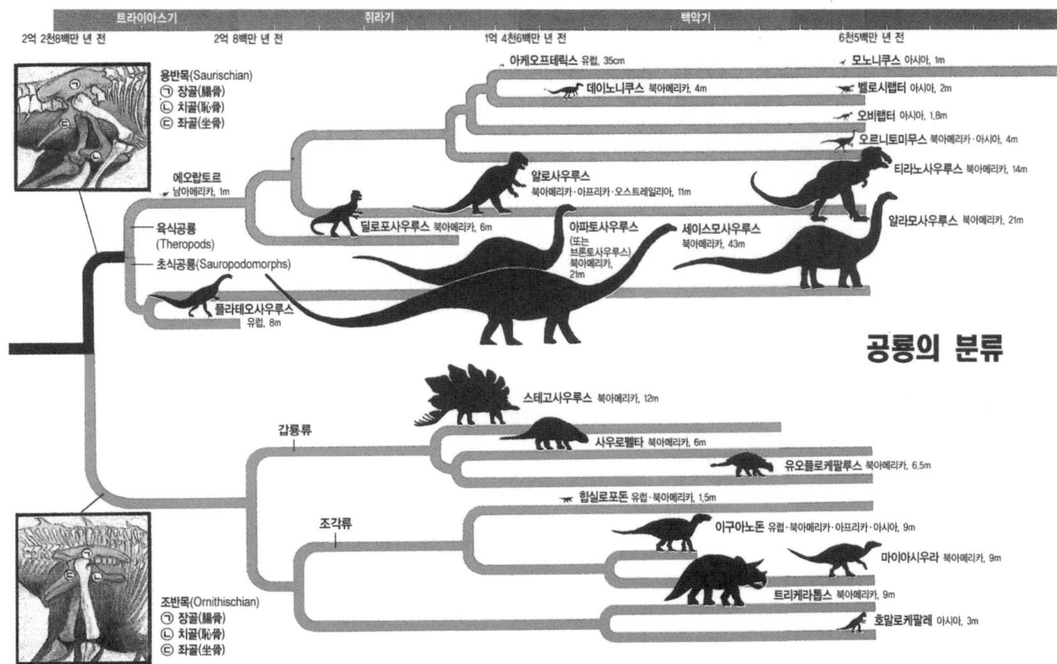

▲ 그림 120. 공룡의 진화 계통도. 중생대를 지배했던 공룡은 조반목과 용반목으로 나뉜다. 조반목은 주로 4족 보행으로 초식성이며, 용반목은 4족 보행의 초식성과 2족 보행의 육식성이 모두 존재하나 2족 보행이 우세하다. 이들 번성했던 공룡들은 중생대가 끝나면서 일시에 멸종하였다.

일반적으로 큰 몸집에 매우 느릴 것으로 생각되는데, 공룡의 보폭에서 보행 속도를 추정해보면 느린 것은 시속 6~8 km, 빠른 것은 25~30km 정도이다. 이들 속도는 각각 어른이 빨리 걸을 때와 자전거로 빨리 달릴 때의 속도에 해당된다. 빠른 보행을 나타내는 공룡의 예로서 〈쥬라기공원〉 1, 2편의 주인공으로 우리에게 친숙한 벨로시랩터Velociraptor는 시속 60km, 갈리미무스는 시속 75km의 속도로 달린 것으로 조사되었다.■ 그림 121

▼ 그림 121. 시속 75 km의 빠른 속도로 달리는 갈리미무스는 벨로시랩터와 더불어 공룡 중에서 가장 빠르다.

공룡의 먹이 습성

공룡은 먹이 습성에 따라 초식성Herbivores과 육식성Carnivores 및 잡식성Omnivores으로 나뉜다. 대체로 몸집이 커서 행동이 둔하고 4족 보행을 하는 공룡들은 초식성이며, 몸집이 작아 민첩하게 행동할 수 있고 2족 보행으로 보행 속도가 빠른 공룡들은 육식성으로 알려져 있다.

초식성 공룡들의 먹이로는 쥐라기와 백악기 초기까지의 식물이 양치식물과 겉씨식물뿐이다.■ 그림 122 따라서 즙이 많고 일 년 내내 열매를 맺는 베네티테스류의 식물은 당시 용각류나 검룡들의 좋은 먹이였으며, 그 밖의 양치

식물의 어린잎도 맛있고 부드러운 먹이였다. 백악기 말에는 꽃을 피우고 열매와 꿀이 있는 속씨식물로 진화하여 영양가 있는 속씨식물이 먹이가 되면서 공룡도 진화하여간 것이 오리너구리공룡, 각룡, 곡룡 등이다.

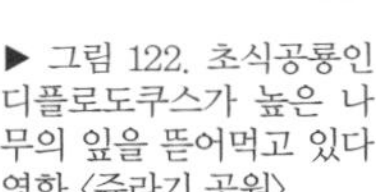

▶ 그림 122. 초식공룡인 디플로도쿠스가 높은 나무의 잎을 뜯어먹고 있다 영화 〈쥬라기 공원〉

▲ 그림 123. 육식공룡 티라노사우루스(폭군룡)가 빠른 속도로 먹이를 덮치고 있다.

이들 초식공룡의 이빨은 원뿔 모양의 단순한 구조로 소나 말처럼 먹이를 씹을 수가 없었다. 그래서 돌을 삼켜 위 안에서 먹이와 돌이 부딪치게 하여 씹는 작용을 대신하게 하였는데, 이와 같은 위석胃石 화석이 곳곳에서 발견되고 있다.

육식성 공룡은 다른 공룡의 고기를 먹었기 때문에, 단백질 그 자체를 식량으로 삼았으며, 영양가가 매우 높고 소화도 잘되었을 것이다. 대표적인 육식공룡인 티라노사우루스'폭군룡'으로 공룡의 왕이라는 뜻에서 보듯이, 빈틈없이 빽빽이 나 있는 날카로운 이빨에 깔쭉깔쭉한 것이 가늘게 나 있어서 먹이를 찢기 쉽도록 되어 있다. ■그림 123

그러나 씹는 이빨이 없었기 때문에 통째 삼킨 것으로 추정되는데, 갓 죽인 신선한 고기만 먹었는지, 죽고 나서 며칠이 지난 썩은 고기를 먹었는지는 확실치 않다. 거대한 브론토사우루스가 죽었다면 몇 마리의 육식공룡이 며칠이나 걸려서 먹어야 했을 것이다.

새의 조상은 공룡인가?

공룡 연구자를 중심으로 새의 조상은 공룡이라는 설이 최근에 와서 다시 유력해지고 있다. 가장 오래된 새로 알려진 아르케오프테릭스Archaeopteryx, 시조새는 1861년 발굴된 이래 대단히 유명한 화석이 되었는데, 골격은 소형 육식공룡인 코엘로사우루스류와 흡사하며 앞다리날개를 비롯한 온몸이 깃털로 덮여 있는데, 깃

털은 조류 최대의 특징이다.■그림 124 요컨대 시조새는 파충류와 조류의 양쪽 특징을 겸하고 있고, 따라서 파충류와 조류를 연결하는 동물이라는 점에서 잘 알려져왔다.

▲ 그림 124. 아르케오프테릭스(Archaeopteryx, 시조새)(위). 골격은 코엘로사우루스(아래)와 흡사하고 온몸에 털이 나 있는 모습은 오늘날 새의 조상으로 추정하게 한다.

한때 공룡에는 조류의 특징의 하나인 쇄골이 없다는 점이 원인이 되어 시조새를 조치류로 보았으며 공룡과 새는 조치류를 공통의 조상으로 진화하였다고 하는 설이 일반적이었으며, 새의 조상을 조치류라고 하는 설이 1900년경부터 일반적인 학설이 되었다.

그러나 1970년대 미국의 오스트롬은 시조새의 전체 표본을 자세히 연구하여 소형 육식공룡의 직접 자손이라고 주장하였다. 그것은 시조새와 코엘로사우루스는 골격이 많이 흡사한데, 이것은 직접적인 조상·자손 관계가 아니면 설명할 수 없는 것이다. 반대로 조치류가 새의 조상이라는 설에는 결정적인 증거가 있었던 것은 아니었으며, 최근에는 대부분의 연구자들이 오스트롬을 지지하고 있다.

냉혈성? 또는 온혈성?

공룡의 뼈 화석이나 흔적화석은 오랫동안 보존되어 그것으로부터 공룡의 모습이나 생태의 추정은 가능하다. 현재 진화되어 생존하는 공룡이 전혀 없다. 따라서 보존 되지 않는 허파나 염통 같은 공룡의 내부 기관이나 혈관을 흐르는 혈액 등에 관해서는 일체 정보가 없다. 그래서 공룡이 냉혈성인지 온혈성인지의 여부가 큰 논란이 되고 있다.

동물을 체온으로 분류하면 체온이 높은 온혈성과 체온이 낮은 냉혈성으로 나눌 수 있으며, 항상 체온을 일정하게 유지하는 경우 항온성과 주변의 기온에 따라 체온이 변하는 변온성이 있다. 한편, 체온을 유지하는 열의 공급원이 체내에서 생산되면 내온성이라 하고 외부의 열을 받아 몸을 덥게 하면 외온성이라 한다. 이렇게 분류하면 우리 인간은 먹는 음식으로 열을 만들고 항상 일정하게 따뜻한 체온을 유지하므로 내온성의 항온 온혈성이라 할 수 있다.

현재 살아 있는 악어나 도마뱀, 그리고 이구아노돈 같은 파충류들은 기온이 내려가면 체온도 내려가 활동성이 떨어지며, 햇볕을 받아 체온을 겨우 높여 활동을 하며 행동도 에너지 소비를 적게 하기 위하여 느리게 움직인다. 공룡도 파

▲ 그림 125. 날카로운 발톱을 가진 데이노니쿠스. 시속 40km의 빠른 속도로 달리는 이 공룡은 온혈설의 단서를 제공해 주었다.

충류로 분류된 까닭에 냉혈성으로 인식되었다. 그러나 1970년경부터 공룡의 온혈성이 강하게 주장되고 있다. 이는 베커Robert T. Bakker가 강력히 주장하였는데, 1964년 베커의 스승 오스트롬John H. Ostrom, 1928~2005이 소형 육식공룡 데이노니쿠스Deinonychus를 발견한 데 있다.■그림 125 그는 매우 빠른 속도로 달리며, 뒷다리의 갈고랑이 같은 발톱으로 먹이를 낚아채는데 이와 같은 데이노니쿠스의 생태는 높은 활동성을 유지할 수 있는 온혈성이 아니면 불가능하다고 생각하였다.

공룡이 온혈성이었다고 하는 것은 포유류나 조류처럼 그들이 스스로 체온을 높이고 이것을 유지하는 내온성이자 항온성이었다는 것을 의미한다. 그러나 여기에는 다소 의문이 있다. 온혈성 동물은 활발한 활동으로 대사율이 높아 항상 산소를 흡수해야만 질식하지 않는다. 그래서 호흡 효율을 높이기 위하여 포유류 같은 온혈동물은 가슴에 가로막을 발달시켜 복식 호흡을 할 수 있게 되어 있다. 최근에 밝혀진 바로는 증거는 없지만 공룡의 가슴뼈 구조에 근거하여 가로막이 없었을 것이며, 공룡은 충분히 산소를 취하고 있지 않았던 것으로 생각된다. 따라서 공룡은 외부에서 열을 흡수하여 체온을 높이는 외온성이지만 항온성일 것으로 추정되는데, 이 현상을 '관성 항온성'이라 한다. 이는 공룡의 몸이 거대해진 의미로 이해할 수 있다. 즉, 작은 그릇에 담긴 뜨거운 물은 곧 식지만, 욕조 안의 뜨거운 물은 금세 식지 않는다. 이와 같이 공룡 또한 일단 열을 얻어 체온을 높이면 상당 시간 체온을 유지했을 것으로 생각된다. 이를 근거로 하면 공룡은 온혈성으로 보는 것이 보다 타당할 것이다.

그러나 온혈설에 반대하는 연구자도 여전히 많이 있다. 일반적으로 현재의 포유류와 파충류의 생리·생태적 지식만으로 멸종된 공룡에 대해 연역적으로 전체를 논한다는 것은 매우 위험한 일이다. 따라서 몸집이 크고 행동이 느린 초식공룡들은 외온성의 관성 냉혈성으로, 그리고 포식자인 육식공룡은 피식자를 잡아먹기 위해 빠른 몸놀림을 가져야 되므로 항온성 온혈동물이었을 것으로 생각된다. 이처럼 적어도 개별 공룡들의 산출 상태와 분포까지도 포함하여 다각적이고 귀납적인 방법으로 내온성인지 외온성인지를, 그리고 온혈성인지 냉혈성인지를 보다 논리적으로 연구해야 한다.

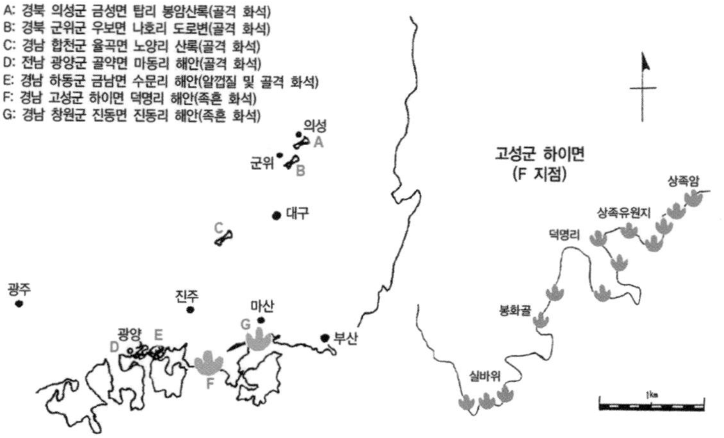

A: 경북 의성군 금성면 탑리 봉암산록(골격 화석)
B: 경북 군위군 우보면 나호리 도로변(골격 화석)
C: 경남 합천군 율곡면 노양리 산록(골격 화석)
D: 전남 광양군 골약면 마동리 해안(골격 화석)
E: 경남 하동군 금남면 수문리 해안(알껍질 및 골격 화석)
F: 경남 고성군 하이면 덕명리 해안(족흔 화석)
G: 경남 창원군 진동면 진동리 해안(족흔 화석)

의성 A
군위 B
대구
C
광주
진주
마산
G
광양 E
D
F
부산

고성군 하이면
(F 지점)
상족암
상족유원지
덕명리
봉화골
실바위
1km

◀ 그림 126. 한국의 공룡 화석 산지. 경상분지가 놓이는 경남, 경북 일대에서 공룡 화석들이 발견된다. 특히 F지점인 고성군 하이면 덕명리 일대는 발자국 화석의 세계적인 산지이다.

한국의 공룡

한국에도 공룡이 살았을까? 가까운 중국에는 많은 종류의 공룡이 발견되고 있으나, 아직 일본에는 명확한 발견의 증거가 보고되고 있지 않다. 그렇다면 한국은 어떨까? 공룡이 중생대에 번성하였다는 점을 고려할 때, 한국에서도 중생대에 해당되는 지층이 경상도 일대의 영남 지역을 중심으로 한 경상분지에 분포하기 때문에 이곳에서 공룡이 존재했을 가능성은 크다. 실제 1970년대에 들어와서 여러 종류의 공룡 화석이 발견되면서 한때 한반도는 공룡의 놀이터이자 무덤이었다는 사실이 의심의 여지가 없게 되었다.

1973년 하동군 금남면 수문리에서 공룡의 알 껍질 화석이 처음 발견된 이래, 경기 안산 시화호에서 공룡 알 화석이 발견되었다. 경북 의성군 금성면 탑리, 경남 군위군 우보면 나호리, 합천군 율곡면 노양리, 전남 하동군 금남면, 광양군 골약면 마동리 등에서 골격 화석이 발견되었으며, 발자국 화석은 약 20여 곳에서 발견되고 있다.■ 그림 126 발자국 화석 산지는 널리 알려진 경남 고성군 하이면 덕명리를 비롯하여 창원군 진동면 진동리, 마산시 고현리, 의성군 제오리, 함안군 대치리, 진주시 가진리, 통영시 오륜리, 울산시 천전리, 전남 여수시 화정면 5개 섬사도, 추도, 남도, 적금도, 목도과 화순군 서유리 등이 있으며, 해남 우항리에서 또 다른 대규모의 족흔 화석이 발견되었는데, 그중에는

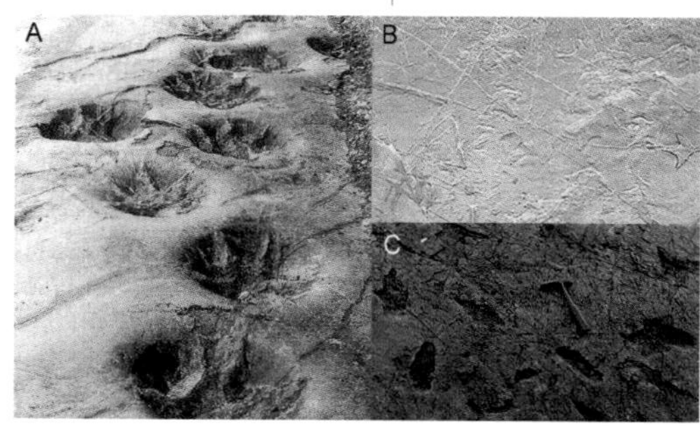

▼ 그림 127. 전남 해남군의 공룡 발자국 화석. (A) 대형의 4족 보행 발자국 화석, (B) 새 발자국 화석, (C) 익룡 발자국 화석

▶ 그림 128. 경남 고성군 덕명리 쌍족해안에서 발견되는 공룡의 족흔 화석. 일정한 간격으로 길게 배열된 4족 보행 발자국(위)과 발가락 3개의 육식공룡의 족흔과 삼지창 모양의 2족 보행이 관찰된다(아래).

새발자국뿐만 아니라 익룡의 발자국 화석이 포함되어 많은 관심을 끌기도 하였다. ■그림 127

고성군 덕명리 해안

1982년 1월 발견된 하이면 덕명리 일대의 해안에는 2백여 층준層準에서 천 개 이상의 발자국 화석이 발견되었으며, 이는 유라시아 대륙에서는 최대의 산지로 알려졌다. ■그림 126

특히 상족유원지에서 실바위까지 6km에 걸친 해안에는 크기와 모양이 비슷한 수많은 공룡 발자국들이 일정한 간격을 유지한 채 한쪽 방향으로 향하고 있다. 이들 발자국 중에는 크고 작은 웅덩이가 규칙적으로 놓인 4족 보행 발자국과 일정한 웅덩이의 폭이 좁고 간격이 넓은 2족 보행, 그리고 3지창 모양으로 발가락 형태까지 뚜렷한 것 등 다양한 발자국 화석이 발견되고 있다. ■그림 128

이들 경북대학교 임성규 교수에 의한 덕명리의 족흔 화석의 연구 결과, 거의 대부분 초식공룡의 것으로 육식공룡은 5%에 불과하며 4족 보행이 75%를 차지하고 나머지 25%는 2족 보행의 것으로 확인되었다. 특히, 공룡의 족흔과 함께 새발자국 화석도 함께 발견되었는데, 중생대 조류의 발자국 화석은 세계적으로 희

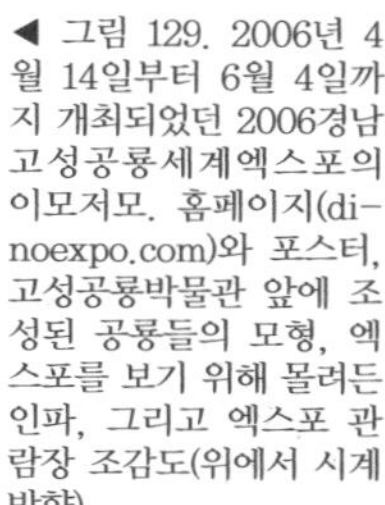

◀ 그림 129. 2006년 4월 14일부터 6월 4일까지 개최되었던 2006경남고성공룡세계엑스포의 이모저모. 홈페이지(dinoexpo.com)와 포스터, 고성공룡박물관 앞에 조성된 공룡들의 모형, 엑스포를 보기 위해 몰려든 인파, 그리고 엑스포 관람장 조감도(위에서 시계 방향)

귀하여 학문적으로 가치가 매우 크다. 또 초식공룡의 경우 같은 지층에서 여러 마리의 발자국이 나란히 나타나 이들이 집단적으로 생활했을 가능성이 큰 것으로 분석되고 있다.

이처럼 덕명리 지역의 발자국 화석은 공룡이 살았던 환경과 생활 습성, 행동 등을 알 수 있는 매우 귀중한 자료로 인식되면서 고성군에서는 '공룡과 지구 그리고 생명의 신비' 라는 주제로 '경남고성공룡세계엑스포' 를 2006년 4월 14일부터 6월 4일까지 개최하였으며, 공룡 산지를 보존하고 널리 알렸을 뿐만 아니라, 매일 2만 명 이상, 주말 휴일에는 평균 5~6만 명이 찾아와 연인원 150만 명이 방문하는 성과를 올렸다.■ 그림 129 또한 두 번째 엑스포를 2009년 3월 27일부터 6월 7일까지 73일간 개최하면서 보다 다양해진 전시로 공룡 붐을 조성했으며, 총 170만여 명이 관람하였다.

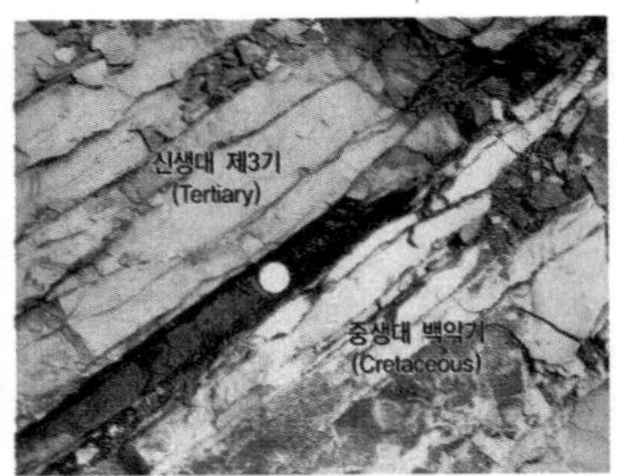

▲ 그림 130. K/T 경계에 나타나는 검은색의 점토층. 이 속에는 검댕이와 함께 지각보다 100배나 많은 이리듐이 들어 있다.

공룡 멸종설

중생대 이른바 1억 6천만 년이나 계속되던 공룡시대는 6천5백만 년 전 갑자기 공룡이 멸종되면서 끝나버렸다. 이 대재앙의 원인은 아직도 큰 수수께끼로 남아 있으며, 그동안 화산활동설, 해퇴설, 기온저하설 등 여러 가지 멸종설이 제안되어왔으나 어느 것도 만족스럽게 설명하지 못하고 있다. 최근 들어서는 믿을 만한 지질학적 증거를 제시함으로써 공룡 멸종에 대해 각광을 받고 있는 이론이 있는데, 1979년 캘리포니아 대학의 버클리 분교의 물리학과 교수인 알바레즈L. Alvarez와 그의 아들 지질학자 알바레즈W. Alvarez 등이 주장한 '운석충돌설Astroid impact theory'이 그것이다.

덴마크, 이탈리아, 뉴질랜드 등지의 백악기와 신생대 제3기 지층의 경계'K/T 경계'라고 함에 나타나는 검은색의 점토 물질 속에는 지각의 함량보다 100배 이상 많은 양의 이리듐Ir, 오스뮴Os, 백금Pt 등의 원소가 발견된다.■ 그림 130 이러한 백금족 원소는 무겁기 때문에 지구 내부에 가라앉아버려 지각 내에는 거의 존재하지 않는다. 따라서 이 원소들이 외계 천체에서 왔을 것이라고 추정하게 되었다. 또한 탄 흔적인 검댕이와 함께 격렬한 충돌의 흔적인 마이크로텍타이트Microtectite가 발견된다. 이는 외계로부터 날아온 물체에 의해 엄청난 충돌이 있었음을 시사하며, 백금족 원소들이 외계 천체로부터 도달한 시점이 중생대가 끝나는 시점이며 공룡이 멸종된 시기와 거의 일치하므로, 이 시기에 외계에서 지구로 날아온 운석이 지구와 충돌했으리라는 시나리오를 가능케 하였다.

이 운석의 크기는 지름이 약 10km로 추정되었고, 세계 각지에서 연구한 결과 운석이 지구로 낙하한 시기가 6천5백만 년 전으로 추정되며, 떨어진 장소는 멕시코의 유카탄 반도 칙수루브Chicxulub 해안가로 추정되고 있다.■ 그림 131 그러면

▼ 그림 131. 중생대의 공룡 멸종의 원인이 된 운석은 약 10km의 크기로 멕시코 유카탄 반도 칙수루브(Chicxulub) 해안에 떨어진 것으로 알려져 있다(왼쪽). 지진파로 해저지형을 탐사해보면 운석 충돌에 의해 생긴 동심원상의 크레이터가 관찰된다(오른쪽).

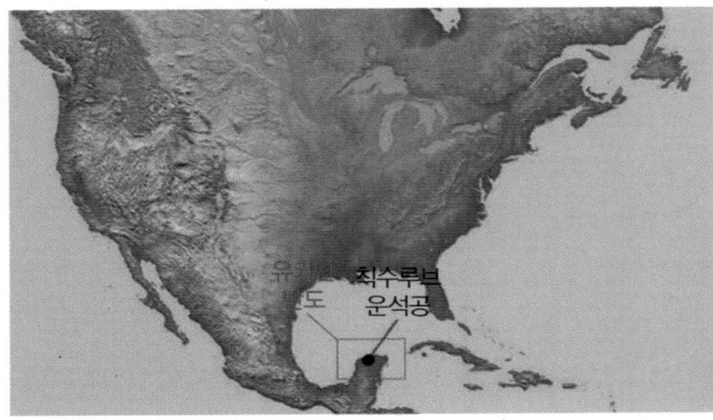

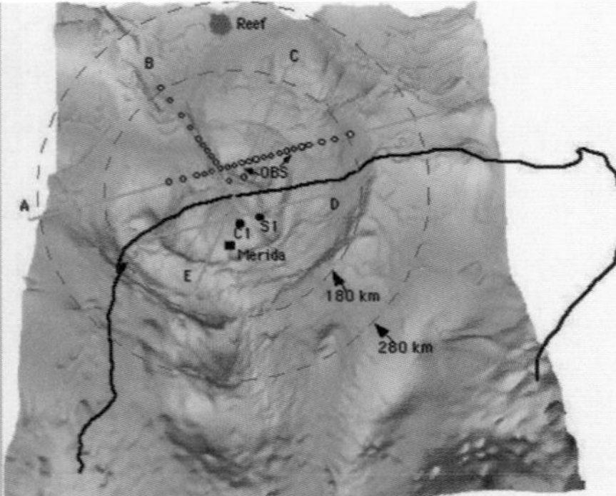

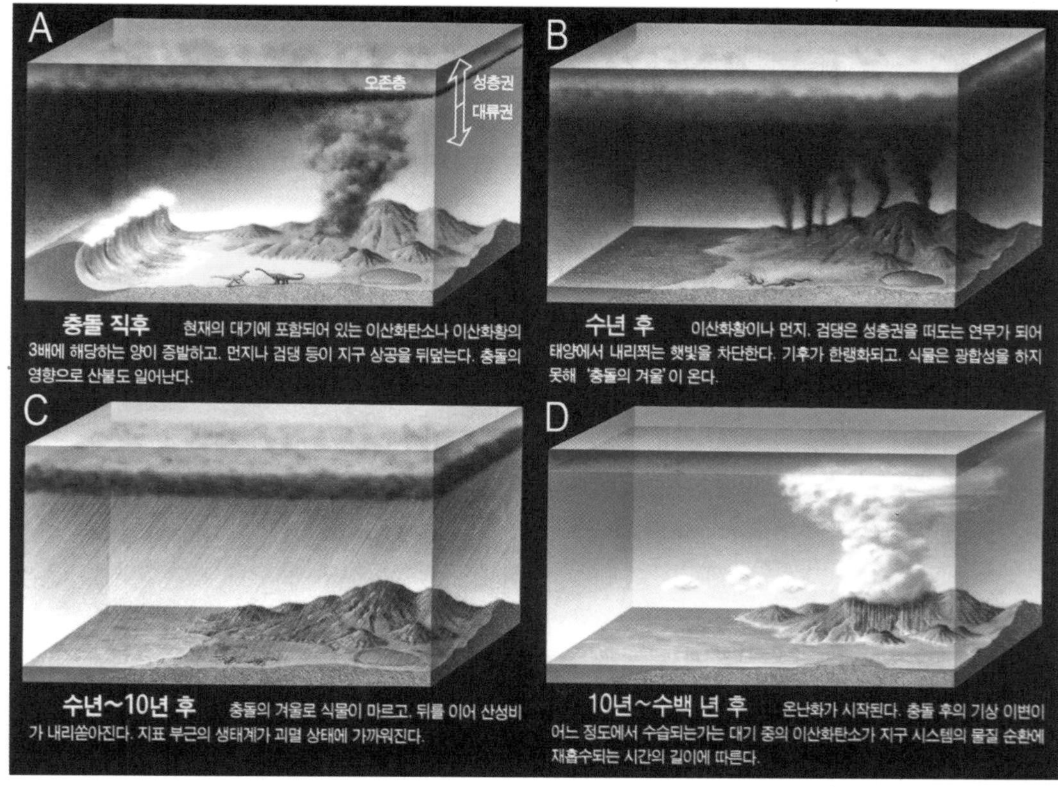

A
오존층
성층권
대류권
B
충돌 직후 현재의 대기에 포함되어 있는 이산화탄소나 이산화황의 3배에 해당하는 양이 증발하고, 먼지나 검댕 등이 지구 상공을 뒤덮는다. 충돌의 영향으로 산불도 일어난다.
수년 후 이산화황이나 먼지, 검댕은 성층권을 떠도는 연무가 되어 태양에서 내리쬐는 햇빛을 차단한다. 기후가 한랭화되고, 식물은 광합성을 하지 못해 '충돌의 겨울'이 온다.
C
D
수년~10년 후 충돌의 겨울로 식물이 마르고, 뒤를 이어 산성비가 내리쏟아진다. 지표 부근의 생태계가 괴멸 상태에 가까워진다.
10년~수백 년 후 온난화가 시작된다. 충돌 후의 기상 이변이 어느 정도에서 수습되는가는 대기 중의 이산화탄소가 지구 시스템의 물질 순환에 재흡수되는 시간의 길이에 따른다.

▲ 그림 132. 운석충돌설의 시나리오. 운석이 낙하한 후 공룡 멸망까지의 과정을 나타내고 있다.

이 정도 크기의 운석이 지구에 충돌함에 따라 어떻게 공룡이 멸종할 수밖에 없었는지 그 메커니즘에 대해 생각해보자.

멸종의 직접적인 원인은 충돌로 인한 충격 때문이 아닌 것 같다. 일시적으로 충격에너지가 전 지구를 덮는 정도로 공룡이 멸종되지는 않는다는 것이다. 실질적으로는 충격 후에 연속적으로 일어나는 일련의 과정이 보다 직접적인 원인이 된다.■ 그림 132

먼저 운석이 지구에 충돌하면, 충돌에너지가 열에너지로 바뀌고 그 열에 의해 울창한 삼림에 불이나 생물체들이 타 죽을 것이다. 그 다음으로는 충돌로 인해 생겨난 대량의 먼지나 검댕이가 대기권으로 올라가게 되는데, 현재 대기에 포함된 이산화탄소나 이산화황의 3배에 해당되는 양이 지구 상공을 뒤덮게 된다.■ 그림 132-A 이산화황이나 먼지, 검댕이 등은 성층권에 올라가 연무가 되어 태양빛을 차단할 것이고, 따라서 지상의 온도는 하강하여 마치 핵겨울과 같은 상태

대량 멸종Mass Extinction

대량 멸종Mass extinction이란 상대적으로 갑자기 발생하여 생명체의 다양성에 지구적인 재앙을 가져오는 것을 말한다. 다시 말해 짧은 지질시간 동안 발생하여 많은 생명종들이 멸종하는 것으로서 대량 멸종이 주기적으로 반복되면서 지구 상의 수많은 생명체들이 사라져버렸다. 대량 멸종이 되기 위해서는 다음 조건을 만족해야 하는데 ① 전 세계적으로 발생하여야 하며, ② 많은 개체수의 종種, species들이 멸종되고, ③ 일부 과科, family 또는 그 이상의 강綱, class, 계界, kingdom가 멸종되어야 하며, ④ 이러한 멸종이 지질학적 시간으로 짧은 기간 동안 집중되는 것으로 정의한다. 이때 짧은 지질학적 시간이란 수백만 년 내지 수천만 년의 기간을 의미한다.

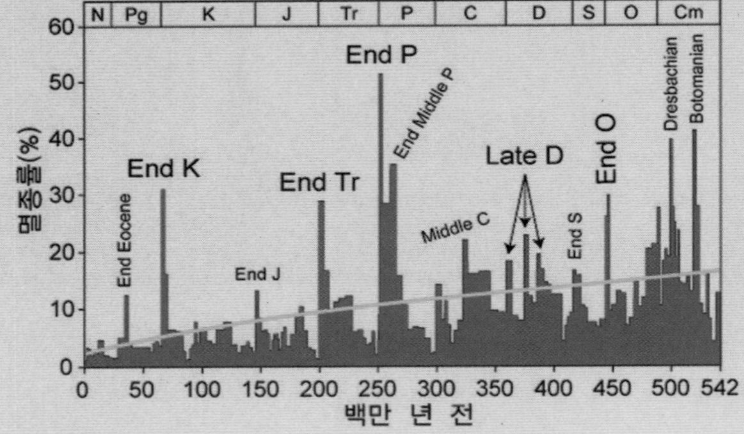

▶ 그림 133. 지질시대에서 대량 멸종을 가져온 5번의 시기(End O : 오오도비스기 말, Late D : 데본기 말, End P : 페름기 말, End Tr : 트라이아스기 말, End K : 백악기 말)

1982년 라웁Raup 등에 의하면, 지질시대적으로 5번의 큰 대량 멸종이 발생하였다.■ 그림 133 첫 번째는 약 4억 4천4백만 년 전 오오드비스기 말End Ordovician에 발생하여 100만 과의 생물들이 멸종하였으며, 이끼류와 완족류의 절반 이상의 종들이 멸종하였다. 두 번째는 약 3억 6천만 년 전인 데본기 말Late Devonian에 발생하였는데 모든 종의 70%, 동물과의 30%가 멸종하였다. 이것은 한 번의 사건이 아니며, 약 2천만 년 동안 여러 차례 발생하였다. 세 번째는 약 2억 5천1백만 년 전인 페름기 말End Permian이며, 최악의 대량 멸종으로 알려져 있다. 이때 삼엽충이 완전히 멸종하였으며, 95%에 이르는 모든 해양종들과 70%의 육상종식물, 곤충 및 척추동물 포함들이 사라졌다. 네 번째는 약 2억 8백만 년 전 중생대 삼첩기 말End

Triassic이며 20%의 해양동물과를 포함하여 35%의 모든 동물과가 멸종하였는데, 거대 양서류들이 완전히 사라지고 초기의 공룡과들이 멸종하였다. 마지막은 잘 알다시피 약 6천5백만 년 전인 K/T 시기, 즉 백악기 말End Cretaceous에 공룡을 포함한 모든 생명체의 반 이상이 멸종하였다. 그러나 이런 대량 멸종이 모든 종들에게 나쁜 것만은 아니다. 대량 멸종이 오히려 지구의 생명체의 진화를 촉진시키기도 하기 때문이다. 생태적으로 우성 집단이 한 집단에서 다른 집단으로 바뀔 때, 새로운 종이 오래된 종보다 유전학적으로 뛰어나서 일어나는 경우는 거의 드물다. 반면에 대량 멸종이 발생하여 오래된 종들을 제거함으로써 새로운 종들에게 길을 열어주는 경우가 보편적이다. 예를 들어, 공룡들이 지배하던 시기에 포유류도 공존하였으나, 공룡이 군림하던 거대한 육상 척추동물들의 활동 영역에 끼어들기에는 역부족이었다. 그러나 백악기 말에 대량 멸종이 공룡들을 사라지게 함으로써 포유류가 육상 척추동물의 영역으로 뻗어나가는 것이 가능하였다.

가 될 것이다. 이 상태는 수년간 지속될 것이다.■ 그림 132-B 이러한 핵겨울에 비유되는 충돌의 겨울로 많은 식물들이 멸종하는 등 생태계가 무너지면서 생물체에게 최대의 피해를 입히게 되고, 그 후 수년이 지나면서 더 이상 대기에 머물지 못하는 구름은 산성비가 되어 내리게 되고 또다시 지표 부근의 생태계가 괴멸 상태에 이르게 된다. 이 상태는 충돌 후 10년 후까지 지속된다.■ 그림 132-C 일단 비는 내렸지만, 이산화탄소에 의해 두꺼워진 대기로 온실효과가 가속화되고 온난화로 인해 다시 한 번 기온 상승으로 인한 타격을 받는다. 그 후 수십 년이 지나가면서 기상이변은 서서히 수습이 되어간다. 이때 정상적인 대기 상태가 되기까지 대기 중의 이산화탄소가 지구 시스템의 물질 순환을 통해 재흡수되는 시간에 따라 수백 년이 걸리기도 한다.■ 그림 132-D 이와 같은 일련의 과정 속에서 공룡을 비롯한 상당수의 생물체가 멸종했으리라는 것이 운석충돌설의 기본 시나리오이다.

이와 같은 충격의 대재앙으로 인한 생명체의 멸종은 중생대 말의 공룡 멸종에만 국한되는 것이 아니라 전 지질시대에 걸쳐 여러 차례 기록되어 있다. 1982년 라웁Raup 등의 연구에 의하면 최소한 5번의 큰 대량 멸종이 있었으며, 이 시기마다 전 세계적으로 많은 생명종들이 일시에 멸종하였다. 이러한 대량 멸종의 원인이 운석 충돌에 의한 것이라면, 운석이 지구를 방문하는 일이 그리 반가운 것만은 못된다. 실제, 직경 10m 정도의 운석은 평균 10년에 한 번 지구를 방문하고, 시베리아 퉁구스카 일대를 완전히 불살라버린 직경 30m 크기의 운석은 100년에 한 번, 150m 크기의 운석은 1만년에 한 번 정도 방문한다고 하며, 중생대 말 공룡을 멸종시킨 칙수루브 운석 같은 경우 직경 약 10km로 수천만 년에 한 번 정도 방문하게 되며 이들이 남기는 충격은 이미 지질시대에 여러 차례 생명들의 멸종을 초래하였다. 이 단원에서 배웠듯이, 소행성대의 무수히 많은 소천체와 소행성들의 궤도를 생각할 때 지구 가까이를 통과하여 지구에 충돌할 소천체들이 없다고는 단언할 수 없다. 운석 충돌이 가져오는 대재앙을 다룬 영화의 내용이 결코 영화로만 여길 수 없는 것이다. 오늘도 밤하늘을 바라보면서 이들 소행성들의 움직임을 감시하고 있는 과학자들이 밤잠을 설치면서 뜬눈으로 지새우는 이유가 바로 여기에 있다.

■ 용어와 개념

거대 행성 Giant planets

태양계의 바깥쪽 행성외행성에 해당하는 목성, 토성, 천왕성 및 해왕성을 일컫는다. 주로 가스 성분으로 이루어져 낮은 밀도0.7~1.7g/㎤를 갖고 있으며, 목성형 행성이라고도 한다.

격변설Catastrophism

지구 상의 모든 주요 형태들, 즉 산맥, 협곡, 바다 등이 몇몇 일시적으로 일어난 대격변적인 사건으로 형성되었다고 하는 이론이다.

공룡Dinosaurs

지금으로부터 약 2억 년 전에서 6천5백만 년 전 사이지질학적으로는 중생대의 기간 동안 지구를 지배하고 있었던 생물체. 화석 뼈의 발견으로 처음 알려졌으며, 학명의 '다이노서'란 무서운 도마뱀을 의미한다. 중생대가 종료됨과 동시에 지구 상에서 멸종되었는데, 현재로선 운석충돌설이 가장 널리 받아들이지고 있다.

국제우주년ISY: International Space Year

콜럼버스가 아메리카 대륙을 발견한 지 500년이 되는 해인 1992년으로, 그때까지 이루어진 우주개발의 성과를 토의하고 앞으로 수행할 수많은 행사가 계획되었다. 이 해의 주제는 지구를 지키는 임무Mission to Earth였다.

대백점Great white spot

토성에서 관찰되는 지름 수천km의 흰 소용돌이. 성인은 확실치 않으나 대기의 교란 현상에 의한 것으로 생각된다.

대적점Great red spot

목성 표면에서 관찰되는 타원의 모습을 한 태풍과 같은 것으로 고속 자전에 의한 대기의 교란 현상이다. 대적점은 수백 년씩 모습을 유지하는데, 큰 것은 길이가 약 4만km, 폭이 1만 4천km로 지구를 서너 개 삼킬 수 있을 정도이다.

대흑점Great dark spot

해왕성의 적도 부근에서 관찰되는 검은 영역. 지구 크기만 하게 관찰되는 대흑점은 대기 교란에 의한 태풍과 같은 것으로 목성의 대적점과 비슷한 성인을 갖고 있다.

링클 리지 Wrinkle ridge

수성의 표면에 수백 km씩 뻗어 있는 절벽. 이 절벽들은 수성이 냉각될 때 수축되면서 표면에 주름이 잡혀 생성된 것으로, 이로부터 수성이 중심핵까지 완전히 식은 행성으로 간주되고 있다.

보데의 법칙 Bode's rule

태양으로부터 행성 간의 거리가 일정한 비율에 따라 증가함을 밝힌 법칙. 일명 보데-티티우스의 법칙이라고도 한다.

우주왕복선Space shuttle

유인 궤도 비행을 하는 비행체orbiter를 반복해서 사용할 수 있는 반영구적인 우주탐사선. 인간의 우주에서의 활동 폭을 넓히고, 인공위성과 외계 탐사선들을 외계에서 진입시키거나 발사시킴으로써 우주탐험에 획기적인 전환점을 가져왔다.

우주산업Space technology

오늘날 첨단산업의 집합체라 할 수 있는 우주산업은 위성체의 제작, 우주 발사체의 제조 및 제3국의 우주탐사에 협력하는 서비스 산업 등으로 나뉜다.

위성Satellite

행성의 주위를 돌고 있는 지구의 달과 같은 천체. 인공적으로 위성을 만들어 일정 궤도를 돌게끔 하기도 하는데 이를 인공위성artificial satellite이라 한다.

유성Shooting stars

질량이 수 그램 이하인 작은 입자들이 지구 대기와 충돌할 때 생기는 것. 지구 대기와의 마찰로 입자들은 가열되며 100km 상공에서 작렬하기 시작하고, 보통 20~40km에서 대부분 타서 재가 된다. 특히 큰 유성체는 모두 소진되지 않고 지표에 이르는 것도 있다.

육성 행성 Terrestrial planets

태양계의 안쪽 행성내행성에 해당하는 수성, 금성, 지구 및 화성을 일컫는다. 크기가 작고 치밀한 고체로 이루어져 있으며, 평균 밀도가 크다 4~5.5g/㎤. 지구형 행성이라고도 한다.

천구Celestial sphere

모든 별이 거대한 구球의 표면에 박혀 있고 우리가 그 중심에 있다고 가정할 때, 그 구를 일컫는다.

천문 단위 Astronomical unit, AU

태양으로부터 지구까지의 거리인 1억 5천만 km를 1로 하는 거리 단위.

카시니 간극 Cassini division

토성의 여러 고리들 중에서 A고리와 B고리 사이에는 3,000km나 되는 어두운 영역이 존재한다. 이 영역을 카시니 간극이라 한다.

행성Planet

태양의 주위를 타원궤도를 그리며 공존하고 있는 커다란 천체. 태양계에는 8개의 행성이 있다.

흔적화석Trace fossil

골격 화석과는 달리 고생물들의 활동으로 인해 남아 있는 흔적발자국, 이동 자취, 배설물 등이 지금까지 그대로 보존되어 있는 것을 일컫는다.

K/T 경계K/T boundary

지질시대의 구분으로 중생대 백악기와 신생대 제3기 사이의 경계를 의미한다.

■ 관련 사이트

· **국립우주과학자료센터NSSDC, National Space Science Data Center**

http://nssdc.gsfc.nasa.gov/

미국항공우주국NASA이 운영하는 사이트로 이름 그대로 우주과학에 관한 전문적이고 최신의 자료를 갖추고 있다. 특히 '행성 과학Planetary Sciences' 에 소개된 각 행성들에 관한 정보는 현재 진행 중인 탐사 임무까지 포함하고 있어 생생한 자료를 구할 수 있다.

· **태양계 관찰View of the Solar System**

http://www.hawastsoc.org/solar/eng/homepage.html

하와이천문학회HAS 해밀턴이 만든 사이트로 태양계에 관한 방대한 자료를 가지고 있는 매우 뛰어난 사이트.

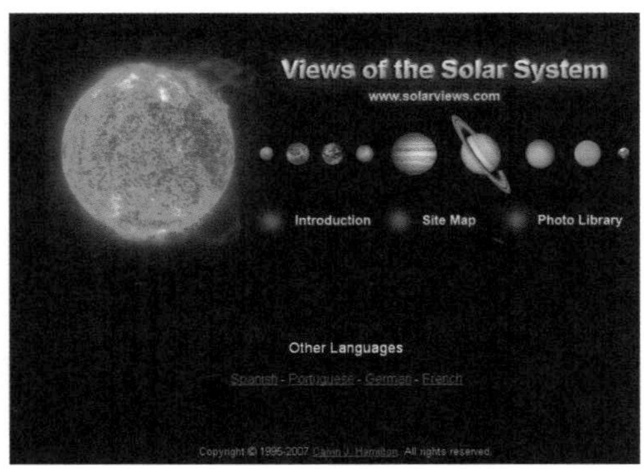

· **9개의 행성The Nine Planets**

http://seds.lpl.arizona.edu/nineplanets/nineplanets/nineplanets.html#toc

아리조나 대학에서 만든 행성 관련 사이트. '태양계 관찰' 사이트에 필적할 정도로 자세하고 방대한 멀티미디어 및 사진 자료를 제공한다.

· **MSNBC의 태양계와 외계**

http://www.msnbc.com/onair/msnbc/TimeAndAgain/archive/solar/default.asp

MSNBC의 과학 코너에서 개설된 사이트로서 지구와 외행성, 성운, 별의 탄생 등을 멀티미디어 형태로 제공한다.

· **티렐 공룡박물관Royal Tyrrell Museum**

http://tyrrell.magtech.ab.ca/home.html

캐나다 알버트 주 드럼헬러에 위치한 세계 최대의 자연사 공룡박물관. 드럼헬러 베드랜드bedland의 공룡 산지에 세워진 박물관을 웹으로 방문할 수 있다. 공룡에 관한 전문 자료나 간단한 기념품 쇼핑을 할 수 있으며, 가상 박물관이 꾸며져 있어 실제 티렐 박물관을 방문하듯이 공룡들을 볼 수 있다. 공룡 관련 퀴즈도 있어 공룡에 자신 있는 사람들은 한번 도전해볼 수 있다.

· **고성공룡박물관**

http://museum.goseung.go.kr/

고성공룡엑스포를 주관한 고성군 상족리에 위치한 고성공룡박물관을 소개하는 사이트. 박물관에 대한 소개와 전시 · 소장품 소개, 공룡에 대한 지식 및 어린이 코너가 따로 마련되어 있다.

· **미국항공우주국**NASA

http://www.nasa.gov/

우주개발의 본거지인 미국항공우주국의 홈페이지. 더 이상 설명이 필요 없을 정도로 미 우주개발의 모든 것을 볼 수 있다.

· **유럽우주국**ESA, European Space Agency

http://www.esa.int/

유럽연합의 우주개발 홈페이지. 유럽에서 추진하는 우주탐사 계획과 우주과학에 관한 교육적인 정보를 제공한다.

· **케네디 우주센터**Kennedy Space Center

http://www.ksc.nasa.gov/ksc.html

미국항공우주국의 우주탐사선 발사 기지로 유명한 케네디 우주센터의 홈페이지. 특히 우주왕복선의 발사 일정과 임무에 관하여 자세히 다루고 있다.

· **나사 우주탐사 홈페이지**NASA Space Science Mission

http://spacescience.nasa.gov/missions/index.html

미국항공우주국이 추진하는 모든 탐사에 관한 사이트를 모아놓은 곳. 이미 끝난 탐사뿐만 아니라 현재 진행되거나 앞으로 추진될 계획까지 모두 망라하고 있다. 이곳에서 패스파인더, 카시니, 율리시즈, 갈릴레오 탐사 등을 찾아볼 수 있다. 그 중 현재 진행 중인 몇 개의 우주탐사 페이지를 소개하면 다음과 같다.

㉠ 패스파인더 홈페이지

http://mpfwww.jpl.nasa.gov/default.html

화성탐사선 패스파인더 홈페이지. 방대하고 다양한 자료를 제공. 특히 소저너가 보내온 생생한 화성 사진들이 풍부하게 제공된다.

㉡ 갈릴레오 홈페이지

http://www.jpl.nasa.gov/galileo/

목성 탐사선 갈릴레오 홈페이지. 현재 목성 주

위를 돌면서 다양한 관찰을 수행하고 있는 갈릴레오의 활약상을 생생하게 볼 수 있는 페이지. 정보화의 세상을 실감할 수 있는 곳이다.

ⓒ 율리시즈 홈페이지

http://ulysses.jpl.nasa.gov/ulshome.html

태양탐사선 율리시즈 홈페이지. 태양과 관련한 다양한 영상 자료를 접할 수 있다.

· 사이버 공룡들Dinosaurs in Cyberspace : DinoLink

http://www.ucmp.berkeley.edu/diapsids/dinolinks.html

공룡에 관련하여 인터넷에 소개된 모든 사이트를 연결해준다. '공룡에 관한 웹 사이트', '공룡의 고생물학', '공룡 박물관', '공룡 관련 연구 기관' 등으로 분류하여 수많은 사이트를 연결하고 있으며 심지어 '공룡 예술'이나 '영화 스타로서의 공룡' 같은 분류 항목도 있다.

■ 생각해봅시다.

(1) 태양과 태양을 돌고 있는 9개 행성의 탄생과정을 설명해봅시다. 이들은 함께 생성이 되었는지 아니면 태양으로부터 떨어져 나온 것인지 생각해봅시다.

(2) 지구를 제외한 8개 행성의 각각의 특징을 알아봅시다. 그리고 우리의 지구와 비교를 해봅시다.

(3) 지구와 가까운 화성이나 지구의 위성인 달에는 운석 충돌 분화구Crater가 왜 많습니까? 그런데 지구 표면에는 왜 달과 같은 크레이터를 찾아보기 어렵습니까?

(4) 지구형 행성과 목성형 행성의 특징과 또 차이점을 정리해봅시다. 그리고 태양계가 형성될 때, 같이 형성된 두 행성군이 왜 다르게 되었는지도 생각해봅시다.

(5) 1977년 타이탄 로켓에 실려 발사된 보이저는 우주개발의 역사에 한 획을 긋는 큰 사건이었습니다. 보이저의 임무와 보이저 탐사로부터 얻어진 사실은 무엇입니까?

(6) 초기의 우주산업과 현재의 우주산업을 비교하여 그 발달 과정을 생각해봅시다. 또 우주개발이 우리 생활에 어떻게 적용되고 있는지를 알아봅시다.

(7) 우리별 1호와 2호에 관하여 조사해보고 또 우리나라가 인공위성 발사에 참여하는 것에 대하여 긍정적인 측면과 부정적인 측면을 생각해봅시다.

(8) 태양계의 행성 중에는 지구와 같이 판구조 운동이 일어나고 있는 행성과 판구조 운동이 없

는 행성이 있습니다. 지구를 제외한 각 행성들의 판구조 운동에 관하여 알아보고, 또 어떤 방법을 사용해서 행성들의 내부 구조를 연구하는지 알아봅시다.

(9) 마젤란에 의해 그동안 가려져왔던 금성에 관한 새로운 사실들이 밝혀지고 있습니다. 금성에 관하여 여러분이 아는 대로 모두 쓰도록 합시다.

(10) 중생대에 번창했던 공룡의 일시적인 멸망을 최근 운석의 지구 충돌로 설명을 하고 있으며 그러한 증거가 전 세계 곳곳에서 발견되고 있습니다. 운석충돌설의 가장 유력한 증거는 무엇이며, 그로 인한 공룡 멸망 과정을 생각해봅시다.

■ 인터넷 항해 문제

(1) 현재 활동 중인 외계탐사선 중 우리의 관심을 끄는 것은 목성에 도착하여 활발히 활동하고 있는 갈릴레오입니다. 과학자들은 갈릴레오의 활동에 큰 기대를 하고 있는데, 이는 갈릴레오가 탑재하고 있는 여러 관측 장비들 때문입니다. 특히 거대행성이자 수소와 헬륨으로 이루어진 목성의 대기에 관한 여러 관측은 태양계 생성 초기의 실마리를 풀어줄 것으로 기대하고 있습니다. 다음에 답하시오.

① 갈릴레오의 발사 과정에서부터 목성 도착까지의 일지를 밝히시오.

② 갈릴레오의 제원과 탑재된 장비들은 무엇입니까?

③ 갈릴레오의 임무는 무엇이며, 현재까지 갈릴레오가 관측한 것은 무엇입니까?.

④ 여러분이 방문한 웹 사이트의 주소를 적어보시오.

(2) 1998년 10월 29일 우주왕복선 디스커버리 Discovery는 77세의 존 글렌 상원의원을 우주로 데려감으로써 우주에서의 활동 영역을 노인에게까지 넓혔습니다. 우주왕복선은 컬럼비아 Columbia가 1981년 4월 12일 발사된 이래 1998년 말까지 매년 2차례 이상 최대 8차례 총 92회 발사되었습니다. 우주왕복선은 비행체의 재사용과 페이로드베이의 화물 탑재로 우주개발의 새로운 장을 열었습니다. 다음에 관해 조사해봅시다.

① 현재 활동 중인 왕복선의 종류를 알아보고

각 왕복선의 최초의 발사일과 임무에 대해 알아봅시다.

② 1998년 12월 발사될 왕복선(STS-83)과 1999년도에 계획된 왕복선 발사에 대해서도 알아봅시다. 왕복선 종류, 발사일, 페이로드 탑재 화물, 간단한 임무 등.

③ 여러분이 방문한 웹 사이트의 주소를 밝히시오.

■ 참고 문헌

Judson, S, Kauffman M. E., and Leet, L. D., *Physical Geology* (8th Ed.), Prentice-Hall Inc, 1990.

Skinner B. J. and Porter S.C., *The Blue Planet: An Introduction to Earth System Science* (2nd Ed.), John Wiley & Sons, Inc, 2000.

Tarbuck E. J. and Lutgens F. K., *Earth Science* (12th Ed.), Prentice-Hall, Inc, 2009.

Chapter 6

지구의 선물

Gifts from the Earth

우리는 얼마나 많은 지구의 선물광물자원과 에너지자원을 사용하고 있는 것일까? 지구가 우리 인류에게 제공하는 천연 자원은 어떻게 만들어지는 것일까? 이들은 무한정하게 존재하는 것일까?

지질학은
우리의 삶을 풍요롭게 한다.

— 올리브(J. Olive)

생활 속의 광물

인류가 매일 사용하는 각종 재료 물질에는 90종 이상의 광물또는 암석자원이 포함되어 있다. 실제로 우리가 1인당 1년에 소비하는 광물자원의 양per capita consumption은 약 20톤 정도로 상상 이상으로 많은 양을 사용하고 있다. 1990년 기준으로 시멘트는 약 220kg, 강철은 154kg, 칼리potash는 5.6kg, 알루미늄은 3.0kg, 구리는 1.8kg, 그리고 니켈은 0.17kg을 전 세계 인류가 평균적으로 소비하고 있다. 우리나라의 경우 석유와 천연가스를 제외한 광물자원의 수입액이 2004년도에 122억 달러로, 이 액수는 총수입액의 약 5%를 차지하고 있는데, 우리나라도 매우 많은 양의 광물을 이용하고 있음을 알 수 있다.

광물자원은 크게 금속광물자원과 산업광물industrial mineral자원으로 구분된다. 금속광물자원은 이용 가능한 금속을 포함하고 있는 광석으로서, 유용 금속 함유량에 의하여 그 가치가 결정된다. 이것은 선광과 제련 및 정련 과정을 거쳐 유용 원소만 추출하여 사용된다. 금속광물자원은 철, 니켈과 같은 함철금속과 구리, 알루미늄 같은 비철금속 그리고 높은 경제적 가치를 지니는 금과 은 같은 귀금속으로 분류할 수 있다. 다음에 중요한 금속광물자원과 그 대표적인 용도가 설명되어 있으며, 그림 1에 중요한 금속광물이 나타나 있다.

◀ 그림 1. 유용한 금속광물자원의 일부. 인류가 이러한 자원을 찾아내고 개발하여 활용한 역사가 바로 인류의 문명 발달사이다.
(A) 황동석(chalcopyrite, $CuFeS_2$, 동광석).
(B) 방연석(galena, PbS, 납광석).
(C) 진사(cinnabar, HgS, 수은광석).
(D) 적철석(hematite, Fe_2O_3, 철광석).
(E) 섬아연석(sphalerite, ZnS, 아연광석).
(F) 보크사이트(bauxite, 알루미늄광석).
(G) 자연 금 결정(native gold crystal, Au).

1. 갈륨Gallium : 계산기, 광섬유 회로.

2. 게르마늄Germanium : 적외선 광학, 트랜지스터, 반도체.

3. 구리Copper : 전선, 전기기기, 냉장관, 배관 설비용 파이프.

4. 금Gold : 금화, 귀금속, 금박, 항공 및 치과 재료, 과학기기, 전자 부품.

5. 납Lead : 배터리, 땜납, 휘발유 첨가제, 도료, 전선.

6. 니켈Nickel : 전기도금, 배터리, 모넬, 니크롬선.

7. 레늄Rhenium : 백금의 합금 원료, 촉매제, X선 관, 전자 접점.

8. 리튬Lithium : 의약품, 합금, 핵연료, 수소폭탄 제조.

9. 마그네슘Magnesium : 손전등용 전구, 구조 재료, 불꽃놀이.

10. 망간Manganese : 무기 제조, 항공기 엔진, 의약품, 강철 합금, 전지.

11. 몰리브덴Molybdenum : 샤프트, 핀, 총기류, 철도 레일.

12. 백금Platinum : 화학반응 용기 제조, 시약 및 촉매제자동차의 촉매 컨버터, 귀금속.

13. 베릴륨Beryllium : X선 튜브의 창, 백열등의 맨틀.

14. 보론Boron : 유리섬유 제품, 비누.

15. 브롬Bromine : 필름 제조, 살충제, 가솔린 첨가제.

16. 비소Arsenic : 방부제, 제초제, 독약.

17. 비스무스Bismuth : 제약, 화장품, 화재경보기 및 스프링클러용 합금.

18. 세슘Cesium : 응급용 산소통, 광전지, 진공관.

19. 셀레늄Selenium : 사진 복사, 비타민E 활성 강화, 비듬 제거용 샴푸.

20. 수은Mercury : 전기 스위치, 온도계.

21. 스트론튬Strontium : 칼라 TV 촬영관, 비상 섬광등, 불꽃놀이.

22. 실리콘Silicon : 반도체, 적외선 응용, 태양전지.

23. 아연Zinc : 철강의 방식용 피복재, 복사기, 다이 캐스팅, 안료, 건전지.

24. 알루미늄Aluminum : 자동차나 비행기 동체, 창틀, 박지, 식기류.

25. 안티몬Antimony : 페인트 에나멜, 안전 성냥, PVC 첨가제.

26. 요오드Iodine : 의약용제, 공업용 소독제, 사진용 화학약품.

27. 우라늄Uranium : 핵연료, 장갑 관통 탄환.

28. 은Silver : 치과 재료, 필름, 귀금속, 화학제품의 제조, 전자기기 부품, 식기류.

29. 주석Tin : 강철의 피복재, 컨테이너, 땜납, 합금용.

30. 철Iron : 철강, 기계, 건축구조 재료.

31. 카드뮴Cadmium : 도금, 핵반응 제어봉, 재충전용 전지.

32. 코발트Cobalt : 스텔라이트, 착색제, 자석합금 제조.

33. 크롬Chromium : 스테인리스 스틸, 도금용, 착색제, 안료.

34. 텅스텐Tungsten : 전등 발광체필라멘트, 탄환, 시추용 비트.

35. 티타늄Titanium : 내열 기관 구조 재료, 경기용 자전거, 의료기기, 골프용품.

산업광물자원은 금속광물자원과 달리 제련 과정을 거치지 않고, 광물 또는 광물 집합체 그대로를 이용할 수 있는 광물자원으로서, 광물에너지자원과 보석광물은 제외된다. 이것은 광물이 가지는 독특한 물리—화학적 성질을 이용하는데, 주로 비금속광물이 주를 이루고 있으며, 시멘트, 요업 원료, 내화 재료, 유리 원료, 건축 재료, 화학약품 원료, 비료 원료, 연마제 등으로 많이 이용된다. 많이 이용되는 산업광물자원과 용도를 아래에 설명하였으며, 중요한 산업광물은 그림 2에 나타나 있다.

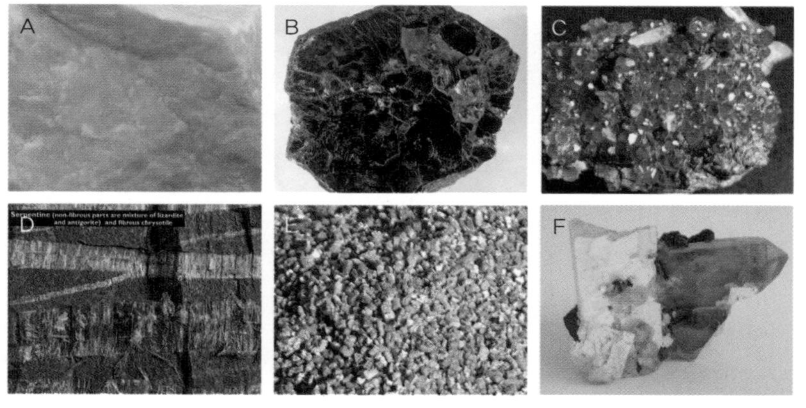

◀ 그림 2. 유용한 산업광물자원의 일부. 현대에 들어 산업광물자원의 중요성과 가치가 더욱 증대되었다.
(A) 석회석(limestone, $CaCO_3$)
(B) 흑운모(biotite, $K(Mg,Fe)_3(AlSi_3O_{10})(OH)_2$)
(C) 석류석(grossular, $Ca_3Al_2Si_3O_{12}$)
(D) 석면(lizardite, $Mg_3Si_2O_5(OH)_4$)
(E) 질석(vermiculite, $(Mg,Ca)_{0.3}(Mg,Fe,Al)_3(Al,Si)_4O_{10}(OH)_4 8 \cdot H_2O$)
(F) 석영과 정장석 (quartz and alkali feldspar, SiO_2 $KAlSi_3O_8$)

1. 경석고Anhydrite : 석회, 조립품.
2. 고령토Kaolin : 요업용, 제철용, 시멘트 제조용, 주물용, 제지용, 유리섬유.
3. 규조토Diatomite : 내화블록 재료, 다이너마이트 제조, 시멘트 혼합제.
4. 금홍석Rutile : 페인트, 코팅, 플라스틱, 제지 산업.
5. 납석Pyrophyllite : 내화재, 세라믹 타일, 유리섬유.
6. 다이아몬드Diamond : 연마제, 드릴, 보석.
7. 모래와 자갈Sand and gravel : 유리 제조, 콘크리트.

8. 백운석Dolomite : 건축용, 시멘트 산업, 충전제.
9. 벤토나이트Bentonite : 흡착제, 시추용 이수泥水, 방수제, 사료.
10. 불석Zeolite : 세제, 촉매, 건조제.
11. 석고Gypsum : 도료, 건축용 판넬, 토양 중화제.
12. 석류석Garnet : 물의 정화, 연마제, 전자 부품.
13. 석면Asbestos : 방화복, 방염제, 브레이크 라이닝.
14. 석영 결정Quartz crystal : 라디오 주파수 변조 여과 및 발진發振 기재.
15. 석회암Limestone : 시멘트, 강철, 토양 첨가제.
16. 소금Salt : 해빙제, 방부제, 식료품용.
17. 운모Mica : 화장품, 전기 부품, 충진제.
18. 유황Sulphur : 비료, 황산, 석유 정제.
19. 인산염Phosphate : 비료, 인산, 합성세제.
20. 장석Feldspar : 유리 산업, 세라믹, 유약.
21. 중정석Barite : 시추용 이수, 유리 원료, 충전재, X선 차단제.
22. 진주암Perlite : 경량골재, 슬래그 응고제, 농업용.
23. 질산염Nitrates : 폭약, 비료, 수지, 섬유.
24. 질석Vermiculite : 비료, 단열재, 도료와 시멘트 혼합물, 포장.
25. 탄산나트륨Sodium carbonate, Na_2CO_3 : 유리와 종이 제조, 단물제.
26. 형석Fluorite : 불산 제조용, 전기로, 알루미늄 제련.
27. 홍주석Andalusite : 내화재.
28. 활석Talc : 요업, 도료, 지붕, 종이, 합성수지, 활석분, 화장품.
29. 황산나트륨Sodium sulphate, Na_2SO_4 : 유리와 종이 제조.
30. 흑연Graphite : 윤활제, 브레이크 라이닝, 강철 제품, 연필.

금속광물자원과 산업광물자원에다 석유를 비롯한 다른 유기물 자원을 더하면, 합성섬유, 플라스틱, 화장품, 의약품, 항공기 부속을 포함한 수천 가지의 유기적 생산품들이 포함될 수 있다. 지구의 선물은 종류와 양에 있어 실로 엄청나다. 지구 자원 없이는 인류 문명이 산업 시대로 전혀 발달될 수 없었을 것이며, 더더구나 현재의 기술 시대로의 진입은 물론 더 나아가 우주시대로 발돋움할 수도 없었을 것이다. 21세기 지구의 선물은 심해저에서뿐만 아니라, 달과 소행성,

그리고 다른 행성들에서 채광한 태양계의 선물로 보충하게 될 것으로 기대된다.

자원과 문명

도구의 발견에서 시작된 인류의 문명은 지구가 창조한 다양한 광물자원을 활용하면서 발전해왔다. 석기시대는 돌을 주워 사용하다가, 용도에 따라 깨뜨리거나 갈아서 사용하던 시기였다. 그로부터 인류는 천연으로 산출되던 자연동을 그대로 사용하던 시기를 거쳐, 청동기시대는 동에 주석Sn을 더한 합금을 사용한 주물로 각종 도구를 만든 시기로 초창기 인류 생활에 큰 변화를 초래하였다. 이와 같은 청동기시대를 거치면서 제련법이 발달하게 되었고, 철을 다루는 제철 기술이 확산되면서 철을 이용한 창, 도끼, 단검 등의 무기와 곡괭이, 낫, 가위, 문고리 따위의 도구를 만드는 철기시대로 문명이 전환되었다. 철기시대 초기에는 생산량이 소량으로 제한될 수밖에 없었는데, 이는 제철에 필요한 에너지를 목탄에 의지하였으므로 주로 삼림 지역에서 생산이 이루어졌기 때문이다. 그 후, 석탄이 목탄을 대체하면서 철의 생산이 늘어나게 되었고 18세기 중엽 산업혁명의 기폭제가 되었다. 이러한 철은 20세기에 들어와, 스테인리스강을 비롯한 수많은 합금강이 산업용과 군사용으로 개발되고 철강 생산량이 비약적으로 증대됨으로써 오늘날 제강 능력은 국력으로 불리고 있다.

15세기에서 17세기 사이에 비스무스Bi, 비소As, 안티몬Sb 등이 사용되었고, 17세기에서 19세기에는 니켈Ni, 코발트Co, 망간Mn, 텅스텐W, 크롬Cr, 몰리브덴Mo 등이 사용되었으며, 이후 현재까지 67종의 금속원소 등이 다양한 소재로 사용되고 있다. 특히 18세기 후반에 인구가 폭발적으로 증가한 것은 18세기 후반부터 다양한 금속자원의 발견 및 이용과 무관하지 않다. 이는 곧 자원의 유용한 이용이 인구의 증가를 가능케 하였을 것이며, 거꾸로 인구의 증가는 필연적으로 많은 자원의 이용을 요구하였다는 의미이다.

이처럼 인류 문명의 역사를 석기시대, 청동기시대, 철기시대로 구분하면, 오늘날은 다양한 원소를 사용하는 다금속시대로 부를 수 있다. 또한 알루미늄이나 마그네슘, 티탄 등의 경금속을 주로 사용한다고 하여 경금속시대라고도 하며 석탄, 석유에서 추출하여 만드는 플라스틱을 일컬어 플라스틱시대라고도 한다. 한편, 전자, 통신 등 첨단산업에 필수적인 반도체의 주원료인 실리콘의 원료가 모래에서 얻어지기 때문에 제2의 석기시대라고도 한다.

간단히 살펴보았지만, 인류의 역사는 광물자원 개발의 역사이며, 각각의 시대를 특징짓는 재료 또는 도구에 의해 그와 수반되는 지식이나 기술 수준이 발달하면서 문명을 이루어온 것이라 할 수 있다. 문명을 계속 유지시키고 더욱 발전시키기 위해서는 앞으로도 많은 자원의 소비가 필수적이며, 따라서 자원은 계속 개발되고 확보되어야 할 것이다.

한편, 오늘날 자원의 지속적인 개발과 확보는 어느 한 특정 국가가 문명을 유지, 발전시키기 위해서만이 아니라, 인류 전체가 함께 번영을 누리기 위해서 필요한 것이다. 그림 3은 한 대의 자동차를 생산하기 위해서는 세계 여러 나라에서 생산되는 다양하고 많은 자원이 필요하다는 것을 보여주고 있다. 구소련에서 생산되는 강철, 백금, 니켈, 바나듐, 크롬, 캐나다의 아연, 미국의 몰리브덴, 마그네슘, 운모, 알루미늄, 황, 페루의 은, 브라질의 베릴륨, 칠레의 구리, 말레이시아의 주석, 일본의 활석과 카드뮴, 그리고 오스트레일리아의 납 등이 사용된다. 따라서 어느 한 나라에서 자동차 생산에 필요한 어떤 자원이 고갈되거나 더 이상 개발이 되지 않는다면—물론 다른 나라에서 생산할 수도 있겠지만, 주 산출국이 아니면 한계가 있으므로— 더 이상 자동차를 생산할 수 없게 될 것이며, 그로 인하여 전 세계의 인류는 자동차라는 편리한 교통수단을 이용하지 못하게 될 것이다. 이와 같이 어느 한 나라의 특정 자원의 고갈은 그 나라만의 문제가 아니라 바로 우리 인류가 함께 풀어가야 할 문제인 것이다.

자원의 정의

자원이란 '기술의 발전에 수반되어 인간 활동과 생산에 필요한 모든 것' 을 일컫는다. 이 경우는 넓은 의미로 농·수산자원, 산림자원, 인적 자원을 포함하는 포괄적인 의미가 된다. 여기서는 '자연에 의하여 만들어진 것' 이라는 좁은 의미로 광물자원과 에너지자원에 한정하여 사용하기로 한다.

또한 자원은 그 생산적인 측면에서 두 가지로 나뉘는데, 농·수산자원 같이 재배나 양식으로 생산이 가능한 자원을 재생 가능한 자원또는 생체자원이라고 하며, 지하에서 오랜 세월에 걸쳐 생성된 광물자원이나 에너지자원은 다시 생산이 불가능한—엄격한 의미로 불가능한 것은 아니나 수만 년, 수천만 년, 또는 수억 년의 지질시간에 걸쳐 생산되므로 인간의 시간으로는 생산이 불가능한—자원으로 재생 불가능한 자원또는 고갈자원, 무생물자원이라고 한다.

자원은 우리들이 필요에 의하여 경제적 · 기술적으로 개발이 가능할 때 실제적인 의미를 갖는데, 이는 자원이 시대적 및 정치 · 경제 · 사회적 상황에 따라 변할 수 있다는 의미를 포함한다. 즉, 인간에 대응하여 유용하게 이용할 수 있을 때 진정한 의미의 자원이라고 할 수 있다.

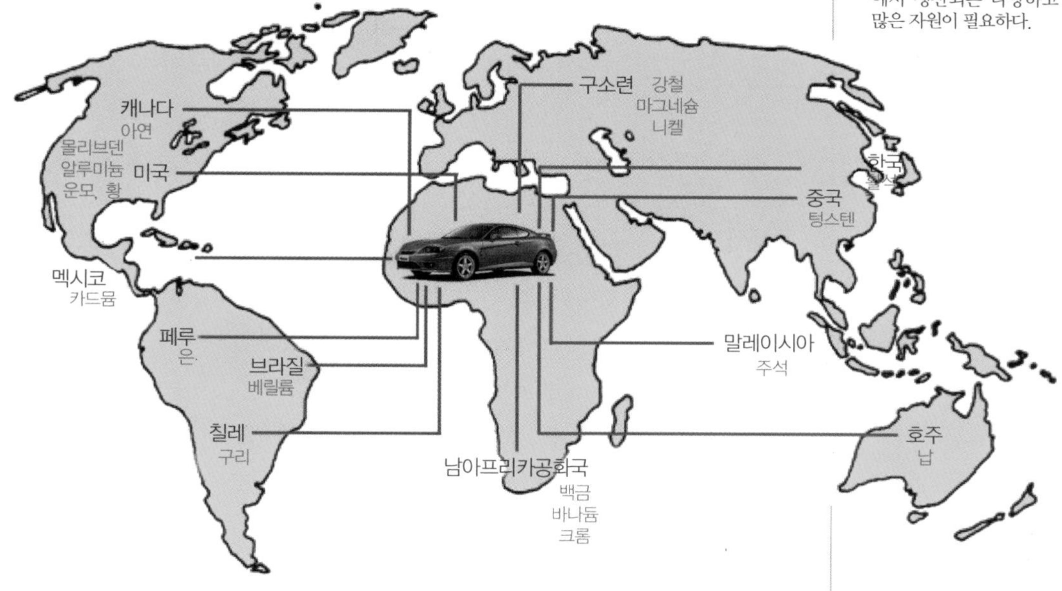

▼ 그림 3. 세계의 자동차. 한 대의 자동차를 만들기 위해서는 세계 여러 나라에서 생산되는 다양하고 많은 자원이 필요하다.

한국, 남서태평양 통가 EEZ에서 2만㎢ 해저광구 독점 탐사권 확보

한국해양연구원은 남서태평양 지역 통가 EEZ에서 우리나라 경상북도 면적에 해당하는 약 2만㎢19,056㎢의 해양광물자원해저열수광상의 독점 개발을 위한 탐사권을 확보하는 데 성공했다. 해저열수광상 자원은 약 2천m 정도의 바다 밑으로부터 뜨거운 광액이 해저지각을 통해 방출하는 과정에서 형성되는 광물자원으로 구리, 아연 등과 함께 금, 은 등의 귀금속도 다량 함유하고 있어 개발 시 경제성이 높은 자원으로 평가되고 있다. 이번에 확보한 통가 EEZ에는 적어도 900만 톤 이상의 해저광맥이 형성되어 있는 것으로 파악되고 있으며, 향후 본격적인 개발이 이루어질 경우 연간 30만 톤 정도의 채광과 함께 약 1억 달러 정도의 수입 대체 효과를 기대할 수 있다.

자원의 유한성

두 가지 견해

자원의 장래에 관한 전망으로 두 가지가 있는데, 하나는 비관적으로 보는 견해와 또 다른 하나는 낙관적으로 보는 견해이다.

성장의 한계—비관론

1972년 출간된 로마클럽의 보고서 〈성장의 한계The limits to growth〉에 의하면, 인류가 현 상태와 같이 자원의 소비를 계속할 경우, 자원은 언젠가는 고갈될 것이며, 따라서 자원의 소비를 어떻게 하든 줄일 필요가 있음을 경고하고 있다. 그 근거로서 인류가 엄청나게 증가하고 있으며 현저한 증가율에 따라 여러 자원을 소비하고 있다. 한편, 지구 상에서 각종 자원에 대한 새로운 개발이 계속되고 있지만 거기에는 한계가 있어 결국 자원 소비량이 자원량을 능가하게 된다고 지적한다.

표 1은 로마클럽이 제시한 보고서1970년 기준에서 발췌한 것이다. 표의 제1열은 여러 가지 광물자원의 종류를 보여주며, 제2열은 1970년 당시까지 찾아서 확보한 전 세계의 확인 매장량을 나타내고 있다. 제3열은 매장량을 매년 채굴되는 양으로 나눈 값 즉, 산술적 사용 가능 연수이다. 채굴되어 소비되는 자원의 양은 매년 변화한다. 1970년을 시점으로 각종 자원의 소비 신장률을 예상하는 숫자가 제4열에 나타나 있는데, 예상 성장률%을 최댓값, 최솟값, 그리고 평균값 세 가지로 구분하여 표시하고 있다.

소비량은 매년 증가하기 때문에 매장량의 감소는 당연히 빨라지게 된다. 이에 따라 매년 채굴되는 양은 증가할 것이므로 사용 가능 연수 역시 줄어들게 된다. 이것이 제5열의 기하급수적 사용연수이다. 현재의 매장량을 고려할 때, 철Fe은 앞으로 93년간 사용할 양이 있으며, 동Cu은 21년분, 경금속으로 알루미늄Al의 원료인 보크사이트는 31년분, 금Au은 9년분의 양이 남아 있으며, 에너지자원으로

◀ 표 1. 재생 불가능(고갈) 광물자원의 사용가능 연수(1970년 당시).

광물자원		전 세계의 확인 매장량[2](t)	산술적 사용 가능 연수[3](년)	예상 성장률(%)[4](연평균)			기하급수적 사용 연수[5]	부존 매장량에 대한 기하급수적 사용 연수[6]
				최대	최소	평균		
귀금속	금(Au)	1.1×10^{4}	11	4.8	3.4	4.1	9	29
	은(Ag)	1.6×10^{5}	16	4.0	1.5	2.7	13	42
	백금족1)	1.3×10^{4}	130	4.5	3.1	3.8	47	85
비철금속	동(Cu)	2.8×10^{8}	36	5.8	3.4	4.6	21	48
	납(Pb)	8.3×10^{7}	26	2.4	1.7	2.0	21	64
	아연(Zn)	1.1×10^{8}	23	3.3	2.5	2.9	18	50
	수은(Hg)	1.1×10^{5}	13	3.1	2.2	2.6	11	41
	주석(Sn)	4.3×10^{6}	17	2.3	0	1.1	15	61
철강 원료 금속	철광(Fe)	1.0×10^{11}	240	2.3	1.3	1.8	93	173
	망간(Mn)	8.0×10^{8}	97	3.5	2.4	2.9	46	94
	몰리브덴(Mo)	4.9×10^{6}	79	5.0	4.0	4.5	34	65
	텅스텐(W)	1.3×10^{6}	40	2.9	2.1	2.5	28	72
	니켈(Ni)	6.7×10^{7}	150	4.0	2.8	3.4	53	96
	코발트(Co)	2.2×10^{6}	110	2.0	1.0	1.5	60	148
	크롬(Cr)	7.8×10^{8}	420	3.3	2.0	2.6	95	154
경금속	보크사이트	1.2×10^{9}	100	7.7	5.1	6.4	31	55
에너지	석탄	5.0×10^{12}	2,300	5.3	3.0	4.1	111	150
	천연가스(m^3)	3.2×10^{13}	38	5.5	3.9	4.7	22	49
	석유(kl)	7.2×10^{11}	31	4.9	2.9	3.9	20	50

1) Pd, Pt, Ir, Os, Rh, Ru를 포함함
2) 미연방 광업국 (1970) : 〈Mineral and Problems, Bulletin 65〉의 자료에서 인용
3) 당시 (1970)의 소비수준이 유지될 경우 현재 매장량에 대한 연수
4) 미연방 광업국 (1970) : 〈Mineral and Problems, Bulletin 65〉의 자료에서 인용
5) 소비의 연성장률을 고려할 경우의 현재 매장량에 대한 연수
6) 탐사 개발로 인하여 현재 매장량의 5배를 개발하는 것이 가능한 경우

석탄과 석유는 각각 111년분과 20년분밖에 없다.

물론 이와 같은 각 자원의 사용 가능 연한은 활발한 탐사 및 개발에 의해 매장량을 늘릴 경우, 다소 늘어날 수 있을 것이다. 예를 들어, 현 매장량을 5배로 늘릴 경우, 연간 소비량의 성장을 고려하여 향후 사용할 수 있는 자원량을 나타낸 수치가 제6열의 것이 된다. 철은 173년분, 구리는 48년분, 보크사이트는 55년분, 금은 29년분으로 늘어나며, 석탄과 석유는 각각 150년 및 50년분으로 늘어날 것이다. 따라서 일시적으로는 사용 연한을 연장할 수 있을지 모르나, 결국에는 고갈될 것임을 지적하고 있다.

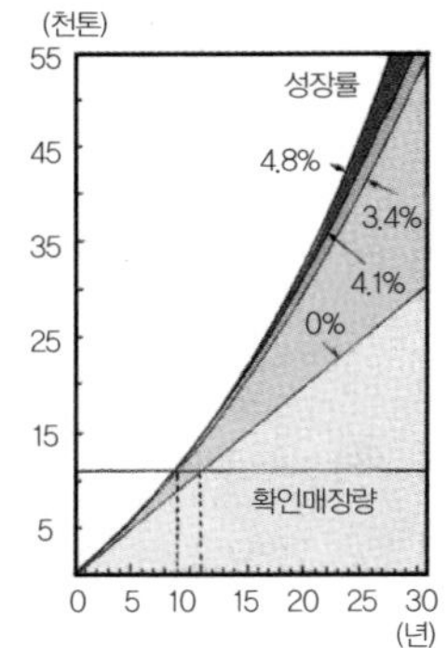

▲ 그림 4. 금의 매장량과 사용 가능 연수

금을 예로 들어서 구체적으로 살펴보자.■ 그림 4 금은 전 세계의 수많은 금 광산에서 소량씩 채굴되지만 확인된 매장량을 모두 합치면 11,000톤 정도라고 한다. 이러한 금을 매년 1,000톤씩 채취하여 소비한다면 그 양은 대략 11년분밖에 되지 않는다. 그러나 금은 최근 용도가 확대되면서 소비량이 높은 비율로 증가하고 있는 점을 고려할 때, 연간 성장률을 평균 4.1%로 간주하고 이러한 비율로 매년 채굴량이 증대된다면, 전 세계 기존의 확인된 매장량은 11년분보다 적은 9년분이 될 것이다. 설사 매장량을 현재의 5배로 늘려 잡는다고 할지라도 29년분밖에는 되지 않는다. 게다가 자원 소비량을 무한정 신장시킬 때는 자원의 고갈이 더욱 빠르게 닥칠 것이라는 것을 가르쳐주고 있다.

석유 20년설—낙관론

'석유 20년설' 이라고 불리는 것이 있는데, 이는 과거 100년 전부터 석유가 산업적으로 중요한 자원으로 인식된 이후, '석유는 20년분밖에 없다' 고 계속 말해온 것에서 유래한다. 과거 '석유가 약 20년분밖에 없다' 고 했을 때, 그로부터 20년이 지나서 '아직 석유가 남아 있느냐?' 고 물으면 역시 '석유는 20년분밖에 남아 있지 않다' 라고 대답을 계속해왔던 것인데, 석유가 아직 20년간은 걱정 없는 상태로 지금까지 계속되므로 결국 석유는 항상 사용할 만큼 부존한다는 것을 비유적으로 표현한 것이 '석유 20년설' 인 것이다.

그림 5는 연간 석유의 생산량과 매장량을 표시한 것이다. 그림 상단의 곡선은 매장량a을 생산량b으로 나눈 것으로 사용 가능 연수를 의미한다. 그림 5에서 보듯이, 1950년 이전에는 석유의 매장량이 그해 생산량 대비 약 20배 정도인 것으로 추산되고 있으나, 1955년경에는 그 비가 35배에 달하기도 하였다. 이는 제2차 세계대전이 끝난 후, 그 당시 중동 지역에서 거대한 유전이 발견되어 상대적으로 매장량이 일시적으로 증대하였기 때문이다. 그로 인하여 안정된 가격으로 석유가 공급되고 석유화학공업의 발전으로 소비량이 급격히 늘면서 사용 연수는 다시 떨어졌다. 1970년을 전후하여 두 차례 매장량이 증가했던 것은 북해나 알래스카의 북극해에서 대규모의 유전이 발견되었기 때문이며, 그 후 새로운 유전의 발견이 없어 매장량의 증가는 없었다. 한편, 기하급수적으로 늘던 생산량도 1973년과 1979년 두 차례에 걸친 석유파동oil shock으로 석유 가격이 폭등하면서 소비가 감소하였으며, 그로 인하여 1980년대 이후에는 대체에너지 개발 등으로 석유 소비가 줄어들면서 계속해서 사용 연수는 30년을 유지하고 있다. 이와 같은 자료에

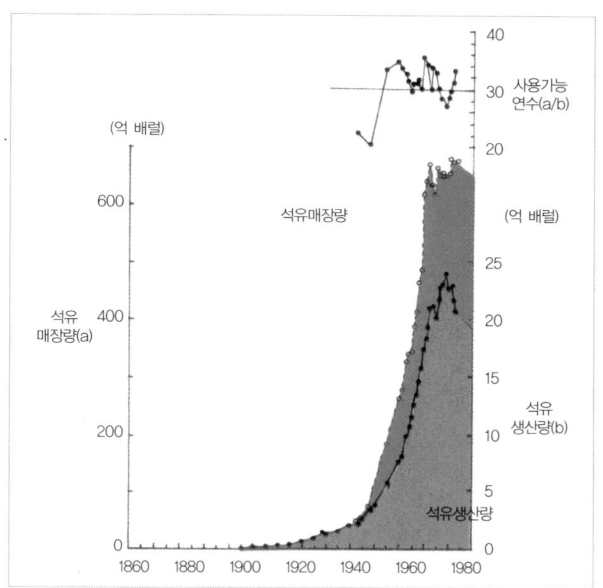

◀ 그림 5. 석유 매장량(a)과 석유 생산량(b)의 관계. 20세기 들어 지금까지 석유의 소비가 기하급수적으로 증가하였지만, 지금까지 항상 30년 정도 사용할 양을 확보하고 있음을 보여준다.

근거하여 보면 '석유 20년설' 은 상당히 설득력이 있는 것으로 보인다.

생산량과 매장량의 관계

현재 전 세계 석유 생산량의 50% 정도는 해저유전에서 생산되고 있는데, 그 비율이 점차 증가하고 있는 추세이다. 해저유전에서 생산되는 석유는 육상의 유전보다 높은 생산 비용이 들 것이라는 것은 어렵지 않게 짐작할 수 있다. 오늘날의 석유에는 높은 비용이 관련되어 있다. 배럴barrel당 3달러 선에서 안정을 유지하던 석유 가격은 1973년 발생한 중동전쟁때문에 급등하기 시작하여 1974년에는 거의 4배 상승한 12달러가 되었는데, 이를 제1차 석유파동이라고 한다. 1978년 일어난 이란의 종교혁명은 유가를 다시 2배 이상 상승하게 만들었으며2차 석유파동, 1980년 발생한 이란—이라크 전쟁은 유가를 35달러 이상으로 상승하게 만들었다. 이후 차츰 하강세를 유지하던 석유 가격은 중동 지역의 정치 상황에 따라 상승과 하강을 반복하였다. 2001년 미국에서 발생한 9·11 테러는 유가를 상승시키는 또 다른 계기가 되었으며, 중국과 인도의 산업화는 유가의 상승을 더욱 부채질하여 2005년에는 드디어 50달러 선을 돌파하였으며, 한때 70달러에 도달하기도 하였다.■ 그림 6 생산 비용 측면

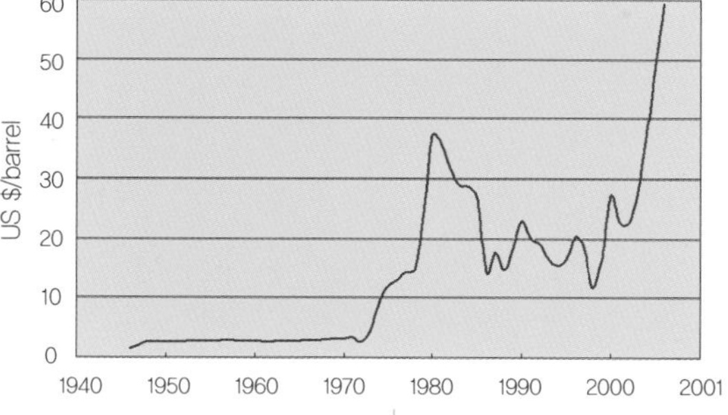

▲ 그림 6. 1946년부터 현재까지 원유 가격의 변화.

에서도 해저유전의 경우는 말할 것도 없거니와, 육상유전에서도 종래에 비해 심도가 상당히 증가된 심부 유전층이 개발되거나 1차 채취가 된 곳을 2차, 3차 채취하여 석유를 생산함으로써 훨씬 많은 비용이 소요되고 있다.

한편, 석유 가격의 상승은 개발 의욕을 증대시킬 뿐만 아니라, 탐광 및 생산 기술의 진보도 낳게 되었다. 종래에는 경제성이 떨어져 폐기되었던 유전에 대해 개발의 손이 다시 미치게 되어 석유를 생산하게 되면서 매장량도 증가하게 되었다. 이와 더불어 석유 가격의 상승은 소비에도 영향을 미치게 된다. 단순히 소비를 억제하는 1차적인 효과 외에도, 효율적인 이용 방법을 개발하게 하는 동기가 되며, 이와 병행하여 대체에너지 및 합성 원료의 생산도 행해지게 하는 효과도 있다. 이에 따라, 석유 사용 연수는 상대적으로 증가할 것이므로 '석유는 고갈이 없다' 는 것이 석유 20년설과 같은 낙관론의 근거가 될 수 있다.

그러나 다음과 같이 생각할 수도 있다. 석유 가격은 확실히 상승했다. 이는 안정된 가격으로 쉽게 얻을 수 있는 자원이 확실히 적어지고 있다는 것을 반증하고 있다. 석유 이외의 광물자원에 관해서도 유사한 결론을 내릴 수 있다. 장래의 자원 수급의 관계는 '성장의 한계' 에서 지적한 바와 같이 간단하게 각 자원의 사용 가능 연수로 자원의 장래를 예측하는 것이 정확하지는 않다는 것을 고려하더라도, 보고서는 이와 같이 사용 가능 연수가 위기에 처해 있음을 알려줌으로써 자원의 고갈에 대해 경종을 울리는 것이다. 현재로선 자원의 장래에 대한 낙관적인 견해나 비관적인 견해에 대해 우리들이 어느 하나를 선택하더라도 그 결과에는 차이가 없다. 그러나 궁극적으로 광물자원이나 에너지자원이 다 같이 고갈자원이라는 사실이 틀림없으므로, 이렇게 유한한 자원에 대해 어떻게든 대비를 하지 않으면 안 된다. 그에 따라 20년이나 30년 후가 되었을 때 낙관론과 비관론의 선택 여부는 완전히 달라질 것이다.

자원의 유한성

지각 중의 원소

미국의 유명한 지구 화학자 클라크F. Clark는 지각을 포함하여 해수 및 대기 중에 함유된 원소들의 중량비를 수치로 표시하였는데, 이를 클라크수Clark number라 한다. 그에 따르면 지각의 99%는 산소O, 규소Si, 알루미늄Al, 철Fe, 칼슘Ca, 나트륨Na, 칼륨K, 마그네슘Mg, 티탄Ti 등의 9종의 원소로 구성되며 그 외 수십 종의 원

◀ 표 2. 지각에 분포하는 원소의 평균 존재량(ppm, g/ton).

원자 번호	원소	평균 존재량	원자 번호	원소	평균 존재량	원자 번호	원소	평균 존재량
8	O	466,000	39	Y	33	32	Ge	1.5
14	Si	277,200	57	La	30	42	Mo	1.5
13	Al	81,300	60	Nd	28	74	W	1.5
26	Fe	50,000	27	Co	25	63	Eu	1.2
20	Ca	36,300	21	Sc	22	67	Ho	1.2
11	Na	28,300	3	Li	20	65	Tb	0.9
19	K	25,900	7	N	20	53	I	0.5
12	Mg	20,900	41	Nb	20	69	Tm	0.5
22	Ti	4,400	31	Ga	15	71	Lu	0.5
1	H	1,400	82	Pb	13	81	Ti	0.5
15	P	1,050	5	B	10	48	Cd	0.2
25	Mn	950	59	Pr	8.2	51	Sb	0.2
9	F	625	90	Th	7.2	83	Bi	0.2
56	Ba	425	62	Sm	6	49	In	0.1
38	Sr	375	64	Gd	5.4	80	Hg	0.08
16	S	260	70	Yb	3.4	47	Ag	0.07
6	C	200	55	Cs	3	34	Se	0.05
40	Zr	165	66	Dy	3	44	Ru	0.01
23	V	135	72	Hf	3	46	Pd	0.01
17	Cl	130	4	Be	2.8	52	Te	0.01
24	Cr	100	68	Er	2.8	78	Pt	0.01
37	Rb	90	35	Br	2.5	45	Ph	0.005
28	Ni	75	50	Sn	2	76	Os	0.005
30	Zn	70	73	Ta	2	79	Au	0.004
58	Ce	60	33	As	1.8	75	Re	0.001
29	Cu	55	92	U	1.8	77	Ir	0.001

* 참고: 9대 주성분 원소의 합계는 99%-Principles of Geochemistry, 4판 (B. Mason, 1982)에서 발췌.

소가 나머지 1%를 차지한다.■ 표 2

따라서 나머지 동이나 니켈 같은 중요한 자원을 구성하는 원소들의 양은 모두 합쳐 0.01%에도 미치지 못한다. 표 2에서처럼 동은 55ppm, 니켈은 75ppm으로 만약 이처럼 극소량이 지각 속에 균등히 분포한다면 이것들을 채취하여 자원으로 만드는 것은 거의 불가능할 것이다. 그러나 다행스럽게도 이와 같은 원소들은 지각 속에 고르게 분포하는 것이 아니라 비교적 농집된 형태로 존재하기 때문에 이러한 부분이 채취의 대상이 되는 것이다. 이것을 광상ore deposit이라 부르며, 채취 활동이 행해지는 곳을 광산mine이라 한다.

미국의 광상학자 스키너B. Skinner는 지각 원소를 다음과 같이 구분하였다 : 지각을 구성하는 원소 중 상위 12종류를 지구화학적으로 풍부한 원소GRE, geochemically rich elements, 그 외 중량 백분율이 0.1% 이하인 상태로 존재하는 원소를 지구화학적으로 결핍된 원소GPE, geochemically poor elements. 이 두 집단에는 금속원소가 각각 존재하고 있는데,■ 그림 7 GRE 집단에 속하는 알루미늄, 철, 마그네슘, 티탄,

▼ 그림 7. 지각 내 원소들의 분포상태.
(A) 지구화학적 풍부 원소.
(B) 지구화학적 결핍 원소.

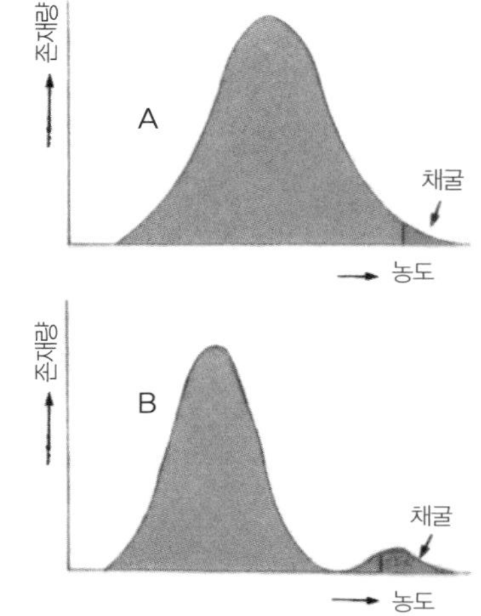

및 망간 등은 그림 7-A에 표시된 것과 같은 상태로 지각 속에 분포하고 있으며, 사람들이 옛날부터 채취하여 이용한 부분은 농도가 매우 높은 극히 제한된 부분에 지나지 않는다. 농도가 낮은 부분을 처리하는 기술이 개발된다면, 그 이용 가능한 자원의 양은 엄청나게 증가할 것이다. 이에 반하여, GPE의 존재 상태는 그림 7-B에 나타낸 것과 같이 전체적으로 존재량이 적을 뿐만 아니라, 더욱이 이용 가능한 상태로 농집되어 존재하는 부분은 극히 일부에 지나지 않는다. 또한 GPE의 대부분은 광물의 결정 내에서 GRE를 치환하는 형태로 존재하고 있기 때문에 화학분석에 의해서만 검출될 뿐, 필요한 양을 농집시켜 채취하는 것은 불가능한 것으로 보인다.

스키너는 이와 같이 언급한 후, 특히 철의 이용을 예로 들어 자원의 유한성을 한층 더 강조하고 있는데, 알루미늄이나 철과 같이 지각 중에 무한히 존재하는 원소에 있어서도, 그 대부분은 규산염 광물silicate minerals 등의 형태로 존재하기 때문에 그것으로부터 알루미늄이나 철을 금속 형태로 채취하는 것은 매우 어려우며 대량의 에너지를 필요로 한다고 지적하였다. 현재 자원으로 이용되는 알루미늄이나 철은 보통 산화물oxides로 존재하는 것이다. 따라서 기술적, 경제적으로 채취하고 있는 것은 지각 중에 무한히 존재하는 것 중의 극히 제한된 부분에 지나지 않는다는 것도 알아둘 필요가 있다.

재생 불가능한 자원

지하에서 얻어지는 자원, 특히 광물자원은 농·수산자원과 같이 재배, 양식으로 얻어지는 것이 아니라, 채굴되었을 때에만 자원이 된다. 지하수나 지열에너지와 같이 지하에서 얻어지는 자원 중에서도 적절히 채취하면 언제까지나 채취 가능한 것이 없지는 않지만, 광물자원은 오랜 지구의 역사 속에서 창조되어진 자원으로 새롭게 만들어지는 것이 아니다. 따라서 현재 자원이 풍부한 광상이라 할지라도 일단 채굴이 끝나게 되면 광산으로서의 수명을 다하게 된다.

일반적으로 광석ore은 '그 속에 유용 성분을 함유하고, 그것을 경제적으로 채취하여 이용할 수 있는 토사 또는 암석'으로 정의하는데, 이와 같은 정의 중에서 '경제적으로 채취한다'는 부분은 실제로 중요한 의미를 지닌다. 광석 또는 광상의 가치는 그 품위광석 속에 포함된 유용 성분의 함유량와 광상의 규모, 입지 조건, 기술적 및 경제적 개발 가능성 등 여러 요인에 의해 결정된다. 예를 들어, 아무리 우수한 광상이라도 장소가 만년설이 덮인 높은 산꼭대기에 위치하거나 사막 같은 오지

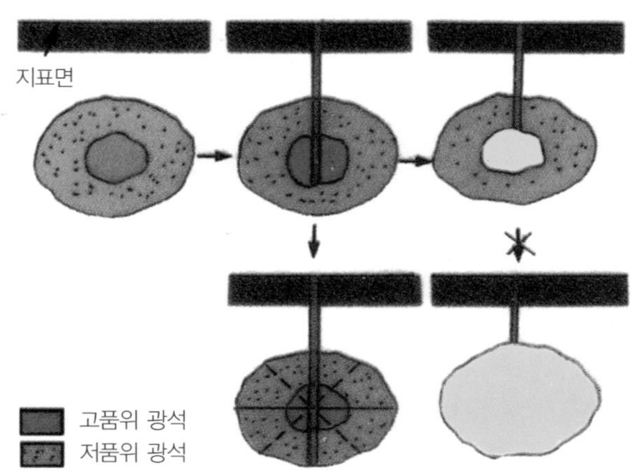

◀ 그림 8. 광상의 채취 형태. 효과적인 개발을 할 때 자원의 낭비가 없다.

의 한가운데 있다면 그 개발은 경제적으로 맞지 않을 것이며, 지하 깊은 곳에 있거나 심해저에 있다면 이것 또한 현재의 기술로는 개발이 불가능할 것이다.

광상의 특성상, 고품위 광상의 주변에는 저품위 광석이 고품위 광석의 수십 배는 있는 것으로 추정되는데,■ 그림 8 이는 앞서 언급한 바와 같이 개발이 곤란한 광상을 개발하는 기술 역시 진보하고 있기 때문에 '성장의 한계'에서 지적한 것과 같은 자원 고갈의 숫자는 엄밀한 의미에서 다시 고려되어야 한다. 그러나 역으로 경제성만을 추구하여 광상의 채굴이 용이한 고품위 부분만을 골라서 채취한다면, 그 주변에 남아 있는 채취 곤란한 저품위 부분은 고품위 부분이 채취가 끝남과 동시에 경제성이 상실되는 폐석이 될 수밖에 없으므로 버려진 자원이 된다. 이렇게 되면 전체적으로 광량이 감소하게 되고, 수요에 필요한 광량 확보를 용이하지 않게 하는 결과를 초래하게 되어 궁극적으로 자원의 낭비가 된다.

자원의 장래

앞서 지적하였듯이, 언젠가는 고갈될 유한한 자원의 미래는 좁게 보면 자원이 부족한 우리나라 같은 개발도상국이 선진국으로 진입하는데 필수적인 자원을 어떻게 확보할 것인가 하는 문제이며, 넓게 보면 인류의 미래와 번영을 위하여 지금부터 대책을 세워나가지 않으면 안 되는 중요한 문제이다. 따라서 이에 대한 대책으로 단기적인 방법과 장기적인 방법으로 나누어 생각할 수 있는데, 전자는 소극적이지만 비교적 확실한 방법으로 당장 효과를 볼 수 있는 반면, 후자는 기술의 발전을 선결 과제로 많은 투자를 필요로 하는 어려움이 있으나 자원의 유한성이라는 측면에서 인류가 반드시 적극적으로 극복해야 할 난제이다.

자원의 절약

'자원의 절약' 은 결코 '자원의 소비를 줄이자' 라는 말과 혼동해서는 안 된다. 인류의 문명을 지속적으로 발전시키기 위해서는 현재와 같은 자원의 소비가 계속될 전망이며 발전을 멈추지 않는 한, 자원의 소비는 결코 줄지 않을 것이라는 점을 전제하여야 한다. 따라서 자원의 절약은 현재 자원의 개발이나 소비의 과정에서 불필요하게 발생하는 자원의 낭비를 최소화하여 자원을 효율적으로 개발하고 사용된 자원을 재활용하는 것을 의미한다.

(1) 효율적인 개발 : 그림 8에서 보듯이, 대부분의 광상에는 고품위 주변에 품위가 낮은 광석이 수 배 내지 수십 배에 달하는 양으로 매장되어 있다. 일반적으로 광상의 개발은 경제성으로 인하여 고품위만을 대상으로 하고 있으나, 광상이 일단 개발되면 주변의 저품위 광석은 채취 과정에서 폐석으로 변하게 된다. 따라서 개발 단계에서 철저하고 효율적인 방법을 적용하여 저품위 광석도 자원화한다면 자원의 양은 비약적으로 증가하게 된다.

또 다른 효율적인 개발의 예로 석유의 회수율을 들 수 있다. 회수율recovery rate이란 석유 부존량에 대한 실제 채취량을 말하는 것으로 석유는 유층과 대기와의 압력 차에 의해 자연적으로 뿜어 올라오게 되는데, 석유 개발이 진행되면 압력이 떨어져 생산이 감소된다. 이런 채유 방법을 1차 회수법이라 한다. 회수율은 압력 차, 침투율, 석유의 점도viscosity 및 유층의 두께 등의 요인에 따라 달라지는데, 대부분 유전의 회수율은 20~35% 정도이며, 전세계 평균은 약 25%이다. 따라서 회수율을 늘린다면 석유자원의 양은 훨씬 증가할 것이다. 현재 유층의 압력을 유지시키는 방법으로 물이나 가스를 주입하는 기술, 즉 2차 회수법이 개발되어 실용화되고 있으며, 최근에는 고도의 기술을 사용하는 3차 회수법, 일명 강제 회수법이 개발되어 하루 100만 배럴이 이와 같은 방법으로 채유되고 있다. 강제 회수법으로 현재 개발된 것으로는 혼합법, 화학 처리법, 열 처리법이 있으며, 약 2/3가 열 처리법으로, 1/3이 혼합법으로 처리되며 화학적 처리법은 아직 적용된 예가 보고되고 있지 않다.

(2) 재활용recycle : 자원 재활용은 회수되는 자원의 양은 적을지라도 최근의 환경문제와 관련되어 많이 권장되고 있는 자원 절약 방법이다.

광공업 생산 활동에는 광석의 제련이나 정제 시 수반되어 배출되는 폐수와 폐기 가스도 미이용 자원으로 생각할 수 있다. 그 속에는 중금속과 기타 미회수 성분이 함유된 채, 자연계로 방출되어 공해의 원인이 되고 있다. 또한 석유 컴비나트 등에서는 막대한 양의 유황이 탈황 과정에서 부산물로서 폐기되고 있다. 그러나 폐수나 폐기 가스 속에 함유된 유해 물질은 대부분 미량이며, 그것들을 회수하는 데 드는 막대한 설비투자나 운전자금을 고려하면 자원의 가치는 오히려 손해이다. 문제는 기술력의 향상을 통해 이와 같은 부담 요인을 최소화할 때 자원 회수와 환경보호라는 두 마리의 토끼를 잡을 수 있을 것이다.

생산 제품이 최종적으로 소비자의 손에 들어오는 과정에서 타 산업 활동에 이용되는 도중 폐기되는 자원이 있다. 예를 들어 알루미늄 캔을 만드는 과정에서 생긴 절단 찌꺼기 등도 원료로 재이용되어야 할 것이다. 실제로 이와 같은 알루미늄의 재이용은 원료의 절감 외에도 전력의 절약에도 도움이 된다. 이처럼 소비 과정에서 발생하는 폐기물 원료미이용 자원를 환원시키는 것을 재자원화 또는 리사이클이라 한다.

자원의 확보

자원의 확보는 소극적이며 자국의 이익이 우선되는 현실적인 방법으로 자원의 개발과 자원의 비축을 들 수 있다.

(1) 자원의 개발 : 자원의 개발로는 국내 광산의 개발과 해외 광산의 개발 참여나 자원의 수입 등이 있는데, 전자는 확실한 투자가 보장되나 우리나라와 같이 자원이 부족한 나라는 개발의 한계가 있어 해외로 눈을 돌리지 않을 수 없다.

해외 광산 개발에는 ① 단순히 광산을 매입하는 방법, ② 융자에 의한 개발, ③ 탐광 개발, ④ 기술 협조, ⑤ 공동 참가, ⑥ 독자적인 개발 등이 있으나 개발 비용 외에도 여러 가지 간접 비용의 투자 등 주변 비용이 많이 드는 관계로 용이하지가 않다. 이와 같은 경제적 요인 외에도 정치적, 사회적 불안정 등으로 어려움이 있을 수 있다.

(2) 자원의 비축 : 1970년대 세계 경제의 큰 변동을 야기한 두 차례의 석유파동과 중동 지역의 잦은 분쟁으로 인한 석유 유통의 중단 등으로 '비축이 곧 자원 확보' 라는 아이디어가 부상했다. 이러한 비축에는 ① 여유가 있을 때

자원을 비축하였다가 필요할 때 사용하기 위한 것과 ② 이미 확보된 것을 개발하지 않고 두는 것의 두 가지가 있는데 자원 확보라는 관점에서 볼 때, 적극적인 의미는 없으나 자원 확보가 곤란할 때 그 곤란을 해소하는 수단의 의미가 있다.

미이용 자원의 활용

여기에는 저품위 자원의 개발, 해저자원의 개발 및 핵에너지 자원 등이 있다.

(1) 저품위 자원의 개발 : 광물자원이 개발 가능한지의 여부는 그 개발의 경제성에 의해 좌우된다. 똑같은 자원에 있어서도 경제적, 사회적, 정치적 환경 등의 요인에 의해 자원은 개발되기도 하고 또는 이용되지 않은 채 그대로 방치되기도 한다. 한편, 잠재적인 자원을 포함하여 미개발된 채 방치된 자원, 또는 미이용 자원은 그 개발을 막는 요인이 제거될 때 어느 날 개발의 대상이 되는 것도 적지 않다. 우리나라도 장래의 필요를 위해 자원의 확보 차원에서 미이용 자원을 개발하는 기술을 확보할 필요가 있다.

미이용 자원이 어떻게 이용 가능한 자원이 되는가에는 복잡한 정치·사회적 측면을 제외하더라도 경제적·기술적 측면만을 고려할 때 거기에는 다음과 같은 이유가 있다. ① 재료나 제품의 운송 수단이 없을 경우, 또는 운송비가 비쌀 경우, ② 용수나 전력 공급이 곤란할 경우, ③ 채취 조건이 열악한 경우, ④ 광상의 규모가 작을 경우, ⑤ 광석이 저품위일 경우, ⑥ 원료 처리가 곤란할 경우 등이다. 이와 같은 요인들의 대부분은 채취, 처리 및 기타 기술의 진보에 의해 제거될 수 있으며, 그 경우 유용한 자원으로 개발될 것이다. 이것은 지금까지 문명의 발달 과정에서 보여준 인류의 자원 개발과 활용의 예에서도 명확하다.

(2) 해저자원의 개발 : 대륙연변부인 대륙붕에는 석탄, 석유, 천연가스 등의 미개발 자원이 상당량 부존하고 있다. 석유의 경우, 현재 산유량의 약 50% 이상이 해저유전에서 생산되고 있다.■그림 9 그 외 연안 퇴적광상으로 철, 중사, 모래, 주석, 다이아몬드 등과 연안 해저광물자원으로 암염, 유황, 인, 석유 등이 있으며, 심해저광물자원으로 망간단괴와 블랙스모커black smoker 주변에 생성되는 함금속 퇴적점토 등이 있다. 해수에 녹아 있는 자원에는 식염, 마그네슘, 브롬 등이 있다.

최근 해양저에 대한 탐사와 채취 기술이 개발되면서 심해저자원에 관한 관

◀ 그림 9. 한국석유공사가 보유하고 있는 국내 유일의 반잠수식 석유시추선 '두성호'. 오늘날 전 세계 석유 생산량의 50% 이상은 이러한 해저유전에서 생산된다.

심이 높아지고 있다. 예를 들면, 심해저에 있는 망간단괴■ 그림10 속에는 망간 Mn, 약 30%, 니켈Ni, 1.5%, 구리Cu, 1.5%, 코발트Co 등의 소재 금속이 함유되어 있는데, 망간의 육상 매장량이 20억 톤인데 반해 단괴 속에는 4천억 톤이 있는 것으로 추산되고 있다. 그 밖에 니켈, 코발트 등은 각각 육상 매장량이 5천만 톤, 4백~5백만 톤인데 반해 단괴 속에는 각각 164억 톤, 98억 톤이 들어 있다. 이렇게 많은 양의 금속자원이 망간단괴 속에 포함되어 있기 때문에, 이를 '바다의 검은 노다지' 또는 '검은 황금'이라는 별칭으로 부르고 있다. 이와 같은 엄청난 자원량으로 인하여 각국에서 경쟁적으로 채취하여 연구 중에 있으며, 현재 수만 톤급의 대형 선박을 사용하여 수천 미터의 해저에 파이프를 내려 펌프로 해수와 함께 해저 망간단괴를 흡입하는 방법을 시도 중에 있다. 우리나라도 온누리호■ 그림 10-C를 이용하여 태평양 상에서 기초 탐사와 시료 채취를 하여 21세기 해양자원 시대에 대비하고 있다.

(3) 핵에너지 자원 : 현재 원자력발전은 경수로를 이용하여 핵분열이 가능한 ^{235}U의 농축 우라늄을 자원으로 쓰고 있으나,■ 그림 11 천연 우라늄 속에 ^{235}U는 약 0.7% 정도밖에 되지 않는다. 이를 에너지로 환산하면 2.4Q(1Q=1.05×10^{21}J)이나 고속 증식로를 사용할 경우, 천연 우라늄의 대부분인 ^{238}U를 사용할 수 있어 핵에너지량은 우라늄이 350Q, 토륨Th이 100Q 정도로 늘어난다. 화석연료의 총에너지량이 90Q석유 10Q, 유전가스 10Q, 석탄 70Q인 것을 감안하면 핵에너지의 잠재적 자원량은 어마어마한 것이다.

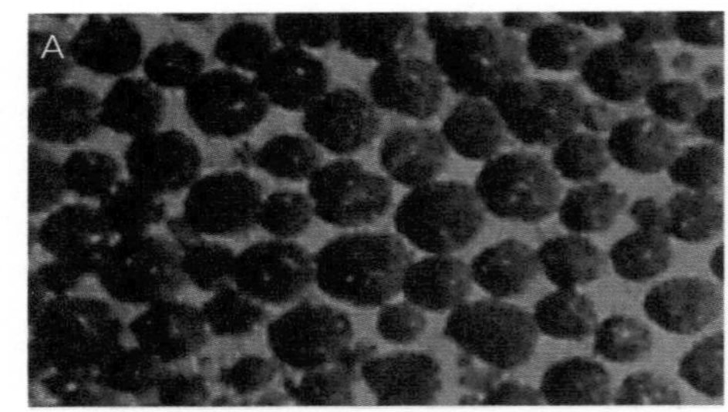

▶ 그림 10. 심해저 바닥에는 수조 톤의 망간단괴(manganese nodule)가 널려 있다. 그 속에는 망간을 비롯하여 육지 매장량의 수백 배 내지 수천 배에 해당하는 양의 니켈, 코발트 및 동이 들어 있어 미래의 자원으로 각광받고 있다(A). 망간단괴는 해수에 녹아 있는 유용 성분들이 화학적 침전작용에 의해 핵을 중심으로 성장하면서 생성된 것이다. 망간단괴의 단면을 살펴보면(B), 중심부의 핵 물질을 중심으로 나무의 나이테처럼 계속 성장한 것을 볼 수 있다. 우리나라 최초의 본격적인 해양 조사선 온누리호(C). 전장 63.8미터, 선폭 12.0미터이며 국제 총톤수는 1,422톤이다. 항해속력은 15.1노트이고 항속거리는 10,000마일이다. 승선인원은 연구원 25명, 승무원 15명 등으로 한국해양연구원의 남해연구소에서 운영 중이다.

▶ 그림 11. 우리나라 최초의 원자력발전소인 고리원자력발전소 전경.

대체에너지 개발

미래의 자원 확보 방안 중 가장 적극적인 방법으로 대체에너지 개발이 필수적이다. 경제적, 기술적으로 실용화되기까지 많은 난제가 있겠지만 무한한 에너지원으로서, 그리고 무공해 에너지로서 그 가치 및 장래성은 매우 높다 하겠다.

대체에너지에는 자연에너지와 핵융합 에너지가 있는데, 전자에는 태양에너지, 수소에너지, 바이오매스biomass에너지, 풍력에너지,■ 그림 12 조력에너지, 지열에너지가 있으며, 후자는 태양 내부에서 일어나는 반응으로 중수소와 삼중수소

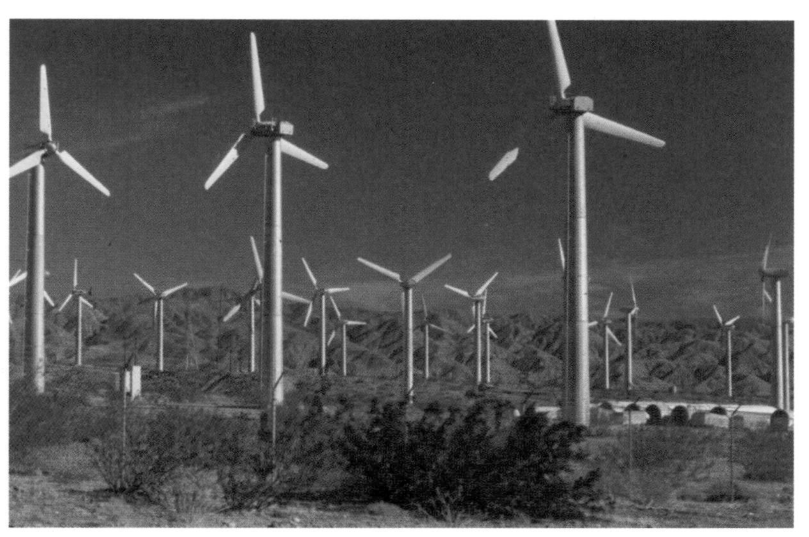

◀ 그림 12. 미국 캘리포니아 주 팜스프링스(Palm Springs)의 풍력발전소(wind farm). 최근 바람을 이용한 풍력발전소가 대체에너지의 일환으로 주목 받고 있다.

가 결합하여 헬륨으로 될 때 방출하는 에너지를 말한다. 예를 들어, 지구 상에 도달하는 태양에너지를 석유량으로 환산하면 매년 1조 배럴에 해당되는 양이다. 총 석유 매장량이 7백억 배럴이고, 연 생산량이 20~25억 배럴인 점을 감안하면 엄청난 양이다. 만약 과학기술이 발전하여, 태양으로부터 받아들이는 복사에너지 중 0.1%10억 배럴분 정도를 실용화했을 때, 현재 석유 소비량의 반년분에 해당되는 양으로 에너지 문제가 쉽게 해결될 것이다. 그러나 이러한 대체에너지 자원은 현재로서는 경제적, 기술적으로 해결해야 할 과제가 많아 실용화에는 많은 어려움과 험난한 고초가 예상된다.

그러나 대체에너지 자원은 자연에 무한하게 존재하고 있으며, 환경오염의 염려가 거의 없는 무공해 즉, 청정에너지라는 점에서 미래의 에너지자원으로 개발할 가치가 충분히 있다.

조력발전

조력발전이란 조석이 발생하는 하구나 만을 방조제로 막아 해수를 가두고, 외해와 조지내의 수위 차를 이용하여 발전하는 방식으로서 해양에너지에 의한 발전 방식 중에서 가장 먼저 개발되었다. 프랑스, 캐나다, 중국, 러시아 등에서 조력발전소를 건설해 활용하고 있으며, 우리나라를 비롯해 조력발전이 가능한 지역을 보유하고 있는 미국, 호주, 인도 등의 국가에서도 이에 대한 조사 작업이 한창이다. 영불해협과 이웃한 프랑스의 브르타뉴 지방의 랑스 하구에는 밀물과 썰물의 차이가 13.5m나 벌어지고 밀물이 들어오고 나갈 때 조류의 용량이 매초 5,000m³나 된다. 프랑스는 1966년 이곳에 하루 최고 24만kW를 발전할 수 있는 조력발전소를 완공했다. 프랑스는 먼저 콘크리트 케이슨으로 랑스 하구에 댐을 건설하여 우리나라의 팔당댐보다 약간 적은 용량인 1억 8,400만m³의 물을 담을 수 있는 저수지를 만들었다. 만조 때 이 저수지를 가득 메운 바닷물은 간조 때 낮아진 해면으로 떨어지면서 24개의 터빈 발전기를 돌린다. 러시아는 1968년 800kW 규모의 조력발전소를 키슬라야에 완공하였으며, 중국은 1980년 지앙시아에 3,000kW 규모의 조력발전소를, 캐나다는 1986년 아나폴리스에 2만kW 규모의 조력발전소를 완공하였다.

우리나라 서해안은 조수간만의 차이가 매우 크기 때문에 조력발전소 건설에 대하여 오래전부터 연구해왔다. 이 연구를 바탕으로 시화방조제의 작은 가리섬에 용량 25만 4,000kW 규모의 조력발전소가 2004년 12월 30일에 착공하여 현재 60% 정도의 공정률을 보이며 진척 중에 있다. 이 조력발전소는 당초 2009년 상반기에 준공 예정이었으나 준공 예정일이 다소 연기됐다. 하지만 2010년 상반기에 완공될 예정으로 모든 공정이 순조롭게 진행되고 있다. 이 가리섬에 완공될 조력발전소는 20만kW의 소양강수력발전소보다 훨씬 더 크게 에너지 부문에서 기여할 것으로 기대된다. 이 조력발전소가 준공되면 연간 약 5억 5천만kWh의 무공해 전기 생산이 가능하다. 다시 말해서 연간 약 86만 배럴의 유류 수입을 대체하는 효과약287억 원가 있는 것이다. 뿐만 아니라 연간 약 600억 톤의 해수 유통으로 시화호의 수질을 꾸준히 개선해나갈 수 있으며, 서해안 지역의 관광자원으로도 큰 역할이 기대된다. 시화호 이외에도 충남 가로림만, 경기도 석모도, 전남 울돌목에도 조력발전소 건설에 대한 타당성 조사가 진행되고 있다.

광물자원

광물자원의 배태

우리는 앞에서 특정 원소들이 비교적 농집된 형태로 존재하여 채취의 대상이 되는 부분을 광상이라고 했다. 그런데 농집되어 있는 특정한 유용 물질이 원소의 형태로 존재하는 경우도 있지만, 대개의 경우는 암석 내에서 광물의 형태로 존재하게 된다. 이러한 암석을 광석ore이라 부르며, 광석을 구성하고 있는 광물을 광석광물ore mineral이라 한다. 따라서 유용한 광석광물로 이루어진 형태의 자원을 총칭하여 광물자원mineral resources이라 부른다. 광물자원으로부터 유용한 원소를 얻기 위해서는 몇 단계의 작업이 필요하다. 우선 광산에서 광석을 채취채광해야 하고, 채취된 광석을 물리적으로 선별하여 광석광물을 분리선광한 다음, 최종 목표로 하고 있는 유용한 원소를 얻기 위해서는 화학적으로 분리·분해하는 조작제련을 해야 한다.

그런데 광물자원이 배태胚胎되기 위해서는 여러 가지 조건이 충족되어야 한다. 여기서 조건이란 우선적으로 지질학적인 현상을 들 수 있다. 원소의 농집이 이루어지지 않은 보통의 암석으로부터 원소를 추출해내는 것은 실제 가치보다 더 비싼 에너지의 낭비를 초래하게 될 것이다. 따라서 여러 과정을 거쳐 원소를 농집시키는 데 지질학적 과정이 필요하게 된다. 지질학적 과정의 예를 들어보자. 암석이 풍화되어 토사가 만들어지고, 토사들이 운반, 퇴적되어 어떤 장소에 쌓일 것이다. 만일 우리가 추구하는 원소가 토사 속에 다량 포함되어 있다고 하면, 토사가 쌓인 곳이 자원을 배태하는 장소가 될 것이다. 한편으로는 지구 내부에서 일어나는 변화와 물질의 움직임, 역학적 작용 등도 자원을 배태시키는 중요한 지질학적 과정이다. 마그마가 분출하고 관입함에 따라 유용 원소가 빠져나와 이동하기도 하며, 지하 내에서의 역학적 과정은 유용 원소들이 이동할 통로와 배태될 공간을 제공하게 된다. 결국 자원이 배태되기 위해서는 원소의 이동이 필요하고, 또 이동한 원소가 농집할 만한 공간도 필요하며, 유용 원소들을 침전시킬 수 있는 물리 · 화학적 조건 등이 필요하게 된다. 이러한 조건들이 만족된 이후에 자원은 배태되어 광상이 형성되게 된다.

광상의 종류

다행히 지구에는 탄생 이후 오늘에 이르기까지 다양한 지질학적 과정이 있었고, 이에 수반하여 유용 원소 및 유용 물질의 이동과 농집이 일어나 많은 광상이 생성되어 있다. 이러한 광상은 지질학적 과정에 따라 몇 가지 종류로 크게 구분할 수 있다. 화성암은 대체로 유용한 원소를 많이 포함하고 있지는 않다. 그러나 마그마가 냉각하여 화성암이 형성되어가는 과정에 마그마로부터 유용한 물질이 분리될 수도 있고, 또 유용한 물질을 많이 포함하고 있는 광물들이 마그마 내부에 선택적으로 집적될 수도 있다. 이렇게 생성된 광상을 화성 기원 광상igneous ore deposits 또는 줄여서 화성광상이라 한다. 또한, 화성광상은 마그마가 광상 생성의 기원이 되므로 마그마 기원 광상이라고도 한다.

앞에서 토사의 이동을 예로 들었지만, 암석이 풍화된 후 천수, 해수 혹은 지하수 등과 상호 반응하거나 암석이 상호 반응하여 유용 물질이 선택적으로 분리, 이동하여 광상이 만들어지기도 한다. 즉 이동 매체 속에 유용 물질이 포함되어 보통의 퇴적물이 형성된 것과 같은 장소에 광상이 배태된 것을 퇴적 기원 광상 sedimentary ore deposits 또는 퇴적광상이라 한다.

퇴적광상은 생성 기구에 따라 크게 네 가지로 나뉜다. 하천, 호소 등의 유수의 작용에 의해 운반, 퇴적되어 생성된 것으로 점토광상, 규사광상, 사금광상 등과 같은 기계적 퇴적광상, 해수 중 용해 물질이 침전되어 형성된 것으로 심해저의 망간단괴와 같은 화학적 침전광상, 갇힌 해수가 증발에 의해 생성된 암염이나 내륙호의 염수가 농축, 건조되어 형성된 증발암광상,■ 그림 13 그리고 일부 석회암에 함유된 해양생물이나 미생물의 유해가 용해된 후 농집되어 생성된 인, 석고 광상 같은 유기적 퇴적광상이다.

암석이 풍화되거나 열수와 반응할 때, 암석을 구성하고 있는 광물 중 물에 녹는 것과 그렇지 않는 것도 있고, 또는 물에 녹아 있던 일부 성분을 흡수하여 다른 광물을 생성할 수도 있다. 풍화작용 등에 의해 생성된 물질이 물에 의해 물리적으로 운반되지 않고, 원래 존재하던 장소에 남아 농집하여 형성된 광상을 잔류

◀ 그림 13. 미국 캘리포니아 주 데스밸리(death valley)의 소금. 오른쪽 아래 사진에서 소금 결정을 확인할 수 있다. 이곳의 소금은 내륙호의 염수가 지속적으로 증발한 결과 만들어진 증발암 광상이다.

광상residual ore deposits이라 한다. 이에 반하여 풍화에 참여하지 못하고 남아 있던 광물 입자가 물에 의해 물리적으로 운반되어 다른 장소로 이동하던 중 일부 광물이 선택적으로 퇴적, 농집되어 생긴 광상을 사광상placer ore deposits이라 한다.

이미 존재하던 암석이나 광상이 가열되거나 압력을 받거나 또는 다른 성분이 첨가되는 것과 같은 변성작용을 받아 새로이 유용한 광물 집합체를 형성하는 광상은 변성광상이라고 한다. 변성광상의 중요 광석광물에는 흑연, 활석, 홍주석, 석류석 등이 있다.

한편, 암석과 반응하는 물은 천수, 해수, 지하수만으로 한정되지는 않는다. 지각의 틈새를 타고 지하로 내려간 물이나 지하를 순환하던 물이 지하에 있던 뜨거운 암체마그마로 인하여 고온으로 데워지면, 즉 열수가 되면 암석과 한층 더 잘 반응하고, 각종 물질을 암석으로부터 용출시킨다. 이때 마그마로부터 어떤 물질이 열수에 더해질 수도 있다. 이렇게 생성된 용액이 지하에서 특정한 물질을 선택적으로 침전시킴으로써 광상이 형성되기도 하는데 이러한 광상을 열수 기원 광상 혹은 열수광상hydrothermal ore deposits이라 한다.

위와 같이 지질학적 과정에 따른 광상의 분류는 다시 성인成因으로 대별할 수도 있다. 퇴적광상, 잔류광상, 사광상 등은 그 생성 장소가 주로 지표이기 때문에 지표 생성 광상으로 취급하기도 한다. 화성광상은 앞에서 살펴본 바와 같이, 주로 마그마의 활동과 밀접한 관련이 있고, 또 그 형태도 매우 다양하기 때문에 성인적인 분류에서도 화성광상으로 구분된다. 화성광상은 지구 내부의 활동을 이해하는 데 매우 중요하기 때문에 좀 더 자세히 살펴보기로 한다.

화성광상

화성광상에는 열수광상을 비롯하여 정마그마광상, 페그마타이트광상, 접촉교대광상, 해저화산성 광상 및 반암형 광상 등이 있다.

정마그마광상은 마그마 분화 작용이 일어나는 동안 마그마로부터 직접 정출된 광물로 이루어진 광상으로서, 생성되는 온도의 범위는 600~1,000℃ 정도이다. 이 광상은 마그마방magma chamber 내에서 잘 만들어지기 때문에 깊은 곳에서 형성된 관입암체와 깊은 연관을 가진다. 특히 대규모의 염기성 마그마가 냉각될 때 잘 만들어진다. 크롬chromite, 니켈, 백금, 티타늄ilmenite, 구리, 철magnetite, 다이아몬드 등이 대표적인 유용 성분이다. 대표적인 예는 남아프리카 부시벨트Bushveld의 백금·크롬 광상,■ 그림 14 스웨덴 키루나Kiruna 철 광상, 캐나다 서드베리Sudbury 니켈 광상 및 남아프리카 킴블리Kimberly의 다이아몬드 광상이다. 우리나라의 경우 하동군 일대에 분포하는 회장암 내에 층상으로 배태된 티탄철석 광상이 이에 속한다.

페그마타이트광상은 마그마로부터 조암광물이 정출되는 최종 단계에서 만들어진다. 이 시기에 도달하면 마그마 내에 H_2O, CO_2 등의 휘발 성분이 급격히 증가하고, 조암광물의 결정구조 내에 수용되지 못한 유용 성분Be, Li, U, Th, Nb, Ta, Sn, U 등의 농도가 증가한다. 이런 용융체melt가 주변암의 열극 속으로 침투한 후 고화되면 유용 성분을 많이 포함하는 광상이 형성된다. 이런 광상은 대체로 산성 마그마에 밀접히 수반되어 산출되며, 수 m 내지 수십 m 크기의 판상이나 렌즈상 광체를 이룬다. 이 경우 휘발 성분은 모든 광물의 정출 온도를 낮추고, 결정성장을 촉진시키므로 페그마타이트의 구성 광물의 입자들이 매우 큰 것이 특징이다. 페그마타이트광상에서 산출되는 휘석spodumene은 그 길이가 3m, 녹주석beryl은 4m에 달하기도 한다. 생성 온도는 보통 400~600℃ 정도이며, 베릴륨, 텅스텐, 주석, 우라늄 등이 특징적으로 산출된다. 특히 루비, 사파이어, 에메랄드, 아쿠아마린 등의 보석광물은 주로 페그마타이트광상으로 산출된다. 우리나라의 경우 전북 장수군의 대유광산,■ 그림 15 경북 봉화군의 옥방광산 및 경북 울진군의 쌍전광산 등이 이에 속한다.

▼그림 14. 남아프리카 부시벨트 화성암 복합체 내에 염기성 화성암과 함께 층상으로 배태된 크롬 광체.

접촉교대광상은 휘발 성분의 작용이 가장 활발하고, 마그마의 내부 압력이 가

장 큰 단계에서 형성되는데, 수분과 휘발 성분이 풍부한 용융체melt가 주변 암석을 뚫고 활발하게 침입하여, 기존 암석과 반응하면서 용존되어 있던 금속 성분을 농집시키게 된다. 특히 유용 성분을 포함한 수분과 휘발 성분이 칼슘이 풍부한 석회암과 반응하여 고온성의 석회·규산염 광물, 즉 스카른skarn 광물을 새로이 만들어내기 때문에 스카른 광상이라고도 한다.■ 그림 16 생성 온도는 400~800°C 정도로 추정되며, 철, 구리, 아연, 납, 주석, 텅스텐, 몰리브덴 등이 주로 산출된다. 우리나라의 강원도 일대에 대규모로 개발되는 상동의 텅스텐 광상, 연화의 연·아연 광상 등이 대표적인 스카른 광상이다.

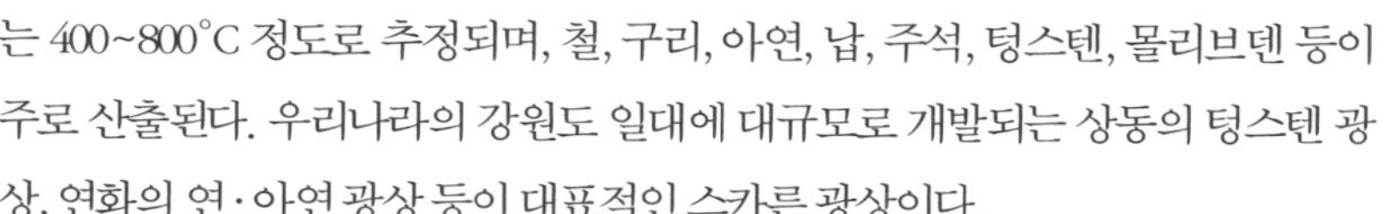

▲ 그림 15. 전라북도 장수군 대유광산에서 산출되는 거정질의 전기석 결정들(검은색).

열수광상은 앞에서도 언급한 것처럼 열수에 의해 생성된 광상이다. 열수가 유용 성분을 포함하고 있을 때, 이를 광화 용액ore solution이라 한다. 열수광상은 열수의 온도에 따라 다시 심열수, 중열수, 천열수 및 최천열수 등으로 세분되기도 하는데 전반적인 온도 범위는 100~500°C 정도의 온도를 나타낸다. 고온에서는 철, 텅스텐, 몰리브덴 등이 우세하게 산출되고, 중간 온도에서는 구리, 납, 아연, 그리고 저온에서는 금, 은이 특징적으로 나타난다.

해저화산성 광상은 해저 화산활동에 수반된 열수에 의해 생성된 광상이다. 철, 구리, 납, 아연 등의 황화물을 주성분으로 하여 일정한 층을 따라 층상으로 배태된다. 어떠한 화산활동에 수반되느냐에 따라 그 형태가 나뉘기도 한다. 호상열도 지역의 산성 화산암류에 수반되어 생성된 대표적인 것으로는 일본의

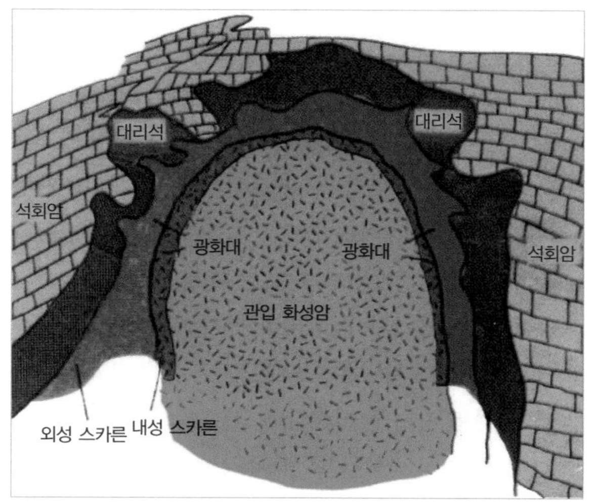

◀ 그림 16. 관입암 접촉부에 발달된 스카른 광상. 석회암의 Ca 성분과 화성암체의 Si, Mg, Fe 성분들의 교대 작용에 의해 스카른 광물을 만들고 이때, 유용 성분들이 농집되어 광상을 형성한다.

구로코Kuroko형 광상이 있으며, 중성 내지 염기성 화산활동과 관련되어 형성된 대표적인 것은 벳시Besshi형 광상이 있다. 한편, 대양저산맥 부근에서 분출한 염기성 베개용암pillow lava에 수반되는 경우도 있는데, 구리 광상으로 유명한 사이프러스 섬의 이름을 따서 사이프러스Cyprus형 광상이라고 한다. 심해저광물자원을 배태하고 있는 블랙스모커black smoker도 열수광상의 한 예이다.

반암동광상은 산성 내지 중성의 반심성암반암의 정상부 혹은 주변에 유용광물이 광염鑛染상 또는 세맥 망상그물 형태으로 분포하는 광상으로 주로 중생대 이후 조산대에 많으며 Cu와 Mo의 주요 공급원이다. 이 광상은 품위는 0.2~0.3%로 매우 낮지만 매장량은 5천만~5억 톤 정도로 엄청나게 큰 것이 특징이다. 반암동광상은 원래 지하 수km 깊이에서 형성되었지만, 현재는 대부분 침식에 의하여 노출되어 있으며, 심하게 열수변질되어 있다.

판의 경계와 광상

최근 들어 지구 상의 특정 장소에 왜 일정한 성분을 갖는 광상이 밀집되어 있는가에 대한 연구가 활발히 진행되고 있다. 제2장에서 살펴보았듯이, 판의 경계부는 확장, 수렴, 유지 경계의 세 가지로 나뉘고 각각의 경계부에는 특징적인 지형이 형성된다. 확장 경계부에는 열곡이 형성되며, 수렴 경계부에서는 산맥, 해구, 호상열도 등이 형성되기도 한다. 이러한 판의 경계가 광상의 배태와도 밀접한 관련이 있다.

해저화산성광상 중에서 구로코 광상은 해양판이 대륙판 아래로 침강하면서 일어난 화산활동에 연관되어 있다. 또한 전 세계적으로 유명한 구리 광상의 경우 그 형태가 보통 반암형광상인데, 이 광상 역시 그 분포가 해양판이 대륙판 아래로 침강하는 수렴 경계부에 밀집되어 나타난다.■ 그림 17 세계 최대의 구리 광상으로 알려진 칠레의 츄키카마타Chuquicamata 광산이나 미국의 빙햄Bingham 광산은 대표적인 반암형광상으로 나즈카 판과 코코스 판이 각각 북·남미대륙판 아래로 침강하고 있는 곳에 생성되어 있다. 이런 반암동광상은 품위는 0.4%~1% 정도로 낮으나 광량은 1억~10억 톤으로 대규모 광상을 이루고 있다. 노천채굴로 가행되고 있는 빙햄 광산의 경우■ 그림 18 매일 30만 톤의 원광을 처리하여 15만 톤의 반암 동 광석을 분리하는데, 이에 소요되는 용수는 240톤 용량의 특수 트럭 2,500대 분량으로 매일 실어 날라서 공급하고 있다. 1906년 처음 개발된 이래,

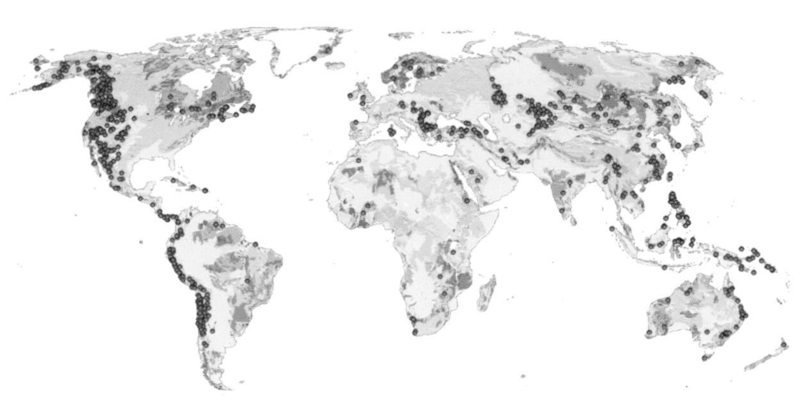

◀ 그림 17. 침강판 경계의 대륙 연변을 따라 분포하고 있는 반암동광상.

1,000만 톤 이상의 구리가 채굴되었으며 현재 직경 4,000m에 깊이가 800m에 달하는 인간이 파 들어간 지상 최대의 웅덩이가 만들어졌다.

다음으로 확장 경계부에 배태된 광상에 대해 알아보자. 현재 홍해의 해저는 열곡을 중심으로 확장하고 있다. 열곡 주변부에는 납, 아연, 구리 등의 금속 황화물이 침전되어 있음이 밝혀졌는데, 이와 같이 열곡대 주변에 분포하고 있는 납, 아연의 거대한 광상은 판의 확장 경계부라는 환경 하에서 생성된 것이다. 이러한 성인의 광상은 해저화산성 광상으로 분류되기는 하지만, 앞서 살펴본 구로코형이나 사이프러스형과는 수반 암체가 다르다. 즉, 같은 해저화산성 광상으로 분류되는 광상에서도 장소와 수반 암체에 따라 다양한 형태가 생성되고 있는 것이다.

◀ 그림 18. 빙햄 광산의 노천채굴 모습. 빙햄 광산은 1906년 개발된 이후, 1,000만 톤 이상의 구리가 채굴되었다. 현재 직경 4,000m에 깊이 800m의 웅덩이가 형성되어 있다.

광물자원이 배태되는 장소와 성인은 판구조 운동과 매우 밀접한 관계가 있어, 그 자원을 이용하여 인류가 생을 영위하고 있다는 사실로부터 마치 인류가 생존할 수 있도록 지구 자신이 진화를 해주고 있다는 인상을 떨쳐버릴 수가 없다.

화석연료 자원

19세기 이후, 물질문명의 발달에 따라 인류가 필요로 하는 에너지는 증가하였다. 석탄을 에너지로 사용함으로써 산업혁명이 일어나게 되었고, 그 후 석유, 석탄 및 석유가스 등 화석연료에 의존하는 에너지의 사용량은 급격히 증가하게 되었다. 현대사회에서 화석연료가 주요한 에너지원이지만, 화석연료의 유한성과 막대한 에너지 수요는 에너지자원의 다양화를 필요로 하게 되었다.■ 그림 19

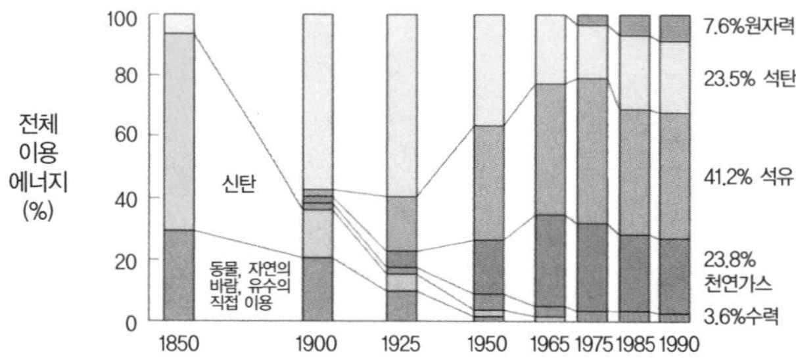

◀ 그림 19. 1850년부터 1990년 사이에 소비되었던 에너지 종류의 변화.

20세기 초까지 석탄이 중요 에너지자원이었으나, 곧 석유와 천연가스 등 유체에너지로 대체되었다. 석유와 천연가스는 고체연료인 석탄에 비해 사용이 편리하고, 사용 후 폐기물 처리가 용이하며, 생산기술의 향상으로 가격이 저렴해졌기 때문이다. 그러나 이들 연료는 자원 부존의 편중성 때문에 가격과 공급에 있어서 항상 불안정한 요소를 지니고 있어서, 우리나라와 같이 석유 부존량이 적은 나라는 '석유파동' 이라는 공포에 시달리고 있다. 또한 화석연료는 부존량의 유한성을 지니며 재생 불가능한 자원이다. 게다가 화석연료는 과다한 사용으로 환경오염이 불가피해져, 새로운 에너지자원의 개발 필요성이 대두하게 되었다. 그 결과 핵분열에너지의 사용량이 증가하게 되었고, 태양력, 지열, 풍력, 조력 등 자연에너지를 이용함으로써 종래의 화석연료 자원을 대체하는 연구가 활발하게 진행 중이며 일부는 실용 단계에 이르고 있다.

그림 19에서 보듯이, 석유와 석탄은 20세기의 주요 에너지자원이었으며, 오늘날에도 총 에너지의 85% 이상을 화석연료에 의존하고 있다. 2008년 말 기준 전 세계 석탄 매장량을 살펴보면, 미국28.9%이 가장 많고, 러시아19.0%, 중국13.9%, 호주9.2%, 다음 인도7.1% 순이며,■ 표 3 원유의 전 세계 매장량은 사우디아라비아21.0%, 이란10.9%, 이라크9.1% 순으로 OPEC 국가가 상위권에 포진하고 있으며, 비OPEC 국가로는 러시아6.3% 미국2.4%, 중국1.2% 순이다.■ 표 4

▶ 표 3. 세계의 석탄 매장량(2008년 말 기준)

(단위 : 백만 M/T)

국명	무연탄/역청탄	갈탄	계	비율(%)
미국	108,950	129,358	238,308	28.9
러시아	49,088	107,922	157,010	19.0
중국	62,200	52,300	114,500	13.9
호주	36,800	39,400	76,200	9.2
인도	54,000	4,600	58,600	7.1
우크라이나	15,351	18,522	33,873	4.1
카자흐스탄	28,170	3,130	31,300	3.8
남아공	30,408	–	30,408	3.7
기타	26,354	59,448	85,802	10.3
세계총계	411,321	414,680	826,001	100.0

자료 : Statistical Review of World Energy, June 2009

▶ 표 4. 세계의 원유 매장량(2008년 말 기준)

(단위 : 백만 톤)

국명	매장량	비율(%)	국별	매장량	비율(%)
사우디아라비아	36,300	21.0	미국	3,700	2.4
이란	18,900	10.9	카타르	2,900	2.2
이라크	15,500	9.1	중국	2,100	1.2
쿠웨이트	14,000	8.1	브라질	1,700	1.0
베네수엘라	14,300	7.9	멕시코	1,600	1.0
아랍에미레이트	13,000	7.8	알제리	1,500	0.9
러시아	10,800	6.3	아제르바이잔	1,000	0.6
리비아	5,700	3.5	노르웨이	900	0.6
카자흐스탄	5,300	3.2	기타	16,700	9.8
나이지리아	4,900	2.9			
			총계	170,800	100.0

자료 : Statistical Review of World Energy, June 2009

우리나라는 에너지자원은 적은 반면에 에너지 소비는 크게 늘어나고 있기 때문에, 에너지를 제대로 공급하기 위해 에너지자원의 대부분을 수입하고 있다.

에너지자원을 수입하는 데 들어가는 돈은 총수입액의 1/5을 차지할 정도로 많은데, 특히 석유 수입액은 에너지 수입액의 절반이 넘는다. 2008년 말 우리나라의 석유 소비 규모는 세계 9위였으며 석유 수입 규모는 세계 6위로, 소비나 수입 면에서 석유는 국민경제에 지대한 영향을 미치고 있다. 이렇게 외국에서 수입하는 에너지자원에 의존하기 때문에 우리 경제는 국제 유가나 환율 변동에 아주 허약한 실정이다.

석탄

석탄coal은 산업혁명의 기수였다. 18세기에 들어와 산업혁명이 일어나면서 전통적인 수력과 땔감을 이용하던 제철업은 증기기관과 석탄에 기초를 둔 근대산업으로 변신하면서 문명 발전의 원동력으로 그 기반을 이루었다. 이후, 20세기에 들어 석유가 본격적으로 각종 에너지 공급원으로 대체되면서 사양길을 걷게 되었다. 그러나 1973년 석유파동 이후, 석유 가격이 급등하여 공급량이 제약받게 되면서 석탄의 중요성이 다시 인식되게 되었다. 특히, 석탄은 자원량이 풍부하며 세계 각지에 널리 분포하여 장기적으로 안정적인 공급이 기대되기 때문이다. 석탄은 지금의 수요 증가를 고려하더라도, 현재 확인된 매장량만 보면 석유보다 더욱 오랜 기간앞으로 약 300년 동안 사용이 가능한 자원이다. 우리나라는 강원도, 충청북도, 경상북도 등지의 여러 곳에 석탄 광상이 분포하고 있다. 하지만, 1980년 이후 석탄 사용량의 감소와 생산비 증가로 가격 경쟁력이 약화됐다. 지금은 거의 폐광 등으로 침체되어 있는 상태이다.

석탄의 성인

고생대 석탄기와 페름기 초는 기후가 온화하고 습윤하여 식물이 번성하여 큰 삼림을 이루고 있었다. 이 당시 식물은 대체로 습지나 얕은 물밑에 뿌리를 내렸는데 이것이 죽어 넘어지면서 물속에 쌓이게 되고, 쌓인 상태에서 오랜 시간이 경과하게 되면서 대단히 두꺼운 식물의 충적층을 만들게 되었다. 고생대 이후, 중생대의 트라이아스기, 쥐라기 및 백악기, 그리고 신생대의 고 제3기도 석탄이 생성되었던 시기이다. 각 지질시대별로 석탄의 원료 식물은 고생대에는 양치식물인 인목, 봉인목, 노목 등이고, 중생대에는 나자식물, 중생대 말에는 피자식물이 주를 이루고 있다. 우리나라에서는 고생대 말에서 중생대 중기까지는 양치식물 및 나자식물이 주요 원료 식물이었고, 제3기에 들어서면서 피자식물이 출현

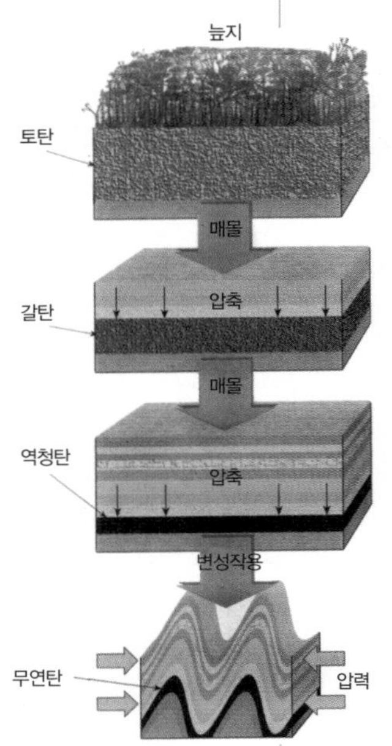

▲ 그림 20. 토탄이 지층의 압력을 받아 갈탄→역청탄→무연탄의 순서로 변하는 모습. 밑으로 내려갈수록 탄화작용의 정도가 심해지며, 에너지 효율도 높아진다.

하게 되었다.

마른 땅 위에서 죽은 식물은 곧 썩어 없어지지만, 물속에서는 산소의 부족으로 썩지 않고 거의 그대로 보존된다. 이렇게 보존된 두꺼운 식물층은 토탄peat이 되었다가, 지각의 침강으로 지층이 그 위에 두껍게 쌓여 위에서 가해지는 큰 압력과 지구 내부의 열인 지열을 받는 동안에 식물의 구성 성분인 수소, 질소, 산소의 대부분은 달아나버리고 탄소로 치환되는 작용, 즉 탄화작용을 받아 석탄으로 변하게 된다. 식물이 변해서 석탄이 되는 과정은 박테리아의 작용과 부분적인 산화작용에 의해서 진행되며, 최초의 탄화물질은 토탄이다. 토탄은 그 위에 퇴적물이 쌓이면서 압력을 받아 수분과 휘발 성분이 제거되고, 고정탄소의 함량이 증가되면서 갈탄→ 역청탄→무연탄으로 변화된다.■ 그림 20

석탄은 처음에는 거의 수평에 가까운 탄층으로 생성된다. 죽은 식물이 퇴적하고 토사의 피복이 반복되면 탄층과 암석층이 샌드위치처럼 교대로 겹치게 된다. 세계적으로 유명한 독일의 루르Ruhr 탄전에서는 석탄기에 속하는 두께 약 4,000m의 지층에 약 100장, 총 두께 80m의 얇은 탄층이 협재되어 있다. 또한 조건이 잘 맞을 경우 1개 층으로 두께 수십 m에 달하는 탄층이 발달되기도 한다. 지표 가까이에 있는 석탄층은 표토를 제거하여 노출시킨 다음 석탄층을 기계로 채굴하는 소위 노천채굴로 생산된다. 그러나 우리나라의 강원도에 분포하는 많은 탄전의 경우, 탄층까지 깊이가 깊기 때문에 갱도를 굴착하여 석탄층에 도달한 후 기계의 도움을 받으면서 인력을 중심으로 채탄을 한다. 갱내 작업에는 가스 폭발, 탄진 폭발, 낙반 등의 위험이 많아 만반에 걸친 안전 대책이 요구된다. 채굴된 석탄은 분쇄하여 부유 선광, 중액 선광 등의 방법으로 양질의 석탄을 선별한다.

석탄층의 성인은 식물이 성장한 삼림 부근에 쌓인 후, 그 자리in situ에서 형성된 원지 생성탄과 먼 곳으로 운반된 후 만들어진 유이 생성탄 두 종류가 있다. 세계적으로 큰 탄전의 성인은 대체로 원지 생성탄이다.

석탄의 종류

석탄은 발화 시 연기 유무에 따라 크게 무연탄과 유연탄으로 구분되며, 유연탄에는 역청탄, 갈탄, 토탄이 속한다. 석탄은 탄화 정도에 따라 네 가지 종류, 즉 무연탄, 역청탄, 갈탄 및 토탄으로 분류된다. 석탄의 휘발 성분이 5% 이하, 고정탄소가 80% 이상이 되면 흑연으로 변성된다.

◇ 무연탄 : 탄화 정도는 90% 이상이며, 휘발 성분이 10% 이하이고 착화가 어려우며 불꽃을 일으키지 않고 타는 것이 특징이다.

◇ 역청탄 : 탄화 정도는 80~90%이고, 휘발 성분은 10~40%이다. 착화가 쉽고 노란 불꽃을 일으키고 타며 화력이 세다.

◇ 갈탄 : 탄화 정도는 70~80%이고, 수분은 6~30%이다. 갈색을 띠고 아직도 수목의 구조가 보이는 부분이 있다.

◇ 토탄 : 탄화 정도는 70% 이하다. 땅속에 묻힌 지 얼마 오래 되지 않는 것으로수십만 년 미만 아직 식물의 구조가 그대로 남아 있다.

석유

19세기 후반 석유petroleum가 처음 발견된 후, 주로 불을 밝히는 데 사용되던 석유는 가솔린 엔진의 발명으로 자동차나 항공기의 연료로 사용되면서 급격히 사용량이 늘었다. 특히 제2차 세계대전 후, 중동의 여러 나라에서 대규모의 유전이 발견되고 세계 각국에 안정된 가격으로 석유를 공급하게 되면서 석유 사용량은 기하급수적으로 증가하였다. 석유는 오늘날 에너지자원으로 가장 많이 이용되며, 우리나라도 총 에너지의 약 48%2003년 기준를 석유에 의존하고 있다. 석유는 에너지자원으로서뿐만 아니라, 석유화학의 기초 재료로서 많이 사용되고 있다. 우리나라는 1970년대 이후 국내 대륙붕에서 석유 자원을 발견하기 위해 많은 노력을 기울인 결과, 2000년 울산 앞바다제6-1광구에서 양질의 가스층을 발견하였다. 특히 고래 V 구조에서 경제성 있는 천연가스 매장층을 발견한 후, 2004년 7월 11일 천연가스 및 초경질유를 생산하여

◀ 그림 21. 우리나라 최초의 유전인, 동해-1 가스전.

국내에 공급함으로써, 우리나라도 산유국 대열에 들어서게 되었다.■ 그림 21

이와 같이 석유의 수요가 전 세계적으로 급증하면서 석유 자원의 고갈을 우려하게 되었다. 또한 표 4에서 보듯이, 석유 매장량은 중동과 북부 아프리카에 편중되어 있어, 석유 비생산국은 자국 에너지 소비에 충당할 석유 확보에 노력해야 하는 실정이다.

석유의 성인

유전에는 천연적으로 존재하는 액상의 원유 crude oil와, 기체 상태의 유전가스가 있다. 원유와 가연성 유전가스는 C_nH_{2n+2}, C_nH_{2n}과 같은 화학식으로 나타낼 수 있는 탄화수소hydrocarbon의 혼합물로서 n 값이 4 이상이면 원유이고 n 값이 4 미만이면 가스이다. 원유는 거의 불투명 내지 반투명한 녹흑색의 점성이 있는 액체이며 황, 질소, 산소 및 기타 기체가 소량 포함되어 있다. 가연성 유전가스로는 메탄methane, 에탄ethan, 프로판propane, 부탄butane 등이 혼합되어 있는데 이들은 비등점이 낮기 때문에 상온에서는 가스 상태로 존재한다. 이 중, 프로판과 부탄은 액화시켜 액화석유가스liquified petroleum gas, LPG로 만들며, 나머지는 대부분이 메탄가스인데 이를 -184℃의 초저온에서 액화천연가스liquified natural gas, LNG로 전환시킨다. 유전가스의 장점은 우선 가격이 석유에 비해 저렴하며, 파이프라인 등을 통해 수송이 가능하기 때문에 운반 비용을 절감할 수 있다. 또한 순 에너지 생산이 높아 연소 시 많은 열량을 얻을 수 있고, 단위 에너지 당 CO_2 발생량이 석탄에 비해 43%, 석유보다는 30% 정도 적으므로 대기오염 물질의 배출량이 적다. 또한 매장량도 풍부하기 때문에 앞으로 70~200년 동안 공급이 가능한 것으로 추산되고 있다.

석유는 지질시대에 살던 생물이 남긴 유해이므로 퇴적암층 내에 부존하는데, 담수성 퇴적물보다는 해양성 퇴적물에 훨씬 풍부하다. 석유는 고생대 이후의 모든 지층에서 산출되나 신생대 지층에 총 석유 매장량의 58%가 들어 있고, 중생대 지층에 27%, 고생대 지층에 15%가 들어 있다.■ 그림 22 유기물을 함유한 지층이 석유를 생성하는 과정은 다음과 같다.

(1) 퇴적물에 섞인 유기물이 호수나 바다 밑에 퇴적된 후, 환원 환경에서 박테리아의 작용을 받아 산소, 질소, 기타 원소가 제거되고 탄소와 수소가 남아 고분자 화합물인 케로젠kerogen이 된다.

(2) 지층이 계속 쌓여서 유기물을 포함한 지층이 깊이 묻혀 열과 압력을 받아

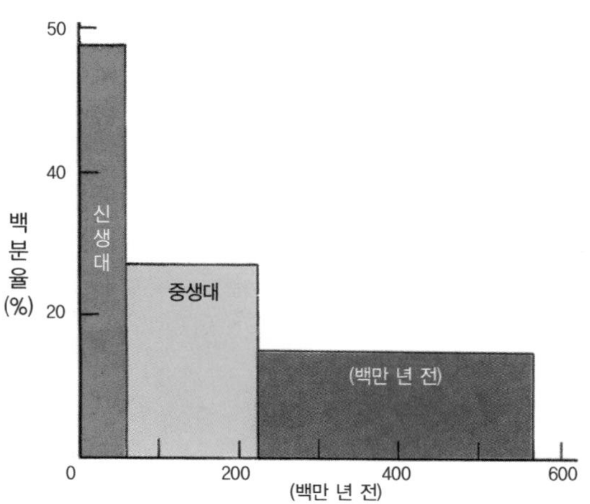

◀ 그림 22. 산유층의 지질시대.

원유로 변할 화학작용을 받는다.

(3) 유기물이 점점 원유로 변해가면서, 즉 성숙해가면서 오랫동안 원유가 보존될 장소로 진입한다.

케로젠은 생물의 유해가 박테리아나 지열작용에 의해 변질된 것으로 생각되지만 이 케로젠을 뽑아 실험실에서 가열시키면 석유나 가스를 생성한다. 이 사실로 미루어 석유는 케로젠이 열분해하여 생성되는 것으로 추정된다. 따라서 땅속에서 생성된 케로젠이 석유가 되기 위해서는 열에너지가 어떻게 공급되는지를 알면 석유 생성 당시를 알 수 있다. 석유 지질학적 연구에 의하면, 석유가 생성되는 최적 지온은 약 50~150°C이며, 원유는 약 60~120°C, 천연가스는 약 120~225°C 사이에서 형성된다. 만일 유기물이 퇴적된 온도가 250°C를 넘게 되면 탄소만 남아 흑연이 된다. 지구 내부의 평균 지온 증가율을 2°C/100m로 추정할 경우, 매몰 깊이가 1,000~3,000m에 달하면 석유 생성이 진행되게 된다.

석유가 만들어지려면 유기물이 묻힌 후 일정한 기간이 지나야 되는데, 평균 토사의 퇴적 속도를 2cm/100년이라 하면 석유 생성을 위한 소요 시간은 500만 년 이상이 된다. 따라서 이와 같은 시간은 신생대에 해당되며, 전 세계 석유의 60% 이상이 신생대에서 산출되는 이유가 여기에 있다.

근원암과 저류암

유기물을 많이 포함하고 있다가 원유를 생성시키는 케로젠을 풍부하게 포함하고 있는 암석을 석유 근원암source rock 또는 모암이라고 하는데, 근원암은 유기질을 다량으로 포함한 흑색 내지 흑회색 셰일이나 이암이 적당하다.

근원암에서 생성된 케로젠이 지열을 받아 성숙하게 되어 석유가 되면, 만들어진 물과 함께 석유는 근원암을 둘러싼 다공질 암석층(많은 경우는 사암이지만 가끔 석회암)으로 쥐어짜듯이 이동한다. 이것을 석유의 제1차 이동이라고 하는데, 석유는 암석의 갈라진 틈이나 입자들 사이에 존재하는 작은 공극들 사이에 존재한다. 그러므로 공극이 많은 암석일수록 더 많은 석유를 저장하기 쉽다. 이와 같이 석유를 저장하고 있는 근원암 주위의 다공질 암석을 저류암reservoir rock이라고 한다. 일반적으로 공극률이 15%가 넘으면 좋은 저류암으로 간주된다. 전 세계의 확인된 저류암 중 약 59%는 사암이며, 약 40%는 공극이 많은 탄산염암석회암이나 백운암 등이고, 나머지 1%는 파쇄암이다.■그림 23

▶ 그림 23. 저류암의 유형.

석유의 이동과 집적

생성된 석유가 경제적인 가치를 가지려면 퇴적암층 내에서 분산되지 않고 이동해서 집적되어야 한다. 석유의 이동 메커니즘은 아직 확실하게 밝혀지진 않았지만, 지하수의 유동처럼 퇴적암의 속성작용에 의해서 또는 모세관 현상의 연속적인 진행에 따라 극히 느린 속도로 지층의 압력, 경사에 의해 계속 이동하며 이것을 석유의 제2차 이동이라고 한다. 이동 도중에 석유가 분산되는 일이 없고, 대규모 유전을 형성하기 위해서는 저류암 위쪽에 치밀하고 침투율이 낮은 암석층예를 들어 셰일, 암염, 석고 등이 덮개암cap rock으로 존재하여야 하며, 석유를 가두어놓을 장애물 또는 오일트랩oil trap, 집적시키는 장소 구조가 반드시 있어야 한다.■그림 24 그리고 일단 형성된 석유 집적체는 지각변동 등으로 파괴되거나 유실되지 않고 잘 보존되어야 한다. 석유가 물보다 가볍기 때문에 물과 함께 있을 경우에는 항상 석유가 물 위에 뜨는 형태를 이루고, 동시에 지하의 강한 압력에 의하여 끊임없이 위쪽으로 밀어 올려지고 있어, 이와 같은 조건에 견디면서 석유가 빠져나가지 못하도록 단단히 붙잡아둘 수 있는 구조가 오일트랩이다. 그림 24에서 보듯이, 석유를 집적할 오일트랩 구조로는 크게 네 가지 유형이 있는데,

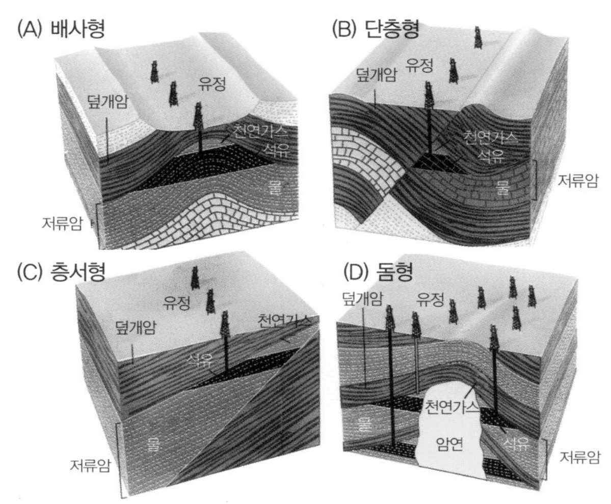

◀ 그림 24. 석유를 집적시키는 여러 유형의 트랩(trap). (A) 배사형, (B) 단층형, (C) 층서형, (D) 돔형.

배사형A, 단층형B, 층서형C, 돔형D 등이 있다. 그중 80% 이상이 흔히 '낙타등' 구조로 알려진 배사형 트랩을 보여주는데, 실제 석유 탐사는 석유를 찾는 것이 아니라, 바로 석유를 배태할 만한 트랩 구조를 찾는 것이며, 대부분은 배사구조를 갖는 지질구조를 탐사하는 것이다. 우리나라 최초의 유전인 동해-1 가스전도 배사구조에서 발견되었다. 이들은 퇴적 당시에는 수평이었지만 이후의 지각변동에 의하여 위로 구부러진 모양의 구조를 가지게 되었다.

현재 확인된 전 세계 유전의 트랩의 깊이는 1,200m에서 2,400m 사이의 깊이에 존재하는 것이 약 90% 이상을 차지한다. 일반적으로 3,000m 이상의 깊이에서는 석유가 거의 없는데, 석유를 찾기 위한 시추를 할 때도 대부분의 경우 3,000m 정도 내려가면 멈추는 이유가 여기에 있다.

순수과학과 응용과학

레이저

1917년 아인슈타인A. Einstein은 복사에 대한 자극방출stimulated emission 이론을 발표했는데 이 이론은 어떤 원소의 여기원자excited atoms가 자극을 받으면 빛을 낼 수 있다는 것이었다. 아인슈타인이 이 이론을 발표한 지 46년 후, 그가 죽은 지 8년이 지난 1963년에 최초의 레이저Laser, Light Amplification by Stimulated Emission of Radiation 장치가 고안되었다. 레이저는 오늘날 공업, 의료분야 및 많은 과학 분야에서 매우 중요한 기구가 되었다. 예를 들어, 세인트헬렌스 산에서 화산활동을 예측하기 위해서 레이저는 지각의 이동을 조사하기 위한 방법으로 주변의 산 정상들 사이의 거리를 측정하는데 사용된다. 산안드레아스 단층대에서 레이저는 지진 단층선을 따라 아주 미세한 지각의 이동을 측정하는 데 사용되고 있다. 1969년, 아폴로 11호로 최초로 달에 착륙한 암스트롱N. Armstrong과 올드린B. Aldrin은 지구와 달 사이의 거리 측정의 새로운 방법으로 지구로부터 발사된 레이저 광선이 되돌아오도록 달 위에 거울을 설치하였다.

레이저의 예에서 보았듯이 아인슈타인의 자극방출이론에 관한 레이저의 발명은 오늘날 다양한 용도로 활용되고 있다. 레이저의 발명이 순수과학이라면, 그 활용은 응용과학이다. 이와 같이 순수과학과 응용과학의 아이디어는 보통 생각하듯이 그렇게 별개의 것은 아니다. 근본적으로 새로운 과학적 이론이나 발견은 그것을 이용할 실질적인 적용 방법이 찾아질 때까지만 순수과학으로 간주되는 것이다. 그러한 적용 방법은 빠르게 찾아지기도 하고, 때로는 상당히 느리게 발견되기도 한다. 아인슈타인의 자극방출이론은 기술과 응용에 매우 느리게 적용된 예의 하나라고 할 수 있다. 보통 필요에 의해—우주왕복선에 단열 타일을 부착할 초강력 접착제 같은 것—순수과학 과정이 가속된다.

순수과학은 두 가지 주요 범주로 나뉘는데, 이론적인 것과 실험적인 것이 그

것이다. 자극방출에 대한 아인슈타인의 아이디어는 논문에 실린 방식으로 레이저 실험이 시작될 때까지는 이론적인 것으로 남아 있었다. 1963년에도, 레이저는 완전하지 못했다. 그래서 그 이론은 보다 신빙성 있는 레이저가 개발될 때까지 실험과학의 영역에 남아 있었다. 레이저가 실제로 인간 생활에 사용되기 시작할 때까지는 응용과학의 도구가 되지 못했던 것이다.

지질학 : 순수 혹은 응용과학

'지구의 선물' 에서 여러분은 순수와 응용과학의 특수한 일치성을 보았다. 광상과 함께 발견되는 베개용암은 지질학자들로 하여금 그 용암이 발견된 곳이 전에는 해양저였다는 사실을 가르쳐준다. 베개용암은 용융된 용암의 표면이 온도가 낮은 주변 환경에 의해 급속히 냉각되면서 형성된다. 한편, 지질학자들은 베개용암 주변 환경에 대한 과학적 지식순수과학을 더해 가면서 베개용암이 어떻게 형성되었는가를 알게 된다. 그러나 지질학이 과학적 지식을 얻기 위한 순수과학인 반면, 광물자원을 찾을 때처럼 역시 많은 분야에 걸쳐 실제적인 응용을 하는 응용과학의 측면도 가지고 있다. 따라서 베개용암에 관한 정보에 기반을 두고 광물을 탐사하게 되면 이때 범주는 응용과학이 된다.

때로는 과학자들은 자기 연구가 어디로 가고 있는지를 잘 모르고 있는 경우도 있다. 물리학자 페르미E. Fermi는 실험을 위한 자금을 언제 요청할지, 또 그가 발견하고자 하는 것이 무엇인지 알려달라는 요구를 받았다. 그 연구 계획에 자금을 대는 사람들은 이 질문에 대한 결과의 실제 응용을 기대하고 있었던 것이다. 그러나 페르미의 대답은 '그가 찾으려고 하는 것이 무엇인지 안다면 돈을 필요로 하지 않을 것' 이라는 대답뿐이었다.

순수와 응용 면에 대한 상관관계는 과학의 기본적인 활력소 중의 하나이다. 때때로 순수과학의 발전은 그들 자신의 응용을 창조할 것이며, 또한 강조한 대로 응용은 순수과학적인 연구의 과정을 가속화할 것이다. 갈릴레이는 그가 망원경을 만들었기 때문에 하늘을 보았을까? 아니면 그가 하늘을 보기 위해 망원경을 만들었을까? 이것은 우주 계획에 관한 순수와 응용과학의 특별한 예가 될 것이다. '우리는 순수지식을 확장하기 위해 우주 탐험을 원한다' 라고 말한 것이다. 그렇게 하기 위한 노력은 응용과학을 낳게 하고, 우주 환경에서 얻은 자료는 응용과학을 통해서 새로운 기술 발전에 이바지한다.

순수냐 응용이냐?

앞의 설명은 순수와 응용과학 사이의 차이점을 말한 것이다. 질문에 대한 답을 얻기 위해 행해지는 과학적 연구는 순수과학이다. 특별한 문제에 대한 연구 결과의 적용은 응용과학으로 정의될 수 있다.

다음 서술은 과학적 활동과 관계가 있다. 각 서술들을 주의 깊게 읽고 그것이 순수과학인가 아니면 응용과학인가를 결정해보도록 하자. 그리고 각각의 경우 여러분의 결정에 대한 이유도 함께 생각해보자.

- ○ 한국지질자원연구원 지진연구센터에서 북한의 핵실험을 모니터링한다.
- ○ 한국석유공사에서 베트남 연안의 지질구조를 조사한다.
- ○ 생물학자들이 곤충을 죽일 수 있는 화학약품을 발견한다.
- ○ 담뱃갑에 건강에 대한 경고문이 들어 있다.
- ○ 물리학자들이 궤도운동 물체의 역학 관계를 연구한다.
- ○ 건축 기술이 지질안전도에 맞추어 개선된다.
- ○ 생물학자들이 어떤 화학물질이 실험 쥐에 암을 유발시킨다는 사실을 발견한다.
- ○ 엔지니어들이 지구궤도를 도는 인공위성을 설계한다.
- ○ 지질학자들이 지각 판의 경계와 광상의 위치와의 관계를 발견한다.
- ○ 물리학자들이 태양으로부터 받는 에너지를 측정한다.
- ○ 어느 광업회사가 철광상이 있는 지질탐사 지도를 사용한다.
- ○ 지질학자들이 석유를 찾는 데 지진 자료를 이용한다.
- ○ 어느 전력회사가 태양력발전소를 개발한다.
- ○ 지질학자들이 지각 판의 이동을 연구한다.
- ○ 고도가 높은 곳에 있는 기구로 상층대기의 복사량을 측정한다.
- ○ 위성으로부터 오는 TV신호를 수신하기 위해 위성수신안테나를 설치한다.
- ○ 과학자들이 지구자기장을 그린다.
- ○ 도보 여행자들이 진북과 자북의 차이를 보정하기 위해 나침반을 보정한다.

그림 25는 유명한 여덟 명의 과학자들이다. 여러분은 그들이 순수 혹은 응용과학 어느 것에 관련된다고 말할 수 있을까? 자! 이제 여러분은 두 칸을 만들어 하나는 순수과학 또 다른 한쪽은 응용과학으로 표시하고, 여러분 스스로 여러

가지 예를 생각해보고 순수와 응용과학에 관하여 기술해보자.

◀ 그림 25. 훌륭한 업적을 많이 남긴 유명한 과학자들.

페르미
(Enrico Fermi)
원자폭탄을
최초로 개발

뉴튼
(Issac Newton)
만유인력의
법칙을 발견

노벨
(Alfred Nobel)
다이너마이트
발명

에디슨
(Thomas Edison)
세계에서 가장 많은
것을 만든 발명가

갈릴레오
(Galileo Galilei)
태양중심설의
증거 발견

구달
(Jane Goodall)
침팬지들의
어머니

장영실(蔣英實)
측우기를 비롯한
각종 천체
관측기구 제작

우장춘(禹長春)
씨 없는 수박을
개발한
육종학자

■ 용어와 개념

광산Mine

광상이 경제성을 띨 때, 그 채취 활동이 행해지는 곳.

광상Ore deposit

① 지각 중의 유용 광물의 집합체지질학

② '자원'이라는 광물이 지표 또는 지하에 농집되어 이용이 가능한 상태로 있는 것. 또는 채굴하여 경제성이 있거나 장래는 채굴이 가능한 경우자원 공학.

광석Ore

광상을 형성하여 채굴의 대상이 되는 광물의 집합체로서 단일 광물 또는 여러 광물로 구성된다. 일반적으로 광석은 유용 성분이 함유된 광석광물과 유용 성분이 없거나 거의 포함되지 않아 경제성이 없는 맥석광물이 함께 산출되는데, 광석에서 맥석광물을 분리하여 광석광물만을 뽑아내는 것을 선광이라 한다.

광화 용액 Ore solution

열수 속에 유용 성분을 포함하고 있을 때, 이를 광화 용액이라 함.

구로코Kuroko, 黑鑛

이 형태의 광상에서 산출되는 광석광물의 색이 주로 검은색을 띠기 때문에 붙여진 이름.

망간단괴Manganese nodule

해수에 녹아 있던 유용 성분들이 침전하여 생성된 것으로 주성분이 망간인 형태는 구형의 단괴로 이루어져 있다. 심해저에 무진장 널려 있는 단괴에는 망간 외에도 니켈, 코발트, 동 등이 포함되어 있는데, 미래의 확실한 자원으로 현재 많은 나라의 주목을 받고 있다.

매장량Reservoir

현재의 기술과 가격으로 채굴하여 경제적 가치가 있는 광석량 또는 그 속에 함유된 유용 성분량. 조사의 정밀도에 따라 확정 광량, 추정 광량, 예상 광량이 있다.

반암Porphyry

세립질의 석기에 입자가 큰 광물들이 반정斑晶으로 산재하는 조직을 나타내는 화성암.

블랙스모커Black smoker

심해저에서 검은 연기와 함께 뜨거운 온천을 뿜는 굴뚝. 검은 연기는 은, 아연, 동 등의 황화 광물로서 굴뚝 주변의 해저 바닥에는 풍부한 광상이 생성된다. 굴뚝은 태평양, 대서양, 홍해 등의 수심 2,000m 이상의 해저에 주로 분포하고 있다.

스카른 광물 Skarn mineral

칼슘이 풍부한 암석주로 석회암에 화성암체가 관입할 때, 모암의 Ca 성분과 마그마 내의 Si, Mg, Fe 등의 성분들이 교대하여 생성된 석회·규산염calc-silicates 광물들을 일컫는다. 석류석과 단사휘석 등이 주로 형성된다.

자원Resources

포괄적 의미로 기술의 발전에 수반되어 인간 활동과 생산에 필요한 모든 것을 말하나, 좁게는 자연에 의해 만들어진 것으로 광물자원과 에너지 자원에 한정하여 사용되기도 한다.

재생 불가능 자원 Non-reproductive resources

지하에서 오랜 세월에 걸쳐 생성된 광물자원이나 에너지자원같이 한 번 사용하면 재생산이 불가능한 자원으로 고갈자원이라고도 한다. 반면에 농·수산자원같이 재배나 양식으로 생산이 가능한 자원을 재생 가능 자원이라 한다.

저류암Reservoir rock

원유가 저장되어 있는 암석으로 주로 다공질 사암이나 석회암이 해당되며 석유는 암석 내의 공극에 저장된다.

케로젠Kerogen

생물이 박테리아 작용을 받아 분해되는 과정에서 산소, 질소 및 기타 원소가 제거되고 탄소와 수소만 남은 고분자 화합물. 케로젠에 적당한 열을 가하면 석유가 만들어지기 때문에 석유 근원 물질이라고 한다.

토탄Peat

죽은 식물이 매몰된 후, 환원 환경에서 분해되어 생성된 최초의 탄화 물질. 계속 온도와 압력을 받게 되면 탄화 정도가 진행됨에 따라 갈탄, 역청탄, 무연탄으로 변한다.

품위Grade

광석에 함유된 유용 성분의 함유량을 말하며, 광상이 경제성을 갖기 위한 기준이 된다. 따라서 광산이 개발되기 위한 품위는 광석의 종류에 따라 달라진다. 예를 들어, 금은 5~20g/ton 이상이면 충분하나 동 광석은 매장량의 규모에 따라 0.5~20% 까지 다양하다.

화석연료Fossil fuel

지질시대 생물의 유해가 매몰되어 지열과 압력의 영향으로 에너지로 변환되어 보존된 것으로 석탄, 석유 및 석유가스를 일컫는다.

회수율Recovery rate

석유 부존량에 대하여 실제 채취되는 양을 말하는 것으로 석유는 유층과 대기와의 압력 차에 의해 자연적으로 뿜어 올라오게 되는데, 석유 개발이 진행되면 압력이 떨어져 생산이 감소된다. 실제 전 세계의 평균 석유 회수율은 약 25%에 불과하다.

■ 관련 사이트

· **미에너지정보국**EIA, Energy Information Administration

http://www.eia.doe.gov/

미에너지정보국에서 제공하는 전 세계 에너지 관련 데이터베이스를 구축하고 있는 사이트. 각종 에너지에 관한 주간, 월간, 연간 동향 정보를 제공하고 대체에너지, 환경문제 등에 관한 사이트도 연결해주고 있다.

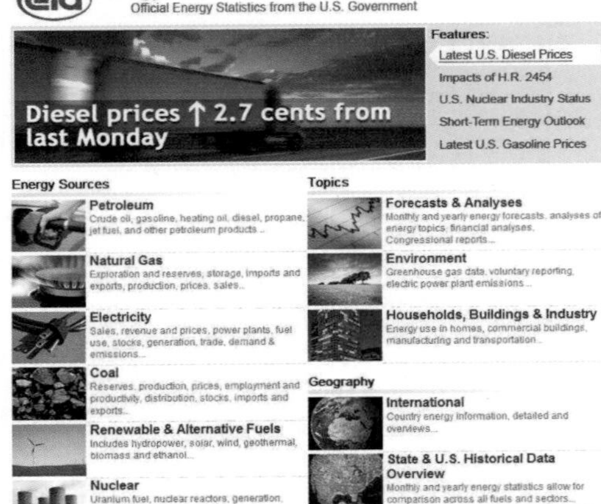

· **과학기술정보실**Office of Science and Technical Information

http://www.osti.gov/

미연방에너지부Department of Energy 산하 과학기술정보실의 홈페이지. 에너지와 관련한 정책이나 다양한 에너지자원에 관한 자료를 제공한다.

· **광상학**Ore Deposits

http://earth.agu.org/revgeophys/mckibb01/mckibb01.html

캘리포니아 주립대학 리버사이드분교UC Riverside 지구과학과의 광상학 원격강의 교재. 그림보다는 텍스트 위주로 제작되어 있고 참고문헌을 연결하고 있으며 전문적인 내용을 다루고 있다. 대학원생 이상 수준의 참고사이트.

· **해양 및 호수 지질 시료 인덱스**Index to Marine & Lacustrine Geological Samples

http://www.ngdc.noaa.gov/mgg/curator/curator.html

노아NOAA 산하의 NGDC/WDCAUS National Geophysical Data Center/World Data Center A에서 해양지질, 지구물리학을 위한 전 세계 해양 및 호수에서 시추된 약 9만 1,000개의 시료에 대한 다양한 정보를 데이터베이스로 구축하고 있는 사이트. 특히 현재까지 조사된 심해저 망간단괴에 관해 위치별 DB가 제공되고 있다.

· **한국석유공사**Korea National Oil Corporation

http://www.knoc.co.kr/

대륙붕 및 해외 유전 개발 현황을 다루고 있으

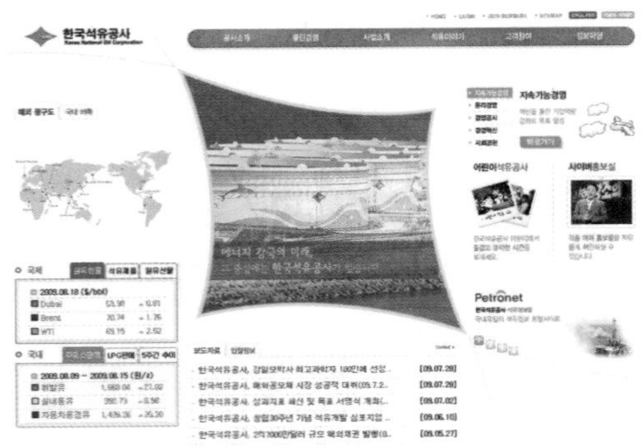

며, 석유의 생성, 개발, 정제 과정과 석유가 우리 생활에 어떤 위치를 차지하고 있는가에 대해서도 설명하고 있다. 특히 국내 대륙붕에서 찾은 천연 가스전의 개발 역사를 자세하게 다루고 있다.

· 자원정보서비스KOMIS, Korea Mineral Resources Information Service

http://www.kores.net/

한국광물자원공사에서 운영하는 국가 자원 정보망으로서, 광물자원에 대한 많은 정보를 구축하고 있다. 자원 정보, 자원통계 정보, 지리 정보, 자원분석 정보 등 다양한 콘텐츠를 다루고 있다.

· 자원정책팀 Mineral Econimics Team

http://rik.kigam.re.kr/

한국지질자원연구원 정책연구부 자원 정책팀의 홈페이지로서, 월간 자원정보, 광산물 수급현황 및 자원총람에 대한 많은 정보를 구축하고 있다. 특히 국내 광산 현황을 지역별, 광종별로 구분한 자료를 보유하고 있어, 국내 광업 현황을 찾는데 아주 유익한 사이트이다.

· 광물과 광상 Minerals and Ore Deposits

http://wwwalt.uni-wuerzburg.de/mineralogie/links/ore/ore.html

광물과 광상 관련 웹 사이트를 연결시켜주는 사이트. 광물과 광물 가격, 귀금속, 구리와 기타 금속, 열수광상, 산업광물 등으로 구분하여 유용한 사이트를 소개하고 있다.

■ 생각해봅시다.

(1) 석기시대부터 오늘날 다금속시대까지 문명의 발달 과정은 바로 자원을 개발하고 활용한 역사라고 할 수 있습니다. 우리 인류에 의해 이루어진 자원 개발의 역사를 간단하게 정리해봅시다.

(2)자원의 미래에 관한 견해로는 '성장의 한계'로 대표되는 비관론과 '석유 20년설'로 일컬어지는 낙관론이 있습니다. 두 가지의 견해 중 여러분의 생각은 어떠하며, 그렇게 생각하는 근거를 밝히시오.

(3) 자원이 유한하다는 것을 인정한다면, 우리는 어떻게 하든 자원의 미래에 대비하지 않으면 안 됩니다. 그 대비의 방법에는 여러 가지가 있겠지만, 우리의 힘으로 당장 실천할 수 있는 것으로 자원의 절약이 있습니다. 그 절약 방법을 구체적으로 예를 들어봅시다.

(4)광물자원이 배태되기 위해서는 어떠한 지질학적 과정이 필요한지 고찰해봅시다.

(5)광물자원이 배태되어 있는 장소를 광상이라고 합니다. 광상에는 어떠한 종류가 있으며, 무엇을 기준으로 분류하고 있는지 알아봅시다.

(6) 사이프러스 섬의 구리 광상이나 일본의 구로코Kuroko 광상의 생성 과정을 생각해봅시다. 광상의 생성과 관련한 증거로서 무엇을 제시할 수 있습니까?

(7) 판구조 운동과 광상의 형성과는 밀접한 관련이 있습니다. 특히 판의 경계부에 광상의 분포 밀도가 높은데, 그 이유를 설명해봅시다.

(8) 화석연료인 석탄과 석유의 생성 과정을 설명해봅시다. 특히 이러한 에너지자원은 지질시대 중 특정 시기에 많이 생성되는데 그 이유는 무엇인지요? 예를 들어, 석탄은 매장량의 많은 부분이 고생대의 석탄기에 생성되는 반면, 석유는 신생대 초기에 생성된 것이 전 세계 매장량의 60%이상을 차지합니다.

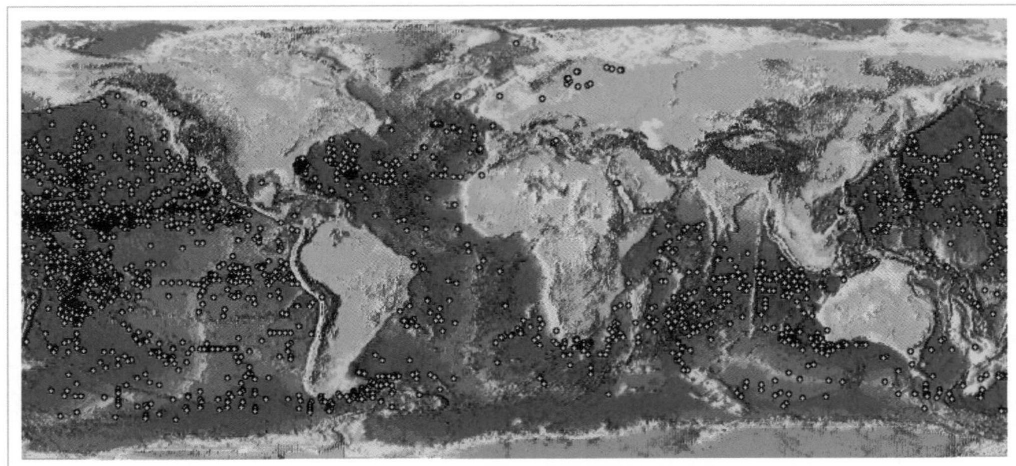

해저 망간단괴의 분포

(9) 미래에는 다양한 대체에너지를 이용함으로써 화석연료의 사용을 줄이고, 그로 인한 환경오염도 줄일 수 있을 것으로 생각합니다. 대체에너지의 종류와 그 내용을 구체적으로 설명해봅시다.

(10) 자연과학의 두 가지 측면인 순수pure와 응용applied과학의 차이점을 설명하고 상호 관계를 생각해봅시다. 그리고 본 단원에서 이미 언급한 것을 제외하고 각각의 예를 세 가지만 들어봅시다.

■ 인터넷 항해 문제

(1) 심해저는 21세기 미래의 자원의 보고로 알려져 있다. 바로 이곳에는 망간단괴Manganese nodule가 심해저 바닥에 무수히 널려 있다아래 그림. 이 구형의 단괴에는 망간을 비롯하여 여러 유용한 자원이 포함되어 있으며, 무엇보다 이들의 매장량이 육상자원의 수백 배 내지 수천 배에 이르고 있다. 현재 미국, 일본을 포함한 선진국들은 이들 자원에 대한 탐사를 1970년대부터 시작하였으며, 우리나라도 수년 전부터 온누리호를 이용하여 탐사에 적극적으로 나서고 있다.

노아NOAA에서 제공하는 망간단괴 데이터베이스에 접속하여 태평양상의 다음 지역의 좌표를 입력한 후, 검색 버튼Search Ferromanganese Database을 누르고 그 결과로부터 다음에 답하시오.

Lattitude : Upper=-21.1, Lower=-25.6 ; Logitude : Left=-167.8, Right=-163.2

① 그 영역에서 탐사되어 분석된 망간단괴의 수는 얼마입니까?

② 망간단괴 속에는 어떤 원소들이 함유되어 있는지 분석 자료로부터 모두 밝히시오

③ 그중 망간과 코발트의 함량wt%을 밝히시오.

예 : Mn=5~10wt%

④ 여러분이 방문한 웹 사이트의 주소를 밝히시오.

■ 참고 문헌

정창희, 『지질학 개론』, 박영사, 1986.

원종관 외, 『지질학 원론』, 우성문화사, 1989.

최석원, 우영균, 황정 (역), 『광상지질학 원론』, 도서출판 춘광, 1995.

서울대학교 지질학과 광상학 연구실, 「한국의 광상」, 『박희인교수 정년퇴임기념집』, 1998.

서울대학교 지질학과 광물학연구실, 「광물과 인간생활」, 『김수진교수 송수기념집』, 1999.

문건주, 『광상성인론』 (대우학술총서, 자연과학 133), 민음사, 1999.

박수인 외(역), 『생동하는 지구』, 시그마프레스, 2006.

Guilbert, J.M. and Park, C.F. Jr., *The Geology of Ore Deposits, W.H. Freemand & Company*, 1986.

De Souza, A.R. and Stutz, F.P., *The World Economy: Resources, Location, Trade and Development* (end Ed.), MacMillan College Publishing Company, 1994.

Skinner, B.J. and Porter, S.C., *The Blue Planet: An Introduction to Earth System Science*, John Wiley & Sons Inc, 1995.

Stwertka A., *A Guide to the ELEMENTS*, Oxford University Press., 1998.

Skinner, B.J., Porter, S.C., and Park, J., *Dynamic Earth: An Introduction to Physical Geology* (5th Ed.), John Wiley & Sons Inc, 2004.

Robb, L., *Introduction to Ore-Forming Processes, Blackwell Publishing*, 2005.

Moon C., Evans A., and Whateley M., *Introduction to Mineral Exploration* (end Ed.), Blackwell Publishing, 2006.

Chapter 7

태양의 바다
The Solar Sea

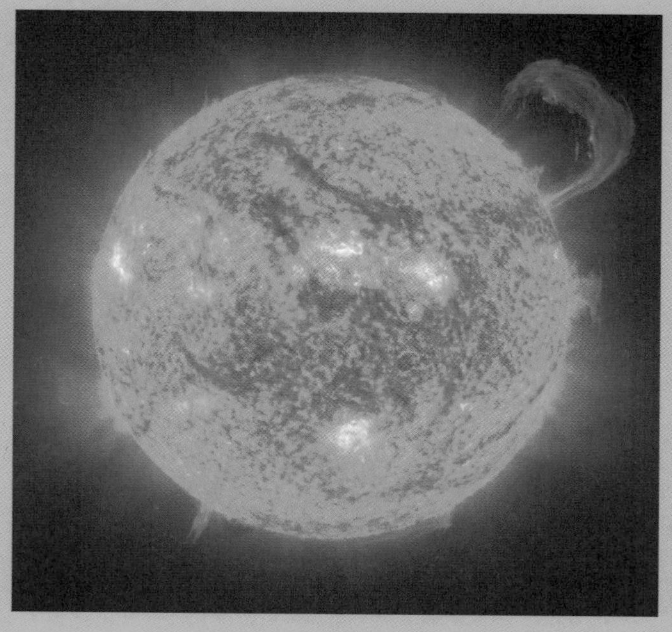

지구가 받아들이는 대부분의 에너지는 태양으로부터 유래하고 있다.
태양은 우리 인류의 생활을 조절하는 매우 중요한 인자 중의 하나이다.
태양의 구체적인 모습과 태양 활동이 지구에 미치는 영향에 대하여 알아본다.

그리 멀지 않은 장래에
별만큼이나 단순하게 모든 것을 알 수 있게 되리라는
희망을 품어보자.

— 에딩턴(A.S. Eddington)

우리 생활과 태양

태양은 인류 생활에 지대한 영향을 미치고 있다. 기상 현상과 해류의 운동은 물론이고 지표의 변화, 생물의 성장, 생물의 분포 상태 등도 태양의 직접 또는 간접적인 영향을 받은 결과이다. 한편, 여름철의 이상저온현상과 일조량의 감소는 농산물의 산출량과 당도에 크게 영향을 미치며, 앞에서 지적되었듯이 빙하기의 태양에너지 감소는 장기간의 지구 기후변화와 함께 북반구의 1/3 이상을 얼어붙은 동토로 만들 정도로 영향력이 있다. 이와 같이 태양이 인류에 미치는 지대한 영향력 때문에 고대 인류는 태양을 신으로 숭배하였다. 많은 나라의 신화 속에서 태양은 최고의 숭배 대상이었고, 특히 고대 이집트, 그리스, 잉카, 마야 등의 유적들은 이들 국가의 문명이 태양을 중심으로 한 문명이라는 사실을 보여준다. ■그림 1

태양은 태양계에 속하는 모든 행성들의 운동을 지배한다. 태양은 태양계의 중심이며 태양의 인력이 전 태양계를 지배한다. 태양의 질량은 태양계 전체 질량의 99.9%를 차지하며, 태양은 지구로부터 1 AU약 1억 5천만km 떨어진 곳에서 매초

◀ 그림 1. 영국에 있는 고대 태양 관측 시설인 스톤헨지(Stonehenge). 하짓날 태양은 덮개석(heel stone) 바로 위에서 관찰된다.

3.90×10^{33}erg의 에너지를 방출하고 있다. 태양은 우리에게서 가장 가까운 유일한 별(항성)로서 자세한 관측이 가능하여 다른 항성 연구의 기초가 되며, 우리의 일상 생활에 직접 또는 간접으로 지대한 영향을 미치고 있다. 3장 '에메랄드 빛의 바다' 와 4장 '수수께끼의 기후' 에서 보았듯이 지구 대기와 해류의 운동은 태양열을 받아 일어나는 운동이고, 풍화, 침식, 퇴적 등 지표의 변화도 직접, 간접으로 태양에너지에 영향을 받는다. 한편 태양 자체도 변화를 일으키기 때문에, 그 영향이 지구에도 미친다. 이러한 현상 중에 태양의 흑점 폭발은 전리층을 교란시키며, 그 결과 델린저현상, 지자기의 변화, 극지방의 오로라 등이 나타난다.

지구는 태양으로부터 적당한 거리를 두고 생성되었다. 지구 상의 생명체가 유지되기 위해서는 지구를 덮는 대기가 필요하다. 지구가 태양에서 좀더 가까웠거나 멀었다면, 지구 상의 생명체에 절대적으로 필요한 대기는 생성되지 않았을 것이다. 또 지구가 지나치게 크거나 작았다면, 마찬가지로 대기는 존재하지 않았을 것이다. 이와 같이 지구가 태양으로부터 적당한 거리만큼 떨어져 있고 적당한 크기를 가졌기 때문에 지구 상에서 생명체가 탄생할 수 있었다는 사실은 그야말로 기적이라 해도 좋을 것이다. 원시 태양계에서 지구가 탄생되었을 당시, 지구 표면은 수많은 미행성이나 운석의 충돌로 마그마의 바다가 되었고 증발한 수증기와 이산화탄소는 두꺼운 대기가 되어 지구를 덮고 있었다. 다행히 지구는 적당한 크기와 태양으로부터 적당한 거리에 있었던 까닭에 두꺼운 대기가 외계로 빠져나가지 않았다. 시간이 지남에 따라 지구는 차츰 식어갔고, 온도가 내려감에 따라 무거워진 대기는 비로소 하강하여 바다가 되었다. 바다는 대기 중의 이산화탄소를 흡수함으로써 지구를 쾌적한 환경으로 바꾸어나갔고, 드디어 최초의 생명체를 탄생시켰다. 생명체는 광합성 작용으로 당시 남아 있던 이산화탄소를 서서히 산소로 전환시켰다. 그 결과 대기 상층부에 형성된 오존층은 태양으로부터 방출되는 유해파를 차단하여 생물들이 바다에서 나와 육상 생활을 할 수 있게 도와주었다. 지금도 태양은 생명체가 유지되는 데 직접, 간접으로 요구되는 필수적인 존재이다. 따라서 태양은 생명체에게 어머니와 같은 존재라고 할 수 있다.

태양과 에너지

태양의 진화

우리들이 알고 있듯이 우주는 텅 빈 공간이 아니다. 우주 공간은 희박하지만 드문 물질rarefied matter로 가득 차 있으며, 더구나 이들 물질은 균질하게 분포하는 것이 아니라 군데군데 뭉쳐진 가스 덩어리, 즉 성운nebular을 이루고 있다. 광대한 우주의 항성들은 우주 공간을 떠도는 가스에서 태어난다. 가스 덩어리 속에는 1%의 먼지가 포함되어 있는데, 이 먼지는 무거워서 탄소, 질소, 규소 및 산소를 주성분으로 하는 광물 및 얼음 결정의 중심핵을 이루어 주변의 가스를 끌어당긴다. 약 46억 년 전에 태양계가 생성되었을 때도, 태양의 주위에는 암흑 성운이 둘러싸고 있었을 것이다. 마침내 밀도가 높은 부분을 덮은 가스가 수축하여, 밀도가 더욱 높아진다. 원시 태양은 거대한 수소 가스와 먼지 구름으로 둘러싸여 있었으며, 그 중심에는 후에 행성계의 바탕이 되는 먼지 원반이 존재하고 있었을 것이다.

원시 태양 주위에 떠도는 가스의 일부는 중력으로 태양 중심으로 떨어져 들어가고, 나머지는 태양 주위의 원반으로 침전되었다. 원시 태양은 주위의 가스를 끌어당기며 더 빠른 속도로 회전하게 되었다. 지름이 수 광년 되는 초기의 크기에서 원반은 뭉쳐져서 더 빨리 회전하여 여러 조각으로 떨어져나가기 시작하였을 것이다. 이러한 조각들은 행성과 달이 되었으며, 그로부터 중력이 거대한 중심부의 가스를 압축하여 내부 온도를 극도로 높아지게 하였다. 그 결과 수소 원자들이 융합하여 더 무거운 헬륨으로 되는, 열핵반응이 시작되면서 우리의 태양은 탄생되었다.■ 그림 2

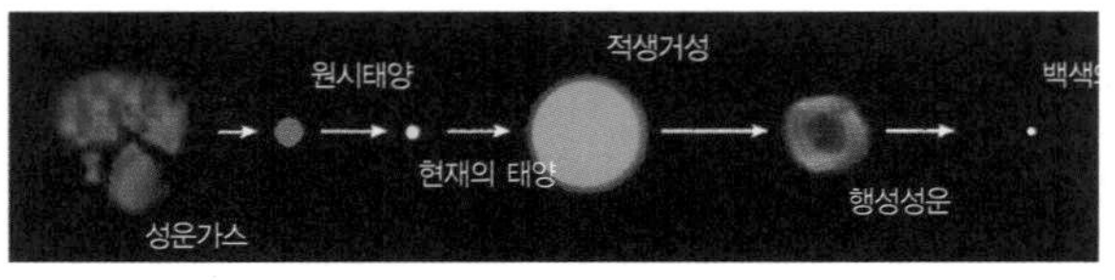

◀ 그림 2. 태양의 진화 과정. 태양은 중간 규모의 성운 가스로부터 진화하여 현재 중년기에 해당된다.

▶ 그림 3. 헤르츠스프룽-러셀(H-R)도.

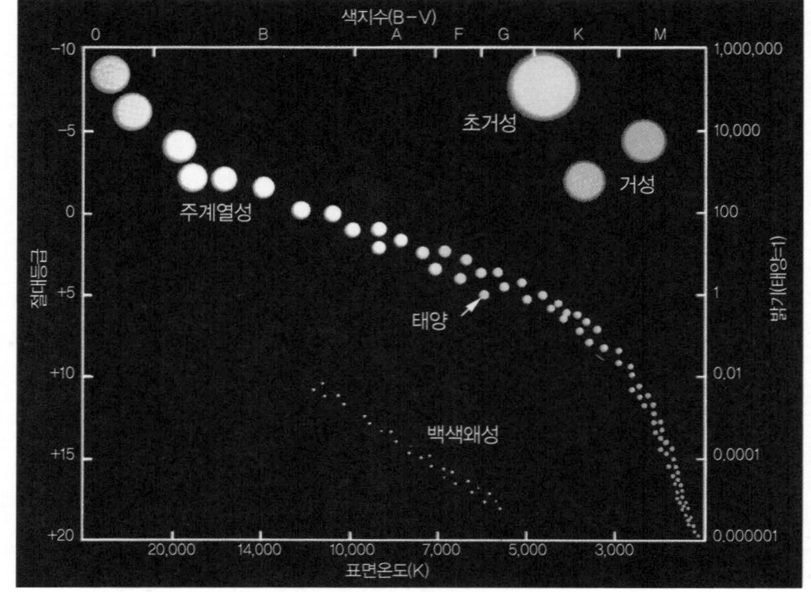

태양은 주로 가장 가벼운 원소인 수소로 구성되어 있다. 매년 핵융합에 의하여 1경 9천3백조 톤의 수소를 1경 9천2백조 톤의 헬륨으로 변화시킨다. 이때 약 100조 톤의 질량 차이가 나는데, 이것이 열에너지, 빛에너지, 그리고 태양풍으로 알려진 플라스마 입자들의 형태로 변환된다. 태양은 지난 46억 년 동안 매년 엄청난 수소를 소모하였는데도 불구하고 앞으로도 50억 년 동안 방출할 양의 수소가 남아 있다. 태양에너지의 약 10억 분의 1 정도가 지구에 도달한다.

태양 중심의 온도는 약 1,500만K 정도다. 핵융합이 일어나는 태양 중심의 핵으로부터 수십만km나 떨어져 있는 광구에서도 그 온도는 6,000K나 된다. 하지만 중심핵에 있는 모든 수소는 언젠가는 헬륨으로 변할 것이다. 그렇게 되면 태양은 모든 에너지를 잃고 마침내 일생을 마치게 될 것이다.

맨 처음의 징후로는 크기가 약간 작아지고 밝기는 증가할 것이다. 그런 다음 태양은 현재보다 수백만 배나 크게 갑작스럽게 팽창하게 될 것이다. 이때는 수성과 금성마저 삼켜버리게 되며, 지구 표면은 가열되어 반 용융 상태가 될 것이다. 이와 같은 팽창 단계의 태양은 천문학자들이 말하는 적색 거성이 될 것이다. 태양은 이러한 상태로 수천만 년 동안 존재할 것이며, 그동안 헬륨으로 된 핵은 가열되어 1억K 이상의 온도에 도달하게 될 것이다. ■그림3

굉장히 밀도가 높아진 핵은 다시 타기 시작하여 태양의 바깥 껍질을 거의 모두 우주 공간으로 날려 보낼 것이며, 남아 있는 수소는 헬륨으로 변환되고, 헬륨은 더 무거운 원소, 일차적으로 탄소와 산소로 변환될 것이다. 이 때 태양은 점점 밝기가 감소할 것이다.

이러한 변환이 거의 끝날 때, 태양은 다시 한 번 수축하기 시작한다. 수십억 년 동안 수축이 계속되어 태양은 지구 크기만 한 백색 왜성이 되는데, 이 단계에서는 밀도가 높아 찻잔 하나 정도의 물질이 지구 상에서의 50톤 이상의 무게가 될 것이다. 수십억 년이 지난 후에, 표층은 식어서 빛을 발하지 않게 될 것이고, 마침내 차고 어두운 흑색 왜성으로 일생을 마치게 된다.

태양복사에너지

태양은 강한 전파원이다. 1초에 30만km를 여행하는 전자기 복사파는 태양으로부터 지구에 오는 데 약 8.3분 걸린다. 태양전파 관측은 1940년대 이후 계속 수행되어왔다. 전자파 스펙트럼 중 몇몇 파장대는 대기에 의해서 대부분 흡수된다. 가장 주요한 투명 파장대는 300~800nm 사이에 있는 소위 광학창optical window이다. 이 파장 간격은 인간의 눈의 감광 영역약 400~700nm과 일치하여 가시광선이라 부른다.

300nm 이하의 파장들은 대기 중의 오존에 의해 흡수되어 거의 지상에 도달하지 못한다. 오존은 고도 약 20~30km에 위치한 얇은 층에 집중되어 있고, 이 층은 지구를 해로운 자외선 복사파로부터 보호해주고 있다. 이보다 더 짧은 파장은 주로 O_2, N_2 그리고 자유 원자에 의해 흡수된다. 300nm 이하의 복사는 거의 모두가 대기의 상층 부분에서 흡수된다.■그림 4

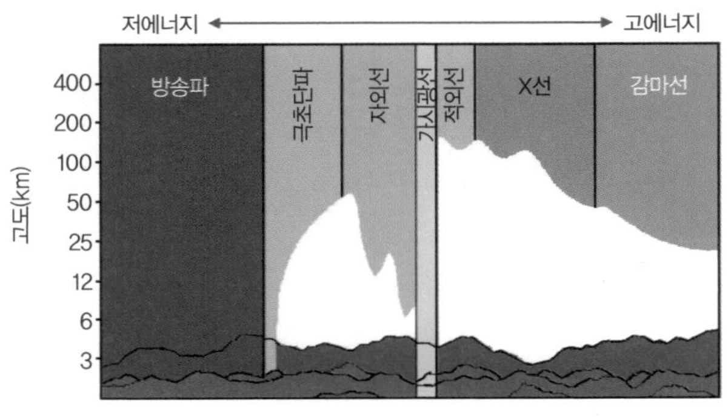

◀ 그림 4. 태양복사파와 지구 대기의 상호작용.

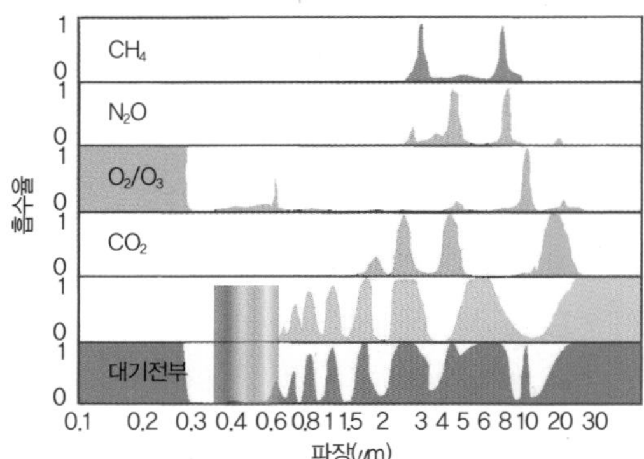

▲ 그림 5. 파장에 따른 대기의 복사. 제일 아래 띠의 설명이 없는 부분은 지표에 도달한 태양광이 복사파로 변한 곳을 의미한다.

가시광선보다 긴 파장인 근적외near-IR 영역의 1.3㎛까지, 대기는 대체로 투명하다. 이 영역에도 수증기와 산소 분자가 일으키는 흡수대가 존재한다. 그러나 1.3㎛ 보다 긴 파장인 원적외선far-IR에서는 대기는 점점 불투명해진다. 이 파장대에서는 오로지 일부만 복사가 대기의 하부층에 도달한다. 20㎛와 1nm 사이의 모든 파장은 완전히 흡수된다. 1nm보다 긴 파장대에는 약 20nm 까지 뻗어 있는 전파창radio window이 있다. 이보다 더 긴 파장대에서는 대기의 상층부에 있는 전리층이 모든 복사를 흡수한다.■ 그림 5 지구 밖의 태양계와 우주를 관측하는 데 사용하는 망원경은 어떠 범위의 전자기 복사선을 이용하는가에 따라 크게 두 가지로 구분할 수 있다. 하나는 광학창 영역의 전자기 복사선을 이용하는 광학망원경이고, 다른 하나는 전파창 영역의 파장을 이용하는 전파망원경이다.■ 그림 6

태양풍 입자들은 태양 폭풍이 있을 때, 높은 강도를 갖고 태양으로부터 방출된다. 이 입자들은 빛보다 느리게 진행하며 1초에 400~800km의 속력으로 날아간다. 보통 이 입자들이 이틀 이내에 지구자기장에 도달하는데, 도달하자마자 북쪽과 남쪽으로 지구 자력선을 따라 나선 운동을 하면서 그들 중 일부는 지구 자기극의 대기 속으로 들어간다. 지구의 상층대기와 이 입자들의 상호작용은 북극과 남극 근처에서 오로라라 불리는 극광을 만들어낸다.

▶ 그림 6. 칠레 라세레나(La Serana)에 있는 세로톨로로(Cerro Tololo) 천문대.

우리나라 천문대

한국천문연구원에서 운영하는 지역 천문대에는 소백산천문대와 보현산천문대 및 레몬산천문대 등 3곳이 있다. 사설 천문대로는 강원 영월의 별마로천문대, 경남 김해천문대, 충북 제천 구학산천문대 및 대전 시민천문대 등이 있다.

소백산천문대는 소백산 연화봉에 위치하고 있는데, 1972년부터 건설하기 시작하여 1978년 9월 준공되었다. 이곳에 설치된 Boller & Chivens 24인치 반사망원경을 이용하여 관측함으로써 현대적인 광학천문학 연구의 막을 열었다. 주로 밝은 천체에 대한 광전측광을 수행해오던 소백산천문대는 그 이후 CCD카메라를 이용하여 어두운 천체에 대한 관측 연구를 수행하였으며 현재는 주로 정밀측광 관측 연구를 하고 있다.

보현산천문대는 경북 영천시 화북면과 청송군 한서면에 걸쳐 있는 보현산의 동봉 정상해발고도 1,124미터에 세워져 있다. 1985년부터 건설이 추진되어 1996년 4월에 준공된 이 천문대는 국내 최대 구경의 1.8m 반사망원경과 태양플레어망원경이 설치되어 있어, 국내 광학 천문 관측의 중심지 역할을 하고 있으며, 항성, 성단, 성운과 은하 등의 생성과 진화를 주로 연구하고 있다.

미국 애리조나 주에 있는 레몬산천문대에 1m 광학망원경을 2001년 말에 설치하여 약 1년 6개월 동안 시험 관측을 성공적으로 마쳤으며 2003년 9월부터 본격적으로 천체 관측 연구에 활용하고 있다.

태양의 구조

현재 태양은 수소를 연소하는 과정에 있는 H-R도 상의 전형적인 주계열성이다. 태양의 구조는 크게 내부 구조와 태양대기로 나눌 수 있다.■ 그림7

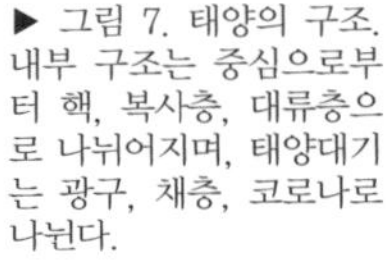

▶ 그림 7. 태양의 구조. 내부 구조는 중심으로부터 핵, 복사층, 대류층으로 나뉘어지며, 태양대기는 광구, 채층, 코로나로 나뉜다.

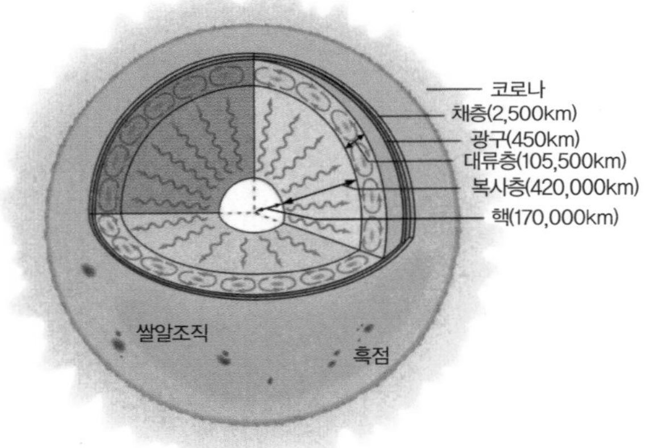

내부 구조

태양은 중심부에서 핵융합으로 만들어진 막대한 에너지가 복사층을 통하여 전달되나 복사층 상단에 이르면 온도는 현저히 감소하여 가스가 완전히 분리된 상태로 존재할 수 없다. 그 결과 복사에 의한 에너지 전달이 어려워져 태양 표면 부근에서는 대류에 의하여 에너지가 전달되기 때문에 태양은 대류층을 갖게 된다. 약 46억 년 전 태양이 형성될 때, 태양 내부는 전체가 현재의 태양 표면의 화학 조성과 동일한 성분으로 이루어져 있었다. 핵융합은 중심부인 핵에서만 일어나므로 이곳에서는 수소의 소모가 급격히 증가한다. 태양 반경의 1/4 되는 위치에서의 수소 함량은 아직도 표면과 동일하지만, 그 점에서 내부로 갈수록 수소의 함량은 급격히 감소한다. 중심핵에서는 10% 정도가 수소일 뿐이며, 초기의 총 수소 양의 5%가 이미 헬륨으로 변환되었다. 태양에너지는 그 중심부에서 핵융합에 의하여 생성된다. 총 태양에너지의 99%는 태양 반경의 1/4 이내에서 생성되고 있다. 태양 내부의 주요 성질은 표 1과 같다. ■ 표 1

◀ 표 1. 태양의 주요 수치.

반지름	6.960×10^5km
질량	1.989×10^{30}kg
평균 밀도	1.408g/cm^3
중심 밀도	100g/cm^3
표면 온도	5,855K
중심 온도	1.36×10^7K
광도	3.9×10^{26}W
자전주기(적도)	약 25일
자전주기(위도 60°)	약 29일

핵Core

핵은 밀도가 약 100g/㎤, 온도는 약 1.5×10^7K, 압력이 수천억 기압에 달하는 기체 상태로 되어 있다. 이와 같은 고온, 고압 상태에서는 물질은 전자가 모두 떨어져나가고, 핵으로만 되어 있다. 이 핵들은 매우 빠른 속도로 날아다니며 서로 충돌해서 핵융합반응을 일으킨다. 태양의 핵에서는 4개의 수소 원자핵이 융합하여 헬륨의 원자핵으로 변환되는데, 이때 생긴 질량 손실에 해당하는 양의 막대한 에너지가 γ선의 형태로 방출한다.

$$4\,{}^1H_1 \rightarrow 1\,{}^4He_2 + \gamma$$

복사층Radiative Zone

핵에서 방출된 γ선은 근처의 물질과 충돌하여 이 물질을 가열하는 동시에 자기의 에너지를 일부 상실한다. 그래서 보다 에너지가 적은 전자파, 즉 파장이 더 긴 X선이나 자외선 등으로 변환한다. 또 일차 생성물들이 주위의 물질과 다시 충돌하여 일부 에너지를 빼앗기고 더 파장이 긴 자외선, 가시광선, 적외선 등으로 점점 변하게 된다. 이렇게 해서 태양 중심부에서 원소 변환으로 발생한 에너지는 주위의 원자에 충격을 주어 γ선, X선, 자외선, 가시광선 등의 복사에 의하여 태양 표면 근처까지 전달된다. 이러한 층을 복사층이라 한다.

대류층Convective Zone

표면에서 약 10만km 되는 층이 대류층이다. 이 층에는 온도가 감소하여 가스가 완전히 전리된 상태로 존재할 수 없기 때문에, 에너지의 전달 방식이 달라진다. 이 층에서는 에너지를 흡수한 물질이 그 대부분을 전자파의 형태로 다시 방출하지 않고 대규모의 대류에 의하여 에너지를 전달한다. 대류층에서는 물질이 빛을 내고 있다가 보다 뜨거운 기체 덩어리가 부력에 의해 상승하고 표면에서 에너지를 방출한 다음 밑으로 가라앉는, 마치 가열되는 주전자 속의 물이 끓고 있는 것 같다.

태양대기

태양의 실질적인 대기층은 태양 표면인 광구와 채층으로 구분되며, 이들 밖에는 코로나가 멀리까지 확장되어 있다. 광구 바깥쪽에 있는 태양의 대기에서는 기체의 물리적 성질이 태양 내부와 크게 달라진다. 대기층에 있는 기체는 희박하고 거의 투명하기 때문에 보통 눈에 보이지 않는다. 광구 바로 위에 있는 대기층을 채층이라 하고 채층 바깥쪽으로 계속되는 태양의 대기층을 코로나라 한다.

태양 내부로부터 전달된 에너지는 태양대기를 통해 외계로 방출된다. 실제 6,000K에 이르는 태양 표면에서는 내부와 달리 기압이 낮아 수소나 헬륨이 안정된 원소로 존재하지 못하고 핵 주위를 도는 전자가 떨어져 나와, 전하를 띠는 이온 상태가 된다. 이를 플라스마라 한다. 태양대기에서는 이들 플라스마가 대기층을 따라 다양한 형태로 방출된다. ■ 그림 8

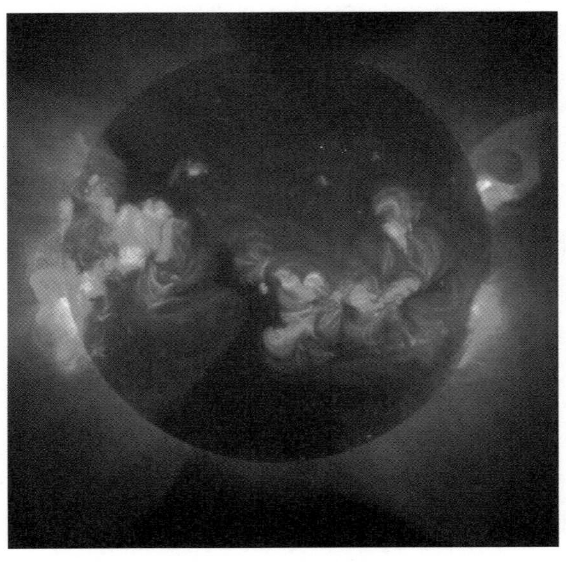

▶ 그림 8. 인공위성이 촬영한 가시광선과 자외선 영역의 태양. 이 합성 사진에는 방출되는 플라스마의 밀도가 코로나(corona)에서 외부로 나가면서 감소함을 보여준다. 사진 오른쪽 상단으로 흐르는 플라스마는 표면에서 약 150만km나 뻗어 있다.

광구Photosphere

우리 눈에 보이는 태양의 표면은 대류층 위에 위치하는 광구라 하는 아주 얇은 가스층이다. 태양에서 방출되는 복사에너지는 대부분 이 층에서 나온다. 광구의 두께는 300~500km에 불과하나, 밀도는 하부로 갈수록 급격히 증가한다. 광구 하층부의 온도는 약 8,000K, 반면에 그의 상층부의 온도는 약 4,500K이다. 태양 대류의 표면인 광구에서는 에너지 방출이 쌀알 조직백반, granule의 형태로 나타나는데,■ 그림 9 그들의 밝기는 고르지 못하고 그 형태도 시간에 따라 계속 변한다. 쌀알 조직의 중심부에서는 가스가 상승하고 있으며, 그 자리의 어두운 부분으로 다시 하강한다. 광구 면에 나타나는 크고 어두운 무늬가 흑점인데, 그 지름은 지구의 몇 배나 되어 맨눈으로도 볼 수 있다. 흑점은 광구보다 온도가 낮아 어둡게 보인다.

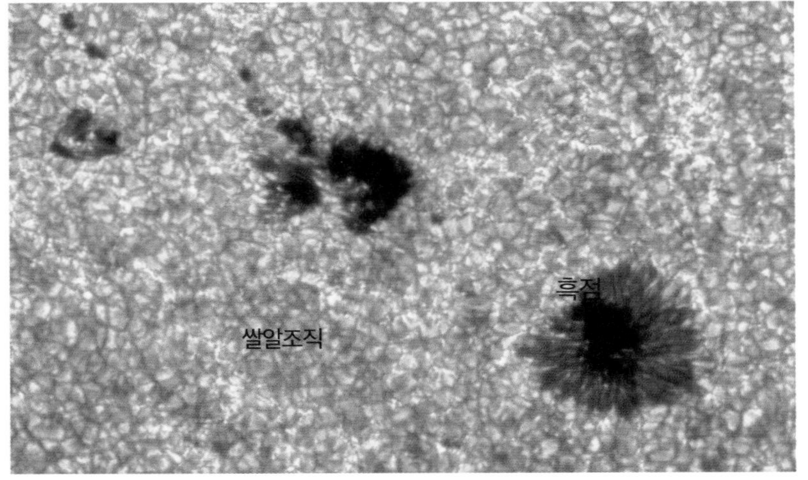

◀ 그림 9. 태양 광구에 존재하는 쌀알 조직과 흑점.

채층Chromosphere

광구 밖으로 두께가 약 5,000km, 온도가 4,500~6,000K에 이르는 대기층이 존재하는데 이를 채층이라 한다. 채층의 기체 밀도는 광구보다 훨씬 낮아 희박한 편이다. 따라서 채층의 복사 강도는 광구보다 훨씬 약하기 때문에 정상적인 상태에서는 보이지 않는다. 그러나 개기일식 때 달이 태양을 완전히 가리는 순간부터 수초 동안 붉은 색의 고리 모양으로 나타나는 채층을 볼 수 있다. 채층에서는 플라스마가 에베레스트 산 높이의 수천 배로 바늘 모양으로 솟아오르는데, 이를 스피큘spicule이라 한다.■ 그림 10

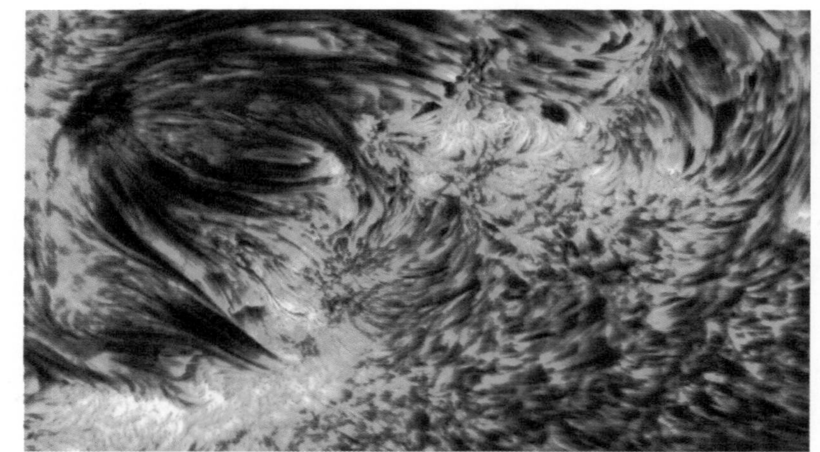

▶ 그림 10. 채층에서 분출되는 가스의 폭발인 스피큘(spicule). 플라스마가 에베레스트 산 높이의 수천 배로 바늘 모양으로 솟아오르는 것을 볼 수 있다

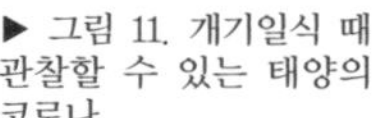

▶ 그림 11. 개기일식 때 관찰할 수 있는 태양의 코로나.

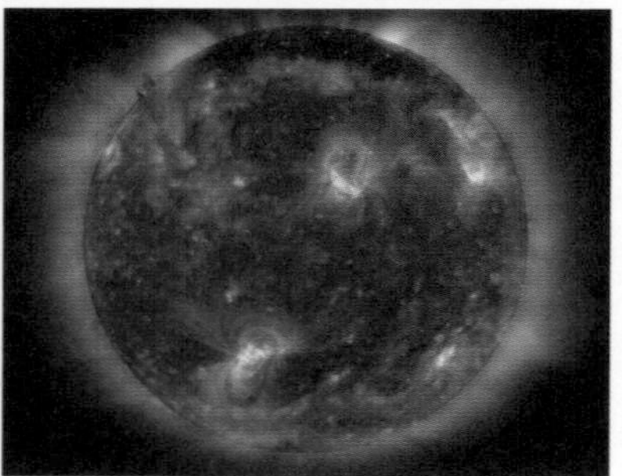

▶▶ 그림 12. SOHOEIT (Extreme Ultraviolet Imaging Telescope)가 1997년 10월 11일 촬영한 태양 코로나. 코로나가 활발한 곳은 밝은 부분(높은 온도)인 반면 어두운 부분(낮은 온도)은 코로나 활동이 약하다.

코로나Corona

채층은 점진적으로 코로나와 이어진다. 코로나도 개기 일식이 진행되는 동안에만 관측된다.■그림 11 코로나는 태양 반지름의 수배 되는 거리까지 뻗은 하나의 무리halo처럼 보인다. 코로나는 크게 확장될 때 그 범위가 천왕성까지 이르기도 한다. 코로나의 표면 밝기는 달과 비슷하므로, 광구에 인접한 코로나를 관측하는 것은 그리 쉬운 일이 아니다. 태양 표면 온도가 6,000K인데 비하여, 코로나의 온도는 200만K에 이른다. 코로나 속에서 원자는 고온이기 때문에 전자와 원자핵으로 분리되어버린다. 코로나는 태양에서 멀어짐에 따라 태양의 중력으로는 잡아두지 못하게 되어 태양풍으로 우주로 방출된다. 코로나의 모양은 때에 따라 변하는데 그 변화는 흑점의 다소, 즉 태양 활동의 변화와 관계가 있다.■그림 12

활동하는 태양

태양에는 여러 현상이 시시각각으로 일어나고 있는데, 이러한 현상을 포괄적으로 태양 활동이라고 한다. 태양 활동이 활발하게 나타나는 현상으로 태양흑점, 쌀알 조직, 플레어, 홍염, 스피큘 등이 있다.

흑점Sunspot

태양 활동 중 가장 눈에 돋보이는 것은 태양흑점이다.■ 그림 13 흑점 중 큰 것들은 안개가 짙게 낀 날 맨눈으로도 관측되기 때문에, 그들의 존재는 꽤 오래전부터 알려져왔다. 1,600여 년 전 중국의 한 천문학자는 태양 표면에 있는 이상한 점을 다음과 같이 기록하였다. "태양은 붉은색이었고 불과 같았다. 태양 내에 3개의 다리가 있는 까마귀가 있었고, 그 모양은 뚜렷하고 분명하게 보였다. 5일 후에 그것은 없어졌다." 하지만 정밀한 흑점 관측을 시작한 것은 1610년 갈릴레이Galilei가 처음이었다. 그는 자기가 개발한 망원경으로 아주 어두운 필터를 통해 태양의 흑점을 관측했을 뿐만 아니라 흑점이 태양의 동쪽에서 서쪽으로 이동하는 것을 관찰하였다. 흑점은 가장자리에 도달해서는 사라져버렸고 2주일 후에는 동일한 흑점이 되돌아왔지만 태양의 다른 쪽에서 나타났다. 이로부터 갈릴레이는 두 가지 사실을 발견했다. 흑점이 태양 표면에 실제로 있다는 사실과, 태양은 자신의 축을 중심으로 자전하지만 태양의 자전이 고르지 못하고 적도에서는 고위도 지방보다 약 20%나 빨리 돌고 있다는 사실을 발견했다. 따라서 태양의 자전 주기는 적도에서는 25일이고 위도 60도에서는 29일이다.

▲ 그림 13. 태양 표면에 있는 흑점(2001년 3월 29일). 흑점의 활동은 지구의 한발과 깊은 관련이 있다.

1908년, 미국의 천문학자 조지 헤일George E. Hale은 흑점 내에 매우 강력한 자기장이 모여 있는 것을 발견했다. 광구 아래에서 자기력선이 생성되고, 때때로 이들은 광구를 뚫고 나와 확장되어 우주 공간으로 고리를 형성하는데, 이 고리

▶ 그림 14. 태양 표면에서 관찰되는 거대한 흑점군. 지구 수십 배의 크기이다. 가장 어두운 부분을 암부(umbra)라 부르며, 그 주위에 줄무늬의 다소 어두운 부분이 반암부(penumbra)이다.

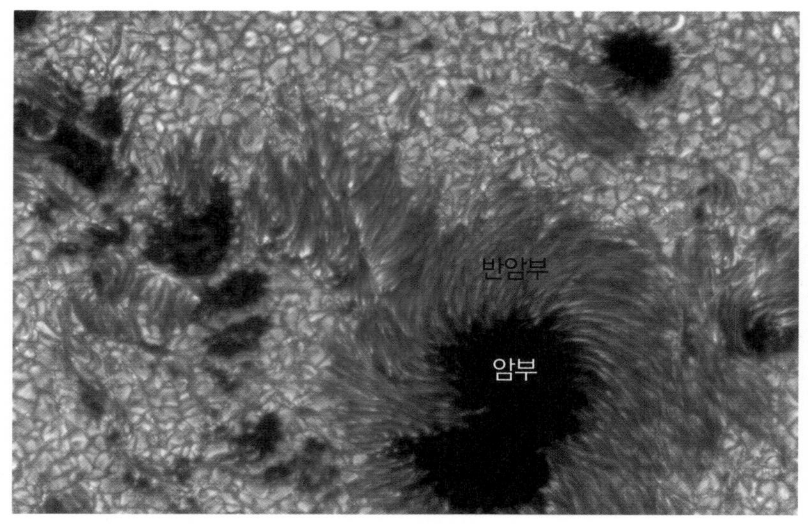

형 자력선들이 흑점을 만든다.

흑점은 태양 표면에 검은 구멍처럼 보인다.■ 그림 14 흑점이 나타나면 플레어나 홍염이 발생하는 등, 태양 활동이 활발해진다. 흑점은 약 11년 주기로 증감을 되풀이하는데, 흑점이 많은 시기를 활동 극대기라 하고 흑점이 작은 시기를 활동 극소기라 한다. 11년 흑점 주기 동안에 활동 영역은 주기가 시작할 때 태양의 위도 ±35°에서 시작하여 끝날 때 태양 위도 ±8°에 이르는 소위 적도 쪽으로의 이동 현상을 보여준다.

흑점은 거대한 자석과 같다. 자석에는 N극과 S극이 있듯이 대부분 흑점은 쌍을 이루어 나타나는데, 2개의 흑점은 각각 자석의 N극과 S극에 대응하고 있다. 흑점은 태양 내부의 자기력 선속관이라는 자력선의 다발이 표면에 얼굴을 내민 곳의 단면과 대응하고 있다.

흑점은 암부umbra라고 부르는 중심의 어두운 부분과 반암부penumbra라고 하는 약간 밝은 부분으로 구성된다. 흑점의 크기는 다양하여 지구의 크기보다 작은 것에서부터 10배가 넘는 크기도 관측된다. 흑점의 일생은 태양 내에서의 자기장이 변하므로 제한되어 있다. 작은 흑점 텍사스 주 정도이거나 북아메리카 전체 정도은 수 시간 후에 사멸하지만, 더 큰 흑점은 수개월 동안 존재하면서 모양과 크기가 태양과 함께 자전하면서 변하고, 나타나는 흑점 수도 또한 끊임없이 변한다. 흑점이 어둡게 보이는 이유는 흑점의 온도가 광구보다도 낮기 때문이다. 광구가 약 6,000K인데 비하여, 흑점은 4,000K 밖에 되지 않는다. 이는 흑점의 강력한 자기장 때문에 광구 밑에서 일어나는 대류층에서의 열의 흐름이 막히게 되어 온도가 낮아지는 것이다.

미국 콜로라도 보울더에 있는 미국국립해양대기청NOAA는 '태양기상청' 이라 불리며, 이곳에서는 태양흑점들을 1년 365일, 1일 24시간 내내 감시하고 있다. 궤도를 돌고 있는 위성을 포함해서 전 세계 관측망은 흑점 수와 크기, 흑점 군의 수에 관한 정보를 교환한다. 만약 흑점 주위에 자기장이 강하고 복잡해지면, 예보가 즉각 행해지는데, 즉 자기폭풍이 곧 지구를 강타하게 될 것이라고 예보한다.

왜 과학자들은 태양의 자기적 흠집에 관심을 가질까? 그들이 1억 5천만km나 멀리 떨어진 우리에게 어떻게 영향을 줄 수 있을까? 물론, 흑점 자체는 우리에게 영향을 주지 못한다. 그러나 흑점을 만드는 자기장은 매우 강력하고 불안정하다. 광구 위에서 이들 자기장 고리는 태양의 중력에 의해 잡혀 있다. 여기서 그 자기장들은 폭발하여 에너지를 방출하게 되는데, 이때 이온화된 가스, 즉 플라스마를 우주 공간으로 방출한다.

자기장 방출의 한 종류가 바로 플레어flare인데, 이곳에서는 자력선들이 고무줄이 끊어지는 것처럼 갈라진다. 또 다른 종류로서 홍염prominence은 투석기로 던지는 것같이 튀어 오른다. 이때 방출하는 에너지는 천만 개의 수소폭탄에 버금가는 상상할 수도 없는 막대한 양의 에너지를 수 분 동안에 내어놓는 것이다. 태양 플라스마 입자들의 흐름은 그들과 함께 자기장을 운반하면서 우주 공간 속으로 폭발되어나간다.

태양으로부터 방출된 대전입자들의 연속적인 흐름인 태양풍solar wind의 돌풍이 지구에 도달하는 시간은 입자의 속도에 좌우되지만 이틀 혹은 수 시간이 걸린다. 이들이 지구에 도달하면 자기폭풍을 일으키는데, 송전선이 격동되어 고장을 일으키며, 전화와 무선통신이 교란되고, 항공기의 나침반도 잘못된 방향을 가리키게 될 것이다. 이를 '델린저현상' 이라고 한다. 집비둘기들은 갑자기 날 수 없게 되는데, 이는 그들의 신경계통 속에 있는 자성 감지 계통의 신호가 교란되기 때문이다. 태양폭풍은 극지방에서 우리에게 오로라라고 하는 환상적인 색채 쇼를 보여준다.

태양 플라스마Solar plasma

▲ 그림 15. 플레어(flare)를 정면에서 촬영한 사진. 가운데 밝게 보이는 부분은 플레어가 발생할 때 태양자기장 영역에 붙잡힘으로써 생기는 현상이다.

플레어Flare

플레어는 흑점 부근의 채층에서 코로나 속으로 솟구치는 돌발적인 폭발 현상이다.■ 그림 15 흑점이 많아지는 극대기에 자주 나타난다.

채층은 맨눈으로는 보이지 않기 때문에, 지상에서 플레어를 발견하려면 주로 Hα알파선이라는 특별한 파장의 빛을 이용한다.■ 그림 16 플레어의 밝기와 지속 시간에서 계산된 폭발의 에너지는 10^{31}erg 즉, 태양이 1시간에 내는 에너지의 100분의 1정도에 달한다. 이 에너지는 1메가톤의 수소폭탄 수십억 개분에 해당한다.

인공위성에 의한 X선 관측으로 플레어의 본체는 코로나 밑 부분에 생긴 수천만K나 되는 초고온 플라스마임을 알게 되었다. 더 나아가 그 초고온 플라스마는 종종 고리의 형태를 하고 있다는 점, 알파선 관측에서 밝게 빛나는 채층은 그 고리의 가장자리 부분에 대응하고 있다는 점 등도 알게 되었다.

플레어의 폭발은 자장의 급격한 변화와 깊은 관련이 있다. 즉, 플레어 발생의 에너지원은 흑점 부근에 축적된 자기에너지라는 것이다. 그러나 흑점 가까이에 어떻게 해서 에너지가 축적되는가, 또 최종적으로 어떻게 에너지가 폭발하여 방출되는가의 문제는 아직 해결되지 않고 있다.

▼ 그림 16.6만K의 온도와 13만km의 높이로 플라스마의 방출이 진행되는 과정을 보여주는 사진. 시속 2만4천km로 방출되는 플라스마는 지구를 통과하면서 통신이나 비행기 항해에 장애를 주고 심지어는 전력망에 나쁜 영향을 준다(1996년 2월 11일, SOHO-EIT로 촬영).

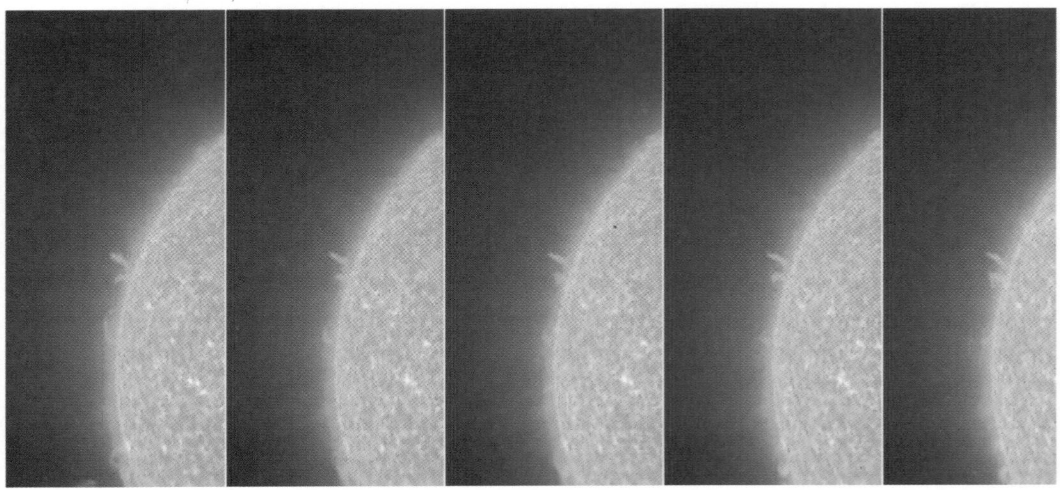

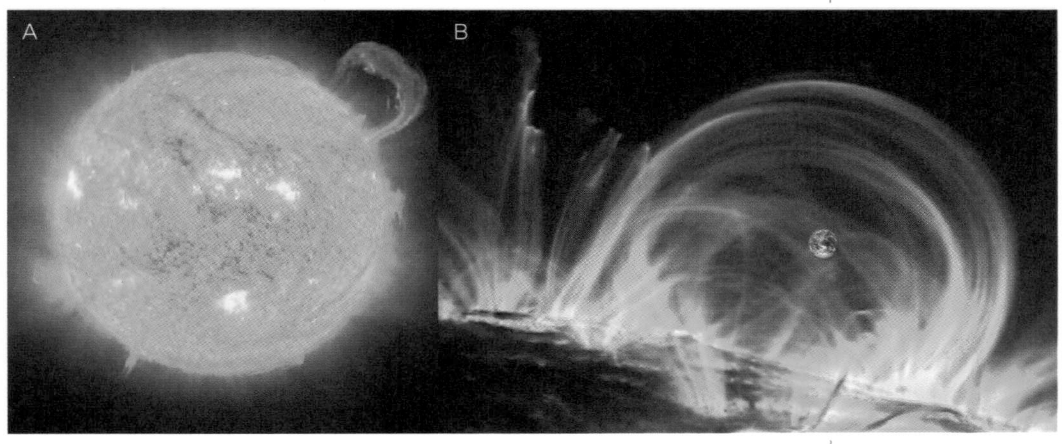

▲ 그림 17. (A)흑점의 자기력선을 따라 발생하는 고리 홍염(loop prominence)과 이를 확대한 사진(B). 홍염의 크기는 지구의 수십 배에 달하기도 한다.

홍염prominence

홍염은 태양에서 나타나는 현상 중 가장 돋보인다. 그들은 작열하는 고온 가스의 분출로 태양의 가장자리 근처에서 쉽게 관측된다. 홍염은 여러 가지 형태의 것들이 있다. 가스가 서서히 자력선을 따라 하강하는 정온 홍염, 흑점의 자기력선 고리와 관련된 고리 홍염, 가스의 폭발적 분출로 생기는 분출 홍염 등이다.

■ 그림 17

홍염은 때때로 플레어와 혼돈된다. 그러나 실제로는 꼭 반대 현상이다. 홍염은 저온수천~수만K의 가스가 200만K의 고온의 코로나에 떠 있는 현상인데, 수천만K의 초고온 플라스마로 형성된 플레어와는 정반대의 현상이라고 해도 무방할 정도이다.

델린저Dellinger현상

단파통신이 갑자기 수십 분 간 두절되는 현상이다. 27일 또는 54일을 주기로 10분 또는 수십 분 동안 급격한 단파통신의 장애를 불러일으킨다.

태양흑점 부근에서 발생하는 폭발로 자외선이나 X선 등이 방출된다. 이때 D층의 전자밀도는 급증하며, 이와 동시에 D층을 통과하는 전파가 현저하게 흡수된다. 바로 이 때문에 델린저현상이 일어난다고 생각되고 있다.

델린저 현상이라고 명명된 까닭은, 1935년 미국의 물리학자인 델린저가 통신전파의 이상감쇄현상이 태양의 자전주기와 연관되어 있다는 것을 발견했기 때문이다. 그러나 최근의 국제 간 통신은 짧은 파장의 전파를 사용하여 전리층의 영향을 받지 않도록 했기 때문에 이런 현상이 줄었다. 델린저 현상은 태양흑점의 활동과 관련이 있기 때문에 저위도 지방에서 주간에만 발생한다.

전리된 원자와 분자 수가 특히 많은 층은 땅에서 80, 100, 200, 300km 높이에 있는데, 이들을 각각 D, E, F1, F2층의 전리층이라고 한다. 중간권의 E층과 F층은 단파를 반사시켜 장거리 통신에 이용되고 있지만, D층은 전자파를 흡수해 통신을 악화시킨다. 델린저현상이 발생하는 원인은 흑점 주위에서 수분 동안 엄청난 폭발이 일어나 순간적으로 막대한 양의 에너지를 가진 이온들을 쏟아내는데, 이때 방출된 강한 태양전파, 다량의 자외선, X선 등의 영향으로 지구의 고층에 있는 질소와 산소의 원자나 분자를 광이온화광전리시킨다. 이 결과 전리층 D층의 전자 밀도가 이상 증가하여 이 부분을 통과하는 통신용 전파를 흡수하기 때문에 전리층을 이용하는 단파통신이 모두 끊어지는 것이다.

태양과 지구

태양흑점과 한발, 기온?

태양은 행성 지구의 기상에 영향을 주고 또한 기후에 필수적인 역할을 한다. 단원 '에메랄드 빛의 바다'와 '수수께끼의 기후'에서 보았듯이, 세계의 기후는 태양에너지를 지구 표면에 고르게 데워주도록 하는 끊임없는 대기와 물의 순환의 결과로 나타난 것이다.

이제 태양은 전에 상상하지 못한 방법으로 우리의 기후에 영향을 미치고 있다. 지금은 상당히 많은 과학적 자료가 태양흑점 활동과 지구에서의 한발과의 사이에 상관 관계가 있음을 암시하고 있다.

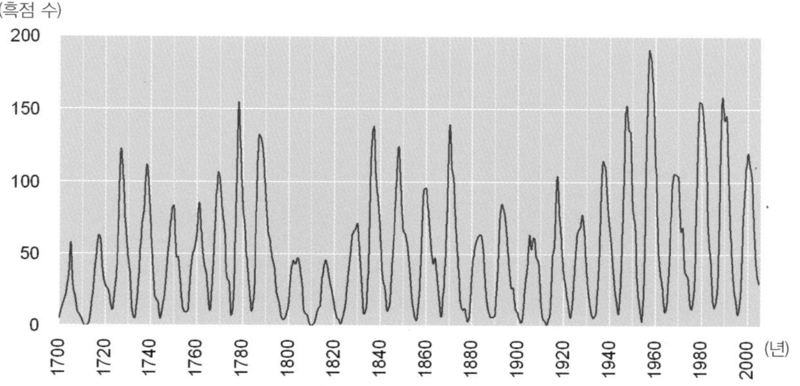

◀ 그림 18. 지난 300년 동안의 태양흑점 수의 변화. 약 22년을 주기로 흑점 극소기에 지구에는 한발이 발생한다.

1843년, 독일의 화학자 쉬바베Schwave는 거대한 규모의 태양흑점 활동이 규칙적인 주기로 일어난다는 것을 발견하였다. 그림 18은 그러한 양상을 보여주고 있다. 가로축은 1830년부터 1980년까지의 연대를 나타내고, 세로축은 1년 동안 매일 태양흑점 수를 평균한 값을 나타낸다. 그림은 정점흑점 극대기과 골짜기흑점 극소기가 규칙적인 양상으로 나타나고 있다는 사실을 보여준다. 각 정점 사이의 기간은 약 11년이다. 바로 이 기간이 태양흑점의 주기이다.

1880년대 후반에 유명한 탐험가이자 과학자인 존 파월John W. Powell은 1890년에 초원 지대에 심한 한발이 있을 것이라고 예언하였는데, 파월의 예언은 무시되었으나 한발이 실제로 나타났다. 파월은 한발과 강수의 주기가 흑점 주기로 나타나는 것 같다는 그의 관측 자료 이외에 다른 과학적 증거를 갖고 있지는 않았다.

1934년 초, 또 다른 극심한 한발이 평원을 몰아쳐 비참한 먼지 사발dust bowl을 만들었다. 그림 19에서 가로축의 1934년을 기준으로 하여 그 축에서 위쪽으로 수직선을 그어, 태양흑점주기와 한발의 주기를 비교해 보자. 그림에서 150년 동안, 심한 한발은 1842년, 1866년, 1912년, 1953년, 그리고 1976년에 시작하였다. 이러한 연대에서 태양흑점주기 곡선과 만나는 수직선을 그어보면, 한발은 태양흑점 극소기에 일어나며, 또한 매 태양흑점 격주기22년에 일어나는 것 같다.

천문학자들은 태양의 자기장이 규칙적으로 역전한다는 사실을 알고 있다. 태양자기장의 N극이 S극으로 매 11년마다 바뀌며 이때가 태양흑점 극소기인데, 11년 후에 다시 역전하게 된다. 그러므로 한 주기가 완성되는데 22년이 걸리는데, 한발은 이러한 2중 태양흑점주기와 같은 시간 간격으로 대초원을 강타했다.

그러나 왜 이러한 상호 관계가 일어나는지를 이해하는 사람은 아직 없다. 과학자들은 가설을 세우기 전에 한발이 주기적으로 오랜 시간에 걸쳐 일어난다는 것을 확인할 필요가 있었는데, 그것을 알아내기 위해 그들은 나무의 나이테에 주목했다. 나무토막의 단면은 매년 강수 관계를 나타내고 있다. 나무 줄기는 매년 성장 나이테를 더하면서 더 넓어지는데, 이러한 나이테들은 습한 해에는 일반적으로 더 넓으며, 건조한 해에는 좁다. 따라서 좁은 나이테들은 한발의 기간을 암시해준다. 미국 서부의 넓은 초원 지역에 걸쳐 나이테에 관한 연구 결과 적어도 270년 동안에 22년 주기로 한발이 나타났었다는 것을 보여주었다.

하지만 이미 지적했듯이 그 이유는 아직도 잘 모르고 있다. 다만 태양흑점과 한발, 더 나아가 태양흑점과 지구 기상 사이에 뚜렷한 상호 관계는 지구와 태양 사이의 복잡하고 미묘한 관계가 있다는 점을 알 수 있을 뿐이다. 이는 태양이 지구 기후에 얼마만큼 영향을 미치고 있는가를 이해하면 수긍은 가지만 확실한 원인은 아직도 이해하지 못하고 있는 실정이다.

태양 활동의 기준이 되는 상대 흑점 수의 증감과 지구의 평균 기온의 변화를

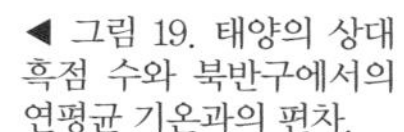

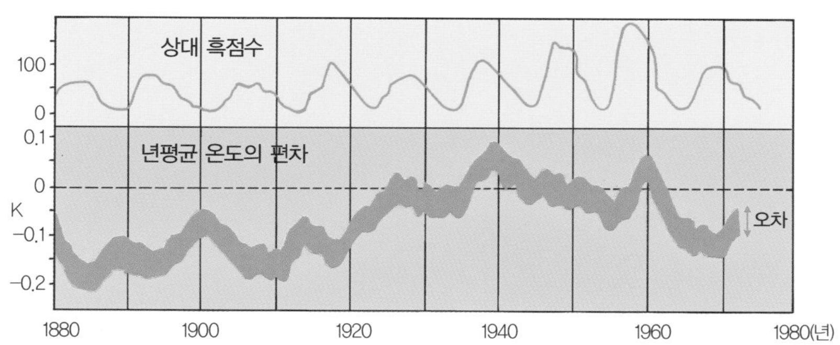

◀ 그림 19. 태양의 상대 흑점 수와 북반구에서의 연평균 기온과의 편차.

비교해보면, 흑점 수가 많은 시기, 즉 태양 활동이 활발한 시기에는 평균 기온이 높다. 반대로 흑점 수가 적은 시기, 즉 태양 활동이 그다지 활발하지 않는 시기에는 평균 기온이 낮다. 이를테면, 17세기 중엽부터 18세기 초반에 걸쳐 약 70년 동안 상대 흑점 수가 0인 시기가 있었다.■ 그림 19 이 시기에 런던을 흐르는 템스 강이 얼어붙어 7월까지 얼음이 남아 있었다는 기록이 있다. 이와 비슷한 현상이 14세기 초반에서 19세기에 걸친 지구의 소빙하기에 대응하고 있다.

태양의 밝기는 인공위성의 관측 등으로 흑점 수의 증감에 따라 변한다는 것이 알려져 있다. 그 변화의 폭은 0.1%로서 아주 미약하지만, 태양의 밝기는 흑점 수가 많아지는 해에 밝아지고, 흑점 수가 적은 해에는 어두워진다. 흑점이 많아지면 반대로 밝기가 감소하는 것으로 생각하기 쉬우나, 태양의 밝기는 흑점 주위에 있는 백반의 밝은 영역의 영향도 받는다. 그래서 흑점이 늘면 백반도 늘게 되고, 그 결과 밝기는 증가하는 것으로 생각된다. 흑점 수가 많을수록 태양은 밝아지고, 그만큼 지구에 도달하는 에너지도 많아진다. 이것으로 미루어 태양 활동이 지구 기후에 영향을 미치고 있다고 생각할 수 있다.

1989년, 미국의 마샬Marshell 연구소에서 발표한 마샬 리포트에서 지구온난화의 원인을 온실효과에 의한 것보다도 태양 활동에 있는 것 같다고 발표했다. 태양복사량의 변동과 지구의 평균 기온의 변동 관계를 조사하여, 최근 200년간의 북반구 육지의 평균 기온과 빙하의 양을 비교하면 아주 잘 일치한다는 주장도 있다. 이것은 태양의 복사량이 많고 적음이 지구 기후 변동의 주된 요인임을 의미한다.■ 그림 19 이처럼 하나하나의 자료들을 비교해봄으로써, 태양 활동의 변동과 지구 기후의 관계가 밝혀질 것이다. 그러나 그 원인에 관해서는 아직도 분명하지 않은 점이 많아, 앞으로의 연구를 통하여 해결될 것으로 기대된다.

오로라Aurora

오로라는 태양에서 방출된 대전입자, 즉 플라스마가 지구자기장의 영향을 받아 지구의 양 자극을 향하여 진입될 때, 북반구와 남반구의 고위도 지방에서 흔히 볼 수 있는 현상이다. 북반구에서 알래스카나 북 스칸디나비아는 극광 관측을 하기에 가장 좋은 지역으로 알려져 있다. 거대한 자기폭풍이 일어날 때는 오로라가 위도 40°까지 보이는 경우도 가끔 있다.

지구의 양 극지방에 살고 있는 사람들은 북극광이나 남극광을 볼 수가 있다. 극광은 빛의 거대한 커튼이 하늘을 가로질러 출렁이는 것처럼 보인다. 옛날에는 이러한 극광을 불운의 징조로 여겼으며, 오늘날에도 지구와 태양 간의 상호작용인 이러한 현상들은 장관이긴 하지만 우리를 당황하게 하고 의문점을 가지게 한다. ■ 그림 20

▲ 그림 20. 커튼이 드리워진 것 같은 오로라의 장관들. 위도 60° 이상의 지역에서만 관찰이 가능하다.

오로라는 주로 지구자기 위도의 65~70°에서 지구를 빙 두른 원 모양으로 나타난다. 희미하거나 때때로 여러 가지 색을 띠는 오로라는 지표로부터 65km와 100km 사이에서 나타나는데, 그보다 낮은 곳에서 나타나기도 한다. 그리고 위쪽 끝은 900km 높이까지 확장하기도 하는데, 오로라의 원은 보통 2~3km 두께이며, 단일 오로라일 때에는 동쪽에서 서쪽으로 수 km나 연장되기도 한다.

오로라의 이야기는 태양과 그의 가스체인 코로나로 시작된다. 코로나는 태양 대기층의 대부분을 차지하며, 온도가 200만K 정도의 이온화된 가스들로 구성되어 있다. 코로나는 넓게 우주 공간으로 확장되어 있다. 코로나의 엄청나게 높은 온도는 빠른 속도로 그들을 확장시키며, 태양 중력이 안으로 잡아당기는 것보다 훨씬 큰 압력으로 팽창하게 한다. 태양으로부터 모든 방향으로 확장하여 밖으로 내뿜는 플라스마의 흐름을 태양풍solar wind이라 하는데, 지구궤도에 태양풍

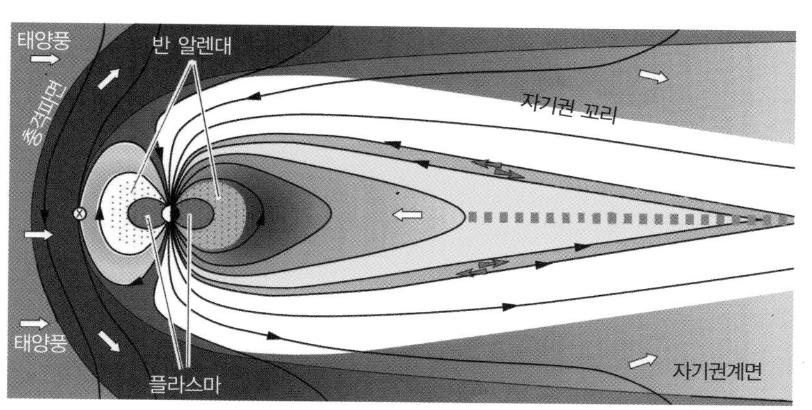

◀ 그림 21. 오로라가 발생하는 과정. 태양으로부터 불어오는 태양풍은 지구자기장을 혜성과 같은 모습으로 가둔다. 태양풍이 만들어낸 자기장은 지구자기장과 효율적으로 결합해 전기를 만들어낸다. 이 전기가 지구 전리층에 도달하면 오로라가 발생한다.

이 도착할 때에는 수백 km의 믿지 못할 속도로 돌진한다.

지구에 도달한 태양풍은 대부분 전자와 양자로 전기를 띤 입자인 플라스마로 이루어져 있다. 그들은 지구가 끊임없이 돌고 있는 궤도에 일종의 스프레이를 뿌리듯 입자들을 형성하며 이 입자들 중 얼마는 지구자기장에 붙잡힌다. 지구자기권이라 불리는 자기장에서, 지구자기장은 마치 움직이는 배 주위에 물이 쏠리듯 이 입자들이 한쪽으로 쏠리게 한다. 대부분 입자들은 지구 주위로 흘러 도망가지만, 이들 중 일부는 '반 알렌대Van Allen belt'라 불리는 자기권 내의 장소에 붙잡히게 된다. 반 알렌대는 조개 모양으로 지구 주위에 구부려져 있고 극쪽에서는 지표에 근접해서 구부려져 있다. ■ 그림 21

태양 활동이 강렬할 때, 일반적으로 수많은 입자들이 태양풍에 실려 오고, 반 알렌대에 붙잡힌 후, 극에서 지구 대기 속으로 지구자기장에 의해 내려오게 된다. 그러면 대기 속에서 공기 분자와 이 입자들이 서로 충돌함으로써, 기체 분자의 전자들이 '여기勵起, excitation' 된다. 이것은 전자들이 에너지 준위가 높은 곳으로 뛰어오른 것을 의미하는데, 전자들이 더 낮은 에너지 준위로 되돌아올 때 빛을 방출하게 된다. 이것이 우리가 오로라라고 부르는 유령과 같은 빛의 원인이다.

오로라의 가장 보편적인 색은 녹색 혹은 황록색으로 이것은 산소 원자 내의 전자가 여기勵起, 들뜬 상태되어 생긴 것이다. 때때로는 적색, 황색, 청색과 보라색이 보이기도 한다. 이것은 이들 색깔의 영역에 해당하는 질소의 여기로 생기는 것이다. 지구의 자연적 현상 가운데 거대하고 오묘한 색체의 향연을 태양이 연출한 것이다.

태양관측위성

1995년 12월 태양을 연구하기 위해 쏘아 올린 소호태양관측위성Solar and Heliospheric Observatory, SOHO은 유럽우주국과 미국항공우주국NASA의 합작 프로젝트로서, 2년 임무를 목표로 계획되었지만, 2009년 현재에도 작동을 계속하고 있으며, 원래의 과학 임무에 더해, 현재는 우주기상예보를 위한 태양의 정보를 거의 실시간으로 제공해준다.

2001년 NASA에서 태양풍의 샘플을 직접 수집해 지구로 돌아오는 임무를 띤 샘플 회수선인 제네시스를 발사했으나, 2004년 지구로 귀환하던 중 화물 캡슐의 낙하산이 펴지지 않아 인류 최초로 순수한 태양 입자를 손에 넣는 일이 물거품이 되기도 했다.

'히노토리', '요코'에 이어서 2006년 9월에 발사된 일본의 태양관측위성 '히노데HINODE, 日出, SOLAR-B'는 궤도 탐사선으로는 최대의 광학망원경과 X선망원경, 적외선 분광계 등을 탑재해 태양을 항시 관측할 수 있다. 최근 히노데는 태양풍을 일으키는 태양의 강력한 자기파, 소위 알펜파를 처음으로 관측하는 데 성공하였는데, 이것은 표면보다 상공이 훨씬 고온인 태양의 수수께끼를 푸는 열쇠가 될 것으로 기대된다.

2006년 10월 25일 발사된 NASA의 쌍둥이 태양관측위성 '스테레오Solar Terrestrial Relations Observatory'는 발사 후 약 25분 뒤 두 개의 위성A, B로 분리되었다. 스테레오 A는 지구 공전궤도의 안쪽에, 스테레오 B는 지구 공전궤도의 바깥쪽에 자리를 잡고, 태양 표면의 대규모 폭발플레어 및 '코로나 질량 방출CME'의 원인과 영향 등을 관측해 오고 있다. 또 탑재된 16개의 각종 관측 장비를 통해 처음으로 태양의 3차원 사진을 촬영했다.

■ 용어와 개념

가시광선Visible light

인간 눈의 감광 영역약 400~700nm과 일치하는 파장대이며 무지개 색들이 가시광선에 해당된다.

광구Photosphere

태양 표면을 형성하는 얇은 층. 우리가 태양으로부터 받는 대부분의 빛은 광구에서 나온다.

대류층Convective zone

열이 가스의 대류 운동으로 위쪽으로 운반되는 지역. 뜨거운 가스 덩어리는 상승하고 차가워진 가스 덩어리는 가라앉는다. 이것은 마치 냄비에 국을 끓일 때와 같은데, 대류층은 태양 내부에서의 바깥 부분이며, 핵으로부터의 복사에 의해 가열된다. 대류층의 상부와 하부에는 온도 차가 크다.

복사층Radiative zone

핵에서 나오는 에너지가 전자기복사에 의하여 운반되는 지역. 이 에너지는 그 안에서 흡수되고 여러 차례 재방출되어 대류층으로 나온다. 이 과정으로 빛이 빠져나오는 데 약 100만 년 가량이 걸린다.

스피큘Spicules

채층에서 분출되는 가스의 폭발. 이러한 폭발은 에베레스트 산 높이의 천 배로 솟아오른다.

쌀알 조직Granules

광구에서 나오는 뜨거운 가스의 수명이 짧은 거품으로 백반이라고도 한다.

오로라Aurora

태양에서 방출된 대전입자가 지구자기권의 영향으로 극지방에서 지구 대기권으로 내려와 대기 속의 공기 분자와 충돌하여 내는 영롱한 빛. 오로라는 극광이라고 하며 주로 초록색 계통이다.

유해파Dangerous ray

태양에서 방출되는 전자파 중 파장이 300nm 이하의 매우 짧은 파장을 말하며, 이 파장대는 생명체에 해롭다. 여기에 속하는 파는 γ선, X선, 자외선이다. 유해파는 대기권의 상층부에서 대부분 흡수된다.

주계열성Main sequence star

동일한 화학 조성을 갖고 수소 연소 과정에 있는 상태의 별들이 차지하는 H-R도 상의 위치를 말한다. 주계열성은 별들의 일생 중 대부분의 시간을 머무는 진화의 한 단계이다. 주계열성에 속하는 별들의 내부 구조는 현재의 태양과 비슷하다. 주계열성의 중심부의 수소가 거의 연소하면 별은 거성, 초거성, 백색 왜성, 검은 왜성 순으로 진화해 일생을 마친다.

채층Chromosphere

광구 바로 위에 있는 태양대기권의 얇은 층으로 거의 투명하다. 개기일식 때 분홍빛의 얇은 테로 관측된다.

코로나Corona

개기일식 때 우리들이 볼 수 있는 태양의 가스 부분. 왕관을 의미하는 코로나는 채층으로부터 지구궤도 너머까지 확장된다. 광구보다 훨씬 흐릿하지만, 보름달만큼은 밝고, 채층 부근에서는 온도가 약 200만K에 이른다.

코로나 구멍Coronal hole

코로나가 없는 것 같이 보이는 태양대기의 상층 부분. 코로나 구멍은 태양의 북극과 남극 근처에 나타난다.

태양풍Solar wind

태양으로부터 방출되는 대전입자의 연속적인 흐름. 태양풍은 적어도 명왕성 궤도까지 확장된다. 지구에서 태양풍 속력은 1초에 400~800km의 범위다. 광구에 플레어가 나타날 때는 태양풍의 강도가 더욱 높아지며 속도도 더 빨라지고 또 극광을 일으키기도 한다.

항성Star

천구상에서 그 위치가 변하지 않는 별을 항성이라 하고, 그 위치가 끊임없이 변하는 별을 행성planet이라 한다.

핵Core

핵융합으로 수소가 헬륨으로 변환되는 태양의 중심부로 대부분의 태양에너지가 핵에서 생성된다.

홍염Prominence

십만 km의 높이로 솟아오르는 전기적으로 대전된 가스, 즉 플라스마의 거대한 구름. 종종 우아한 고리 모양으로 관찰되는데, 그들은 태양자기장에 의해 떠 있는 것이다. 홍염은 수 주일 혹은 수 개월 지속되기도 한다.

흑점Sunspot

자기장이 열의 전달을 차단하여 광구의 약간 차갑고 어두운 지역. 광구가 갑작스럽게 밝아지는 현상인 플레어는 흑점 주위에서 일어나는 자기폭풍이다.

흑점 주기Sunspot period

흑점이 광구에서 주기적으로 증감하는 기간을 말하며, 흑점 주기는 대략 11년이다.

■ 관련 사이트

※ 태양과 관련한 많은 사이트들이 다른 행성들의 정보와 함께 태양에 관한 정보도 제공합니다. 5장 외계에서 온 이야기의 행성 사이트를 참고하기 바랍니다.

· 태양 관측선 소호The Solar and Heliospheric Observatory

http://sohowww.nascom.nasa.gov/

유럽우주국ESA과 미국항공우주국NASA이 공동으로 추진하는 태양관측 위성인 SOHO 사이트. 태양 표면의 직접 관찰이 어려워 그 동안 베일에 가려졌던 태양이 SOHO의 활약으로 역동적인 모습이 밝혀지고 있으며, 그 내용들이 상세히 소개되고 있다.

· 태양The Sun

http://www.nineplanets.org/sol.html

'9개의 행성' 사이트 중 태양 페이지. 태양의 탄생부터 태양에 관한 모든 것을 소개하는 매우 교육적인 사이트. 태양과 관련한 많은 사이트를 연결해 준다.

· 태양The Sun

http://www.hawastsoc.org/solar/eng/sun.htm

'태양계 관찰' 사이트 중 태양 페이지. 태양에 관한 일반적인 모든 내용을 쉽게 설명하고 있으며 많은 그림과 관련 사이트를 연결해준다.

· 소호 극자외선영상망원경EIT 이미지 갤러리

http://sohowww.nascom.nasa.gov/gallery/EIT/index.html

소호가 탑재한 장비 중 태양 표면 관측에 사용되는 최신의 첨단 장비인 극자외선영상망원경EIT, Extreme Ultraviolet Imaging Telescope으로 촬영한 태양의 다양한 이미지를 모아놓은 사이트. 극적인 태양 활동 사진을 접할 수 있다.

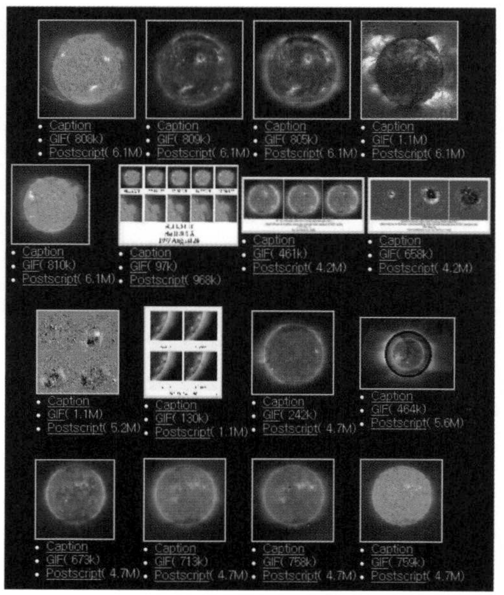

· 노아 태양흑점—지구 기후

http://www.oar.noaa.gov/spotlite/archive/spot_sunclimate.html

NOAA의 태양 활동과 지구의 기후 사이의 상관관계를 설명하는 사이트. 태양의 흑점이 타이타닉호를 침몰시킬 수 있는가에 대한 설명을 제공하고 있다.

Archive of Spotlight Feature Articles

The Sun-Climate Connection (Did Sunspots Sink the Titanic?)

Rodney Viereck, NOAA Space Environment Center

GLOBAL WARMING

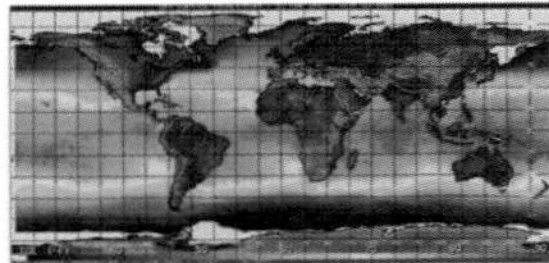

Figure 1: Average sea surface temperatures around the world. (NCEP and Univ. Wisc.) Global warming has caused the sea surface temperatures to increase and the ice cap at the north pole to become thinner.

Nearly every day, new evidence is presented showing that the globally averaged temperature of Earth has increased over the last few centuries. According to the Intergovernmental Panel on Climate Change (IPCC), the globally averaged surface temperature has increased by 0.6°C over the last 100 years. There is evidence that not only is the atmosphere warming but the ocean temperatures are increasing as well. The ice cap on the North Pole has become significantly thinner.

The global warming has increased dramatically in the last 20 years. The IPCC report estimates that the 1990s were the warmest years since the beginning of instrumental records in 1861 and that 1998 may have been the warmest year on record. This increase in temperature over the last century is likely to have been the largest 100-year increase in the last 1000 years. Because of these dramatic climate changes of the last 100 years many scientists believe that human activities, such as burning fossil fuels, have contributed to global warming.

■ 생각해봅시다.

(1) 긴 시간 주기에 대한 지구의 기후를 추정하는데 과학자들은 어떤 자료를 사용하며, 또 이러한 자료들로부터 과학자들은 어떤 결론을 이끌어 내는지 살펴봅시다. 그리고 기후 역사에 있어서 이러한 주기적인 성질은 태양에너지 방출의 변화에 대해 무엇을 암시해주는가?

(2) 태양에너지의 대부분은 수소가 헬륨으로 변환하는 핵융합으로 얻어진다. 이 핵융합에 관하여 더 상세히 설명하시오.

(3) 비디오에서 보았듯이, 남극에서의 관측으로부터 태양에 관한 어떤 중요한 새로운 정보를 얻었으며 이러한 정보가 과학자들에게 무슨 의미를 주는지 토론해봅시다.

(4) 태양풍의 충격은 지구자기장의 모양에 어떻게 영향을 미치는지요. 그리고 혜성의 긴 꼬리와 지구자기장의 변형은 어떤 형태로 만들어집니까?

(5) 태양복사는 다양한 파장을 가진 에너지로서 지구에 도달한다. 오존층은 태양복사 중 어떤 부분을 차단하여 지구를 보호하고 있으며, 또한 반알렌대는 어떻게 지구를 보호하고 있는가?

(6) 태양의 탄생, 삶과 죽음을 읽고 별이 어떤 상태가 되었을 때 탄생하고 또 별의 죽음은 어떤 상태에서 오는가를 설명하고 별의 진화 과정을 생각해봅시다.

(7) 태양은 우리 생활에 직접 또는 간접으로 막대한 영향을 미치고 있습니다. 태양이 우리 생활에 영향을 미치는 것들을 구체적인 예를 들어 설명해봅시다.

(8) 태양 표면의 흑점은 태양에 관한 여러 가지 정보를 제공합니다. 태양흑점 폭발로 나타나는 현상들을 정리해봅시다.

(9) 태양풍이 지구궤도에 도착하여 오로라를 생성하는 과정을 설명하고, 특히 오로라가 왜 극지방에 잘 나타나는지와 오로라의 색에 관한 특징을 알아봅시다.

(10) 빛 에너지, 즉 태양복사파의 특성을 설명하고 각 파장별로 복사파의 종류를 밝히시오.

■ 인터넷 항해 문제

(1) 현재 활동 중인 태양 조사선 소호SOHO, The Solar and Heliospheric Observatory의 덕분으로 그 동안 태양 표면을 직접 관찰하기 힘들어 베일에 가려졌던 태양의 역동적인 모습이 점차 밝혀지고 있습니다. 이는 SOHO 탐사 위성에 탑재된 여러 가지 고성능의 첨단 장비를 개발한 현대 과학의 승리입니다. 다음에 답하시오.

① 소호 탐사를 추진한 기관과 발사 시기 및 지금까지 수행한 탐사 임무에 관해 간단히 밝히시오.

② 태양 관측을 위해 소호가 탑재한 장비들은 무엇입니까?

③ 소호가 촬영한 최근의 태양 이미지 하나를 설명과 함께 소개하시오.

④ 여러분이 방문한 웹 사이트의 주소를 밝히시오.

■ 참고 문헌

정윤근, 『우주의 이해』, 전남대학교 출판부, 2007.

김용기 역Dina Prialnik 지음, 『항성내부구조 및 진화』, 청범출판사, 2007.

최승언, 『천문학의 이해』, 서울대학교 출판부, 2008.

안병호, 『태양—지구계 우주환경』CEO Series 15, 시그마프레스, 2009.

Kenneth R. Lang, *The Cambridge Encyclopedia of the Sun*, Cambridge University Press, 2001.

Kenneth R. Lang, *Sun, Earth and Sky*(2nd Ed.), Springer, 2006.

Chapter 8

생명의 땅, 지구

The Mother Earth

생명의 땅, 지구는 환경과 자원 두 분야에 걸쳐서 얽혀 있는 여러 가지 문제들에 의하여 중병을 앓고 있다. 우리는 이 장에서 지구 상의 생명의 기원에 대하여 생각해보고, 우리 인류가 직면하고 있는 범지구적인 문제들과 그 원인들, 그리고 해결 방법에 대하여 생각해보고, 후손으로부터 빌려온 지구를 잘 보존하여 다시 되돌려주기 위한 지속 가능한 개발에 대하여 살펴본다.

지구를 당신이 발견하기 이전의
더 좋은 상태로 보존하라.

— 호켄(Paul G. Hawken)

하나뿐인 지구

1992년 국제연합환경계획UNEP, United Nations Environment Programme은 '오직 하나뿐인 지구Only One Earth; Care and Share' 라는 표어 아래 환경 파괴로 위협받고 있는 지구를 구할 전 세계인의 공동 노력을 촉구하였다. 국제연합환경계획이 정한 홍보 포스터■그림 1는 알에서 깨어나듯 새로운 각성으로 태어나는 지구를 묘사하고 있는데, 우주 공간에 하나뿐인 지구를 우리 다 함께 관심을 가지고, 다 함께 향유하자는 의미를 내포하고 있다.

▲ 그림 1. 국제연합환경계획(UNEP, UN Environment Programme) 1992년 홍보용 포스터 '하나뿐인 지구(Only One Earth; Care and Share)'.

가스와 먼지 덩어리로부터 46억 년 전 탄생한 지구는, 오랜 시간에 걸쳐 현재와 같이 생명체가 유지되는 푸른 행성으로 진화하였다. 탄생 초기의 원시 해양에서 탄생한 생명체는 지구의 복잡한 진화 과정에 새로운 한 가지 요인으로 추가되었다. 생명체의 수가 계속적으로 증가하고 그 종이 다양화되었으며 또한 감각 기관이 발달함에 따라, 생명체들은 지구의 환경을 크게 바꾸어놓았다. 특히 인류의 탄생과 그 수의 급격한 증가는 그 어떤 생물보다 지구환경을 극도로 변화시키고 있다.

진화 과정을 거쳐 발생된 생물의 종류는 5천만~50억 종으로 추정되며, 현재 지구촌에는 약 200만 종의 생명체가 살고 있다. 다른 생물들과 달리 지식을 발달시켜 지구의 패권자로 등장한 인류는 지구촌 구석구석에 변화를 야기하고 있다. 의식주 해결을 위한 초보적인 노력에서 각종 산업 활동, 생물화학무기의 개발에 이르기까지 모든 인류의 활동이 지구환경의 균형을 위협하고 있다. 환경문제가 미래 사회에 가장 큰 위협이 되리라는 우려는 이제 몇몇 과학자들만의 기우가 아니라 엄연한 현실로서 세계 도처에서 그런 징후가 나타나기 시작한다. 수질오염, 오존층 파괴, 열대림의 소실, 지구온난화, 해양오염, 산성비 등 가시적인 현상들이 지구촌 도처에서 나타나고 있다.

▲ 그림 2. 자연이 만든 위대한 걸작 중의 하나인 미국의 브라이스캐니언 국립공원(Bryce Canyon National Park).

환경문제는 전 인류의 운명과 직결된 것이면서도 우리 모두가 남의 일로 지나쳐버리는 경우가 종종 있다. 지구는 어쩌면 우리 모두가 탄 우주선인지도 모른다. 인간들이 만들어낸 온갖 쓰레기와 오염 물질이 지구의 자정 작용에 의하여 흡수, 정화되지 않는다면, 결국 우리 스스로가 뒤집어쓸 수밖에 없다. 우주선 지구호는 비상 탈출구도 없고 달리 갈 곳도 없다.

환경문제는 어느 한 지역, 한 국가만의 문제가 아닌 지구촌 전체의 문제이다. 이런 점에서 환경문제가 이제 국방, 외교와 함께 국가간의 주요 현안 과제가 되었다. 하나뿐인 지구촌을 지키겠다는 인류의 각오가 다시금 요청되고 있다. 중증에 달한 지구 환경문제는 어느 한 국가만의 노력으로는 해결이 어렵다. 그래서 우리 모두의 관심과 노력이 필요하다. 조상으로부터 물려받은 것이 아니라 '후손으로부터 빌려 받은 우리 지구' 를 잘 보전하여 본래의 주인에게 고마운 마음으로 되돌려주어야 할 것이다.■ 그림 2

생명의 탄생

지구 대기의 진화

지구는 46억 년이라는 역사 동안에 적어도 세 번은 대기조성을 바꾸었던 것 같다. 1차 대기는 '제1장 행성으로서의 지구' 에서 밝힌 바와 같이 충돌탈가스현상에 의하여 형성된 수증기와 이산화탄소가 주를 이루고 질소가 약간 포함되어 있었을 것으로 추정된다. 한편 현재의 대기는 질소와 산소가 대부분을 차지하고 있다. 어떻게 하여 대기의 조성이 이렇게 전혀 다르게 바뀔 수 있었는가?

지구 탄생 후 수증기와 이산화탄소의 보온효과에 의하여 지구 표면이 마그마의 바다를 형성하게 되었으며, 지구의 냉각과 더불어 대기 중에 머물던 수증기는 대부분 비가 되어 지표로 낙하하여 원시 바다를 이루었다. 이에 따라 대기의 주성분은 이산화탄소가 되었다. 이산화탄소를 주로 하는 대기는 대륙의 성장, 해양에서의 침전 작용과 원시 바다에서 탄생한 생명체들에 의하여 소비되어 그 양이 점점 줄어들게 되었고, 이에 따라 질소가 대기의 주성분을 이루기 시작하

◀ 그림 3. 광합성에 의하여 대기 중에 산소를 방출한 스트로마톨라이트 (stromatolite).

였다.

산소를 만들어낸 가장 중요한 기구는 생명의 탄생으로부터 시작되었다. 광합성 과정을 통하여 대량의 이산화탄소가 유기화합물과 산소로 바뀌었다. ■그림 3 최초의 유기물 합성은 약 33억 년 전, 박테리아가 이산화탄소와 황화수소를 화학적으로 결합시켜 영양분을 얻고 있었던 때로서, 이때에는 유리산소가 없었다. 약 30억 년 전에는 원시 생물인 남조류blue-green alga가 광합성을 시작하여, 이산화탄소와 물과 햇빛으로부터 영양분을 만들고 부산물로 산소를 내놓았다. 이것은 대기 중에 산소의 축적을 가져왔으므로 생명의 역사에서 가장 중요한 단일 사건으로 볼 수 있다. 만일 대기 중에 산소가 없었다면 육상 생물은 출현하지 못하였을 것이다.

▲ 그림 4. 서부 오스트레일리아에 있는 선캄브리아기 호상철광층. 짙은 색 부분은 철광층이고, 흰색 부분은 처트이다.

그러나 대기 중 유리산소는 대단히 느린 비율로 증가하였는데, 이것은 철의 존재에 기인한 것으로 간주할 수 있다. 유리산소가 있기 이전 약 10억 년 동안은 철-규산염 광물을 형성하면서 철은 규소-산소와 결합하였다. 그러나 결합력이 강한 산소가 나타나자 철은 산소와 결합하여 산화물로 퇴적되기 시작하였다. 풍부했던 철은 거의 수억 년 동안 산소를 소비하면서 산화철 광물을 층상으로 퇴적시켰다. ■그림 4 지구는 수억 년 동안 녹슬면서 현대 사회가 수확할 수 있도록 많은 대륙에 풍부한 철 퇴적물을 남겨놓았다.

생명의 기원

오늘날 지구 상에 서식하고 있는 모든 동식물은 어버이들의 생식 작용을 통하여 탄생한 것임을 잘 알고 있다. 그러나 언제, 어떠한 과정을 통하여 지구 상에 이러한 생물이 출현하였는가에 관해서는 아직 아무도 정확한 답을 제시할 수 없다. 생명의 기원에 관한 문제는 모든 인류의 가장 큰 관심사임에는 틀림없다. 따라서 이 문제에 관하여 종교적인 또는 철학적인 입장에서 해석하려는 시도들이 있어왔으며, 현재에도 이 같은 입장에서 설명하려는 경향이 있다. 그러나 근대 과학의 발달에 따라 자연과학적인 입장에서 생명의 본질과 기원에 관한 연구가 최근 들어 본격적으로 행해지고 있으며, 이에 따라 생명의 기원에 관한 의문점들이 많이 해결되고 있다.

생물이 무생물로부터 자연적으로 생겨났다고 하는 자연발생설spontaneous

generation은 1864년 파스퇴르Louis Pasteur의 실험에 의하여 부정되었다. 그는 열로 완전히 소독된 죽은 생물에서는 박테리아는 물론 어떠한 생물도 생길 수 없음을 입증하여, 생물은 반드시 다른 생물로부터 유래된다는 생물속생설biogenesis을 주장하였다. 그렇지만 그 역시 최초의 생물이 어떻게 하여 지구 상에 출현하였는가에 대한 해답은 제시하지 못하였다.

우주의 다른 천체에 존재하는 유기체가 운석에 실려서 지구 상에 생명체가 도래하였다는 소위 '천체비래설cosmozoa theory' 은 운석 내에 유기물 분자가 존재하고, 우주 내에 생명체가 존재할 확률이 높은 것으로 보아 상당한 설득력을 지니고 있다. 그러나 이 가설은 생명의 기원에 대한 해답을 지구에서 다른 곳으로 옮겨놓은 것에 지나지 않기 때문에 궁극적인 해답이 될 수는 없다.

1924년 러시아의 젊은 생화학자 오파린A. I. Oparin은 그의 저서 『생명의 기원origin of life』에서, 원시 지구에서 무기물로부터 유기물로의 화학적 진화가 먼저 이루어진 후, 이 유기물로부터 원시 생물이 출현하였다는 화학적 진화chemical evolution를 제기하였다. 미국의 밀러S.L. Miller는 1953년 원시 대기의 성분으로 추정되는 메탄, 암모니아, 수증기 및 수소의 혼합 가스로부터 전기 방전을 통하여 유기화합물인 여러 가지 아미노산과 유기산의 합성에 성공하여 오파린의 이론을 뒷받침하게 되었다.■그림 5 원시 지구의 대기 성분이 밀러가 실험에 사용했던

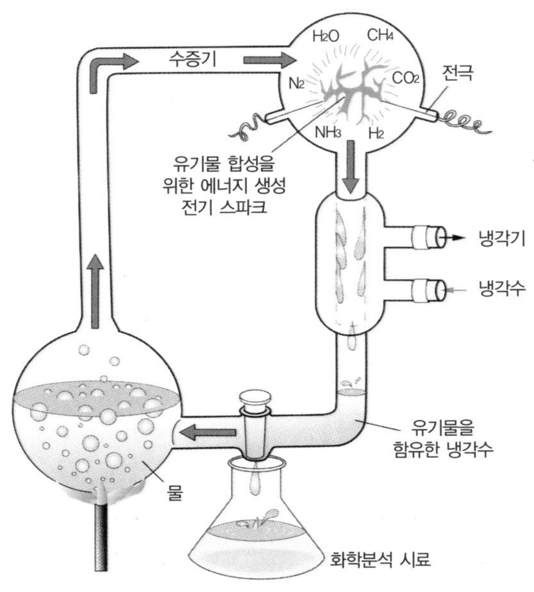

◀ 그림 5. 원시 대기의 성분으로 추정되는 기체로부터 최초로 유기물을 합성한 밀러(Miller)의 실험 장치.

기체 혼합물처럼 환원적인 것인지, 혹은 이산화탄소, 수증기, 질소를 주성분으로 하는 산화적인 것인지는 논란이 되고 있다. 밀러의 실험이 발표된 후, 에너지원으로서 방전 이외에 방사선, 자외선, 열 등을 이용하여 원시 대기 성분으로서 가능성이 있는 여러 가지 기체 혼합물의 화학반응이 많은 과학자들에 의하여 행해져 각종 아미노산이나 유기화합물이 생성되는 것이 확인되었다. 현재 생명의 기원에 대한 연구는 지질학자, 생물학자, 생화학자 및 천문학자들이 서로 밀접히 연관되어 활발히 추진되고 있으며, 원시 지구 상에서 무기물의 자연 발생적 진화를 통하여 생물이 출현하였다는 실험적인 증거가 많이 얻어지게 되었다.

가장 오래된 생물들

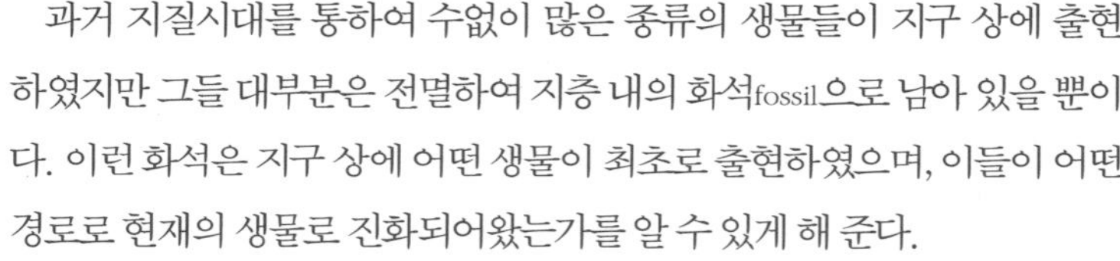

과거 지질시대를 통하여 수없이 많은 종류의 생물들이 지구 상에 출현하였지만 그들 대부분은 전멸하여 지층 내의 화석fossil으로 남아 있을 뿐이다. 이런 화석은 지구 상에 어떤 생물이 최초로 출현하였으며, 이들이 어떤 경로로 현재의 생물로 진화되어왔는가를 알 수 있게 해 준다.

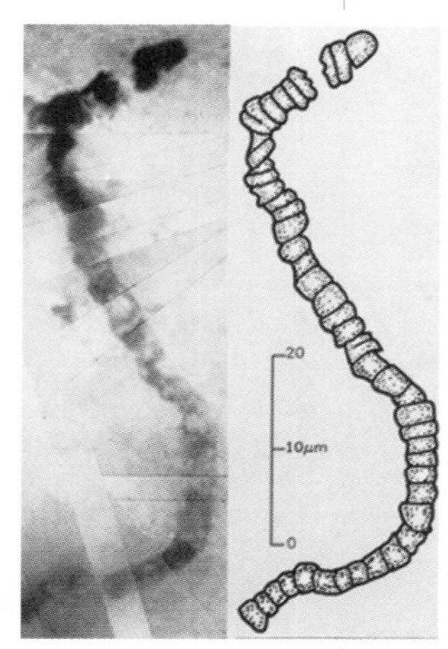

▲ 그림 6. 가장 오래된 생명체 중의 하나인 35억 년 된 남조식물화석.

확실한 생물 기원의 가장 오래된 화석은 오스트레일리아 서부에 발달된 와라우나Warrawoona층군에서 스트로마톨라이트stromatolite와 함께 발견된 원시적 세포의 탄질물 유기체이다.■ 그림 6 이들은 소형의 구형체와 섬유상 화석으로서 현생 남조류와 유사하며, 화석을 포함하고 있는 암석은 35억 년의 절대연령을 보인다. 남아프리카 바버턴Barberton 근처의 피그 트리 통Fig Tree Series은 32억 년의 나이를 보이는데, 이 속에서 박테리아와 남조류의 화석이 발견되었다. 이와 같은 화석들의 증거로 보아 지구 역사의 초창기에 이미 생물들이 지구 상에 출현하였음을 알 수 있다. 초기 생물들은 대부분 박테리아와 남조류 등 원시적인 하등 생물이었을 것으로 추정할 수 있다.

지구 상에서 오래된 암석으로 알려진 그린란드 이수아 지방에 분포하고 있는 약 38억 년 된 암석 중에서도 현미경적 탄질 물체가 발견되었다. 이들이 생물 기원인 것인지는 아직 확실하지는 않지만, 만일 생물 기원으로 판명된다면 지구 상의 생물 출현은 약 40억 년 전까지 거슬러 올라가 거의 지구 형성 초기에 출현하였다고 볼 수 있다.

한편, 지구 상에서 가장 오래된 동물 화석은 미국 그랜드캐니언에서 발견된 단세포동물 키티노조아chitinozoa 화석으로서, 12억 년 된 지층에 묻혀 있다. 가장

▲ 그림 7. 오스트레일리아의 에디아카라에서 발견된 동물화석들. (A) 스프리지나(spriggina), 절족동물에 속한다. (B) 디킨소니아 코스타타(Dickinsonia costata), 이상한 벌레 모양의 생명체.

오랜 다세포 무척추동물 화석은 오스트레일리아 남부 에디아카라 힐스Ediacara Hills에서 발견된 해파리, 해면 등이다.■ 그림 7 이들을 포함하고 있는 규암층의 나이는 7억 년이다. 이로 미루어 보아 선캄브리아기 말기에 이미 여러 종류의 다세포동물이 생존하였음이 분명하며, 다만 이들은 아직 단단한 골질부나 껍질을 갖지 못한 연체 부분의 생물이었다고 생각된다.

생명체와 탄소순환

탄소는 생명체의 기본적인 구성 물질이다. 그것은 바위, 토양, 물, 식물과 동물체 그리고 대기권 내에서 발견된다. 탄소는 산소와 결합하여 이산화탄소가 되는데, 지구의 대기 중에는 약 0.03%의 이산화탄소가 존재한다. 표면상으로는 매우 적은 이 탄소는 생물체에 매우 중요한 원소이다. 또한 생물체는 전 지구적인 기후 조절의 열쇠를 쥐고 있는 방대한 탄소순환에서의 탄소 이동에 중요한 역할을 한다. 식물들은 광합성을 할 때 대기 중의 이산화탄소를 사용하여 영양분을 만들고 결국 동물들의 먹이가 된다. 식물과 동물의 배설물에는 탄소가 들어 있고, 이것은 강우와 유수에 의해 바다로 운반된다.

대기 중의 이산화탄소가 구름 속의 물방울 속에 녹아 들어가 탄산을 만드는데, 비가 되어 지표로 떨어질 때 약한 산성을 띠게 된다. 빗물은 암석과 토양을 흐르면서 동식물의 유기 배설물로부터 더욱 많은 탄소를 모으게 된다. 바다에서는 대륙붕에 사는 어류와 플랑크톤이 이산화탄소와 칼슘을 사용하여 껍질을 만든다. 이 껍질들이 해저에 가라앉아 석회질 연니를 형성하게 된다. 지각의 판 운동으로 해저의 연니는 마침내 침강대로 운반된 후, 맨틀로 빨려 들어가게 되는

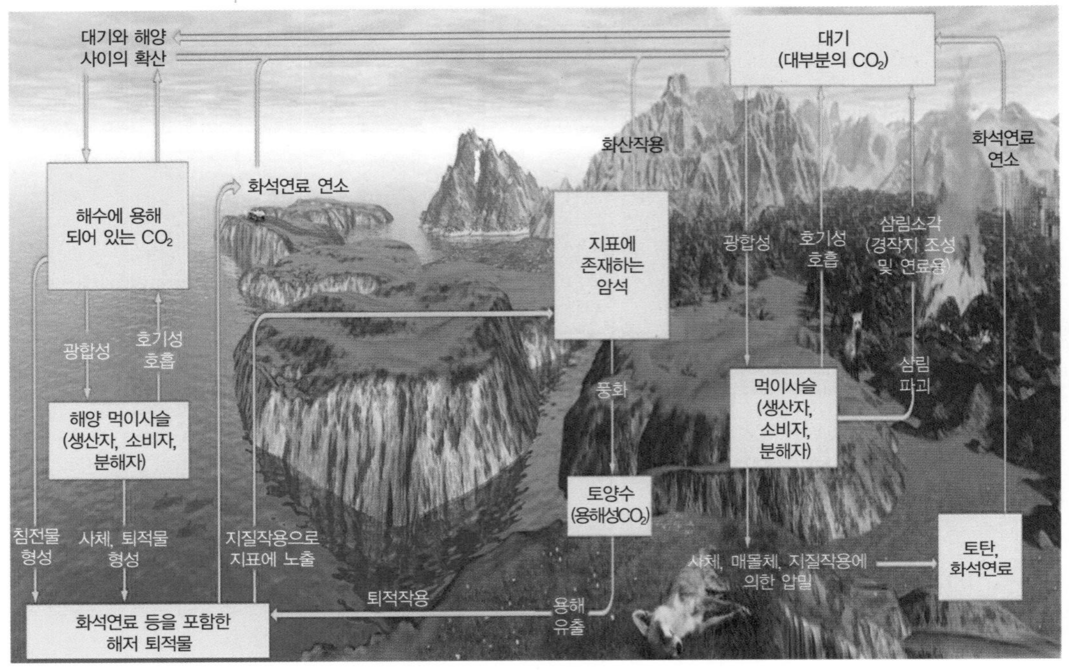

▲ 그림 8. 지구 규모의 탄소순환을 단순하게 나타낸 모식도. 생명체의 기본 구성 물질인 탄소는 대륙, 해양, 대기와 생물체, 그리고 지구 내부 사이를 순환한다.

데, 여기서는 열에 의해 이산화탄소가 빠져나온다. 마그마에 녹아 있던 이산화탄소는 마침내 화산활동을 통하여 지표로 나오게 되는데, 화산이 수 톤에 달하는 이산화탄소를 대기 중으로 뿜어낼 때, 이 탄소는 탄소순환의 출발점으로 다시 돌아와 새로운 탄소순환을 시작하게 된다.■ 그림8

이 탄소순환은 지구 역사의 초기부터 진행되었다. 계속해서 빠져 나오고 재순환하는 탄소는 지구를 온화하게 하고, 광합성 물질을 제공하며 대기 중으로 재순환될 석회질 퇴적물을 이루고 있다. 지구의 각 영역에 있는 탄소들은 아마도 30회 정도의 순환을 한 것 같으며, 이 순환은 지구에 생명체가 있고, 판 운동이 진행되는 동안에는 계속될 것이다. 만일 이런 것들이 없다면 탄소순환은 약 1만 5천 년 이내에 붕괴되고 말 것이다.

지구촌의 위기

우리 지구는 현재 여러 가지 어려운 문제들에 봉착해 있다. 거의 매일 신문이나 잡지, 방송과 통신 매체들을 통하여 듣는 각종 환경오염, 인구의 급격한 증가, 그리고 핵전쟁의 공포 등은 인류의 미래를 암울하게 만들고 있다. 특히 인공위성에 의한 관측으로 지구 규모의 환경 변화가 알려지기 시작하면서 지구는 우리들 생각 이상으로 심하게 병들어 있다는 것을 알게 되었다.■ 그림 9

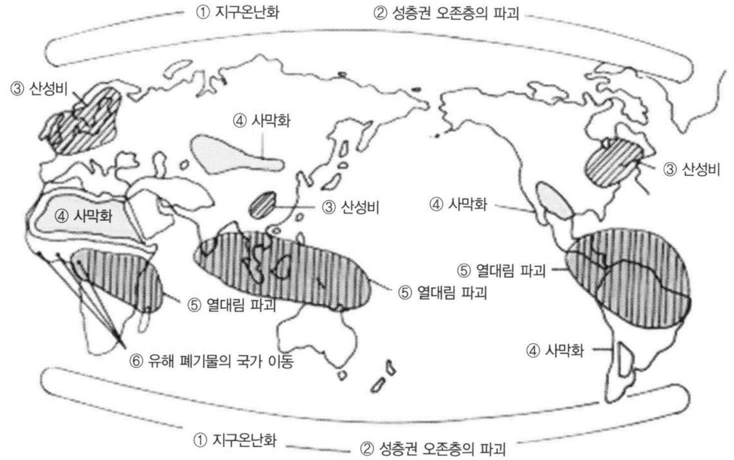

◀ 그림 9. 지구 규모의 환경문제들. 인류가 직면하고 있는 환경문제에는 지구온난화, 오존층 파괴, 산성비, 사막화 현상, 대기오염 및 해양오염 등이 있다.

인류는 현재 환경과 자원 두 분야에 걸쳐서 얽혀 있는 여러 가지 문제들에 직면하고 있다.■ 그림 10 이러한 문제들을 다루는 데 있어서 첫걸음은 그러한 문제들을 야기하는 근본원인들을 찾아내는 것이다. 여러 환경학자들이 공통적으로 지적하는 주요한 다섯 가지의 근본 원인들로는, 폭발적인 인구의 증가, 지속 가능하지 않은 자원의 이용, 빈곤, 환경 비용을 고려하지 않은 제품이나 서비스의 시장가격의 산정, 환경문제에 대한 인식과 지식 부족 등이다.

▶ 그림 10. 인류가 직면한 다양한 환경문제와 자원 문제들.

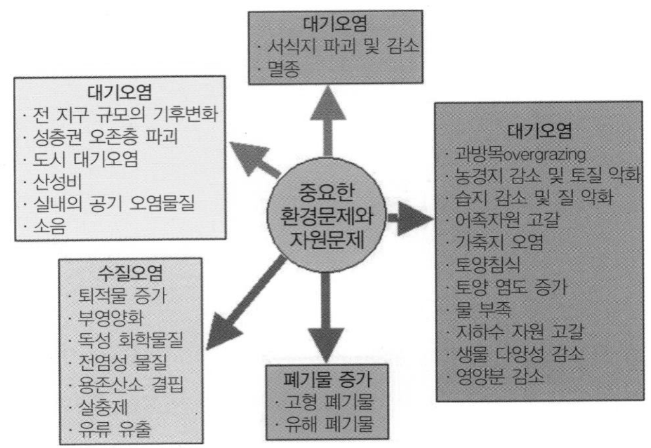

인구 폭탄

오늘날 인류가 직면하고 있는 가장 큰 문제는 인구의 증가이다. 과학과 의술의 발달은 인류의 수명을 연장시켜 지구촌 인구가 기하급수적으로 늘어나고 있다.

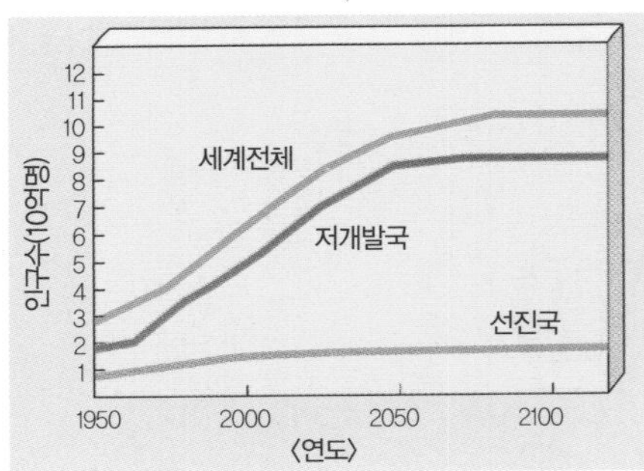

▲ 그림 11. 과거와 장래 예측되는 인구 변화. 1990년부터 2030년까지 증가하는 약 36억 명 중 95% 이상의 인구가 개발도상국에 해당한다.

현대 인류의 조상이라고 일컫는 호모사피엔스가 나타난 시기는 마지막 간빙기였던 15만 년에서 5만 년 전이었으며, 당시 인구는 200~300만 명 정도로 추정된다. 그로부터 인구는 아주 천천히 증가하여 서기 1년경에는 2억 5천만 명, 1650년에는 5억 명에 도달하였다. 그러나 19세기 초부터 증가율이 상승하기 시작하여 1830년에는 10억 명이 되고, 1930년에는 20억, 1975년에는 40억 명을 넘어섰다. 5억 명이 10억 명이 되는데 약 200년, 10억 명에서 20억 명으로 증가하는데 100년, 20억 명에서 40억 명으로 증가하는데 불과 35년이 소요되었다. 이처럼 최근에 들어 인구의 수가 2배로 증가하는 기간이 현격하게 줄어들고 있다.■그림 11

이러한 인구의 기하급수적인 증가는 식량, 에너지, 물, 주거 공간 문제 등 숱한 문제를 지구촌에 야기할 것이다. 사태를 더욱 심각하게 만들고 있는 것은 현재 폭발적으로 인구가 증가하고 있는 개발도상국의 90% 이상이 이미 식량, 물, 에너지 부족 등의 심각한 상황에 놓여 있다는 것이다. 과연 인구의 증가는 언제까지 지속될 것이며, 그런 상황에서 인류는 그에 알맞는 생활수준을 유지해나갈 수 있을 것인가?

'지구에는 도대체 몇 억의 사람들이 생존해갈 수 있는가?' 여기서 말하는 생존이란 단순히 죽지 않는다는 것이 아니라 모든 사람이 굶주림의 공포에서 해방되고, 몇 가지 기본적인 욕구를 충족시킬 수 있는 자유나 기회가 많은 생활을 할 수 있다는 의미이다. 좋은 질의 식량, 물, 공기는 절대적으로 필요하다. 그 가운데 하나라도 없으면 인류는 곧 멸망하거나 건강을 유지할 수가 없다.

60억을 넘은 인구가 현재와 같은 추세로 증가하면 2050년에는 100억을 넘어설 것으로 전망되고 있다. 대부분의 인구 학자들이 예견한 바에 의하면 지구가 수용할 수 있는 최대 인구인 '환경 수용 능력carrying capacity'은 100억 명도 채 되지 않는다고 한다. 2050년이라면 불과 40년밖에 남지 않은 기간이다. 30년마다 인구를 2배로 늘려 가는 현재의 추세를 막아야 인류가 지구 상에서 인간다운 삶을 누릴 수 있다. 인구의 폭발을 막아야 할 책임이 인류 모두에게 지워진 짐이라 할 수 있다.

핵겨울

몇 해 전 방영되어 전 세계적으로 파문을 일으켰던 〈그날 이후〉라는 영화가 있었다. 핵전쟁의 가능성과 그의 가공할 만한 참상을 생생한 영상으로 우리 인류에게 고발한 영화였다. 1945년 8월 6일 일본의 히로시마에 원자폭탄이 투하된 이후, 과학 기술의 발달에 힘입어 각종 핵무기가 개발되었다. 현재 우리 인류는 5만여 종 이상의 전쟁용 핵무기를 보유하고 있다. 상상하기도 싫은 일이지만 미래 언젠가 일어날 가능성이 있는 핵전쟁은 대부분 나라들의 도시에 핵 세례를 퍼부을 것이다.

핵전쟁이 환경에 주는 영향이나 그것이 가져오는 피해에 대하여 1980년대 초기까지는 대체로 열선, 폭풍, 방사선 등 핵폭발의 직접적인 영향에 의한 것만 생각하였다. 그러나 1971년 화성에 도달한 최초의 우주선 마리너 9호가 보내온 데이터로부터, 화성에서 일어난 맹렬한 폭풍으로 날린 모래 먼지가 화성 표면의 급격한 온도 저하를 가져온다는 사실을 알았다. 이 자료는 약 10년 후인 1983년 미국의 저명한 우주물리학자 세이건Carl Sagan 등에 의하여 핵전쟁에 의한 기후 변동, 소위 '핵겨울' 이론을 세우는 계기가 되었다. 이 시나리오는 핵전쟁이 일어나면, 그로 인해 발생한 다량의 연기와 먼지가 지구의 상공을 덮어 지표는 어두워질 뿐만 아니라 급속하게 한랭화되어 살아남은 사람들과 지구 위의 생태계 전체가 파멸적인 상태에 빠진다고 하는 것이다.

많은 핵무기들이 폭발하면, 땅에 있는 모든 것을 증발시킬 뿐만 아니라 수 km 반경 안에 있는 모든 구조물을 파괴시킬 정도의 거대한 화구를 만들어낸다. 또 대규모의 삼림 화재에 의한 연기와 수백만 톤이나 되는 먼지가 대기 중으로 날려 올라가게 된다. 이런 검은 구름은 수 주일 동안 지구를 덮음으로써, 지구에 도달하는 태양 광선의 양을 감소시킬 것이다. 곧이어 2~3일 내에 지구의 기온은 영하로 급격하게 떨어지게 되어, 정오에 밤이 찾아오고, 낮은 오싹한 황혼이 되게 하는 '핵겨울'이 지구를 엄습하게 된다. 핵겨울이 내습하면 핵폭발에서 살아남은 사람들은 지독한 추위에 시달리고, 농작물과 가축들은 얼어 죽게 될 것이다. 이에 따라 인류는 극심한 기아에 직면할 것이다.

핵겨울이 얼마나 오랫동안 지속될 것인가에 대한 답은 전쟁이 일어난 때에 따라 달라질 것이다. 왜냐하면 비는 대기 중의 먼지 입자를 씻어 내리기 때문이다. 만일 전쟁이 건기에 일어난다면 입자들이 대기 중에 오랫동안 남게 되어, 다음의 우기가 다가와 비가 올 때까지 대류권 내에 남아 있을 것이다. 그러나 성층권까지 올라간 입자들은 수년간 더 머물게 될 것이다. 핵전쟁이 우기에 일어난다면 올라간 입자의 약 95%가 40일 이내에 씻겨 내려와 그 충격은 덜할 것이다.

핵겨울 시나리오는 엄청난 반향을 불러일으키며, 많은 과학자들 사이에 논쟁을 불러일으켰다. 핵겨울에 의한 온도 하강과 핵겨울의 지속 기간에 대하여 많은 이견이 있지만, 핵전쟁은 지구의 기온을 하강시킬 것이라는 데에는 의견 일치를 보이고 있다. 최근에는 핵겨울 가설이 컴퓨터의 모델 시험으로 등장하게 되었다. 이들 모델에 의하여 만들어진 시나리오는 핵전쟁이 지구 전체에 미치는 파멸적인 환경 변화와 이에 따른 피해는 우리 모두가 상상하는 것 이상으로 훨씬 심각한 것임을 보여주고 있으며, 핵전쟁은 상상할 수도 없는 엄청난 결과를 초래한다는 것을 과학과 인간의 이성에 호소해야 한다고 덧붙이고 있다.

지구온난화Global Warming

많은 과학자들은 2020년까지 과거 1,000년에 비해 훨씬 더 따뜻해지리라고 예측한다. 실제로 일부 과학자들에 의하면, 최근 100년 사이에 지구 평균기온이 약 0.5℃ 상승하였다고 주장하며, 그 결과 해수면은 30~40㎝나 상승하였다고 말한다. 만약 지구온난화 현상이 계속될 경우, 해수면의 상승 속도가 가속화되고, 기후대가 극지방으로 이동하는 등의 결과로 나타나는 기상재해는 현재 발달한 과학 기술로도 예측하기 힘든 상태이다.

사실 우리 스스로가 지구의 온난화를 인식하기란 그리 쉬운 일이 아니다. 1년 여에 걸친 토론 끝에 기상학자들은 지구의 평균기온을 결정하는 데 합의를 보았는데, 100년 동안 지구의 평균기온은 계속 상승하여왔다. 그렇다면 이 기온 상승이 기후변화에 따른 자연현상인지 아니면 화석연료 사용 등으로 인한 인위적 현상인지 명확하지 않다. 그러나 온실효과는 대기 중에 있는 이산화탄소의 양과 관계가 있는 것은 분명하다. 그런데 문제는 인간이 대기 중의 온실가스, 특히 이산화탄소의 양을 크게 증가시켰다는 점이다. 추가로 늘어난 이산화탄소 중 약 80%는 석유, 석탄, 가스 등 화석연료 연소에서 배출되는 것이며, 나머지 20%는 삼림 벌채 등 열대지방에서 진행된 토지이용 변화가 원인인 것으로 추측된다. 공기 중으로 배출된 이산화탄소의 약 55%는 해양과 북반구 삼림에 의해, 그리고 식물의 성장 속도 촉진에 의해 다시 흡수된다. 그러나 나머지는 공기 중에 그대로 축적되기 때문에 산업화 시대 이전부터 오늘날까지 이산화탄소 농도는 무려 31%나 증가해왔다. 이산화탄소 배출량과 대기 중의 농도는 꾸준히 증가하고 있는 추세이다.■ 그림 12

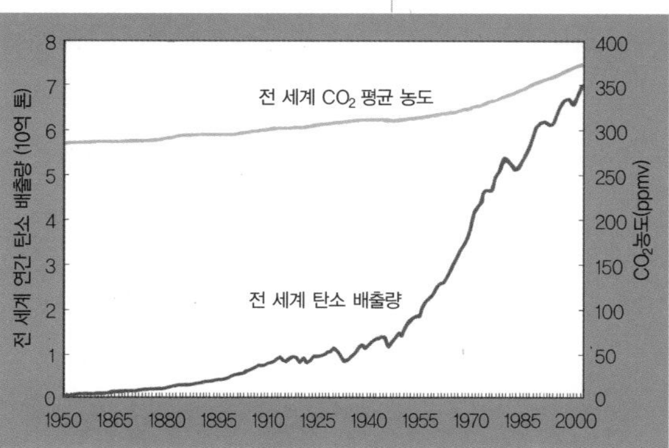

▲ 그림 12. 1850년부터 2000년까지의 화석연료와 시멘트 생산으로 인한 전 세계 연간 탄소 배출량과 대기 중 이산화탄소 농도. ppmv는 공기 1리터당 100만분의 1 농도를 의미.

하와이의 마우나 로아Mauna Loa 화산에 대기권감시소atmospheric monitoring system가 설립되었다. 그곳은 대기오염으로부터 가장 방해를 받지 않는 가운데 대류권의 대기량을 측정하는 데 가장 유리하고 손쉬운 장소로 선택되었다. 그곳에서 스크립스 해양연구소에 근무한 찰스 킬링Charles Keeling 박사는 1958년부터 아주 정확한 방법으로 대기 중의 이산화탄소의 양을 측정했다. 그에 따르면 대기 중의 이산화탄소의 양은 1년의 기간 동안에는 일시적으로 봄·여름철은 감소하고 가을·겨울철에는 증가하지만 매년 조금씩 상승한다고 하였다.■ 그림 13 1958년 315ppm이던 이산화탄소의 양이 1992년 360ppm에 이르러 지난 35년간 45ppm 이상 상승하였다. 더구나 남극 빙하 속에서 100년 전에 갇힌 공기를 분석하여 알아낸 이산화탄소의 양이 280ppm으로 지난 1세기 동안 약 25% 증가한 것

▶ 그림 13. 하와이의 마우나 로아 (Mauna Loa)에서 관측된 대기 중의 이산화탄소 (CO_2) 농도의 변화.

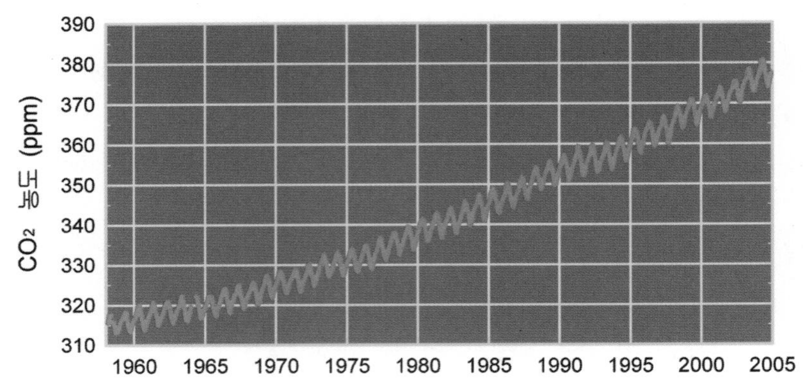

을 밝혀내었다.

행성 천문학자들은 외계 관측 사실로부터 금성의 500℃나 되는 표면 온도는 이산화탄소로 이루어진 두꺼운 대기가 태양열을 흡수하여 저장하는 온실효과 때문이라는 것을 알고 있다. 지구의 대기층은 매우 얇으며 이산화탄소의 양이 0.03%밖에 안 된다. 그러나 앞서 지적하였듯이, 일부 학자들은 지구의 기온이 매년 상승하는 원인을 금성 대기의 온실효과에 근거하여 지구 대기 중 이산화탄소의 증가로 설명하고 있다.

온실효과 Greenhouse Effect

온실효과는 말 그대로 온실이 열을 가둠으로써 보온하는 것을 말한다. 태양에서 방출된 빛에너지는 지구의 대기층을 통과하면서, 일부분은 대기에 반사되어 외계로 방출되거나, 대기에 직접 흡수된다. 그리하여 약 50% 정도의 햇빛만이 지표에 도달하게 되는데, 이때 지표에 의해 흡수된 빛에너지는 열에너지나 파장이 긴 적외선으로 바뀌어 다시 바깥으로 방출하게 된다. 이 방출되는 적외선의 반 정도는 대기를 뚫고 외계로 빠져나가지만, 나머지는 구름이나 수증기, 이산화탄소 같은 온실효과 기체에 의해 흡수되며, 온실효과 기체들은 다시 지표로 되돌려보낸다. 이와 같은 작용을 반복하면서 지구를 덥게 하는 것이다. ■ 그림 14

실제 대기에 의해 일어나는 온실효과는 지구를 항상 일정한 온도를 유지시켜 주는 매우 중요한 현상이다. 만약 대기가 없어 온실효과가 없다면 지구는 화성처럼 낮에는 햇빛을 받아 수십 도 이상 올라가지만, 반대로 태양이 없는 밤에는 모든 열이 방출되어 −100°C 이하로 떨어지게 될 것이다. 따라서 현재 환경문제와 관련하여 나쁜 영향으로 많이 거론되는 온실효과는 그 자체가 문제가 아니

태양 광선은 하부 대기권까지 도달하여 지표면을 덥힌다.

지표면에 흡수된 태양 복사 에너지는 긴 파장의 적외선 (열) 형태로 다시 방출되어 하부 대기권까지 도달한다. 그 중 일부분은 대기권 밖으로 방출되고 일부분은 온실가스에 흡수되어 다시 하부 대기권의 온도를 상승시킨다.

대기 중의 온실가스의 농도가 증가함에 따라 보다 많은 열을 흡수하고 하부 대기권의 온도를 더욱더 증가시킨다.

◀ 그림 14. 온실효과.

라, 일부 온실효과를 일으키는 기체들이 과다하게 대기 중에 방출됨으로써 야기될지 모르는 이상 고온에 따른 지구온난화 현상을 이야기하는 것이다.

탄소순환 Carbon Cycle

탄소는 생명체의 기본이다. 그것은 바위, 토양, 물, 식물과 동물체, 그리고 대기권에서 발견된다. 이들 속에 함유된 탄소는 주로 이산화탄소의 형태로 서로 주고받는다. 이를 탄소순환이라고 한다.

이미 금성의 예에서 보았지만, 온실효과를 일으키는 주요 원인으로 이산화탄소를 이야기한다. 특히 킬링 박사는 지구 대기 중의 이산화탄소의 양이 해마다 꾸준히 증가하고 있어, 이산화탄소에 의한 지구온난화를 경고했다. 따라서 지구의 탄소의 순환과정과 인간 활동은 대기 중의 이산화탄소의 증가에 어떻게 기여하는지를 살펴볼 필요가 있다.

지구 대기 중의 이산화탄소의 양은 대기, 암석, 바다 및 각종 생물들에 의한 탄소의 흡수 및 방출 작용으로 조절되고 있다. 예를 들어, 식물의 경우 호흡하거나 죽어서 부패하게 되면 이산화탄소를 대기 중으로 방출하고, 광합성을 할 경우 탄소동화작용을 하면서 이산화탄소를 대기 중으로부터 흡수한다. 해양에서는 플랑크톤의 광합성이나 다른 화학적 작용에 의해 이산화탄소를 대기로부터 제거하거나 용해시킨다. 한편, 해양 생물들의 부패나 해수의 증발에 의해 거의 같은 양의 이산화탄소를 대기 중으로 방출시킨다. 한편, 지질시대에서는 과거 수백만 년 전에 죽은 식물이나 해양 생물로부터 생성된 화석연료인 석탄, 석유, 및 천연가스 등의 형태로 이산화탄소가 저장되기도 하였다. 이와 같이 이산화탄소의 순환이 자연 상태에서는 일정하게 방출과 흡수를 계속하면서 균형을 유지하고 있다.

그러나 문명이 발달하면서 인간들은 이산화탄소의 순환에 인위적으로 개입하기 시작하였다. 예를 들어, 각종 에너지를 얻기 위하여 화석연료를 소비하였으며, 늘어나는 인구에 따른 식량과 주거를 위하여 삼림을 훼손하였다. 매년 목재를 얻기 위해 나무를 베어내고, 농경지와 목축지를 늘리기 위해 없어지는 삼림이 20억 2350만㎡에 이르고 있다.

이처럼 인류에 의해 이루어지는 산업과 농업 활동으로 대기 중에 방출되는 이산화탄소의 양은 연간 약 70억 톤에 이르며, 이 양의 대략 반 정도가 해양이나 식물 및 토양에 의해 흡수되고 나머지는 대기에 그대로 축적되게 된다.

이산화탄소가 열을 흡수하는 대표적인 기체로 지구온난화에 막대한 영향을 미친다면, 향후 대기 중에 방출되는 이산화탄소의 양은 대체에너지 개발이나 삼림의 훼손을 방지하여 줄일 수 있을 것이다. 그러나 현재의 어떠한 기술도 대기 중에 한 번 방출된 이산화탄소를 제거할 수 없다는 데 문제의 심각성이 있다 하겠다.

열을 흡수하는 기체 Heat-absorbing Gases : 온실가스 Greenhouse Gases

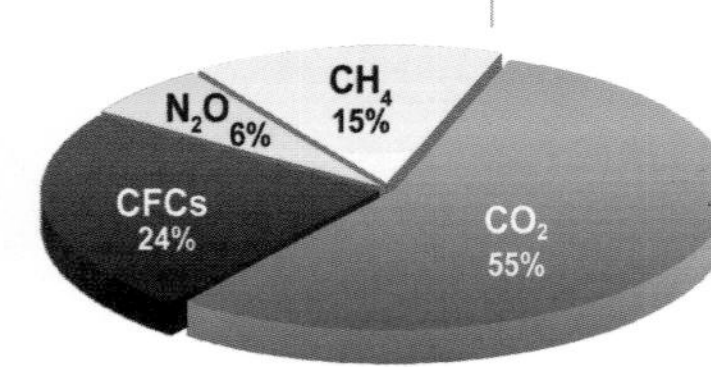

▲ 그림 15. 인위적인 온실가스가 기온 변화에 미치는 상대적인 영향력 비교.

대기 중의 열을 흡수하여 저장함으로써 온실효과를 일으키는 기체는 자연 상태의 수증기 외에 이산화탄소뿐만 아니라 메탄 CO_4, 프레온가스 CFCs, 일산화이질소 N_2O 등이다.■ 그림 15 화석연료나 열대림의 화재로 대량으로 방출되는 이산화탄소, 가축 사육의 증대와 농업의 확대로 산출되는 메탄, 냉매제, 살충제 또는 세척제로 사용하는 프레온가스 그리고 화학비료에서 나오는 질소 등이 최근까지 크게 증가하고 있으므로, 과학자들은 이들 기체에 의한 온실효과의 증대로 지구의 온난화를 염려하고 있다. 뿐만 아니라, 전문가들은 중요한 세 종류의 온실가스 CO_2, CH_4, N_2O의 배출량은 21세기에도 꾸준히 증가할 것이라고 예측하고 있어, 미래에도 지구온난화는 지속되리라고 추측하고 있다.■ 그림 16 다음은 주요한 온실가스들의 특성을 간단히 요약한 것이다.

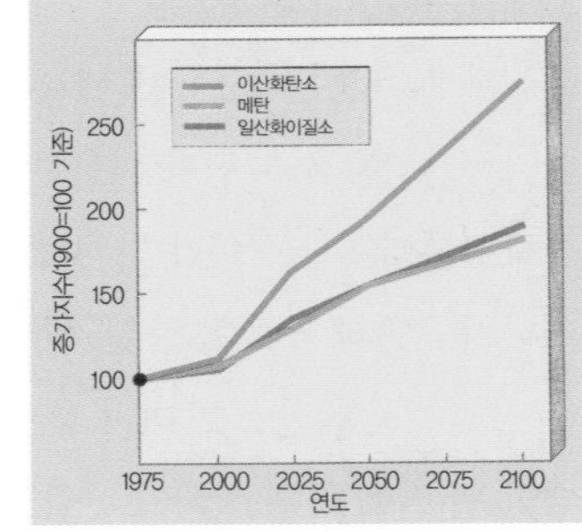

▶ 그림 16. 1990년부터 2100년까지 인간의 활동으로 인한 세 가지 중요한 온실가스의 배출량 예측(출처 : 국제연합식량농업기구, 1997년).

○ 이산화탄소CO_2 : 이산화탄소는 주로 화석연료와 산림 등의 연소로 대기 중

에 방출되며, 일단 방출되면 100년 이상 대기 중에 머무른다. 열을 흡수하는 기체로는 수증기 다음으로 풍부하며, 인위적 온실효과에 대한 기여도는 약 50~60%를 차지한다.

○ 메탄CH_4 : 메탄은 홍수가 난 전답이나 가축들의 배설물 및 범람원 등 주로 산소가 없는 환경에서 박테리아가 유기물을 분해할 때 생성된다. 일단 배출된 메탄은 대기 중에 10년 정도 분해되지 않고 머무르며, 열을 흡수하는 능력은 이산화탄소의 약 20~30배에 이른다. 따라서 인위적 온실효과에 대한 기여도는 15~20% 정도이다.

○ 프레온가스CFCs : 프레온가스는 1930년대 이후, 사용량이 급격히 늘었는데, 주로 냉장고, 에어컨 등의 냉매재, 절연체 및 반도체의 세척제 그리고 각종 스프레이 제품에 사용된다. 일단 대기 중에 방출된 프레온가스는 400년 이상 분해되지 않고 머무르며, 열을 흡수하는 능력은 매우 효과적이어서 이산화탄소의 1만6천 배에 이른다. 실제 대기 중의 양은 0.001ppm 이하로 적지만 인위적 온실효과에 대한 기여도는 20~25% 정도이다.

○ 일산화이질소N_2O : 일명 '웃음 가스laughing gas'로 알려진 일산화이질소는 토양이나 화학비료 그리고 화석연료의 연소 등에서 배출되며, 대기 중에는 약 180년 동안 머무른다. 이산화탄소에 비해 150배 정도 열을 잘 흡수하여 인위적 온실효과의 기여도는 5% 내외 정도를 차지한다.

위와 같이 열거한 기체들은 열을 흡수하는 기체들로 온실효과에 많은 기여를 하는 것으로 알려져 있다. 그러나 현재 이 기체들에 의한 온실효과로 인하여 실제 지구온난화가 일어나고 있는지에 관해서는 과학자들 간에 아직 논란이 계속되고 있다.

범지구적인 규모의 기후변화의 중요성과 문제점들을 파악하기 위하여 세계기상기구WMO, World Meteorological Organization와 국제연합환경계획UNEP이 설립한 기후변화에 관한 정부 간 패널IPCC, Intergovernmental Panel on Climate Change은 70개국의 약 2,500명의 우수한 기상 전문가로 구성되어 있다. IPCC는 1990년, 1995년, 2000년에 발표한 보고서들에서 과거로부터 지구의 기후는 계속 변화해왔다는 명확한 증거들을 제시하였으며, 기구 기후 모델을 이용하여 향후 지구의 평균기온과 기후가 어떻게 변할 것인가를 예상하여 발표하였다.■ 그림 17 IPCC가 세 보고서들에서 발표한 주요한 사항들

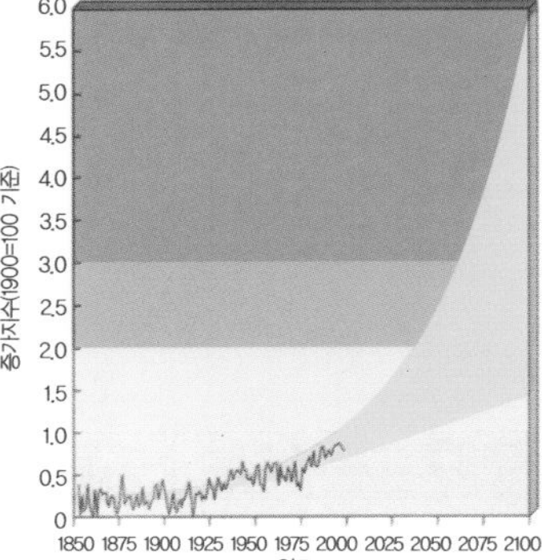

▲ 그림 17. 지난 1860년부터 1999년까지 지구 표면에서 관측된 평균기온의 변화와 지구 기후 모델에 의한 21세기의 기온 증가 예상 범위 (IPCC 보고서, 1999년과 2000년).

을 요약하면 다음과 같다.

○ 지난 50년간 발생한 기온 상승은 다량의 온실가스 배출 등과 같은 인간의 활동에 의해서 초래되었다는 확실한 증거가 있다.

○ 지구 표면의 평균온도는 2000년부터 2100년까지 100년간 약 1.4~5.8℃가량 증가할 것이다신뢰도는 약 66~99%.

○ 적도 지역과 고위도 지역에서는 강우량이 증가하고, 아열대에서는 감소한다. 미국과 캐나다 쪽이 경작에 적합한 기후가 될 것으로 예상된다.

○ 바다의 한기가 약해지고 우리나라 겨울의 한파도 약해진다. 우리나라는 위도로서는 건조화 지역에 속하지만 동남아시아 여름의 계절풍이 강화되므로 다우화가 된다고 추정된다.

21세기가 끝날 무렵에는 인류는 중대한 결단을 하지 않으면 안 될 것이다. 꾸준한 인구 증가로 인하여 앞서 언급한 각종 온난화 기체를 무절제하게 계속 방출한다면, 온실효과는 더욱 커져 여러 가지 기상재해를 가져올 것으로 예측된다.

기상 변화

만약 2040년에 약 3℃의 기온이 상승한다면 연간 10km의 속도로 기후대가 극 방향으로 이동한다. 그 결과 강우와 강설 양상이 바뀌고 현재와 다른 계절 변화를 가져와 극 지역의 빙하를 녹이고, 적도지방에는 사막이 확장될 것이다. 또 지구의 대기 순환이 약해지고, 극지방과 적도지방의 기온 차는 줄어들 것이다. 우리나라는 건조 지역에 속하지만 여름의 계절풍이 강화될 것이다.

해수면 상승

그리고 무엇보다 기온이 상승하게 되면, 북극이나 남극에 있는 빙하가 녹게 된다. 만약 3℃ 정도의 기온이 상승할 경우, 북극에 있는 빙하는 대부분이 물에 뜬 빙산으로 녹더라도 해수면에는 영향이 없지만, 남극의 경우 대륙 빙하이기 대문에 녹으면 약 7m 정도 해수면이 상승할 것으로 예측된다. 그럴 경우 각 대륙의 해안가를 따라 실제 물속에 잠기는 면적은 약 3%에 불과하지만, 전 세계 대도시의 대부분이 해안가에 발달해 있고, 따라서 인류의 약 1/3이 해안 지역에 거주하는 것을 감안하면 그 재앙은 엄청난 것으로 문제의 심각성을 더해 주고 있다.

생태계의 파괴

온난화로 인한 기후대의 이동 속도가 식생埴生의 이동 속도보다 훨씬 빠를 경우, 식생들은 기후에 적응하지 못하여 분포 지역이 축소, 소멸될 우려가 있다. 특히 고산 식물의 대부분은 서서히 영역이 좁아져서, 멸종되고 말 것이다. 과학자들은 현재 산호가 전 세계적으로 대량으로 죽어가고 있는 현상이 나타나고 있어서 산호가 지구온난화의 첫 희생물이 아닌가 걱정하고 있다.

오존층 파괴Ozone Depletion

성층권에 위치하는 오존층ozone layer은 태양으로부터 방출되는 파장이 매우 짧은 자외선 등의 유해파를 흡수하여 지구의 생명을 보호하여 주는 중요한 존재다. 오존층은 주로 성층권에 분포하고 있으며 지상 20~30km에서 최대 농도가 되지만, 그 높이의 대기 전체에 비교하면 10만 분의 1을 차지하는 극히 미량이다. 그래서 해수면 상의 기압과 기온에서라면 고작 3mm 두께의 층밖에 되지 않는다.

오존은 이와 같이 희박함에도 불구하고 성층권의 기온과 지구 상의 생물에 큰 영향력을 지니고 있다. 그러나 이 오존층이 인공적으로 만든 화학물질인 프레온가스에 의하여 파괴되고 있다는 사실이 최근에 밝혀졌다. 앞서 열을 흡수하는 기체로서의 프레온가스의 역할을 이야기하였지만, 실제 프레온은 온실효과보다는 오존층 파괴의 주범으로 더욱 심각한 영향을 주고 있다. 우리들에게 프레온가스로 널리 알려진 염화불화탄소Chlorofluorocarbons : CFCs는 CFC-11과 CFC-12의 두 종류로 우리 생활의 도처에서 매우 요긴하게 사용되고 있다. 프레온가스

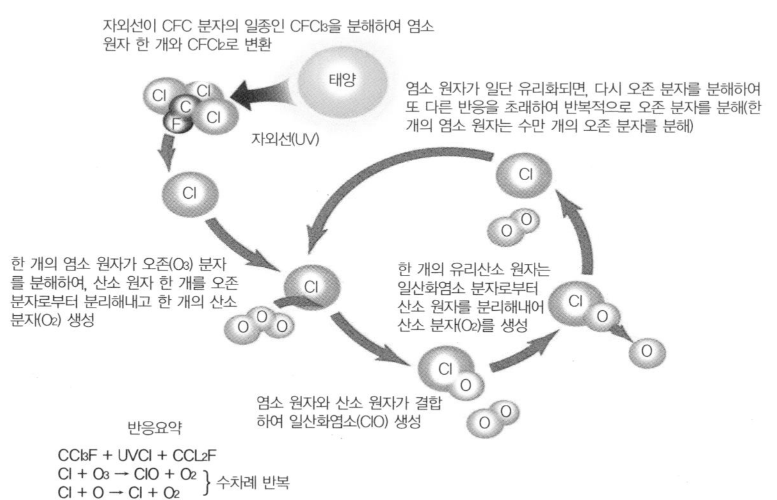

◀ 그림 18. 대기 중에 방출된 프레온가스 속의 염소에 의해 오존이 분해되는 과정.

▶ 그림 19. 인공위성 NIMBUS 7호가 포착한 남반구 오존 양의 변화. NASA의 자료를 기초로 제작된 전체 오존 양의 월 평균치(단위 : 도브슨 유닛). 청색 부분이 오존 양이 적은 부분이다. 남극 상공에 구멍이 뻥 뚫린 것처럼 극단적으로 오존이 감소하고 있다.

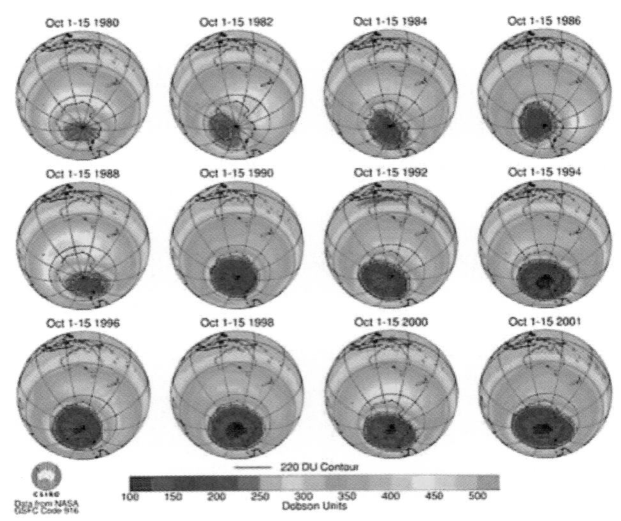

는 냉장고나 에어컨의 냉매제, 단열재, 전기 제품의 정밀 부분 세척제, 쿠션의 발포제 등에 사용되며 우리는 이러한 프레온의 혜택을 받고 있다. 그러나 지상에서 사용된 프레온은 서서히 성층권까지 올라가 거기서 자외선에 의해 분해된다. 이때, 튀어나온 염소 원자에 의해 오존층이 파괴된다.

프레온가스는 지상에서 매우 안정된 물질이지만 성층권에서는 강한 자외선에 의해 분해되어 염소 원자를 낸다. 염소 원자는 오존과 반응하여 일산화염소와 산소 분자가 된다. 일산화염소는 곧 산소 원자와 반응하여 염소 원자와 산소 분자로 되돌아간다. 이처럼 오존을 파괴하는 반응이 반복하여 진행되기 때문에 염소 원자 1개가 있으면 오존 분자 수만 개가 차례로 분해된다.■ 그림 18 남극 상공의 오존층이 극도로 줄고 있다는 사실은 인공위성 님버스NIMBUS 7호가 보내온 화상을 보면 잘 알 수 있다.■ 그림 19 1980년대에 들어서 남극에서 매년 봄에 오존의 감소 비율이 해마다 뚜렷해지기 시작하였으며, 그림 19에서와 같이 최근 들어 남극 상공에서 오존의 감소가 뚜렷이 나타난다. 미국 나사 과학자들이 1998년에 수행한 모델에 의하면 남극과 북극에서의 오존층 파괴는 2010년과 2019년 사이에 최악의 상태가 될 것으로 예상되고 있다.■ 그림 20

성층권의 오존층은 해로운 자외선을 차단함으로써 지구 상의 생물들을 보호하는 중요한 방패 역할을 한다. 오존층이 얇은 적도에 가까운 지역일수록 자외선이 강하여 피부암의 발생률이 높아진다. 프레온가스에 의해 오존층이 파괴되

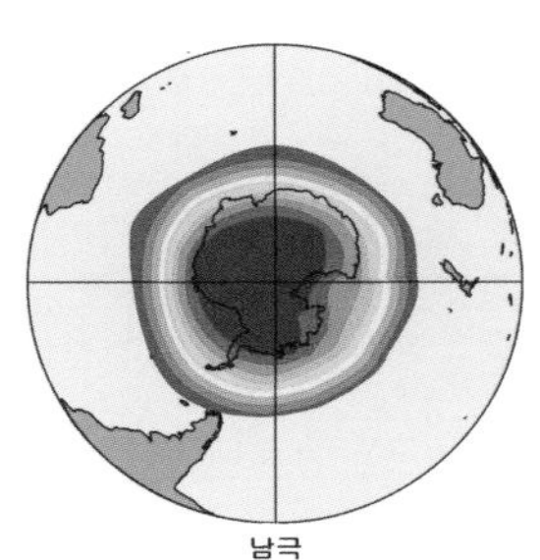

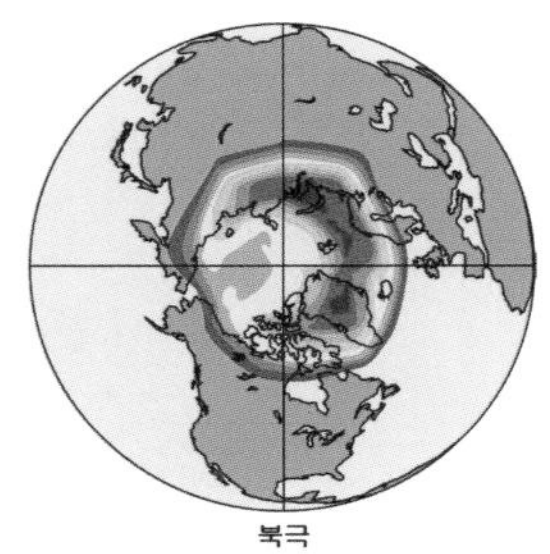

◀ 그림 20. 2010년부터 2019년까지 평균적으로 예상되는 남극(9월)과 북극(3월)의 오존 양으로 이 예상에 사용된 모델에 따르면 이 기간 동안 북극에서도 남극에서와 유사하게 상당량의 오존층 파괴가 일어날 것으로 추측된다. 어두운 적색 부분은 54% 이상의 오존층 파괴를 의미하고 연한 청색과 짙은 청색은 각각 18~30%와 6~12%의 오존층 파괴를 의미한다.

면 지표에 도달하는 자외선도 강해진다. 오존층의 파괴로 해로운 자외선이 지표에 직접 내리쬐면 피부암 환자가 증가할 것이다. 오존이 1% 감소하면 피부암은 3% 증가하는 것으로 학자들은 밝히고 있다. 그렇게 되면 피부암 외에도 백내장 등 햇빛과 관련된 질병에 걸리는 사람도 늘어날 것이다. 더 나아가 농작물이나 바다의 플랑크톤 그리고 어류가 감소되어 생태계에도 큰 피해가 나타날 것이다.

현대 생활에 긴요하게 사용되는 프레온은 성층권까지 올라간 후 거기서 분해되어 오존층을 파괴하고 지구에 중대한 영향을 미칠 염려가 있다고 미국의 화학자 롤랜드 박사 팀이 경고한 것은 1974년이었다. 미국의 나사가 작성한 '오존 트랜스 패널ozone-trans panel'의 보고서에서 남극의 오존홀 영역에서만 오존이 감소하는 것이 아니라, 지구 전체 성층권의 오존이 감소되고 있다고 했다. 이로써 프레온에 의한 오존층 파괴는 중요한 지구환경의 문제로서 잡지나 신문, 방송을 통해 일반인에게도 알려지게 되었다.

산성비Acid Rain

체코슬로바키아와 독일 국경에 걸친 에르츠 산지는 동유럽의 알프스라 불릴 만큼 아름다운 경관을 과시하고 있었다. 그러나 지금은 산성비 때문에 메마른 산림이 수십 km나 이어지는 볼품없는 산이 되고 말았다. 지금 북반구의 선진 공업국은 예외 없이 산성비의 피해 지역이다.■ 그림 21

서독에서는 전체 국토의 1/3을 차지하는 산림 중에서 산성비에 의한 피해 면적이 55%나 된다. 네덜란드에서는 전체 산림 면적의 40%, 스위스 33%, 프랑스 20%가 산성비의 피해를 입었다고 보고되었다.■ 그림 22 일본에서도 산성도가 상당히 높은 산성비가 내리고 있다. 간토

▼ 그림 21. 산성비의 피해를 대표적으로 보여주는 사례. 독일 중부의 울창한 침엽수림(A:1970년)이 산성비로 말미암아 막대한 피해를 입었다(B: 1985년).

▶ 그림 22. 산성비의 pH 범위(상)와 지난 20년간(1960년부터 1980년까지)의 유럽에서 산성비로 인한 피해 지역의 변화(하).

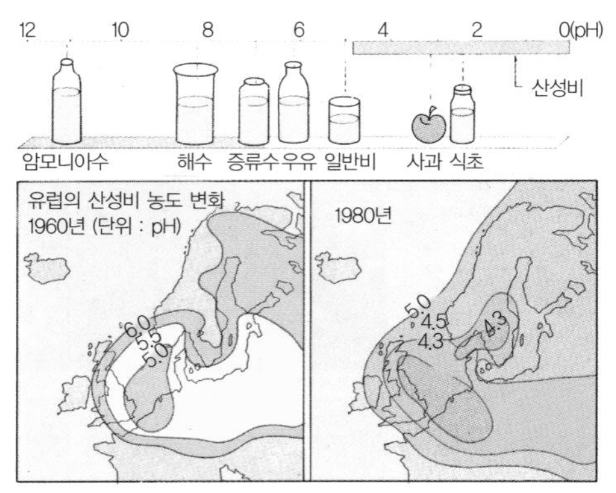

지방의 잡목 고사나 세토의 소나무 고사를 산성비로 인한 피해로 보는 지적도 있다. 모델에 따른 예측에 의하면 진키 지방에서 서남 일본의 평야 지역에 널리 분포하는, 산성비에 약한 적황색 토양에서는 40년 후에는 피해가 현저하게 될 것이라고 예측한다. 동아시아 지역도 공업화에 따라 산성비의 피해가 염려되며, 우리나라도 서울, 부산 등 대도시 지역과 울산, 창원, 구미 등의 공업 도시를 중심으로 서서히 산성비의 피해가 나타난다.

유럽에서는 '초록색 흑사병'으로 중국에서는 '공중 사신空中死神' 등으로 불리는 산성비의 피해는 세계 각지로 퍼지고 있다. 산성비는 삼림을 말라 죽게 하고 호소湖沼의 생물을 죽게 할 뿐만 아니라, 아테네의 파르테논 신전, 인도의 타지마할 등의 고대 유적지를 포함한 모든 토목, 건축물을 부식시키는 등 치명적인 피해를 주고 있다.

석유, 석탄, 천연가스 등의 화석연료의 사용으로 대량의 황산화물이나 질산화물이 대기 중으로 방출된다. 그들은 대기를 떠돌아다니는 동안에 황산화물이나 질산화물로 된다. 이들이 빗방울의 핵이 되거나 떨어지는 동안에 흡수되어 강한 산성비를 내리게 한다.■그림 23 구름을 구성하는 미소한 물방울에 산성 물질이 흡수되어 생기는 산성 안개도 커다란 문제가 되고 있다. 토양이나 호소가 산성화되면 생물에 유해한 알루미늄 등이 녹아 나오고, 칼슘 등의 영양류는 녹아서 물과 함께 흘러가고 만다.

산성비는 식물체에 대해 직접적 영향을 미치기도 하고 토양을 산성화시켜 토양 비옥도를 저하시킴과 동시에 식물에 유해한 수용성水溶性 알루미늄을 토양에 녹여 내어 식물의 생육에 간접적 영향을 준다. 실험 결과에 따르면 pH 3 전후인

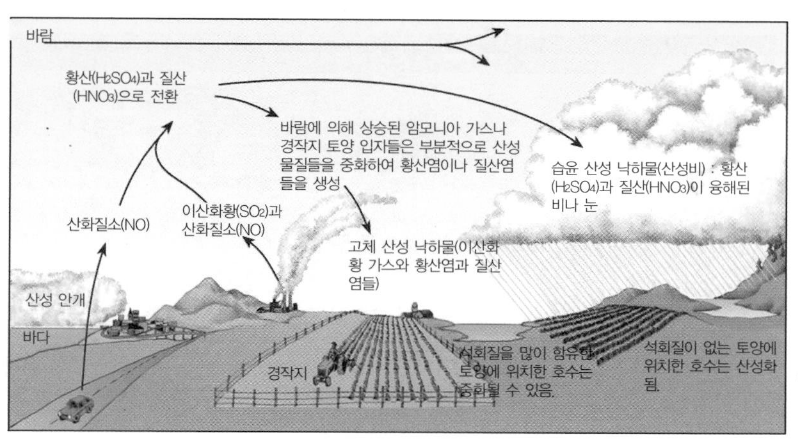

◀ 그림 23. 산성비의 발생 과정.

산성비는 직접적인 영향을 식물에 미치고 생육을 억제한다. 실제로 내리고 있는 pH 4~5인 산성비는 단시간 노출된 것만으로 식물에 해로운 영향은 쉽게 나타나지 않지만, 장시간 계속되면 토양을 산성화시켜 수목의 성장을 저해한다.

토양은 산성비에 대해 어느 정도까지는 저항하여 산성화를 막고 있다. 그러나 산성 물질의 축적이 어느 한계를 넘어서면 더 이상 식물이 자라지 못하는 토양이 되고 만다. 이것을 방지하기 위한 대책을 세워야 한다. 구체적인 방지책은 산성비의 원인인 대기오염 가스의 배출을 억제하고, 토양에 석회석을 살포하여 토양의 산성화를 지연시키며, 산림을 구성하는 나무의 종류를 산성비에 강한 품종으로 바꾸어 심는 일 등이다.

사막화Desertification

현재 지구 육지의 약 1/3이 건조 또는 반건조 지역이다. 사막화가 문제되고 있는 곳은 사막의 주변에 분포하는 반건조 지역인데, 여기에 관목이 드문드문 자라는 초원이 펼쳐져 있다. 사막화란 위와 같은 지역에서 일어나는 것으로, 그 토지가 가지는 생물 생산능력의 감퇴 또는 중단을 의미하는데, 종국적으로 사막과 같은 상태를 초래하는 일이다. 최근에 사막화되어 나가는 면적은 해마다 600만 ha 비율로 계속되는데, 이에 따른 피해 농촌 인구는 해마다 약 1천7백만 명이나 발생한다.■ 그림 24

사막화의 인위적인 요인들로는 ① 건조 또는 반건조 지역에서의 과방목, ② 삼림의 과도한 훼손, ③ 토양침식을 증가시키고 표토에 염의 집적을 야기하는

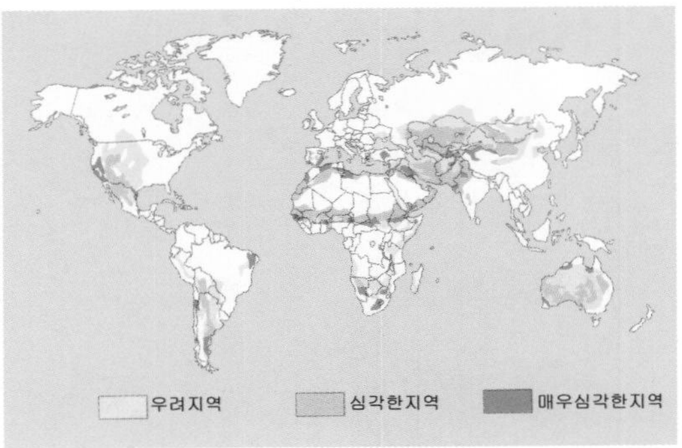

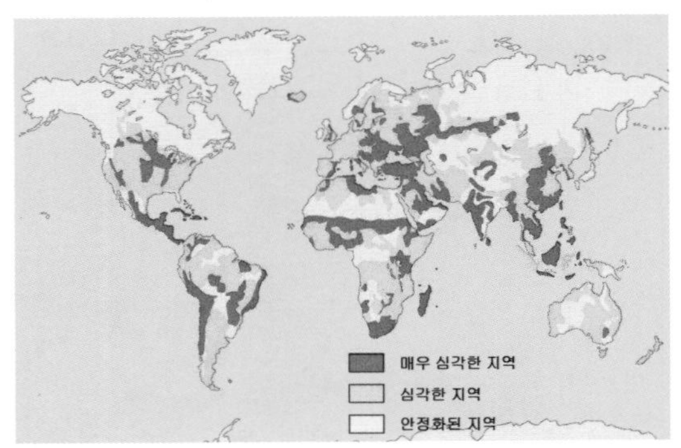

▲ 그림 24. 건조 또는 반건조 지역의 사막화 진행도. 우려 지역은 10~25%의 토지 생산성 감소 지역을 나타내고, 심각한 지역은 25~50%의 토지 생산성 감소, 매우 심각한 지역은 50%이상의 토지 생산성 감소 지역을 의미한다.

▶ 그림 25. 전 세계적으로 많은 지역에서 과도한 토양침식이 진행되고 있다.

관개 활동, ④ 토양의 특성을 고려하지 않은 과경작, ⑤ 농기계와 방목에 의한 토양 압밀 등이다. 특히 과경작, 과방목, 삼림의 과다한 벌채, 무분별한 개발과 같은 인간 활동에 의해 토양의 침식이 가속화되고 있다. 과도하게 토양침식이 진행되고 있는 지역은 사막화 발생 지역과 많은 연관성이 있음을 알 수 있다. ■ 그림 25

세계 최대 사막화 지역은 사하라 사막 주변에서 아라비아 반도를 거쳐 중앙아시아로 이어지는 곳이다. 그래서 지금 아프리카의 많은 나라들이 기아에 허덕이고 있으며 물과 식량을 찾아 이동하고 있다. 사막화는 반건조 지역 중에서도 마을이나 도로를 중심으로 하여 그 바깥쪽으로 퍼져가는 경향이 있다. 그것은 과방목, 과경작, 땔감용 수목의 벌채 등 인위적 식생 파괴가 원인인 것으로 생각된다. 더욱 불행한 것은 일단 사막화가 시작되면 대개 복구가 불가능할 정도로 사막화가 가속된다는 사실이다. 일단 식생이 상실되면 바람이나 물에 토양이 쉽게 침식당하게 되어, 영양분이나 수분을 공급할 토양이 유실된다. 이와 같은 토양은 식물들이 자라지 못하고 사막화는 더욱 가속화되고 만다. 따라서 사막화의 방지책은 식생의 회복이 가능한 초기에 빨리 세워야 한다.

앞에서 설명한 바와 같이, 사막화는 인위적 요인 외에 기후적 요인이 있다. 기후적 요인으로는 지구온난화 현상으로 빙하가 녹아 해수면이 상승하고, 그 결과 기후대가 이동한 것이다. 사하라 사막의 경우, 1980년대 금세기 최악의 큰 가뭄이 이 지역의 사막화 작용을 가속시켰다. 현재로서는 어느 요인이 주된 원인인가는 정확하게 밝혀지지 않았다. 기상학적으로는 사막화 현상을 다음과 같이 설명한다. 적은 비 또는 인위적 식생 파괴로 일단 사막화가 시작되면 태양에너지의 흡수량이 줄어들기 때문에 하강 기류가 우세하게 되어 비를 줄이고, 더욱 사막화가 진행된다. 이를 '포지티브 피드백 메커니즘positive feedback mechanism' 이라 한다.

사막화 현상을 방지하기 위하여 UNEP국제연합환경계획와 민간단체에서 1970년 이후 계속 노력하고 있다. 사하라 사막의 남쪽 끝 사헬 지방은, 사막화가 가장 심각한 상태에 있는 지역 중 하나이다. 민간 기업이 주체가 되어 이 지역에 사막화를 저지하고 녹화하려는 시도로 '사헬 그린벨트 계획'이 있다. 이집트에서 일본 사단법인 사막개발협회가 건조 지대에서의 보수제保水劑를 이용하여 식생 재배를 시도하는 '그린어스 계획Green Earth Project' 등은 사막화 방지를 위한 녹화 계획의 한 예다. 사막화 과정은 대기, 식생, 물, 지형 등의 지표 부근의 다양한 형상과 관계되기 때문에, 더욱 관련되는 여러 과학에 의한 입체적 접근이 필요하다. 더 나아가 위성 자료와 항공사진 판독 등의 정확한 자료를 입력한 기후 모델에 따라 사막화 지역을 최소화할 수 있는 연구도 필요하다.

열대림 및 야생 생물종의 감소

◀ 그림 26. 세계에서 생물 다양성이 가장 큰 17개국. 환경 보존주의자들은 다양한 생물종의 보고를 보전하는 데 있어 전 세계 육상 생물종의 최소 60%가 서식하고 있는 이 17개국의 야생 지역과 자연환경을 우선적으로 집중적으로 보호하는 노력을 기울이는 것이 가장 중요하고 효과적이라고 주장한다.

주로 중남미, 아프리카, 동남아시아에 분포하는 열대림은 지구 삼림 총면적의 44%를 차지하고 있다. 이들은, 지구 규모의 환경 보전 조절 기능을 지니면서, 전 세계 생물종의 반 이상이 서식하는 생물종의 보고임과 동시에 온난화의 원인이 되는 이산화탄소의 흡수원으로서도 그 역할이 크다.■그림 26 FAO국제연합식량농업기구의 조사 결과에 의하면 전 세계의 삼림은 1980년 이후 5년간에 연평균 1,130만 ha 씩 감소했으며 그 이후에도 지속적으로 감소하고 있다.■그림 27 1980년 미국에서 발간된 『서기 2000년의 지구』에서는 금세기 말까지 연간 1,800~2,000만ha씩 세계의 삼림이 감소할 것으로 예측하고 있다.

열대림의 감소와 악화의 원인으로는 열대 지역의 인구 증가, 과다한 화전 이

▲ 그림 27. 1990년에서 1995년 사이의 연간 삼림 벌채율. 삼림 벌채는 북미와 유럽일부를 제외한 대부분의 지역에서 일어나고 있다. 국제연합식량농업기구(FAO), 2000.

동 경작, 과도한 방목, 화재, 선진국에 의한 상업용 벌채 등 여러 요인이 복잡하게 얽혀 있지만, 그중에서도 가장 큰 원인은 화전 이동 경작으로 특히 남미, 아프리카 및 동남아시아 등에서 심각한 실정이다.

열대림 감소에 따른 영향과 피해로는 탈취적인 경작이 계속됨에 따라 토양 비옥도의 저하, 홍수의 발생, 생물종의 감소, 기후 완화 능력의 저하 외에도 이산화탄소 방출량의 증가에 따른 온난화의 가속화 등이다. 삼림 파괴에 의한 이산화탄소 배출량은 화석연료의 연소에 의한 배출량의 30~50%에 달하는 것으로 알려지고 있다. 또한 삼림 파괴에 대한 이산화탄소 배출량은 탄소를 기준으로 10억~26억 톤에 달하며, 이 중 90%가 열대림에서 방출된다.

열대림 문제는 개발도상국의 빈곤, 인구 증가가 삼림 파괴의 배경이 되기 때문에 개발도상국의 입장에서는 지속 가능한 열대림 관리 시스템을 조기에 확립하는 것이 필요한데, ITTO국제열대목재기구를 중심으로 열대 목재 무역의 안정적 확대와 생산국과 소비국의 협력에 의한 삼림의 보전 개발이 지향되고 있다.

◀ 표 1. 서기 2000년까지의 동식물종의 소멸률.

구분		1990년의 생물종 수(만종)	2000년의 소멸률(%)
계		3,000 ~ 10,000	15
열대림	라틴아메리카	300 ~ 1,000	33
	아프리카	150 ~ 500	13
	아시아	300 ~ 1,000	43
비열대림	해양, 하천, 섬 등	2,250 ~ 7,500	8

야생동물에 있어서도, 열대림 감소 등 생육 환경의 악화와 남획 등 인류의 활동에 따라 멸종의 속도가 빨라지고 있다. 표 1에서 보는 바와 같이 열대림 등에 의한 지구환경의 파괴로 인하여 2000년까지 300만~1,000만 종의 동식물이 멸종된 것으로 보고되었다. 이는 전 생물종의 15%에 달하는 막대한 숫자이다. 이러한 추세로 간다면 2050년까지 전 생물종의 20%가 멸종될 것으로 예상된다.

전 지구적인 열대림의 감소와 파괴를 줄일 수 있는 방법들은?

■ 희귀 동식물들이 서식하고 있고 현재 벌채의 위험도가 가장 높은 열대림 지역이 어디인지 확인하여 신속하게 보호구역으로 지정.

■ 단기적이고 지속 가능하지 않은 열대림 이용을 줄이기 위하여 벌목으로 생계를 꾸려나가는 빈민층들의 빈곤을 퇴치.

■ 열대림으로 이주하는 새로운 거주자들을 교육하는 프로그램을 마련하여 지속 가능한 농업과 임업 등에 대한 기술들을 습득시킴.

■ 지속 가능하지 않은 삼림 이용, 벌채 등에 대해서는 범정부 차원의 지원을 끊고 또한 무거운 세금과 벌금을 부과하는 동시에 이와 반대로 지속 가능한 개발과 생물 다양성 보호에 근거한 개발 등에 대해서는 범정부 차원의 지원.

■ 지속 가능한 방법으로 생산된 목재들만을 심사하여 상표등록을 가능하게 하기 위한 국제적인 공조 체제 확립.

■ 인도에서 성공한 사례와 같이, 열대림 보호를 위한 감시 등에 대한 일체의 권한을 중앙정부에서 지방정부로 대폭 이양.

■ 개발도상국과 선진국에서 산업용 목재, 종이 등에 대한 수요를 줄이고 과다사용으로 인하여 발생하는 폐기물들을 줄임.

삼림 남벌 얼마나 되고 있나?

삼림은 우리에게 적지 않은 혜택을 제공한다. 가장 명백한 이익은 약 5,000종에 달하는 갖가지 제품에서 찾아볼 수 있는데, 주로 건축용 목재, 가구, 종이, 장작 등이 여기에 포함된다. 전 세계적으로 보면 삼림은 세계 GDP 총량의 약 2%, 즉 미화 6,000억 달러 이상을 기여하는 것으로 추산된다. 뿐만 아니라, 삼림은 도시 거주자들에게 휴식처를 제공하며, 강과 저수지를 진흙 구덩이로 전락시키는 토양침식을 막는 데도 일조하고, 또 홍수 피해를 경감시키기도 한다. 특히 열대우림은 수많은 동물종의 서식처가 되고 있다. 하지만 최근 들어 이러한 삼림 파괴와 살림 면적의 감소가 전 지구적인 문제가 되고 있다. 삼림 감소 문제의 전반적인 심각성을 파악하기 위해서는 먼저 실제로 사라지고 있는 열대림이 과연 얼마나 되는지를 살펴볼 필요가 있다.

· 유명한 생물학자인 노먼 마이어스Norman Myers는 1990년대 초에 매년 전체 삼림의 2%가 파괴되고 있다고 주장했다.

■ 카터 미국 전 대통령이 발표한 환경 보고서 『글로벌 2000』은 매년 2.3~4.8%의 열대림이 사라지고 있다고 추정했다.

■ 나이지리아나 마다가스카르 같은 나라들은 원래 가지고 있던 열대우림을 절반 이상 잃어버렸다고 시인하고 있다. 그리고 중앙아메리카 국가들은 대체로 전체 삼림의 50~70%를 잃어버린 것으로 짐작된다.

■ 1988년 브라질 우주개발국INPE의 과학자들은 인공위성 영상 분석을 통해 아마존 유역의 열대우림에서 연간 무려 7,000건의 화재가 발생했다는 사실을 밝혀냈으며, 브라질이 매년 800만ha—전체 삼림의 약 2%에 해당된다—의 삼림을 베어내고 있다고 발표했다. 이 발표로 인해 브라질 정부는 복구가 불가능한 자연을 마구잡이로 훼손하고 있다는 거센 비난을 받아야만 했다. 그러나 이 수치가 엄청나게 과장된 것이라는 말들도 흘러나왔다. 여러 가지 자료를 종합했을 때 인류가 아마존 지역에 처음 도착한 이후 이제까지 이 지역 전체에서 벌채된 면적은 약 14% 정도인 것으로 추정되고 있다.

지구의 미래

지구환경 보전을 위한 국제 협약

18세기 산업혁명 이후 각종 화석연료의 사용 증가는 필연적으로 환경문제를 야기하였다. 20세기 들면서 그동안의 경공업 중심의 산업이 제철과 화학 등 중공업 중심으로 전환됨에 따라 환경문제는 더욱 악화되었다. 이제 환경문제는 지구촌 전체의 문제요, 인류 생존권에 관한 핵심 문제로 대두하게 되었다. 지구촌 위기에 대한 각국의 공동 노력은 결실을 맺어 1968년 UN 총회의 결의에 따라 1972년 스웨덴의 수도 스톡홀름에서 '국제연합인간환경회의'를 개최할 것을 결의하였다. 20년 뒤 1992년 6월에는 '지구환경정상회의Earth Summit'가 브라질의 수도 리우데자네이루에서 열렸다.

국제연합인간환경회의

'하나뿐인 지구'를 보호하기 위한 국제연합인간환경회의The United Nations Conference on the Human Environment가 1972년 6월 5일부터 12일까지 스웨덴의 스톡홀름에서 전 세계 113개국 대표가 참석한 가운데 개최되었다.

이 회의는 환경문제를 토의하기 위한 인류 역사상 최초의 정치적 수준의 회의였다는 점에서 큰 의의가 있으며, 이미 환경오염이 심각한 수준에 이르렀던 선진국뿐만 아니라 개발도상국의 정부 및 국민들의 환경에 대한 인식을 높이는 데도 크게 기여하였다. 국제연합인간환경회의의 결과는 크게 '국제연합인간환경선언', '인간 환경을 위한 행동 계획 채택' 및 '국제연합환경계획'의 창설 권고 등이다.

국제연합인간환경선언Declaration of the United Nations Conference on the Human Environment은 전 세계 인류에게 인간 환경의 보전과 향상에 대한 공동 인식과 일반 원칙을 천명하였으며, 전문 7개조, 원칙 26개조로 구성되어 있다.

인간환경보전을 위한 행동 계획에는 국제연합인간환경회의의 개최일인 6월

지구의 날

4월 22일은 미국의 자연환경보호 기념일인 '지구의 날(The Earth Day)'이다. 1977년 4월 22일, 2천만 명의 자연보호론자들이 모여 미국 역사상 최대의 자연보호 캠페인을 전개하고, 시위운동까지 한 날을 기념해서 제정된 자연환경 보존의 날이다. 해마다 이날이 오면 미국의 모든 자연보호주의자들이 미국 전역에서 자연의 보호와 관리, 환경오염과 생태계의 파괴 등에 대하여 경각심을 높이기 위한 갖가지 행사를 벌이는데, 이는 어느 특정 지역이나 국가의 차원을 넘어 전 인류에 호소하는 운동으로 이해되고 있다.

5일을 '환경의 날'로 지정, 환경에 대한 공공 인식을 증진토록 권고하였으며, 이에 따라 1972년 제27차 UN 총회는 매년 6월 5일을 '세계 환경의 날'로 지정 공고하였다. 현재 주요 국가에서는 이날을 전후로 하여 환경 보전에 대한 인식의 제고를 도모하기 위한 각종 세미나, 전시회 등의 행사와 함께 전국적인 환경 보전 캠페인 등을 전개하고 있다.

스톡홀름의 국제연합인간환경회의 결정에 따라 1973년 UN 산하에 결성된 UNEP는 환경문제를 전담하는 국제기구로서, 세계의 모든 국가를 회원국으로 하고 있으며, 케냐의 나이로비에 본부를 두고 있다. 이 기구는 UN 기구 내의 모든 환경 관련 사항은 물론 기타 국제적인 제반 환경문제에 대한 통합 조정 및 촉매적 역할을 담당하고 있다.

오존층 보호를 위한 국제 협약

오존층의 파괴 문제는 1974년 롤랜드 박사가 제기한 이후 비교적 짧은 시간 내에 전 세계적인 규제 체제를 수립하게 된 국제 환경보호에 있어서 중요한 이정표를 세운 분야이다. 여기에서 큰 역할을 한 것은 UNEP이다.

1985년 비엔나에서 오존층의 보호를 위한 회의가 개최되었는데 마지막 날에 오존층 보호를 위한 '비엔나 협약Vienna Convention'이 채택되었다. 그러나 비엔나 협약은 선언적인 골격적 협약에 그쳤으며, 구속력 있는 실제적인 규제 내용을 담지는 못하였다.

비엔나 협약이 남긴 문제를 다루기 위한 회의가 1987년 몬트리올에서 개최되어 오존층을 파괴시키는 물질에 대한 '몬트리올의정서Montreol Protocol'가 채택되었다. 몬트리올의정서는 필요한 비준을 획득하여 1989년 1월부터 발효되었다. 그 주요 내용은 오존층 파괴 물질의 단계적 감축, 비가입국에 대한 통상 제재 및 최소 4년마다 규제 수단의 재평가 등이다.

리우 회의

1992년 6월 브라질의 리우데자네이루에서 환경과 개발에 관한 국제연합 회의UNCED, Earth Summit가 178개국 대표가 참가한 가운데 개최되었다. 이 회의에서는 1972년 국제연합인간환경회의 이후의 지구환경문제에 대한 심각성을 논의하고, 21세기를 향한 지구인의 행동 강령인 '리우선언', '의제 21'의 채택과 함께 '기후변화 협약', '생물 다양성 협약' 등이 채택되었다.

리우선언은 국제사회가 환경과 개발의 조화를 추구하는 데 필요한 정치적이고, 철학적인 기본 지침이라 할 수 있다. 전문과 27개 기본 원칙으로 구성되어 있고, 지구환경 보전을 위한 지구인 전체의 기본 선언이라는 측면에서 뜻하는 바가 크며, 환경적으로 건전하고 지속 가능한 개발을 지향하는 선언적 규범이다.

21세기 지구환경 보전을 위한 행동 계획으로 리우선언이 모범이라면 의제 21Agenda 21은 그 시행령에 해당된다고 할 수 있다. 의제 21은 전문과 4개부로 구성되어 있으며, 사회경제적 문제를 다룬 제1부, 자원의 보존 관리를 다룬 제2부, 주요 그룹의 역할을 다룬 제3부 및 이행 방안을 다룬 제4부 등 모두 38개장으로 되어 있다. 의제 21 자체가 강제적인 규제 조항은 아닐지라도 향후 국가 간의 협약 등에 기본 원칙이 될 것이라는 측면에서 그 의의가 크다.

지구 재생 계획

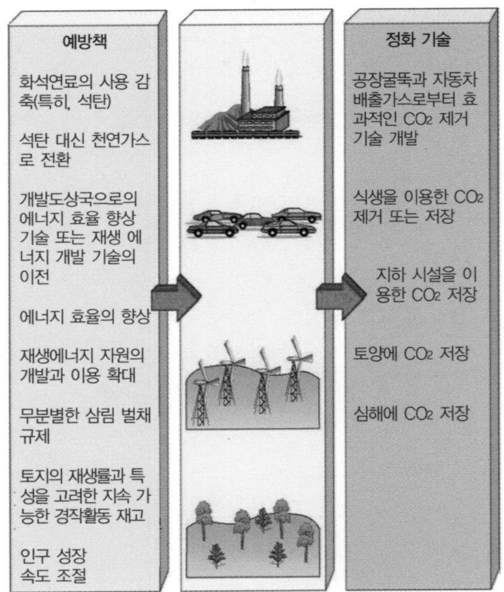
예방책
화석연료의 사용 감축(특히, 석탄)
석탄 대신 천연가스로 전환
개발도상국으로의 에너지 효율 향상 기술 또는 재생 에너지 개발 기술의 이전
에너지 효율의 향상
재생에너지 자원의 개발과 이용 확대
무분별한 삼림 벌채 규제
토지의 재생률과 특성을 고려한 지속 가능한 경작활동 재고
인구 성장 속도 조절
정화 기술
공장굴뚝과 자동차 배출가스로부터 효과적인 CO_2 제거 기술 개발
식생을 이용한 CO_2 제거 또는 저장
지하 시설을 이용한 CO_2 저장
토양에 CO_2 저장
심해에 CO_2 저장

▲ 그림 28. 21세기 동안 지구온난화를 늦추거나 예방할 수 있는 대책들.

지구온난화 대책

증가하고 있는 온실가스 배출로부터 지구온난화를 늦추기 위해서 전문가들은 다양한 예방책과 온실가스 정화 기술들을 제시해오고 있다.■ 그림 28 지난 20~30년간 다양한 대책들을 마련하여 점차적으로 수행한 결과, 지구온난화, 대기오염, 삼림 파괴, 생물 다양성의 감소와 같은 여러 가지 문제들을 동시에 어느 정도 줄일 수 있었다. 뿐만 아니라, 수많은 경제 연구 결과들은 그림 28에서와 같은 다양한 대책들을 수행함으로써 세계 경제 발전을 촉진시킬 수 있고, 특히 높은 실업률을 안고 있는 저개발 국가들에서 새로운 일자리를 창출해낼 수 있으며, 여러 문제들이 발생된 후 처리하는 비용보다 훨씬 더 적은 비용만으로도 예방할 수 있다는 사실들을 뒷받침해주고 있다.

앞서 설명했듯이 여러 가지 온실가스 중 이산화탄소가 지구온난화에 가장 크게 영향을 주기 때문에 이산화탄소에 대한 대책을 좀 더 자세하게 알아보자.

이산화탄소 대책

지구온난화를 일으키는 이산화탄소는 화석연료의 연소, 삼림 파괴나 시멘트 제조 과정 등을 통해서 발생한다. 1987년 기준으로 세계의 이산화탄소 배출량은 연간 약 85억 톤탄소로 환산이다. 온난화를 가속시키지 않기 위해서는 적어도 1990년 수준으로 배출량을 억제하는 일과 더욱이 이를 방지하기 위해 30%의 삭감이 필요하다.

이산화탄소를 억제하는 대책은 제도적인 방법과 기술적인 방법으로 나눌 수 있다. 전자에 속하는 방법에는 에너지의 사용을 제한함으로써 배출을 직접 규제하는 것과 세금이나 과징금을 부과하는 방법, 배출권을 매매하는 국제적인 시장을 만들어 배출을 억제하는 등의 간접적인 방법이 있다.

기술적인 방법으로서는 이산화탄소를 배출하지 않거나, 배출이 적은 자연에너지나 원자력의 사용, 화석연료에서 에너지로 변환하는 효율을 높이는 방법 등을 생각할 수 있다. 주택의 단열화나 새로운 교통수단의 전환 등, 생활의 다양한 분야에서 철저하게 에너지 절약을 실천하는 일도 중요하다. 현재는 실용화되지 못하고 있지만, 태양에너지, 바이오매스 에너지, 수소에너지 등 무공해 에너지는 과학 기술의 급속한 발전에 힘입어 가까운 시일 내에 실용화될 수 있을 것이다. 또한 이산화탄소를 심해저 또는 미생물을 이용하여 고정시켜 대기 중에 존재하고 있는 양을 줄이는 방법 등이 연구되고 있다.

▼ 그림 29. 이산화탄소 심해저 저장 계획.

'이산화탄소 심해저 저장 계획' ■그림 29은 액화시킨 이산화탄소를 심해의 구덩이에 저장하는 계획이다. 이산화탄소는 고압, 저온 상태가 되면, 바닷물보다 무거워져 가라앉게 되어, 표면이 셔벗sherbet : 과즙에 향료나 설탕 등을 넣은 청량음료처럼 되어 바닷물로 퍼지기 어려워진다. 이런 액체 상태의 이산화탄소를 심해의 구덩이에 주입하면, 해저에 머물게 할 수 있다. 이 상태의 이산화탄소는 서서히 해저로 흩어지면서, 생물 시체가 쌓여 생긴 탄산칼슘을 풍부하게 포함하고 있는 심해의 진흙과 중화되어 무해한 중탄산 이온으로 바뀔 것이다. 현재 해양생태계에 미치는 영향이나 해양에서의 이산화탄소순환 등에 대한 기본적인 조사가 진행 중인 이 계획이 성공적으로 실시되면 막대한 양의 이산화탄소를 대기로부터 감소시킬 수 있을 것으로 기대되고 있다.

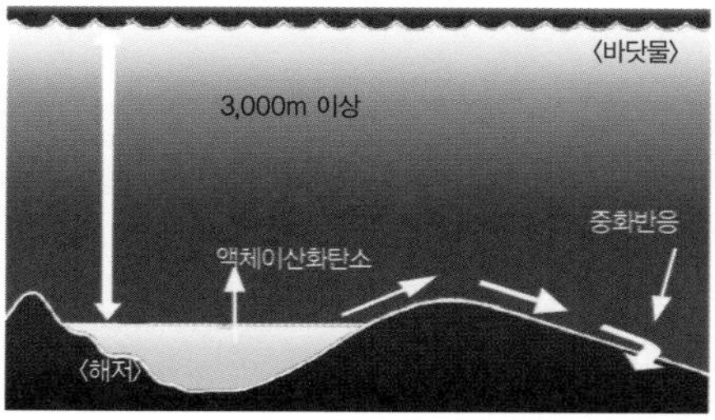

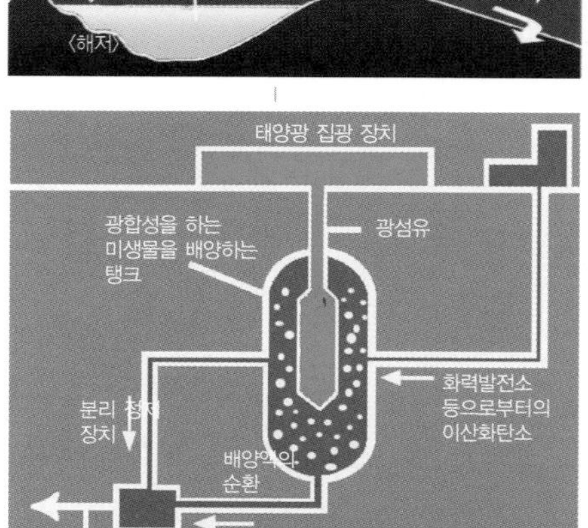

▲ 그림 30. 이산화탄소 고정화 시스템.

'이산화탄소 고정화 시스템'은 미생물을 배양한 탱크에서 이산화탄소를 고정화하는 계획이다. ■그림 30 식물성 플랑크톤은 대기 중의 이산화탄소를 이용하여 광합성을 함으로써, 대기 중의 이산화탄소의 양을 감소시키는 역할을 하고 있다. 매우 효율적으로 광합성을 하는 식물성 플랑크톤을 탱크에서 대량으로 배양하고, 화력발전소 등으로부터 배출된 이산화탄소를 탱크에 공급하여 광합성을 함으로써, 대기 중의 이산화탄소의 증가를 감소시킬 수 있다. 효율면에서는 다소 떨어지지만 생물의 이용은 환경에 부하를 주지 않는 새로운 테크놀로지라 할 수 있다.

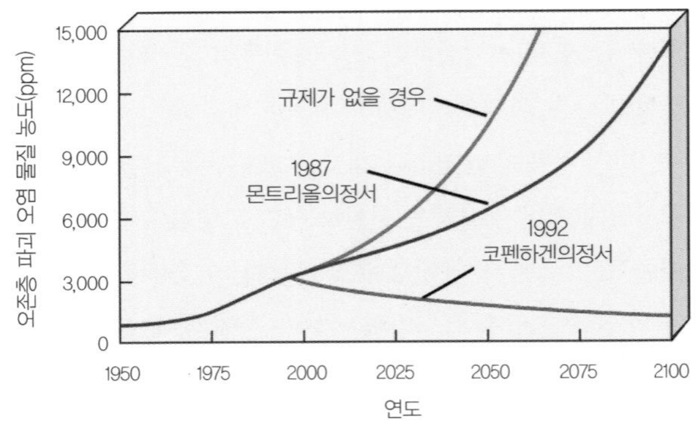

▶ 그림 31. 세 가지 시나리오에 의해서 예상된 성층권 내 오존층 파괴 오염 물질의 농도.

오존층 보존

오존층을 보호하기 위하여 앞으로 해야 할 일들이 여러 가지가 있다. 먼저, 우리 생활에 깊이 자리를 잡고 있는 프레온에 대한 인식을 새로이 해야 한다. 다행히 오존층의 보호는 전 세계적으로 인식되어 예방책을 세워나가야 한다고 합의하게 되었다. 1990년 개정된 몬트리올의정서는 프레온가스의 생산을 단계적으로 감소시켜 나간다는 것이다. 1년 이내에 1986년 수준으로 생산량을 동결하고, 1993년에는 1986년의 20% 수준으로, 1997년에는 50% 수준으로 감축하며 서기 2000년까지 오존층 파괴 물질을 폐기하기로 합의하였다. 이와 같은 규제를 통하여 2050년에는 1980년 수준, 2100년에는 1950년 수준까지 오염물질의 농도를 감소시킨다는 목표이다.■ 그림 31

이에 따라 오존층이나 환경을 손상시키지 않는 프레온가스의 대체품 개발을 위해 활발히 연구 중이다. 대체품은 주로 오존층을 파괴하는 염소를 포함하지 않는 것이나, 염소를 포함하고 있어도 성층권에 도달하기 전에 분해되는 것이어야 한다. 지구환경을 지키려면 전 세계가 협력하여 프레온가스는 물론 대체품도 이제까지처럼 무제한으로 대기 중으로 방출하는 일이 없도록 해야 할 것이다.

또 그들을 사용한 후 회수해서 다시 이용할 수 있는 방법을 개발하는 일도 아주 중요하다.

그러나 이와 같은 방법으로는 이미 대기 중에 방출된 대량의 프레온가스를 회수하기는 어렵다. 그래서 인공적으로 오존을 공급하여 파괴된 오존층을 복구하기 위한 '오존층 수복 프로젝트'가 제안되어 있다.■ 그림 32 대류권을 나는 비행기로 풍력 발전을 하여, 그 에너지를 성층권에 있는 오존 발생 장치를 실은 비행기나 비행선에 보내 오존을 생성한다. 오존을 생성하기 위해서 두 전극에 고압을 거는 방전법코로나 방전 등을 생각할 수 있다.

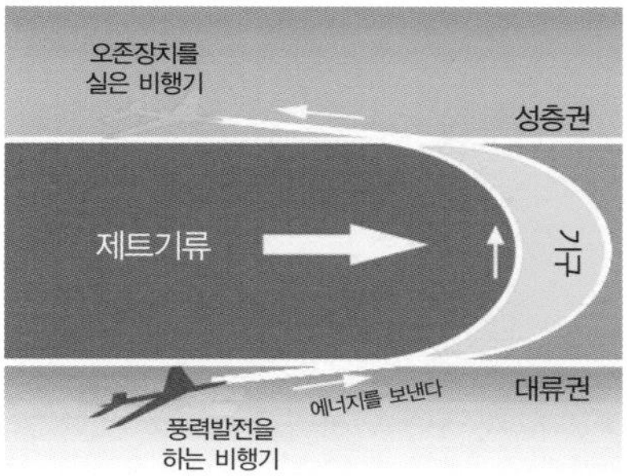

▲ 그림 32. 오존층 수복 프로젝트.

환경문제와 지속 가능성Sustainability

환경이란 생명체에 영향을 미치는 모든 요소들을 포괄해서 지칭하는 말이다. 이러한 환경을 연구하는 과학을 환경과학이라고 하는데 자연과학 분야생태학, 생물학, 화학, 지구과학와 사회과학 분야경제학, 정치학, 윤리학에서 얻은 정보와 원리들을 종합적으로 이용하는 학제간interdisciplinary 연구 분야로서 전 지구 규모의 환경을 이해하고, 인간의 활동이 생태계에 미치는 영향을 고찰하여, 인류가 당면한 환경문제들을 평가하고 해결 방안을 제시한다. 앞서 언급한 바와 같이, 최근 환경과학 분야에서 다루고 있는 현재 인류가 직면하고 있는 주요한 환경문제들로는 인구의 폭발적 증가, 자원의 고갈, 생태계 파괴, 희귀 동식물의 멸종 위기, 빈곤, 환경오염 등을 들 수 있다.

최근 들어 많은 환경학자들이 '지속 가능성sustainability' 이라는 용어를 자주 사용하고 강조하고 있다. 지속 가능성이란 현 세대 인간의 모든 활동이 미래 세대의 후손에게 열려 있는 경제적, 사회적, 그리고 생태학적 선택권의 범위를 침해하거나 제한해서는 안 된다는 것을 의미한다. 그러면 환경적으로 지속 가능한 사회environmentally sustainable society는 어떻게 정의할 수 있겠는가? 그러한 사회는 다름 아닌 천연 자원의 양과 질을 고갈시키거나 저하시키지 않음으로써 현재 또는 미래 세대의 인간을 포함한 생물종들의 기본적인 소용basic needs에 대한 충족을 방해하지 않으면서 사회 구성원들의 기본적인 소용을 만족시킬 수 있는 사회를 말한다. 기본적인 소용이라 함은 생명체가 건강하게 살아가기 위해서 필수불가결한 것들로 충분한 양식, 맑은 공기와 물 그리고 쾌적한 서식처를 의미한다. 특히 최근 들어 환경적으로 지속 가능한 경제 개발environmentally sustainable economic development의 패러다임이 널리 인식되고 있다. 환경적으로 지속 가능한 경제 개발은 경제 성장이라는 단일 목표 아래 과거에 진행되었던 전통적인 경제 개발traditional economic development에 대비되는 개념으로, 위에서 정의한 지속 가능성이라는 요건을 갖춘 경제 성장을 위한 개발을 의미한다. 다시 말하면, 환경적으로 지속 가능한 경제 개발은 환경적으로 지속 가능한 사회의 구성 요건들 중 경제적인 요건이라 할 수 있다. 요컨대, 환경적으로 지속 가능한 사회로의 전환은 정부, 기업, 개개인들이 어떤 결정을 내릴 때 사회적, 경제적, 환경적 목표와 정책을 통합함으로써 이루어질 수 있다.■그림 33

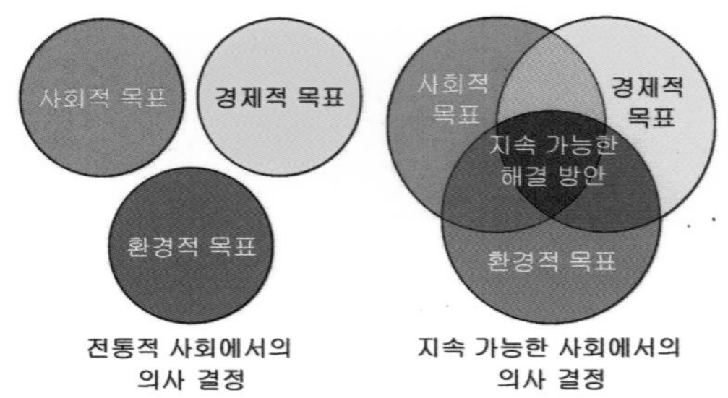

▶ 그림 33. 전통적인 사회와 지속 가능한 사회에서의 의사결정 유형.

우리의 현재 환경은 지속 가능성을 확보했는가?

환경 전문가들 사이에서조차도 현 인류가 직면하고 있는 인구문제와 환경문제가 어느 정도 심각하고 또 그러한 문제들에 대한 해결책이 무엇인가에 대하여 많은 논쟁이 있다. 환경 낙관론자들은 인류의 지성과 기술 발전의 덕택으로 오염 정도를 허용치 이하까지 낮출 수 있으며, 고갈되는 자원을 대체할 수 있는 물질들을 찾아낼 것이고, 과거로부터 현재까지 지구가 인간을 포함한 생태계를 지탱해왔듯이 앞으로도 그렇게 유지시킬 수 있을 것이라고 믿는다. 이에 반해 비관론적인 환경론자들은 우리가 직면하고 있는 환경문제의 심각성을 강조하고 인류의 삶의 질을 높이면서 환경을 보전한다는 것은 불가능하다고 본다. 저명한 경제학자이면서 환경론자들에 대한 비판론자인 줄리안 사이먼Julian L. Simon 교수는 인류의 기술 진보가 인류의 기아와 건강, 삶의 질을 높이는 데 많은 기여를 해왔으며, 이러한 기술적인 진보는 필연적으로 환경의 악화를 수반할 수밖에 없고, 인류는 이러한 양면성을 피할 수 없을 것이라고 강조하였다. 그리고 인류의 기술 진보는 지금보다 훨씬 증가할 미래의 인구수를 감당할 수 있으리라고 장담한다. 이에 비해 환경론자들과 많은 저명한 과학자들은 인간을 포함한 생물의 생존 터전인 지구환경이 빠른 속도로 파괴되어왔고 앞으로도 가속되리라는 점에 동의한다. 1991년, 저명한 생태학자들로 구성된 미국 생태학회에서는 인류사회에 다음과 같은 화두를 던졌다.

> 인간의 활동에 의해서 야기된 환경문제들은 이미 지구의 생태 환경에 심각한 위협이 되기 시작했다.

1992년 11월 18일, 과거 노벨상을 수상한 196명 중 생존해 있는 102명과 세계 70여 개국에서 모인 1,680명의 세계적인 선도 과학자들은 세계 모든 국가들의 지도자들에게 다음과 같은 '인류 세계 과학자들의 경고World Scientists' Warning to Humanity'를 긴급하게 타전했다.

> 삼림 벌채, 생물종의 멸종, 기후변화 등에 의해서 야기된 환경 손상과 더불어서 인간들이 지금까지 임의대로 자행해온 생태계 파괴는 현 시점에서 인간들이 단편적으로 이해하고 있는 생물 시스템 간의 역동적인 상호 작용을 파악조차 할 수 없을 정도로 심각하게 붕괴시키면서 광범위한 부작용을 일으켜왔다. 십 년 또는 수십 년 안에 현재 인류가 직면하고 있는 위협들을 막을 수 있는 기회는 사라질 것이며 결국에는 인류의 미래에 대한 전망도 불투명해질 것이다.

뿐만 아니라, 1992년, 세계적인 두 개의 선도 과학 기관인 미국 과학아카데미와 런던 왕립학회는 '인구 성장, 자원 소비 그리고 지속 가능한 세계Population Growth, Resource Consumption and a Sustainable World'라는 공동 선언문을 채택하였는데 그 내용은 아래와 같다.

> 만약 미래의 인구 성장에 대한 현재의 예측이 정확하고 지구 상에서 행해지고 있는 인간 활동의 유형이 변화하지 않는다면, 인간의 과학 지식과 산업 기술로는 현재 진행되고 있는 환경 악화를 회복시킬 수 없을 것이며 세계 인구 대다수가 계속되는 빈곤을 극복하지 못할 것이다. 회복될 수 없는 환경 악화가 당장 멈춰지지 않는다면 지속 가능한 개발도 불가능할 것이다.

현재 우리 인류가 처해 있는 환경문제의 심각성을 주지시키려는 이러한 경고들은 환경문제에 대하여 연구하고 있는 대부분의 세계적인 주류 과학 기관들의 합의된 인식이다.

지속 가능한 사회로의 전환

우리는 지금까지 자원 고갈과 환경오염 등을 포함하는 인류가 직면해 있는 여러 가지 환경문제들에 대하여 생각해보았다. 요컨대 이러한 문제들을 해결하기 위한 유일한 방법은 지속 가능한 사회로의 전환이다. 지속 가능한 사회라 함은 인류의 복지 증진과 보다 더 나은 수준의 삶을 위한 경제 발전이 환경문제를 고려하면서 이루어지는 사회를 말한다. 이를 위해 우리가 앞으로 추구해야 할 지속 가능성을 확보한 경제 발전을 위한 사회는 경제 성장만이 최우선적인 목표였

▶ 표 2. 전통적인 경제 개발과 환경적으로 지속 가능한 경제 개발

비교인자	전통적인 경제 개발	환경적으로 지속 가능한 경제 개발
생산 기준	3,000 ~ 10,000	질
천연자원 관리	소홀	매우 중요
자원 생산성	비효율적(높은 폐기물 발생)	효율적(낮은 폐기물 발생)
자원 사용량	많음	적음
자원 성격	비재생성(소모성)	재생성
자원 후처리	폐기	재활용, 재이용, 퇴비화
오염 관리	정화(유출 후처리 중심)	예방(유입 관리 중심)
계도 원리	손익 분석 중심	방지와 예방 중심

던 전통적인 산업사회와 여러 측면에서 다르다.■ 표 2

지속 가능하지 않은 사회에서 지속 가능한 사회로 전환하려면 다음과 같은 원칙들에 대한 인식이 필요하다.

- 지속 가능한 모든 행위에 대한 적극적인 보상과 지지.
- 환경 악화 및 훼손 행위에 대한 강력한 제재와 규제.
- 인류 복지 향상 정도와 환경적, 경제적으로 지속 가능한 사회로의 전환에 대한 진전 정도를 나타낼 수 있는 환경적, 사회적 지표 활용.
- 환경 비용을 포함한 제품과 서비스의 완전한 시장가격 설정.
- 임금과 이윤에 근거한 세금 부과로부터 자원물질과 에너지 사용량에 근거한 세금 부과로의 전환.
- 비재생성 또는 고갈되기 쉬운 천연자원들의 미래 가치를 평가할 때 낮은 할인율discount rate 적용.
- 자원 생산성효율성 증진 제고.
- 물질의 사용보다 용역의 사용을 더 중시.
- 재생성 자원토양자원, 수자원, 산림자원, 야생 생태자원의 재생 속도보다 더 빠른 이용 금지.

· 비재생성소모성 자원의 이용 시 대체 자원의 개발 속도를 고려해서 이용.
· 지구의 자정 능력으로 인해 오염 물질들이 희석, 분해, 동화되는 과정에 소요되는 기간을 고려하여 오염 물질 관리.
· 사업 또는 경영에 있어서 환경 관리에 대한 인식 반영.
· 인구 성장 속도 조절과 빈곤 퇴치.

생명의 지구, 가이아Gaia

1970년대 초 영국의 대기 과학자 러브록J. Lovelock은 지구를 하나의 살아 있는 생물체로 정의한 '가이아 이론'을 발표하여 20세기 후반의 과학계에 커다란 파문을 일으켰다. 가이아란 그리스신화에 등장하는 대지의 여신이다. 러브록에 따르면 가이아는 지구의 생물, 대기권, 대양 그리고 토양까지를 포함하는 하나의 범지구적인 실체이다. 지구를 생물과 그것의 환경, 즉 생물과 무생물로 구성된 하나의 초유기체로 보는 것이다. 따라서 가이아 이론에 의하면 지구는 자기 조절 기능을 갖고 있으며, 마치 자동 온도 조절기처럼 능동적으로 주위 환경을 조절하는 것은 이 지구 상의 모든 생물이라는 것이다.

가이아 이론의 주창자 러브록이 가이아의 존재를 증명하기 위하여 제시하는 가장 중요한 단서는 대기권의 화학조성이다. 지구 대기권의 경우, 그 화학적 조성이 매우 미묘하고 대부분 화학의 일반 원리에 들어맞지 않음에도 불구하고 이러한 무질서의 와중에서 생물계에 유리한 조건이 유지되고 있는 까닭은 생물이 대기조성을 능동적으로 조절하고 유지했기 때문이라는 것이다. 예컨대 산소와 메탄가스는 대기권에서 항상 일정한 농도를 유지한다. 두 기체는 서로 반응하여 이산화탄소와 물을 만든다. 그러나 메탄가스의 농도는 지표면 어느 곳에서든지 1.5ppm으로 일정하다. 이 농도가 지속적으로 유지되려면 해마다 약 10억 톤의 메탄가스가 대기권으로 유입되어야 한다. 아울러 메탄가스의 산화로 소진되는 산소를 보상하기 위하여 매년 약 20억 톤의 산소가 필요하다.

러브록은 이와 같이 불안정하기 이를 데 없는 대기권의 조성이 오랫동안 일정하게 유지될 수 있었던 것은 범지구적인 규모의 자기 조절 체계, 즉 가이아가 존재했기 때문이라고 주장한다. 산소와 메탄가스는 생물에 의하여 대기권에 재충전된다. 산소의 공급원은 녹색식물이다. 메탄가스는 늪지나 해저처럼 산소가 희박한 조건에서 살고 있는 혐기성 박테리아에 의하여 생산된다. 결국 대기권의 조성이 생물체에 의하여 생물체의 생존에 적합하도록 조절된다는 것이 가이아 이론의 핵심인 것이다.

태고의 지구환경은 이산화탄소의 농도가 매우 높고, 이로 인한 온실효과로 지구의 평균기온이 30℃ 이상이었으며, 산소의 부재로 인하여 태양 자외선이 매우 강했다. 이러한 환경에서 광합성 박테리아의 등장은 이산화탄소의 감소와 산소의 증가를 유발했다. 산소가 나타나면서 오존층이 형성되어 자외선의 강도가 약해지자 육지의 곳곳에서도 생물들이 등장해 마침내 그들은 활발한 광합성으로 산소의 농도를 현재처럼 21% 정도로 유지할 수 있었다. 이런 가이아 이론에 근거하여, 화성 착륙선 바이킹호의 자문 위원이었던 러브록은 화성에는 생물체가 내놓는 특정 기체가 없기 때문에 생물체가 존재하지 않지만, 지구는 생물체가 내뿜

▶ 그림 34. 지구 대기에 대한 생물의 영향.

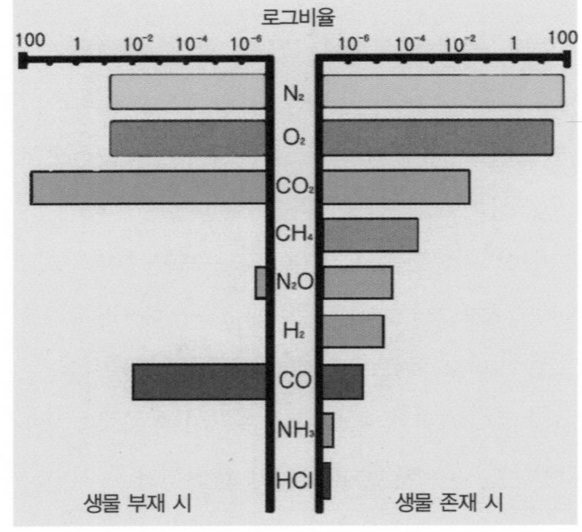

는 기체가 대기 중에 존재하여 많은 생물들이 살아가고 있다고 하였다.■ 그림 34

'생물들 스스로가 지구의 환경을 조절한다'는 요지의 가이아 이론이 학계에 알려지자 열렬한 찬성과 극단적인 비판이 함께 쏟아졌다. 한쪽에서는 가이아 이론이 지구와 인류의 과거와 미래를 예측하는 훌륭한 이론이라는 찬사를 받은 반면 다른 한편에서는 사이비 과학 또는 목적론적 과학이라는 혹평까지 받았다. 이러한 비판에 대응하기 위하여 러브록은 1982년 '데이지 세계Daisyworld' 라고 불리는 가이아의 컴퓨터 모델을 제시하였다.

데이지 세계는 지구와 비슷한 크기를 가진 행성인데, 태양과 같은 질량과 광도를 가진 별 주위를 공전한다. 이 행성의 주 생물은 데이지라는 국화과 식물로

서, 밝은 색과 어두운 색 두 종류가 있다. 데이지 세계의 환경을 결정하는 변수는 온도이다. 말하자면 데이지 세계의 생물은 데이지 한 종류, 환경은 온도 한 가지로서 단순화된 축소판 지구인 셈이다.

어두운 데이지 꽃은 에너지를 흡수하여 온도를 상승시키고, 밝은 색 데이지 꽃은 에너지를 반사하여 온도를 하강시키는데, 주변 환경에 따라 두 종류 꽃의 번식 정도가 달라진다. 러브록은 데이지가 서로 경쟁적으로 성장함으로써 마치 자동 온도 조절기처럼 작용하여 데이지 세계의 기온을 조절할 수 있다는 사실을 보여주었다. 컴퓨터 프로그램으로 말 없는 식물이 행성의 온도를 그들의 생존에 적합하도록 유지시켜 나가는 과정을 모의실험으로 증명해 보인 것이다.

▲ 그림 35. 러브록이 발표한 가이아 (Gaia). 그는 지구를 살아 움직이는 거대한 생명체로 정의하여, 커다란 파문을 일으켰다.

가이아의 과학성 못지않게 세인의 관심을 끄는 문제는 바로 가이아의 환경에 대한 이해이다. 가이아 이론은 지구 전체를 살아 있는 하나의 유기체로 파악한다. 따라서 가이아에서 인간은 매우 미미한 존재이며, 인간이 저지른 각종 환경오염은 가이아가 지금까지 보여준 자정 능력에 비하면 매우 가벼운 병이라는 것이다. 러브록은 오존층의 파괴에 의한 자외선의 증가나 심지어 핵 발전 사고 시 유출되는 다량의 방사능도 가이아에게 그렇게 치명적이지 않다고 주장한다.

논쟁의 여지가 있더라도 가이아 이론은 지구의 섬세한 평형 유지에 생물체가 매우 중요한 역할을 하고 있다는 것을 시사한다.■ 그림 35 지구 전체의 대기는 단순히 생물들이 살아가는 환경이 아니라, 생물이나 생물체의 목적을 위하여 만들어진 것이다. 지구는 살아 있는 행성이며, 모든 생물체는 공기와 바다, 그리고 육지를 통한 영양소 분배에 지구적인 순환과정을 일부를 담당하고 있다. 이런 지구적인 순환과정의 연결을 이해하는 일은 지구에 대한 새로운 전망을 갖게 해준다.

균형 잡힌 지구

제42대 미국 대통령 선거에서 부통령으로 당선된 엘 고어L. Gore가 쓴 『균형 잡힌 지구Earth in the Balance』가 미국 내에서 베스트셀러가 되었다. 지구가 처한 여러 가지 위기 상황을 분석하고 국가 정책적 차원에서의 대처 방안을 제시하며, 특히 미국의 국가 이익과 지구환경문제와의 관계를 취급한 책이다. 지구의 위기란 결국 개발 일변도의 정책과 각 국가별 국가 이익에 치우친 나머진 지구 이익, 지구 균형의 파괴를 가져왔다고 본다. 과감하게 양보하고 대의명분을 좇아 비뚤어진 지구 균형, 생태계를 회복해야 할 필요성이 절실히 요구되는 때이다.

균형이란 어느 한쪽으로 치우치지 않은 상태를 말한다. 지구의 위기가 따지고 보면 인간을 중심으로 한 과도한 개발에 기인되었다고 볼 때, 개발에 쏟은 만큼 환경 보존에 대한 노력이 경주될 때 지구의 균형은 이루어질 수 있을지 모른다. 균형이란 말과 같이 쉬운 일이 아니며, 균형이 깨어진 현실에서 균형을 회복하기 위해서는 더 많은 노력과 시간이 소요된다. 지구의 균형을 회복하기 위해서는 전 지구인의 공통적인 관심과 노력이 요청되며, 리우 환경 회의를 전후하여 많은 국가 간의 환경 협약이 구체화되고 있음은 매우 고무적인 일이다. 무엇보다도 중요한 것은 '나의 이익', '우리의 이익'에 너무 집착하지 말고 '지구 이익'을 겸허하게 생각하는 마음 자세부터 가다듬어야 할 것이다.

1990년 세계 보건의 날의 슬로건이었던 'Think Globally, Act Locally'는 21세기를 향한 우리 인류에게 많은 교훈을 안겨주고 있다. 지구의 위기를 해결하는 길은 전 인류가 각자 자기의 가장 가까운 현실에서 작은 일부터 차근차근 추진하자는 것이다. 주부, 노동자, 기업인, 학생, 정부가 모두 자신의 활동 영역에서 지구환경문제를 고려하는 노력이 필요하며, 궁극적인 해결은 작은 일부터 실천하는 것이다.

인공위성 등 첨단 과학 기술 덕분에 전 지구 표면의 식물 분포, 대기 중의 이산화탄소의 농도, 사막의 확장 및 열대림의 분포는 물론 이들의 상호 유기적인 관계를 알 수 있게 되었다.■그림 36 우리는 인류가 가장 어려운 문제들에 처해 있는 이 시기에 적절하게도 우리 지구의 모습을 볼 수 있는 방법들을 개발한 것이다. 해

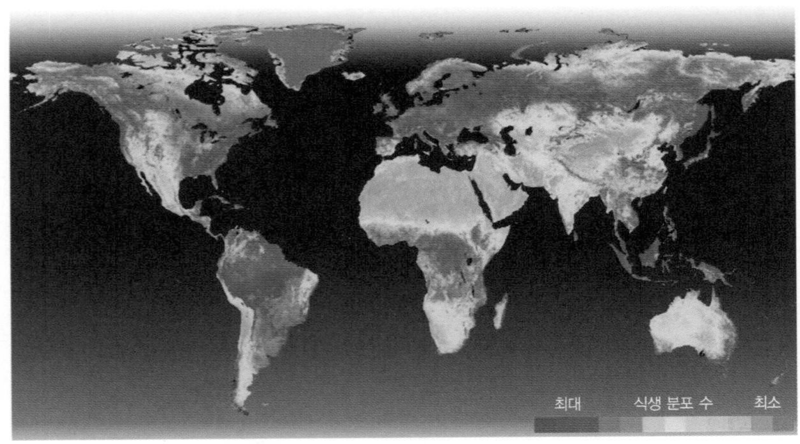

▶ 그림 36. 인공위성 자료에 의하여 그려낸 지구의 식생 분포.